行走机械产品
纲要

王志　王亦欣　田甜　著

·北京·

内 容 简 介

行走机械是人们工作、生活中的各种具有移动特性机具的统称，不仅包含传统运载功用的车辆，更涵盖了各类具有行走功能的作业机械。本书将行走机械产品归纳为八个大类，总结八类行走机械的共性与特性，分类概述行走机械产品主要的共性所在。选择七十二种代表性产品或样机，提取行走机械具备的典型独有特征分别进行专述，独立成章。本书聚焦产品特征，图文集萃、通俗易懂。通览全书可以比较全面地了解行走机械及其产品，读者也可根据自己的需要选择部分阅读。

本书适合于行走机械产品研发设计的新人、相关专业本科生和研究生阅读，也可供行走机械爱好者、产品经营人员阅读。

图书在版编目（CIP）数据

行走机械产品纲要/王志，王亦欣，田甜著. —北京：化学工业出版社，2022.2
ISBN 978-7-122-40209-7

Ⅰ.①行… Ⅱ.①王…②王…③田… Ⅲ.①机械设计-产品设计 Ⅳ.①TH122

中国版本图书馆 CIP 数据核字（2021）第 220474 号

责任编辑：金林茹 张兴辉   文字编辑：蔡晓雅 师明远
责任校对：宋 夏   装帧设计：王晓宇

出版发行：化学工业出版社（北京市东城区青年湖南街 13 号 邮政编码 100011）
印　　装：北京建宏印刷有限公司
787mm×1092mm 1/16 印张 27½ 字数 716 千字 2022 年 4 月北京第 1 版第 1 次印刷

购书咨询：010-64518888   售后服务：010-64518899
网　　址：http://www.cip.com.cn
凡购买本书，如有缺损质量问题，本社销售中心负责调换。

定　　价：139.00 元

版权所有　违者必究

前言

　　人类处于各种形式行走机械产品的包围之中，人们或许会忽略它们，但它们对我们的生活乃至生存起着不可或缺的作用。每个人因所处的时代、成长阶段不同，对于行走机械的认识与理解可能不同，甚至随时在变化，要真正全面了解、认识行走机械比较困难。笔者由于一直从事行走机械方面的技术工作，对行走机械中的一些产品有所了解，而且设计了联合收割机、飞机牵引车、除雪车、挂装车、伸缩臂叉车等多型产品，从中更加深刻体验到行走机械的博大精深。在带领技术人员研发新产品及培养研究生的过程中，深感专业学习局限与应用技术浩瀚之间的矛盾给产品研发新人带来的不便。特别是现在这个信息爆炸的时代，在海量的知识中获取碎片化的信息方便，但获取所需的有价值的内容并不易。本书对行走机械的主要产品以一种集萃的方式撰写，使阅读者能够快速阅览并获得启示。本书不是为领域专家所写，主要是为技术新人而作，希望有助于年轻技术人员、相关专业的本科生、研究生以及行走机械的爱好者，希望起到抛砖引玉的作用，引导他们在一定专业基础上能够进一步借鉴、学习相关知识，再根据自己的需要深入学习或研究。

　　本书以行走机械的行走特征为主线，总结概括行走机械中各类产品的共性，选择具有代表性的产品并提取独有的特征。以行走及作业相关的主要特征为基础，本书将行走机械归纳为八类分八章撰写。每章内容又由十节组成。其中每章的首节为该章的概述，主要撰写该章所包含的行走机械产品的共性部分；其余九节为典型产品部分，每节都选取一类典型产品，从具体产品的角度对该产品或该类行走机械的特性进行论述。全书的章、节内容相对独立，可以采取灵活的阅读方式。全书共性部分八节内容从八个方面对行走机械的特性进行论述与概括，独立阅读每章的首节可对该章的行走机械产品概括了解，将全书八章的首节内容集中阅读则可以总览行走机械的基本概况。关注某一具体产品时可以直接到相应章内阅读该节内容，对相关特性需要扩展了解时，可继续阅读同章的其它节。

　　鉴于笔者水平有限，书中难免存在不当之处，敬请读者批评指正。

著者

目录

第 2 章
道路行驶车辆　　063

第 3 章
装卸与搬运机械 120

第 5 章
特定用途行走机械

220

第 6 章
履带与重载车辆

271

第7章
轨道运行车辆　　322

第 8 章
非常规广义行走机械

370

绪 论

　　人类在追求提高和延伸自身能力的过程中，发明创造了各类机械，机械早已为人们所熟知，也为现代人所依赖，其结构形式、功用性能可能各有不同，但都是为解决各种实际问题而产生的。行走机械同样如此，只不过比较偏重行走功能的实现。行走机械早已遍及人类社会的各个领域，在赋予其具体功用内涵后，则成为一种具有特定功用的某类车辆或某种可以行走的机器。

0.1　机器行走的意义

　　行走是人类自身所具有的一种能力，将行走功能赋予机器是人类追求能力提高的需要。从运载角度来看，机器行走的意义在于速度的提高、载重能力的增加，这是人们对车辆这类能行走的机器的一种认识，也是人们对行走机械具备功能的初始理解。运输需求是最早行走机械产生的起因，用于运输的行走机械多称为车，车辆成为早期行走机械的代名词。以实现载运为主要功能的运输类车辆，只是行走机械组成中的部分。当行走功能被用作服务于其它工作装置时，则以其它行走机械的形式出现。在人类对机器越来越依赖的今天，机器行走的意义进一步得到了拓展，行走已成为完成作业不可分割的功能组成。行走不仅仅是承载移动，更是服务于作业任务，各类移动作业机器即属这类行走机械。

　　车是一个十分熟悉的概念，可以用于载人、载货运输。为了提高车的能力，经历了人力、畜力到动力的过程，动力装置的使用极大提高了车辆的速度与运载能力。动力装置的输出能力影响车辆的速度与牵引能力，提高车辆能力的关键因素之一就是增加其动力装置的功率，并且能够实现动力高效输出。要将动力装置输出的动力转化为有效的驱动力，实现行走功能的行走装置必须起到相应的作用。行走装置是行走机械必备的组成部分，也是行走机械的关键所在。所谓行走装置通俗的解释就是实现机器行走所需的装置，人们习以为常的车轮就是轮式行走装置的最基本组成。车轮的形式、尺寸、数量的变化就可以说明车辆的速度与承载情况。

　　同是具有运载功能的运输车辆，由于使用条件和完成任务目标不同，其装置的结构形式可能完全不同。行走装置是车辆必备的基本部分，高速车辆更要关注如何使行走装置适应高速行驶，考虑如何降低高速行驶给整车带来的不利影响，如通过行走装置来减小整车的振动、增加行驶稳定性等。但对于追求载重量这类低速行驶的车辆，更关注的是行走装置的承载能力、行走装置的协调驱动，重点要解决载荷均匀、整体平衡、运动灵活等问题。与运载功能相关度较大的是装载功能，搬运机械是具有装载功能的行走机械。搬运机械既有装载作业的功能，又有运输的功用，与运输车辆共同之处在于行走装置发挥牵引功能实现运输，不同之处在于在不发挥牵引动力输出时，需要动力装置输出部分动力给作业装置实施装载作业，两种动力分时独立输出。

行走机械实现行走的目的是能够实现最基础的驮负与拖曳功能，驮负功能的实现相对简单，而拖曳功能的实现就要牵涉到动力的来源。行走机械有一部分是外来动力牵引的从动行走形式，更多是自带动力装置驱动的主动行走形式。运输车辆与装载搬运机械的动力使用相对单一，主要是供给行走装置或行走动力与作业动力分时单独使用。现代很多自行驶式机械体现出的不是简单的承载与牵引，而是行走与作业并行，这类行走作业机械以作业为目的，行走是为了完成作业功能而存在。这类行走机械往往是行走装置与作业装置并存，是一种多系统工作机械。该类行走机械除具有行走车辆的基本结构组成外，还有用于其它用途的作业装置。动力匹配通常需要多路传动、多系统协调工作，作业装置的驱动往往消耗掉车辆的主要功率。为了适应越来越多的特殊用途，行走机械演化形成各种具有不同样式的机器，在工程机械、农业机械等领域中这类形式的机器到处可见。

0.2 制约与应对

人类行走需要脚踏实地，机器行走亦是同理。大地作为行走机械的承载体，地况条件是对机器行走影响最大的因素。行走最基本的要求是通过性能好，而地表的外貌特征、地面承载特性恰恰对通过能力产生制约。为了应对不同使用条件的制约，需要人类从机器内、外两个方面同时发挥主观作用。其一是通过配备机器自身的内部功能，实现对地况条件的基本适应；其二是在一定程度上改变局部环境条件，使其能够为机器行走提供适宜的条件。前者确定了应用的领域，如道路行走、非道路行走、轨道行走等；后者限定了使用范围，在确定好的路线、区域能够为机器行走提供必要的条件与保障。

车轮的产生催生了会行走的机器，这类机器不仅改变了人类运输的方式，也为运输能力的提高提供了巨大空间。同时为了使这类会行走的机器走得好，人们铺设了平坦坚硬的路面，而后又发明了摩擦力很小的铁轨。铁轨的铺设能够极大地减小车辆行驶的阻力，提高运输能力和运输速度，也促使了轨道行走机械的发展。最早的蒸汽机车，后来的内燃机车，再后来的电力机车，无不是轨道交通的产物。随着技术的发展，轨道行走机械也取得巨大的进步，磁悬浮列车就是电磁技术应用于轨道交通的典范。除了铺设道路、修建铁路外，还需建立如加油站、充电站、维修站等一系列辅助服务设施，保障行走机械顺利实施其功能。

在道路、铁路上行走，为车辆实现运输功能提供方便的同时，也限定了其使用的范围。要想扩大车辆的作业范围，增强机器内部功能是一个有效途径，如为了公路、土路均可行进，采用越野能力较强的行走装置；为了公路、铁路均能行驶，采用公铁两用的行走装置。正是这种思路的指引，产生了一些应对外界环境、地况条件变化的行走机械。车辆可以不局限于单一功能，在保证基本行走功能外，拓展新功能以实现能适应多种路况行驶。水陆两栖车辆就是通过车辆内部结构的完善，实现陆路、水路行驶的能力。当然在解决单一地面到水陆复合条件均能实现行走功能的同时，也必然会舍弃某些方面的性能。

行走与特定的作业功能结合起来实现了行走机械的功能拓展。利用各自的优势完成既定功能，这是现代行走机械所追求的目标，也造就了形式多样的行走作业机器。能够行走的作业机器在我们周围到处可见，它们边行走边作业，行走是机器作业的组成，也是自身移动的需要。如用于道路建设与维护的各种作业机器、行驶在农田中的作业机器等，它们配置专用的作业装置，这些作业装置或者独立完成作业，或者与行走装置配合完成作业，甚至有的机器行走装置就是作业装置。这类行走机械比较强调作业功能，相对弱化行走功能，将行走功能置于从属地位，但要求行走及整个机器要适宜作业所处的环境条件。

随着行走机械自身功用的不断进化，使用范围也不断扩展，在增强、扩大作用的同时，受外界的制约也加大，相互作用的关系也变得复杂。现代的行走机械早已不局限于行走在道路和轨道上的车辆，使用范围已涉及"上天入地"，月球探测车就是上天的最佳例证。早期车辆只着眼于"车辆-地面"的单维关系，而现代的行走机械则更关注"机器-环境"的多维关系。一台行走作业机器必定处于一定的环境条件下，所谓的环境条件涵盖的不仅是地况条件，还有周围的设施、面对的作业对象等。如要在坡地行走及作业，联合收割机必须具备调整体态的能力；在复杂电磁环境作业的自动车辆，必须具有适应环境的电磁兼容性。行走机械只有适应环境条件，才能完美地完成行走机械的相应功能与作业要求。

技术水平是制约行走机械发展的关键因素，整个社会科技水平的提高，则能为行走机械的发展提供更多的途径。早期动力车辆的传动只能采用机械传动，若只有机械传动，则现代的一些大型机械的行走驱动将十分困难，而液压传动、电力传动使得这类传动变得简单。不仅如此，液、电传动在普通的行走车辆上也得到广泛应用，也正是这些技术的应用使得行走机械的功能越来越强。自动控制技术水平的提高及广泛应用，也促进一些行走类机器作业水平的提高，如在重载运输中的多车组合、车辆自动驾驶技术方面，必须具有较高的自动控制技术。

0.3　基础与发展

行走机械的统一基础在于行走装置，行走装置的构成与形式虽然多样，但其中最主要的是车轮。车轮是人类重要的发明之一，正是由于车轮的诞生，才能出现以圆周运动为基础的行走机械，才使人类能够用上车这类运输工具，也使得行走机械有了巨大的发展。单靠车轮的功能难以满足不同场合、不同条件的行走需要，在结构上不断完善的同时，与具有不同功能的元器件组合，行走装置才能够克服车轮本身功能的不足，提高行走性能。为了解决复杂地况的通过能力，在轮式行走装置的基础上产生了履带式行走装置，履带式行走装置相当于集驱动、承载、导向等功能为一体的特大直径的车轮。轮、履两类行走装置奠定了行走机械行走装置的基础，现代行走机械的绝大多数产品基于这两类行走装置，只有很少量产品采用其它形式的行走装置。

车轮的产生使行走机械有了革命性的发展，它是现代行走机械发展的基础。最原始的车轮都是被动轮，它需要在外力的作用下实现被动行走，其功能主要是支承车体，克服滚动阻力运动。自走式车辆的出现给车轮赋予新的功能，使车轮有了驱动能力与特性。车轮主要用于行走机械在地面上行走，但行走机械的作用场所各种各样，常规的车轮在一些特殊用途的场合使用，就难以发挥出其已有的功能，为此出现一些在特殊场合使用的车轮与装置，这也产生了特定用途的车辆或特种行走机器。如轮式军用战车与城市公交车辆均为轮式车辆，但轮胎的性能要求差别极大。独轮推车和单轮平衡车同是独轮，但其结构与功能也相差巨大。

前者只有支承与回转功能，而后者与一辆自驱动车的功能相似。

　　轮式行走装置是应用最多的行走机构，其优点在于结构简单、通用性强。车轮本身的结构尺寸改变就能改变驱动能力、通过能力、接地压力等，如加宽车轮、增大车轮外径，有助于提高通过性能。此外还可以通过改变车轮的数量来进一步完善这些方面的性能，如通过多轴驱动实现驱动轮数量的增加就可以提高驱动能力等。增加车轮的数量既可以采用串列式结构，又可并列式多轮布置，这需在总体结构布置时根据功能需求确定。串列式是指相对常规形式的车辆，在同一轮轴轴向增加车轮的数量，但这种横向多轮布置需要一定程度增加机体宽度，因结构所限不可能布置较多的车轮。而并列式增加车轴的数量并可以控制横向尺寸，适应运输作业的要求，因此重载运输车辆通常采用并列式。

　　采用轮式的行走装置行走能力还有一定的局限，当需要通过松软土壤、沙漠、雪地、冰面、沼泽等特殊地况时，轮式行走装置的通过能力要远逊于履带式行走装置。履带式行走装置的基本构成为驱动轮、支重轮、张紧轮、托带轮和履带的四轮一带组合，具体在机器上的使用形式可以各有不同。虽然履带类行走装置的基本功能都是一致的，但在不同机器上的主要作用有所不同。如用于军事作战的履带式车辆，其采用履带式行走装置是为了具有强大的野外通过能力，能够顺利跨越沟坎、弹坑，且需要较高的行驶速度。而在道路修筑中使用的工程机械，采用履带式行走装置的主要目的是降低接地压力，减小对路面的破坏。正是履带式行走装置所要发挥的主要功能取向不同，才有了各种不同结构、不同形式的履带式行走装置。

　　履带式行走装置在通过能力方面已经可以胜任行走于非常规复杂地况，但是通过陡坡、跨越高台的能力还存在差距，特别在应对路面断续、登高攀爬等特殊状况方面还难以有所突破。轮式和履带式行走装置的运动轨迹是一条连续的迹线，适于连续接触路面的行走，对于需要跨越的非连续场合，腿足式行走装置比较适宜。非连续行走这类研究主要在机器人仿生行走领域，行走功能的实现需要与控制技术紧密结合。除了在比较水平的地面行走，登高攀爬也是行走的内容之一，但目前已有的行走机械成熟产品实现这种行走难度较大。而在一些特殊场合对能够登高攀爬这类机器的需求却十分迫切，这也是需要研究探索的行走功能。

　　行走机械是人类物质文明最重要的组成部分，人类自从使用了行走机械，极大拓展了人类的活动能力与活动范围。随着行走机械的应用范围越来越大，行走一词的含义也不再是普通的单一水平面内的运动，而是广义的可实现的多维度运动；行动的形式也并非单一连续轨迹运动，而是可变化、多方式的结合。行走机械的发展与变迁过程，也是人类学习自然、超越自我、探索未知领域的发展过程。通过借鉴过往、启迪思维、融汇现有、借助新技术，必将产生更多、更适用的行走机械造福于人类。

第1章
被动与小型行走机械

1.1　机器行走的实现

　　早期，人类发现移动运输大重物体，将圆木垫在其下后推拉十分省力，这种将滑动运动变为滚动运动的发现，是最早形成车辆意识的基础。圆木可以看作原始的"轮"，此时的轮轴一体、功用合一。在这种原始轮的基础上进一步发展，将轮与上部连接起来，则开始形成车的雏形。为了携带和使用方便，需要对原始的车轮进一步加工，人们径向削去圆木的一部分，可以在不影响滚动的状态下方便系缚，而且能够减少运行时的摩擦阻力。此时，轴从原木轮中分化出来，细的部分逐渐演化为轴，粗的部分为轮。若将原木削成中间粗两端细的形状，则为独轮车的形式；而中间细两端粗的形状，则成为同轴两轮车的原型。独轮车行走留下车轮的轨迹是一条，单轴双轮车行走留下两条轮迹。单轮迹与单轴车辆均为静态不稳定结构，要实现稳定必须采取其它方式。由圆木辅助运输物体，到轮轴功能分离，便出现了最早的行走机械，即由人或畜力驱动的被动行走车辆，这在一定程度上减轻了人的劳动强度。动力装置的发明与应用，拓展了车辆的使用范围，促进行走机械的发展。

1.1.1　行走驱动与操控

　　行走机械的动力来源最早是人、畜力，靠人力推拉使车辆移动便有了人力车，为了减轻人力劳动、提高运输能力自然想到由畜力代替人力，牛车、马车便成为一种节省人力的交通工具。使用畜力车时虽然还要花费一定的体力控制牲畜，但体现了人对牲畜与车的驾驭。这类车辆的共同特点是行驶驱动作用来源于外力，如果没有外来作用则无法实现行进。动力装置的出现，促进行走机械能力的极大提高，产生自驱动行走机械。这些机械上加装动力装置用于驱动行走，而人只辅助操作，不需要耗费更多的体力。此时人可以在车下行走随行操作，也可在车上乘行操控。此外，将行走的功能运用到一些固定作业设备上，则这些设备成为可移动作业设备，这类机器也可视为行走机械。

　　车辆行驶和机械作业都需要动力，在没有发明动力装置之前，只能靠人力和畜力。动力装置极大地提高行走机械的能力，促进大型、高效机械的发展，大型行走机械基本都有动力装置驱动行走。行走机械上采用的动力装置是将其它形式的能量转化为机械能，机械能用于行走驱动或其它作业。动力装置的形式多样、各具特色，其中应用最多的是内燃机，电动机的应用也越来越多。对于小型行走机械而言，是否采用动力装置来驱动，或者如何使用动力装置还需综合考虑。特别是近些年来轮毂电机的发展，为小型车辆的机动行走、驱动功能的实现带来极大方便。有的机械带有动力装置，但动力装置不用于行走驱动，这类机械虽然需要移动，但移动的距离较近，动力装置驱动行走装置的利用效率太低。虽然自带动力装置用于作业，但要再将动力装置匹配行走装置则较复杂且不经济。有的利用动力装置实现行走驱动，但人仍要付出体力随行，这类机械往往速度较低，而行走作业需要较大的动力，同时结构尺寸与作业要求不便于乘坐驾驶（图1-1-1）。

图1-1-1　小型机动车辆的驾驭方式

从人力车辆到动力车辆的发展，也体现了人与车辆之间关系的变化，从力与操控的融合到力与操控的分离，从复杂的手足动作到简单的形体姿态的变化。人力车的推拉作用全靠人体力的付出，在推拉的同时也将转向、起停等功能包含其中。动力车辆的行走驱动已将人的体力分离出去，人力付出只在于操作转向、制动等动作方面。而对于自动化水平较高的行走机械，这些操作几乎不用付出体力，控制按钮或开关即可实现。电动平衡车在这方面更进一步，利用身体的姿态变换即可操控起停与转向。抛开需要人力驱动的车辆，就人对动力车辆的驾驭与操控方式而言，人通常是乘坐姿态操作驾驶车辆。小型车辆的驾驭方式则有坐、立、行三种，其中有与大型车辆同样的坐姿，但更多的是骑行姿态，而且主要用在单轮迹车辆的驾驶方面。随行操作可以用在那些速度较低、行驶距离较近的小型作业类机械上，可以简化结构，也方便作业。有时这类车辆在行走时为了减少人的劳动量，也设计有供操作者站立的位置。站立操作相对而言优势不多，多用于行乘结合的小型车辆。

使用人力车辆时人们要付出力量驱动，还不能体现驾驭。使用动力车辆时，减少人力的使用，主要强调对车辆的操控作用，特别是行驶转向的操作。人力、畜力等从动行走车辆存在的共同特点是在接受外来作用力的同时，也接受外来的操向作用，起作用的是同一装置或机构，如人力车、畜力车的推车车辕，既用于推拉作用，也用于施加控制行走方向的作用力。这类操向装置与车体是刚性连接，刚性连接便于传递各种作用力。操向装置与车体之间的关系也可以是铰接方式，铰接结构不仅适于从动行走机械的转向操控，更适合自走式机械的操向作业。对于从动行走而言，牵引车辆的牵引杆与车架铰接，牵引杆是牵引施力装置，也是用来操控行驶方向变化的装置，能使该从动行走车辆随牵引它的主动车辆实现直行与转弯。同时对于随行式主动行走机械，同样可采用这类结构形式，此时由于自身带有驱动力，不需要外界牵引，因此从动行走机械的牵引杆此时简化为方向操控装置，只负责转向控制而无牵引功能。铰接转向方式更加适于乘行式车辆在车上操控方向，两轮结构的自行车、摩托车也是采用铰接方式，只是具体结构不同。

单轮迹车辆的操向装置通常是车把形式，手握车把端部的把手扳动车把直接带动车轮偏转，在车轮结构、尺寸、地面条件相同时，车把的横向尺寸对转向轻便性影响较大，原因在于可实施转向力矩与力臂的长度相关。车把横向布置，两边形状呈对称，中间与前轮轴部分连接。车把形状也多样，有的呈飞鸟的展翅形状，有的像中间下凹两侧突起的陆地，也有简捷的接近一横置的水平圆杆。虽然形状有所不同，但横向结构尺寸相近，两端的端部都是握把部分。车把形式不同，体现了人与车之间的作用变化，握把的方向、位置无不体现人机工程关系。车把尺寸大可以省力，但人体因素决定这一尺寸不能太大，因此车把转向也受到一定的限制，如载荷大时车把就难以操作。因此采用车把转向的车辆一般都是小型车辆，作用于车把处的转向作用力较小，人的手臂可以负担。当转向载荷大时可以通过转向助力装置协助转向操控，对于随行式行走机械则可通过加长转向力臂的方式，实现人力转向。如小型飞机牵引器的转向拉杆较长，一是为了操作飞机时方便，二是为了转向轻便。

1.1.2 稳定与运动平衡

车辆行走装置的布置形式对车辆的稳定影响较大，特别是对车辆平衡方面的影响。车辆的行走装置可以是单轮、双轮、三轮、四轮及多轮布置方式，其与地面间的支承分别为一点、两点、三点等，由于支承点的数量不同使得其稳定性与实现平衡的方式不同。单轮车与地面间只有一个接触点，自身无法达到平衡，必须借助外力或外来支承才能稳定。因此单轮车的结构中通常有两个辕臂，在推单轮人力车时人必须两臂叉开手握辕臂端部形成两个作用点，使该车形成三支承状态而平衡。三轮以上的多轮车辆有三个或更多的支点，只要有三点支承其自身便可以达到平衡。因此大部分车辆采用三轮或多轮结构，一是承载能力强，二是稳定支承要求。这些车辆为多轴结构，轮迹也为双轮迹或多轮迹。单轮车辆为单轴结构，其行走自然为单轨迹。三轮结构的车辆必须是多轴或多轨迹才能实现自身的平衡，即三支点不共线。

两轮结构的车辆比较特殊，车辆与地面的接触只有两点，也属不稳定结构。而因布置形式不同可以是同轴不同迹，也可同迹不同轴。无论哪种形式要保持静态稳定时，必须增加第三点支承。单轴车辆的含义比较通俗，一辆车上的车轮只布置在同一轴线上，最常见的是两轮车。单轮迹车的含义是车辆车轮行驶产生的轨迹为单一轨迹，即使是多轮结构，后轮也是重复前轮的轨迹，最常见的是自行车和双轮摩托车。这些单轴、单轨迹两轮车辆自身难以达到平衡，要想实现平衡则需要有外来作用或运动速度。两轮马车为单轴结构，其两轮是横向同轴布置的两支点，马架起车辕相当于支承起第三点而平衡。自行车双轴两轮同轨布置，与地面的接触前后两点也是不稳定支承，这类骑行车辆是在运动中实现平衡。

通过运动达到平衡状态是某些两轮车，特别是同轮迹两轮车保持平衡的基本方式。运动平衡的基础原理是陀螺效应，具备一定质量的轮子以一定速度运动时，转动运动产生的惯性使轮子自我保持平衡而不倒。如图 1-1-2 所示的轮子，如果在静止状态在轮顶端 p 处向轮施加一轴向作用时，底端部位则试图向反向运动，此时相当于在轮轴线上作用一力矩 f，力矩 f 使轮子倒下而无法保持站立状态。如果使车轮以 ω 角速度运动，同样在轮顶端 p 向左施加一轴向力，由于旋转运动惯性作用的存在，施加作用力作用点的位置在运动中不断变化。假设轮由 A 状态变到 B 状态，此时顶点 p 运动到 q，底端的部位运动相同、方向相反。此时该作用仍在轴心线上产生一力矩，但力矩的作用方向已与开始不同，这时的倾倒力矩 y 只是 f 力矩的一个分量，当作用点运动到与轴心同水平时，倾倒力矩为零。这两个点一边旋转一边继续原来的运动，这时就产生了陀螺的进动效应。

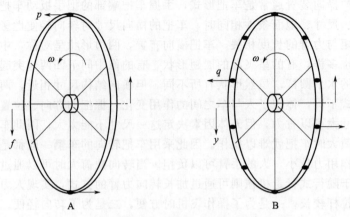

图 1-1-2　车轮陀螺运动

　　车辆保持平衡一是采取多支承结构的静平衡，二是采取运动平衡的动平衡方式。运动平衡是通过轮子转动产生不倒的惯性自我保持平衡，自行车、平衡车等单轮迹、单轴类车以一定速度运动起来时保持稳定行驶正是这种平衡方式。自行车的发明可谓是一创举，改变了传统观念，将静止不稳定状态成功转化为运动稳定状态，将人与机的相对静止与运动完美结合起来，将人机协调起来实现乘与行的真正统一。自行车纵向两轮布置，人骑坐在其上以人力脚踏的方式驱动其行走，提高行进能力的同时大大减轻自身重量负荷。自行车经过近三百年的不断完善，我们才能更好地享受这一机械给我们提供的便利。在自行车基础上进一步节省人的体力，实现机动成为必由之路，利用发动机驱动和利用电机驱动则产生摩托车和电动自行车。将电动自行车车轮纵向布置的形式加以改变，将两轮横向同轴布置则出现另外一类电动车辆——平衡车，平衡车需要解决纵向平衡问题，而且采用自动实现方式。

1.1.3　车轮构成与演化

　　车轮是行走机械的基础，车轮的结构在不断的发展以适应行走机械的需要，主要体现在结构细化与功能多元化方面。原始的轮与轴结构合一，轴与轮功能的分离体现了车轮的进化。轴与轮的分化使得轴与轮之间要实现相对运动，轴与轮毂之间要产生摩擦而磨损。早期的轴与轮毂之间是滑动摩擦，在轴与轮毂之间加一过渡轴套可减轻或转嫁轮毂与轴的磨损，这是滑动轴承在车轮上的使用。在滚动轴承被使用后，变滑动摩擦为滚动摩擦，进一步减小了行驶阻力。轮辐是在车轮上介于轴毂和轮辋之间的支承部件，既可为辐板式又可为辐条式。早期车轮的材料主要是木材，随着新型材料的出现，逐渐被金属材料所取代，而且其结构方式也发生改变。一个轮子根据不同部位的需要而采用不同的材料，然后将其组合成为一个组合式车轮，现在应用最多的是金属轮辋与橡胶轮胎组合在一起的车轮（图 1-1-3）。早期的轮辋部分是轮的外缘，现代的车轮轮辋已成为安装和支承轮胎的部件，橡胶轮胎的使用也提高了车辆的舒适性。轮胎有优良的减振性能，减缓来自路面的各种振动与冲击，行驶平顺性能好、使用广泛。

　　现代的一些在较好场地使用的低速、小型车辆，将更多的功能集中在车轮及其连接装置上，如通常使用的脚轮安装方便，有的可以任意转向。为了能够使车辆停止不动，实现驻车制动功能，技术人员研制出带有制动功能的脚轮。这种制动是利用一套机构，在常规结构脚轮的基础上增加制动功能，在轮子需要停止转动时，在轮子表面某部位上施加一产生摩擦阻

图 1-1-3　木制车轮与现代车轮

力的压力，阻止轮子转动。实施时通过人的脚踩踏小踏板，或利用手扳动一手柄实现操作。另外在许多商场、超市中，需要将推车通过倾斜输送电梯上下运送，采用常规脚轮结构的小车在这种场合使用起来就有不便，即使采用带有制动功能的脚轮小车，也难以在倾斜输送带上停稳。为此又产生了配合输送带的制动结构脚轮，这种脚轮在正常平坦地面运行与常规胶轮无异，上到输送电梯后，胶轮突出的旋转部分正好陷入输送带的沟槽中，而不旋转部位与输送带的表面贴合在一起，车体及货物形成正压力，产生摩擦力成为制动力，制止车轮滑行。图 1-1-4 所示为各种类型的人力车脚轮。

图 1-1-4　人力车脚轮

车轮最原始的用途是以滚动替代滑动而减少阻力，逐渐可以实现转向与驱动功能，这些功能需施加外来作用才能实现。如自行驶类车辆，车轮的功能虽然已从从动变为驱动，但其动力装置的动力通过一系列传动才能使驱动轮转动，实现驱动功能。随着现代技术的发展，动力装置体积可以小到安装在车轮内部，实现真正的驱动轮，如轮毂电机直接作为车轮的组成部分，车轮不需要外来传动提供动力，输入电能车轮自己便可实现驱动功能。

1.2　人力驱动车辆

靠人力推拉实现行走的一类简单行走机械可视为人力驱动车辆，通常称为人力车。尽管人力车具有古老的历史，但也在与时俱进地演化成为现代人不可或缺的用品。人力车多是轻便小型车辆，形态多样、灵活方便、应用范围广，几乎每种使用场合都有适宜的产品。人力车只能限定在人力所及的情况，而大件重载转运的工作还须靠动力车辆完成。

1.2.1 人力车的发展与特点

车的出现是陆地交通运输工具发展史上的一个重要里程碑，而人力车则是人类最先使用的一种，也是其它行走机械产生的基础。用人力推动车辆的载重运输能力要比人肩挑背负大得多，而且它可以免除人体直接承受重压而减轻劳动强度。人力车在使用过程中不断发展、完善，产生出适应不同用途的各种产品。

1.2.1.1 人力车的进展

公元前三千年前人类就开始使用带轮的车，这类车辆以人力为动力来源。人力车至今仍然在使用，虽然结构形式、功能用途发生巨大变化，而基本原理是相同的。车架、车轮与轮轴是人力车的基本构成要素，车架是载体，用于驮负物品；车轮负责运转，是移动的主要装置；轮轴肩负着车与车轮连接纽带的作用，为车轮提供旋转支点，起着承载并传递载荷的作用。轮与轴的结构形式不断发展变化，轴与轮之间、轴与车体之间的连接方式也随着车辆的不同而变化。最早的人力车应该是单轴两轮结构形式，以后某一时期为了适合一些特殊的需要，在两轮小车的基础上产生了独轮车。独轮车与两轮人力车均为单轴结构，只是在同一轴线上与地面接触点为单点和两点。单轴结构的车为不稳定结构，其上货物的摆放位置变化直接影响着推车人的操控，而增加支承车轮数量、采用多轴结构可以化解这一问题。增加车轮数量就要改变车轮的布置形式，由单轴布置变成双轴布置，这不是简单的车轮数量的变化，而是直接关系到承载能力与平衡能力的提高，也使得人力车的形式变得丰富。

早期人力车的材料以木材为主，逐渐以金属材料取代了木材，这使得无论在结构上还是在用途上都可以有所拓展。同时由于借鉴和使用了同时代的先进元件、装置，不仅使得人力车结构形式多种多样，使用性能也大大提高。早期的人力车车轴与车架的位置和运动关系保持不变，这类定轴结构对于单轴式小车转向的影响作用不明显，而对于多轴车辆的转向影响显著，表现为转向方便性变差，重载时转向困难。改变车轮轴与车体之间的关系也是人力车发展的结果，这为多轮人力车的方便使用奠定了基础。现代人为了方便转向而大量使用万向轮，这种结构对于推车的人来说，操控转向十分方便。双轴结构的车轮可以是四轮结构，也可以是三轮结构。一根轴上可以只安装一个车轮，也可以同时安装两个车轮。为了方便转向，四轮结构的人力车应有两轮为万向随动轮，三轮结构的人力车单轴单轮为随动轮即可。当然全部轮均为万向随动轮，也是现代小型人力车上常用的结构形式。人力车既可以推也可以拉，对于同一车辆而言，只是外力的作用方式不同。

1.2.1.2 人力车的操控特点

人力车的特点在于车辆的行走、变速、转向、停车等一切所需的外力，均来源于操作车辆的人，人既要提供驱动车辆行走的动力，也要提供停车的制动力、转向的作用力等。由此可见对于人力车而言，人在付出行走驱动力的同时还要实施人力操控。人力车不存在更多的操控装置，只有简单的车把，车把既是施力装置又是操控装置。基于用两只手操控的方便性，采用纵置两只车把的结构适于左右手操作。也可以将两车把的端部用一根横梁连接起来，推拉时可以方便抓握。人力车有单轮、双轮及多轮结构，人力车因车轮的数量不同，对人的操控产生不同影响。对于车体而言，必须有三支点才能保持车体平衡稳定，多轮结构的人力车不存在保持平衡的问题，而单轮、双轮结构的人力车必须加上人的作用，才能构成三支承实现车体稳定。

　　人力车轮子的数量、车轮与手作用于车把的位置关系，影响人对车施加的作用。除了推拉这类行走驱动外，多轮车在转向时也需要施加作用。两轮车在推拉、转向两种作用的基础上，需要保持车辆的纵向平衡，人作为一个支承点与两车轮共同实现对车体的稳定支承。此时车辆的载荷不但受到所运货物多少的影响，而且与货物在车上的装载位置、重量分布相关。这牵涉人如何对车把施加平衡力，如果车辆与货物共同重心位置介于人与轮轴线之间，则人需要对车把施加向上的作用，如果在轮轴线的另一侧则需向下施加作用。对于单轮车操控而言，不但要保持上述的纵向平衡条件，而且还要保证横向的平衡。横向平衡是独轮车操控所特有的需要，此时操作者必须实现两点支承车体，所以推单轮车必须用两手臂分别操控两个车把，人的两手与车轮共同对车体实现三点支承。如图 1-2-1 所示为人力推拉车雕像。

图 1-2-1　人力推拉车雕像

1.2.2　单轮人力车

　　单轴人力车通常有两种形式，即单支承形式与双支承形式。独轮车即为单支承形式人力车，双支承形式是同轴布置两车轮，左右两轮对车体形成两支承点。独轮车操控比较困难，因此使用较少。两轮车使用范围十分广泛，形式也多样。

1.2.2.1　单轮推车

　　独轮车是单轮推车的另一称谓，是我国汉魏时期出现的一种用人力推挽的单轮运载工具。独轮车的结构以纵向中心面对称，车轮在对称中心面上，由于轮子在车体的中心部位，车轮大时车轮超过车架底板，轮上部安装有凸形护栏货架，在车轮护栏的两侧可坐人载物。车轮小则车架为简单的平面结构，车轮全部在平面车架的下侧（图 1-2-2）。通常小车后部下侧有支架便于停放，有左右两车把与机架相连，人以两手持之前推。独轮车虽然很简单，却是一种全新的发明，历经两千余年而未绝迹，而且样式变化多样，至今在我国一些地区仍在使用。早期的车轮与车轴均为木质结构，车轮中心以硬木为轮毂，用木辐连接轮毂与轮辋而制成木轮。轮辋是用硬质木加工成的扇形板、开榫拼接而成。在有条件时，轮的拼接处再用铁钉钉牢，轮辋外再包一层铁皮，以提高耐磨性能。

　　独轮车单轮着地，车轮通过轮轴连接在车架下侧的支座上，轮子直径的大小对车架结构有一定的影响。车架前小后大呈梯形布置，两车把成燕尾状向两侧伸出。在两车把之间，常系挂一软带，驾车时将其搭在肩上，协同两车把承载与平衡车子。行走时两手握把，以臂向前推拉，以腕力保持平衡。人在驱动小车行走的同时，还要起到支承、平衡重量的作用。独轮车作业时车在人前，对于车而言是推车行进。对于推车的人而言提供的不是简单的推力，

图 1-2-2　独轮推车

虽然力的作用点不变，但大小、方向时刻都在变化。独轮车行车灵活轻便，一般只要一人推动，或加一人在前面拉曳，载人载物均可。独轮车只有一个轮子着地，便于在田埂、小道等狭窄的路上运行，其运输能力要比人力驮负强。

1.2.2.2　双轮人力车

双轮人力车同轴的两轮与地面形成两点接触，人作为一个支点保持车辆平衡，掌控双轮车相对独轮车较容易。在平地上推拉双轮车的效果相同，根据不同的需求可以推，也可以拉。双轮车通常的结构形式是轮在左右两侧，中间是车体部分，车体的下部支承在车轴上。当采用轮径较小的车轮时，两车轮均布置在车架下侧，车架上面则用于放置物品。车架的前侧或后侧沿左右两侧伸出两根辕杆作为车的把手，车把的端部也可以有一横梁将二者连接在一起，以方便使用。双轮车的车轴与车轮连接方式存在两种形式，其一是两轮与轴固定，二者之间无相对运动，这种方式则要求轴与车体之间要有相对转动。这种车的两轮轮速永远一致，在直线行驶时比较合适，而当转弯时就比较费力。其二是两轮与轴可以相对转动，轴与车架之间刚性固定，这样两个轮子的速度可以相同，也可以不同。这种结构方式在双轮车转弯时，两个轮子可以产生差速，减小转弯阻力。后者在实际应用中有不同的结构形式，当车轮较大、采用单轴两轮这种通轴结构困难时，可以采用同轴线的双轴结构，即两个轴分别独立安装在车架的左右侧。

双轮推车的结构形式简单，是车辆最基本的结构形式，大多数车辆的行走装置是在此基础上优化、完善而获得的。现代的人力推车趋于小型化与专用化，图 1-2-3 中右图的两轮推车就是装卸形状规则、体积较大物品专用的小推车。前端布置有用于撬、叉物品的托架，在搬运货物的时候，通常可将此托架伸入货物的下部，使货物的侧面靠近车架，当人按下车的把手时，通过托架将物品托起并靠向车架，此时托架还有防止货物下滑的作用。其优点是无需将货物举起装卸，该车将装卸搬运结合在一起。双轮车的轮轴与轮的连接形式依据二者之间的关系不同而变化，二者之间固定则可采用销连接、键连接，此结构使轴轮同时转动。如果二者之间存在相对运动，则采用滑动轴承、滚动轴承连接，这种情况下只有车轮转动，轮轴永远相对机架静止不动。轴与车架的连接要看轮与轴之间的连接关系而定，轮轴之间转动则轴与车架之间固定，轮轴之间固定则轴与车架之间转动。早期的双轮车都是刚性连接，后

图 1-2-3　双轮人力推车

来为了提高载人的适宜性，在车架与轮轴之间加上弹簧，即采用了弹性悬挂装置。

　　双轮车在不同的使用场合可以采用推拉不同方式，推车方式适合货物量较小的情况，而货物量大时，采用拉的方式更为方便。推车时车在人的前方，当货物多、体积大时就要影响人的视线，不便于工作。当车辆上坡时，拉车要比推车省力，因此两轮车辆有多种以拖拉方式为主的车型。在十九世纪出现了一种双轮载人人力车，这种车的整体构成与双轮推车类似，只是为了便于人的乘坐，车轴上支承的不是载货平台或货箱，而是载客座椅和车棚等构成的车厢部分，车厢前伸出两根较长的辕杆，辕杆也是拉车人挽车的手把（图 1-2-4）。有的车在两辕杆的前部还带有一横梁，以便于操作。该车车辕较长，使空车重心位于车轴的前部，当人乘坐后，利用人体重力平衡车体自身的重量，整体重心基本处于车轮轴中心线上或略向后，以便提起辕杆减轻挽车力。这种车以拉人为主，为了适于人乘坐，在车轴与车体之间加装钢板弹簧缓冲装置。

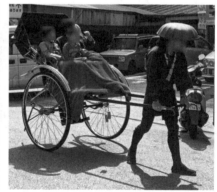

图 1-2-4　载人人力车

1.2.3　多轮人力车

　　多轮人力车相对单轮、双轮人力车，变化不仅体现在车轮数量的变化上，解决了单、双轮车自身不平衡的缺欠，人只负责推与拉即可，更进一步减轻了人的体力输出，更加便于使用。多轮形式的人力车在现代人生活中到处可见，既可载物又可载人，车的形式也多种多样，如婴儿推车、超市用推车、机场行李车等，多轮人力车多是体积较小、载荷较轻的推车。

1.2.3.1　多轮推车

多轮结构人力推车，由于受使用要求、轮子直径不同等的影响，车轮与车架的连接方式亦不同。多轮结构人力推车的车轮与车架之间的位置关系变与不变，产生车轮固定与随动两类不同结构形式的推车。所谓固定结构是指轮轴始终与车架之间保持位置不变，随动则是轮轴可以绕固定轴任意方向摆动。由于车轮选用与布置方式的变化，有全随动结构与半随动结构形式。全随动结构的推车通常为双轴四轮结构，虽然是双轴但每个轮各自有自己的轮轴。所谓的双轴只是四个车轮分别布置在前后两条轴线上，而实质是每个车轮都是独立运动的小轮。这种小轮作为一独立车轮单元与车架铰接，车轮可以绕一铅垂轴线转动，使得车轮的滚动方向改变。由于四个轮均与车架铰接，四个轮均可改变滚动方向，因此车轮可以随动，人可以沿纵向、横向、任何方向推动小车。半随动结构顾名思义就是部分车轮为随动轮，其余车轮为固定轮。所谓的固定是相对铰接而言，固定只是轮的轴线固定不变，即不能实现转向。这类车有三轮与四轮两种结构，对于三轮结构的小车，一般两轮固定、一轮随动，四轮结构的小车为两轮固定、两轮随动，通常随动轮的两轮、固定的两轮分别在同一轴线上安装。这种结构不可能实现任意方向的运动，只能实现转向，但其停放的稳定性要优于全随动结构的小车（图 1-2-5）。

图 1-2-5　多轮推车

这类小车一般使用的车轮为脚轮，每个脚轮为一独立部件，利用螺栓与车架连接，以便互换。最简单的结构形式是一倒 U 形金属支架，在支架的开口一侧用一小轴将轮安装在金属支架上，支架的另一端开有安装孔，或焊接一开有安装孔的平板，用于与车架连接。现代小推车车轮已从早期的固定轴线结构的形式，发展出各种各样、功能各异的随动结构脚轮。随动结构的脚轮要求相对较高，结构也比固定结构复杂。脚轮应转动灵活、轻松、省力，随动脚轮存在两个回转轴，一是车轮轴，这与固定结构相同，还存在一铰接转轴，铰接转轴与轮轴线的水平距离为偏心距离，这一尺寸影响转向的灵活性。偏心距越大转向灵活性越好，但承载能力相应降低。随动脚轮相当于在固定脚轮基本结构的基础上，增加一回转轴承，当然该轴承与脚轮设计为一体，组成一随动脚轮装置。

1.2.3.2　手动轮椅

手动轮椅是一简单的行走机械，手动轮椅是相对现代的电动轮椅而言的，其自身不带动力，驱动行走的动力来自人体。手动轮椅也是一种特殊的多轮人力车，其特殊之处在于它的驱动方式，既可以如普通人力车那样通过手柄推动其行走，也可以通过乘坐轮椅的人员直接在轮子上施作用力驱动行走。顾名思义，轮椅是带有轮子并能够行走的座椅，整个轮椅的结构可视为两大部分，即与乘坐相关的座椅部分和与行走相关的行走部分。普通轮椅行走部分通常为四轮结构，一般情况两大车轮布置在后部，用于承载主要的重量，两小轮置于前部，负责稳定支承，也有小轮在后的以满足不同的需求。小轮为万向轮结构，可以绕竖直轴任意旋转。大轮为驱动轮和主支重轮，大轮上配有用于乘坐者自驱动的手轮。手轮连接于大轮的外侧，直径一般比大轮圈略小，为手动轮椅行走装置所独有，方便使用者凭借双臂的力量用手驱动车轮（图1-2-6）。

图1-2-6 手动轮椅

乘坐部分也是轮椅的主体机架部分，其中涵盖座椅、靠背、扶手、腿托、踏板及辅助结构。通常座椅后侧设计有用于推动的把手，用于他人推动、操作轮椅时使用，而用于运动场地的运动型轮椅则可弱化此类功能。机架与座椅的结构根据用途不同有一定的变化，为了方便携带与放置，可以是折叠结构。轮椅对停止状态的制动要求较高，每个大轮均有制动装置，制动装置以制动轮胎为主要形式，搬动扶手侧面的制动手柄，使制动装置压紧轮胎，阻止其转动。有的轮椅还在后部手柄处安装有制动手柄，用拉绳操控制动装置，使得外人推动轮椅时可随时制动。

1.3 畜力曳引车辆

畜力车辆是介于人力推拉到动力驱动车辆之间的一类重要行走机械，其中最典型的是马车。自从出现可以称为车的机械以来，人们一直在不断地努力改进和完善，希望减轻人力的使用、提高行驶的速度、增加运输能力。因此马车的使用是车辆发展的必然结果，它比人力车载运能力大，而且速度快、行驶里程远。作为运输工具的马车已逐渐被淘汰，但在发展相对落后地区仍然在使用，同时作为旅游特色工具也在应用。

1.3.1 畜力车的进化

车的出现是我国陆上交通运输工具发展史上的一个重要里程碑，而人力车则是人们最先使用的一种车辆。用人力推挽的车辆的载重能力比人肩挑、背负大得多，而且它可以免除人体直接承受重压。但人的体力有限，畜力车的出现，不仅是人力车能力的提高与性质的改变，更是改变了人的作业方式，由发出动力的简单劳动者，变为牲畜与车的操控驾驭者。驾驭畜力车的车夫两手分工进行操作，驾驭的方式无论是站立还是乘坐，通常把缰绳汇总握在一只手中控制方向，另外一手拿着鞭子驱赶。驾驭车辆已成为一门技术，重要车辆要有专门的驾车车夫。

1.3.1.1 畜力车的意义

畜力车辆在解放人力和增加运力、提高舒适性方面，相对人力车有很多进步，而更重要的是改变了车辆的性质，拓展了车辆的功用与使用范围，奠定了后来车辆与行走机械的基本模式。虽然畜力车只有马、牛、驴等牲畜适合充当外力来源牵引车辆，但将人从繁重的推、拉车辆的劳动中解放出来，而且使人类懂得外来动力的重要，驱使人类发现更多、更实用的动力源，为以后使用机械动力奠定了思想基础。使用畜力车在提高车辆的运载能力的同时，又进一步促进车辆相关装置的完善与发展。如为了防止停车后还能随意动，早期这类车有一叫轫的木块用于停车时防止车轮转动，行车前将其拿开车子才能移动，颇有现代机动车辆驻车制动器的意思。

畜力车辆已不单单用于载货，车的功能与用途向多方面拓展。如马车不仅用于载人、载货，而且作为军事装备用于战争，在人类的早期战争中就有使用。从古埃及到古代中国的战争中都有使用马车作为战车的记载，马车在古代战争中发挥了重要作用。此外利用畜力作为行走车辆的动力，衍生了一批新的行走作业机械。如在唐宋时期的车磨，有"车行磨动，车行十里路，能磨十斛米"的记载。更具工程技术水平的是记里鼓车和指南车，记里鼓车因车上木人击鼓以示行进距离而得名，指南车是古代一种指示方向的车辆。当时这些机械装置都与畜力牵引车辆相结合，通过车轮的反驱动实现其功能。

1.3.1.2 畜力车的发展过程

早期的畜力车确切的结构形式难以考证，但基本构成还是可以确定的。公元前一千多年前的商代，我国已制造出两轮马车，考古发现商代的两轮马车为一辕、一衡、两轭和一舆结构。辕为一纵梁，其后端与车架或车轴连接。辕的前端连接用于套牲口的横木棒，称为衡。衡的两侧各缚一人字形曲木，称为轭，驾车时套在马脖子上用以驾马。舆是车厢，通常车厢上有车盖，用一根木头支承形如大伞。车厢下部与横梁、车轴相连，车轴两端连接车轮。公元前1100年左右，我国出现了农业生产用的牛车，这类车采用双轴四轮结构，运载量大大提高。

到了春秋战国时期，马车已被纳入战争的行列。战车成为战争的主力和衡量一个国家实力的标准，当时所谓的千乘之国、万乘之国即指国家具有战车的数量。几乎所有的战车均为两轮、横长方形车厢，驾四匹马或两匹马。一般为独辕结构，辕的后端压在车厢下的车轴上，辕尾稍露在车厢后，前出车厢部分逐渐向上扬起。车上的空间通常可容纳二或三人，其中一人为驱车手，余者负责搏杀。中世纪的欧洲大量使用双轴四轮马车，这种马车为两体结构，前后体通过转盘连接，利用转盘使前后轴相对偏转实现转向功能。十九世纪的英国，大量使用一种双轮双座马车，驾驶员站在马的后面，车轮轴的上方布置一横置的座椅。此时马车车身结构也多样化，不仅有各种形式的敞开车厢，还有带活动车门的闭式车厢。为了提高乘坐舒适性，在车厢与车轴之间弹簧连接实现减振。

1.3.2 畜力车的结构与类型

畜力车的动力来源于所使用的家畜，按照家畜的不同可分为马车、牛车、驴车等。不同的家畜特性不同使得所拉的车用途有所变化。畜力车可以有多种用途，可以用作运输的货车、观光的客车等，由于用途不同结构也随之变化，如用于运货的车一般只有主体机架，在车架上铺平板，或加装较浅的车厢，以便于盛放物品，赶车的人乘坐在车前端，甚至坐在所装载的货物之上。作为载客用车则要求较高，除了根据不同的载客需安置座椅、车厢外，特别要提高车的舒适性。不同用途畜力车的外在形式也有所不同，但基本结构是一致的。

1.3.2.1　结构形式

　　畜力车与人力车具有共同的特性，即需用外力推拉，因此在结构上有一定的共同之处，如车辕、车架、轴轮几个基本组成部分就有一定的相似性。畜力车要比人力车承载更多的货物，相对人力车，畜力车运输大重物品更具优势。抛开载货、载人需求所带来的变化不论，不同畜力车比较明显的区别在于车轮的数量与车辕的结构。畜力车前端伸出的纵梁称为车辕，辕的后端与车架主体部分连接。车辕的作用与人力车的把手相近，牲畜驾车的作用力通过车辕传递到车轮，使车轮向前滚动。辕的数量决定了畜力车的形式，有单辕车和双辕车之分。单辕车是依从牲畜拉车的需要而产生的，单辕车的车辕在车辆纵向对称中心面内，必须有两匹牲畜对称地位于辕两边才能驾驶车辆。双辕畜力车与双轮人力车结构形式基本相同，车辕为位于车架两边的两根前部圆、后部方的长木梁，车辕前部悬出车架、后部贯通于车身，构成整个车的纵向龙骨。双辕车的牲畜驾车时处于两车辕的中间，这使得一匹牲畜也可驾车。单辕车与双辕车的不同不仅仅体现在车辕数量上，更体现在牵引方式上，由双畜并行牵引更改为单牵引或前后串联牵引（图1-3-1和图1-3-2）。

图 1-3-1　两轮单辕牛车与四轮单辕马车

图 1-3-2　单辕车结构

　　双轮畜力车是一单轴车辆，其结构简单、与双轮人力车相近，只是具有更大的车轮、更坚固的车轴与伸出车前的车辕。驾车的牲畜不但要拉车，而且要肩负因车辆载荷重心变化而产生的铅垂方向的力。所以有的两轮畜力车车辕前还放置一根木棍，用以作为停车时支承车辕的辅助工具，以减轻牲畜所负的重量。四轮车较双轮车优化了受力方式，可增加装载能力。四轮车为双轴车辆，是两轮车辆的发展，其结构相对复杂，但行驶平稳、载货量多。四轮车所载货物的重量与车体的主要重量由四个轮承载，从驾车的牲畜受力、平衡载荷的角度来看更为合理。但双轮车相对四轮车而言轻巧灵活，能适应崎岖不平的路面。

畜力车的结构需要兼顾牲畜生理特征和车的实际应用条件，如根据牛的生理及运动特点，采用单辕车既简单又方便。最简单的可以在两个车轮支承的轴上方连接纵梁，纵梁的后部加装横梁及木板构成车体部分，该部分正好在车轮的上方，是用于承载的部位。对于小型畜力车来说，双车辕替代了单牵引杆，益处较多。如小型两轮车从单辕变成双辕，则将两匹马并排拉车改成一匹马拉车，或改成两匹马一前一后拉车，因而减少了在道路上所遇到的阻碍，现在仍有两轮马车在农田中使用。双辕杆结构也用于大型两轮车和四轮车，牵引牲畜也是一前一后，前面的牲畜用绳索牵引（图 1-3-3）。

图 1-3-3　双辕马车

1.3.2.2　畜力车的配套器具

畜力车的推拉作用形式与人力车相近，但二者有所不同，人对车辆所付出的不是简单的推拉，还有智能的掌控与操控。而牲畜无法直接掌控车辆，只能被驱赶拉车，因此在牲畜与车之间必须有相联系的器具，即通常所谓的挽具及牵引索具。拉车时畜力的数量可以是不同的，牲畜的数量决定了牵引力的大小。当需要多匹牲畜同时拉一辆车时，除了利用车辕拉车的牲畜外，其它牲畜一般利用一端与车辆前部相连的绳索牵引，该牵引绳索可以在不需要时拆下。挽具是牵引鞍具、护具、束带、缰绳等相关物品的统称，其作用在于将牲畜与车辕联系在一起，使牲畜能够带动车辆运动。好的挽具能使牲畜与车配合适度、使牲畜行驶轻快，也便于人对牲畜与车辆的驾驭。图 1-3-4 所示为马车附具。

图 1-3-4　马车附具

牵引鞍具用于双辕车与车辕配合的牲畜，用来分散承载辕杆重量的皮带在牲畜背上产生的压力，以此减少对牲畜皮肤的擦伤，配合其它胸带和肚带等束带将该牲畜的牵引力传递给车体。束带是将牲畜与车连接在一起的主要器具，其作用是将牲畜与车组成为一整体，以便控制车辆。束带对于驾辕牲畜尤为重要，其中，上带横跨背部，带的两端与车辕相连，起到负重的作用，也使得牲畜的受力点在颈首及胸前部位。下带横跨牲畜胸部位，两端与车辕连接，起到防止车辕上扬的作用。此外还有一纵向的束带，这一束带与前二者共同控制车辆的停止。轭放置在牲畜的颈部，轭与辕连接，通常用柔性的绳连接，也有直接连接在车辕前端的横梁上。轭为倒 V 或倒 U 形结构，有一体结构，也有两部分组合的，其主要作用在于将牲畜的牵引力传递出来。护具保护牲畜的身体不受伤害，如轭后的套包，其作用在于防止牲畜在拉车时，轭产生滑动，直接与牲畜的身体摩擦而伤害牲畜。

牲畜靠人的驱使行进与停止，牲畜拉车时同样可以采取这种方式行、停与改变行车方向。人操控牲畜的重要器具就是缰绳，如早期的马车遇到紧急情况时车夫用力拉马的缰绳，一直拉到马车停止。训练有素的牲畜通过拉动缰绳即可明白驾车人的意图是转弯还是停车。缰绳通常在驾车人的手中，通过拉动的方向来告诉牲畜向哪一方向转弯。此外驾车人手中通常还有一鞭子，用来驱使牲畜。

1.3.3 四轮马车

在能用于驾辕拉车的马、牛、驴等牲畜中，因马具有行进速度快、力量较大等优势，使马车的使用较其它畜力车要广泛，马车也最具代表性。常用的马车有单轴两轮与双轴四轮两种形式，双轮马车短小紧凑，如将双轮马车视为一个整体，则四轮马车可视为两辆双轮车的组合，即四轮车由两个部分构成，前车部分与后车部分，两部分的结构分工明确。

1.3.3.1 四轮马车的结构

双轮马车有单辕、双辕两种结构形式，双辕结构的双轮马车的形式与用于载人的两轮人力车相似，前部是用于拉车的车辕，后部或者与车架连接，或者直接成为机架的两个纵梁。车架两侧同轴安装两车轮，两车轮各自可独立绕轴转动。车架直接固定或利用弹性悬挂装置支承在车轴上，车架上可根据载货或乘人采用相应的结构形式。如若用于载人则在车架上可根据空间的大小安置座椅，简单的安装棚架与篷布用于遮阳防雨，豪华的安装有门窗的车厢。车厢距地面较高时，还有车蹬以方便乘客上下车。在载货与乘客设施这一方面，双轮马车与四轮马车的要求一致，不同之处在于车辆基本结构部分。双轮马车与四轮马车不存在较大技术差距，但四轮马车在车体结构与转向方面还有一定发展。

四轮马车（图1-3-5）通常由前后两部分构成，每一部分均为单轴双轮结构。其中前车部分主要解决牵引，后车部分主要解决载人载货。前车部分相当于去掉车厢的双轮马车，以马与车的连接为主，解决牲畜与车之间的关系。前部车架有车辕、前轴与车轮，基本结构如同一双轮马车。只不过车体的后部结构简化、缩小，不需承载体积较大的车厢，只负责与后车部分连接。后车部分包括后轴与双轮、主车架等，在该车架上安装有车厢、座椅等。后车部分以装载结构为主体，重点解决装载能力以及乘客的舒适性。后车部分实质是一辆去掉了部分车辕的单辕双轮车，其车架后部与后轴相连，前端与前车车架连接。在车辕靠近主车架位置设置铰接点，在此处前后车架相互铰接起来。铰接后的两部分构成一辆双轴四轮马车，其铰接机构也是四轮马车实现灵活转向的关键。

图 1-3-5 四轮马车

四轮马车车辕与车架部分的连接可以与常规两轮车的连接方式相同，即车架与车辕为固定一体式结构形式，而更多的采用水平铰接结构，车辕铰接可使车辕在适当范围内摆动，以便减小车辕部位高低变化对前车轴部位的影响。

1.3.3.2 四轮马车转向特点

　　四轮马车与双轮马车之间的突出差别是转向方式，两轮马车的转向是靠两个轮的差速和滑移实现的，虽然有一定的转向阻力，但还可以接受，对轮子产生的磨损相对较小。但如果四轮车采用两轮马车的转向方式，则不但阻力大，而且可能造成车轮的损坏，所以四轮马车必须采用另外一种转向方式。四轮马车采用的转向结构形式，与现代车辆中的全挂拖车所采用的转向结构原理相同，只不过具体结构、复杂程度不同。

　　四轮马车由前后两部分构成，这种组合的前提是前车部分仍能像两轮车一样实现转向功能。四轮马车的前车架与后车架之间是通过旋转的枢轴连接起来的，前车架与后车架之间铰接，前轮轴及其车辕可绕该铰轴左右转动。在直线行驶时，马拉前车架的作用通过枢轴传递给后车架及车轮，马车正常行驶。当要转弯时，马带动前车架改变行驶方向，此时前轮轴绕枢轴转一角度，前车架对后车架的作用力方向发生改变，该作用力迫使后车架水平扭转，带动后车两轮以不同的速度转动，实现整车转向。也正因为四轮马车有了"转向机构"，才使得四轮结构马车易于转向，四轮马车才得以发展。

1.4　从动行走机器

　　从动行走机器的特征是被动行走，具有比较完善的行走装置及工作装置，大多不带动力装置，运动时由人或其它牵引主机提供动力牵引，行、停均由外来作用确定。为了便于操控这类设备行走，或者配有用于操作的手把，或者配置牵引装置。其中有的自身带有动力装置，但该装置只用于作业而不参与行走驱动。这类机械形式多样、种类繁杂、应用范围广泛，可以定点作业、可以行走过程作业，甚至有的行走装置还要参与作业过程。多以装载搬运设备、变场地工作设备、移动作业机具等应用于各种场合。

1.4.1　装载搬运设备

　　从动行走的机器形式多样，结构相对简单。如拖车类设备为单一运载功能的从动行走机械设备，只要有最基本的行走装置与结构机架即能实现其运送货物功能。小型装载搬运设备不仅具备运载功能，而且还具备装卸功能。该设备在外来作用下，不仅能解决物体的升降、摆放，还可以实现运输功能。小型从动装载搬运设备构成也包含行走与装载两部分，为满足装与运这两种需求，其功能是装与运功能的集成。这类设备除具有一般从动运载功能的特征外，还要兼备其它与运载相关的作业功能。行走时行走装置被动行驶，独立完成运输功能，装载作业时行走装置又是装载过程中必须借助的移动机构。该类机器移动时需要外力牵引与推拉，装置作业的动力可以靠人力经机械装置转化为所需的动力，也可源于自带的动力装置。

　　小型装载搬运设备可视为行走与作业装置两部分，两部分可以相互独立也可协同作业。独立完成功能的这类设备，装载部分的装置形式千差万别，而行走部分的形式基本相似。协同作业类机具则行走装置与作业装置共同实现功能，行走作为提升装置的一部分参与提升作业。小型装载搬运设备是用于短距离搬运物料的机具，主要应用于需要水平搬运而地方拥挤的场合。作业时靠人力推拉完成移动作业，其上配置有液压助力装置用于提升装载货物，靠人力操作完成货物装卸。其上配置的液压助力装置通常将油池、手动泵、换向阀、单向阀等集成为一体，当需要提升时，人工操作牵引拉杆带动手动泵柱塞运动，将油池中的油压入液压缸，此时液压缸上升即带动托架上升，注油流量及起升速度由人工操作手动泵摇杆的频率而定。卸货时手动泵摇杆不动，手动操作注油阀的卸载销向上移动，带动钢球推动锥阀芯向上开启，由货物重力所产生的压力迫使油回流到油池，液压缸回缩使托架和货物放下。这类搬运设备主要用于车间、库房等地面平整的场合，轮子较小，材料多为聚氨酯、尼龙等非金属材料。

  手动液压搬运车是一种小巧方便、使用灵活的比较具有特色的从动搬运作业机具。手动液压车具有较大的承载能力，其行走装置不仅在运输时起作用，而且作业中还要起一定的作用。手动液压搬运车由机架与行走部分、液压装置、提升机构、牵引拉杆构成，如图1-4-1（a）。机架与行走部分由主框架、支腿、轮子支臂、轮子和牵引转向机构组成，主机架是由左、右梁组成的框架，它是连接行走机构与升降机构的基体，兼具托载货物和连接各机构的功能。轮子支臂是平行四边形机构，它决定主机架的离地高度。牵引拉杆既是拖拉作用牵引装置，也是液压装置的操作杆，前端的导向轮与拉杆一起转动，摆动该拉杆使轮子偏摆实现转向。机架与轮之间带有液压装置，通过液压装置拉动提升机构使机架提升，实现货物的起升和下降。作业时将车推入货物底下，然后用液压装置驱动提升机构使机架升高，托起货物以便驮负货物移动。提升机构包含车轮及一些杆件，在油缸顶起支架抬高的同时，拉动前轮使车架整体提升。到达目的地后将机架降落使货物落地，抽出搬运车完成搬运作业。

（a）   （b）   （c）

图1-4-1 手动搬运车

  当小型装载搬运设备的行走部分与装载装置相对独立时，行走装置及机架部分不直接参与升降，装载作业由专用升降机构独立完成自己的功能。因应用的场合不同，独立装载的装置机构形式多样。比较简单的如手动液压平台只有一平台，采用手动、脚踏为动力升降平台，行走部分一般有四个小随动轮，脚轮有制动器。手动液压托盘搬运车，有两个货叉式叉腿及货叉，每个叉腿上一个载重轮，如图1-4-1（b）所示。装载时插入托盘底部，货叉可以通过手泵油缸抬起，使托盘或货箱离开地面。升降机构可以是其中比较简单的作业装置，作业装置不局限于起重，还可以实现其它的动作和功能。如小型挂弹车，挂装部分不仅实现起升动作，而且还能实现平移、摆转等多个自由度的运动。

  上述小型装载搬运设备一般用于比较小的物体搬运，但并不意味从动装载设备只用于小件货物搬运。这类装置也用于大型物体的装运，如航空发动机安装车、集装箱转运装置等。集装箱转运装置为分体式，有两个可独立行走的单体，如图 1-4-2（b）所示。每一单体部分都可以自行或人力推行，两个单体部分合起来可由其它车辆拖行。搬运集装箱时两个单体分别连接到集装箱的前后两端，与集装箱构成一体并将其抬离地面一定距离，整体形成一辆可由其它车辆牵引的四轮拖车。拖到预定地点后先将集装箱落地，前后单体再脱离集装箱。解体后的单体可以自行或人力推行到附近的集装箱处继续作业，也可前后组合起来用其它车辆运送到更远距离的地方作业。航空发动机安装车在行走机架上安装有复杂的升降与姿态调整机构，航空发动机被驮负在其上。推拉安装车到飞机下侧的指定位置，提升发动机到指定高度，再微调发动机的位置对正安装，调整姿态与安装位置吻合。

(a)　　　　　　　　　　　　　　　　(b)

图 1-4-2　大型物件搬运车

1.4.2　移动作业机具

　　移动作业机具的特点就是在其它外力作用下边行走边作业，甚至有的行走装置就是作业装置。这类机器中的作业装置往往需要动力，其动力来源于牵引其作业的机器，有的是自身带有的动力装置，也有不需动力输入即可完成作业的。这类机具一般由牵引装置与主动机连接，自身具备独立的行走装置，在作业的过程中行走装置多数不参与作业，也有的是作业装置的一个组成部分，这类机具在田间作业中应用较多，通常由拖拉机作为主动机牵引其作业。这类机具的行走装置根据作业装置的结构需要而布置，行走部分形式各异。

　　捡拾打捆机是一种由拖拉机牵引在田间作业的机具，在拖拉机牵引行走的过程中边走边作业，其行走的过程中将铺放在地面上的秸草捡拾起来并打成草捆。捡拾打捆机的行走装置服务于作业装置，既用于运输过程，也用于工作过程，而且有时还对作业产生一定的影响。图 1-4-3 所示为一种捡拾打捆机，行走装置作为一服务装置布置在机体的下侧，机架根据作业机具的需要设计，牵引杆与机架结合为一体，通常刚性连接。其主要可分为捡拾台 4 与打捆机 6 两大部分。打捆机部分结构庞大，是捡拾打捆机的主体部分，牵引杆 2 直接与主体机架相连，行走轮 5 为主行走装置，承载机体的重量。通常将捡拾台上的小轮 3 称为浮动轮，用于调整确定捡拾台与地面之间的间隙。整机的作业动力由拖拉机的动力输出端通过传动轴 1 传递给捡拾打捆机。

　　播种机也是在拖拉机牵引状态下完成作业的田间作业机具，是在拖拉机牵引作用下，向土壤中播入规定量作物种子所用的机具。播种机通常以外来动力为行走动力源实现行走功能，同时又以行走轮为驱动源来驱动作业装置。播种过程中排种速度必须与播种机的前进速

图 1-4-3　捡拾打捆机

1—传动轴；2—牵引杆；3—浮动轮；4—捡拾台；5—行走轮；6—打捆机

度严格同步，才能保证在播种机前进一定距离时播下一定量的种子，为使机组前进的距离与排种次数有机地联系起来，在多数播种机上均采用行走地轮驱动排种器，这也是播种机的传动特征。播种机上的排种器与排肥器大多利用地轮和镇压轮通过适当的传动机构来驱动，通常由行走地轮通过链轮、齿轮将动力传递给排种、排肥部件。地轮与排种器之间安装有离合器，此处的离合器一般为单向离合器，当地轮离开地面，或地轮翻转时离合器脱开。播种机作业时地轮通过链传动驱动排种轴转动时，位于种箱内的排种槽轮随轴一起转动。槽轮圆周上均布有凹槽用于容纳一定量的种子，凹槽内的种子随槽轮一起转动到排种口排出。为了达到调节播种量、施肥量，或穴距离、株距的要求，播种机大多采用更换链轮的方法来改变速比。必要时还设置变速机构，使传动速比多级变化（图 1-4-4）。

图 1-4-4　播种机

1.4.3　变场地作业设备

从动行走机器的被动行走特性一致，但因其作业性质不同，作业与行走的关系产生差别。装载搬运设备行走与作业具有一定的相关性，不仅行走靠外来作用，其自身不配备动力装置，装载也是靠外力，以人力为主时也只是配置一定的助力装置辅助作业。移动作业机具的行走过程就是完成作业的过程，作业与行走相关，这类机具中自身一般不配置动力装置，如果需要动力则由牵引主机提供。还有一类设备工作时需要停放在一处位置不动，但需要在不同的地点完成作业。这些装置定点完成作业时不需要行走装置，但这些装置往往需要频繁改变作业或存放地点，或需要较长的运输路途。其行走与作业的相关性较小，甚至可视为固定作业机械与行走装置的组合。可以在这类装置上安装被动行走装置，也可直接将其与拖车组合起来使用。

军用火炮是在一固定位置射击，但需要改变阵地的位置，而且需要牵引火炮长途行进到遥远的地方，因此对行走装置要求高（图1-4-5）。行军状态时车轮着地，到达阵地时因有支承机架着地起主要支承作用，车轮则变成辅助支承或成无用附件。有的大型火炮还带有行走辅车，行走时与火炮连接为一体，到达炮位时拆下。特别对于一些重型火炮，由于机体较大较重，甚至要配备必要的减振、制动装置，由扭杆和减振器构成悬挂装置，可以允许较高速度牵引行驶，尤其在路况不良的条件下，可以保证炮车始终与地面接触，制动时也能避免产生过高的冲击力。牵引装置可以是独立的牵引杆，也可以是集成在车架上的一个部分，如有些长管的牵引火炮炮口上装有牵引环用来牵引，炮筒即是牵引杆。火炮长途运输采用机引方式，在阵地上或短距离调整可能靠人力推拉，但是随着口径的增加，重量增加、机动性将变差。为了解决这一问题，有的牵引火炮在炮架上装有辅助推进装置，用以在火炮解脱牵引后驱动火炮进出阵地和短距离机动，或在通过难行地段时驱动火炮车轮与牵引车一起运动。

图1-4-5　牵引火炮

从动行走机械行走靠外力，通常不配备动力装置，而其中有一类设备自身配备动力装置，但动力装置只用于作业。这类设备具有比较完善的行走装置，为了保持驻车状态，通常配有驻车制动装置，底盘结构与牵引挂车具有一定的相似性。这些设备虽然作业时固定位置，但作业位置因需要而定，但移动的距离较近，如机场保障设备中的空调车、电源车等。这类车辆围绕飞机作业，必须根据飞机的位置决定自身的作业地点，作业完成后再移动到另外一作业位置，或移动到存放地点。虽然可以采用自行走方式，但另外配以自行走动力装置则利用率低，利用自身动力装置行走则结构复杂且匹配效果差。如图1-4-6所示的飞机电源车，利用承载的电源系统为飞机供电，车载电源可以是发电机组供电，动力装置只驱动发电机发电，发出的电经一定的处理后通过导线与飞机的电气系统连接。为飞机供电的作业过程中，电源车一直停留在一固定位置。

图 1-4-6　飞机地面保障设备

　　动力装置只用来驱动自身的工作装置，行走与停止全靠人力完成，在停止后执行其它作业时需要保持不动，小型设备质量较小靠人力推拉或车辆牵引均可，对制动要求也不高，配有简单的驻车制动装置即可。牵引装置或牵引杆是必备的部分，利用牵引车等牵引设备通过牵引杆移动和摆放设备。牵引杆除了牵引、操向使用外，有的还用于作为制动的操作机构，如图 1-4-6 所示的制动装置利用牵引杆的不同位置来实现制动。牵引时制动放开，停车时将牵引杆立起来，制动可以直接制动车轮，也可以制动轮轴，这要具体根据所选用的制动装置的结构而综合考虑。在正常牵引时牵引杆向水平方向放开，这种状态时制动装置处于放开状态，车轮可以转动，停车后将牵引杆向竖直方向拉起并锁定，这时拉动制动装置将车轮制动，这种方式也利于节省放置空间。

　　从动行走机械与固定作业机械很难划清界限，有轮子可移动的机械到处可见，所谓从动行走机械只是强调其行走特性，有时对于这类机械与定点作业机械没有明显的界限。为了移动方便，许多固定作用的机械上都设计有轮子，从不同的角度审视该机械，其结论可能完全不同。图 1-4-7 所示为自带动力装置的从动行走机械。

图 1-4-7　自带动力装置的从动行走机械

1.5　随行式牵引器

　　用于牵引小型飞机的随行式牵引器行驶速度较低，可双向行驶，作业时操控人员随机行走并实施控制，操作人员步行掌控一长操纵手把，通过手把及其上的装置实施行走、转向等主要操作，这类行走机器通常为三点支承结构，外观形态特点是车体扁平低矮。行走可采用电机、发动机等不同的驱动装置驱动，但要实现无级调速以便适应操作人员行走习惯。该类牵引器牵引飞机时利用其专有装置将飞机前起落架置于其上，该装置通常布置在车体后部两轮中间部位。

1.5.1　随动牵引器形式

随行式牵引器是一小型自驱动行走机器，具备机动车辆诸如起动、变速、换向、制动及转向等车辆行走所必需的功能，以及相应的操控装置。根据操作方式不同将随行式牵引器划分为接触和非接触式两种，接触的含义是操作者与牵引器直接接触，通过操作牵引器上的操纵手把等装置操控牵引器，非接触式则是通过有线或无线遥控操纵。接触式又可分为定向手把与动向手把操控两类，定向手把操控的含义是操控手把与牵引器机体的方向固定，左右方向不能发生相对位置变化。动向手把操控则是手把可以左右摆动，手把也是人力转向操纵杆，通过扳动手把带动导向轮偏摆实现转向功能。

随行式人力操向牵引器运动时人车互相作用，特别是动向手把操控类牵引器，在转向过程中各处的运动都在变化。转向操纵手把部分在车体进行运动的同时，还绕铰接轴摆动手把端部与操作人员的手一同运动，端部的运动一定程度上接近人的运动，特别是在需要摆动较大摆角的场合，人必须左右运动才能实现转向。转向时操作人员扳动转向手把，并以与操纵杆端部相近的速度运动，该运动为车辆前进速度与摆动速度的合成速度，因此牵引器的速度确定要考虑转向时操作者的适应能力。

随行式牵引器的操控者在机下随行，行进与作业相关的操作均由手通过操控手把操控来实现。操控手把是随行式牵引器操控装置的概称，包括结构意义上的手柄、杆件，也包括安装其上的开关、机构、装置等。若定义牵引飞机行走为前进，按此定义牵引器方位的前后，则手把布置在牵引器的前部，人在牵引器的前部操控牵引器。牵引器通常为前单、后双支承的三支点结构形式。行走时操作者手扶在手柄上与车一起行走但无需用力，转向时需靠人力改变方向。

1.5.2　定向手把操控牵引器

定向手把操控牵引器如图 1-5-1 所示，其行走装置为三点支承结构，前轮为随动轮结构，作用在机体上的外力可使其绕铅垂轴整体转动，从而实现机体方向的变化。两后轮布置于牵引器的后部，为了操作飞机前起落架的需求，在后部两轮之间有一装置用于驮负飞机前起落架，因此使得两后轮同轴线而各自独立。机架的前端刚性连接一向前倾斜的立梁，立梁

图 1-5-1　定向手把操控牵引器

顶端固定一短横梁用于人手掌控机器，转向时需靠人力使机体略偏以改变随动轮的方向。机体的前端布置蓄电池、发动机等装置，紧靠发动机的是一体式液压变速装置，又称液压传动单元。液压变速装置的后侧布置带有差速装置的传动轴，由此传动轴分别将动力传递给安装在车架后部的驱动轮。

牵引器的行走采用后轮驱动，采用机液结合传动方式。动力源为汽油发动机，机械传动采用皮带、链条及轴三种传动方式。液压变速装置主要作用是改变速度与扭矩，是液压传动系统的简化与集成，具有无级变速、动力制动等功用。动力传递过程中要解决动力的通断、变速变扭、前进与后退换向，在变速箱与离合器组合的机械传动中，分别由离合器控制动力通断，变速箱解决变速变扭、前进与后退换向问题。在此小型飞机牵引器中，液压无级变速器中将此三方面的问题一同解决。发动机的转速确定后，传递给液压变速器的输入转速就确定，而车辆的行走速度由液压变速器输出速度确定。

发动机起动后其动力经液压变速器及相应的传动装置传递到驱动轮，驱动轮驱动牵引器行驶，发动机产生动力到转化为车轮的驱动力经过了五级传动环节。发动机通过带轮输出动力，通过带传动带动液压变速器完成第一级传动。第二级传动是比较重要的变速环节，液压变速器内部的柱塞泵与柱塞马达之间的液压传动实现无级变速传动。液压变速器的输出端装有链轮，通过链传动将动力传递到带有差速器的中央传动轴，完成第三级传动。差速器通过左右半轴将动力分别向左右传给其上的链轮，完成第四级传动。半轴末端安装的链轮通过链条将动力传递给连接在驱动轮毂上的大链轮，完成第五级传动。大链轮驱动车轮同步旋转，完成行走驱动功能。图 1-5-2 所示为动力与传动装置。

图 1-5-2　动力与传动装置
1—起动拉手；2—加速手柄；3—汽油机；4—卸载手柄；5—变速软轴；
6—变速转臂；7—液压传动单元；8—中间轴组件

此处液压无级变速系统集成为液压传动单元，是将液压传动系统的装置元件简化与集成，多用于小型机械以简化结构，并实现理想的速度。液压传动单元作为一独立装置参与传动，但其仍包含变量泵、定量马达、油箱及阀等多个液压部件。上述小牵引器采用的是Eaton 的轻型液压变速器，其结构如图 1-5-3 所示。轻型液压变速器包括一变量径向球柱塞液压泵、一定量径向球柱塞液压马达和一组阀，所有元件自成一体，均包含在一个壳体内，无外部高压管路。吸油口直接连接一小型油箱，由于安装于高位的一体式油箱内油液的重力作用，以及泵柱塞在回程过程中在吸油回路中产生的真空压力，液压油受压通过过滤器进入系统。与泵连接的控制转臂既可控制传动器输出轴的转速，又可以控制方向。摆动控制转臂，就可以改变变量泵输送到定排量马达的油液量，即可实现转速控制。

液压传动单元下侧伸出一转轴，在转轴上安装有变速转臂，变速转臂以转轴为中心绕该

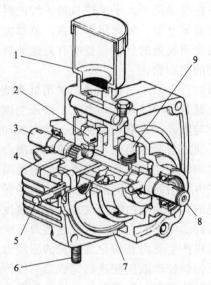

图 1-5-3　液压传动单元

1—油箱；2—变量泵；3—输入轴；4—凸轮环；5—导通阀；6—控制轴；7—配流轴；8—输出轴；9—定量马达

转轴摆转，该转轴转动后可改变泵的排量。转臂的一端与控制软轴连接，由软轴控制其摆动。软轴及一些杆件机构与安装在手把立柱上的手柄连接，搬动手柄带动软轴最终调节液压传动单元上的转轴，改变速度、前后行驶方向。控制手柄可以平滑地控制方向和转速，当手柄处于中位时，输出轴停止转动，没有输出。从中位向前移动手柄，可使输出轴向一个方向旋转。从中位向相反的方向移动控制手柄，则输出轴的旋转方向相反。随着手柄向远离中位的方向移动，输出轴的转速增加。控制转速的手柄也具有制动功能，手柄向中位移动时输出轴的转速下降，在减低发动机转速的同时，液压系统的泵减少供油或不供油给马达，马达减速。

1.5.3　动向手把操控牵引器

动向手把操控牵引器的前端纵向安装一可摆动操纵手把，操作人员用手向左或向右扳动操纵手把来改变牵引器前轮方向实现转向。如图 1-5-4 所示的行走液压驱动牵引器，操纵手

图 1-5-4　牵引器与操向装置

把的一端通过车体前端的立轴与转向轮直接相连。前轮通过一立式转轴支承在车架前端，垂直轴安装在转向轴承座里，在轴承座上侧的转轴端与操纵手把的一端连接，手把摆动带动立轴旋转，进而使前轮摆动。另一端是手柄及控制盒，手柄及控制盒集中了牵引车的主要操纵装置。控制手柄通过钢丝拉线控制变量泵的斜盘就可以使牵引车起步、行走和停止，通过左、右扳动操纵手把实现转向。控制盒上集成有牵引车起动开关、控制开关、照明开关、滑行开关、电源总开关等，其它控制开关布置在车体的左前部。

采用轮边液压马达驱动不仅方便传动，而且可以节省有效空间，为其它装置的布置带来方便。特别对于作业装置也需要液压系统的机械，可以共用液压系统中所必需的液压油箱、散热器等器件。采用液压驱动的随行式飞机牵引器，行走装置采用三点支承方式布置在车体前部的中间和后部的两侧，其中前轮为导向轮，两个后轮为驱动轮。牵引器采用一组前轮和两个后轮组成的三支承结构，前轮由平行安装的两轮组成，两前轮通过一立式转轴支承在车架前端，通过立轴及转向操纵杆由人力实现转向。后轮采用分置液压驱动的方式，马达壳体直接安装在车体两侧，液压马达输出端直接与两个后驱动轮相连。动力装置可以是汽油机、柴油机，也可以是电动机，动力装置通过液压泵、阀、马达等构成的液压系统来驱动行走装置。图1-5-5所示为牵引器为汽油机驱动液压系统实现牵引作业，可方便双向行驶作业。

图1-5-5　液压驱动飞机牵引器

牵引器的液压系统由一个行走驱动系统与一个作业驱动系统构成，两个系统分别由两个液压泵驱动。其中行走驱动系统是由变量柱塞泵、液压管路、阀、两个后轮液压马达组成的闭式液压行走系统，靠液压系统实现各驱动轮之间同步或差速功能。行走驱动系统变量柱塞泵自带补油泵、冲洗阀，采用手动伺服控制方式实现变量控制，从而实现牵引车的速度控制。两个马达并联使用，常规工况下两个马达同时工作，驱动牵引车前进或后退，在牵引车转向时，二者之间又可产生一定的差速作用，实现差速器的功能。液压驱动系统当变量泵的输出流量少于与实时车速对应的马达所需流量时，马达和泵的功能换位，液压系统将吸收机组动能，通过动力制动作用使车辆减速，变量泵的排量为零时牵引完全制动。

由于是电力驱动随行式飞机牵引器，所以不会排出废气，也没有发动机热辐射的产生，这非常适合在室内和舰船环境下使用，因此电驱动的飞机牵引器在这些场合的应用越来越广泛。图1-5-6所示为电机驱动、液压传动的一种随行式飞机牵引器的动力部分，该牵引器以蓄电池和电机作为动力源为牵引器提供动力，电机通过联轴器连接液压系统的液压泵，即与发动机驱动同样的传动形式，电机与液压泵直连、行走与作业系统的两液压泵串联。电机驱动方式比较灵活，也可以采取分别传动的方式，即行走驱动与作业驱动分别实施的方式。

图1-5-7所示的电驱动随行式飞机牵引器，安装了两个驱动电机，一个是牵引电机用于行走驱动，另一个是液压系统驱动电机用于夹持举升作业。行走驱动力从牵引电机传递出

图 1-5-6　电机驱动液压传动的动力装置

1—转向装置；2—转换器；3—电机；4—转接箱；5—电池组；

6—液压泵；7—液压油箱；8—手动泵；9—液压油冷却器

来，驱动力通过皮带和链条传递给驱动轮。首先由带传动将电机的动力传递到中间传动轴，中间传动轴平行于驱动轮轴布置，安装在两个自调整滚珠轴承座之间。该传动轴中部集成有差速器，左右传动链轮布置在该轴差速器的两侧，并将动力分别传动到左右驱动轮的链轮上。该牵引器转向轮轴通过叉状的轮支架与操作手柄连接，每个轮通过滚子轴承安装在轮轴上，它们可绕机架与连接叉状支板的立轴摆转。操纵手把在水平方向上旋转，即可实现该轮绕立轴中心线左右旋转。

这种转向方式的牵引车辆也可实现随行与乘坐驾驶两种操作方式，通过增加一套乘坐驾驶的方向盘及一套转换装置即可。乘坐驾驶时将操纵手把与转向立轴脱开，同时将转向立轴与乘坐驾驶的方向盘的转轴接合，反之亦然。

图 1-5-7　电驱动随行式飞机牵引器

1.5.4　单轮驱动随行牵引器

前面所述的两种牵引器尽管手把操控方式、传动形式均不同，但后轮驱动这一点一致。这类三点支承结构的牵引器，除了后双轮驱动形式外，也有前轮单轮驱动方式。图 1-5-8 所示的单轮驱动牵引器为电机驱动结构，也由机架、操纵、转向、驱动、动力装置等构成。牵引器采用三点支承方式，前轮兼为驱动轮和转向轮，采用动向手把操控方式，通过一个操纵手把人力转向。整车的能量来源于电池组，电池组为动力装置供电。电池组和其它设备均布置在牵引器机架的中部，尾部设置有用来承载飞机机轮的托盘。转向操纵机构与电力驱动装置相连，能够实现电动飞机牵引车的转向和对行车速度的控制。

牵引器前端的操纵手把的一端是一个集成电控手柄，手柄能够操控牵引器的前进后退和速度快慢等，另一端通过转向立轴直接与驱动装置相连，使牵引器在工作时可以靠人力左右拉动手柄实现转向。手把的前端有一个特殊的断电开关，一旦牵引杆的前端碰到障碍触发了断电开关，牵引器能够及时断电，并且靠电机实现制动。该牵引器还设置了可折叠的踏板，

图 1-5-8　电动牵引车前驱动装置及牵引车

实现步行操控与站立驾驶两种操纵方式的转换，通常采取步行随动的方式，长距离行进时操作人员可以站立在前面的托板上。

此电动飞机牵引器的驱动电机、减速器和车轮设计成一个整体，成为独立的驱动单元。电池的能量由电机转化为驱动扭矩，经由减速器传递到车轮上。这样集动力、传动和制动一体的驱动轮具有调速平稳、操纵方便、安全可靠等优点。而且其电机和驱动轮以平行轴布置，通过二级斜齿轮减速，具有传动平稳、结构紧凑的优点。操控手把上的电控手柄、开关等控制调节电机的转速、旋向，实现牵引器的前进和后退选择与速度调节。电机工作时有电机温度传感器、电机速度编码器等实时监测电机的状态，并及时反馈给控制器，由此形成的闭环系统保证了电机在各种工况下能够平稳运行。前轮驱动不仅出现在小型牵引车上，在其它小型电动车辆上也有应用。

1.6　手扶拖拉机

手扶拖拉机是一种小型田间行走的动力机具，因操作人员以手扶持扶手架操纵而冠以"手扶"拖拉机之名。其结构简单、机动灵活，综合利用性较好。配上相应的农机具可实现耕作、收割、播种等田间作业功能；配上可以牵引的拖车，又可用于短途运输作业。

1.6.1　手扶拖拉机结构特点

1.6.1.1　基本结构

手扶拖拉机为单轴两轮驱动的自行走式机械，由动力装置、变速传动装置、行走驱动轮、操纵机构及机架等组成。作为动力装置的发动机布置在机架前端，机架后端连接变速传动装置的壳体，共同形成手扶拖拉机的主机体。变速传动装置的输出轴连接驱动轮，驱动轮布置于传动装置的两侧并支承主机体。主机体的后部安装有扶手架，在其上集成有操纵机构。我国的手扶拖拉机的动力装置多为小型柴油机，以蒸发式水冷、卧式单缸四冲程柴油机为主。柴油机的主机体水平放置，活塞在水平方向往复运动。曲轴端连接的飞轮在柴油机的一侧，飞轮上可以连接用来传动的带轮。采用带传动可为动力输出增加一途径，便于手扶拖拉机为固定作业机具提供动力。主机体的上侧并排放置蒸发水箱和燃油箱，排气消声管道直接与柴油机的排气口连接。

手扶拖拉机的变速传动装置具有特色，该装置体积小而结构紧凑，不仅实现变速变扭，而且集成了离合、转向、制动等功能装置，从发动机到驱动轮的动力传递所需的装置与机构集中于此。其中变速传动箱为主体，其它装置附从或置于其中。通常情况下主离合器相对独立布置在传动变速箱体之外，其它诸如变速、中央传动、末级传动、换向离合等装置均集成在传动变速箱内部。图 1-6-1 所示为手扶拖拉机结构。

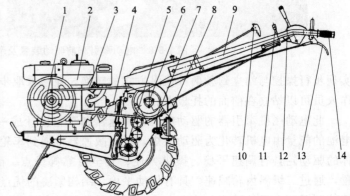

图 1-6-1 手扶拖拉机
1—机架；2—柴油机；3—三角带；4—驱动轮；5—行走驱动轴；6—离合器；7—变速箱；8—牵引框；
9—扶手架；10—换挡杆；11—加速手柄；12—离合制动手柄；13—转向手柄；14—扶手柄

手扶拖拉机作业时操作人员通常在其后部随行操作，操纵机构的操控均由手来实现。操纵机构一般有挡位联锁板、换挡杆、扶手架、扶手柄、离合制动拉杆、加速手柄等，分别用于操控速度变换、转向、停车等。扶手架前端与主机体连接，后端的两个手柄处安装有手油门拉杆、离合制动手柄、转向手柄、换挡杆位于左右两手柄的中间部位。离合制动手柄操控离合、制动两个装置，一个手柄实现三种状态，其有结合、分离、制动三个位置，分别代表拖拉机的三种工况。手扶拖拉机的操纵杆件相对较多，操作主要由驾驶员的手来实现，这也是手扶拖拉机的一个特点。

1.6.1.2 作业形式

手扶拖拉机可以与多种用于农田作业的机具配套，能够适用于平原、丘陵以及山区的水旱田作业。除个别特殊用途的手扶拖拉机采用履带式行走装置外，手扶拖拉机基本采用轮式行走装置。为了能适应水田作业，手扶拖拉机可以换上水田铁轮或高花纹轮胎。操作人员通常步行操纵，也可乘坐操纵。在运输、耕地等作业时可变为乘坐式，此时增加座椅与尾轮，形成前两轮驱动、尾轮随动的三轮拖拉机。手扶拖拉机通过配套机具来完成相应的功能，要实现运输作业功能，就要牵引挂车，牵引框就是用来连接挂车等的牵引装置。当需要在田间进行旋耕作业时，就要在变速箱后侧引出动力，传递给旋耕机。当需要为田间灌溉的水泵等固定装置提供动力时，则将发动机与变速箱之间的三角带取下，将发动机的带轮与所供动力的固定装置带轮用皮带联系起来，发动机直接为固定装置提供动力。如图 1-6-2 所示为配备耕作机具的手扶拖拉机。

图 1-6-2　配备耕作机具的手扶拖拉机

手扶拖拉机机体小、重量轻，在不配套作业机具时，重心在驱动轮轴心线略前，在田间作业时需悬挂作业装置，作业装置一般位于驱动轮的后部，此时重心位置发生移动。同时作业装置产生的作用力因不同的作业而变化，使得整个机组作用于驱动轮的附着力也在变化，因此需要时可以通过加装平衡重来调节重心位置，保证驱动轮有适合的驱动力。当牵引耕犁作业时，土壤反作用于犁体上的作用力方向与拖拉机前进的方向相反，只需拖拉机发挥足够的牵引力即可。当拖拉机进行旋耕作业时，旋耕机需要从传动装置中取出部分动力，旋耕机的犁刀在动力的作用下做旋转运动，旋转的方向与驱动轮的旋转方向一致。犁刀作用于土壤使土壤松碎，同时土壤给犁刀以反作用力，反作用力的垂直分力向上，有减轻拖拉机尾部重量的趋势，而水平分力有推动拖拉机向前的趋势。手扶拖拉机配套的机具一般都布置在后部，个别也可布置在前部，如用于收割作业的装置都布置在前部（图 1-6-3）。

图 1-6-3　手扶拖拉机牵引与收割作业

1.6.2　变速传动装置

1.6.2.1　手扶拖拉机的传动

手扶拖拉机的传动系统采用相对简单的机械传动方式，其中包括从发动机到变速传动装置的传动，以及变速传动装置实现的传动。发动机到变速装置的传动取决于二者之间的关系，发动机与变速装置有直接连接结构与相互独立结构两种形式。发动机与变速装置之间可以通过壳体直接连接成一体，传动在内部实现。这种结构实际使用较少，更多的采用发动机与变速箱相互独立的两体式结构，这时的传动则需通过外连的带轮传动。此时发动机的曲轴与驱动轮的轴心线平行，前后移动发动机便可调整传动带的张紧度。手扶拖拉机可为多种机具提供动力，发动机产生的动力有三种传递方式以适于机具的需要。驱动固定作业机具时，动力通过发动机飞轮上连接的带轮，通过皮带传递给工作机具的带轮，直接驱动工作机具。牵引作业时，发动机动力通过皮带传递给传动装置的输入带轮，再通过传动装置传递给驱动轮。当需要边行走边驱动工作装置时，动力首先传递给变速传动装置的输入带轮，再通过该装置分流后分别传递给驱动轮与外接工作装置。

发动机的动力首先通过带轮传递给变速传动装置的动力输入带轮，该带轮内集成有离合器，通过控制离合器的离与合实现动力的断与通。动力通过离合器后，经动力输入轴进入变速传动装置箱体内。在箱体中通过不同挡位的齿轮传动后到达转向离合器轴，该轴上布置有两离合器，该离合器实质是实现转向的装置，两离合器通过左右转向手柄分别操控。两离合器同时结合时，动力经两离合器上的齿轮分别向后传递到左右半轴齿轮，动力经该齿轮到与驱动轮相连的半轴，同时直接将动力传递给驱动轮，使拖拉机直行。当两离合器其中之一处分离状态，则传递给驱动轮的两条动力路线一通一断，使得两轮中一轮有驱动而另一轮无驱动，导致车辆转向。控制两离合器均处接合状态为正常直线行驶工况，否则为转弯状态。手扶拖拉机采用纯机械传动方式，通过带轮或链条、齿轮等传动即可实现全部传动过程。动力输出传动也如此，动力输出通常在变速传动装置的后端，通过齿轮或轴传递，输出速度不随挡位变化，只与发动机输出相关。

1.6.2.2 变速传动装置

变速传动装置可视为动力输入装置与变速传动装置两部分，动力输入装置通过动力输入轴与动力装置部分联系起来。动力输入装置部分由带轮与主离合器构成，实现发动机动力传动的通断控制。传递动力时动力由带轮和主离合器共同实施，带轮带动离合器的主动盘，主动盘再通过摩擦方式传递动力到从动盘，从动盘以花键方式与变速传动箱的动力输入轴相连，动力因此而传入变速传动箱内。在变速传动箱内经齿轮传动将动力传递到左右半轴，半轴与驱动轮相连，动力通过半轴输出到驱动轮，实现行走驱动。

主离合器（图1-6-4）的功能是分离和接合由发动机传给传动箱及工作机构的动力，在外界突然超负荷时，主离合器发生打滑，从而保护传动箱中其它机件不受损害。手扶拖拉机主离合器为干式常接合摩擦片式，与带轮集成一体安装在变速传动箱动力输入轴上，动力输入轴也称第一轴。主离合器总成由主动部分、从动部分、压紧部分、分离机构及操纵机构构成，主动部分随发动机传递的动力运动，被动部分在不接合时保持原状态，接合后与主动部分一起运动。当离合制动手把在分离位置时，拉杆拉动分离爪绕轴旋转，在转动的过程中推动分离轴承左移，在分离杠杆作用下，通过调整螺栓拉动压盘克服弹簧压力右移，使各摩擦表面出现间隙而动力切断；当离合制动手把在接合位置时，分离轴承回位，压盘在弹簧压力作用下使各摩擦表面压紧，动力接通。通过调节分离拉杆上的调节螺母来调节分离轴承与分离杠杆间的间隙，使离合器手柄保有一定的自由行程。离合器的形式可能有多种，基本工作方式相同。

手扶拖拉机的结构紧凑，通常在一变速箱内包容了几乎全部传动机构，或者将几个箱体紧密组合为一体。如末级减速部分或者在箱体内，或者将末级减速箱体与变速箱直接连接在一起构成组成式变速箱。手扶拖拉机的变速传动箱的箱体一般为铸铁件，箱体内安装有动力输入轴、中间轴、倒挡轴、转向轴和动力输出轴等，动力经由离合器传入变速箱，带动输入轴主动齿轮旋转。整个变速传动的齿轮均采用圆柱齿轮，制造工艺简单。箱内设计有用于转向的离合装置，通常在转向轴上安装两套牙嵌式离合器，分别用于传递给左右驱动轮动力的接合与切断，用以进行转向控制。由于不采用轴间差速器，即使单侧地况不好，驱动轮一般

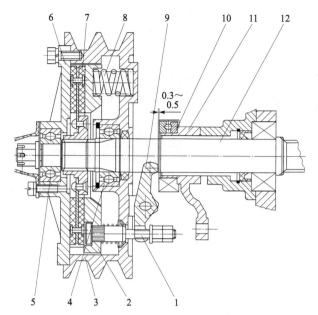

图 1-6-4　主离合器

1—调整螺杆；2—离合器压盘；3—带轮；4、5—轴承；6—带轮盖；7—离合器从动盘；
8—离合器弹簧；9—分离杠杆；10—分离轴承；11—分离爪；12—变速箱一轴

也不会发生原地滑转。

　　整个变速传动箱除了箱体内负责传递动力的传动轴、齿轮等零件外，还必须存在用于操控的操纵部分，操纵部分由换挡杆、换挡拨叉等零件组成，功用是将各变速滑动齿轮拨到所需的位置，使拖拉机获得不同的前进速度、倒退速度和实现空挡停车。通过换挡手柄变换可轴向移动的换挡齿轮的轴向位置，使它们与相应的齿轮啮合，就可以得到几种不同的前进速度和后退速度。为了增加速度范围，可增加副变速齿轮，通过变换副变速齿轮的啮合位置后，再进行变速又可得到与前者数量相同的前进速度和倒退速度，使得速度挡位增加了一倍。手扶拖拉机转向时操作人员捏紧一边转向手柄，通过拉杆操纵转向拨叉拨动转向离合器，与啮合的牙嵌脱离，从而切断一侧驱动轮的动力，实现拖拉机的转向。

1.6.3　行走装置

　　手扶拖拉机为两轮驱动行走机械，通常在行走过程中两轮着地支承，操作人员作为第三支点保持整体平衡。而在一些特定的场合需要尾轮参与行走作业，驱动轮是行走装置中必不可少的部分，而尾轮则视具体需要而决定是否必要。驱动轮根据作业地况条件的需要可以选择不同形式，尾轮则根据需要进行取舍。在旱地作业的手扶拖拉机的驱动轮均采用充气轮，通过轮毂直接与变速传动箱的驱动半轴连接起来。为了适应农艺要求，轮毂可在驱动轮半轴上左右移动以调节轮距。当手扶拖拉机在水田工作时，充气轮胎的驱动性能变差，为了适应水田作业，采用水田作业轮替代常规的充气轮（图 1-6-5），有的作业场合还有用履带行走装置取代充气轮。

　　手扶拖拉机的尾轮较小，可承担一小部分重量，因使用的目的不同可以采用不同的形式，在不同使用场合尾轮的作用有区别。用于运输作业通常采用橡胶充气轮胎，用于田间工作可用实心橡胶轮或金属轮，在水田耕作时的尾轮也可改用尾撬以免陷入烂泥之中。当手扶拖拉机作为运输牵引动力时，尾轮相对车体可以转动，尾轮作为三点式行走装置的三支承点

图 1-6-5　水田作业手扶拖拉机

之一，起到一定的稳定与导向作用。手扶拖拉机在田间作业时，尾轮具有一般车轮所不具有的高度调节功能，尾轮既是行走装置的一个部分，也是作业装置的调节机构。如在旋耕作业时，尾轮就用来调整旋耕机犁刀的升降及入土深度，此时的尾轮部分就要有高度调节机构，一般采用旋转升降螺旋结构，通过人工手动方式调节。

1.6.4　类似作业机械

手扶拖拉机突出的特点是单轴两轮驱动，驾驶操作人员在其后行走操控并作为第三支点保持整体平衡。行走转向通过拉杆操纵转向离合器切断一侧的动力，使两驱动轮的行走速度不同而转向。在一些小型行走作业机械中也存在手扶拖拉机的这类特点，具有单轴两轮行走结构，也是步行操控。常见的有小型除雪机、小型割捆机等（图 1-6-6），这些机械的行走与操控特性与手扶拖拉机一致，只是其作业装置与行走部分紧密结合成为不可分离的整体，而手扶拖拉机与作业装置相互独立，作业时组合使用，作业后可拆卸分离，手扶拖拉机又可它用。

图 1-6-6　小型割捆机与除雪机

1.7　脚踏自行车

脚踏自行车即人们通常所说的自行车（bicycle），是靠人脚踏驱动的两轮前后同轮迹布置的代步交通工具。其利用人体腿脚的往复运动实现车轮的旋转驱动,人车一体实现运动平衡。无论是驱动方式还是运动原理,自行车都是开先河的创举或革新。脚踏自行车结构精巧、功用适度,使用时人车合一、随意而动。正是这些特性使得自行车不仅成为最实用的交通工具,而且还广泛应用于体育运动、娱乐等领域。

1.7.1 自行车的特性

1.7.1.1 自行车的产生与特点

自行车虽然也是人力车,但其先进性远远高于以往的人力车,乃至畜力车。其原因与其产生的背景相关,自行车是在四轮马车出现多年以后才出现的,自行车在一定程度上犹如将四轮车纵向分开,形成用前后两个轮行走的半车,此后经过长时间的发展完善才有了现代形式的自行车。最早的自行车是木制的,其结构比较简单,既没有驱动装置,也没有转向装置,骑车人靠双脚用力蹬地前行,改变方向时也只能下车搬动车子。十九世纪初出现了比较实用的带车把的木制两轮自行车,这种自行车虽然仍旧用脚蹬才能前行,但是可以一边前行一边改变方向。此后又进一步在车轮上增加曲柄式脚踏装置,骑车时两脚蹬踏脚蹬驱动自行车行驶。接着再进一步利用了中间传动结构,采用链条传动的后轮驱动结构,初现自行车的雏形。到十九世纪后期,采用金属制作车架,车轮采用钢圈、辐条、橡胶充气轮胎,此时自行车与现代的自行车结构接近一致(图 1-7-1)。

图 1-7-1 普通自行车

无论是单轮小车还是双轮推车,在驱动车辆运动时,都离不开行走产生的驱动力通过人体传递给车辆,人单方面为车辆提供推力或拉力。而自行车则改变了靠人推拉的方式,自行车使人脱离地面行走,并依靠人的体力和骑车技能而行驶。骑在车上的人通过脚踏板将力传递给自行车,再由自行车车轮产生驱动力驱动自行车行进,人在驱动自行车的同时可以享受乘坐车辆的乐趣。最普通的基本型自行车骑行姿势自然、舒适度较高,已分化为男款与女款,女款自行车前方无直列横梁,座位比车把手稍低。现代的自行车尽管主要用来代步,但也要适应不同群体需要。为了特殊需要进行适当改进,如折叠自行车、多人自行车等。自行车是人类发明的最成功的一种人力机械,是由许多简单机械组成的复杂机械。这种纯粹依靠人力运转的、用来作为转移和运输工具的机器,自被发明起一直持续不断地被改进而走向今天的成熟。

1.7.1.2 行驶与控制原理

双轮结构车辆两车轮的布置通常都是左右排列,唯独自行车及后来出现的两轮摩托车等特殊，车轮布置为前后排列，直线行走时两轮轨迹重合。车轮前后纵向布置是自行车在结构形式上的最大特征，也是车辆史上的一项巨大的革新。同时各种各样的非机动车辆，驱动都依赖了外力作用，靠行走于地面的人、家畜推拉。而自行车却是例外地靠乘车者自己来驱动，这在车辆史上更是一项创举。操控自行车行驶时，人跨坐在自行车的鞍座上，两手握住车把，双脚置于脚蹬上。用力蹬踏脚蹬，自行车开始行驶，利用手把控制方向。

两轮自行车的转向运动受力复杂、变化较大，行驶速度、骑车人与驮负物体质量分布、骑车人的乘坐姿态以及路面对于车辆的作用对转向都有很大的影响。例如由于车体较窄，当骑车人的身体向左右两侧倾斜时，也会影响车体的重心，在直线行驶时会产生轻微的转向趋势。对于两轮自行车来说，骑车人与自行车合二为一、相互作用。骑车人的重量和重心位置对车辆稳定性影响很大。骑车人通过控制自行车姿态或调节本身姿态，人的身体会感受到自行车稍微倾斜，身体能够形成自动的条件反射，通过身体的扭动、移动或者是改变脚踩在踏板上的力、转动车把来保持车体的平衡。

自行车两轮前后布置，静止时的自行车不借助支承不能站立在地面上，此时人操控自行车的同时也成为实现平衡的一个支承。而骑行运动中的自行车虽然为两点支承，却可以稳稳当当地行驶在路面上，这也是自行车这类两轮同轮迹车辆具有的特性，在直线行驶时具有很强的稳定性，并且速度越高时，这种运动的稳定性表现得越强。这是由单轨车辆车轮滚动时产生的陀螺效应所致的，陀螺效应在保持自行车稳定中起到不可忽视的效果，特别是在较高速度行驶状态。

1.7.2　脚踏自行车的结构与组成

一辆完整的自行车要由上百种零件构成，这些零件各自起着不同的作用，最终实现承载与行走功能。自行车可视为基本与辅助两部分组成，基本组成部分实现必备功能，辅助部分的存在与否不影响基本功能的实现。辅助部分因需要而定，根据自行车的不同附件可多可少。但如支腿、挡泥板、车铃、反射装置这类附件虽然不影响自行车的行驶，但有助于使用效果的提升，一般都是不可缺少的组成，而如驮物支架、车灯等则因需要而定。自行车基本部分可简化为车轮与车架的组合，车架将前后轮组合起来，其中前轮负责转向，后轮负责驱动。但从车辆的角度分析自行车，自行车具备车架、驱动、转向、制动等所有实现行走功能的组成部分。

车架部分包括车架及其上的鞍座等件，车架部件的结构形式有很多，但作用一致。车架是构成自行车的基本结构件，也是自行车的骨架和主体，其它零部件也都是直接或间接安装在车架上。车架要有足够的强度和刚度，可以承担骑行者和运载货物的重量，以及来自地面的冲击力。车架结构形式对自行车的功能和性能产生一定影响，车架能体现自行车整体样式。车架形状多样，以菱形车架为基础，其它形式是在此基础上发展出的形式，一般采用钢管经过焊接、组合而成。菱形车架自行车行走时上下两边与地面接近平行，菱形以其中间后倾的中立柱为对角线将车架分为前三角与后三角两部分。车架前三角包括上平梁、下斜梁、前管与中立柱，中立柱后为后三角部分。菱形四边形的四个角点位置是自行车的重要连接部位，四个部位与相关装置连接。中立柱上端安装承载骑车人的鞍座，鞍座通过一根管件与车架刚性连接，鞍座的高度可根据骑行者的需要调整。下部安装脚蹬驱动装置部分，该装置通过链条传动驱动后轮。车架后三角的后角部位连接后轮，后轮支承车架并实现行驶驱动功能。前三角前角部位铰接前叉，前叉下部连接前轮，通过前叉直接控制前轮改变方向。

前叉通过上下两组滚珠轴承与车架相连接，前叉在车架上可以灵活转动。它的上端与车把部件相连，下端通过前轴与前轮连接。前叉部件在自行车结构中处于前方部位，是前轮与车架之间的连接装置。车把通过车把中心的斜楔式螺母，用旋紧把心丝杠的办法固定在前叉的主管内，使之与前叉连接成刚性的转向机构。转动车把带动前叉以使前轮改变方向，起到操控自行车导向的作用。由车把、前叉、前轴、前轮等部件组成的导向部分又称转向部分，主要起改变行驶方向并保持车身平衡的作用。驱动系统具有传动和行走功能，主要由后轮部分、脚蹬驱动部分及传动链条构成。脚蹬驱动部件装配在车架的下部，脚蹬驱动部分包括中轴、链轮、曲柄等部件。用脚蹬踏脚蹬驱动曲柄绕中轴转动，进一步带动链轮转动。链轮带动链条驱动后轮上的链轮转动，该链轮带动后轮一起转动达到驱动后轮的目的。

　　自行车制动装置即俗称的车闸，是保证骑行者人身安全的重要装置。制动一般由手操控，分别由左右手制动前后轮。乘骑者可以随时操纵车闸，使行驶的自行车减速、停驶，确保行车安全。制动部分由俗称的闸把、闸皮、拉线或拉杆等组成，闸把即操控手柄，闸皮即为摩擦制动件。自行车制动装置的形式多样，但基本上分为轮缘制动和轮轴制动两类。轮缘制动是通过机械杠杆、推杆、拉杆或钢丝绳等，直接将高摩擦因数的闸皮压向轮胎或轮辋，以使车轮停止运动。轮轴制动是制动轮轴或轴上安装的制动盘，与动力车辆的制动方式类似，这类制动不受轮缘不规则的影响，制动过程柔和平稳。

1.7.3　自行车的典型装置

1.7.3.1　脚踏驱动装置

　　自行车行走的动力来源于骑行者双脚的踩踏，骑行者手扶车把跨坐在车座上，双腿与双脚进行接近常规行走的往复运动踩踏自行车的脚蹬，通过脚踏驱动装置将这一运动转化为绕轴圆周转动，进而带动后轮转动而驱动自行车前行。脚踏驱动装置由中轴、曲柄、大链轮、脚蹬轴和脚蹬等零部件组成，中轴通过轴承与车架铰接，中轴的两端横伸在车架的两侧，其中一侧固定有一链轮，链轮的外侧固定有曲柄。车架另外一侧的中轴端部同样固定有曲柄，两曲柄共线但反向。曲柄的外端连接曲柄轴，脚蹬部件通过轴承铰接于曲柄轴上。行车时用脚踩踏脚蹬部件，脚蹬随脚的运动带动曲柄轴运动，曲柄轴通过曲柄带动中轴绕中轴轴心线转动，中轴的转动进一步带动链轮转动。运动再通过链向后传动到飞轮部件驱动后轮转动，后轮转动产生驱动力推动自行车前行。一般自行车只有一个链轮与后轮上的飞轮匹配传动，现代一些自行车为了速度变化的需要，配备多片链轮用于改变传动比（图1-7-2）。

图1-7-2　脚踏自行车的传动

1.7.3.2　飞轮装置

　　当人脚踩踏自行车脚蹬时，大链轮被中轴驱动的旋转运动通过链条传递到后轮，使在后轮上的小链轮转动。该处的小链轮部件通常被称为飞轮，该装置主要由小链轮外齿圈、棘爪、转盘、弹簧等零件组成，其实质是一链轮集成了一超越离合器。自行车上的飞轮装置固定在后轮上，与大链轮保持同一传动平面，并通过链条与链轮相联系，构成自行车的驱动系统。通常在以一定速度骑自行车的过程中，停止踏动脚蹬时链条和外齿圈都不旋转，但后轮在惯性作用下仍然向前转动，同时会发出"嗒嗒"的声响。反向踏动脚蹬，加大反向转动速度，会使声响得更急促。这是飞轮内棘爪与棘轮产生相对滑动，棘爪在弹簧作用下反复在棘轮的齿顶与齿底间滑动产生撞击的声音。自行车小链轮装配在后车轮毂上，小链轮齿圈内侧是一棘轮，安装有棘爪机构的转盘与轮毂固定，小链轮齿圈、棘爪等组合在一起形成棘轮机构。小链轮齿圈的角速度由中轴大链轮的转速决定，即为实际驱动速度。而棘爪机构转盘的角速度为后轮的实际角速度。小链轮外圈在链条的带动下转动，棘轮与小链轮为一体而随之逆时针转动，从而通过棘爪、转盘带动车轮转动，此时二者速度一致。在骑行中双脚不动或后转大链轮时为超越分离状态，此时棘轮相对不动或顺时针旋转，而车轮带着棘爪转动，棘爪在棘轮齿面滑过，这就是超越离合器的作用。图 1-7-3 所示为自行车后轮驱动装置。

图 1-7-3　自行车后轮驱动装置

1.7.3.3　车轮与轮闸

自行车的前、后车轮通常通过前后轴与前叉、车架连接，轮轴不动、车轮转动。一般前后轮的尺寸形式一致，均为窄型轮，由轮毂部件、辐条、轮辋和轮胎组成。其中轮毂部分因驱动与否不同，其它部分相同。自行车的典型车轮是辐条式结构，辐条将轮毂与轮辋拉系在一起，辐条一端挂接在轮毂上，另一端由辐条螺母固定在轮辋上。辐条与轮毂、轮辋的连接方式使得车轮整体具有相应的刚度。辐条与轮辋的连接位置位于同一平面的圆周线上，而辐条与轮毂连接部位位于对称于该平面的两个平面的两圆周上。如果将车轮通过轴心线垂直剖开投影则可看出，辐条的投影为以辐条长度为侧边、轮毂为底边的等边三角形，这就是车轮的结构稳定性的依据。图 1-7-4 所示为自行车前轮结构图。

图 1-7-4　自行车前轮结构图

轮缘制动是自行车的一种特色，由于自行车车轮直径大而窄，为轮缘制动带来方便。轮缘制动装置比较简单，前后轮的制动装置固定在前叉和车架上，两块刹车闸皮在车轮的两侧，制动时通过拉杆或钢丝绳等使其压向轮辋，对车圈互夹产生摩擦力，从而达到制动的效果。轮轴制动的操控方式相同，只是制动器部分不同，制动器的结果与机动车类似。图 1-7-5 为自行车制动手柄及轮缘装置，图 1-7-6 所示为自行车轮轴制动装置。

图 1-7-5　自行车制动手柄及轮缘装置

图 1-7-6　自行车轮轴制动装置

1.7.4　自行车的演变

自行车作为代步工具，体现出轻便、快捷、宜人的特征。伴随着科技的进步，人们对其附加更高的要求，单一、基本的功能性已经不能满足特殊需求，随之就出现了功能多样化的产品，如折叠自行车、简易三轮脚踏车等具有新功能的自行车。

1.7.4.1　变形自行车

自行车从诞生到如今，经历了近两百年的演化进步，自行车功能与设计也与时俱进，自行车不仅是人们出行的主要代步交通工具，更成为人们休闲旅游、运动健身的器械，这类自行车是在基础结构上为特殊需求而改进的。如为骑乘于山区路况而设计山地自行车，车架整体强度较大，确保其在山地骑行时不易损坏。一般会配置平车把，使双手握把时张得较宽，有利于操控。轮胎花纹粗且宽、胎压较低，稳定性好、越野能力强。为了提高抗冲击能力，有的在车架上安装减振器。

自行车作为代步工具，随着社会的发展，其功能有新的需求，为了实现便携则产生折叠式自行车。这类自行车是为了便于携带与装进机动车内而设计的车种，一般折叠车设计有车架折叠关节和立管折叠关节，通过车架折叠，将前后两轮对折在一起，以减少长度。整车在折叠后可放入登机箱和折叠包内,以及乘用车的行李厢中(图1-7-7)。

图 1-7-7　折叠自行车

1.7.4.2　脚踏三轮车

人力三轮车(图1-7-8)是一种脚踏驱动的车辆,其采用三轮布置形式,提高了车辆的稳定性。车架前部与自行车相近,其前轮为导向轮,通过前叉直接控制方向。后两轮同轴布置,且安装在同一轴的左右两端。轴的上部有弹性支承装置等与装载装置连接,装载装置的结构根据该车的具体使用用途而定,用于载货可以是平台、箱斗,用于载人可以是座椅等。人力脚踏三轮车在导向与驱动方面类同于自行车,而其承载能力与稳定性又优于自行车,相当于进一步扩大了自行车的使用范围与能力。

图 1-7-8　人力脚踏三轮车

行走驱动主要由后轮轴部分、脚蹬驱动部分及传动链条构成,传动方式与自行车相同,只是后轴带动车轮。安装在车架下部的脚蹬驱动部件驱动曲柄绕中轴转动、链传动等与自行车一样,只是链条带动的后链轮安装在后轴上,链轮再带动同轴安装左右轮的后轴转动。由于后轮为左右双轮,如果双轮同时驱动则为转向带来困难,因此两轮其中一轮为驱动轮,另外一轮为不具有驱动功能的随动轮。三轮脚踏车载重量较大,所需的制动力也较大,制动前轮难以产生足够的制动力,而且前轮是转向轮,制动有可能使操向性变坏。后轴是驱动轴,采用后轴制动效果较好。

1.7.4.3 多人骑行车

自行车的含义即为单人使用的同轮迹的双轮车，这种车经过改进也可实现双人骑行乃至多人骑行，进而产生一种双轮单轮迹协力脚踏车（图1-7-9）。该车一般为两人骑行，由两人一起用脚蹬踏，协同出力以带动后轮上的飞轮转动，驱动车子前进。骑车人前后骑坐于车上，由前位骑车者控制方向并像骑自行车一样蹬踏脚蹬，后者只负责蹬踏脚蹬。协力车具有自行车的同轮迹前后布置车轮的特征，也具有自行车运动平衡的特性，它只不过不是单人车，而是双人或多人车。

图 1-7-9　单轮迹协力脚踏车

将两辆自行车并行构成一辆四轮车，也可形成一辆协力脚踏车，但这类车为双轮迹（图1-7-10）。这类协力脚踏车虽然车轮形式、驱动方式、传动形式还保持脚踏自行车的样式，但实质上已不存在自行车的行驶特性，已成为人力驱动的多轮车辆。协力脚踏车的关键在于将脚踏装置的驱动力协同传递到驱动轮上，现代一些娱乐用多人脚踏车也常采用这种多人脚踏驱动方式。

图 1-7-10　多轮协力脚踏车

1.8　电动自行车

电动自行车是采用电机驱动车轮旋转的两轮纵向布置的两轮车，具有自行车的结构形式，又有电机驱动装置。其以蓄电池作为能源，兼具自行车的脚踏行驶特征和电机动力驱动方式，具有自行车的便捷性，而比自行车省力省时，是一种中短距离出行的适用代步工具，越来越受到使用者的欢迎。

1.8.1　基本结构形式

电动自行车兼具自行车与机动车的特点，具有自行车类似的车架与车轮布置关系。电动自行车除将车架、车把、车轮、传动装置等组合成一个可实现行走功能的装置外，还要增加电机与蓄电池，有的还附有蓄电池充电器。这不仅要考虑电池的放置位置，更要确定电机的传动方式，因而使得电动自行车的车架结构与一般自行车有所差异，虽然其外形相近但具体结构不同。电动自行车基本驱动部分包括电驱动装置、蓄电池、控制器，还有转把、闸把等操纵装置等。蓄电池为电动机提供电源，通电后的电动机输出旋转扭矩，通过传动装置或直接传给驱动轮使车轮旋转前进。通过控制器控制电动机的转速，从而实现电动自行车行驶车速的变化。

1.8.1.1　电动自行车类型

电动自行车采用电机驱动，电机以直流电机为主，以驱动后轮为主要方式，个别产品有驱动前轮方式。电动自行车虽然无法避免附加的电动机、蓄电池等重量增加，但因速度较低、自重较轻、动力较小，仍可保持自行车的轻便、灵活性。电动自行车具有普通自行车脚踏骑行功能，脚踏可以独立于电机驱动作为备用功能，也有与电机驱动协同而实现助力骑行的电动自行车。因此根据驱动电机的作用不同，电动自行车分为电动助力和电动驱动两类，两类车的称谓也有助力电动自行车、电动自行车之分。助力电动车强调电机的辅助驱动功能，这类车能在人力脚踏骑行时以电动助力行驶，达到省力效果。当不采用电驱动时，可以人力蹬踏骑行。电动自行车的自行车特征减少，更具摩托车的特征。电动自行车以电机驱动为主，甚至是唯一形式，有的完全取消了可人力蹬踏的骑行功能。这类车的驱动、外观形式以及灯光仪表、反光镜、减振器等装置更接近于摩托车（图1-8-1）。

图 1-8-1　电动自行车

电动自行车必须安排蓄电池的位置，安装蓄电池必须以车架为基础，蓄电池安装部位的不同，使得车架结构变化，同时也使得整体造型明显不同。在支承座位立管后部可以安装电池，将蓄电池平行于立管安装，此时要适当加大后轮中心到中轴的水平距离。也可将蓄电池安装在中轴上部，这个部位处于前后几何结构中心，这是安装蓄电池组的一个较好位置，这种安装使车架前下管变宽、角度变大。利用下部水平安装蓄电池的方式较多，相当于在中轴前部的前立管一段改变形状为水平，需要对前立管作较大的变形处理，安放在此处使结构重心降低。有的为了简单方便，将蓄电池安装在货架部位，其最大优点在于车架的所有定位参数基本上可以保持不变，但要牺牲货架位置。

1.8.1.2 电动自行车操控

电动自行车由于电机与蓄电池的存在，使得其与普通脚踏自行车的操控发生本质变化。电动自行车控制系统的关键是控制器，控制器是整个电动自行车的控制核心，它负责接收各种外围信号，并且输出控制命令，同时还具有能量管理、电气自检、欠压、限流或过载保护等功能。用于智能型助力自行车的控制器功能更强，具有多种骑行模式的动力匹配功能。双轮单轮迹车的方向控制都是由车把实现的，电动自行车也不例外。除控制方向外，其它操作的作用是输入控制要求，操作与控制分别起不同作用。速度、刹车等操作机构仍然是调速手柄、前后闸把等，但已不是传统意义的转把、闸把等，而是控制器的信号输入部件（图1-8-2）。

图 1-8-2　电动车车把

自行车的刹车主要采用"抱刹"技术，制动车轮转轴或车轮轮圈使车轮停止转动。自行车刹车一般都是采用闸把方式，闸把通过拉线或拉杆操控前后轮的制动机构实施制动。电动自行车也是制动闸把，但制动的方式和控制已发生变化，电动自行车制动过程中"抱刹"系统起到的只是一个辅助的刹车制动作用，关键是要通过控制电机的转动速度来刹车。电动自行车以车载电源为动力源，用电机驱动车轮行驶，人手握闸把实施制动的同时，闸把实施刹车信息输给控制器，控制器接收到这个信号后，确定为电机停止转动的制动信号，就会发出切断对电机供电的指令，从而实现断电刹车功能。速度操控采用与摩托车类似的转把，转把信号是电动车电机旋转的驱动信号。大多数电动自行车的转把为霍尔转把，霍尔转把输出与转动幅度成正比的模拟电压值，送到控制器的模数转换端口，通过 A/D 转换将输入转化为数字量，运算后根据控制算法输出信号，可以控制输送给电动机的电压，通过变换电机绕组电压来控制电动机的转速，从而实现电机转速控制。

1.8.2　电机与驱动方式

电动自行车要具有自行车的轻便特性，驱动电机及其传动装置也必须具备这一特性。而且采用电机驱动的同时还要具备能够人力骑行功能，实际相当于采用两套驱动系统，这对电机及其传动装置提出了较高的要求。

1.8.2.1　传动形式

电动车的电机将电池电能转换为机械能驱动车轮旋转，由于电机驱动方式不同，其带来结构布置与传动方式的差别。电动自行车的电机以直流电机为主，采用的传动比较有代表性的有摩擦轮传动、中置式传动、轮毂式传动，不同传动的适应性有所不同。多数电动自行车是采用轮毂式电机直接驱动前轮或后轮旋转，采用非轮毂式电机驱动形式占的比例较小。轮毂电机驱动结构的电机直接安装在车轮上，非直接驱动的电机则需要安装在车架的适当位置。个别电动车把作为车用电源的电池、作为指令机构的控制器、作为执行机构的电动机、作为传动机构的减速机构等，全部集中安置在一个共同的箱体内，安装在后货架的位置上，并对后轮通过链条驱动或采用摩擦轮方式实施驱动，也有将这种驱动类型的电动自行车称为电动箱式电动车。

摩擦轮传动是通过摩擦方式传递动力，最早起源于美国，当时在欧、美较流行，日本、国内也都有厂家生产。电动车上的电机带动摩擦轮转动，摩擦轮又称摩带头。摩擦轮直接作用于后车轮的橡胶轮胎，通过摩擦轮驱动轮胎转动。这种传动结构简单、成本低，但对轮胎、摩擦轮的磨损较大。因轮胎上黏附的泥水和杂物容易造成打滑使转动效率低，给雨雪天气行车带来了困难和威胁，因此使用条件和场合受限。中置式又被称为中轴式，日本产品多采用这一形式，是将电机和减速机构放置于电动自行车的中轴位置，再通过链条驱动后轮行驶。通常是采用中高转速的柱式直流电动机，电机与减速器、离合器等装置组合在一起，动力通过减速机构的末级链轮带动链条，再通过轮盘、飞轮传动后轮。当人力骑行时，断开电源后离合器可以将电机传动系统与脚踏传动系统安全脱开，这时电动自行车就与普通自行车毫无区别，使得骑行非常轻快。中轴式传动装置复杂，但后轮与驱动装置互不相连，维修或更换方便。个别采用侧挂电机驱动，侧挂式驱动使用范围较小，电机安装在车架的一侧靠近后轮轴，一般通过齿轮传动实现驱动。图 1-8-3 为中置式电机驱动。

图 1-8-3　中置式电机驱动

轮毂式直驱是把直流电动机做成车轮的轮毂形式，以便于直接安装在车轮上。轮毂式电机与车轮的轮轴、轮毂集成在一起，电机直接驱动轮毂，轮毂通过辐条与钢圈连成一体，从而驱动车轮转动。轮毂电动机装在前轮上直接驱动前轮的称为前驱,装在后轮上成为主动轮的称为后驱。前后轮同时驱动的称为双驱动,轮毂电动机装在前轮上驱动前轮,后轮采用脚踏驱动,则也是一种双驱动形式。轮毂式传动特色是不破坏自行车的传统结构,传动效率高、无电骑行性能较好,是多数电动自行车所选用的驱动方式。

1.8.2.2 轮毂电机驱动

轮毂式直驱是把直流电动机做成车轮的轮毂形式,以便于直接安装在车轮上,因此轮毂电动机既可装在前轮上直接驱动前轮,也可装在后轮上成为传统的后轮驱动方式。轮毂电机由于是电机的外壳转动,亦称为外转子式直流电机。电动自行车最简单的驱动模式无非是纯电动和纯人力驱动,这就需要在电机驱动与人力驱动之间转换。轮毂电机与驱动轮为一体实现驱动很直接,人力驱动则同自行车一样通过脚踏驱动中轴的大链轮,再带动驱动轮轴上的小链轮。将带有棘轮传动机构的小链轮与轮毂电机外壳部分集成起来,即可实现两种驱动方式的转换。电机驱动时电机转速高,棘轮机构滑动而使链轮不起作用。当人力驱动时小链轮的转速高于电机外转子的速度,棘轮机构起作用带动外转子一起旋转。采用轮毂电机直接驱动车轮传动形式简单,但由于磁阻造成的力矩,人力骑行时感到比较费力。图 1-8-4 所示为轮毂电机驱动的电动车。

图 1-8-4 轮毂电机驱动的电动车

轮毂电机(图 1-8-5)为扁平状,电动机的定子在内、转子在外,构成外转子的机壳由

图 1-8-5 轮毂电机

导磁体构成，内圆表面使用树脂粘贴有铁磁材料，外侧设计有辐条安装孔用于安装辐条，利用辐条可以将电机输出转矩直接传递到车轮外圈。左右机盖通常采用轻质合金材料，通过轴承支承于固定电机的定子轴。定子轴上固定有定子，定子由电枢铁芯、绕组线圈等构成，有的还集成有传感模块。定子轴的一侧轴身开有用于引出电枢导线及信号线的槽，导线的数量因电机不同而异。轮毂电机因其转速不经减速直接驱动电动自行车轮，为了保证达到骑行所需的功率、效率、扭矩和转速，轮毂电机必须要有高性能磁性材料和设计合理的几何尺寸。此外轮毂电机也可有传动结构，即加减速器的形式，此时轮毂电机的转速可以比较高。

1.8.3　助力自行车

　　电动自行车在不同的国家存在不同的使用标准，有的国家可以按照机动车辆行驶，而有的国家只能是助力车，认为电动自行车是自行车的延伸产品，应按非机动车管理，美国、日本等国对其均按非机动车对待。作为非机动车时不允许采取全电动模式，电动自行车只允许采用助力模式。助力可以有不同的模式，有根据骑行速度分段按比例助力模式，例如当骑行速度在 0～15km/h 之间时，通常电力与人力驱动按 1∶1 比例；骑行速度在 15～24km/h 时，递减助力比例驱动；当超过 24km/h 时，驱动系统将不提供电力驱动。比例助力驱动模式提高了骑行的安全性，大大增加了一次充电的续驶里程，明显减轻了整车重量。助力自行车的特点是助力，虽然电机输出动力，但动力的输出需要以人力驱动为前提条件，只有在人力蹬踏自行车后，电助力系统才开始按一定的要求工作，人力停踏后，整车电动力系统关闭。

　　电动助力可以采用不同方式，如恒电助力、恒脚踏力、比例助力等。恒电助力自行车是电助力自行车中结构最简单、可靠性好的产品。它可以不采用力矩传感器，只需一个开关信号即可提供电助力。恒脚踏力助力自行车是智能型电动自行车中的一种类型，骑行过程中人的脚踏力恒定不变，电助力随路况及其它因素而变化。这种助力模式中传感器和控制器相对复杂些。比例助力是目前全世界普遍采用的模式，骑行电动自行车时人的脚踏力由力矩传感器测量出来，经过处理器处理后控制电机输出相应的功率，使人的骑行十分省力。人的脚踏力越大电机输出的功率即电助力也越大，反之亦然。助力自行车必须保证骑行的连续性，上路行驶的助力自行车需有一定的规则，如在某一速度指标下按一定的规则实施助力比例，并随速度的变化进行增减，当速度大于规定值时，整车电助力系统关闭。图 1-8-6 所示为助力自行车传感器布置。

　　电动助力自行车需要有良好的控制性能，智能型电动自行车是其理想目标。智能骑行的最大优点是省力、安全、省电和使用方便，体现在对速度与脚踏力的检测、控制电机扭矩的输出等方面，需加装传感器等检测元件。一般可在自行车的中轴装有速度传感器，或者力矩传感器，也有在自行车的链条上加装一个测力装置。根据车速的大小或脚踏力的多少来设定电动机的输出力矩的大小，以实现人与电动机协同驱动的目的。也有将检测元件集成在电机中，如轮毂电机中加装一检测脚踏力的装置，可以检测踏力的大小和自行车的速度，进而控制电动机的输出力矩。

1.8.4　其它形式双轮电动车

　　由于电动车省力、灵活，而且结构轻巧，所以出现了各种形式的双轮电动车，这类车由于电池容量小，不能用于长距离行驶，但作为短距离行驶或娱乐则很方便。如图 1-8-7 所示的小车，通常称为电动滑板车，这种小车具备电动自行车的基本功能，其结构虽然十分简单，但电动自行车所有的装置都有。这种小车采取立式驾驶方式，其它操作方式类同。使用时人一只脚或双脚站在车上即可，不驾驶时用手提起便走。有的还有折叠功能，不用时可折叠起来。

速度传感器　　　力矩传感器　　　踏频传感器

图 1-8-6　助力自行车传感器布置

电动自行车自身结构特点决定了所采用装置也一定要轻巧,这在一定程度上也导致电池容量小而不能用于长距离行驶。为了解决电动车长途行驶的问题,采用混合动力方式增加行驶里程,通常称之为增程式电动车。增程式电动自行车保持原电驱动方式不变更,增加一微型汽油发电装置,发电装置可以为电池充电以保持延续驱动能力。这类电动自行车由于自身带有动力装置,其结构形式也更加接近于摩托车。

图 1-8-7　电动滑板车

1.9　两轮摩托车

两轮摩托车通常简称为摩托车(motorcycle),是一类由小型内燃机,主要以小型汽油机驱动的高速机动车,兼具自行车的轻便灵活与机动车的动力强劲。采用双手操把骑坐驾驶方式,驾驶时驾驶者双腿跨车而骑,双脚踩稳脚蹬、身体协同平衡。两轮摩托车因机动性好、速度感强,特别受青年人的喜爱。

1.9.1　摩托车的特点与构成

摩托车是一种单人骑行机动车辆,兼备自行车的行驶特性与布置形式。摩托车尽管是一种两轮车辆，但它具有比较完善的结构与功能，具备机动车辆所需的动力、传动、行走、转向、制动等全部装置，只是要求各类装置要体小质轻。提及摩托车如不加特殊说明，一般都指两轮摩托车。

1.9.1.1 构成形式特点

摩托车的两轮前后布置，前轮为转向轮，安装在前叉上；后轮为驱动轮，布置在车架的后部，驱动轮一般是通过减振器与摇臂组成摩托车的后悬挂装置与车架连接。车架的前套管与前叉铰接，前后轮由车架与前叉组合起来。摩托车配置的发动机及变速传动装置等布置在车架的下侧中部，变速器输出的动力可通过带、链和传动轴等传递给后轮。车架的上部布置有驾驶座位，紧邻座位后布置有载客座位，或用于载货的小货箱。发动机的油箱放置于驾驶座位与前叉之间、发动机的上侧，发动机的排气管从发动机引出后向下，然后在机架一侧延伸到后部。摩托车的机架、装置形状、外罩与人体的组合，共同形成具备空气动力学特征的形状，不仅可以减小运动风阻，还可以利用风阻和空气的流向。利用风阻增加车轮的正压力、提高稳定性与驱动能力，引导流动的高速空气流，使其作用于发动机而提高冷却效果。图 1-9-1 所示为两轮摩托车。

图 1-9-1　两轮摩托车

摩托车车架是整个摩托车的承载机体，也是各种装置安装的骨架，由钢管、钢板焊接而成。其形式多样，有主梁式结构的脊骨型车架、有空间结构的托架式或称摇篮式车架，还有的将发动机作为车架的一部分以增强车架的强度和刚度。前叉是摩托车的导向机构，由左右减振器、上下联板、方向柱等组成，车把安装于上联板上，方向柱与下联板焊接在一起，上下联板将左右两个前减振器连成前叉。方向柱套装在车架的前套管内，为了使方向柱转动灵活，前套管内上下轴颈部位装有轴向推力球轴承。当车把绕方向柱转动时，上下联板随之转动，并通过前减振器带动前轮左右转动，前轮与车把配合控制着摩托车的行驶方向。也有个别产品改变了前叉式结构，前轮悬挂直接采用摇臂结构。摩托车的车轮较自行车轮宽，通常前后两个车轮尺寸相同，也可以有所不同。

1.9.1.2 驾驶操控装置

摩托车为骑行式机动车辆，需要配备机动车辆操控的基本装置与仪表。由于是跨骑姿态操作，所以操控方式有其特性，手脚的操控动作均与正坐姿驾驶不同。摩托车前轮直接由车把操控，左右偏转车把控制摩托车的行驶方向。操控装置主要集中在车把部位，对两手的动作均有要求。车把中间部位布置所需的显示仪表，左右两端还装有后视镜和相关操控握把、转把等，握把、转把通过钢索或液压装置控制制动器、离合器及化油器等。一般右侧转把是用于控制行车速度的加速控制装置，通过控制化油器节气阀开度大小实现汽油机转速调节。手转动转把带动油门钢丝拉索操纵节气阀，改变进气喉管截面与供油量，以适应不同转速、负荷下对油气混合气的需要。在转把旁有一开关或按钮用于在特殊状态关闭发动机，如在摩托车摔倒时关闭仍在高速运转的发动机。握把用于离合与制动，由手捏下或放开实现操控。一般左侧的握把控制离合器，右侧的握把用于前轮制动。摩托车前后轮均有盘式或鼓式制动装置，后轮制动由脚踩制动踏板来完成。后制动踏板一般都设在摩托车右侧，用右脚进行操作，踩下时后轮被制动。

摩托车可以如同其它车辆一样用电起动方式起动，摩托车的起动还有脚踏起动方式，采用脚蹬起动为摩托车所特有。起动蹬杆通常安装在右侧脚蹬后方，当用脚踩下起动蹬杆时，起动蹬杆轴上的棘爪与起动主动齿轮啮合，使起动主动齿轮转动，经一系列齿轮传动，驱动曲轴旋转起动发动机。起动时首先要捏紧离合器手把使离合器分离，或将变速箱置空挡位置。起动后脚离开起动蹬杆，复位弹簧使蹬杆恢复原始位置。起动时需把起动变速杆拨到空挡位置，变速杆也可放在任何挡次位置，但需握紧离合器握把使离合器分离。起动后松开离合器握把，加大油门即可起步行驶。

1.9.2 动力与传动

摩托车机体小，要求相关装置体积小、重量轻、效率高。二冲程发动机比较适合摩托车的特征，也是摩托车使用最多的一种动力装置。发动机的动力最终要传递到驱动轮，通常经离合器传到变速箱，再从变速箱传递给后轮。

1.9.2.1 摩托车动力

汽油机靠火花塞点火，低压缩比，所以结构不需像柴油机那样坚固，发动机具有体积小、重量轻的特点。可用于机动车的汽油机种类很多，既有二冲程发动机，又有四冲程发动机，汽缸的数量、布置形式也各有不同。相同转速下二冲程发动机做功次数是四冲程发动机的2倍，体积虽小转速上升快，并能获取较大的功率，所以二冲程汽油发动机比较适宜摩托车的要求，事实上二冲程汽油发动机基本都用于摩托车领域，但二冲程发动机燃料的经济性较差，振动也较大。发动机有风冷与水冷方式，水冷结构相对复杂，发动机壳体上需有水套，还需外加水箱等，增加重量。风冷汽油发动机比较适合，特别是比较简单的自然风冷，借助行驶迎面吹来的风冷却，依靠行驶中空气吹过汽缸盖、汽缸套上散热片带走热量。所以除大功率摩托车、个别发动机藏在车体内的摩托车采用强制风冷外，大多数采用自然风冷。图1-9-2所示为摩托车的动力与传动装置。

二冲程发动机的排气管也是发动机的一个重要部分，对二冲程汽油机功率产生较大影响，利用排气管排气压力脉动，能够提高充气效率。二冲程发动机排出的废气是被油气混合气从扫气孔赶出来的，如果混合气的一部分与废气一起从排气口跑掉，对于

图 1-9-2　摩托车的动力与传动装置

功率和燃烧都将造成很大损失。排气管设计有鼓形膨胀室，废气从排气口进入膨胀室内，由于向前行出口变小废气受阻回返，靠这股逆流将驱逐废气的部分混合气赶回汽缸。有的采用双排气系统、采用辅助排气室，通过控制阀门的开闭改变排气室的容积，从而改变排气脉动的大小，改善发动机的特性。四冲程汽油机在大功率摩托车上也在应用，四冲程发动机在动力制动方面具有一定的优势。尽管动力装置存在多种形式，但动力装置与传动装置之间联系紧密的特征是一致的，发动机与变速箱之间紧密结合，这也是摩托车结构紧凑所要求的。

1.9.2.2　动力传动

摩托车发动机的动力要经过初级减速、离合器、变速箱、次级减速等几环节才能到达驱动轮，其中主要传动部分都集中在一个传动箱体内。由于摩托车整车尺寸的限制，发动机布置空间有限，摩托车发动机与传动系统紧密结合，一般是将动力热机部分和传动部分统一地设计到机体内。从发动机到变速装置的传动过程中实现第一次减速，是从装在曲轴端的主动链轮或齿轮到离合器上的从动链轮或齿轮的传动，一般称为初级减速。该传动将发动机的动力传到离合器，再通过离合器进入变速传动环节。离合器决定了发动机的动力是否传入变速箱，摩擦式常接合离合器靠驾驶者放开或紧捏离合器手把操控，通过钢索使离合器主从摩擦片实现接合与分离。而若采用自动式离合器，则根据发动机转速的高低来自动控制离合器的分离与接合。当发动机运转转速升高，离合器相应部件所产生的轴向力紧压离合器片，离合器处于接合状态使动力输出。当发动机转速降低至怠速或熄火时，在分离弹簧的作用下复原位而离合器分离。图1-9-3所示为摩托车传动结构。

图 1-9-3　摩托车传动结构

双轮摩托车的变速部分比较简单，与其它机动车辆的变速装置相比，双轮摩托车变速不设倒挡。通常采用拨叉拨动齿轮或齿套换挡的机械变速方式，踏板摩托车有采用自动变速装置。摩托车变速的操作方式具有与众不同的特点，也是骑行车辆操作的特色。驾驶者手控离合器，用脚踏换挡方式实现换挡操作。变速踏板一般设在摩托车的左侧，用左脚进行操作。从变速箱到驱动轮的传动一般称为次级减速，这阶段传动有带传动、链传动和万向节轴传动三种传动方式。一般摩托车均采用链条传动方式作后传动，在变速箱的输出轴上有后传动主动链轮，后轮上有从动链轮，用相应的套筒滚子链传递动力。大功率摩托车次级传动有采用万向节轴传动方式的，此时在后轮配有一副螺旋伞齿轮改变旋转方向。小功率摩托车的次级传动多为带传动方式，无级变速传动时有采用变速带传动装置的。图1-9-4所示为摩托车不同的传动形式。

图 1-9-4　其它传动形式

1.9.3　摩托车的悬挂装置

　　摩托车机动速度高成为优势的同时，也加大了因路面不平而使车轮受到冲击、产生的振动引发驾驶舒适度降低的劣势。减振成为摩托车必须关注的重点，摩托车利用悬挂装置实现缓冲减振作用，同时悬挂装置也是车体与车轮之间的弹性连接装置。在一定程度上讲，体小质轻的悬挂装置代表了摩托车的技术水平。

1.9.3.1　前悬挂装置

　　摩托车的前轮安装在前叉上，其悬挂减振方式也必须结合前叉的结构。将前叉、减振弹性元件、阻尼元件集成为一体，成为摩托车前悬挂装置追求的目标。现在最多使用的伸缩结构的前悬挂装置即为这种设计思路，前叉直接作为缓冲装置的一个部分，通常将前叉下部设计为能伸缩的上下两部分，如同双筒望远镜一样可往复伸缩。其筒中放入螺旋弹簧及阻尼器，弹簧是被隐藏在管中的，外观无法直接看到弹簧。也有将弹簧布置在前叉架伸缩筒的外侧的，减振弹簧与阻尼器相对独立。前轮悬挂（图 1-9-5）外观形态因螺旋弹簧及阻尼器放置的位置不同有所变化，而其作用原理相同。

图 1-9-5　摩托车前悬挂装置

　　这种悬挂装置在车辆运行时不仅要吸收产生于路面起伏的振动，也要负担车辆转向及制动时产生的横向以及纵向力等，这也是其不利之处。也有将转向与减振功能分解，仍采取前叉式结构，但前叉与车架之间有一套连杆装置和减振装置。图 1-9-6 所示结构，不仔细观察觉得该前叉与常规前叉没什么区别，但其结构、功能分配大不一样。前叉与车轮连接部分仍负责转向功能，但已没有减振作用，安装在其与侧架之间的减振装置负责减振。这类结构前叉的刚性也大幅提高，在高速猛烈制动时不会出现明显的车头俯冲效应，部分早期摩托车有采用类似结构的。通常摩托车的悬挂都是被动减振模式，在摩托车制动时都存在前部向下俯冲的作用，已经出现主动减振型的产品，能根据制动强度的大小改变防俯冲机构的效果。

图 1-9-6　减振和转向独立式前叉

1.9.3.2　摩托车后悬挂

摩托车前后轮所起的作用有所不同，因而悬挂结构、与机架的连接方式等也不同。摩托车的后轮是驱动轮，又是主要承载轮，后悬挂装置要适合后轮与车架结构之间的关系。后轮通常安装在一根前端铰接在车架下部的纵梁的后端，纵梁绕铰接点的摆动可使后轮上下运动。后轮与变速装置之间存在传动关系，而悬挂装置起作用要伴随相对位置的变化，因此后悬挂装置的结构形式要兼顾传动的影响。在车轮与车架之间加装减振装置是比较传统的方式，是在横梁靠近车轮中心两侧适当位置连接减振装置的下端，两减振器的上端与机架连接。横梁形成一绕连接点的摆臂，在车轮受到冲击时可上下运动起到缓冲作用。如果将摆臂与车架的铰接中心设计在向后传动的驱动链轮、带轮附近，则对链、带传动影响较小。悬挂装置布置在后轮附近在一定程度上增加了后轮部分的重量，同时减振装置的运动行程也较大。图 1-9-7～图 1-9-9 展示了几种不同结构的后悬挂。

图 1-9-7　传统结构后悬挂

摇臂的长度和质量、弹簧的刚度和减振的阻尼，这几个参数基本决定了悬挂的特性，比较常见的车型常用双摇臂、双减振器式。双摇臂前端固连为一体铰接在传动箱后端，后端与减振器一起将后车轮置于两摇臂中间，减振器的下端与摇臂在靠近车轮轴部位连接。减振器

图 1-9-8 减小倾角及前移连接点后悬挂

图 1-9-9 中置减振器后悬挂

与摇摆之间的夹角较大,有的接近于直角。而运动型车的后悬挂则常采用中置单减振,这类悬挂通常在减振与车架或摆臂的连接处增加了一组连杆机构。这组连杆机构可以进行各种演变,也使得减振器的安装方式可以因需要而定,甚至可以是水平卧式安装,连杆机构变化会对后轮的运动轨迹产生影响。减振器中置结构必须避开车轮,因此使得减振器与摆臂的连接部位必须前移,这种改变传统的布置方式带来新的优点,在减小减振装置行程的同时,也将部分重量向中心位置移动,利于摩托车的操纵与稳定。

1.9.4 侧三轮摩托车

　　双轮摩托车具有行驶速度高、驱动能力强的特点,同时由于结构所限,驮负容量较小,只有驾驶员后部空间可以用于驮负一人或少量货物。为了更大限度地发挥其能力,通过加装侧斗的方式提高运载能力,产生了一种侧三轮结构的摩托车。此处摩托车为单轮驱动,而不同于机动三轮车的后双轮驱动。三轮摩托车是在两轮摩托车基础上发展出来的三轮车辆,其实质相当于一辆双轮摩托车与一辅助运载装置的组合,形成一三点接地的机动行走车辆。该车辆保持左侧两轮前后同轮迹布置构成主体部分,保持两轮摩托车一致的结构形式与功用,第三轮在右侧偏后起支承作用。第三轮安装在辅助机架的一侧,辅助机架的另一侧与主体机架水平铰接。辅助机架上侧安装有用于人员乘坐和搭载货物的敞开斗式侧厢。侧厢不但可以乘坐人、放置普通货物,军用三轮摩托车还能搭载轻型武器(图 1-9-10)。

　　最基本结构形式的三轮摩托车保持了双轮摩托车的驱动与转向特性,第三轮或边轮只承

图 1-9-10　三轮摩托车

载不参与这方面功能的装置。边轮只与辅助机架发生关系，辅助机架通过减振装置支承侧厢。侧厢与主体摩托车之间有空隙以便于骑行。侧厢上部敞开便于上下，如有需要则可加装帆布篷或金属篷。三轮摩托车表面形式是在双轮摩托车侧面增加一轮，而实质上由于布置方式、重量等的变化，为驾驶转向、制动等方面带来一定的不便。为此将边轮与前轮进行随动，保持转向协调灵活。边轮也加装制动装置，与后轮制动进行协调制动。单轮驱动是三轮摩托车基本的驱动方式，为了提高越野性能及加大牵引力，也可将边轮实施驱动，此时的变速箱输出要带有具有差速功能的分动箱。图 1-9-11 所示为辅助机架及边轮协同转向与制动装置。

图 1-9-11　辅助机架及边轮协同转向与制动装置

1.10 电动平衡车

电动平衡车是一种小型自驱动行走机械,其本身为一种静不平衡结构,但依据自身带有的感知、控制等装置,使驾驶者与其共同成为一动态平衡的运动系统,这不仅改变了传统车辆的平衡理念,也改变了车辆的驾驶操控方式。电动平衡车通过感知人体重心位置的改变,自动控制起停与速度增减,给人们带来一种全新的驾驭感受。

1.10.1 独轮机动车的思想

车轮在动力车辆行走装置中的作用不仅是驱动,而且还要支承车体保持平衡,因此动力驱动车辆一般为多轮结构。车轮数量的增加导致车辆结构相对复杂,运动的灵活性也随之减低,从这一角度来审视独轮车则更具优势。相对多轮车辆,独轮车体小质轻,机动灵活,且只有一轮一处着地,可以减少地面摩擦和阻力,独轮的这些优势足以促使人们产生创造独轮机动车的兴趣。美国机械设计工程师 Taylor 产生设计独轮机动车的思想,并研制出独轮车样机(图 1-10-1)。独轮行走具有保持动态平衡的功能,这一原理是研制独轮机动车的技术基础。早期的独轮车由于没有先进的控制技术支撑,只能借助于运动平衡这一特性实现稳定行走功能。早期独轮车的车轮都比较大,车体机架中心低于轮轴轴心,车体布置尽量保持重量均衡,当车运动起来后车体保持平衡,实现平稳行进。

图 1-10-1 Taylor 的独轮车与 J. A Purves 的独轮摩托车

独轮车是单个车轮与其它装置和机构组成的行走机器,其中车轮对独轮车的平衡起到关键作用,车轮合一是保持运动平衡的有效办法。当一个旋转的轮子向某一方向倒下,陀螺效应使轮子垂直轴发生进动而不是继续倒下去。车轮的角动量除了提供回旋,也会使车轮在滚动时保持稳定,设计独轮车的依据也正是如此。轮子运动时轮中心为整个运动体的平衡中心,所以有的发明者将车轮进一步加大,而将车辆的其它装置,乃至驾驶人员都作为轮子的构成部分,布置于轮圈之内。通过整体结构布置与重量匹配,使整体独轮车形成倒立摆的受力状态,这样既便于保持车轮自身的运动特性,又易于限制整体重心处于较低位置,便于保持整体稳定。这类结构的独轮机动车的车轮结构特殊,只有轮缘部分实现圆周运动,轮辐、轮轴部分已成为车体而保持平动。有人称这种装置为特殊的独轮摩托车,这种大直径独轮车要求驾驶技术高,只能作为娱乐,难于成为代步工具。

而更接近实用的独轮车应是按常规驾驶方式,基于这种思想产生的独轮车则带有摩托车的结构形式，主体结构在车轮上侧，因此带来的问题是车体及驾驶人员形成的中心位置高于车轮轴线，构成前后摆动的倒立摆（图1-10-2）。这种结构更加不稳定，对于驾驶人员驾驶操作要求高，而且需要一些辅助机械装置来保持、协调平衡。为了适合人的驾驶习惯，将独轮平衡车设计成摩托车的形式，在其轮的前或后加装辅助支承或辅助轮，用于静止时支承或低速时行驶。当行驶速度超过一定值时行驶靠单轮实现，与此同时车内的智能动态平衡机构开始工作。行驶时随人车系统重心的改变姿态，适时调整行驶速度。驾驶者可以如同操控普通摩托车一样通过控制手把，调整速度或制动停车。

图1-10-2　独轮摩托车

1.10.2　独轮机动车平衡控制

独轮车的特点是与地面只有一个接触点，在静止状态下车体自身无法实现稳定平衡，但运动中通过人车结合，能够实现自身调控维持平衡。平衡车显著的特征为质心高于轮轴中心，它实现平衡是个动态过程，需在平衡点附近不停地运动自行调节来保持稳定。其原理与人体保持平衡一样，当人体站立前倾时会失去平衡，人体的平衡器官会告知大脑这一情形，并由大脑下达移动脚步的指令以维持平衡，身体移动过程中，重心会不断改变并达到新的平衡。电动机驱动车轮前后转动使机体前后运动，当机上的人向前倾斜身体时，控制系统控制车轮产生向前运动使车辆加速前进，使人与车组合系统重新回到原有的平衡状态。反之如果人向后倾斜身体，平衡车就会减速。这种运动不是单一的行进，而是包含了维持姿态的平衡运动。独轮平衡车不同于传统结构的车辆，它需要不断地调整自身的角度，来达到动态平衡的结果。这需要不断地测量人车系统的姿态，然后再进行调整使整个系统质心相对轮轴处于合适的位置。

保持平衡首先要检查人车系统平衡状态，一般选择陀螺仪和加速度计两种惯性测量装置作为采集车体姿态信息的姿态传感器。陀螺仪可以测量倾斜的角速度，将角速度进行积分便可得到倾角值。陀螺仪输出的角速度不受车体振动影响，因此该信号中噪声很小，使得角度信号更加稳定，这些是其优点。但也存在一定的弱点，如果角速度信号存在微小的偏差，经过积分运算之后形成积累误差，这个误差会随着时间延长逐步增加，最终无法形成正确的角度信号。加速度计主要是用来测量由地球引力作用或者物体运动所产生的加速度，当车发生倾斜时，重力加速度便会在该方向形成加速度分量，测量该方向有效的重力加速度值，便可以算出目前姿态的倾角。由于平衡车本身的运动所产生的加速度会产生很大的干扰信号叠加在上述测量信号上，使得输出信号无法准确反映真正的倾角。利用陀螺仪和加速度计组成惯性测量单元，两种装置并用可以优势互补，能够不依赖于外部信息，在动态条件下自主实时准确检测车体姿态的变化。

平衡车抛弃了传统的驾驶方式，只需改变驾驶者身体的姿态，就能控制它前进或后退以及前进或后退的速度。没有传统车辆油门和刹车等操控装置，靠驾驶者改变身体的姿态即可实现加速、减速、停止等常规行驶动作，它的运动也与人保持平衡的本能反应相同，它不仅能在驾驶者平稳站立时保持动态平衡，而且在驾驶者身体倾斜时也能保持平衡。

1.10.3　独轮电动平衡车

独轮电动平衡车是一种单轮电动车，可按驾驶人员的意愿和姿态变化实时改变行驶方向。驾驶时驾驶者无需手扶，只需两脚踩踏在两侧的踏板站立于其正上方，只要把身体微微向前倾，电机输出合适的转矩使车轮滚动，该单轮电动车就移动。驾驶者身体姿态的轻微变化，对平衡与控制均产生作用。独轮电动平衡车相当于一只独立的驱动轮，轮的两侧带有用于脚踩踏的踏板。使用时站立身体，将一只脚踩踏到相应的脚踏板上，并用小腿靠紧机壳使其站立。尽量保持身体平衡的同时，将整个身体重心转移至该脚上，像骑自行车那样大部分重心转移到平衡独轮车上，再将地面上的那只脚迅速地放到另一个脚踏板上，并且轻轻向前踩踏板，自平衡独轮车就会向前行走。在还不能熟练驾驶独轮车时，可把手带系在平衡独轮车的把手上利用手带帮助操控。当在驾驶过程中失去平衡、不得不跳下车的时候，可以利用手上的手带来拽住平衡独轮车，以免它失去控制造成损坏（图1-10-3）。

图 1-10-3　驾驶独轮平衡车

独轮平衡车机械结构简单、体积小巧，具备电动车辆的基本驱动功能和高水平的平衡控制功能。操控独轮平衡车除了开关按钮外，没有任何可见的加速、减速和刹车控制装置，以内部自动控制为主。独轮平衡车主要由带驱动电机的驱动轮、外壳、电池、踏板以及传感器和内部控制器组成。以车轮为主体布置其它元器件，为左右对称结构。轮毂电机较为适宜与车轮结合，车轮轴为主要承载元件与安装主体，一切不进行回转运动的元器件均以此轴为基础安装。车轮的两侧下部对称布置踏板，踏板为可折叠结构，在不使用时折叠起来达到减少占用空间的目的。上侧为外壳体部分，壳体内安放电路板、传感元件、电线、电池等，壳体上有开关、充电插座、指示灯等。外壳有保护内部重要结构的作用，其外观颜色可变也能够满足不同人群的需求（图1-10-4）。

图 1-10-4　独轮电动平衡车

　　独轮车是通过控制器、姿态传感器、执行器三部分来实现自动控制的。驾驶者通过前倾或后仰使车体前后倾斜时，姿态传感元件将变化信息传递给微处理器，微处理器作为控制元件向电机发出动作指令。以人和车的系统质心相对轮轴的前后摆角作为检测目标，当传感器检测到人向前倾斜身体时，把这一信息传给控制器。控制器将传来的信息处理后向电动机发出指令，控制车轮产生相应的向前转动让车体加速前进移动，使人与车重新回到原有的平衡状态。电机是驱动车轮向前、后滚动的执行元件，当人车系统失去平衡的时候，电机输出合适的转矩使车轮滚动，来保持驾驶者以及车体的俯仰平衡。人站立的踏板与平衡车体连接为一体，驾驶过程中保持相对位置不变，车体的倾斜程度与踏板的水平倾斜角度一致。从踏板水平程度可以判断出人车系统所处的姿态，也就直接反映了整个系统所处的姿态。

　　在行驶过程中能够完成任何方向的转向，驾驶者只要把身体微微向左或右侧倾，该单轮车就能向该方向偏转，并一直保持车身的平衡状态。驾驶者在车辆持续前进的状态中将自己的身体重心往左右倾斜，利用自身重量所产生的、与车身纵轴垂直的分量，作为转弯时的向心力而达到转向的目的。独轮车需要车轮与地面的摩擦力来维持平衡，因此在光滑路面或细沙粒覆盖的路面上骑行时，由于附着力的减小可能导致不平衡。独轮平衡车需要靠一定的速度和身体姿态来控制左右方向的平衡，将独轮平衡车组合起来，采用两轮结构则可实现左右平衡与控制。如图 1-10-5 所示的两轮车，中间铰接结构，通过控制两轮的速度实现差速转向。

图 1-10-5　双轮脚踏平衡车

1.10.4　双轮电动平衡车

　　独轮平衡车不仅纵向存在不平衡因素，横向也存在不平衡因素，可以通过加大轮胎宽度的方法减轻左右方向的不平衡。两轮平衡车正是利用这一思路，采用两轮同轴并排支承车体的结构方式，解除了横向的不稳定因素，重点解决纵向不稳定问题。两轮平衡车不同于自行车和摩托车车轮前后排列的方式，而是两轮同轴左右平行布置。其主要由两个车轮、一个车体平台和一个方向操纵杆组成（图1-10-6）。车体平台为箱式结构，内部放置电源、控制器、电路板及传感器等。平台上面平坦，便于驾驶者站立其上。上部连接有控制方向的竖直操纵杆，高杆用于手控方向，低者用腿控。车轮布置在平台的两侧，安装在车体平台两侧的电机通过减速器分别驱动左右轮。为了停放方便，在车体平台的前部有一简易支地装置，用于平时停放而不至于车体倾倒。

图 1-10-6　双轮平衡车

双轮平衡车操纵杆的作用是用来操控转向，也为了满足驾驶人员的手扶习惯。驾驶者可以转动车把发出转向信息，安装在车把与支承杆连接处的转角传感器检测到这一信息，并将其传递给处理器，再通过控制车轮转速改变车体行走方向。车上安装有各种传感器，这些传感器可以测量出车体的运行状况和平衡状态，包括两轮的转角和车体倾角等信息，并将这些信息反馈给控制器，计算出两轮和车体的角速度和速度等，从而得出两轮所需的电机转矩，实现对车体状态的控制。

由于两轮电动平衡车的两个车轮都是驱动轮，可以通过使两个车轮产生速度差来改变车的行进方向，这样就并不需要方向盘与车轮的机械连接，只需知道方向把的转角，便可通过控制器计算出两个车轮所需的速度差，从而控制电动车的行进方向。车体处于静止状态，慢慢地转动操纵杆把手即可实现原地转向。常见的有以下两种实现方式：一是操纵杆底部与车体连接部位是活动的关节，驾驶者向左或右倾斜时，操纵杆也随之绕此铰点在一定范围内向左或向右摆动，传感器将检测到的摆动信号传递给控制器，控制器控制左右电机差速输出而实现转向。方向操纵杆处于车体正中间直立位置时，两轮速度相同直线行驶。二是对应于操纵杆下部固定不动结构，通过转角传感器测量操纵杆上部车把手的转动量，将信号传递给控制器，当操纵杆转动一角度时，控制系统会相应地控制左右两轮的速度差，同样通过调节左右轮电机速度差实现转向。图1-10-7所示为驾驶双轮平衡车。

图 1-10-7　驾驶双轮平衡车

双轮电动平衡车通过驾驶者改变姿态自动控制车辆的加减速、停止等，其传感控制系统比较复杂，有的采用五个陀螺仪和其它一些传感器来实时检测整个系统的状态信息，还装有容错的冗余电子控制系统以保证驱动安全。双轮平衡电动车一般为驾驶者站立驾驶，也有坐乘方式。最大速度和转弯速度可根据驾驶者的不同水平设置，最大速度能到 20km/h。根据喜好和需要可在基本结构的基础上进行变形，加装辅助装置进一步提高使用适应性。如加装辅助轮便于站立、加装座椅可坐立两用、加装安放物品架可携带物品。图 1-10-8 所示为不同形式的双轮平衡车。

图 1-10-8　不同形式的双轮平衡车

1.10.5　纵置两轮平衡车

上面所述的两轮平衡车的两轮左右布置，也存在两轮纵向布置的两轮平衡车。两轮纵向布置的车辆自身难以实现横向平衡，为了达到静态平衡可以通过加大轮胎宽度的方法减低左右不平衡因素，也可以靠骑车人自身的感觉通过身体的左右摆动暂时调节左右方向的平衡。这两种方式适用小型、轻体两轮车，而对于车体较重、较大的两轮车则困难。纵置两轮平衡车可以利用陀螺效应，保持车辆稳定并维持车体不倒。如在车前后轮之间布置有平衡装置，车的平衡装置由两个转动方向相反的陀螺组成，平衡装置的陀螺效应产生的平衡力矩足以使车辆保持左右平衡而不倒。

第2章
道路行驶车辆

2.1 机动行走与装置

　　1769 年，一名叫 Cugnot 的法国人将蒸汽机安装到一辆木制的三轮车上，由于是蒸汽驱动而得名为汽车，从此以后出现了以运输为主要功用的道路行驶的动力驱动车辆。汽车虽然在不断地发展进步，但这一称谓一直延续到如今。现代的汽车含义与涵盖范围很广，泛指道路行驶的机动车辆。这类车辆行驶在市内公路、高速公路等路况条件好的道路上，可实现较高的行进速度。汽车的产生不仅仅体现车辆驱动形式的改变，更重要的是促进了道路运输的发展。非动力车辆行驶速度比较慢，对路况的要求相对较低，而机动车辆所体现的效率不仅是载重量的加大，同时也是行驶速度的提高。速度的提高进一步要求路况条件要好，也意味着运输距离的增大。因此汽车的重载、高速对道路建设提出了更高的要求，通达的道路与良好的路况为运输能力的提高奠定了基础。早期的汽车由于各种因素的制约，对不同运输对象还没有明显的区别对待。随着运输行业的发展以及人对乘行要求的提高，开始出现对人与物有不同偏重的运输车辆，进而形成人、物运输特征分明的客运与货运不同形式的车辆，无论如何称这些车辆，现在道路运输车辆分为载人为主和载货为主两大类。

2.1.1 车辆动力的变迁

　　蒸汽机用于道路车辆，奠定了汽车发展的基础，但是蒸汽机是在汽缸外面燃烧，热量很容易散失，其体积大、热效率低（图 2-1-1），因此这种驱动形式的汽车难以令人满意。内燃机的出现极大促进了汽车的发展，1886 年，德国人奔驰（Benz）和戴姆勒（Daimler）分别将汽油发动机用作机动三轮车和四轮机动车的驱动装置（图 2-1-2），奠定了现代汽车的发展基础。汽油发动机是燃烧汽油的内燃机，是将汽油作为燃料直接在汽缸内燃烧，具有较高的热效率。汽油发动机用在道路车辆上由来已久，汽油机体积、重量、输出转速方面对于道路运输都具有优势。现代的汽车中采用柴油发动机作为动力装置的也越来越多，柴油发动机是以柴油为燃料的另外一种内燃机，柴油发动机动力强劲的特性适宜一些重载车辆。此外，内燃机不仅可以使用液体燃料，也可使用气体燃料，有些车辆采用气体燃料的内燃机。

图 2-1-1　蒸汽机为动力装置的车辆

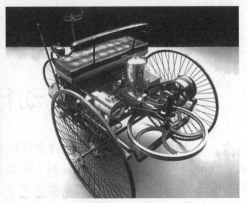

图 2-1-2　博物馆中的奔驰汽车

　　苏格兰人罗伯特·安德森于 1839 年在一辆四轮车上装上了蓄电池和电动机,制成世界第一辆电动车,但是当时的技术难以达到电动车的运行要求,车辆自身无法提供充足的电力,所以当时没有发展起来。后来便产生了外部供电行驶的想法,通过沿途架设电线给车辆供电,这便促使有轨电车的发明,也是无轨电车发展的基础。现代人们追求环保,利用绿色能源的动力装置显得越来越重要,同时现代技术可以保证在能量的存储、驱动控制等方面达到人们的期望,因此电动车发展的势头迅猛。动力装置肩负的任务是能量转化,将能量转化为驱动机器的动力。内燃机使储能原料发生燃烧来产生热能,再将热能转化为机械能传递出去,内燃机既是能量发生装置,又是动力产生装置。电动机作为驱动装置要完成的只是将电能转化为机械能、产生动力传递出去,但车载电动机需要配备储存能量的蓄电池为之提供能量。

　　现代的电动机驱动车辆与内燃机驱动车辆逐渐形成并行模式,在机械结构、装置技术上更多体现在相互借鉴、互相集成方面。内燃机驱动和电动机驱动各有其优势,将二者的优势合为一体是人们所追求的目标,内燃机和电机驱动相结合的混合动力形式的车辆相继出现。混合动力车辆中的内燃机可以实现最优效率模式工作,使发动机经常工作在高效低排放区。同时可有效储存与使用电能、延长了电动行驶里程,弥补蓄电池充电时间长的缺陷。现代技术的发展还产生一类电能发生装置用于车辆,燃料电池兼有发动机能量发生及转化的特性,又具蓄电池产生电能的功能,因此被用于车辆驱动的动力源。以燃料电池作为动力源的车辆,以车载燃料电池发出的电供给驱动电机,其动力传递的方式与电动车类同,这类车辆称为燃料电池电动车。

2.1.2　行走装置的发展

　　动力装置为车辆行走提供扭矩与转速，行走装置通过车轮将扭矩与转速转化为驱动力与行驶速度，除了车轮与轮轴等直接与行走关联的零部件属于行走装置，现代车辆中发动机与驱动轮之间传递动力的减速器及差速器等装置与机构，通常也集成在行走装置中。行走装置在车辆上通常以前后双轴四轮形式布置，小型车及有特殊要求时前轴可以是单轮结构，此时构成三轮车形式。车辆实现行走功能的部分，除了通过驱动轮与路面间附着作用产生牵引力保证整车行驶外，还应尽可能缓和不平路面对车身造成的冲击和振动，保证车辆行驶平顺，并且能与车辆转向装置很好地配合工作，实现车辆行驶方向的正确控制，以保证车辆操纵稳定。这些功能虽然直接由行走装置所体现出来，但需与悬挂、转向等其它装置协同发挥功能才能实现。

　　早期车辆的行走装置结构是比较简单的轮轴组合，随着变速、差速等功能的增加，简单的轮轴组合被轮桥组合所替代，所谓的桥或车桥是一种俗称或通称，是原始车轴不断发展与进化的产物，既有原始车轴的功能，又增加了现代车辆所需的一些功用，通常指车辆上直接与左右轮连接的零部件集合体，如通常所谓的转向桥、驱动桥等。车桥是一组零件组合起来的装置，该装置是车轮与车架之间的连接过渡装置之一。大型运输车辆采用前桥转向，后桥驱动方式，即布置行走装置时前面的轮桥组合装置需具有实现转向的功能，后面布置的轮桥组合装置只实现驱动功能。重载车辆可多轴布置以提高承载能力，此时仍采用前桥转向方式。为了提高驱动能力也可采取双桥或多桥驱动方式，有的将转向与驱动功能集为一体，采用转向驱动桥结构。为了缓和车辆驶过不平路面时所产生的冲击，利用车架与车轮之间的悬挂装置（或称悬架）这一弹性连接，来传递载荷、缓和冲击、衰减振动以及调节行驶中的车身位置，以保证行驶平顺。悬架与车桥相互依存或为一体，也造就了不同结构形式车桥的存在（图 2-1-3、图 2-1-4）。

图 2-1-3　带有悬挂装置的客用车转向前桥

图 2-1-4　多桥驱动货车用直联式双驱动后桥

车桥有整体式结构和断开式结构，其结构形式与悬架形式密切相关。悬架可分为非独立悬架和独立悬架两大类（图 2-1-5），分别与对应的车桥接合实现其功能。非独立悬架与整体式或非断开式刚性车桥连接，当单边车轮驶过凸凹不平路况时，会对另一侧产生直接影响。整体式车桥结构简单，广泛应用于各种载货汽车、拖车等。独立悬架匹配的是断开式车桥，车桥中没有整体贯通梁架，左右车轮各自独立地与车架或车身相连。如当非独立悬架与整体驱动桥匹配时，悬架连接在整体式驱动桥壳上，驱动桥壳是一根连接左右驱动车轮的刚性空心梁，由左右半轴、主减速器、差速器组成的传动装置都装在它里面。而所谓的独立悬挂驱动桥通常为两段或三段相互连接并可独立运动结构，这种结构的驱动桥中无刚性的整体外壳，主减速器及其壳体装在车架或车身上，两侧驱动轮通过悬架与车架或车身是弹性连接关系，并可彼此独立地分别相对于车架或车身做上下摆动，车轮的传动采用万向传动装置。独立悬架的断开式车桥，可理解为一虚拟结构的概称，因有的已不能形成独立结构的装置，只是借用前桥或后桥的称谓。断开式车桥结构较复杂，但可以减小簧下质量，从而改善行驶平顺性，这类结构在小型客车上应用较多。

图 2-1-5　非独立悬挂与独立悬挂结构

2.1.3　载人运输车辆

载人与货运两类车辆的发展路径有所不同，货运车更多追求载重能力，客运车更要体现人文关怀，更多追求满足不同对象的需求。载人车辆因载人数量不同，有大型、中型和小型之分，这种大与小表现为体积与容量，其目的是满足不同场合、不同人群的使用需求。大型的即通常所说的客车或大客车，主要作公共交通使用，可以用于城市内的交通，也可用于城市间的运输。中型载人用车与大型客车的功用、形式相近，只是载客容量小，作为大型与小型之间的补充。而小型载人用车与大中型载人车辆差别较大，外观形式以及内部结构都存在较大的差异。我国将大型客车分类于商用车类，小型客车归为乘用车类。

大型客车有不同的用途，它的功能特点是容纳更多的乘客、适应城市或城市间的人员交通，如城市客车、长途客车、旅游客车等。这些车辆也随时代在不断发展，早期的大客车的行走装置、机架结构与货车通用，使得车厢较高不便于乘客上下。而现代客车则更加注重人的因素，如城市客车多采用低地板结构保障乘客上下车方便，并有足够的空间供乘客上下车走动。以前的客车均为单体结构，而现代城市交通中常常可见到铰接式客车，采用铰接结构为了增加容量且运动灵活。长途旅游客车用于载送乘客及其随身行李物品，除设有供乘客使用的座椅外，还有存放乘客行李物品的设施。大型客车应用于不同场合有不同的称谓，在飞机场接送客人的称摆渡车、用于接送孩子上学的为校车等，这些车辆的性质仍属大型客车，具体的产品功能、性能要求要满足相关行业规定。

小型客车一般追求驾驶乘坐的感觉、独立与自主的个性，每个时期的小型客车都体现人们的追求。小型客车更能表现出人们对交通工具的期望，我国对小型客车的称谓就可以想象其中的奥秘，通常所说的轿车是许多人对小型乘用车的一种叫法，其含义或者具有轿厢的形状，或者具有轿子的舒适。这类车均为四轮布置形式，多数采用前驱动的形式，为了提高驱动能力也有采用四轮驱动，一般都行驶在路况较好的城市马路或高等级公路。为了追求更高的行驶性能和更广阔的行驶区域，具有越野性能的小型汽车深受青年人的青睐。具有高地隙、四轮驱动的吉普车（Jeep）已成为适应恶劣路况、具有越野能力的小型乘用车的代名词。小型车运动灵活，可实现较高的速度，因此也催生出一类为追求运动速度而存在的赛车，赛车体现人们对车辆极限速度的追求。

2.1.4 载货运输车辆

以载货为主的运输车辆，一般称为载重汽车，也称为货车，这类车辆所要体现出的优势在于拖载的货物量大。这类汽车的布置形式基本相同，动力、传动、行走等装置集中在车架的下侧，车架上侧前部为用于驾驶操作兼有载人功能的驾驶室，多采用大梁式车架，由纵贯全车钢梁焊接或铆合起来成为一个结构架，然后在这个结构架上安装动力装置、悬架等部件。大梁式车架的优点是大梁提供很强的承载能力和抗扭刚度，而且结构简单；缺点是大梁车架重量大、整车重心偏高。由这类集成有动力、传动、行走、操控等装置，能够实现行驶基本功能的行走机器通常称为底盘，底盘包含的内容可简可繁，可以代表整车、也可以是不包含其中的某部分的其余大部分的集合。如称整车为一类底盘，完整车辆去掉车厢及专用装置的机械整体为二类底盘等。图 2-1-6 所示为博物馆中的戴姆勒汽车。

图 2-1-6 博物馆中的戴姆勒汽车与戴姆勒汽车公司 1898 年生产的汽车

在底盘上安装装载货物的货车厢，即可成为具有载货功能的车辆。运输货物的车厢相对底盘的关系可以有所不同，车厢可以驮负在车上，也可由车拖拉，这就存在两类货运方式。车厢被驮负在车上，与动力装置、驾驶室集成在一起，此类车辆以驮负运输为主要形式，其灵活性、操控性均较好。这类载货汽车也称为卡车、载重汽车，主要任务是载货运输。普通货车载货能力较小，为了提高效率则有重载卡车，载重量的变化体现了对载货运输能力的追求。与其相对的应用是并不追求载货的量，而期望人货均可搭载，而且适用于非道路地况行驶，因此有了称为皮卡的小型客货两用越野车。皮卡车是一种小型客货两用车，整车形式为微型货车结构，乘坐则具有小型客车的舒适。可以在公路上高速行驶，也可在野外越野穿行。

载货运输的车辆的车架上侧分成前后两部分，后部车厢用于载货，前部布置驾驶室。与载货运输相对的另外一类运输形式是牵引运输，这类运输车辆称为牵引车。牵引车不牵引作业时可以独立行驶，作业时挂接拖车。牵引车的结构布置与前者类似，只是车架上侧后部布置有所不同，或者是布置与半挂车的连接装置，或者在后部增加牵引连接装置。牵引车与挂车或半挂车协同作业，牵引车以牵引方式拖拉挂车行驶，二者构成牵引列车完成运输功能。挂车相当于自身带有行走装置的货箱，挂车可与牵引车辆分离，成为可从动行走的独立载货装置。从结构形式角度看上述的载重车、牵引车，其行走装置、动力与传动装置，以及驾驶操作装置构成的基本部分（或称底盘的部分）类似，在其上配置载货车厢则成为载货运输车辆，用其牵引可从动行走的挂车则可牵引运输，此外利用这一基本部分行走与驱动功能，增加实现其它功能的作业装置则可产生新的用途。

2.1.5 专门用途车辆

现代运输用车辆的底盘部分除作为运输车辆的基本组成部分外，通常也作为独立的产品存在，而且大部分都已形成系列。利用这些成熟产品的行走功能，实现一些需要行走功能的作业机械比较方便。这类车车架上侧的驾驶室部分类同，后部不仅可以载货、牵引，而且可以有更多的发挥空间。如为了方便装卸货物，加装一些可由动力装置驱动的机构与装置协同装卸货物。而更有一类在车厢的部位装载装置与设备，可以利用底盘具备的行驶能力、动力装置服务于一些特定功能，即用于改装成不同用途的车辆，这类在定型底盘产品基础上进一步增加其它作业功能的车辆，统称为专门用途车辆或称专用车。专用车与货运汽车的底盘部分结构相同，只是上装部分为各自专用功能设备，用于承担专门运输任务或专项作业。这也使动力及行走装置利用率提高，促进这类车辆底盘由单一运输到运输与作业兼备的转化。这种方式不仅为其它行走作业机械应用带来方便，也为底盘自身带来更广阔的利用空间。专用车涵盖的范围十分广泛，由于应用的领域、行业不同而形成多类产品，而且各有其专有名称。

2.2 机动三轮车

机动三轮车主要是指小功率发动机驱动的、承载质量较小的、车速较慢的三轮行驶车辆，这类车辆操作简单、方便使用，以短途运输为主要目的。机动三轮车对道路的适应性较好，在中国乡村中被广泛使用。从更广义层面讲发动机驱动、电机驱动的三轮车均为机动三轮车，细分则将电机驱动的三轮车称为电动三轮车。

2.2.1 机动三轮车结构特点

机动三轮车是自带动力装置的自走式车辆，驱动可以采用不同的动力装置，而行走装置的布置为三点支承结构。通常是前单后双布置形式，其中单前轮担负转向功能，后双轮负责驱动，形成机动三轮车自有的独特风格。

2.2.1.1 机动三轮车辆的特点

机动三轮车作为一类机动车辆，动力传递、换挡变速、转向制动等功能必不可少，也必须配置相应的装置。虽然总体结构形式为三点式布置，但因用途、配套装置以及经济适用性等因素的影响，机动三轮车品种繁多、形式多样。基本形式是最前部是导向轮，导向轮通过前轮架与车架铰接，铰接处上侧连接有用于操控前轮方向的方向把或方向盘。车架作为整车结构的主体，其后部支承在整体式驱动桥上，驱动桥两侧平行布置左右驱动轮。

机动三轮车一般将整车视为前后两部分，前面为驾驶部分，后部为承载部分。承载部分因人与货物不同而使整车结构发生变化。如果用于代步或载人，则前后一体，可以不分区间。如果用于载货，则前部为驾驶台，后部为载货车厢。驾驶人员乘坐方式与转向操作机构相适应，驾驶机动车传统的坐姿是双腿在前，双手操作方向盘。这只是机动三轮车其中一种方式，另外一种方式为跨坐式驾驶。跨坐式驾驶与摩托车驾驶相同，转向操控机构也是方向把。当然也有采用方向把操向，而采用传统坐姿操作。

机动三轮车辆可以具有多种用途，其动力的配置与结构形式与使用条件相关。城市使用的小型三轮电动车辆，采用电驱动方式，结构上只考虑驾驶者及一个或两个乘坐者，用作一种代步工具。有采用汽油机为动力的三轮车辆，其前部结构与摩托车相近，后部为载人载货结构，其驾驶方式通常也与摩托车相同。采用柴油机的车辆主要用于货物运输，车体分为驾驶与车厢两个部分，动力装置的功率相对较高。这类三轮车为了实现货物装卸方便，往往配备液压系统等用于辅助作业。

动力装置的动力最终变成车轮的驱动力，要经过一系列的传动环节，传动装置与动力装置的位置关系、动力输出的方式等因素相互制约。机动三轮车动力装置比较适宜的布置位置是前部下侧，从此处到驱动轮之间还有较大的距离，大距离传动有链传动、带传动和轴类传动可选。链传动和带传动适宜侧输出，轴传动适宜纵向输出。机动三轮车所选用的动力装置、变速装置多为侧面输出，因此皮带、链条传动应用更为广泛。

2.2.1.2 机动三轮运输车

机动三轮运输车是拥有量较大的一类机动车，比较典型的结构是以车架为基础，前连接转向叉架，后有驱动桥支承。车体分为前后两个功能部分，其中前部为驾驶部分，后部为载货位置。根据驾驶部分的形式，整车有带驾驶室和无驾驶室两种车身形式。带驾驶室的车辆，前部配置封闭式驾驶室，驾驶室与后部车厢之间相对独立。无驾驶室的车辆结构简单，前部驾驶操纵的空间敞开，为了美观及挡风和安全，在前轮的上侧安装有挡风罩。

机动三轮运输车的车架多采用型钢焊接的边梁式结构，一般采用前斜、中低、后高的上下双层结构形式。前端为斜梁结构，用于安装前叉装置。前叉上集成有减振装置，前叉、前轮与方向把或方向盘等组成转向装置。前斜梁的下端接中低部分的水平纵梁前端，该水平梁也是后高部分的上下双层结构的下层，也是驾驶平台的机架部分。双层结构上下平行，上层纵梁向后延伸，用于固定车厢与后桥。前部有立柱与下层结构焊合在一起。双层结构中最前部的下层梁上布置发动机，发动机上面的上层梁上布置驾驶座椅。

驾驶座位的后部紧靠车厢部分，车厢安装在车架的上侧，车架通过钢板弹簧与驱动桥的左右套管组件连接，车体大部分的载荷通过弹簧钢板、半轴套管等传递到驱动轮，形成附着重量。驱动桥与机架除通过减振钢板弹簧连接外，还通过两纵向推杆与机架连接，保持车桥在路面不平、越沟过坎时的状态稳定。

如图2-2-1所示，柴油机独立布置在座椅下面，驱动桥与变速箱组合为一体，柴油机的输出带轮通过皮带带动变速箱的输入带轮，输入带轮集成有离合器，用于切断发动机的动力。动力经变速箱内变速传到差速器，再由左右半轴传递给两驱动轮。在驱动桥与驱动轮之间集成有制动装置，以控制车辆的制动。操纵以人力操纵为主，通过机械机构实现操控。也有采用助力装置，如采用液压助力制动代替机械拉杆制动等。有的机动三轮运输车为了提高卸货效率，采用液压翻斗式车厢。

图 2-2-1　机动三轮运输车

2.2.2　操作装置

机动三轮车操作装置的布置与操作方式与四轮机动车辆相近，相对而言传动杆件比较多，精度较低。驾驶台的最前部布置方向把或者方向盘，其后侧与座位之间的底板上布置有离合、加速、行车制动踏板，另外还有换挡操纵杆。驻车制动通常在座椅的侧面，由手柄操控。

2.2.2.1　操向装置

机动三轮车的转向操控既可以是方向把式，又可以是方向盘式。把式转向装置与摩托车类同，但其上的其它操作功能简化，除了转向功能外，其它操作装置的位置及操作方式均发生改变，如加速不必采用手控方式，采用脚踏方式更符合驾驶习惯。采用把式操向装置时，驾驶员的座位必须位于正对前轮位置，对于驾驶室的布置限制较大。而采用方向盘作为操向装置时，驾驶人员座位的布置较为灵活。方向盘为常规驾驶操控装置，用在机动三轮运输车上，还需特定的转换装置。驾驶人员座位位置不同，转换装置的机构也不同。

中位驾驶可以采用把式操向，也可用方向盘操控方向。采用方向把操控方向时，方向把与连接转向轮的前叉直接连接，转向轮的转角与叉把的转角一致，即转向角与方向把转角为1∶1的关系。如果用方向盘直接连前轮，则仍保持上述转向关系，这违背了方向盘的一般使用习惯。因此在中位驾驶仍采用方向盘时，一般也采用一种转换装置。如采用齿轮齿圈的传动形式，方向盘带动齿轮转动，齿轮带动齿圈旋转，齿圈的中心为导向轮摆动的中心。

正位驾驶是手把操控转向的标准方式，采用方向盘操控方向则可以采取侧位驾驶。侧位驾驶带来的益处在于既与车辆的传统驾驶一致，又可以增加座位而提高载运空间。侧位驾驶时方向盘位于一侧，一般采用齿轮齿条传动结构的方向转换装置，方向盘的转动通过齿轮带动齿条的直线运动，齿条组件的一端铰接一连接臂，连接臂的另一端键连接前轮叉。方向盘转动时使得齿条往复运动，齿条的往复运动带动连接臂绕前叉轴心线摆动，连接臂的摆动角度即为前轮的转向角度，从而实现行驶方向的改变。

2.2.2.2　操作杆件与踏板

操向、离合、换挡、加速、制动等操控是机动车辆所必备的功能，机动三轮运输车也不例外。机动三轮运输车的变速通过变换变速箱内的挡位实现，换挡的方式采用变速杆操控，有左手换挡和右手换挡两类。变速箱通常为三个前进挡一个后退挡，变速箱结构比较简单，通过拉动拨叉轴带动拨叉实现换挡，利用自锁机构、互锁机构防止脱挡与乱挡。由于变速箱的位置离驾驶员的座位较远，换挡动作通过多个杆件的运动才能实现，换挡机构相对复杂，换挡控制精度也不高。加速采用踏板方式，踏板通过拉杆等机构，拉动柴油机的供油摆臂调节柴油机转速，控制柴油供给油路的断开来熄火停机。

绝大多数的机动三轮运输车的离合器是集成在变速箱输入皮带轮上的，带轮外圆加工有三角带传动的沟槽，带轮的内部安装摩擦片式离合器，带轮离合器安装在变速箱的输入轴上。通过脚踏板带动拉杆推动传递装置，通过控制离合器的接合，实现控制变速箱动力的输入。制动分为行车制动与驻车制动两个系统，制动系统的制动装置安装在后轮，前轮无制动装置。通常行车制动与驻车制动共用同一制动器，但操纵机构与操作传动机构是分开的独立操纵装置。机动三轮车的制动系统多数采用机械式操纵机构，行车制动采用脚踏制动方式，驻车制动采用手控方式。

2.2.3　传动与驱动

机动三轮运输车的驱动均为后轮驱动，动力从发动机传递给后桥，比较常用的传动形式为链传动、带传动，由于传递方式的不同，后桥的结构也随之变化。其中的桥箱一体式结构和开式驱动桥均具有一定的特点。

2.2.3.1　传动方式

机动三轮车辆主要采用单缸柴油机为动力，传动以侧面传动为主要形式。这类动力装置与变速装置之间相互独立，传动以采用链、带传动方式为宜。柴油机的动力由侧面输出，皮带将动力传至变速箱侧的离合器，再进入变速箱。变速箱与后桥的关系不同，决定了变速箱到后桥之间的传动形式。变速箱与后桥相互独立，则可采用链、带、轴传动，若为箱桥一体的集成结构，则通过齿轮传动即可。

当采用桥箱一体式传动结构时，柴油机侧带轮通过皮带将动力传至变速箱侧的离合器，再进入变速箱。变速箱与驱动桥为一体的实质，是将变速部分与差速部分集合在一个箱体内。输入的动力经变速齿轮传动到中央传动齿轮后，再经差速器左右传递给驱动轮。此传动方式比较简单，其缺点是带传动距离太长。在行驶过程中整个变速箱与半轴壳体一起随减振弹簧浮动，实际使用中容易引起脱挡。图 2-2-2 所示为变速箱结构。

变速箱与驱动桥分离布置时，变速箱与驱动桥之间的传动采用链传动比较简单，变速箱侧输出链轮经链传递动力到后桥链轮，再左右传递给驱动轮。此时的后桥必须是开式后桥，密封比较困难。当然也可设计成高速车辆传统的直连式轴传动方式，即变速箱后输出端连接传动轴，传动轴传递动力到驱动桥中央传动，再经差速器左右传递给驱动轮。

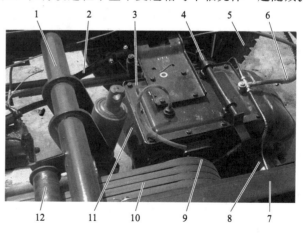

图 2-2-2　变速箱

1—车架横管梁；2—变速机构；3—箱体上盖；4—离合机构；
5—驱动轮；6—制动管路；7—车架纵梁；8—半轴套管；
9—离合器带轮；10—V形传动带；11—变速传动箱体；
12—皮带压辊

2.2.3.2　一体式驱动后桥

所谓一体式驱动桥是将变速装置与驱动桥集合为一体，使得主要传动装置十分紧凑集中在一起。一般的车辆传动系统是变速箱与驱动桥相互独立，变速箱的功能只是换挡变速，驱动桥的任务是中央传动、差速，并通过左右半轴将动力传递给驱动轮。一

图 2-2-3　一体式驱动桥

体式驱动桥是将换挡变速、中央传动、差速等集成在同一箱体中，简化了变速箱与驱动桥之间的传动环节，其既起变速装置的作用，又起驱动桥的作用。

一体式驱动桥（图 2-2-3）以变速传动箱体为主体，后部左右两侧连接半轴壳体，半轴壳上布置有安装钢板弹簧的支座和连接调整拉杆的铰接座。前部侧面有带轮离合器，安装在动力输入轴的一端。变速传动箱体内部的全部传动由齿轮实现，所有齿轮布置在平行的四条轴线上，四条轴线上分别布置动力输入轴、中间轴、倒挡轴和左右半轴。变速传动箱体与左右套管组件组装在一起，再通过制动装置与车轮相连，壳体用于承受机动三轮车大部分重力载荷，而箱体内的齿轮与轴用于传动扭矩。

2.2.3.3　开式链轮传动后桥

采用链轮传动方式的后桥，其壳体不完全封闭，因此称为开式后桥。这类驱动桥也是由差速器总成、半轴、制动装置、桥壳总成或左右套管组件组成的。柴油机通过皮带将动力传至变速箱，变速箱与后桥相互独立，变速箱动力通过链轮输出，后桥的输入也是链轮。链轮作为后桥的驱动输入，与差速器壳体连接为一体。链传动的特点决定了这种方式传动的后桥必须是开式结构，开式驱动桥使得驱动桥的中央传动与差速部分暴露在外面，使得驱动桥整体连接变得困难。因此只能将两半轴套管采用图 2-2-4 所示的方式连接在一起，整体强度无法与封闭结构相比，因此采用这类形式的不多。

图 2-2-4　链传动驱动桥
1—差速器；2—传动链轮；3—端盖；4—驱动桥壳体；
5—制动臂；6—制动鼓

这类传动中的变速箱独立，此变速箱相当于一体式驱动桥中变速传动箱中去掉中央传动和差速部分，动力的输入部分同样是带轮离合器连接在输入轴上，而输出为链轮输出，在输出轴的一侧安装有链轮，传动扭矩较大的采用双排链轮。链传动方式要求两链轮轴线平行，并且两链轮在同一纵向平面内，传动精度要求要比带传动高。但由于两链轮分别在变速箱与驱动桥上，因此基于加工精度、安装误差等原因，需要有一定的调整量，同时链条在使用中也磨损，必须进行张紧，通过调节车身与后桥连接用的两根调整杆的长度，达到微调节后桥轴线与变速箱传动轴轴线的相对位置的目的。

2.2.4　机动三轮车的应用

在机动车辆的发展历史上，三轮车是其中重要的角色。最早的汽车就有三轮形式，其采

用的传动形式与现今机动三轮车采用的传动有相同之处。现代机动三轮车的种类繁多，形式多样，机动三轮车几乎遍及各个领域。目前电动三轮车（图2-2-5）的应用更是广泛，既有继承原有货运车辆的结构形式，也有加装外壳用于人员乘坐的结构。虽然外观各异，其驱动形式基本一致，都是电机后桥驱动。

图 2-2-5　电动三轮车

　　现代的三轮机动车主要以小型车辆为主，由于它灵活方便而受到普遍欢迎。不仅用于运输，也可用于代步、娱乐，以及一些特殊用途。其结构布置形式也根据用途有所变化，有个别的甚至改变行驶方式，只借用其三轮支承结构。如图2-2-6中的前双轮后单轮的结构所示，可以看出其借用双轮摩托车后轮驱动的结构形式，而前部的双轮采用传统转向模式，整车演化成为后单前双的倒三点形式的三轮机动车。

图 2-2-6　倒三点形式的三轮车与农田作业的大型三轮车

　　机动三轮车多以小型车的形式出现，三轮车一般都是小型车辆。也有大型车辆采用三轮结构，采用这种结构形式的车辆，用于一些特殊场合。在农田作业的重载车辆，为了减小对土壤的压实作用采用宽轮，为了使土壤的压实程度一致，采用三轮结构代替四轮，同时单轮转向要比双轮转向对土壤的破坏程度小。

2.3 载重汽车

载重汽车指主要用于运载货物的一类车辆，又有卡车、货车等不同称谓。载重汽车整体布置形式相同，均为带有驾驶室的底盘配备载货车厢，虽然同一底盘可以配置结构形式不同的车厢，但二者一旦结合则成为形式固定的车辆产品。载重汽车以纵置梁架为基础的前后双轴布置为基本的结构形式，载重能力强的重型汽车多采用多轴布置结构。

2.3.1 基本结构特点

载重汽车的车架贯通前后，与发动机、变速箱、转向桥、驱动桥等装置组合起来成为功能相对完善的一个整体。除特殊场合采用中梁式车架外，绝大多数车架为承载式矩形梁架结构，两纵梁贯通前后，纵梁之间有数个形状不同的横梁与之焊接或铆接。发动机位于机架的最前端，与变速箱通过离合器直连为一体，整个系统采取纵置方式布置在车架左右纵梁中间。发动机和传动装置与相关横梁相连接，相对纵梁形成前部发动机凸出，后部变速箱下凹的前高后低形式。变速箱尾端输出动力，输出的动力经万向节、传动轴等装置传入驱动桥。车架的上侧支承驾驶室与车厢，驾驶室位于前部，车厢部分占据中后部。位于车架的前部的发动机相对驾驶操作人员的位置不同，使得驾驶室的结构形式与整体外观变化，形成所谓长头型和平头型两类载重汽车（图 2-3-1）。

图 2-3-1　两类外形不同的载重汽车

驾驶室与车架的连接一般是固定方式，连接时使用橡胶垫块等作为驾驶室和车架的缓冲垫，以减轻车架上的振动向驾驶室传递。这种方式起到了一定的隔振效果，但这种隔振方式已不能满足高标准乘坐舒适的要求，驾驶室悬置隔振系统成为进一步提高车辆驾驶室舒适性的有效途径。所谓驾驶室悬置是指利用弹簧阻尼元件构成悬置系统，将驾驶室悬置在车架上，保证驾驶室与车架的连接与支承，同时允许它们之间的相对运动，实现衰减振动功能。驾驶室内座位以单排为主要形式，有的为了增加乘坐人员或用于长途运输过程中的休息，加大驾驶室的纵向空间，在驾驶位后侧布置一排座位。

驾驶室与车厢在车架纵梁上侧，下侧的行走部分通过悬挂装置与车架纵梁连接。悬挂装置起承上启下的作用，其目的是将车架或车体与实现车辆运动的行走装置联系起来。载重汽车的悬挂装置通常采用多片钢板弹簧组合结构，钢板弹簧组合由几个长短不同的弹簧片叠摞在一起构成。同一车上由于前后桥的载荷不同，前后悬挂装置的弹簧片的数量亦不同。这类悬挂装置与整体式车桥相配合，作为悬挂装置的同一组钢板弹簧片，利用U形螺栓组合起来并在中间部位与车桥固定相连。组合弹簧装置纵向布置在车架的外侧，其中一端与车架铰接。这类钢板弹簧悬挂装置可以独立使用，也有与筒式减振器组合使用的。对于一些特殊场合使用的载重汽车，还有采用其它结构形式的悬挂装置，如越野型载重汽车有采用螺旋弹簧结构的悬架。

行走装置多采用前后整体桥式双轴布置，车轮左右对称布置。车桥不仅要承受作用于路面和车架或车身之间的各向作用力，还要实现转向、驱动功能。前桥主要负责转向，也称转向桥，负载相对较小，为单侧单轮结构。后桥主要负责承载与驱动，在单侧单轮满足不了承载要求时，可单侧双轮结构。单一后桥无法满足要求时，可以增加后部车桥的数量，如果需要增加驱动能力，可采用多桥驱动甚至全部为驱动桥。不具有驱动功能的转向桥的桥体起承载横梁作用，一般为呈工字形截面的锻造件，为了避免与发动机干涉，中部通常下凹。桥体的两端安装转向主销，转向节通过转向主销铰接到桥体上。左右转向节上安装有转向臂，其中靠近方向盘一侧的转向臂为两个，其中一个连接与另一侧转向臂连接的横拉杆，另外一个与转向器摆臂连接的纵拉杆铰接。转向器摆臂的动作通过纵拉杆传递给转向臂的同时，该转向臂通过横拉杆传递到另一侧的转向臂，同时带动转向节转动。杆件的连接部位都设计成球铰，以适应传动过程中空间位置变化的需要。

驱动桥一般将主减速器、差速器、半轴置于桥壳内，实现动力传递并将动力合理地分配给左、右驱动轮。驱动桥要将车轮组合成为支承车辆的装置，同时要将输入的扭矩传递给驱动轮，实现行走驱动能力。由万向节与传动轴等构成的万向传动装置将动力输入驱动桥后，驱动桥要将动力左右分流到两驱动轮。接收输入动力的部分为主减速装置，通常与差速装置集成在一起。主减速装置一般为单级减速，也有采用双级减速以增大减速比。差速装置又称差速器，用于将主减速器的动力改变传动方向，通过左右半轴分配动力到驱动轮，半轴的内外两端分别连接差速器的半轴齿轮与车轮轮毂。轮毂可借助两轴承支承在半轴套管上，这种连接方式的半轴传递扭矩，而不承受车轮上的其它载荷。半轴有采用内轴外缘结构的，半轴的内端用花键轴与差速器的半轴齿轮相连接，半轴外端的凸缘和轮辐盘螺栓连接。此外还有其它的连接方式，由于轮毂安装结构的变化，半轴的受力状态也不同。

2.3.2 载重汽车底盘

载重汽车的底盘最基本结构形式为双桥，其中前桥为转向桥、后桥为驱动桥，四轮驱动的汽车前桥为转向驱动桥。载重汽车的底盘虽然随生产厂家不同而有所变化，但基本的布置方式、装置的工作等方面存在普遍共性。图2-3-2所示为不带车厢与驾驶室的底盘。

2.3.2.1 传动、变速与离合

载重汽车要行驶必须将发动机的动力传递到驱动轮，而且必须能够控制动力的通断和扭矩的变化，因此在发动机到驱动轮之间存在离合器、变速箱、传动轴、驱动桥等装置实现这些功能。改变速度是车辆所必需的功能，变速装置是变速的基本装置，又称变速箱或变速器。通常在变速箱换挡时需要将发动机传来的动力切断，为此需要一装置完成此功能，这一装置就是离合器。离合器安装在发动机与变速箱之间，是发动机与传动系统之间切断和传递

图 2-3-2　不带车厢与驾驶室的底盘部分

动力的部件。离合器的主动部分和从动部分借接触面间的摩擦作用来传递转矩，使两者之间可以暂时分离，又可逐渐接合。与变速箱的输入轴连接的从动盘为摩擦片，可在轴上轴向移动，当从动盘与主动盘压紧时离合器接合，发动机输出的转矩经飞轮和压盘传给主动盘两侧的摩擦片，主动部分通过摩擦将动力传给变速箱的输入轴。离合器的接合与分离控制与变速控制相协调，一般用脚踩踏板控制离合器，变速换挡采用手柄操作。

手动变速箱是最常见的一种变速器，它采用齿轮传动，具有若干个定值传动比，通过不同齿轮的啮合达到变速变扭目的。载重汽车中使用较多的是三轴式结构变速箱，三轴式结构的输入轴与输出轴同轴布置，动力的输入与输出同轴线。输入轴也称第一轴，它的前端花键直接与离合器从动盘的花键套配合，从而传递由发动机过来的扭矩。第一轴上的齿轮与中间轴齿轮常啮合，只要输入轴一转，中间轴及其上的齿轮也随之转动。中间轴也称副轴，轴上固连多个直径大小不等的齿轮。输出轴又称第二轴，轴上套有各挡齿轮，可随时在操纵装置的作用下与中间轴的对应齿轮啮合，从而改变本身的转速及扭矩。输出轴的尾端与传动轴相连，通过传动轴将扭矩传送到驱动桥中央减速器。

简单的变速箱通常有三到五个前进挡和一个倒挡，组合式变速箱则有更多挡位。变速箱挡位变换的结构形式有直齿滑动齿轮、同步器、啮合套换挡三种，其中滑动齿轮换挡结构简单，但换挡时齿端面承受的冲击较大，一般仅用于一挡和倒挡。用啮合套换挡，可将构成传动的一对齿轮设计成不参与换挡的常啮合齿轮，用啮合套换挡，换挡的冲击由啮合套承受。同步器换挡方式采用较多，可以实现无冲击、无噪声换挡。变速箱布置的位置与驾驶员较近时，换挡杆等外操纵机构多集中安装在变速器箱盖上，变速杆直接操纵变速箱，结构简单、操纵容易并且准确。如果距离驾驶员座位较远，变速杆不能直接布置在变速箱盖上，变速杆和变速箱之间加装了一套传动杆件，进行远距离操纵。中间连接机构通常采用连杆机构连接，也有采用推拉软轴作为换挡联动装置的。

变速箱输出的扭矩通过传动轴传到驱动桥，由于车辆运动过程中悬架及减振装置的作用，变速箱与驱动桥两部件之间的相对位置、间距会发生变化，所以采用万向节之间安装传动轴的万向传动装置传递动力。而由于万向节没有伸缩功能，则还要将传动轴做成两段，用滑动花键相连。对于轴距较长的车型，传动的距离较长，需要两级或三级万向传动。对于多级传动要加装中间支承来支承传动轴的一端，中间支承实质是一个通过支承座和缓冲垫安装在车架上的轴承，缓冲垫可以补偿车架变形和发动机振动对传动轴位置的影响。如图 2-3-3 所示为载重汽车后部结构。

2.3.2.2 制动系统特点

载重汽车的制动装置以鼓式制动为主要形式，驾驶员通过制动踏板或手制动操纵杆的操作制动，利用机械、液压或气动等方式放大作用后到制动器上，控制车轮的行与停。踏板操控行车制动，手动操纵驻车制动。制动器中的制动鼓利用螺栓固定在驱动轮的轮毂上，随车轮一起转动。制动底板固定在车桥半轴套管的侧板上，制动蹄用铰销铰接在制动底板上。制动蹄上铆接或粘接摩擦片，摩擦片与制动鼓内表面之间留有适当的间隙。制动时迫使制动蹄与制动鼓压

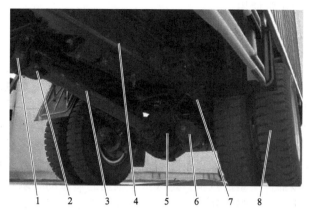

图 2-3-3　载重汽车后部结构

1—中间支承；2—万向节；3—传动轴；4—车架；5—驱动桥；
6—制动气室；7—悬架弹簧；8—驱动轮

紧产生制动力，制动鼓受到摩擦减速，迫使车轮停止转动。

驻车制动主要用于坡道或长时间停车，紧急情况可与脚制动器同时使用。多数载重汽车的驻车制动采用机械机构实现，其制动器可以是与行车制动系共用的车轮制动器，也可以独立布置。如常用的鼓式制动器就可使制动器兼有驻车制动与行车制动功能，行车制动时采用制动分泵使制动蹄绽开，摩擦片与制动鼓摩擦产生制动扭矩。驻车制动时将通过一套机械制动系统与鼓式制动器内部的一张紧装置连接，控制该装置同样可使制动蹄绽开，而该张紧装置在行车制动作用时不起作用。

载重汽车必须具备完善的制动系统，对制动功能的要求严格。为了提高制动系统的制动能力，除驱动轮制动外，非驱动的转向轮也安装制动装置，对于一些制动要求较高的重载汽车还安装有辅助制动装置。重型载重汽车高速行驶或下长坡连续制动时，对制动装置效能保持的程度要求较高。利用辅助制动的作用实现汽车下长坡时保持稳定车速的效果，如有的载重汽车装设缓速器等装置，实施涡流辅助制动功能。缓速器制动通常与传统制动搭配使用，在车上担任控制车速的作用。主要用在下长坡时稳定车速，减小行车制动器的磨损。

图 2-3-4　电涡流缓速器

常用的缓速器有电涡流缓速器（图 2-3-4），利用电磁场的作用实现制动力矩的变化。电涡流缓速器通常安装在驱动桥与变速箱之间，当缓速器起制动作用的时候，是把车辆运动的动能转化为电能，再以热量的形式被消耗掉。由于缓速器在紧急情况和长下坡等恶劣工况时能够承担载重汽车一部分制动负荷，使车轮上传统制动器的温度大大降低，确保车轮制动器处于良好的技术状态。电涡流缓速器如果发生故障，可以关闭缓速器，车辆仍可以继续运行，基本不影响车

辆的正常使用。

2.3.3　多轴载重汽车

　　载重汽车为了提高承载能力，随着装载货物重量的增加，加大车体的同时增加了车桥的数量。车桥的数量增加不仅仅是承载能力的提高，而是传动、驱动及转向控制等技术的全面提高。载重汽车的基本形式为双轴四轮布置，但随着载重量的增加，需要通过增加车轮的数量来实现运输能力的提高，其中多轴布置方式被广泛采用。多轴结构可以保持车辆横向、高度结构尺寸不变，只改变纵向尺寸，以增加轮轴数量的方式实现功能，也利于产品的系列化与零部件类型的减少。重载汽车根据总质量的要求可采用多轴布置形式，三桥及以上的载重汽车一般前桥为转向桥，后部的其它车桥性质各异。由于空间位置关系布置于前后两桥中部的其它车桥称为中桥，而中桥所起的作用各不相同，可以是按要求实现不同的功用，最简单的是支承桥，也可是转向桥，更多的是驱动桥。图 2-3-5 所示为三桥载重汽车二类底盘。

图 2-3-5　三桥载重汽车二类底盘

　　多桥结构的重载汽车由于车辆的要求不同，后部几个桥也有不同的功能分配。有的载重车上除了前转向桥和相应的驱动桥外，还存在一种既无转向功能又无驱动能力的辅助车桥，辅助车桥主要用来支承车体、分担载荷。辅助车桥在某些车上具有浮动功能，轻载运输时整个车桥提起，车轮脱离地面；重载时落下车轮接触到地面，起分担载荷的作用。对于转向要求高的载重车，采取多转向桥布置，除了前桥转向外，后部也可布置有转向功能的车桥。若在前部布置则成为多前转向桥结构，此时驱动桥布置在后部；若布置方式在车的前后两头，则为前后转向结构，此时的驱动桥布置在转向桥的中间。

　　多桥结构的载重汽车中，由于多桥驱动的传动方式不同于单桥驱动的单输入传动，利用分动箱实现多端输出传动。分动箱可以前后双向传动，而且可以多端输出，因此方便多桥传动。在多桥载重汽车的传动中，更可以利用特殊结构的驱动桥实现动力的传递，起到分动箱的分动作用。其中贯通桥在将动力传给车轮的同时，能将另一部分动力传递给另一驱动装置，具有承前接后的作用，其既是驱动桥又是传动装置，可实现动力的纵向传递。贯通式驱动桥一般均布置在后桥与前桥之间，因此通常称为贯通式中桥（图2-3-6）。中桥的结构形式与常规的后驱动桥相近，分动与左右两侧传动部分一致，不同之处在于中间主传动部分。贯通桥的差速器旁边多了一前后贯通的传动轴，该轴向后传递动力给另一驱动桥，该轴的前端为动力输入端，轴上安装有圆柱齿轮与轴间差速器，动力输入后通过一对圆柱齿轮传递给贯通桥的主减速器，主减速器再通过轮间差速器将动力分配到两车轮，同时动力的另外一部分通过轴间差速器向后传动到另一驱动桥。

图 2-3-6 贯通桥传动

　　传动要与主体结构相协调，贯通桥只是重载汽车传动中的一种方式。从传动系统的结构布置形式上看，还有多种不同的结构形式。对于一些重型越野载重车，为了提高整车在极端路况下的通过能力，整车采用了中央脊梁式车架结构。从前到后的纵向传动轴都被封闭在脊柱的套管之内，而且传动系统的轮间差速器和轴间差速器也全部布置在中央脊柱套管之内，差速器采用了行星齿轮排式差速器。此时的驱动桥已不是传统的形式，轮间差速器并不在桥壳体中，而是被转移到了脊柱套管内，左右侧车轮分别由两套锥齿轮驱动，为了让这两套锥齿轮互不干涉，其左右半轴在纵向错开了一定的距离，两个半轴并不在一个平面内。

2.4　专用汽车

　　服务于不同领域、用途不同的许多车辆可以归为一类车型，即专用汽车。专用汽车以某一定型生产的载重汽车底盘为基础，加装专用装置后具有新的运输用途，或具备专项作业功能。这类用于承担专门运输任务或专项作业的车辆，虽然不同于常规的载重汽车，但与其同源、具有相近的行驶性能。专用汽车品种繁多、应用广泛。

2.4.1　专用汽车的特点

　　专用汽车又称改装车，是在载重汽车标准底盘基础上改装、加装具有一定功能的装置，成为一种新的车型，该车继承载重汽车具有的运输特性，同时新增功能，实现规定的作业要求。其形体可能发生变化，而行驶功能基本不变。

2.4.1.1　专用汽车的类型与动力特点

　　专用汽车是一类改装车辆，最大限度利用原有标准车辆底盘部分的装置，同时根据新的使用功能要求，增加新的装置，甚至改变部分车体结构与形状。普遍的改装方式为保持原有的驾驶室、车架及其下部所有装置，传动与车厢为主要改装部分。改装后的专用汽车可分为运输主导型、运输与作业并重型、作业主导型等，因主要作业功用决定了改装的具体内容不同。

以运输为主导的专用汽车，与原载重汽车的性质最接近。其改变主要集中在车厢体的改变，其余部分基本保持不变。运输的货物要求不同，车厢部分的配置、形状、结构均因功能要求而确定。甚至驾驶室也随之改变，如早期的大型客车也是采用载重货车底盘改装而成的，取消原车驾驶室独立布置结构，将驾驶室与客厢统一在客车体内。这种改装主要体现外在变化，不需要动力输出部分变化，动力与传动部分完全保持原来状态。

运输与作业并重这类专用汽车，其特点体现在自行运输与定点作业的结合。在结构布置上体现为车与装置的组合，表现为载货车厢部分被作业装置所取代，驾驶室与车架及以下部分仍保持基本原貌。作业装置与运输车辆运行相互独立，分工也明确。车辆部分成为作业装置的载体及动力来源，负责将作业装置运到作业场所，再利用发动机的动力使其作业，作业装置借助原车辆的动力完成作业功能。

作业主导类的专用汽车，几乎改变原有车辆的运输性质，成为行走作业机械。这类改装车行走与作业并行进行，行走就是作业过程。为了实现改装后的车辆所要求的功能，需要安装辅助装置，这些甚至改变原有车辆的功能特性。如改装而成的公路清雪车，清雪装置的存在，不仅改变车辆的形态，也限制高速行驶能力的实现。作业主导类专用汽车因作业方式不同，其动力的使用时序可能就各不相同，如作业与行驶同时需要动力还是动力分时使用，这对底盘动力装置的选取、传动装置的确定都十分重要。

2.4.1.2　专用汽车的改装要求

专用汽车的实质是载重汽车的行走功能与特定作业功能的组合，在保持原有主体配置不变的基础上，部分改变原有状态。虽然形体、结构等发生部分变化，但必须保证不改变原车底盘的基本要求。改装后的车辆不仅要满足现行相关的法规要求，还要保持原车的行驶性能、改装后的可靠性，以及良好的作业能力。

经改装的专用车整车最大质量不得超过原车总质量，即原车辆规定的整备质量与额定载质量之和。改装后车辆重心位置要合理，也不能过分偏载，每一轴载质量不得超过该轴允许的最大轴载质量，以保持结构强度与良好的制动效果。同时还要考虑在各种负荷情况下，转向桥的载荷变化不过大，以确保转向能力。改装后车辆外形尺寸要参考相关标准，考虑运输要求、通过性能等因素的影响。如果没有专用标准、行业规定等要求，改装后的车辆仍需满足原车辆相关的标准规定。

改装以尽量少地改变原有结构为原则，一般不允许进行车辆轴距变化的改装，车架纵梁的加长、减短以辅助副车架的方式实现，一般不允许改变原车架以避免出现改装的质量问题。特殊情况需与底盘生产厂沟通后进行改装。改装过程避免不了电、气改装，但要求线路可靠，容量满足需求。改装车辆的动力匹配是一重要环节，对于一些特种用途的改装车辆，要求有动力输出接口，虽然动力匹配的方式有多种，但选择一适合的动力装置和适宜的匹配形式尤为重要。图2-4-1所示为不同的改装车辆。

2.4.2　专用汽车作业装置的动力传递

专用汽车除具备载重汽车的行驶功能外，还有完成其它作业的功用。对于完成其它作业需要动力的车辆，在满足行走动力传递的同时，还要有装置输出另外一路动力满足作业需要，这也体现了与普通运输货物载重汽车的不同。

图 2-4-1　四种不同用途的专用汽车

2.4.2.1　动力输出方式

专用汽车根据作业特性的不同，选取不同的动力装置的底盘，依据作业装置对动力的依赖关系，确定动力的获取形式。以运输为主的改装车，如仓栅式、桁架式等各种特殊结构的专用运输车，虽然形式千差万别，但其作业特性仍为运输，发动机动力只用于行走，没有其它需要动力的装置。要实现除了运输的功能以外其它功能的专用汽车，就需要借助原底盘上发动机的动力来驱动专用附加装置，比如自卸车的齿轮泵、搅拌机的液压马达、消防车的水泵、制冷车的压缩机等。

专用汽车作业方式、特点等不同，对输出功率的需求也不同，从原底盘上获取动力的方式各异。行走与作业装置同时工作的车辆，需要同时取力；行驶过程中作业装置不工作，等到作业地点停车后作业装置再工作的车辆可以不同时取力。所需动力虽然都是源于发动机，但需要在动力传动的某环节实现输出，具体确定取力部位时要结合原车底盘的具体情况。这部分动力的输出与传递，大多数都是通过特定功率输出装置来实现的，这类功率输出装置又称取力器。

取力器实质就是一组传动齿轮，通过传动路线上的某部位将动力引出，用于驱动其它装置。取力器相当于一个单挡或多挡的齿轮箱，接合在传动装置上。有多输出端的取力器，也有带离合器的取力器，取力器是专用汽车改装动力传递系统的关键装置，按功率输出形式可分为部分功率输出和全功率输出两种。有些特种用途的作业车辆，其消耗动力较大，原底盘自身动力不足以满足动力需求，此时需要另外再增加一动力装置服务于作业装置。如大型除雪车作业时需要较大的动力，因此在改装时通常加装另外一发动机共同输出动力。

2.4.2.2　取力方式与部位

专用汽车作业所需动力的输出与发动机及其传动装置相关，要么直接由发动机输出动力，要么利用取力器在传动路线上取力。发动机是动力源，从发动机的曲轴取力是最基本的方式，发动机取力优点是不受车辆主离合器控制。发动机动力输出有前后两端，一般前端输出动力只能部分取力，后端为主要输出端，从发动机后端曲轴输出端取力可实现全功率取力。全功率取力器一般由曲轴齿轮、中间轴齿轮、输出齿轮、壳体等组成。曲轴齿轮位于飞轮前端安装在曲轴法兰上，曲轴齿轮通过中间轴齿轮传动到取力器输出齿轮，输出齿轮驱动取力器的输出轴（图 2-4-2）。由于该取力方式的取力器到作业装置的传动距离较长，而且可能需要转换传动方向，若采用机械传动其结构就很复杂，因此一般多采用液压传动。

图 2-4-2　发动机取力

　　变速器是传动系统中的重要装置，也是比较方便实现取力的部位。从变速箱上取力已成为最基本的模式，这类取力仅与变速箱发生关系，只要变速箱上存在输出接口，即可匹配相应的取力装置，不需改变、改装传动系统。因变速箱结构不同而形式多样，可以在变速箱上盖取力，也可将取力器安装在侧面、后面。变速器上盖取力是将取力器布置于变速器之上，用一个惰轮和变速箱的第一轴输入齿轮常啮合，再由该惰轮将动力传给取力器的输出轴。这种取力器有与发动机同转速输出的特点，因而适合于需要有高转速输入的工作装置。侧取力是通过变速器中间轴上的高挡齿或倒挡轴上的倒挡齿轮取力，变速器左侧或右侧留有标准的取力接口。因在传动路线上经过了变速器一对常啮合齿轮的减速，所以取力器输出轴的转速总是低于发动机转速。当变速器后取力时，在变速箱里有一个单独挡位供取力器，挂上这挡带动作业装置运转。

　　在传动路线中其它部位取力时，则需对原车传动进行一定的改装，或在设计时就针对目标车设计。如改变传动轴的结构实现取力，以新的取力传动装置替代原来的传动装置等。传动轴取力是在变速器后部至后桥差速器之间，将原车的传动轴截断，将取力器制成独立总成，设置于传动轴之间，前端通过传动轴与变速器连接，使用时可通过变速器挡位调整输出转速。对于有分动器的汽车底盘，可从分动器输入轴后端取力。取力时先把变速箱挂直接挡、分动器置空挡，自动切断传动轴后段的传动，实现全功率输出。

2.4.3　分时作业型专用汽车示例

　　专用汽车作业方式各异，从动力使用的角度来看，作业与行驶同时使用或分时使用，其中定点作业类的专用汽车为分时使用，混凝土泵车就是其中一种（图 2-4-3）。混凝土泵车是指装备混凝土泵等专用装置，通过自带管道或外接管道，利用压力将混凝土沿管道连续输送，实现混凝土浇筑的特种作业汽车。其实质是将混凝土泵的泵送系统、用于布料的折叠臂架和定点作业支承机构等与载重汽车底盘进行组合，由底盘提供动力实现机构运动，驱动混凝土泵的泵送系统完成作业。泵送系统的混凝土泵部分安装在整车的尾部，通过输送管输送混凝土，输送管依附于臂架随臂架运动。坐落在转台上的臂架通过折叠、俯仰来实现高低、距离的调节，转台的旋转带动臂架转动，从而使臂架顶端输送管的出料孔可以到达指定位置。混凝土泵车在运输和非作业状态下，支腿收回、臂架与管道折转于车上，使整车外形尺寸缩为最小。

图 2-4-3　混凝土泵车

混凝土泵车的发动机除了驱动泵车行驶外，也用来驱动泵送机构、布料机构等工作装置。作业动力通过分动箱传递给液压泵，然后带动混凝土泵进行工作。动力通过分动装置实现动力传递与分配，分动装置是混凝土泵车上的关键部件。分动装置将发动机功率按需供给泵车行驶和混凝土泵送等驱动，发动机动力经变速器和万向传动装置输入分动器，挂行驶挡时发动机功率传到后桥，供泵车行驶。进行混凝土输送作业时，司机发出切换到泵送位的指令，气动电磁阀控制分动箱上的气缸推动拨叉，拨叉再推动分离齿轮切换到泵送位置，同时切断通往后桥的动力，使汽车处于驻车状态。混凝土泵车分时使用动力，可以为作业装置全功率输出动力。

与混凝土泵车取力器的作用类似，消防泵车采用的取力器要将发动机的动力转换为消防水泵或液压系统运转的动力。消防泵车是专门用作救火用途的车辆，既需要高速行驶，又要在较低速度或停车状态下泵水喷水作业。有的消防泵车采用的取力器安装于主离合器与变速箱之间，当变速箱置空挡位时，与混凝土泵一样定点作业。也可以实现在不停车的状态下将动力传递给消防水泵，实现消防车的边行驶边射水并行驱动功能。

2.4.4　并行作业型专用汽车示例

专用汽车在行走的同时需要为作业装置提供动力，这类专用汽车同时输出动力给行走装置与作业装置，动力并行输出，可称这类专用汽车为并行作业型。混凝土搅拌输送车是一种用于长距离输送混凝土的机械设备，它是在载重汽车底盘或专用运载底盘上安装一种独特的混凝土搅拌装置，兼有运载和搅拌混凝土的双重功能（图 2-4-4）。我国使用最多的是后卸湿

图 2-4-4　混凝土搅拌筒驱动

式混凝土搅拌车，其工作方式是将已搅拌好的预制混凝土或将水泥、骨料和水一起装入搅拌罐，在运送途中对其进行搅拌或搅动，以保证混凝土不致产生凝固、离析现象。混凝土搅拌运输车主要由二类通用底盘和混凝土搅拌装置组成。除个别大型混凝土搅拌运输车采用独立发动机驱动工作装置外，混凝土搅拌装置的驱动均采用原车发动机与主离合器间取力方式，使作业动力不受离合器的影响。取力装置驱动液压系统的变量泵，把机械能转化为液压能传给定量马达，马达再驱动减速器，由减速器带动搅拌装置，对混凝土进行搅拌。

混凝土搅拌车的基本工况有空车行驶和怠速停车、停车出料、满载行驶、停车进料、清洗五种，其中满载行驶、停车进出料情况是最常用的，也是考验发动机功率与上装动力需求匹配合理性的关键工况。满载行驶车辆一边行驶，一边保持搅拌筒转动，搅拌筒的搅动转速必须恒定，不受汽车发动机工作转速变化的影响，与车辆的行走速度无关，从而避免运输过程中出现因道路情况变化而使汽车速度频繁变化，导致搅拌筒的搅动转速忽高忽低，使筒内混凝土流动不均匀，破坏混凝土品质的现象。停车进出料时发动机的动力只用于驱动搅拌装置，主要是带动搅拌筒转动，搅拌筒在进料和运输过程中正向旋转，以利于进料和对混凝土进行搅拌，在出料时反向旋转。随着进料的增多，发动机的负荷也增大。

大型的混凝土搅拌车也有采用另外一台独立的发动机作为工作部分的动力的情况，采用双发动机使作业系统与车辆行驶系统分开，使得传动方便，也克服了单台发动机功率不足的缺点。这种双发动机驱动方式在并行作业型专用汽车中使用较多，如道路清扫车、清雪车上都有应用。这类车作业时需要消耗较大的动力，原车的动力保持正常行走余下的部分不足以满足作业要求。这类车辆通常原车的动力及行走驱动保持不变，另外安装的发动机作为作业装置的主动力源。

2.5　汽车列车

在公路常见到由牵引车与挂车组合的运输形式，这种多车组合称为汽车列车。汽车列车是由一辆牵引车与一辆以上挂车组成的，其中牵引车是汽车列车组成中的驱动单元，挂车是载货单元本身不带行进动力。几乎所有的动力车辆都可以用作牵引车，但专用的牵引车是指具有牵引装置，主要功用是牵引作业的车辆。因挂车与牵引车之间的连接关系不同，分为全挂牵引车与半挂牵引车，全挂牵引车牵引全挂拖车，半挂牵引车与半挂拖车配合作业，其中采用半挂连接方式的牵引汽车与半挂拖车组合而成的汽车列车应用最广泛。

2.5.1　汽车列车的特点

汽车列车是由牵引车与挂车组成相对独立又相互关联的牵引运输系统，整个牵引列车系统存在着连接关系，这一关系对整个系统的运动产生影响，主要牵涉转向实现方式与整体制动性能。牵引车本身作为一独立行走的车辆，其转向特性与普通汽车相同。当牵引车与挂连的拖车可靠连接后，被拖动的挂车部分与牵引车实现铰接。牵引车转向行驶时，通过牵引销拖动挂车偏转，实现整个牵引列车的变向行驶。但因牵引挂车的形式不同，整个系统转向实现的过程有所差异。半挂拖车一般不单独设转向机构，转向只靠牵引座和牵引销来实现，整个汽车列车的转向作用体现于牵引车，挂车上的行走装置不起作用。全挂拖车本身基本都设有转向机构，拖车通过牵引架与牵引车相连，牵引架带动转向机构实现拖车前轮转向。

半挂牵引中的半挂体现出这类牵引与被牵引车辆之间的特殊关系，即被牵引的半挂拖车有一部分结构搭接在牵引车上，拖车处于被驮负与被牵引的共同作用状态。牵引车作业时处于半驮负、半牵引状态。半挂牵引车一般没有载货平台或车厢，底盘上配备与半挂拖车连接的鞍式牵引座，简称鞍座。半挂拖车的前部通过牵引销与牵引车上鞍座配合，牵引车通过鞍座承受半挂拖车的前部载荷，并且锁住挂车上的牵引销带动半挂拖车行驶。由于半挂拖车负荷的一部分转移到牵引车上，可以提高附着力而提高牵引力。半挂拖车前部由牵引车牵引连接装置支承，后部则由本身的车轴支承，半挂拖车仅能与半挂牵引车一起组合成汽车列车。半挂牵引以无牵引杆架方式连接，不仅提高转向能力，也可缩短汽车列车长度。半挂拖车根据不同的运输要求可以设计成不同形式，也可以根据特定的需求配置不同的运输装置。无论形式如何，最基本的车架结构是相近的。其前部必须存在一牵引装置用于与牵引车配合，该牵引装置就是牵引销。牵引销是半挂拖车所独有的结构形式，安装在车架前端下侧牵引板上。图 2-5-1 所示为半挂式牵引列车。

图 2-5-1　半挂式牵引列车

全挂式牵引列车（图 2-5-2）由全挂牵引车，或相当全挂牵引车的车辆牵引全挂拖车。全挂牵引车利用全挂牵引连接装置与全挂拖车牵引架或牵引杆连接，全挂牵引车也可利用牵引装置牵引其它拖车。该类牵引装置安装在牵引车的尾部，通过螺栓直接固定在车架上。有的为了减缓冲击，在牵引装置与车架间加装具有一定缓冲作用的弹簧或橡胶等缓冲件。牵引装置形式多样，结构以实现水平挂接功能为主导，有钩扣式（牵引钩）、球销式、插销式等多种形式。全挂拖车通常指最少有两根车轴的挂车，全挂车的前部一般都带有牵引架。全挂车的载荷全部由挂车本身承载，前端的行走装置一般都设计有转向功能。

图 2-5-2　全挂牵引列车

由于牵引列车系统作业载荷较大，而且为独立的两体组合方式，制动系统必须实现可靠制动。牵引车自身配备完善的制动功能的同时，需要有制动输出与控制功能。拖车本身不具备动力装置，不具有能量补给与操控功能，整个制动系统依靠牵引车提供能量与控制。拖车制动动力源于牵引车，采用气动制动方式，拖车上配置相应的接口与管路。牵引车配备向拖车输送压缩空气的气压制动管路、紧急制动管路、气动控制管路及气管接头，同时也配备电气连接器用来与拖车的插头连接，能向拖车输送电信号。驾驶室设置手动控制阀，可直接操纵拖车制动，有的牵引车在后桥处有感载阀用于轴间制动力的合理分配。拖车应与主车同步制动，或略早于主车制动，以免制动时拖车冲撞主车，使汽车列车折叠或甩尾等事故发生。

2.5.2 半挂牵引车

半挂牵引车的实质是不带货车厢的二类底盘，在车架上安装一专用的牵引挂接装置，要求其既能承受半挂拖车的部分垂直载荷，又能承受水平牵引载荷。半挂牵引车自身具有载重汽车的全部行走功能，不与半挂拖车结合时独立行走，与拖车结合后牵引拖车行走，相对普通载重汽车具有更强的牵引能力。半挂牵引车与一般的载重车一样，双轴结构的牵引车采用前轮转向、后轮驱动方式。为了能够运动灵活，尽量缩短轴距，车架较同级别载重货车短。重型牵引车结构布置上采用三轴或四轴等多桥结构，多桥结构的牵引车可以采用双转向桥以提高转向能力。双转向桥结构牵引车（图 2-5-3）的两转向桥尽量布置于前部，前、中桥转向，后部其余桥为驱动桥。为了便于转向控制，转向机摆臂铰接两个转向拉杆，两个转向拉杆同时分别拉动前、中转向桥的转向臂，实现前中两桥四轮的协调转向。

图 2-5-3 双桥转向半挂式牵引车

为了提高驱动能力，多桥结构的牵引车可采用双桥驱动形式，即中、后桥双驱动。这类牵引车有采用前桥转向、中、后桥驱动的三桥布置方式，也有前双桥转向、后双桥驱动的四桥布置形式。双桥驱动的中桥与后桥布置靠近车架尾部，二者紧密地布置在一起。变速箱输出的动力经传动轴输入中桥的中央传动装置，再由中桥的中央传动装置分配动力，其中一部分由传动轴传递给后桥。半挂牵引车后桥驱动必须有足够的附着力，即半挂牵引车上必须存在适当的垂直载荷，从而使驱动车轮和地面之间有足够的附着力。这部分载荷主要来源于半挂拖车通过牵引鞍座传递给牵引车，半挂牵引车的牵引鞍座与驱动轮之间的位置关系也影响驱动效果。图 2-5-4 所示为双桥驱动半挂式牵引车。

半挂式牵引车的牵引鞍座安装在车架上方，牵引鞍座是个可以摆动的马蹄形的钢板制件，半挂车的一部分压力作用在这个鞍座上。为了保证鞍座与半挂车上的牵引销连接可靠，在鞍座的下侧还安装有各类牵引销锁定与分离机构，以保证车辆在行驶时即使发生冲击，也

图 2-5-4 双桥驱动半挂式牵引车

不会与牵引销分离。鞍座一般为锻钢件，中心有个带缺口的半圆孔，孔下方有个可旋转的 U 形板，U 形板的后方有一块挡板，可以在导槽内左右抽动。一旦将该挡板抽开，U 形板的开口就转向后方。当半挂拖车牵引销撞进半圆孔时，U 形板开口就会旋转到侧面，此时后挡板就会在弹簧的作用下自动回位，侧壁紧托住 U 形板，使半挂车上的牵引销定位在 U 形板和半圆孔之间。

2.5.3 半挂拖车

半挂拖车也称半挂车，虽然也是由车架与行走装置构成，但是半挂车的结构布置比较特殊，可将水平或垂直力传递到牵引车的连接装置上。半挂车为非平衡结构，当车辆均匀受载时车轴置于车辆重心后面，即仅靠自身的行走装置无法实现平衡支承，只有借助辅助支承或与半挂牵引车组合后才能保持车体平衡。轻载半挂车可以是单轴式支承结构，实际使用中更多的为双轴与多轴结构。车桥集中在车架的后部，车架的前端前伸，在其下侧中间部位安装牵引销。与牵引车结合时前段搭接在牵引车之上，在牵引销挂接到牵引车牵引鞍座的同时，挂车上的一部分载重传递到牵引车的车体上。半挂车车架前端配有支承装置，当脱离牵引车时，前部载荷由支承装置承载。支承装置是半挂车的重要组成部分，支承装置下侧与地面接触的托盘与支腿多以铰接方式连接。支承装置具有收放、调节高度等功能，便于支承挂车与配合牵引车挂接。

半挂拖车基本都是由车架或车体、悬架、车轴、车轮、牵引装置和支承装置构成的，半挂车的主体车架结构有平板式、鹅颈式（图 2-5-5）、凹梁式等不同类型，各有其特点。平板式结构车架平坦、结构简单，但整体结构较高；凹梁式结构前后高，中间车架平坦且较低，既可以兼顾牵引装置，又可降低运输高度；鹅颈式结构前端高起，便于与牵引车配合，后部降低便于装载。重型挂车一般带一折叠式随车跳板，两块跳板对称布置在车尾部，并用铰链与车架铰接，装货时放下、运输时收起。上述的车架是相对简单的载货平台结构，拖车可以变化多样而满足不同货物装载的要求，能够以不同的结构形式实现多种功能。半挂拖车车架前端下部布置有圆柱形牵引销，用于与牵引车上的牵引鞍座配合并可相互转动。牵引销与半挂车的连接方式分为两种，其中一种是在牵引板上焊接一支承板，牵引销上部的法兰与支承板由螺栓连接。另外一连接方式是在牵引板上焊一带锥孔的支承座，牵引销中部的锥体插入锥孔用螺母锁紧。

图 2-5-5　鹅颈式半挂拖车

2.5.4　全挂拖车

　　全挂拖车（全挂车）行走装置的功能比较完善，只是需其它外力牵引才能运动。全挂车主要由车厢或车架与行走装置构成，行走装置分前后两部分，后部分通常是通过悬架连接车轮构成。前部行走装置结构相对复杂，或连接具有转向功能的转向桥，或连接转盘、行走车桥等组成的牵引转向架。俯视全挂拖车的牵引架为等腰三角形，两底角点与拖车转向架连接，顶角端为用于与牵引车连接的牵引环。牵引转向架通常以水平牵引环与牵引车上的铅垂销轴铰接，以便于整个汽车列车行驶转向。图 2-5-6 所示为平板结构全挂拖车。

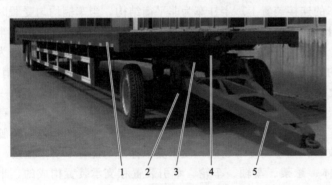

图 2-5-6　平板结构全挂拖车
1—车架；2—车桥；3—转向架；4—转盘；5—牵引架

　　全挂拖车通过牵引架与牵引车相连，转向时的运动特性与一般的车辆不同。双轴以上的全挂拖车基本都设有转向机构，转向机构分为轴转式和轮转式两类。轮转式转向装置与常规车辆的转向方式相近，都是通过杆件驱动车轮绕自身的主销轴心转动。这类转向结构通常在牵引架上有一组杆件，这组杆件与转向桥的转向梯形杆件连接。牵引车转向时牵引架带动这组杆件驱动车轮的转向摆臂摆转，使拖车前轮实现偏转。当拖车被牵引车拖动其转向时，前车桥也同时绕车桥垂直轴心转动，通常称为轴转式转向，轴转式转向一般采用转盘式转向装置。随着拖车承载能力增加，轴的数量也增加，为了有效地降低轮胎的磨损，同时也减小最小转弯直径，提高列车的通过性和机动性，还有的拖车采用前、后车轮分组转向机构，可以实现随动转向方式。此外全挂拖车还可与半挂连接装置结合实现另外的用途，如图 2-5-7 所示，前部采用全挂车连接，而后部采用半挂车的连接方式，适于在一些特定场合使用。

图 2-5-7　全挂与半挂连接装置组合拖车

2.5.5　汽车列车制动系统

牵引车牵引挂车构成牵挂行走系统，此时牵引车的性质与一般的载重汽车不同，在制动方面尤为突出，除了发挥自身制动性能外，必须兼顾拖车的制动性能。牵引车均带有制动输出接口，在与拖车挂接时也要将电路、气路连接。拖车上也必须有对应的接口，当与牵引车接通后，拖车、牵引车的两套制动系统完全融合为一套系统，统一协调工作。拖车的制动系统虽然不是一个单独、完整的体系，必须与牵引车一起才能实现制动作用，但在一些特定的场合还有独立发挥作用的能力。图 2-5-8 所示为半挂牵引车制动输出部分。

图 2-5-8　半挂牵引车制动输出部分

汽车列车的制动系统采用双管路模式，作为制动主车的牵引车与拖车之间用两根软气管连接，一根软管将主车气源通过挂车继动阀的充气腔和拖车储气筒连通，是对挂车储气筒不断充气的管路。另一根软管是控制管路，从牵引车上的挂车制动控制阀引出，与挂车继动阀的控制腔连通。如果牵引车不专设挂车制动控制阀，拖车的控制管路可与主车制动控制阀的前桥控制管路连接，以协调牵引、拖车制动时间。牵引车与拖车的充气管路和控制管路分别接通时，一路压缩空气经由继动阀，向拖车储气筒充气；另一路经继动阀进气阀门充入拖车制动气室，使挂车开始进入暂时制动状态。

牵引车与拖车组成汽车列车后，充气管路和控制管路也分别接通。如图 2-5-9 所示有四路管线连接，其中两路为供气管路，另外两路为电气线路。电气线路中一路为 ABS 接口，另一路为电气插孔。当牵引车发动机开始工作后，压缩空气分别经两路管线进入拖车的气路。为保证汽车列车的安全制动，在拖车储气筒内压缩空气压力尚未达到起步气压最小安全值以前，汽车列车不可能起步行驶。随着压缩空气充入压力的升高，导致进气阀开度逐渐减小至进气阀关闭，拖车制动气室的安全制动压力达到最高值。进气压力继续升高，迫使排气阀开启，于是

图 2-5-9　半挂拖车制动输入接口
1—ABS接口；2—供气接头；3—电气插孔；4—控制接头

拖车制动气室开始排气，安全制动压力随之下降达到规定起步气压值，此时安全制动完全解除，列车可起步行车，进入正常行驶工况。而拖车储气筒仍继续充气，直到其压力等于牵引车储气筒压力为止。

行驶过程中驾驶员踩下制动踏板时，控制路线的压缩空气从牵引车上的挂车制动阀进入拖车的控制气路，操纵继动阀动作，使通向前后轴行车制动气室的进气口与储气筒的充气口相通，压缩空气分别进入行车制动气室，实施行车制动。当拖车摘挂或因故突然脱挂时，供气管路和应急制动控制气室中的气压急降为大气压力，单向阀即自行关闭，拖车储气筒与主车的通路切断。主车与挂车气路一断开，继动阀开始动作，应急活塞在平衡弹簧的作用下，急速升到最高位置，先关闭排气阀，进而打开进气阀，使拖车储气筒中的压缩空气经由继动阀进入位于拖车车桥上的制动气室，使制动气室产生制动作用。图 2-5-10 所示为拖车制动系统。

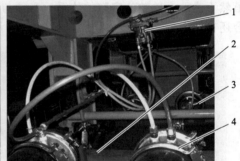

图 2-5-10　拖车制动系统
1—继动阀；2—拖车车桥；3—膜片式制动气室（前）；4—活塞式制动气室（后）

2.6　商用大客车

乘坐公共交通车辆的人员被称为乘客，这类载人运输的车辆被称为客车，大容量的载人车辆被称为大型客车，用于公共交通的大型客车被称为公交客车或简称公交车。这类车辆行驶的路况条件较好，外观形态比较接近，基本都是比较规则的长六面体外形。但因具体应用条件不同，其内部结构有所变化，而变化遵循的宗旨一定是方便乘客。

2.6.1　大型客车结构形式

大型客车的发展是一个不断满足、完善乘坐人员舒适、方便等要求的过程，乘坐舒适性重点体现悬挂装置性能提高，方便性主要体现低地板车体结构等方面。大型客车的基本结构为双桥支承车体的形式，双桥中的前桥为转向桥，后桥为驱动桥，后桥可根据载荷情况采用单侧双轮结构。为提高承载能力，大型客车行走部分有采用三桥与多桥结构的。为了提高单车次运输容量，可以将车身结构垂直加高，产生双层承载结构的客车。而更多则采用分体铰接式结构，这类车辆将两节或三节车厢单元铰接为一体，其具有普通城市客运车辆的功能，而运送能力更高。

大型客车共同的特点是车体为封闭箱体结构，前后左右布置透明车窗，车体左右的其中一侧开有乘客上下用的车门。驾驶位置位于内部前端一侧，其它大部区域为乘客区，乘客区布置有供乘客用的座椅，通道等空间亦可供乘客站立。大型客车车身由承载车架外附钣金覆盖件构成，覆盖件形成的壳体几乎不承载。早期客车的车架分为底架与上架两部分，底架部分与载重货车的底盘车架结构通用，为贯通大梁式车身底架，上架为小断面管材焊接而成的笼状结构。现代大型客车的车身采用全承载式车架结构，底架梁和车身立柱及顶盖梁形成闭合一体结构。

大型客车（图 2-6-1）的主要装置集成在底架上，作为动力源的发动机布置位置的不同，不仅牵涉传动路线的不同，甚至影响整车的结构形式。大型客车的发动机有前置、后置、中置等多种布置方式，前置发动机的大型客车逐渐减少，只在一些专用或特定用途的运送人员车辆上采用。发动机中置有卧式和中偏置两种方式，发动机在中部卧式布置突出优点是轴载分配合理、具有较低的重心位置。但卧式发动机位置特殊，不容易接近，维修性较差。发动机中偏置即发动机位于前轴与中轴之间，偏于车厢一侧，这样的布置方式只见于公交车，尤其是全车低地板的铰接客车。这样的布置是为了配合门式车桥，尽可能地缩小动力总成占用的空间。这样能使整车除发动机位置处，从前到后都可实现低地板。这种布置结构的发动机舱侧置，中置发动机拆卸时发动机必须从侧面抽出。

图 2-6-1　大型客车

现在绝大多数客车都采用了后置发动机的布置方式（图 2-6-2），发动机后置可使前轴不易过载，并能更充分地利用车厢内面积，还可有效地降低车身底板的高度或充分利用车中部地板下的空间安置行李，也有利于减轻发动机的高温和噪声对驾驶员的影响。后置发动机必须远距离操纵，使操纵机构变得复杂。后置发动机有后纵置、后横置、后偏置三种形式。纵置发动机导致后悬过长，使得客车的离去角变小。发动机被横向布置在后部时，需要一套改变动力传递方向的传动机构才能将动力传到驱动桥，而且传动轴的布置也很难。发动机后偏置的目的是缩小发动机所挤占的空间，但由于发动机被挤到一个角落，所以整车的前后轴荷、左右轮载分布不均衡，发动机近处的车轮负荷大。图 2-6-3 所示为中置发动机与后偏置发动机。

图 2-6-2　后置发动机

图 2-6-3　中置发动机与后偏置发动机

2.6.2　车桥与悬挂的特色

大型客车的行走装置在不断地发展进步，以满足乘坐人员不断提高的需求。早期客货车的底盘部分一样，客车的乘客需要蹬踏几级台阶才能上下客车，悬挂装置的特性也难以达到令人满意的乘坐舒适性要求。为此产生了低地板结构的客车，其中车桥与悬挂装置的特殊结构，形成大型客车行走装置独特的结构形式。

2.6.2.1　门式车桥

低地板客车就是要使车的地板尽量靠近地面，使乘客一级踏步或尽量少地蹬踏台阶就可上下车。客车地板位于车轮支承的车桥之上，车轮处于车体的两侧下面，车桥的结构以及布置形式对客车的地板高度、形状有直接影响，实现全车低地板化的关键不在车轮而在车桥。只要车桥低则在两车轮之间还有一定量的宽度空间实现低地板，以保证通道前后贯通。因而出现中部下沉的门式桥来满足这种结构要求，门式车桥有门式驱动桥、门式转向桥与门式支承桥三类。转向桥与支承桥的共同特点就是不存在传动装置，因此在结构上相对比较简单，这类车桥的梁采用工字梁下沉设计，尽量加大下沉部分宽度，紧凑端部装置尺寸。由于转向桥要完成转向动作，整体结构较支承桥又复杂一些。

使用门式驱动桥可以显著降低客车内地板高度，但门式驱动桥还肩负传递动力的功能，因此门式驱动桥有其自身特征。若采用标准中央传动驱动桥的结构形式，主减速器位于中心线上，驱动桥最大外壳尺寸正处于底板中心线位置，对降低此处的地板高度十分不利。因此门式驱动桥采用偏置主减速器解决这一问题，将动力输入的主减速器部分布置在驱动桥的一侧，即使此处桥壳高于桥壳的其它部分，对车低地板的影响也小。为了实现驱动桥下沉，而且又保持传动功能，驱动桥两端分别设置圆柱齿轮结构的末级减速器。利用一级齿轮传动改变轮与轴之间的位置，轮边减速器的输入轴与驱动桥的半轴相连，输出轴与车轮相连，输入轴与输出轴平行布置，输入轴位于输出轴下方。

2.6.2.2 车桥与悬架

由于门式驱动桥中部为下沉式结构，难以采用传统形式的连接方式，在桥体设计同时便考虑与悬挂装置的匹配问题。大型客车的驱动桥通常采用非独立悬挂结构，配置四连杆空气悬挂机构，其中主要有V形四连杆式空气悬架。四连杆由两个斜向布置的承力杆和两个纵向布置的承力杆组成，两斜承力杆布置在下部，上部布置两纵向承力杆。两根V形布置的承力杆一端与后桥主减速器壳连接，另一端与车架连接。有的通过V形垫板连接，也有直接把这两个斜向布置的承力杆做成一体结构的，承力杆要同时承担纵向力和横向力。另两根纵向承力杆一端与均衡梁连接，另一端与车架连接。为此车桥壳体上带有专门均衡梁用于与悬架的四个空气弹簧、四个双向作用筒式减振器匹配。作为弹性元件的空气弹簧和减振器下端安装在均衡梁上，上端与车架连接。不同车上空气弹簧的布置位置不同，低地板客车布置在车架纵梁外侧，使得车内通道低，但是空气弹簧的支点较高；长途旅行客车布置在车架纵梁之下，这样的布置结构更紧凑。图2-6-4所示为配置四连杆空气悬挂装置的偏置门式驱动桥。

图 2-6-4 配置四连杆空气悬挂装置的偏置门式驱动桥

大型客车的前桥为整体结构时，采用非独立空气悬挂结构，有采用与驱动桥结构类似的V形四连杆式空气悬架结构，也有采用五连杆空气悬架的，该结构一般由四个等长且平行的纵向导向杆和一个横向推力杆组成。还有一类钢板弹簧复合式空气悬架，钢板弹簧作为导向元件兼作弹性元件纵置在前桥上，两空气弹簧与两只减振器布置在其上。该结构较难得到理想的弹性特性，应用逐渐减少。图2-6-5所示为五连杆非独立悬架前桥与双叉臂独立前悬。

现在大型客车还有采用独立前悬结构的，如不等长双横臂式空气悬架。该独立悬架为上臂短、下臂较长的双叉臂结构，上下两叉臂横向平置，叉臂与车体的铰接点跨距较大以抵抗纵向力。上下两叉臂的外端与导向轮转向立轴相接，与该立轴铰接的导向架上安装有与导向

图 2-6-5　五连杆非独立悬架前桥与双叉臂独立前悬架

轮相关的其它装置。悬架的弹性元件是空气气囊，气囊布置在上叉臂上部，减振器下端连接到下叉臂外端，上端与车架连接。该结构非簧载质量低，行驶平顺性良好，空气弹簧跨距宽，可实现低地板宽通道，抗侧倾、抗制动点头能力强，多用作低地板客车的前悬架。

2.6.2.3　空气悬架

随着人们对乘坐舒适性要求的提高，大型客车对悬挂系统的要求也在不断提高。钢板弹簧悬架已难以满足要求，性能优良的空气悬架被大型客车广泛应用。空气悬架主要由空气弹簧组件、高度控制组件、导向杆件、横向稳定器、减振器、缓冲限位部件等组成。空气弹簧利用空气的可压缩性实现弹性作用，气压可以随载荷与道路条件变化而变化进行自动调节。空气悬架兼具其它悬架的特性，同时可以实现主动控制。空气悬架也分独立空气悬架与非独立空气悬架，一般独立空气悬架只作为前悬架使用，非独立空气悬架既可用于前悬架又可用于后悬架。

空气悬架的控制主要体现在空气弹簧系统的控制，空气弹簧控制可采用机械反馈方式，但采用机电结合的控制方式更为适宜。空气弹簧系统由储气罐、车身高度调节阀、电磁阀、限位阀、高度传感器、气囊等部件组成气路系统。高度调节阀是一机械装置固定在车架上，通过摆杆和连杆将车架与车桥的相对高度位置关系体现出来。摆杆的一端与高度调节阀连接，另一端与连杆上端连接，连杆下端与车桥连接，车架与车桥之间相对位置的变化通过摆杆的角度变化反映到高度调节阀上。当整车的承载加大时空气弹簧被压缩，车轴与车身之间距离减小，摆杆上摆迫使高度调节阀出气口开启，来自储气罐的压缩空气充入气囊，车身逐渐升高至控制高度，关闭气路停止充气。同理当整车载荷小时，摆杆臂下摆迫使高度调节阀排气口打开，使气囊向大气中放气。

采用空气悬架的低地板大客车，为了进一步提高乘客上下的方便性，通过空气弹簧的高度调节实现侧倾，使车门一侧降低一级踏步高度。实质就是气路中在车门一侧的空气弹簧与车身高度调节阀之间加装一电磁阀，电磁阀在关闭车身高度调节阀与空气弹簧气路的同时，空气弹簧放气使车身下倾。乘客上下完毕后，关闭电磁阀使高度调节阀与空气弹簧气路接通，空气弹簧充气使车身达到水平。车门一侧下降的高度有限位阀控制，限位阀串联在电磁阀与空气弹簧间。高度调节阀通过机械方式检测、调节车桥与车身间的高度，高度的检测也可采用高度传感器。

2.6.3　铰接式客车

铰接式客车是一种由两节或多节刚性车厢单元铰接组成的一体式客车，车体铰接而车厢内是相通的，乘客可通过铰接部分在车厢内前后走动。铰接式客车由于具有更长的车身和更大的车内空间，能够容纳更多的乘客。

2.6.3.1 铰接方式

最常见的铰接式客车由前后两节车厢通过铰接装置连接在一起，前车厢为双桥支承结构，后厢为单桥支承结构。由于传动轴不通过铰接装置，铰接客车上发动机的布置位置，对客车整体的受力状态产生影响。发动机位于前车还是后车的不同，使得整个车辆行走驱动方式有牵引式和后推式两种。对于牵引式铰接客车，发动机置于铰接式客车前车厢，以前车的后桥作为驱动桥，铰接后的整个车辆由前车拖动后车行驶。这种铰接式客车后车上的车桥是随动桥，铰接装置受力相应也比较简单，一般都采用拉式铰接装置。后推式铰接客车的发动机置于后车厢，发动机的动力传递给位于后车厢的车桥较为方便，所以只能由后车上的车桥作为驱动桥，整个铰接车辆要由后车通过铰接装置推动前车行驶，所以这种铰接式客车使用的铰接装置为推式铰接装置。

铰接式客车是由铰接装置将前后车厢连接在一起，三段铰接的客车有三节车厢单元，两处铰接装置（图 2-6-6）。三段式铰接客车为前、中、后三厢四桥结构，即前车厢为双桥结构，中厢与后厢均为单桥结构。发动机一般都放在前车厢上，为了保证车内较低的底板，采用中置发动机较为适宜。铰接装置在车体下部将前后车厢连接，车厢的侧面与上侧有柔性的风挡装置连接。风挡是用合成织物与金属框架制成的，风挡带有专用的角度等分机构，使其转动均匀，不会产生因风挡转角不均而造成撕裂问题。

图 2-6-6　中置卧式发动机三段铰接客车底盘

2.6.3.2 铰接装置

铰接式客车根据驱动状态有牵引式与后推式（图 2-6-7）两类，与其对应的铰接装置也是两类。铰接式客车铰接装置必须具备三种基本运动功能，即前、后车在水平面内相对于铰接装置竖轴的相对转动，前、后车相对于车辆纵轴线不一致时的相对偏摆运动，前、后车相对于车辆横轴的俯仰运动。当前置发动机铰接客车行驶时，前车通过拉式铰接装置牵引后车，拉式铰接装置相对简单，一般采用球式铰接装置。此时前车的后桥为驱动桥，后车上的车桥为随动桥，整车行驶中是由前车拉后车，处于稳定状态。

发动机后置铰接式客车的驱动桥位于后车，后车推动前车运动。由于车辆前、后车之间作用力方式的改变，所使用的推式铰接装置除满足前、后车之间的三种相对运动外，还要平衡由于车辆转弯时后车推动前车时产生的分力及力矩，因而需要设置额外的稳定机构。铰接装置原理比较简单，由前后两部分铰接而成，二者之间可实现有限偏转。铰接装置前部与前车架相连，后部与后车架相连。实际使用的铰接装置还要考虑减振、安全保护等因素，集成了多种装置，甚至实现了主动控制。能够根据车辆的各种不同行驶工况，不断调整车辆铰接装置中一些机构的作用，以适应车辆每一个不同工况的运动，从而达到减缓冲击、抵消车辆不平衡趋势的目的。

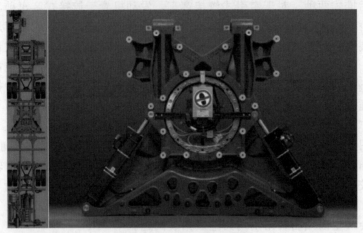

图 2-6-7 后推式铰接装置

推式铰接装置对车辆转弯时产生的力和力矩的平衡，是通过一个铰接减振装置实现的。针对车辆行驶时遇到的各种不同工况、行驶状态等，该减振装置主动改变转矩载荷，以消除车辆的折叠趋势。减振装置的转矩负载根据车辆的各种不同运行状况，通过铰接控制单元对液压系统各元件进行控制，进行连续不断的补偿，随时调整减振装置的转矩，以适应每一个不同的工况。铰接减振装置执行部分主要由两个完全互补的油缸和一个比例阀构成，实质上是一个受铰接控制单元控制的被动液压系统，压力调节只有在车辆的铰接系统转动时才能够建立。铰接控制单元在铰接减振装置承担弯曲运动平衡的过程中，会根据车辆的各种不同行驶工况不断调整比例阀的压力，再由油缸实现驱动使减振装置的阻尼达到防止和抵消车辆折叠的目的。

2.7 电动客车

电动客车是以电动机为动力装置的道路行驶载人车辆，具有电动车的基本特质，电动客车的核心在于电能作为能量源，利用电机将电能转化为驱动行走装置的动力。作为载人运输工具，电动大客车与普通大客车具有共同的形式与功用，车辆本身的外观形态与燃油客车几乎没有不同，车内的载客功能也都一致。电动车辆的优势在于运行过程中噪声低、无直接排放，因此大型电动客车大量作为公交车应用于市内公共交通。

2.7.1 电动客车的能量供给

电动客车以电能作为能量源，但电能的来源不同使得电动客车有所差异，名称也有所不同。电动客车的电动机可以使用车载电源，也可以使用地面电站供电。通常所说的电动客车是以车载储能装置为动力的电动车辆，而利用输电线路供电的电动客车称为无轨电车。

2.7.1.1　车载储能装置

电动车是指全部或部分用电能驱动电动机作为动力系统的车辆，作为电动车家族中的成员，电动客车能量的供给与储存、动力传动与控制等方面具有电动车的特点。电动客车为电力驱动，即利用电动机作为动力产生装置，因此需要为其提供电能。电能提供的方式有不同的形式，其中最方便、应用最多的是车载电池组供电。电池的能量密度低，为了提供足够的电能给驱动电机，必须配置足够量的电池单体组成电池组。电池组供电的电动客车必须将电池组布置于车上，电池组又增加整车的重量，同时电池的特性也决定了其需要相对长的时间才能恢复能力，即为电池组充电补充能量的时间较长。

电动客车以电池组替代内燃机车辆的燃油箱，以给蓄电池充电来替代燃油的加注。不同的补充能源装置具有不同的机构，充电可以有感应式和接触式两种方式，接触式是直接充电方式，只需将充电桩上的充电插头与车上的充电插口相连，即可开始充电。感应充电系统相当于一变压器，变压器的一半是感应板，另一半为插槽安放在电动车内，当插入感应板时，它会与插槽形成一个完整的变压器，并将电力传送给车上的电池。另外还可采用替换蓄电池的方式，将替换下来的蓄电池再进行集中充电。有的大型电动客车可以兼顾无轨电车的线路，利用已有的无轨电车的线网充电，这需要在车顶预留无轨电车供电接口、高压线路等，并注意接触防护、系统绝缘、漏电检测与控制等强电安全问题。图 2-7-1 所示为电动客车，图 2-7-2 所示为电动客车充电装置。

图 2-7-1　电动客车

2.7.1.2　地面电源接触线路供电

电动客车中还有一类直接供电型，这类客车利用架设在空中的导线将电能引入车内，驱动电机工作，这种电动车就是无轨电车（图 2-7-3）。无轨电车是一种采用地面直流供电的大型电动车辆，供电系统的整流站通过多条直流输电线输送电能到无轨电车的接触网，无轨电车通过车厢顶上的两根集电杆受电器与架在空中的滑触网线接触，将高压直流电传递给车载电机。两根集电杆与架设在空中的

图 2-7-2　电动客车充电装置

一对正负触线分别接触，与车载电器、驱动电机等共同形成完整的电流通路。无轨电车的电能从整流站出来依次经过正馈线、正触线、正集电杆、电车电机、负集电杆、负触线、负馈线最后回到整流站。早期无轨电车均为直流电机驱动，现代有的采用交流电机驱动，交流驱动时需在车内配置逆变器。无轨电车的能源供给可以通过线路供给，需要按照固定路线行驶，行驶路线范围受到限制。

图 2-7-3　无轨电车

有的无轨电车可以短距离脱网行驶，这类电车上配备车载蓄能装置，在脱网行驶时利用该能量驱动车辆。可利用高能电池储存电能，也可用超级电容作为储能元件。前者利用无轨电车在架空线网下运行时，车载充电器同时给车载电池组充电，以便为下一次脱线行驶做好准备，这类无轨电车需配置随车充电器。因为超级电容可以实现快速充电，用超级电容作储能元件的车辆自身可以不带充电器，但要求车站内有配套的充电设施。由于无轨电车要在无架空线网区段使用车载能源驱动，在有架空线网的区段再继续用线网电行驶，所以需配置电源自动切换装置实现两种状态之间的电源切换，还要解决集电杆自动降落和定点自动捕捉等技术问题。随着车载储能技术的发展、电池单位储能容量的不断提高，使得这类需要在城市道路上空架设线路供电运行的车辆优势下降，有线电动客车的使用因而逐渐减少。

2.7.2　电动客车结构布置

若不加特殊说明电动客车一般都指车载储能装置的一类客车，这类车辆在众多方面与内燃机驱动的客车类似，但因驱动装置与储能装置的变化，其中还有一定的差别，主要体现在电池组等装置的布置、动力与传动装置的形式等方面。电动大客车功耗较大，需要采用较大功率的电动机、配置较大容量的电池组，而且需要采取水冷电动机、电池组强制空气冷却手段，防止电机、电池过热。大型电动客车以动力电池组为电源为整车供电，其中输出部分主要通过电机控制器驱动电机运转带动车轮行进，还有一部分用于空调系统、制动系统，以及转向系统等，上述部分多以交流驱动，需在电源之间加装逆变器实现电力传递。车辆上安装的附件如车灯、收音机、雨刷、电动车窗以及车内的各种仪表等，这些装置与器件都是低压直流电器，需要通过 D/D 转换获得 12V 或 24V 低压。同时电源本身也需要监视，电机使用需要控制，所以围绕能量的转化与利用还需一套电控系统。因此在布置自身配备的电池组时，相应的控制器等装置都要合理地布置在恰当的位置。一般电池组件或集中或分散布置，放置在车身下部、后部乃至车顶，电机控制器等高压部件集中放置在车体后部舱室（图 2-7-4）。

大型电动客车与发动机驱动的大型客车总体结构相近，除了驱动装置与能量储存装置变化所引起的结构变化，其它方面继承传统后置发动机客车结构布置。其中行走部分的主体机

图 2-7-4　电动大型客车电池组布置

架可以与普通客车完全相同，而且由于电动机的体积较内燃机小，布置起来更方便。电动机直接与变速箱连接，变速箱换挡与电机的控制相协调，同样可实现多速比传动，变速箱后部的传动与传统传动系统一致。电机与减速装置可直接布置在机架的下侧，与驱动桥的连接方式也可不变。一般驱动电机多布置在车体后部，整车仍为前桥转向、后桥驱动形式。如图 2-7-5 所示的电动客车底盘就是这种布置形式，电池组布置在车架中部的下侧。

图 2-7-5　传统电动客车底盘结构布置

在大型电动客车中不仅行走驱动需要动力，动力转向助力、空调压缩机、制动真空泵及其它辅助装置也同样需要提供动力，必须有多路动力输出。可采用单电机输出形式，即行走驱动电机驱动行走外，还要有另外的输出用于驱动其它装置，输出既有在电机上直接输出，也有通过变速箱输出。也可以采取多电机独立驱动方式驱动附属装置，首先由电池组提供电能给各装置独自用的电机，如果电机不能直接驱动该装置，也可以由电机先驱动汽、液装置后转换为液、气驱动。如客车的助力转向装置多为液压助力形式，为了仍采用该装置，电动大客车用独立的电机带动液压泵驱动该装置。图 2-7-6 所示为电控装置舱室与驱动舱室布置。

图 2-7-6　电控装置舱室与驱动舱室布置

大型客车行走驱动传统的方式是单电机集中传动，驱动电机连接变速装置，经过中间的传动装置将其动力变成车辆行走的驱动力。这种方式可以利用现有通用车架、驱动桥等装置，继承客车行走驱动传动形式。驱动电机的动力通过变速装置变速、变扭后，再由传动轴传递到后桥主减速器，经由差速器分配动力到后桥的两驱动轮。这种驱动形式与传统结构大客车的兼容性好，但要求电机具备较大功率。功率大必然导致电机的结构尺寸较大，使得空间布置困难，因此也有采用主辅双电机驱动形式。其中主驱动电机直接与传动装置连接，辅助电机与主驱动电机之间用单向离合器连接。正常行驶时主驱动电机带动驱动桥，起动和爬坡时辅助电机参加工作。

2.7.3　分布式电机驱动

电动客车采用集中驱动结构时主驱动电机固定在车架上，由传动装置连接到驱动桥，再利用差速装置将动力分别传递给两侧的驱动轮，这种结构继承了内燃机为动力装置的结构布置形式。除此之外利用电机体积小、便于控制的优势，可采用分布式电机驱动形式，即每个驱动轮由一个电机独立驱动。分布式驱动的同轴左右轮由两电机独立驱动，取消集中驱动结构传动中的中央传动、差速器等部分，需要利用电控差速取代机械差速功能。分布式驱动电机布置靠近驱动轮，主要有轮边电机、轮毂电机驱动两类结构形式，在实际使用中通常将同轴布置的两电机与梁架等装置组合起来，组成与传统机械传动驱动桥安装结构相近的双电机驱动装置。

城市公交系统广泛采用的低地板公交车中，行走装置必须采用适于低地板结构的门式车桥。电机驱动的低地板电动客车也需采用类似的结构，为了适应车体结构的需要采用分布式驱动的两电机也布置成门式桥形式。如图 2-7-7 所示，将两电机及其减速装置、制动装置等集成在一起构成驱动单元，电机通过减速装置与车轮轮毂连接驱动车轮。中间下凹结构的梁架安装左右驱动单元，形成一套结构完整的电动驱动桥。门架上同样设计有安装拉杆、减振器、阻尼器等装置的连接支座，用于相关的连接与支承。相对传统的低地板客车门式驱动桥，取消了中央传动、差速器部分，更加适合低地板结构的实现且简化传动。

分布式电机驱动的电动客车还可以采用轮毂电机驱动，轮毂电机是安放于轮毂内的一类专用性较强的电机（图 2-7-8）。电机的结构与车辆的轮辋相互匹配，根据需要可以进一步集成相应的装置。采用轮毂电机驱动时将电机等装置全部集成在轮辋内，其集成性与专用性相对于轮边电机驱动更高。但这使得轮内空间紧张而且车轮部分质量增加，采用这种布置方式时要求驱动电机的体积相对较小，电机及其制动、传动装置必须能够布置在车轮空间内。用于电动客车的轮毂电机驱动装置形式可以与轮边电机驱动装置形式相类似，其主体结构仍继

图 2-7-7　ZF 低地板客车电驱动桥

图 2-7-8　电动客车轮毂电机车桥

承门式桥的形式,而驱动则是以轮毂电机实现。轮毂电机在电动行走驱动领域应用很广,不仅在商用车辆上使用,在电动行走的工程车辆、两轮电动车辆上都有使用。

2.7.4 燃料电池客车

利用自带电池组为电动机供电方便,但存在充电时间比较长的不利因素,利用燃料电池供电则可以省去充电环节。燃料电池在车辆上的作用与发动机相近,是能量发生与转化装置,而非常规意义上用于储能的元件。车辆上用的质子交换膜燃料电池从外部看有正负极,内部有电解质恰如一个能储存电能的蓄电池,但其实质是利用氢气和氧在催化剂的作用下经过电化学反应产生电能的发电装置,它将化学能直接转化为电能。质子交换膜燃料电池的基本结构与电解电池相近,其单体由三个基本部分构成,即阳极、阴极和质子交换膜,阳极为氢燃料发生氧化的场所,阴极为氧化剂还原的场所,两极都含有加速电极电化学反应的催化剂,质子交换膜作为电解质。燃料电池发电系统运行时,燃料与氧化剂在反应堆内发生反应产生直流电。图 2-7-9 所示为燃料电池车。

图 2-7-9　我国自行研制的燃料电池客车与燃料电池公交车

燃料电池发出的电须通过电动机才能转化为车辆所需的动力,电动机同样也是燃料电池车辆的动力装置。为了使燃料电池的输出适合车辆驱动的要求,通常需要经过 D/D 变换进行调压,即在电机控制器和燃料电池之间增加必要的功率部件进行阻抗匹配。采用 D/D 转换一方面可以增强燃料电池的输出特性,另一方面可以控制电压的波动范围。在采用交流电动机的驱动系统中,还需要用逆变器将直流电转换为三相交流电。因此为了保证动力装置正常工作,在燃料电池与驱动电机之间要存在电源开关、D/D 转换器、逆变器等电气装置。燃料的化学能通过燃料电池系统、上述的电气及控制装置、驱动电机转换为旋转输出的机械能,此套对外做功系统相当于车辆上使用的发动机。输出的扭矩与转速再经传动系统、驱动桥等传动装置驱动车轮转动,实现车辆行驶。采用燃料电池的车辆最终的驱动由电动机实现,因此这类客车的行走驱动形式与电动客车相同。

2.8　普通乘用车

乘用车为以载人为主,兼备少量行李、物品载乘功能的小型客车,一般都行驶在路况较好的城市路面和公路。这类车辆一般都为双轴四轮结构,纵向对称布置,其外观流畅、车体稳健,可实现较高的行驶速度。这类乘用车辆应用最广泛,人们通常也将普遍使用的乘用车称为轿车。

2.8.1　乘用车特点

　　乘用车的特点是体形较小,可容纳的乘员数量少。因内部空间所限,驾驶员与乘员上车后需以坐姿乘车,为了方便乘车一般都双侧开门。通常布置有前后两排座椅供乘坐,也有少量车型布置一排或三排座位。外形一般都是从前至后呈前部低中后部高,或前低中高后低形。前部较低的部分一般为动力舱部分,其内部安装动力装置与变速装置等。中部较高的部位为驾驶员与乘员座舱部分,内部主要用于布置乘员座位,并配备安全带、气囊等装置。在乘员座舱的后部一般都布置有用于放置物品的行李舱,车身中部的乘员座舱和后部的行李舱可以分开,也可设计为同一个厢体。整车形状前低后高逐渐过渡也是为了减小迎风阻力,也体现了美观与特色、外形与性能相协同。

　　传统乘用车的动力装置以汽油发动机为主,也有安装柴油发动机的机型。目前这类车辆的动力装置形式多样,除了使用不同燃料的发动机外,还有电动、混合动力、燃料电池等。结构布置通常是将动力与传动装置部分前置,动力装置发出的动力经传动装置直接传递给前轮实现驱动。如前置动力装置的两轮驱动乘用车,前行走装置驱动与转向于一体,后轮只起支承作用。动力装置前置带来的益处还有散热条件好,散热器布置在前部直接迎风,动力装置可得到足够的冷却。由于车身最前部是动力舱,碰撞时也可以有效地缓冲来自正前方的撞击,保护前排乘员的安全。乘用车一般采用两轮驱动形式,也有采用结构复杂的四轮驱动形式。早期使用的传动装置变速都是有级换挡,现在越来越多的车上采用自动换挡变速箱。制动系统采用四轮制动方式,全部车轮均安装行车制动器。

　　乘用车已形成独有的特色,主要体现在车体结构、前置驱动、独立悬挂等方面。乘用车十分重视乘员的舒适性,而悬架是保证乘坐舒适性的重要部件之一。乘用车的悬架作为车身与车轮之间的连接与传力部件,既要满足性能要求,又要与结构相匹配。乘用车行走装置除个别车型采用一体桥式结构外,大多采用分体式结构,与其适应的悬架则是独立悬挂结构。独立悬架将每只车轮独立地安装在车身下面,左右两轮其中一侧车轮发生跳动时,另一侧的车轮不受波及,保障了乘用车的平稳性和舒适性。现代乘用车前后悬架大都采用了独立悬架,并已成为一种发展趋势。图2-8-1所示为乘用车。

图 2-8-1　乘用车主要构成

2.8.2　外形与车体结构

　　乘用车车体要体现载体与环境两类功能,作为载体是行走装置、动力装置等设施的安装主体,同时也要承载人员与货物。作为环境功能表现为内部要为乘员提供安全舒适的环境,外部要美观协调。因此车身外部具有合理的外部形状，不但要保证外形、外观视觉效果，在汽车行驶时能有效地引导周围的气流，以减少空气阻力和燃料消耗，还应有助于提高行驶稳定性和改善发动机的冷却条件。现代乘用车的外形采用圆滑过渡，一般用圆滑流畅的曲线去替代生硬的折线，车体表面尽量光洁平滑。乘用车外形设计在每一具体产品上都有不同，但同类外观轮廓接近、宏观形状差别不大，当然每一产品都有其自有与其它产品不同的特殊之处。乘用车侧视可体现时代潮流，可以观察形态区分类型（图 2-8-2）。前视能体现该产品的特色风格，反映生产者的不同。如前部用于发动机舱迎风冷却的进气部位形状与结构，每个生产厂的产品都带有自己的特色。

图 2-8-2　乘用车外形

不同乘用车产品的外形与结构虽然各异，但其车身一体式承载结构则基本统一。大部分的乘用车产品取消了传统的梁架式结构，即没有单独的底盘梁架，而以车身兼代车架的作用，形成一个整体式框架承载结构。承载式车身没有刚性大梁，而是将车头、侧围、车尾、底板等部位加强并合为一体，不论在安全性还是在稳定性方面都有很大的提高。承载式车身的特点是取消了车架，车身作为发动机和各总成的安装基础。这种结构的乘用车将发动机、前后悬架、传动装置等总成部件装配在车身上。这种承载式车身除了其固有的承载功能外，还要直接承受各种负荷的作用。

乘用车车身是一个强度与刚度都较好的壳体，但又是有一定柔性内饰的空间舱壁结构。车身的本体是由薄钢板冲压焊接、组合而成的集合体，由覆盖件、结构件、结构加强件构成。覆盖件包覆梁架等结构件以封闭车身，体现造型，增加结构刚度、强度。结构加强件主要加强板件刚度，提高构件的连接强度。结构件是车身承载的主要结构，是覆盖件的支承基础。结构件隐藏在车身覆盖件之下，对车身起到支承和抗冲击的作用。分布在车身各处的钢梁是车身结构件，不同的部位形成不同的断面结构，在尽量轻量化的原则下被设计成各种不同的形状以承受特定方向上的载荷。按照安全设计需要，整个车身不同部位有不同的强度要求，前部、中部及后部三段强度等级不同，其中用于承载人员的中部强度最高。前后部有些梁架将不同强度的结构、材质焊接在一起，是为了在碰撞时有效吸收撞击能量，以便形成有效的溃缩吸能区域。图 2-8-3 所示为乘用车车身。

2.8.3　动力与传动

乘用车外观形态可以不受动力装置变化的限制，但主体结构与动力装置的布置位置关系

图 2-8-3　乘用车车身

较大。乘用车的动力装置与传动形式多样化，但反映到行走驱动上只体现机动或电动形式。机动方式比较传统，电动方式则比较灵活。

2.8.3.1　机动行走

以发动机作为动力装置的车辆，理论上可以将其放置于车上的任何位置，但不同的位置对整体结构与性能产生不同的影响。发动机的布置方式牵涉动力的传动路线与行走装置驱动方式，对整车车体结构、与其匹配的装置都产生直接影响。发动机前置是现在大多数乘用车采取的布置形式，因发动机摆放形式变化又可导致传动路线的不同，根据发动机的安装方式有纵置和横置两种形式。图 2-8-4 所示为前置发动机底盘。

纵置发动机是指发动机曲轴方向与车轮驱动轴垂直，动力传递需要转换一次方向。发动机和变速箱分布在前轴的前后两侧，使得前轴承受的发动机和变速箱重量分布更加均匀，重心配比更为合理。由于纵置致使发动机占用发动机舱较长的空间，导致驾乘空间有所损失。横置发动机可以极大限度缩短发动机舱的纵向空间，有利于室内空间，但对车身的横向尺寸影响较大。横置发动机变速器安装位置过于偏向一侧，其驱动轴是一长一短的，驱动桥的结构不对称。横置发动机布置是为前驱动而设计的，发动机、离合器、变速箱之间的相互连接关系不变，只是横置发动机的曲轴、变速器的输入输出轴等与车轮驱动轴是平行关系，传动方向一致、传输距离短，因此采用齿轮啮合传动即可实现从变速箱到驱动轴的传动。变速箱输出轴带动一圆柱齿轮，该齿轮与驱动桥中央传动齿轮啮合，在减速的同时传递动力，更有将变速箱与主减速器、差速器集成在一体的结构。图 2-8-5 所示为前置前驱发动机与变速器。

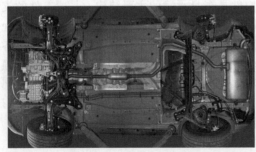

图 2-8-4　前置发动机底盘　　　　　图 2-8-5　前置前驱发动机与变速箱

根据发动机与前后桥的相对位置关系，还存在另外的布置方式。发动机前置而后轮驱动时，需要从前到后贯穿有一传动通道，占用一定的乘客舱空间，只有少数车采用这种形式。对于安装大发动机，并要求提高后轮加速性能的机型，适宜发动机中、后置结构。这类布置结构紧凑，直接后轮驱动无需沉重的传动轴，也简化前轮转向兼驱动结构，超级跑车有采用这类结构形式的。混合动力技术在乘用车上大量应用，采用混合动力的乘用车中，其行走驱动主要还是采用机动形式，多数车型还是与发动机为动力装置的车辆一致。图 2-8-6 所示为乘用车混合动力系统。

图 2-8-6　两种乘用车混合动力系统

2.8.3.2　电动行走

电动乘用车的主体结构传承与借鉴普通乘用车的结构，只是将驱动电机相关装置与电池组部分进行布置，因车辆类型、产品系列而有所不同，但基本原则是一致的，即电机、电池尽量布置于车体下侧，电机尽量靠近驱动装置。由于乘用车多采用前轮驱动结构，这类车辆车前部仍为动力舱。电动乘用车所有的驱动和辅助系统都集中于车前部的动力舱内，包括电动机、电机驱动控制器、逆变器、D/D 转换器等，有的还将电池组也布置于其中（图 2-8-7）。电机直接与变速器以及差速器连接，构成一体化的电驱动单元。电机布置在前部的原因为便于传动，正如发动机布置在前部一样。电池的布置通常要兼顾整车的结构，布置在车体下侧是为了充分利用空间，也是为了行驶稳定。有的电池组安装于乘员舱地板下面、后备厢下面等处。有的车采用脊梁式车架，在底架脊梁上安装 T 形布置的电池组。

图 2-8-7　电动乘用车前部布置

电动乘用车车载电机的布置形式多种，主要以前置驱动布置方式为主，与传统内燃机车辆的驱动系统布置方式类似，电动机输出轴与变速器输入轴相连，经过变速器变速后，动力通过传动轴传递到主减速器，然后到差速器进行差速，最后通过半轴将动力传给驱动轮。通常电机在前桥附近横向布置，与变速装置连接。根据电动机布置方式、电机与传动装置的位置关系等，驱动与传动方式存在多种形式。

电动机输出端的外壳下部与固定速比变速器连接,变速器为减速器与差速器的集合体,差速器输出的两根连接驱动车轮的半轴与横向布置的电机轴平行。动力经减速器减速后再通过差速器分别经两个等速万向节驱动轴传动至两个前驱动轮。这种结构布置一般称为平行一体化结构的布置方式(图2-8-8),与发动机横向前置、前轮驱动的内燃机汽车的布置方式类似。采用固定速比的单速传动要求电动机能够在恒转矩区提供较高的瞬时转矩,又能在恒功率区提供较高的运行速度。平行一体化结构中的电机轴与传动轴平行而不同轴,还有同轴式一体化驱动结构。一体化同轴结构的电动机比较特殊,电动机是一种特殊的空心轴结构,在电动机的一端安装传动装置的减速器和差速齿轮,电动机与传动装置组合成同轴驱动装置。差速器带动左右两个半轴,其中右半轴通过电动机的空心轴与车轮相连,左半轴通过左端外壳与车轮相连接,电动机与传动装置组合成一个整体驱动桥。

图 2-8-8　平行一体化驱动

电动乘用车也可采用多电机驱动形式,其中有双联电机同轴驱动方式。左右两个电动机共同组成整体驱动桥的驱动方式,取消了齿轮传动机构,两电动机直接通过半轴带动车轮转动,形成整体式驱动桥。与相同功率单电动机驱动桥传动系统相比较,其径向结构尺寸小,轴向长度较大。此外与其控制方式类似的还有采用轮毂电机的驱动方式,这种驱动方式是将电机由车载变为轮载。此外采用燃料电池为能源装置的乘用车,是将燃料电池装置产生的电能供给电机再实现驱动,其行走驱动与电动车辆的行走驱动实质相同。图2-8-9所示为丰田燃料电池乘用车。

图 2-8-9　丰田燃料电池乘用车

2.8.4　行走装置特点

车辆的行走装置是实现行走功能所必需的部分,但车辆要求的不同、结构的不同,决定了行走部分有其各自的特点。乘用车的行走装置为双轴四轮形式,仍然需要完成转向、驱动等功能,但因前后车轮承担的任务不同,而使得行走装置中所谓的前、后桥的功用与其它车辆不同。除少数车型仍采用前转向、后驱动的模式外,多数车型采取前转向加驱动的模式,这种模式的前轮、驱动轴、悬架构成了转向驱动桥（图2-8-10），在完成转向、驱动等功能要求所规定的运动外，还要实现一定的相对运动功能，以实现承载、减振、缓冲等作用。后轮、后悬架等组成的只是支承桥，不需要驱动与转向功能。

图 2-8-10　转向驱动部分

乘用车的悬挂装置也称悬架，主要由分别起缓冲、减振和导向作用的弹性元件、减振器和挂接机构三部分组成，这三个组成部分结构形式不同形成不同风格的悬架，不同结构的悬架所表现出的悬挂特性各异（图2-8-11）。其中弹性元件以螺旋弹簧为主，其占用空间小，但减振作用较差，为此与减振器配合使用。减振器是为了加速衰减车身的振动，它是悬架机构中最精密和复杂的器件。当乘用车在不平坦的道路上行驶时车身会发生振动，减振器利用本身油液流动的阻力来消耗振动的能量，迅速衰减车身的振动。挂接机构用来传递纵向、侧向力及力矩，并保证车轮相对于车架或车身有确定的相对运动规律。挂接机构有臂式、连杆式等不同形式，这些不同挂接机构与弹簧、减振器的不同组合结构，形成多种形式的悬架。现代乘用车悬架的垂直刚度值设计得较低以提高乘坐舒适性，但转弯时由于离心力的作用会产生较大的车身倾斜又直接影响操纵的稳定性。为了改善这一状态许多乘用车的悬架增添横向稳定杆。当两侧悬架变形不等车身倾斜时，横向稳定杆就会起到类似杠杆的作用以减小车身的倾斜。

图 2-8-11　双横臂式悬架与麦弗逊式悬架

乘用车的车桥与传统意义的车桥有所区别，所谓的车桥是悬架与转向、驱动、副车架等装置的组合体，且因机架结构、悬架结构、驱动形式等不同而有不同的组合。支承桥（图2-8-12）结构简单，只将悬架、制动器等装置有序安装，由于不需要转向、驱动，不存在传动装置与转向装置。前轮驱动的乘用车前桥既是转向桥又是驱动桥，起转向、驱动、支承多重作用。乘用车的转向驱动桥，多数情况是采用独立悬挂的断开式驱动桥，与变速装置紧密接合为一体。动力从中间变速箱内的差速器出来后，通过两浮动的万向传动轴传递给两驱动轮。这种前桥由于前轮既驱动又转向，需要等速万向节传动，导致前行走装置部分结构复杂。

乘用车行走装置几乎见不到传统意义上整体结构的车桥，都是由一些梁架、拉杆、弹簧、减振装置等组成的前后行走机构。一般承载式车身的悬挂直接与车身钢板相连，前后车桥的悬挂机构都为散件而非总成。采用副车架结构在安装上能带来方便，副车架可以看成是

图 2-8-12　乘用车支承桥

车桥的骨架，悬挂的相关机构可以先组装在副车架上，构成一个类似车桥总成，然后再将这个总成一同安装到车身上。副车架并非完整的车架，只是一种与悬架等组合起来再与车身安装的结构件。紧凑车型的后支承桥，两个车轮之间没有硬性直接相连，而是通过一根扭力梁进行连接，扭力梁也为支承桥的组成部分，可以在一定范围内扭转。

2.9　轻型越野车

轻型越野车是一种通过性能较好的小型四轮汽车，能在质量很差的路面或者根本没有路的地区和战场上行驶。这类车具有强劲的动力、坚实的结构，早期军用，现已普及民用。其中以载人为主的吉普车使用广泛，既可载人又可载货的越野皮卡车也是一类颇受大众喜爱的轻型越野车。

2.9.1　轻型越野车特点

越野性能体现了车辆在非公路条件下的行驶能力，这类车可以在坡路崎岖、凹凸不平、松软泥泞、沟坎交错等复杂路况实现行驶功能。轻型越野车在具备越野车辆所共有的越野性的同时，更体现了体小质轻、灵活敏捷的特点。其整车布置形式、承载容量与普通乘用车相近，但其外观敦实粗犷。整车结构一般设计为上下分体形式，上部车体与下部行走底盘部分结构相对独立。通常发动机布置在底盘纵梁的前部，纵梁通过悬挂装置与前后行走装置连接。行走为四轮驱动或称全轮驱动，其中前轮要实现转向和驱动功能，后轮为驱动轮。四轮驱动通过提高驱动能力以适应恶劣路况条件，是实现越野功能的一种适用方式。轻型越野车与普通乘用车比较在驱动轮数量上存在区别，使得内部结构布置、传动装置等都发生变化。从外观上看车体离地间隙较大，车轮与车体间留有较大的活动空间（图 2-9-1）。

四轮驱动只解决野外恶劣条件下行走驱动的问题，而在越野行驶状态下的舒适性也是轻型越野车所要追求的目标。越野车悬挂装置的综合性能要适合越野要求，主要表现在结构强度高、往复行程大、缓冲能力强等方面，以此适应更大的地面落差，加大轮胎与起伏路面的附着概率。由此可知悬挂装置在越野行驶中的作用，车辆越野性能的发挥需要行走驱动装置与悬挂装置的良好结合。早期轻型越野车采用类似载重汽车的整体驱动桥与非独立悬挂结构，此后在借鉴其它车辆悬挂装置的基础上不断改进提高。现代轻型越野车的上部车体部分可以根据时代变化更换样式，行走装置的形式也不仅仅是刚性整体驱动桥结构，更有独立悬挂结构的四轮驱动越野车。

轻型越野车发展历程已有几十年，其装置、结构形式也在不断发展变化，但底盘纵梁承

图 2-9-1　轻型越野车

载结构基本不变，纵置的大梁一直是底盘的主要承载体。发动机纵向布置于前部，变速箱通过离合器外壳与发动机机体连接。双轮驱动车辆的动力由变速箱的输出端输出后，单路传动输入驱动桥，四轮驱动的车辆必须有两路动力分别输入给前后桥，分动器正是实现此功能的装置。作为四轮驱动传动的主要分动装置，分动器布置在变速箱与驱动桥之间。分动器在解决动力分流的同时，还要配合其它装置完成动力的分配、转换等功能。由于车辆实施四驱的方式不同，分动装置的结构与控制差别较大，分动装置可以是独立的分动器，也可与变速装置集成于一体。如图 2-9-2 所示为分动器一端与变速箱之间通过传动轴连接，两端输出分别与前后桥通过传动轴连接，分动器通过啮合不同的齿轮传动可以控制四轮驱动还是两轮驱动。四轮驱动相对两轮驱动而言传动装置复杂，而且要协调控制好分动与差速等的关系。

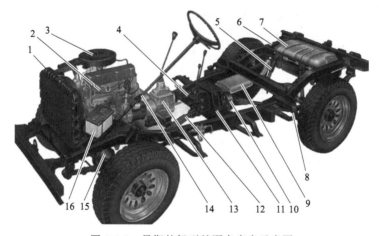

图 2-9-2　早期的轻型越野车底盘示意图

1—冷却器；2—汽油机；3—空滤器；4—主传动轴；5—减振器；6—车架；7—汽油箱；8—后桥；9—消声器；
10—制动器；11—分动箱；12—前传动轴；13—变速箱；14—转向装置；15—前桥；16—启动电池

2.9.2　传动形式与分动装置

　　轻型越野车的基本结构形式与载重汽车相近，传动系统几乎涵盖了车辆行走传动的全部装置，除了最基本的离合器、变速器、万向传动轴、驱动桥，以及驱动桥上的传动装置外，增加了分动装置、轴间差速装置等。传动的路线也由一般单轴驱动的一条线路，变成前后驱动的两条路线，前桥的功能由单一转向桥变为转向驱动桥。发动机的动力只有传递到驱动轮上车辆才能行走，普通两轮驱动车辆的动力由变速箱输出后，通过驱动桥上的差速器将动力分配到左右轮。双桥四轮驱动车辆则需要将动力首先在两桥之间分配，再在桥上两轮之间分配动力。为了协调同一驱动桥上的两驱动轮的转速，在两轮传动之间加装差速器。四轮驱动的前后桥之间同样存在类似问题，为了解决前后驱动桥之间的差速问题，可在两桥传动间加装差速器，通常称为中央差速器。

四轮驱动的动力由变速器传递出来后，首先经过分动装置再分别传到前后驱动桥，结合中央差速器实现动力在前后驱动桥之间分配。桥间差速如轮间差速一样，差速器允许前后传动可以不同转速，但当其中一驱动桥的两车轮完全打滑时，另外车桥上的驱动轮也会失去驱动能力。为了解决特殊场合车轮滑转时无法发挥驱动力的问题，可加装差速锁或采用防滑差速器以控制动力的流向。由此可见除常规的传动装置外，四轮驱动还需分动器、差速锁、差速器等装置。对于比较复杂的使用状态，需要装置间的协同配合，综合协调每个车轮的驱动。图 2-9-3 所示为分动箱传动部分。

图 2-9-3　分动箱传动部分

实现四轮驱动容易，但此时车辆能否满足工作要求则需探讨，当四轮驱动车辆前后桥间的传动采用固定速比模式时，由于路况、轮胎、转速变化等原因可能产生内部寄生功率。特别在采用分动箱操控两驱与四驱模式转换的这类传动中，前后桥间的传动没有差速装置，当分动箱置为四驱模式，此时前后车轴的转速就被锁定为是相同的。在附着力良好的路面行驶至弯道时，由于前后轴的转速不同，所以会有一侧轮胎产生了刹车的感觉，特别是在高速急转弯时有可能造成车辆失控。这种四轮驱动只在一些路况差、速度低的情况下使用，一般都采用两轮驱动。为了便于前桥在两种状态下使用，通常前驱动桥设计有离合器，控制两前轮的状态。两轮驱动时离合器分离，两轮独立旋转互不牵涉。四轮驱动时离合器接合，两轮共同接收分动箱传来的动力，实现驱动功能。该离合器可以布置在某侧的轮边，也可以布置在两轮之间的驱动桥上。

2.9.3　四轮驱动模式

为了适应不同的使用需求，四轮驱动有分时、适时、全时三种不同的驱动方式。分时驱动是指根据实际工况需要转换驱动模式，采用手动方式实现两轮驱动与四轮驱动的转换。全时四轮驱动不需转换，任何路面都是四驱状态。适时四轮驱动对自动控制技术要求较高，电控系统随时监控车轮的附着力情况、调整前后四个轮动力分配，自动实现四轮驱动与两轮驱动之间的转换。

控制分动装置的动力传递方式是解决分时驱动的一种途径，即通过操控分动装置，确定是两轮驱动还是四轮驱动。分动装置相当于一个副变速器，主要功用是将变速器输出的动力分配到前后驱动桥，用于两驱与四驱的转换。如图 2-9-2 中的分动箱采用机械式换挡结构，人工操纵方式接合四驱或分离成两驱，或将四驱高速挡转换为四驱低速挡。切换时扳动分动箱的挡把，通过拨叉将两组齿轮实现分离和连接，使动力与前传动轴接通和断开。分动箱一般单独安装在车架上，其输入轴直接或通过万向传动装置与变速箱第二轴相连，分别经万向传动装置与前后驱动桥连接。传动机构多为齿轮传动，也有的采用齿轮与链结合的传动方式。这种分动装置操控大都为手动，分时驱动的操控在一些新的轻型越野车上已采用电动切换模式。

全时四驱可以保证在任何路面上都是四驱状态，关键在于动力的分配是否理想。四轮驱动时车辆前后桥间的传动若采用固定速比模式时，由于路况、轮胎、转速变化等原因，可能产生内部寄生功率，因此全时驱动的分动装置需设置中央差速器，即在前后桥之间加装中央差速器。这样的结构可以使前后轴以相同或者不同的速度转动，而且能按一定比例分配驱动扭矩。带有锁定功能的差速器作为中央差速装置，不但解决了四驱转向问题，而且在锁定差速器状态时，仍保持原分动器的固有传动功能。中央差速有别于轮间差速，多采用具有锁定功能或限滑功能的差速器。其中被广泛应用的有黏液耦合、摩擦限滑、机械锁止等形式的差速器，因其性能特点不同而被用于不同的四轮驱动系统中。

适时四驱通常以单桥驱动方式行驶，动力只传输至其中一个驱动桥，实施两轮驱动。路况恶劣时适时自动接合另外两轮的驱动，再将驱动力恒定地分配给前后轮。早期的适时四驱也是纯机械的，依靠纯机械装置进行适时接合与分离，最典型的是通过分动传动路线上的黏液耦合器来实现自动分配动力。这种适时四驱的结构比较简单，不需要电控元件，但由于需要前后车轮出现明显转速差的时候黏液耦合器才能介入，因此响应速度比较慢。电控多片离合器应用于分动装置，使得动力的分配控制更加精确。由于有了电控系统的加入，此时的四驱的响应速度大幅度提高，而且在分配动力比例上也可以做到智能化控制。多片离合器在完全接合时几乎可以达到机械连接的效果、传动效率高。

四轮驱动用于越野车辆可以提高无路地面的通过性、越障能力，野外作业的越野车上通常还配备拉力绞盘等装置，用于自救与互救。现代一些高档豪华乘用车，为了兼顾日常生活、外出旅行和野外休闲等多种需求，除了要配备各种设施提高舒适性外，还要追求越野性和运动感。这类车辆也采用四轮驱动结构，兼顾越野与公路的行驶，在一定的程度上既有乘用车的舒适性又有越野车的越野性能，这类车辆往往要兼顾多种功用，功能冗余较大。

2.9.4　悬挂装置

越野车需要经常穿越路况极为恶劣的砂石、泥泞路面，有时甚至需要自行开辟道路，这对越野车的悬挂系统提出了极高的要求。轻型越野车需要承受较大的颠簸冲击，除了主体结构保证足够的强度外，行走装置更要强壮。悬挂装置在保证这一要求的同时，还要具有良好的缓冲减振性能。独立悬挂与非独立悬挂装置的作用效果不同，在轻型越野车的行走装置上都有应用，既有全车采用独立悬挂结构的，也有采用类似载重汽车的整体驱动桥与非独立悬挂结构的，更有前后悬挂装置分别采用独立与非独立悬挂结构的。图 2-9-4 所示为独立悬挂与非独立悬挂结构。

2.9.4.1　整体桥与非独立悬挂组合

非独立悬挂结构的应用比较早，早期的吉普车就采用这类悬挂结构，这种悬挂装置与底

图 2-9-4　独立悬挂与非独立悬挂结构

盘大梁之间的布置形式与连接关系犹如载重汽车。前后桥均为整体式刚性驱动桥，钢板弹簧为主要元件的悬挂装置被普遍采用（图 2-9-5）。钢板弹簧与减振器构成的悬架，由于结构相对简单而一直使用，但不同时期的装置、结构形式都在变化。在钢板弹簧与整体式驱动桥这种基本结构形式的基础上，悬挂装置中的弹性元件有所变化，如采用螺旋弹簧为弹性元件时，就需要有相应的承力杆件与其匹配，悬挂装置的形式也改变。螺旋弹簧的行程更大，采用螺旋弹簧的整体桥悬挂结构，在崎岖环境下可以让四轮更好地获得与地面的接触面积，因此也是越野车比较常用的悬挂形式（图 2-9-6）。

图 2-9-5　钢板弹簧与整体式前驱动桥

图 2-9-6　螺旋弹簧与整体式前驱动桥

2.9.4.2　全独立悬挂结构

前后行走车轮均采用独立悬挂结构（图 2-9-7），每一侧的车轮都是通过弹性悬挂装置单独地悬挂在车架上，车轮之间可以单独浮动而不互相影响，从这一角度看更适合越野行驶。轻型越野车采用的独立悬挂装置，大容量减振器与螺旋弹簧一体化的减振组件，配以低气压轮胎，使整车平顺性变得更好。军用越野车队对越野机动性、通过性、平顺性有较高的要求，这种结构能够提高坏路、无路面通过的全地域适应性。

图 2-9-7　独立悬挂结构

横臂式悬挂装置是指车轮在车的横向平面内能实现上下摆动的独立悬挂装置，这种机构侧倾中心高，抗侧倾能力强。两个臂的长短尺寸对车轮运动的影响较大，等长双横臂悬挂机构在车轮上下跳动时，能保持主销倾角不变。通常臂叉设计成一端大一端小的 A 形，大端与机架铰接，小端与车轮主销座连接。与弹簧减振器等组件共同组成悬架，减振组件上端固定在车架，下端固定在 A 形下摆臂。

2.9.4.3　独立悬挂与非独立悬挂组合

轻型越野车的前后轮都需驱动，但驱动装置的结构形式可以有所不同，悬挂装置可以采取前后不同的结构，通常其前部采用独立悬挂装置，后部采用刚性驱动桥的非独立悬挂结构（图 2-9-8）。非独立悬挂与刚性驱动桥组合结构应用比较普遍，采用钢板弹簧与减振器组合为基本形式，与前后全部非独立悬挂形式中的后部通用。

图 2-9-8　独立与非独立悬挂组合布置

前行走部分的独立悬挂装置形式不一，如图 2-9-9 所示的前轮独立悬挂装置，也采用双摆臂结构，减振器也是传统形式，与双横臂螺旋弹簧独立悬架不同，没有了螺旋弹簧，取而代之的是利用扭杆作为弹性元件。扭杆与下摆臂的一端连接，摆臂与车轮连接端摆动时，扭杆随之扭转一角度，然后靠扭转恢复原状态，起到与钢板弹簧同样的作用。

图 2-9-9　越野皮卡车的双横臂扭杆弹簧独立悬挂装置

2.10　方程式赛车

赛车是一类追求速度与激情的运动型车辆，这类车辆抛开常规车辆的使用理念，专门用于比赛，速度是其唯一的目标。赛车竞技不仅体现车手与赛车在赛道上技术与能力的发挥，也是产品设计水平、制造技术的比拼。一级方程式赛车是一种规定制作的高规格场地赛车，这种赛车量身定制、追求极致，已成为速度的象征。

2.10.1　赛车运动与运动型车辆

车辆存在的原因是运载而非比赛，但比赛促进了车辆的技术进步。比较是评价产品的一种原始办法，也是选优择良的一种途径。对车辆速度及相关因素的品评比较，很自然就采用比赛的方法，进而产生赛车运动，伴随赛车运动的发展也出现了各类赛车。赛车运动分为场地赛和非场地赛两大类，场地赛是指赛车在规定的封闭场地中进行比赛，非场地赛的比赛场地不是封闭的。在场地赛中存在一种比赛，要求赛车必须严格按统一标准要求进行生产制造，赛车的车体结构、外形尺寸、重量、发动机工作容积与汽缸数量等，均需依照国际汽车运动联合会制定的比赛车辆技术规则的规定，这类赛车即所谓的方程式赛车。一级方程式赛车是其中高级别的赛车，该赛车又称 F1 赛车（图 2-10-1）。

一级方程式赛车为小型四轮载人高速车辆，具有小型乘用车的一些特征。但方程式赛车

图 2-10-1　一级方程式赛车

更加强调动力性与操纵稳定性，弱化燃油经济性与平顺性。由于主攻方向的不同，使得外观、结构、装置等方面差异较大，但是二者之间的联系是紧密的。方程式赛车的基础技术、零部件通常都源于乘用车的生产厂家，因赛车需要而产生的新技术、新装置又反过来提高乘用车新产品的性能。围绕提高速度这一中心，赛车外形结构体现了空气动力学，要实现减小阻力、提高行驶时的稳定性的结果。为最大程度减轻重量，赛车采用高科技碳纤维复合材料、铝质合金及蜂窝式内部结构件。方程式赛车是多年技术经验沉积和各种先进科技应用的体现，赛车领域的技术进步又促进汽车的进步。如发生碰撞保护赛车手安全的车架承载结构设计与驾驶操控、悬架调整等人机工程设计，都可为乘用车新产品研发提供借鉴。

赛车体轻，高速易于造成附着力减小，而导致行驶不稳定使车失去控制。减低重心高度、整车低矮是高速行驶稳定的需要，优良的外形保证车辆在高速时降低行驶阻力，并可提高驱动能力。赛车都配置动力强劲的发动机以及与其相适应的配套装置，动力强劲能够使赛车启动、加速迅速。这些都是运动型车辆的特性，方程式赛车属于专门用于比赛的运动型车，这些车在追求高速的同时，也降低了舒适性等方面的要求。运动型车辆中还有一些车辆不是专业赛车，但在一定程度上带有赛车的特点，如通常所说的跑车。跑车兼具赛车与乘用车的双重功用，其中一些性能优良的超级跑车，用于赛事可以媲美赛车，乘用时也具备高级乘用车的舒适程度。

2.10.2　方程式赛车外形特点

方程式赛车本身的限制规定较严格，以一级方程式赛车尺寸限制为例，赛车运动规则规定车身总宽不超过 1800mm，车身总高不超过 950mm，轮距不超过 1400mm。正是为了适应这些限制规则，一级方程式赛车外形不同于普通乘用车。一级方程式赛车外形趋于扁平、前尖后宽、前低而后高呈流线形，车身较窄且前、后部设有扰流装置。整个车体结构造型如同一楔形航空飞行物，只是四个宽大的车轮完全外露在车体的两侧，显示出车辆的特征。车身的前半部分是修长而扁平的鼻锥，鼻锥前下侧布置有前翼。后半部分机体逐渐加宽，为车身的主要承载部分，布置驾驶座舱与发动机舱。敞开式驾驶座舱内部较窄，只供单人居中驾驶；前部视野开阔，没有影响驾驶员视野的障碍物。驾驶座舱之后为动力舱，发动机的进气孔位于驾驶员头部后部上侧，此处为赛车的最高处，通常在此处还安装 T 形装置和摄像机等。车身后部的下侧中间位置布置有扩散器，上侧布置有尾翼，也叫扰流板。

赛车由于使用的目的所致，已摒弃掉车辆的一些传统功用，其目的是追求速度的极限。为了追求极致速度，赛车的设计目标是最大可能地发挥出赛车极限性能和赛车手的驾驶技巧，因此在综合考虑其功能、使用、性能的情况下，平衡功能取舍，使得赛车形成自己的特征。赛车既要速度，同时也要行驶稳定，为此要体现出"身轻体重"这一矛盾的两方面，身轻利于速度，体重利于驱动。除在整车的结构、元器件设计各个方面都要体现出来外，利用空气动力学原理解决这一矛盾尤为有利。车身外形空气动力学设计主要体现在两方面，一是减小高速时空气涡流阻力对车的影响，二是产生向下的作用力使整车有足够的附着力。方程式赛车车身形状能够合理分布气流走向及分布比例，以减小赛车气动阻力。此外还利用一些附件进一步利用空气流体的作用产生向下压力，在不增加车重的情况下增加轮胎的附着力，提高赛车的驱动性能及操纵稳定性。

方程式赛车优良空气动力特性的发挥受多种因素影响，除优良外形设计外，配置的空气动力附件、车底的地面效益等都起重要作用。产生向下作用的气动附着力不仅来自车身上的前翼、尾翼等扰流装置，而且还来自地面和赛车底部之间形成的地面效应。车底设计成从前向后逐渐升高或设置成纵向凹槽的形式，由于赛车的底部离地间隙很小，赛车底部形成一个变截面空气通道，通道前面的部分相对狭窄，但在向车尾延伸的同时不断扩大。当赛车飞驰时，空气从车头进入通道和地面形成了一个变流速管道，气流在该管收缩段加速，车身底部与车身上表面的压差增加，即增加了气动负升力，从而产生了向下的压力。

在车身不同地方加装的扰流部件可以有效提高赛车的性能，如负升力翼、扩散器、导流板等。前翼是前负升力翼的简称，产生较大的负升力可以抵消一部分气动升力，增加车轮的地面附着力，改善高速赛车的轮胎转向性能，同时还可部分平衡由后负升力翼引起的车头上仰力矩的影响。后负升力翼利用气流的作用，增加驱动轮的附着力而提高驱动能力。车尾部安装的扩散器（图 2-10-2），也是利用流体速度的大小与压强成正相关的原理，将赛车底盘下部的空气导向后快速排出，增加赛车底盘下部空气流速，从而形成低压区，达到增强赛车下压力的效果。另外选择符合需求的气动外形的导流板，用于梳理气流、引导气流走向、优化表面的气流环境。

图 2-10-2　赛车后侧上部尾翼与下部的扩散器

2.10.3　方程式赛车结构与装置

方程式赛车为双轴四轮车辆，车轮通过独立悬架与车身连接，其前轮为转向轮，后轮为驱动轮，其后轮宽于前轮。前翼布置于前轮的前侧并由鼻锥承载，驾驶座舱布置于车身中部位于前后轴之间。现代赛车多为中置动力、后轮驱动形式，发动机紧靠驾驶座舱位于后轴之前，风冷发动机不设另外的散热器，发动机前部是燃料箱，后部紧连变速装置。一级方程式赛车发动机采用干式润滑系统，干式油底壳形状扁平，只用于保护曲轴箱而不存储机油，机油存储在另外的油壶中。采用干式油底壳可谓是一举两得，既能维持发动机在极限状态下的润滑要求，同时也使车身重心有了一定程度的降低。

燃料箱前面的空间刚好能够包容驾车手的身体，燃料箱为多间隔结构，防止剧烈的运动使油位变化，影响赛车的重心位置。变速箱多为手动有级变速，箱体内直接集成差速器，输出半轴直接驱动车轮。加速踏板与制动踏板在转向柱两侧，离合、变速装置集成在方向盘处，方向盘下安装一个小型机械变速杆，驾驶员稍微移动右手就可实现瞬间换挡。为了能使赛车手高效便捷地操纵赛车，赛车的很多显示仪表和其它操纵装置都集成在方向盘上，赛车方向盘与转向轮转角的角传动比很小，保证使赛车手在双手不离方向盘的情况下，就可以操控赛车通过赛道上的所有弯道。图 2-10-3 所示为方程式赛车的驾驶舱。

安全作为方程式赛车主要关注点必须体现在结构设计上，除了采用高强度、重量轻的碳纤维复合材料外，采用合理的结构设计更有助于安全，车身与驾驶舱的结构也体现这一点。一级方程式赛车的驾驶座舱位于鼻锥与车尾部之间区域，座舱如同一个安

图 2-10-3 方程式赛车驾驶舱

全包裹壳体保护着赛车手。采用六点式安全带装置，保护驾驶员不会因为惯性而被甩出赛车。驾驶座舱的后部高出驾驶员的头盔，并用 T 形装置保护赛车手的头部在翻滚中不会受伤。位于车最前端的鼻锥既起疏导气流的作用，在撞击时又起保护作用。尾部集成的撞击溃缩区与鼻锥的保护功用一样，撞击时保护驾驶员安全。碰撞后发生爆缸引起火灾的概率也很大，所以一级方程式赛车配置了完善的自动灭火系统。当车发生事故时，车手必须能够迅速地从空间狭小的驾驶座舱之中逃离，因此方向盘必须设计成快速拆装结构。

一级方程式赛车车轮通过独立悬架与车身连接，车轮与前后悬挂装置裸露在外（图 2-10-4）。悬挂装置一般都采用上下双叉臂悬架结构，悬挂的叉臂一般都被处理为扁平的形状，这在行

图 2-10-4 悬挂装置

驶过程中可以很好地梳理气流，同时把控气流的流向。悬挂装置根据弹簧和阻尼器等组件的安装位置有推杆和拉杆两种，前悬挂多采用推杆式结构。赛车的悬挂装置不同于普通乘用车，可以调整改变特性。不仅悬挂装置如此，赛车上的大部分零件方便拆卸，都是可调、可换的。为了更好地发挥赛车的性能，在不同赛道和不同环境的比赛中，赛前都要根据比赛当天的天气、路面、轮胎的情况，以及车手的习惯，对赛车的悬架、空气动力学套件等部分做出适当的调校。如轮胎分干地胎和湿地胎两种，干地胎表面光滑，利于与地面良好接合；湿地胎具有花纹，以便于积水地面保持必要附着力。

方程式赛车虽然也是双轴四轮布置，但车身形状与空气动力学附件的配置，体现高速行驶车辆与普通车辆的区别。赛车追求简捷适用，均采用手动换挡、刹车没用助力，采用风冷不加增压器的自然吸气发动机。此外在设计思路上也有较大区别，如一级方程式赛车专为比赛使用，设计的关注点与一般车辆不同，为了追求极致可牺牲一部分性能，来使另外一部分性能达到最佳。赛车为了追求高速时高功率，可以牺牲油耗指标。零部件的要求也以比赛为限定条件，装置的寿命时间可短，但寿命期可靠性要高。比赛时发挥最大效用，赛完即可报废，以牺牲耐久性为代价。

2.10.4 超级跑车

跑车是一种与乘用车的特征相近的载人四轮车辆，以注重综合性能为优先的同时，兼具了乘用车与赛车的双重特性。跑车的乘用特性体现在驾驶与乘坐的舒适性，更适合普通人日常驾驶。超级跑车体现了进取、优雅、独创与经典，协调了常规舒适驾驶与非常规高速行驶这一截然相反的两大目标。这类跑车从设计到制造都凝聚着众多研制人员的智慧，并可体现出高新科技与现代车辆最新结合的成果。跑车虽然有各种不同的形式与配置，但其总体结构形式与乘用车接近，仍为前轮转向的四轮行走结构。驾驶乘坐方式与传统车辆一致，以两个座位、双车门的形式为主。图 2-10-5 所示为红旗跑车，图 2-10-6 所示为 Ultima 跑车。

图 2-10-5　红旗跑车外观

超级跑车的赛车特性体现在强劲的动力输出和优美的流线外形上，整车前低后高、头扁尾宽、车身低矮稳重，体现了速度与稳健的统一，富有运动的风味。车身壳体将四个车轮覆

图 2-10-6　俯视 Ultima 跑车

盖在其下，而非方程式赛车的露轮式设计。外形与传统小型乘用车接近，但借鉴赛车结构进行优化，车尾往往还配备了巨大的扰流板，以便获得高速行驶时的动力学特性。有的车尾虽然没有巨大的后扰流板，但良好的空气动力造型仍能实现高效的地面效应。为了获得更好的空气动力效果，有的跑车前端设计有微型鼻锥，后部设计有扩散器，而且有的部件由车辆控制系统实时监测，进行动态配置，确保产生所需的下压力又不会影响车辆的整体风阻系数。

　　跑车动力装置可以采用前后两种布置方式，相对驾驶位置而言，前置位于驾驶人员的前部，对于前轮驱动传动路线近，与大多小型乘用车的布置形式相近。追求动力强劲则伴随着发动机体积、重量的增大，此时后置发动机有利于整车重量平衡。后置发动机是将发动机布置于驾驶座位后侧、后轮的前侧，利于重心配置的同时需要解决好进气散热问题。因此后置发动机的超级跑车，车头较长且低而宽，流线型的车身一直伸展至车尾，车身设计有进气口和散热器风孔，这样的设计有利于减小迎风面积，使气流更为平滑地流经车身，以带走发动机产生的大量热量。

第3章
装卸与搬运机械

3.1　装卸作业与搬运

　　装卸与搬运是在一定区域内以改变物品存放状态和位置为主要内容的活动，为了提高装卸与搬运的作业能力与效率，具有装卸与搬运功能的机械被大量使用。装卸与搬运机械自身备有用于装卸与搬运作业的特有机构与装置，装卸与搬运的对象不同直接影响作业装置的结构形式。这类机械产品形式多样，通常以其作业机构和装置的特点，以及操作对象等作为该类产品名称的关键字。装卸与搬运作业时，作业机械与操作对象构成的组合系统的形态、重心都在变化，这对装卸与搬运机械的安全性提出更高的要求。

3.1.1　装卸搬运装置解析

　　装卸与搬运都是对操作对象现有状态的一种改变，但二者的含义有所不同。装卸强调存放状态的改变，以实现物品或物料垂直方向位移为主，装卸作业可以定点完成。搬运强调空间位置变化，以实现物品水平方向位移为主，通常需要作业机械移动才能实现。在实际作业中这类机械可能兼具装卸与搬运的双重功能，只是侧重不同。这类机械除了行走功能外，为了具备装卸与搬运作业能力，配备有装载、升降、抓取等功能装置。由于物料的形式各异，对各类物料需要适宜的装置操作，需配备多种装置实现单件、散装、集装等不同的装载方式。作业装置是实现作业功能的关键，也通常以这一主要装置或功用给出该机械的具体名称，如伸缩臂叉车、装载机等。

　　实现装卸与搬运功能首先要实现装卸的操作，装卸的关键环节在于对物料对象的约束与升降方式，这是确定作业机构与装置的主要因素。装卸时约束物体升降可以是下托、侧夹、上吊几种方式，其中从上侧吊起或从下侧托升使物料升降应用较多。前者采取柔性悬吊方式，主要在起重领域应用；后者采用机构且形式多样，比较适宜在装载与搬运机械上应用。从下侧托举物料装置复杂，不但要有举升功能，而且还需具备装载物料的能力。作业装置直接接触物料的部分是实现驮负或抓取的关键部位，其形式必须适应作业对象。如货叉适于整体物品的装卸，铲斗适合散装物料作业。

装卸与搬运机械有了铲斗、货叉、抱夹、抓钩等与物料直接接触并作用于物料的装置部分后，还需要能够改变这些装置高低位置的机构或装置，使其能上下移动而提升与下降物料。提升高度是装卸与搬运机械的重要指标，体现所操作对象所能达到的位置。为了实现提升高度（规定目标），可以使整个机体设计得很高，而更多的是采用伸缩、摆动等机构来实现高度要求。门架升级机构和摆臂式升降机构可以实现升降功能，为了能够扩大范围，还可采用伸缩臂与多级门架结构。

　　装卸与搬运作业要面对各种各样的对象，用于操作对象的作业装置也局限于某种特定形式。也不乏多功能思想，通过改变驮负装置的形式，利用原有升降装置，换装另外一装置即可实现新的功能。装卸与搬运机械中的大多数在操作装卸对象时，是将其完全吊起或托起离开地面，运输时整个重量完全作用其上。另外也可将所操作对象的一部分装载，运输采用驮负牵引作业。比较典型的是无杆飞机牵引车，虽然称为牵引车，但更具装卸搬运特征。其自身带有操作飞机的装置，利用该装置夹持飞机前轮并托举起来，使前起落架置于牵引车之上，牵引车承载飞机一部分重量同时牵引飞机行驶。飞机牵引车所采用的作业装置只为操作飞机而设计，专一性强、适用范围窄。

3.1.2　典型装载升降装置

　　装载装置是机体与物料之间的过渡，肩负承载与支承连接作用，负责将物料升运到高处，或从高处降至低处。其中实现高低位置变化的升降装置在其中起到关键的作用，应用较为普遍的升降装置多采用门架机构、摆臂机构实现高低运动。这类升降机构便于装载装置各种运动的实现，利于实现多操作对象的抓取、夹持等操作。为了实现更大作业范围，可以采用多级组合结构，其中伸缩臂结构的升降装置可在多种场合应用。

3.1.2.1　门架升降装置

　　门架升降装置主体结构是由两个垂直支柱和上横梁焊接而成的门字形骨架，以此骨架为导向、承载基础，安装起升油缸、起升链条、货叉架等零部件（图3-1-1）。门架升降装置多用于叉车类机械，作用是直接承受全部物料的重量，借助起升油缸和倾斜油缸控制门架的起升和倾斜，使其连接的货叉架及货叉架上的货叉升降和前后倾斜，完成物料的叉取、升降、堆码、卸载等作业。嵌在门架中的货叉架为框架结构，用来安装货叉或其它属具并带动属具

图 3-1-1　叉车门架升降装置

沿门架升降。起升油缸的底部固定在门架外侧下部，活塞杆的顶部装有链轮，其作用是支承链条并改变链条的走向。油缸的活塞杆向上移动时，活塞杆顶部带着链轮起升，链条将货叉和货叉架一起提升起来。起升链条是带动叉架运动的重要挠性构件，起升链条一端固定在门架外侧，另一端绕过链轮与货叉架相连。

根据工作的需要，门架可做成两节门架和多级门架，两节门架由不能升降的外门架和可沿外门架升降的内门架组成。门架下端铰接在车架上，中部与倾斜油缸铰接。由于倾斜油缸的伸缩，门架可前后倾斜，使货叉叉货和搬运过程中货物稳定。货叉是直接承载货物的叉形构件，一般有两个货叉装在货叉架上，并可根据作业需要调节两货叉间的距离。门架在倾斜油缸作用下绕下部铰接点前倾或后倾，使货叉从水平位置向前或向后倾斜一个角度。门架前倾是为了便于叉取和卸放货物，后倾的作用是当叉车带载行驶时，防止货物从货叉上滑落，增加叉车行使的纵向稳定性。图 3-1-2 所示为叉车多级门架装置。

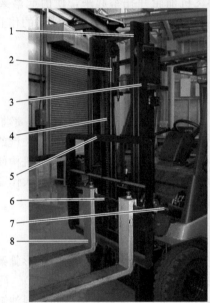

图 3-1-2　叉车多级门架装置

1—内门架；2—起升油缸；3—外门架；4—起重链；5—挡货架；6—货叉架；7—倾斜油缸；8—货叉

3.1.2.2　摆臂升降装置

摆臂升降装置是利用摆动臂结构可绕较低位置转动，使另外一端摆动到一定高度而实现升降功能的装置。摆臂是一类使用十分广泛的机构和装置，比较有代表性的是装载机上采用的回转摆臂式升降装置。尽管这类升降装置用于装载机晚于门架式升降装置，但最终在装载机上取代了门架式升降机构。早期的装载机也采用过门架式升降结构，装卸机具采用钢绳提升翻斗结构。但这种装载机铲斗切入力小，作业速度低，被摆臂结构的作业装置所取代。现代装载机的升降作业装置均为摆臂式结构，以一端铰接于机架、另一端连接铲斗的动臂为基础，再辅以摇臂、连杆等实现铲斗动作，通过液压油缸的驱动，完成各种功能（图 3-1-3）。

摆臂装置结构存在多种形式，但其基本原理一致。以摆臂结构形式实现升降功能应用很广，根据不同的使用工况与整机结构，摆臂的结构形式和摆臂端连接的装置变化，而利用摆臂实现升降的功能不变。这种摆臂结构具有较大的扩展性，臂与机架的连接都是铰接，实现摆转功能。而另外一端可以直接连接操作物料的装置，所连接的装置功用不同，而使整机应用于不同的场合。为适应作业需要，该端也可以加装次级臂以提高活动范围。次级臂与该摆臂的关系可以是铰接，以增加回转自由度；也可采用伸缩结构，延伸臂的长度。

3.1.2.3 伸缩臂升降装置

伸缩臂结构升降装置的基础是摆臂类升降装置，但极大提高了升降作业能力。这类装置一般基于中空结构的摆臂，在该基础臂的内部加装次级臂实现伸缩。伸缩臂可以是两级或多级结构，在整个伸缩臂结构中，基本

图 3-1-3　装载机摆臂升降装置

臂结构相对复杂，末级臂次之，中间臂结构形式相对简单，伸缩臂的臂与臂套接在一起，通过耐磨块相互支承。伸缩臂各节臂之间可以相对滑动，在伸缩油缸的推动下在长度方向自由伸缩，以获得不同的工作长度。每一级臂均为钢板焊成的箱形结构，在各臂之间要安装耐磨滑块传递作用力，以保证臂与臂之间运动、磨损、间隙的合理状态。基臂根部与车架通过水平销轴铰接，且其中部还与摆动液压缸铰接，可实现工作臂在变幅平面内自由转动。伸缩臂的伸缩驱动一般采取液压缸驱动，个别也有采用油缸与链条结合的驱动方式。图 3-1-4 所示为伸缩臂升降装置。

图 3-1-4　伸缩臂升降装置

伸缩臂结构已应用于多种场合，臂的顶端可以与操作物料的装置相连，也可作为柔性吊装的支承。目前应用的伸缩臂形式不同、各有特点，截面形状大致有矩形、梯形、多边形和椭圆形等。如矩形截面的制造工艺简单，具有较好的抗弯能力和抗扭刚度，但是这种截面没

有充分发挥材料的承载性能，伸缩臂各级之间不能很好地传递扭矩。八边形截面能充分发挥材料的力学性能，有利于提高抗失稳的能力，且能较好地传递扭矩和横向力，但这种截面形式伸缩臂制造工艺复杂。

3.1.3 作业安全保障

装卸与搬运机械的特点不仅是具备装与搬的功能，还体现在运的能力。装卸与搬运机械的作业特点决定了这类机械在实现作业能力的同时，还要进一步综合安全性能。作业时机器与装载搬运对象合为一体，不同场合整体的姿态、重心位置都在变化，这为作业安全带来一定的隐患。保障作业安全主要体现在提高作业系统的稳定性，以及出现事故的安全防护，具体体现在失稳预防措施与保护性结构设计方面。

3.1.3.1 稳定性与落物保护

稳定性就是抵抗倾覆的能力，保证装载搬运作业时整个作业机组系统稳定性是保障安全的首要条件。装载与搬运货物时整个作业机组系统的重心可以视为自身重心与货物重心的合成重心，不同工况的合成重心位置变化很大。一般的运输车辆如常见的运输货车，以驮负或牵引方式将物料集合到车体上，其组合重心的位置水平投影在车辆倾覆线所形成的封闭图形内。装载与搬运作业机械自身的重心水平投影在倾覆线形成的封闭图形内，而操作对象的负荷重心的投影却在其外，这样负荷的变化对组合重心的变化影响较大，可能因为负荷较大而导致组合重心的位置超出倾覆线而失去稳定性。提高整个作业系统稳定性，首先在设计上控制整体重量分布、调整重心位置。通过增加配重可以调整整车重量分配提高稳定性，加装辅助支承装置可以调整倾覆极限位置。加装力矩限制器等预警装置，可以提醒操作人员提前采取预防措施，防止事故发生。

装卸搬运作业时保证了稳定性并不等于安全，特别是在高处取放物料时，还要注意物体的意外坠落可能产生的后果。装载物料的过程中也难免出现物料散落的情况，高空的落物对驾驶操作人员可能产生危害。因此这类机械的现代产品一般都加装保护装置，防止坠物可能引起的伤害。为了防止意外发生，需要加装防坠物的装置或在驾驶室对人员实施保护。为此这类机械产品根据具体使用工况采取相应的防护形式，用于高位装卸散装物料的车辆应设计有落物保护结构（FOPS），出现倾翻可能性大的车辆需设计翻车保护结构（ROPS）。通常将驾驶部位安装防倾翻与防落物保护装置，或设计防倾翻与防坠物驾驶室，以提高整机安全保护功能。

3.1.3.2 安全结构设计

防倾翻和防坠物保护结构要起到保护驾驶员安全的作用，防倾翻和防坠物结构能够保护驾驶员的实质是在事故发生后的防护。防倾翻和防坠物保护结构有足够的抵抗能力，使变形不得进入人体极限安全区，即能够保障系着安全带司机生存的最小空间。防倾翻和防坠物保护结构在事故发生后能否有效地保护司机的安全，取决于变形后的防倾翻和防坠物保护结构是否能保留人体极限安全区。防倾翻和防坠物保护结构一般可以与驾驶室合为一体，也有独立于驾驶室而存在的一组结构。防倾翻和防坠物驾驶室一般是一整体的钢架结构，由多根竖直的立柱、顶部横梁及纵梁组成，采用钢管或型钢为材料，做成方形、矩形或圆形等断面的骨架，顶面和侧面有一定厚度的钢板蒙皮作为底板和护板。

现有防倾翻和防坠物驾驶室也有分体式结构，独立于驾驶室的防倾翻和防坠物保护结构是安装在驾驶室外并固定在车架上的。分体式驾驶室保护装置多采用在驾驶室外安装一组栅栏的结构，这种结构在落物和倾翻时对驾驶员具有很好的保护作用，但是这种栅栏结构由于安装于驾驶室外部，对驾驶员的视线有很大的阻碍，不利于驾驶员的作业。在驾驶室及倾翻防护装置型钢的选择上，一般要求有高强度、高韧性、低的冷脆和良好的焊接性能。

装卸与搬运机械的特点不仅是具备装与搬的功能，还体现在运的能力，由此也说明装卸与搬运机械的综合性能不仅与作业装置相关，也与整机行走部分相关。装卸与搬运机械虽然形式多样，但实质是实现物料自装卸和短距离运输的各种车辆，其共同的特点是作业行走距离较近，对行走速度要求不高，各自存在特有的作业装置。从整体结构关系解析，整机由行走主机与作业装置构成，主机负责承载、行走驱动并为作业装置提供动力，作业装置实现动作，完成物料的装卸作业。从动力传动角度看，动力除用于行走驱动外，必须存在另一路传动用于作业装置作业。行走与作业看似相互独立，但对于整机而言必须相互匹配与协调，因此不同功用的装卸与搬运机械的行走装置各有特色。

3.2　平衡重叉车

平衡重叉车指在车体后端布置有用于调节纵向平衡的平衡重块的叉车，该类叉车以货叉为托载货物实现装卸作业的主要装置，是一类能把水平运输和垂直升降有效结合起来的装卸机械。平衡重叉车是应用最广泛、数量最多的叉车，提及叉车若不加说明即指平衡重叉车。平衡重叉车采用门架机构为升降装置，门架升降装置布置在整个车体的前端。平衡重叉车为双轴布置轮式行走车辆，车轮采用承载能力高、变形小的充气轮胎或实心胎。车架与前后桥间没有缓冲减振装置，其中前桥为驱动桥，后桥为转向桥。

3.2.1　平衡重叉车的作业要求

平衡重叉车为自走式作业车辆，由货叉与门架组成的工作装置与轮式自行走主机两部分构成。工作装置中的门架布置在叉车主机体的前端，货叉通过叉架与门架连接（图 3-2-1）。门架是提升货物的机构，作用是直接承受全部货物的重量，并使货物升降和前后倾斜，完成货物的叉取、升降、堆码、卸载等作业。主机是行走功能完善的车辆，同时配有液压驱动系统，用于驱动作业装置工作。叉车结构紧凑、单人操作，操作装置均布置在驾驶员的前面，

图 3-2-1　平衡重叉车作业

除一般车辆行走所需的操控装置外，还多出用于操控作业装置的手柄。平衡重叉车作业包含两方面的内容，一是实施运输的车辆行走，二是实施装卸的作业装置运动。由此可知动力装置的动力必须要满足两方面工作的要求，为此各类叉车产品中都配备液压系统。对于行走传动采用机械传动方式的叉车，液压系统用于作业装置，也用于行走液压转向系统。叉车作业时不仅要将物料装载于前轴的前部，而且要实现高位装载作业，整车作业稳定性十分重要。

平衡重叉车的功能主要是实现货物的叉取、短途运送和目的地卸货，其常规工作循环为叉取货物、载货运行、卸货堆垛、空车返回，其中叉取货物与卸货堆垛最体现叉车作业特点。叉车叉取货物时，首先驾驶叉车驶向垛堆货物位置。接近堆垛时叉车低速运行，对准所要叉装的对象，在其前面停稳。其次将车置于空挡，操纵倾斜油缸的控制手柄，使门架复原至垂直位置。接着操纵升降油缸的控制手柄，对叉架进行提升或下降操作。调节货叉使货叉对准货物下间隙或安放货物的托盘底部叉孔，货叉缓缓插入安放货物的托盘底部叉取货。操纵升降油缸的控制手柄使货叉上升，提升货物到叉车可以运行离开的合适高度。然后后倾门架、退出货位，下放货叉至适宜运输位置，使整个车货系统的重心降低，提高稳定性。调整车辆行驶方向，驶向放货地点，卸货与装载过程正好相反。

3.2.2 平衡重叉车的总体结构

平衡重叉车工作装置布置在主机体的前部，主机体与门架有两处连接，一是门架下部与主机的前桥相连，另一处是通过倾斜油缸与主机车架上部连接。由于作业时物料的重量集中在前轮的前部，加之主机自身的重量，使得前轮需要承载的载荷远远大于后轮，因此，采用前轮驱动、后轮转向比较适合。平衡重叉车工作装置在前轮的前端，叉装货物重量、作业状态等导致整个重量、重心位置发生变化，在空载和满载的不同工况下，前后桥的负载分配变化较大。平衡重叉车叉装货物时以前轮为支承，车体重量与重心位置确定了装载作业能力。为了保持重心在设计规定的范围内、提高作业能力、防止整车向前倾翻，主机车架的后端布置有平衡重，利用平衡重块调节、匹配整车的质量分布，加强纵向稳定性。

平衡重块是平衡重叉车中具有特殊意义的零件，是由铸铁铸造而成具有一定形状的配重体。其质量与形状因机型不同而变化，但起的作用相同。平衡重叉车要提高作业的稳定性，横向尽量使结构对称、重量分布均匀。平衡重块不单单用于纵向平衡，而且在一定程度上改变整体重量的不对称。平衡重块前部、下侧形状复杂，是为了匹配车架连接，其上部与后侧表面规则、光滑，具有与整车协调的形状，起到美观的作用。配重体的后侧开有大小不一、形状不同的孔洞，有的是为发动机散热器通风，有的是用于安装牵引栓。主机车身部分低矮、紧凑，主体机架由钢板焊合而成，为箱形结构。箱体中间用于放置动力及传动等装置，箱体的前后两端与前后桥实现三点连接。其中前部左右与前桥两点连接，车桥与机架间不设缓冲减振装置。机架后部中央部位与后桥实行单点铰接，后桥可绕铰接轴摆动一定的角度。发动机纵向布置在车架内偏后位置，动力输出端朝向前进方向，首先连接离合器或液力变矩器，再接变速箱。发动机的上侧有罩板，罩板上则是驾驶员的坐位，发动机的后侧、转向桥的上侧布置平衡重块。为避免司机因货物跌落而受伤，在司机上方设置护顶架作为保护装置。图 3-2-2 所示为平衡重叉车结构。

布置在叉车前端的工作装置，由门架、货叉架、货叉、链轮、链条、起升油缸和倾斜油缸等组成。门架是叉车工作装置的骨架，是由两个垂直支柱和上横梁焊接而成的，用来安装货叉架并带动其沿门架升降。门架下端铰接在车架上，中部与倾斜油缸铰接。由于倾斜油的伸缩，门架可前后倾斜，使货叉叉货和搬运过程中货物稳定。门架通过叉架连接货叉，货叉可自由插入托盘或货物的孔隙取放货物，并可沿门架升降。货叉是直接承载货物的叉形构件，由水平段和垂直段组成。货叉架为框架结构，货叉架带有滚轮，嵌在内门架中，可以上下运动。货叉与货叉架的连接尺寸是标准的，可以很方便地将货叉取下换装其它属具，扩大使用范围和提高作业效率。

图 3-2-2　平衡重叉车

1—货叉及叉架；2—驱动轮；3—门架摆动油缸；4—门架；
5—门架升降油缸；6—方向盘；7—驾驶座；8—护顶架；
9—发动机舱；10—导向轮；11—平衡重

3.2.3　动力与传动

平衡重叉车使用范围十分广泛，产品的种类繁多，动力方面也可采取内燃机驱动、电机驱动等不同的方式，但动力分流为作业与行走两部分这是不变的。行走装置的驱动形式可能因动力装置的不同而变化，但作业装置的驱动形式均为统一形式。工作装置作业时也需要提供动力，这部分动力的传递采用液压传动形式。动力装置驱动液压泵，液压泵产生的液压能通过液压系统的管路，传递给驱动作业装置的液压油缸。作业装置的液压油缸主要有负责升降货叉的升降油缸，另外还有一组负责门架纵向摆动的油缸。对于采用液压转向的叉车，液压系统还负责驱动后桥的转向油缸。

柴油机驱动、机械传动、前桥驱动、后桥转向是平衡重叉车最传统的形式，为实现动力切换、改变行走速度，发动机的动力通过离合器与变速箱向下级装置传递，变速箱的输出端与前桥的中央传动相连接。驱动桥中的中央传动及差速器通常集成在一起，作用是减速增扭及改变传递方向，并将动力传递给驱动轮。小型平衡重叉车中的这些装置刚性连接在一起，使结构十分紧凑。有的为了布置方便，通常在变速箱与驱动桥之间用一万向传动轴连接。采用液力传动的平衡重叉车，在发动机与变速箱之间以液力变矩器替代传统机械传动的离合器。变矩器是利用液体为工作介质来传递能量的，因而能吸收和消除来自发动机和外载荷的振动、冲击，能自动调节输出的扭矩和转速，使叉车根据道路行驶阻力大小自动变更速度和牵引力以适应不断变化的各种情况。另外还有一路液压传动的动力，发动机的动力通过液压泵转化为液压驱动力，再由管路传递到作业装置。

在叉车实际作业工作中，前进与倒退的作业工况速度要求相近，因此传动系统的变速装置必须适宜这一要求，形成了前进、后退的挡位数和速度大致相同的特点。有的叉车传动系统中独立于变速箱附加一换向装置实现前后速度相同，操控采用两个变挡手柄，一个用于变速，一个用于换向。如液力传动的平衡重叉车，通过换挡阀分配压力油到在液力变矩器与变速箱之间的换向离合器，改变动力与前进挡或后退挡传动齿轮的接合，从而改变传动输出轴的旋向。图 3-2-3 所示为机械传动的驾驶台，两换挡杆位于驾驶座位右侧，踏板从左到右侧依次为离合、制动与加速。若是液力传动则换挡形式改变，操作方式略有不同。换挡不必采用双手柄方式，踏板的功用也有所不同，原离合踏板位置安装的是微动踏板。微动踏板的作用是通过操作微动阀，使导入离合器油液的一部分或大部分通过微动阀排入油箱，使离合器接近空挡状态。

图 3-2-3　平衡重叉车驾驶台

3.2.4 驱动与驱动桥

　　普通机械传动平衡重叉车的前桥是驱动桥，驱动桥由中央主减速器、差速器、半轴和桥壳等构成，有时还有轮边减速器（图 3-2-4）。驱动桥整体为刚性结构，壳体外部与机架连接用于传递载荷与承载，壳体内包含用于传动的半轴及差速器等零部件。通常驱动桥呈左右对称，中央传动及差速器布置在中间位置，左右半轴将动力传递到两侧。为了使结构比较紧凑，通常在短小桥体的两端集成有制动装置，驱动桥不仅要完成驱动任务，而且兼具制动功能。不带轮边减速器的驱动桥，制动器可以连接在桥壳的端部，如鼓式制动器的制动底板固定在半轴套管的侧面，制动鼓则用螺栓固定在驱动轮的轮毂上。通常制动装置将行车制动与驻车制动装为一体，但各自的传动装置独立并相互联锁。

图 3-2-4　平衡重叉车前桥
1—驱动轮；2—制动器；3—中央传动壳；4—门架支承

　　一般车辆的驱动桥与机体之间连接，起到支承机体的作用。平衡重叉车除了这一要求外，还要另外连接、支承门架，桥壳为承载装置不仅作为行走装置的支承部件，还是作业装置的支承基础，既承受重力还要承受其它外力。因此这类驱动桥的桥壳不仅结构相对复杂，桥壳的强度也必须高。平衡重叉车驱动桥的桥壳外观看起来比较坚固，直接加工有支承连接装置，或留有位置安装用于连接门架的装置。驱动桥内部传递的动力由变速箱输入，在要求结构紧凑的情况下，将二者集成在一起则可省空间及中间传动元件，多数平衡重叉车也是选择这种结构，变速箱与驱动桥直接连接起来可以达到此目的，为此很多产品采用开式结构的变速箱与驱动桥。

　　平衡重叉车的驱动桥与变速箱实现直联传动，为了结构紧凑且便于连接，驱动桥的中央传动部分为开式结构，变速箱的齿轮直接啮合驱动桥的中央传动齿轮，驱动桥的壳体与对应的变速箱壳体连接后才能成为封闭的一体。这类结构用于中小叉车，大型叉车则采用传动轴将变速箱的动力传入驱动桥。由于使用场合、使用条件的要求，叉车产品存在选用不同类型的动力装置、采用不同传动形式的情况，这些也导致驱动桥形式的变化。如采用电机驱动方式的叉车，可以采用电机取代发动机与变速箱来驱动前桥，此时前桥可以保持原结构，但双电机驱动结构则完全改变原机械驱动桥的结构，采用液压驱动也是如此。

3.2.5　转向与转向桥

平衡重叉车在狭窄场地工作的时间较长，在这种环境作业转向非常频繁，转向性能的好坏直接影响叉车的作业效率。平衡重叉车的工作装置在车前方，作业时前桥载荷较大，在结构布置上也限制前轮的转向，所以平衡重叉车采用后轮转向的方式。叉车转向是采用偏转车轮的方式，通过驾驶员操纵方向盘，经过转向装置使转向轮在水平面内偏转一定角度来实现转向。转向装置可采用机械式、液压助力式及全液压式，小型叉车可以采用机械转向器，而大型叉车转向桥负荷较大，更适于采用液压动力转向。采用全液压转向方式时，转向动力由液压泵提供，通过液压转向器控制，由转向油缸执行。转向油缸安装在转向桥的桥体上，选

用的油缸与转向桥的结构相关联，油缸既可以是差动油缸，也可以是平衡式油缸。当采用平衡式油缸时，通常油缸直接横向布置在转向桥体上，缸体与壳体刚性连接，油缸活塞杆直接或通过曲柄与转向节臂相连接，油缸活塞和转向曲柄代替了梯形连杆机构。这种转向桥总成和油缸总成组成的转向系统，因贯通式油缸左右腔相等，左右推力、行程一样，左右转向轮的转角相等。图3-2-5所示为平衡重叉车后桥。

图 3-2-5　平衡重叉车后桥
1—轮毂；2—转向节；3—主销；4—转向桥体；
5—转向油缸；6—曲柄

转向桥通过支承轴支座安装在配重体下面，刚性悬挂的桥体中部，有一纵向布置的水平销轴，通过该销轴

与车架铰接，车桥可以绕该轴摆动，当路面不平时，保持车轮全部着地。由于无弹性元件，地面的冲击载荷将直接传递到车体上。叉车转向桥包括桥体、转向节、主销，转向节与轮连接、转向桥与车体连接。转向桥可以是由钢板焊接的，也可以是由铸钢铸造而成的，铸钢件桥体截面呈开口工字形，钢板焊接转向桥一般为开口箱形结构。转向油缸置于桥体内部，油缸杆等受到保护而不会损坏。为了使车辆保持稳定的直线行驶和转向轻便，并减少叉车在行驶过程中轮胎和转向零部件的磨损，转向轮的安装应有一定的角度，称为转向轮的定位。它包括车轮的外倾、转向节主销内倾、转向节主销后倾和车轮的前束。桥体要做成带有角度的，制造比较困难、成本有所提高，并且前进、后退行驶概率都差不多。鉴于这一情况，在叉车设计中，桥体做成不带角度的开口箱形焊接桥，主销无倾角，转向节主销后倾角和车轮的前束都取零度，从而减小零件加工难度，改善工艺性和提高经济效益。

3.3 前移式叉车

前移式叉车是一种适用于狭窄空间完成物料搬运和堆垛作业的搬运车辆,其作业装置不仅具备普通叉车的功用,而且货叉可实现前后移动,因门架或货叉能够前后移动而称这类叉车为前移式叉车。前移式叉车通常电动行驶,一般没有封闭的驾驶室,多为站立操作方式。前移式叉车因体积小、操作灵活,能够最大限度节省作业空间。

3.3.1 前移式叉车结构形式与特点

3.3.1.1 结构特点

前移式叉车主要用于路况条件较好场地的搬运作业,因此车轮采用轮径较小的无弹性车轮,一般为三点支承布置。整车结构紧凑,车身与驾驶操作部分紧密地布置在门架的后侧,短小的车身内集成驱动、操控、驾驶等全部装置,并支承、连接作业装置。上侧通常只安装起防护作用的护顶架,用于驾驶操作的空间也十分紧凑。前移式叉车为了给驾驶台空出空间,布置于车身下部的转向驱动轮有时要偏于车体一侧,为此需要在另一侧加装一支承轮保持车辆的平衡,即后部采用双轮支承结构。两后轮中一后轮为转向驱动轮,另一轮为随动轮。随动轮是一组小直径实心轮,只起支承作用,随动轮的轴心线与随动轴线有一偏心距,以保证随动性能。

前移式叉车车身前部、作业装置的外侧前伸两条侧腿,俯视整个车体呈 U 形、侧视为L 形(图 3-3-1)。在车身下侧 U 形的端点部位安装有用于支承车体的车轮,门架与货叉位于 U 形结构之内。前移式叉车布置特点集中表现在前部的两前伸腿上,形成左右纵梁承载相应的载荷,纵梁前伸较长,高度较低,机架形成低剖面水平 U 形结构。两纵梁前端安装前轮与车身后部车轮构成三支点方式,为了提高稳定性,可采用四点支承结构。前移式叉车门架或者货叉可前后移动,其中门架前移式叉车作业时门架带动货叉前移,伸出前轮之外叉取或放下货物,所以货叉前移式叉车作业时货叉架带动货叉前移至前轮之外进行作业。前移式叉车行走时货叉缩回到支承面内,使货物重心在车轮支承平面内,稳定性好。

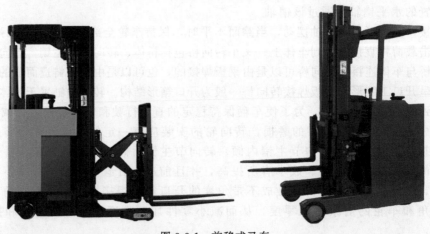

图 3-3-1 前移式叉车

前移式叉车的突出特点集中在货物的水平移动方面，无论是门架带着起升机构沿着支腿内侧轨道前后移动，还是剪叉机构带动货叉移动，乃至其它方式的移动，均能使得叉取货物作业方便、货物的重心可以控制在较合理的位置。也正是货叉移动装置的存在，使得这类叉车可以具有相应的前伸支腿，对于某些前移式叉车而言，前伸支腿又可以作为承物平台。有的前移式叉车叉取货之后，可以将某些货物放在两条支腿上，兼有平板车的运输功用。前移式叉车当货叉前伸至最前端，荷载重心落在车轮支点外侧时，此时承载相当于平衡重叉车。当门架完全收回后，荷载重心落在支点内侧，此时作业与堆垛机相当。

3.3.1.2 前移机构

前移式叉车的前移机构主要有门架前移和货叉架前移两种方式，对于整机而言，无论哪种方式，其主体车架结构形式、行走装置等均相同，不同只体现在前移装置和与其相关的前支腿部分。门架前移型前移叉车的前支腿有轨道，门架的下部设计有前移轮架，轮架上安装有两对垂直导向滚轮和两对水平导向滚轮，分别布置在轮架的两侧，滚轮在支腿导轨中滚动，使门架可以在轨道上移动。门架与车体之间存在一液压油缸，其一端铰接在门架的中下部，另一端铰接在车体上，通过油缸的伸缩调节门架的前后位置。采用货叉架前移方式时，门架与车体之间不发生位移变化，货叉的水平移动通过货叉架来实现。货叉挂在前叉架上，前架与后架用剪叉式连杆机构相连接。剪叉机构的张开与闭合由液压缸来实现，当油缸推动剪叉张开时，前叉架连同货叉向前平移伸出；当油缸回缩带动剪叉机构闭合时，货叉后移，为了加大前移距离可采用双级剪叉机构。

前移式叉车前部的两前支腿纵梁前伸较长，高度较低。如果货物下侧有一定的离地间隙时，货叉不前移，支腿可以与货叉一起插入货垛下面。这类叉车又称叉腿式叉车，若将叉腿式叉车的支腿变更为伸缩型支腿，则同样具有前移式叉车的某些功能，也相当于货叉具有前后移动功能。这种非常规形式的前移式叉车，可以与上述两种常规前移叉车有相同的功能，只是实现移动的方式有所不同。这种叉车的货叉架与门架均不能实现前后移动，而是支腿为伸缩形式，支腿伸到最长时，相当于常规前移式叉车货叉回缩状态，支腿回缩到最短则相当于常规前移式叉车货叉前移到最前端状态。

3.3.2 行走装置结构布置

前移式叉车的行走装置一般设计得比较小巧，以便提高作业的方便性。电动前移式叉车的行走装置为无桥方式，采用前从动后驱动的方式。支腿前端有两个轮子分别安装在两个前伸支腿上，主要起支承、从动作用。而驱动轮布置于车的后部，驱动形式以单轮驱动为主。通常情况下，后部车轮还要完成转向功能、制动功能，集驱动、转向和制动为一体，这种三合一的结构十分紧凑。为了能够进一步实现横向进退和转向、原地转向，有的前移叉车将前轮设计成可控转向结构，即全向运动型前移式叉车。

前移式叉车的行走装置主要是三点支承结构，其中前部两点支承，后部车轮是单支承结构。三支点方式前两轮轮轴固定在支腿上，前轮一般没有转向功能。根据承载与结构的需要，每侧的前轮可以前后布置两个，这样在降低支腿高度的同时，保持或提高承载能力。由于结构所限，前移式叉车支腿前方的车轮直径较小，因而车辆的速度低、对行走地面要求高，同时也难以用作驱动轮，因此大多前移式叉车采用单后轮驱动形式，后轮既为驱动轮又为导向轮。为了保持稳定，偏置驱动结构的前移式叉车，采用辅助四点支承结构形式。四点支承表现在后部车轮布置上，两后轮中一后轮为转向驱动轮，另一轮为随动轮。

前移式叉车主要用于车间、库房，要求小巧、灵活、环保，因此采用电动形式较为适宜，特别对单轮行走驱动更为方便。前移式叉车的货叉移动、货物装卸通过液压系统实现，动力装置不仅要驱动行走装置，还要驱动液压系统来实现作业装置工作。对于电动前移式叉车而言，虽然单一电机可以兼顾，但采用多电机分别驱动方式更为适宜。作业装置部分采用电机驱动液压泵，液压系统中的油缸工作即可完成各种作业任务。行走驱动采用电机直接驱动，不仅简化传动路线，而且节省空间。在这类车上采用电机集成减速器及车轮，共同组成一电动轮驱动装置，该装置独成一体，只控制电机的相关参数变化即可实现行走驱动控制。

　　前移式叉车的行走驱动中采用电动轮驱动装置，这类装置都能有效利用空间，但选用时应考虑具体使用要求与结构等限定条件的影响。不同结构形式的电动轮驱动装置，主要体现在电机与车轮的位置关系方面。在前移式叉车上电动轮驱动装置中的电机通常垂直布置，这种方式有利于转向功能的实现，且减小转向空间。电机垂直布置的驱动装置中，电机在驱动轮的正上方，其中心线通过驱动轮的中心线，以便转向操纵。电机的输出端与驱动轮的侧面布置一传动箱，传动箱箱体支承在电机与驱动轮轴之间。在箱体内部电机输出轴端安装一圆柱齿轮，该齿轮与另一位于轮侧箱体内的竖轴上端的齿轮啮合，通过圆柱齿轮水平传动，将电机的输出扭矩传递给竖轴。竖轴的下端安装有伞齿轮，该伞齿轮与驱动轮轴上的伞齿轮啮合，将动力改变方向并传递给驱动轮轴，进而驱动车轮行走。

3.3.3　制动与操向

　　转向与制动是车辆行走所必有的两种功能，要兼顾动力、传动、行走装置的形式而确定。前移式叉车采用后单轮驱动方式，其转向与制动也有其特点。行走驱动电机轴的另外一端，即电机上部输出轴端安装有制动装置，通过制动电机轴实现对驱动轮的制动。电机下端的传动箱壳体上，安装有与电机同轴的大齿轮或带轮用于转向。通过驱动该齿轮带动整个电动轮驱动装置整体旋转，进而实现前移叉车的转向。旋转既可采用手动机械方式，也可采用先进的电控模式。采用手动机械方式时，需在其上连接机械驱动装置。采用电动转向时则用另外一转向电机带动该齿轮旋转。图 3-3-2 所示为前移式叉车的行走驱动部分。

图 3-3-2　行走驱动部分

　　前移式叉车采用电机驱动，制动多采用制动电机轴方式。通常情况下的前移式叉车前轮轮径很小，安装制动装置比较困难，行走装置对前轮不实施制动，只对后轮采取制动，这样可简化结构。后轮结构决定了在轮上直接安装制动器也较困难，所以制动器通常与电机集成在一起，在电机的轴上安装制动器。前移式叉车除了制动电机轴外，还可以利用电机所具有的特性，通过控制器控制电机反接或再生制动。而对制动性能要求高，且前轮结构允许加装制动器时，则可同时制动前轮实现全轮制动。采用全轮制动时，前轮制动采用液动便于实现，通过压力油驱动制动分泵的方式，分别实现前轮制动器的制动。图 3-3-3 所示为制动装置。

前移式叉车的转向主要体现在后转向驱动轮上，其转向采用偏转车轮方式。前移式叉车的转向驱动轮为同一轮，该轮与车架铰接，铰接轴心线通过该轮的中心，即该轮可以绕该轴心线转动。通常在该轮的上侧驱动电机的下侧，配置一与该轴线同心的圆柱齿轮或带轮，该齿轮或带轮转动可以带动驱动轮同步旋转。转向电机的输出轴可直接或间接驱动一直径相对较小的齿轮或带轮，这一齿轮或带轮与驱动轮上侧的大齿轮或带轮组成减速传动装置，固定在机架上的转向电机通过这一装置使驱动轮摆动，实现转向功能。手动转向与电动转向的不同就是没有转向电机，转向输出轴下端连接齿轮或带轮直接驱动转向轮上侧的大齿轮或带轮。

图 3-3-3　制动装置

电动转向操纵轻便灵活，实现电动转向牵涉到多个部分的装置与机构。电动转向系统主要由方向盘、转向电机、控制器、转角位置传感器等组成。驾驶员操控方向盘转动，方向盘的转动即是驾驶员发出的操作指令。方向盘带动步进电机动作或方向传感器，步进电机将其转换成电信号并传送到转向控制器，控制器对转向电机实施控制驱动转向。为了提高使用的方便性，有的前移式叉车设计成全轮转向方式。全轮转向前移式叉车除支腿前端以外，其它部分与普通的前移式叉车一样。由于前轮需要转向，前轮与支腿之间的连接方式发生变化，由固定轴式变为铰接式。前轮的轮架与支腿铰接，轮架可绕铰接轴心线摆动，控制轮架的转向角度就实现了前轮的偏摆。

3.3.4　类似叉车产品

电动前移式叉车主要用于车间、仓库等环境条件较好的场合，其功率较小，离地间隙较低。也有与其相类似的内燃机驱动的前移式叉车，这类叉车适宜环境比较广泛，作业能力较强，其具有与电动前移式叉车的共同特点，不同之处是动力装置变为柴油机，采用液压马达驱动车轮。

3.3.4.1　支腿伸缩式随行叉车

随行叉车是一种可以附随运输车辆到达不同作业地点，随时进行装卸作业的小型叉车，其形式与前移式叉车相似，三点支承结构，也是后轮为转向驱动轮（图 3-3-4）。通常采用柴油机为动力装置，行走动力的传递采用液压传动方式，行走驱动则为轮边马达驱动。随行叉车作业时与一般的前移式叉车相同，但其需要有一特殊要求，即能够方便地连接到相应的运输车辆上。

由于运输车辆的主要目的是运输货物，携带随行叉车只是其附加功能，因此期望随

图 3-3-4　支腿伸缩式随行叉车

行叉车体积小、重量轻、方便携带。前移式叉车结构特点是具有较长的前伸支腿，如果缩短该支腿，可进一步压缩运输尺寸，有的随行叉车设计时为了解决这一问题，将支腿设计成伸缩结构，这种结构的随行叉车具有与前移式叉车相同的功能。这种随行叉车的货叉架和门架与平衡重叉车一样不实现前后移动，当支腿处于全缩状态时，该车即为一三轮平衡重叉车形式，只是前轮不是驱动轮，后轮为驱动轮。当支腿伸到最长状态时，相当于一般的堆垛机，此时与常规前移式叉车货叉回缩状态相当，因此虽然货叉架与门架相对于车体不前后移动，但由于支腿具有的伸缩功能，使得其具有与常规前移式叉车相当的功能。

3.3.4.2 全轮转向与全轮驱动前移式叉车

内燃机驱动的前移式叉车必须利用好液压的优势，因此这类叉车中出现了全轮转向与全轮驱动的形式。由于液压传递动力的方便性，使得前移式叉车前伸支腿上的车轮转向与驱动容易实现，只要在轮边加装马达即可。在支腿与轮之间加装转向油缸，就能实现转向，所以为了行驶灵活、应用广泛，可以采用全轮驱动与全轮转向模式（图 3-3-5）。

图 3-3-5　全轮转向前移式叉车

这类前移式叉车是一种内燃机驱动、液压传动的前移式叉车，该车采用全轮驱动的形式，即前两轮与后轮均为驱动轮，每一车轮均由一轮边马达驱动。在提高驱动能力的同时，也使得重心变化对附着力的影响降低。为了实现灵活转向，每一轮都能实现单独转向，每一车轮在液压油缸的驱动下可绕各自的铰轴转动。该车的结构形式与三点支承电动前移式叉车相同，只是前支腿的功能又有增加。由于前支腿结构的强化，前支腿可以成为放置大件物品的支承平台。

3.4　伸缩臂叉车

伸缩臂叉车是以伸缩臂装置为主要特征，以装卸搬运为主要功用的一类行走机械。其以伸缩臂装置来实现操作对象的垂直升降与水平位移，具有较强的作业能力。可以配备多种作业属具以完成不同的装载功能，已在多个领域获得广泛应用。

3.4.1　结构与作业解析

从伸缩臂叉车名称就可知该类机械的主要特征与功用，其中明确表达出两部分内容，其一是具有叉车的功用，其二是带有伸缩臂结构的装置。伸缩臂叉车利用伸缩臂替代传统叉车的门架装置，可以实现普通叉车的全部功能。正是因为伸缩臂装置功能的发挥，使得伸缩臂叉车不仅能够完成一般叉车的功能，而且可以拓展出多种其它功能。

3.4.1.1 结构特征

伸缩臂装置是伸缩臂叉车不同于其它装载车辆的主要特征，该车的作业装置就是由可以改变长度与摆动角度的伸缩臂与货叉、抱夹、铲斗、高能作业平台等作业属具组合而成的。伸缩臂装置由多节承载臂构成，承载臂依次套嵌在一起。其中基臂与车架铰接，末级臂通过挂接装置与货叉等属具连接。伸缩臂装置与整机结构布置的关系直接影响着整车的结构形式、行走传动的方式。伸缩臂中置方式是伸缩臂叉车中较为普遍的结构形式，是将伸缩臂布置在整车纵向几何中心对称面附近，伸缩臂与机架的铰接点布置在整车的后部，伸缩臂贯通前后。此时驾驶室已无可争议地布置在整机的左侧，而发动机通常布置在右侧。发动机侧置则增加了传动的复杂性，因此伸缩臂叉车的传动方式有别于其它车辆。

伸缩臂叉车是为作业装置提供动力及运输的载体，其有配重、调平油缸等装置服务于工作装置。有时还要作为主动车辆，牵引其它机具，甚至还可以驱动其它机具。行走装置以双桥四轮形式为主导，为保证机动灵活性，多采用双转向驱动桥结构，因而大多数机型能够实现四轮驱动、四轮转向的功能。动力传动以采用液力变矩器与机械齿轮箱结合的液力传动为主，也可采用液压传动。大中型伸缩臂叉车为了尽可能延伸作业范围、提高整车的稳定性，在车架前部设有左右两条支腿，可通过油缸调节支腿的长度来调整车身状态。对于定点作业较多的机型，上下机体间还设计有回转支承，以便实现全方位作业。

如图 3-4-1 所示的伸缩臂叉车，其发动机舱采用独立模块式结构，整体布置在整机的右侧，舱内布置发动机、蓄电池、水箱及散热器。变速装置布置在车架中间位置，驾驶室和油箱布置在整机的左侧。伸缩臂纵向布置在整车中部，使叉货载荷中心位于整车纵向几何中轴所在的铅垂面内。与伸缩臂车架铰接点位于整车后部，且位置较低，在保证具有较大作业范围的同时，尽量缩小了整车的纵向尺寸，并且扩大了驾驶视野。车体前部布置支腿，通过液压缸实现支腿的收放，调节车身横向和纵向与水平的角度，提高整车的稳定性。这类结构形式具有一定的代表意义，是伸缩臂叉车产品中比较普遍的一种形式。

图 3-4-1　伸缩臂叉车

1—车架；2—随动油缸；3—举升油缸；4—基础臂；5—末级臂；6—货叉；
7—中间臂；8—伸缩油缸；9—驾驶室；10—车架调平油缸；11—支腿

3.4.1.2 作业特点

伸缩臂在伸缩臂叉车作业中所起的作用是移动、运送操作对象，而直接与作业对象接触的是货叉等属具，这些属具连接在伸缩臂的末端。伸缩臂叉车的很多工作，需要通过伸缩臂与货叉共同来实现。在操作物料作业过程中，为方便叉取与放下物料，货叉需实现摆转运动，通过臂的伸缩与摆转来完成物料的提升与放置。伸缩臂在运动过程中，货叉等属具既要随着臂的末端运动，又要与所操作的对象保持相对静止，并且要保持操作对象运动状态不变，即保持平动。在臂的变幅摆转过程中，需保证货叉的水平角度基本不变，以免发生货物滑落事故。为了使货叉上物料保持原状态，货叉的运动与摆臂的摆转必须保持一定的随动关系。调平机构是货叉实现随动的基础，调平可采用机械、液压及电控等方式，伸缩臂叉车产品中使用最多的是采用液压随动调平方式。

液压随动调平是采用液压方式，通过两组油缸之间油量的交换变化，使得一组油缸随另一组油缸运动而运动的调平方式。在液压随动调平系统的元件中，除了液压油缸、臂、货叉等元件外，在调平过程起作用的另一元件是挂接装置，挂接装置是伸缩臂与货叉、属具之间的过渡与连接。调平油缸的两端分别与末级伸缩臂和挂接装置铰接，油缸伸长与缩短驱动挂接装置绕挂接装置与末级臂之间的铰点旋转，从而使货叉、属具可以实现不同的状态。图 3-4-2 所示为一种常规的液压随动油缸布置方式，作业过程中变幅油缸驱动伸缩臂装置摆转，随动油缸随臂的摆转而使油缸的两个油腔产生吸油与排油。随动油缸的有杆腔和无杆腔分别与调平油缸的有杆腔和无杆腔相连通，当伸缩臂在举升油缸推力作用下绕铰接点顺时针方向转动时，随动油缸受拉伸长，有杆腔中液压油在此拉力作用下被压入调平油缸有杆腔，使调平油缸受压回缩，带动货叉逆时针旋转；反之当伸缩臂绕铰接点逆时针转动时，随动油缸受压回缩，其无杆腔中液压油被压入调平油缸无杆腔，使调平油缸伸长，带动货叉顺时针转动。

图 3-4-2　货叉调平系统液压油缸位置
1—货叉调平油缸；2—举升油缸；3—随动油缸

此外根据具体的结构需要可以派生出多种不同的形式，如调平油缸布置在货叉与伸缩臂铰接点的上方。这种布置要注意的是随动油缸与调平油缸的变化方向是相同的，液压油管的连接方式与前者正好相反。个别情况也有将随动油缸与举升油缸合二为一，即举升油缸既要完成举升功能，又要能够使调平油缸满足调平角度关系。这种调平方式的结构和原理比较简单，但是为了使举升油缸和调平油缸的伸缩满足调平的角度关系，两者的位置布置以及本身的参数必须相对应，改变其中一个另外一个也必须变化，而且油缸位置的布置本身就是一个优化的结果，可布置的位置非常受限，这大大制约了举升油缸和调平油缸的选择，使其本来的功能受到限制，进而影响到整车的举升能力，这就削弱了整机的性能。

3.4.2　车体调平

伸缩臂叉车除具有带载行走功能外，还有在多种场合的定点作业功能。由于某些场合地面不平而可能会导致车身不平，进一步导致货叉不平而无法进行正常作业，为此要求该车还要具备平衡调节等功能。为了实现这些功能，在车体结构、车架与行走装置的连接方面就要采取相应的措施。

3.4.2.1 连接与调平

伸缩臂叉车采用双桥四轮结构，车轮首先与驱动车桥连接组成行走装置，然后车桥再与车架接合。双桥四轮车辆的机架与车桥连接一般可以采取多种组合方式，既可以是刚性连接，也可以是铰接和弹性连接。在地面条件较好的场合，两个车桥与车架均可双点刚性连接，这种连接方式只用于少量特种车辆上，这种连接方式的车辆要保证四个轮胎与地面均能良好接触，地面必须平整。低速车辆采用铰接与刚性连接组合结构较为适宜，两个桥中其一采用单点铰接方式，另一桥采用双点刚性连接方式，这种连接方式也是较常用的一种连接方式。由于有一桥铰接，无论在水平地面还是在粗糙地面，均能保证有至少三个轮胎与地面接触。如果双桥均单点铰接则必须有相应的辅助装置才能实现，否则车架与车桥之间无法实现平衡，但也恰恰是这种连接方式为车架与车桥之间的位置调节带来了方便，因此这种连接方式在伸缩臂叉车上普遍采用。

图 3-4-3　车架与车桥之间的调平油缸

在车桥与车架连接时，虽然前后两车桥均可与车架铰接，但其中之一必须是锁定状态，否则车辆无法正常工作。伸缩臂叉车车桥与车架的锁紧装置也是调平装置，根据需要确定调平与锁紧。为了增强伸缩臂叉车对各种工况的适应性，要能够最大程度调平车身，车身调平通常是横向调平，调平的方式是改变车架与车桥的角度。伸缩臂叉车车桥与车架的调平方式有机械、液压两种，机械锁紧是利用两个具有自锁能力的螺杆，通过旋紧或松开螺杆，达到锁紧和释放车桥的目的。这种方法简单可靠，但是比较麻烦、费时费力。另一种为液压调平与锁紧，液压锁紧与调平均由液压油缸来实现。在实际的使用中，可以组合使用，如油缸与螺杆两种方式分别用于前后桥的调节。

调平通过液压油缸来执行操作起来方便，可在驾驶室中操控。通过改变连接在车架与车桥之间的油缸的行程变化而实现。车架与车桥之间铰接，油缸支承在一侧或两侧。如图 3-4-3所示为单、双油缸将车桥与车架的连接锁紧示意图。车架可以相对于车桥围绕铰接点转动，转动通过油缸的伸缩实现。当油缸停止运动时，车桥与车架的转动自由度被锁死，使两者重新成为一体。在倾斜地面上控制车桥油缸的伸缩，使得车架与车桥之间发生转动实现调平。在正常行走的过程中，前桥油缸处于锁死状态，后桥油缸油路连通、油缸处于浮动状态，在不平地面车架与车桥之间可实现转动。

3.4.2.2　支腿与调平

伸缩臂叉车是一种用来装载搬运货物的车辆，其基本功用实现的过程都与车辆的移动相关联，因此支腿并非是伸缩臂叉车的基本配置。是否配备支腿要根据该种车型的使用要求来定。一般车型较小、起升高度较低、移动作业为主的车型无需加装支腿，而对于定点作业时间较长，起升高度较高，有人员参与高空作业的叉车，则需要加装支腿装置，支腿可在定点作业场合起到调节机构的作用。调节机构的调节体现在两种主要的工况，车身调节主要体现在行走的动态工况，而支腿是用在定点作业工况。车身调节体现在车身内部的相对变化，支腿体现整车对地面的位置关系的变化。如果需要将车体全部支起，则采用四支腿方式。支腿一般都与车架相连，也有与桥相连的结构。与桥连接结构由于支腿直接作用在车桥上，车桥与车架之间的悬挂系统参与支腿对车架的支承作用，因此此时的支腿必须与悬挂系统协同作用，才能实现调平。图 3-4-4 所示为车桥相连的支腿与调平油缸协同调平叉车。

图 3-4-4　车桥相连的支腿与调平油缸协同调平

伸缩臂叉车通常有两个支腿布置在前轮的前方，有的带有前后支腿，支腿一般都与车架相连。支腿放下后，支腿之间的横向间距增大，这增加了横向稳定性，同时由于支腿布置在前桥的前方，支腿支起后前轮被顶起，这使得叉车接地点纵向间距增大，大大增强了纵向稳定性。支腿的收放动作靠油缸来驱动，通常情况下油缸推动支腿绕车架上的销轴转动实现支腿收放，在支腿不接触地面前，除受油缸的驱动力外，支腿的运动几乎不受力，当支腿的下端与地面接触后开始受力，不仅要承受车体作用到该点的重力，还要受到地面产生的摩擦阻力，此时液压缸的驱动力是二者的综合作用结果。从接触地面开始，该点的运动轨迹也发生了变化。当支腿收起时，其横向尺寸小于叉车的横向尺寸，所以支腿收起后不影响叉车的行驶及其它操作。

3.4.3　传动特点

伸缩臂叉车经过多年的发展，逐渐形成了自己独有的风格，伸缩臂叉车产品采用液力传动为主要传动形式。液力传动的基本布置方式是发动机与液力变速装置连接，即通过液力变矩器与齿轮变速器相连，齿轮变速器的双端输出轴或输出法兰通过传动轴与前后驱动桥的输入轴或输入法兰连接，实现四轮驱动。

3.4.3.1　液力传动装置

在伸缩臂叉车传动装置设计时，采用的液力传动形式与发动机的布置、前后驱动桥的动力输入接口的位置有直接关系，液力传动装置通常与发动机直连，再用万向传动轴与驱动桥连接。对于发动机侧置的机型，液力传动装置不仅要考虑上下高度方向的布置位置，而且左右方向也需有较大的间距才能保证与前后驱动桥动力输入接口连接。这种方式已成为纵向侧置发动机伸缩臂叉车的典型传动方式。发动机侧置时，纵置发动机的传动中心线远离中心传动线，发动机的动力经过液力变矩器后，再通过齿轮变速器中的数对齿轮传动将动力由一侧横向引入车体中间，再经传动轴向前向后传给驱动桥。由于液力传动必须通过齿轮箱来改变传动路线或方向，当发动机与液力变速器直连时，根据发动机布置位置的不同，导致传动装置形式的改变。液力变速器实质是液力变矩器与齿轮变速传动装置的结合，在液力变矩器与变速齿轮之间存在一换向离合器，安装在变速箱输入轴与液力变矩器之间，该换向离合器为多片湿式离合器。通过操控该离合器，实现前进挡与后退挡的接合，通过传动齿轮的位置与参数匹配，改变传动输出的位置与速度。

由于总体布置的需要，发动机需要横置时，上述形式液力传动装置就满足不了要求，其原因在于传动的方向发生变化。横置发动机的动力输出与驱动桥的动力输入方向垂直，这就要求传动装置必须将传动的方向加以改变，因此产生了动力输出与输入方向正交的液力传动装置。图 3-4-5 所示为一类用于伸缩臂叉车的液力传动装置，该传动装置可视为由两部分构成，其上为常规的液力传动装置，其下部分为一齿轮传动箱。前者完成变矩、变挡、换向等液力传动的全部功能，后者就是通

图 3-4-5 伸缩臂叉车传动

过齿轮传动将液力传动装置的动力侧向输送。根据发动机动力输出中心线与驱动桥动力输入中心线间水平距离的变化，将该部分传动轴数量改变即可。发动机横置布置时，动力传动的方向必须改变 90°，发动机首先与连接有齿轮变速器的液力变矩器相连，齿轮变速器不仅要实现变速功能，还必须将传动方向改变 90°，再通过传动轴将动力传到前后驱动桥。

3.4.3.2 发动机与传动装置的关系

在伸缩臂叉车液力传动元件之间连接关系可以有不同的方式，较常见的方式是发动机与变矩器、变速箱连接在一起，即发动机与液力传动装置直连。其结构紧凑，但同时也对之间的位置关系要求较为严格。由于整机布置的不同，发动机输出位置相对变速装置的输入位置千差万别，直连可能存在一定的困难。因此在设计时为了方便布置，也可以将发动机与液力传动装置分置，即发动机独立，利用传动轴再与液力变矩器连接在一起。图 3-4-6 所示为

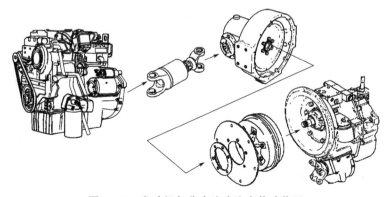

图 3-4-6 发动机与非直连式液力传动装置

Manitou 公司的一款伸缩臂叉车产品的发动机与液力传动装置示意图，发动机与液力传动装置为分置式结构，发动机的动力通过万向传动轴传给液力变矩器。

发动机与液力变速器分体连接，发动机横向布置，通过传动轴与液力变速器连接，由于发动机的传动输出与液力变矩器的输出方向垂直，因此在变矩器前端加一改变传动方向的齿轮箱。发动机的动力通过传动轴传入齿轮箱，动力在齿轮箱内改变方向后传给液力变矩器，再经机械变速装置变速传动后，由机械变速装置的输出轴输出。这种方案的优点是发动机的侧面横置，可最大可能地减小整机的轴距，并且动力系统的布置结构紧凑、简单，维护保养较为方便。缺点是发动机与液力变矩器分体连接，造成多了一级传动部件，需要通过传动轴带动一对锥齿轮将动力方向旋转 90°后再进入变矩器。

3.5　轮胎起重机

轮胎起重机是以轮式行走装置实现行驶的流动类起重机，这类起重机依靠自重保持稳定，能在空载或带载情况下沿无轨路面移动。这类起重机采用可旋转的臂架型起重装置，能实现全方位作业。轮胎起重机具有机动灵活、适用范围广的特点。

3.5.1　轮胎起重机的特点

在起重机行业，将移动性好、转换场地方便的几种起重机归类为流动式起重机，包括汽车起重机、轮胎起重机、履带起重机、特殊底盘起重机。其中汽车起重机与轮胎起重机的行走部分都是采用轮式装置，行走部分具有诸多相同的行驶特性，但在运输、起重性能方面则存在一定的差别。汽车起重机为改装汽车底盘，车桥多为弹性悬挂，运行速度快、机动性好，适于长距离转换作业场地，但不能带载行驶，通过性较差。轮胎起重机采用专用底盘，是为起重机专门设计的行走装置，相当在特制轮式行走装置的底盘上安装一台全回转悬臂起重机。轮胎起重机布置灵活、结构不受限制，整车车体相对短小，可以将驾驶室与起重作业的操作室设计为一体，在同一座位上就可完成驾驶与作业操控。

汽车起重机是将起重机安装在通用或专用汽车底盘上的一种起重机，底盘性能等同于总质量相同的载重汽车，符合公路车辆的技术要求，可在各类公路上通行无阻。此种起重机一般备有上、下车两个作业空间，即起重作业操纵室与行驶驾驶室分开设置。汽车起重机的动力有双动力与单动力之分，双动力汽车起重机的两个动力源分别供给行走装置和作业装置，这相当于原汽车底盘上装载一独立的起重机。单动力方式就是利用原底盘的发动机，发动机的动力经分动装置分为两条传动路线，原来的行走驱动不变，另外分出一路供给作业装置。机动性好、转移迅速是轮式起重机的最大优点，缺点是工作时需要支腿，不能负荷行驶，也不适合在松软或泥泞的场地上工作。

轮胎起重机是专门设计的自行式起重机，结构紧凑、轮轴距配合得当，悬挂装置合理，使得整车稳定性好，允许载荷下能负载行走，克服了汽车起重机不能吊货行驶的缺陷。通常采用单动力、单驾驶室形式，即行驶驱动与作业驱动由同一发动机完成，行驶操纵和起重作业操作在同一驾驶室内完成。重载大型轮胎起重机由于车体长大，为了便于运输和操作，也将驾驶室与作业室分置。普通的轮胎起重机行驶速度慢，不宜长距离行驶，常用于作业地点相对固定而作业量较大的吊装作业。专用底盘的车身短小、横向稳定性好，可适用于狭窄的作业场所。

　　为了适应野外作业，提高通过泥泞地面及不平路面的能力，越野轮胎起重机应运而生，越野轮胎起重机是一种扩展了驱动、转向性能的轮胎起重机。在越野轮胎起重机的基础上又产生性能更加优良的全地面起重机，全地面起重机兼备汽车起重机和越野轮胎起重机的优点，既能像轮胎起重机那样吊重行走，又可如同汽车起重机一样快速转移、长距离行驶，并且可满足在崎岖、泥泞场地上作业的要求。全地面起重机更注重底盘悬挂、转向、驱动效果，可实现多桥驱动、全轮转向，根据路面高低不平，自动调平、升高或降低车架，以提高行驶性能和通过能力。如图3-5-1所示，图3-5-1（a）为汽车起重机、图3-5-1（b）为轮胎起重机、图3-5-1（c）为全地面起重机。

图 3-5-1　采用轮式行走装置的起重机

3.5.2　轮胎起重机构成

　　轮胎起重机由上车和下车两部分组成，上车为起重作业部分，下车为支承和行走部分，上、下车之间用回转支承连接。上车起重作业部分以回转平台为基础，回转平台上布置了整车起重作业所需要的所有部件，配备有吊臂、取物装置、起升机构、变幅机构、平衡重等。下车主要完成行走与支承功能，是上车回转部分的基础，包括下车架、悬架、行走驱动、支腿等。在整车行走过程中，要求上车与下车相对固定，为此设置了回转锁止装置，从而保证了上车的安全性能。上部作业装置可利用回转装置实现全方位作业，此时下车可以保持不动。回转平台尾部通常挂有一定重量的配重块，有的还可伸缩移动，以保证起重机的稳定。中小型起重机的配重包括在上车回转部分中，大型起重机行驶时可将配重卸下，用其它车辆搬运。

　　回转平台上布置有驾驶室及操作装置，动力装置及油箱，液压、散热器等辅助装置，更主要的是起重作业装置。作业相关的装置包括回转装置及其减速器、卷扬装置和配重、起吊臂等。起吊臂是流动类起重机的特色装置，可以利用其俯仰和伸缩来改变工作半径。早期的轮式起重机大多采用机械传动的桁架式起吊臂架。现代中小轮式起重机基本都采用液压伸缩臂式结构，只有部分汽车起重机和大型轮胎起重机采用桁架式吊臂。伸缩式吊臂由多节箱形焊接结构的臂梁套装在一起组成，通过装在臂内的伸缩机构使吊臂伸缩，从而改变起重臂的长度，必要时还可在其上加装副臂附件进一步扩大作业范围。起重机的取物装置主要是吊钩，通过钢索连接到卷扬机上，是起重机与起吊物之间的联系环节。回转平台带动其上的装置与机构回转，使吊臂和吊钩能够在各个方向工作。

上部工作装置部分早期大多采用机械传动结构，现在以电传动和液压传动为主要方式。电动式起重机是通过内燃机带动发电机发电，然后将电能输送给各个工作装置的驱动电机，电机通过减速器等装置再带动作业装置工作。起重作业机构的动作基本可以通过圆周运动实现，采用电机驱动较为方便。电动式起重机由于其电力传递方便，各个工作装置都有自己的驱动电机，实现各自独立驱动。同时对于一些特定作业场合，还可以采用电网供电。电机驱动布置方便，调速性能好，但不易实现直线伸缩动作，多用于桁架臂起重机中。液压传动为起重机带来极大的方便，对于大型臂式起重机尤为重要。液压传动具有接近电力传输的优势，又有往复重载驱动的能力，越来越受到重视。全液压驱动方式中发动机带动液压泵，再由液压马达、油缸带动相关的机械装置。

3.5.3　轮胎起重机行走装置

轮胎起重机的行走装置设计针对性较强，普通的轮胎起重机与越野起重机、全地面起重机均有不同的要求与结构。轮胎起重机行走装置均采用整体桥式结构，质量的大小影响车桥的数量。小质量轮胎起重机由一个前转向桥和一个后驱动桥支承，为增加承载能力，驱动桥上可增加轮胎数量。大型起重机不但需要较多数量的车轮、车桥承载重量，而且需要多桥驱动。中小质量起重机的行走装置车桥数量少，传动也比较简单。如三桥布置的轮胎起重机，可以设计成前桥为转向桥、中桥和后桥为驱动桥。发动机的动力通过液力变矩器进入变速箱，再由变速箱变速后传入中桥，中桥采用贯通式驱动桥，保证动力可以方便地传递给后桥，也可采用分动装置将动力分别传入中桥与后桥。

重载起重机通常需要多桥驱动，所以在传动线路中不仅采用贯通式驱动桥，分动箱也是增加传动输出最常用的装置。尽管如此仍难以满足对轮胎起重机行走装置的要求，因此在大型的全地面起重机上，还采用复合传动方式。多个驱动桥分为两组，分别采用不同的动力传递方式实现驱动，通常是机械传动加液压传动的组合传递方式。动力可以是同一发动机经分流后再实现混合驱动，也可能来自两个动力源再合流驱动，后者也可称为双动力混合驱动。小质量起重机一般只装有一个发动机，发动机安装在底盘上并按整机行驶需要匹配，起重机上车一般为液压传动，在底盘变速箱上设动力输出口安装上车需要的液压泵。大型起重机由于整机行走和上车起重作业要求发动机功率相差较大，一般分别按需要匹配两台发动机。

双动力状态必须控制两动力装置与传动系统的匹配，通常以机械传动速度信息作为液压传动与之匹配的依据，实现速度耦合。两条传递路线中机械传动体现为传动轴、齿轮等，液压传动体现为马达，马达的速度要匹配传动轴的速度。同时液压系统设有保护，当双动力超速度驱动时，马达处于浮动工作状态。采用混合传动方式的多桥起重机，发动机输出动力通过分动装置将动力直接输出和驱动液压泵，直接输出形成机械传动系统，液压泵驱动液压马达形成静液压传动系统。如在 GMK6400 型全地面起重机中，六个桥中的四个驱动桥分为两组，一、二桥采用常规机械传动方式，四、五桥设计为液压传动。液压驱动主要用于低速驱动，低于 20km/h

时，液压传动系统开启。当整机速度超过 25km/h 时，液压传动系统关闭。这使得车辆在低速行驶时动力强劲，车辆起步加速平稳有力，在恶劣场地行驶时具有更大的牵引力。

随着质量越来越大，起重机的桥数也越来越多。为了保证行驶的灵活性，必须实现多桥转向。尽管桥的数量不同，但转向原理与方式一致。根据车辆行驶工况设定不同的转向模式，形成不同的转弯半径以适应工作环境。转向实现的方式也可采用不同方式，有采用全液压转向系统的，也有前部桥采用机械式转向，后部桥采用电液控制转向的。机械式转向系统采用机械转向，车轮由机械驱动装置和转向助力装置配合实现转向，桥之间的转向关系是由转向摇臂的机械结构来确定的，属于纯机械反馈因而具有较高的安全性。后部转向为电液控制，转向桥上的车轮根据转向控制装置的控制信号分别由液压驱动装置实现转向。行驶过程中，根据第一桥的转向角度，当前所处的转向模式、方向盘的转动方向、转动角度以及行驶速度，控制相应的转向油缸驱动转向桥上的车轮偏摆，实现全轮转向。

3.5.4 全地面起重机悬挂装置

全地面起重机是快速转移能力、负载行驶能力、越野能力的集中体现，悬架系统在其中起了重要作用。起重机低速行驶时，吸收振动全靠轮胎的弹性，刚性悬架适宜，可以吊重走。而高速时路面不平度会引起较大车身振动，宜用弹性悬架，但弹性悬架锁死后才能吊重行走。全地面起重机底盘通常采用油气悬架系统，能够适应不同工作环境的要求。

3.5.4.1 油气悬架原理

油气悬架指的是以油液传递压力，用惰性气体作为弹性介质的悬架系统。它由悬架油缸、蓄能器和导向推力杆等组成。油气悬架系统除了能起到柔性支承、多轴平衡的作用外，还能起到增加整机侧倾刚度、克服制动前倾、调节车架高度和锁死悬架等功能。悬架油缸内部油路上具有数个节流孔与单向阀，能起到减振的作用，悬架油缸集弹性元件和减振器功能于一体，形成一种独特的悬架系统。油气悬架系统的悬架油缸与导向推力杆连接车架与车轴，悬架油缸将轴上垂直载荷转换为油缸内油液的压力，压力通过管路传递至液压控制单元与蓄能器，蓄能器内以有一定初始压力的惰性气体为弹性介质。油气悬架系统中，油液虽为中间介质，但油液的流动是平衡轴荷、阻尼振动、调节车身高度的基础。

由于车重的作用，油气悬架中的惰性气体处于压缩状态。车辆在不平路面的激励下，活塞杆和活塞组件相对于缸筒作往复运动，被压缩的惰性气体作为悬架系统的弹性元件，来缓解传来的振动和冲击，而油液流过阻尼孔和单向阀产生阻尼作用，消耗一部分能量，以热量的形式散发出去，从而迅速衰减车身的振动，实现减振和支承车体的作用。油气悬架可以实现刚性闭锁，由于油液可压缩性比较小，实际上可认为车辆处于刚性悬挂，所以即使车辆承受大的载荷并缓慢移动时也是较平稳的，这种带载的移动方式对起重机实现带载移动吊装非常重要。油气悬挂取消减振器，集支承弹簧与减振器为一体，使得连接简单、结构紧凑，同时减轻了非悬挂质量、提高了缓冲能力。

3.5.4.2 油气悬架安装结构

悬架油缸左右对称并与铅垂面成一夹角倾斜布置在车桥与车架大梁之间，其上下两端采用铰接方式分别连接在车架大梁与车桥上，通常当车桥为转向桥时，连接在车桥的转向主销上。一般是悬架油缸缸筒在上与车架铰接，活塞杆在下与车桥铰接。悬架油缸只能承受轴向力，主要起承受垂直载荷与侧倾稳定的作用。在车桥与车架之间还有起着车架位移导向和传递水平牵引力作用的导向推力杆，通常每组四根导向推力杆分上下两层错开布置，一般上层两根推力杆与车辆纵向中心存在一个水平夹角，下层两根推力杆与车辆纵向中心平行，四根推力杆两端亦采用铰接方式进行连接，主要起承受车辆牵引力与制动力及车轮定位的作用。

　　根据各悬架油缸油路是否相连可分为独立式和互连式两类，全地面起重机多采用连通式油气悬架系统。连通式油气悬架系统是通过管路将不同车桥的油气悬架油缸连接起来，形成一套悬架油缸间可相互呼应的系统，能起到平衡轴荷的作用，这种悬挂在车辆行驶平顺性和稳定性上也具优势。当车桥两侧载荷变化时，悬架油缸的油液相互补偿，油液在压差的作用下往复地通过阻尼孔和单向阀孔消耗能量，能更有效地衰减振动，使车身很快趋于平稳。车辆转弯时可保持车桥两端悬挂油缸同方向变化行程，提高车辆的侧倾刚度。

　　全地面起重机每一桥均有如图 3-5-2 所示的悬架油缸支承，对于车桥数较多的车辆，若将每一桥均装上连通式油气悬架系统，则显得整车过于冗繁，而且每一桥都设置油气悬架系统也没必要。故可将车桥进行分组，或两桥一组或三桥一组，每组左侧的悬架油缸的无杆腔和有杆腔分别相连，右侧也是如此。通过控制液压系统油液的压力、流向，实现油气悬挂系统性能的改变。油气悬架中的弹性元件为蓄能器，减振元件为悬架油缸内的节流孔、单向阀等，切断油缸与蓄能器及其它液压元件的油路，则油气悬挂处于刚性状态。油气悬架系统除了悬架油缸、蓄能器、电磁阀外，还需要供油液压泵及其它一些电气控制器件，负责实现轴荷平衡、柔性支承、刚性闭锁、整车升降、单侧升降等功能的供油与控制。

图 3-5-2　全地面汽车起重机油气悬架安装形式

3.6　集装箱跨运车

　　集装箱跨运车是一种具有搬运、堆垛等多项功能的集装箱专用机械，广泛应用于码头前沿和库场之间集装箱短途搬运和库场堆码、装卸集装箱作业。跨运车采用垂直升降方式起吊集装箱，利用车辆的行走水平移动集装箱，作业稳定性好、安全性高，是集装箱搬运作业的主要机械之一。

3.6.1　集装箱搬运与跨运车

　　运输集装箱最具优势的是船运，船运也是集装箱转运的基本方式。当船运集装箱至码头，卸船后将其堆放于码头货场，再从货场利用车辆陆运至用户指定地点。集装箱的卸船与装船一般由岸边集装箱装卸桥完成，从船上卸下的集装箱运至堆放地点需用搬运车辆完成。整个作业过程根据不同的作业工艺，可采用不同的车辆完成。若由岸边集装箱装卸桥将集装箱从船上卸到拖车上，再由拖车到货场，通常由龙门起重机进行装卸集装箱作业。用于货物装卸、运输的搬运设备，往往要根据货物的形式确定适宜的机械，为了提高适应性与作业效率，则通常采用一些专用设备。集装箱是一种用于货物集中装载、体积较大、形状规整的大件货物，因此集装箱装卸与搬运设备需要具备形状确定物件的装卡、大体积箱体操作、重载荷工况搬运等功能。集装箱跨运车具备这些功能，可直接将由岸边集装箱装卸桥卸下的集装箱运至货场，在货厂直接堆垛可省去龙门起重机起吊等工序。

能实现集装箱搬运功能的车辆还有集装箱堆高车与集装箱正面吊等，这二种车辆存在一共同的特点，即在运载集装箱时整个系统的重心位置向车体外偏移，对稳定性产生不利影响。为了提高稳定性则必须为车体增加更多的配重，进而造成车辆自身质量的增加。集装箱跨运车在一定程度上克服了这一弱点，无论是起吊还是搬运，整个系统始终处于较好的稳定状态。跨运车以柔性吊装方式操作集装箱，吊装仍采用钢丝绳卷筒缠绕吊装方式。跨运车以门形车架跨在集装箱上行驶，由装有集装箱吊具的升降装置吊起集装箱进行搬运。集装箱跨运车整体布置左右基本对称、自重轻且负荷均匀，不仅大大提高作业的稳定性，也因降低了地面压力而减小对作业场地地表的要求。

集装箱跨运车的结构也有多种形式（图 3-6-1），其中无平台结构更具特色。其结构特点是车体无平台，由两片垂直的门架结构作为支承主体，上部由纵梁连接，下部分别支承在两侧底梁上。行走车轮也分别布置在两侧底梁的下侧，行走采用轮边独立驱动的方式。跨运车作业时横跨在集装箱上，门形车体的内部宽度须大于集装箱的宽度，纵向结构尺寸可不受限制。高度尺寸则要根据堆垛层数决定，但码垛层数多导致车体太高，带来结构及稳定性等多方面问题。由于高度方向限制较少，因此动力装置、起重装置、液压系统的主要部分等都集中在车架的顶部。驾驶操作室布置在车的上部，也是为了便于观察。也有部分产品将动力装置等布置在一侧，这种布置势必要增加横向结构尺寸。

图 3-6-1　集装箱跨运车

作业时跨运车跨在集装箱上，跨运车的提升架与集装箱的顶部结合、抱紧并锁定，提升架被钢索吊起，集装箱再随提升架升起实施搬运和码垛。运输行进时集装箱位于较低的位置，以便降低重心位置，当进行码垛时先将集装箱进一步提升高于原堆垛高度，再跨垛行进到垛排放置位置放下集装箱。提升架采用柔性钢索，钢索卷筒缠绕与反转使集装箱提升架上下移动。提升架与集装箱的锁定采用液压油缸驱动转锁装置，液压系统将压力从车架顶部通过管路传递到位于提升架上的液压油缸。跨运车高度方向的结构尺寸较大，重心较高，难于低矮的场所搬运集装箱，也难以在具有一定坡度的路面上行驶。

3.6.2　集装箱跨运车结构特点

现代集装箱跨运车集成了龙门起重机的起重特性与轮式车辆的灵活性，车体机架结构正视呈门形，侧视车体只有纵、竖梁构成的车架，车架纵梁下侧布置有车轮。车架内则是集装箱吊架，吊架由钢索悬吊在车架顶部的起重卷筒上。车架可视为两根纵置的平行梁，每个梁两端的竖直柱形成门形结构的门框。立柱的顶端依次用纵横梁连接起来形成一矩形平台，该平台作为跨装车动力及一些辅助装置的安装平台。跨运车车架为金属焊接结构件，左右两根纵梁两端上连接两门架结构的框架，在框架的上端有两纵梁在左右将框架连接起来，构成基本车体机构，框架的四根立柱不但承载重量，而且其上有与吊架接触的滑道。纵梁部分既是整个构架的基础，也是作为行走装置支承的基础结构。

3.6.2.1　行走装置

行走装置采用独立轮式驱动结构，作业载荷较小的跨运车为四轮行走，载荷较大的跨运车采用六轮或八轮结构。车轮对称布置于左右纵梁下侧，以独立行走组件结构与纵梁连接，每一组件由轮架、车轮组件、导向套、弹簧座、弹簧装置等构成。轮架是行走组件的核心部件，其上部与车架纵梁关联、下部与车轮关联。轮架上部为圆柱结构，下部为半叉架结构，相当于一轮叉。圆柱部分与位于纵梁上的导向套铰接，并可在其中滑动，圆柱部分的上端有

图 3-6-2　行走单元

减振弹簧构成的减振装置。轮架的下部在车轮的一侧与轮轴或轮边马达等装置连接，将车轮与车架联系起来。车轮组件分驱动轮与非驱动轮之分，驱动轮安装有电机或液压马达，非驱动轮则由轮轴与轮架连接。在圆柱与叉架交接部位，通常设计有转向支座，用于连接转向拉杆或转向油缸。

跨运车转向一般采用全轮转向、液压驱动方式，每一组行走单元（图 3-6-2）由一根油缸独立执行转向功能。每一轮均有转向功能，根据工况决定油缸是否参与动作。在低速行进或需要灵活移动时全轮转向，在高

速行进时采用与一般车辆相同的前轮转向方式。由于总体结构决定了行走驱动的方式，独立轮边驱动是最适宜的方式。目前实现轮边驱动有液压驱动与电动两类，其驱动装置安装方式基本相似。采用电机驱动时，比较适宜的是采用轮毂电机装置，其中集成减速器、制动器等，相对液压驱动而言体积较大。行走液压驱动可以采取高速马达再经减速器驱动车轮的方式，也可选用低速马达直接驱动形式。图 3-6-3 为行走驱动装置。

3.6.2.2　动力与传动

跨运车作为港口集装箱搬运车辆，不同于集装箱起重机，需要多个地点作业、行走灵

图 3-6-3 行走驱动装置

活，因此所采用的动力装置的能量来源不同于港口起重机的电缆卷筒供电，跨运车采用自带柴油机作为动力源。与早期的跨运车采用机械传动方式不同，现代跨运车采用电传动或液压传动，利用柴油机驱动发电机组采用电力驱动，或驱动液压泵站实现液压驱动。跨运车主要动力消耗在行走和起重两部分，采用发电机组供电的跨运车，其升降与行走均可采用电动，升降部分可与起重机驱动方式一样，电机驱动钢丝绳卷筒。车顶平台中部布置有柴油发电机组，平台的后侧横置一组卷筒式起升装置，两套对称布置，分别连接吊架上的两个滑轮。起升机构由交流变频电机、块式制动器、减速器及双联卷筒构成，每套起升机构采用单独变频器工作。机组还要为行走驱动供电，行走驱动轮安装有轮毂电机。采用液压驱动方式的布置形式类似，只是柴油机驱动的不是发电机，而是液压泵站，液压泵站再驱动马达实现起重卷筒和行走车轮的旋转。当采用液压驱动时，起升装置的布置方式位置不变，将电动机改为液压马达即可。而行走驱动则采用轮边马达的驱动结构。采用液压驱动需有液压管路将液压油从车顶部输送到车架下部的液压马达，管路的布置较为复杂。

3.6.2.3 吊装装置

集装箱是一类标准产品，其尺寸大小、结构形状都有规定，无论是哪家生产的产品，只要是同一规格的集装箱，其主要结构尺寸、交互接口形式等均一致。集装箱虽然因装载货物不同而存在不同的结构，但均为规则的立方体，而且放置方式一致，箱体上下不能颠倒。跨装车为了适于操作集装箱，采用特殊的吊装装置装卡集装箱。吊装装置或称吊具存在与集装箱箱体相适应的结构，通过装置上的锁定装置与箱体上对应部位的装卡孔连接固定，使该装置与集装箱成为一体，通过操作该装置达到操作集装箱进行起吊作业的结果。通常采用四点悬挂吊梁式结构，一般一次吊装一个集装箱，有的可以一次同时吊装两集装箱。

吊装装置由吊装机架、连接架、吊架三个主要部分构成，吊装机架是该装置的基本载体，通常为中空长方形梁结构，其上连吊架，中置连接架。吊架在钢索的作用下上下运动，带动吊装机架起升与下降，而连接架上装卡有集装箱，集装箱随其升降。吊装机架纵置于车架中间，其两端上侧分别与前后吊架连接。前后两吊架机构相同，横置于车体之间。吊架上侧左右对称安装有滑轮装置，通过钢索与起吊驱动装置连接。吊架的两端与车架立柱上的轨道接触，以保证其升降运动时的纵横位置尽量不变。其上安装有油缸，用于调节与吊装机架的相对位置，既可调整吊装机架平移，又可使机架摆动一微小角度。连接架纵置并可在吊装机架上纵移或伸缩，使吊具与集装箱在吊运时连成一整体。连接架的两端安装有连接集装箱的锁定装置，对应于集装箱角配件的孔位置形成四点锁定，锁定装置由液压油缸驱动，在驾驶室内操控。

3.6.3 跨运车产品与集装箱搬运车辆

3.6.3.1 集装箱跨运车形式

　　集装箱跨运车的早期产品简单、功能单一，现代的产品功能完善、用途广泛，对于不同的使用场合，可以有相应的产品适应作业需求（图3-6-4）。提高自动化水平是一切机械发展的目标，跨运车也是如此，自动跨运也逐渐成为该家族的新秀。集装箱跨运车车体高大，带有专用的起升装置与吊具，这也导致机体重心高、整体结构复杂。在一些小型场地使用时效率难以发挥，所以有些产品简化结构，突出某一方面的作业功能。如主要用于水平移动集装箱的跨运车，对堆放功能要求较低，或者就不要求，其重点就在于运送。这种产品结构简单，重量最轻，只适用于起吊一定尺寸的集装箱，所以也称其为简易跨运车。

图 3-6-4　早期跨运车与现代自动跨运车

　　简易跨运车也是门架式结构，为了简化行走装置，采用三点支承结构，一侧有两轮支承，另一侧由单轮支承（图3-6-5）。动力装置与驾驶操作室位于一侧的两轮中间。车体由上车架、左下车架、右下车架三个部分组成，上车架相对下车架垂直升降，调节车体高度和升降集装箱。两下车架既是上车架的基础，又是上车架的滑动轨道。每个下车架的两个立柱就

图 3-6-5　简易跨运车

是上车架的滑动导轨，上车架与其对应有四个套筒立柱配合下机架的立柱。不作业时上机架落到最低点与下机架完全接合，作业时由液压油缸将其顶起。上车架上安装有滑轮，起吊钢索挂连在滑轮上，钢索的端头带有与集装箱角座挂接的挂钩，吊挂集装箱时由人分别将四个挂钩与集装箱相连。钢索长度变化不需太大，利用油缸伸缩进行调整。简易跨运车的主要功用在于水平移动，堆高的功能比较弱，有的就没有堆高功能。具有类似功能的装置还有简易起重装置，又称简易龙门起重机，每个简易起重机作为一个单元体，两单元体共同作业，实现集装箱的搬运。

3.6.3.2　集装箱搬运其它常用车辆

集装箱堆高车与集装箱正面吊与集装箱跨运车一样，被广泛应用于港口码头、中转站和堆场内的集装箱堆垛作业。堆高车整车由主机体部分和作业装置部分构成，其中门架及其上与集装箱连接的抱卡装置构成作业部分的主体，如图 3-6-6 所示。门架布置于主机体的前部，可在竖直方向做伸缩运动以增加提升高度。门架的前侧安装有可上下移动的联箱装置，为与其它相关叙述统一，将挂接集装箱的装置统称为联箱装置。联箱装置中抱卡集装箱的卡具水平宽度略大于集装箱的长度，两端有作用于集装箱吊装孔的锁销。卡具从集装箱的一侧贴合集装箱，利用集装箱这一侧的连接孔单侧挂联集装箱。联箱装置沿门架导轨做上下运动，带动集装箱的起升和下降。集装箱堆高车的结构布置形式与平衡重叉车类似，由于操作集装箱时重心前移，车尾部布置有平衡重块保持稳定。为了提高可视效果，驾驶室布置得偏后、偏高，也有将驾驶室设计为可变高度结构。这种结构的联箱装置不具备旋转调节功能，无法进行集装箱在水平面内的摆转运动，需要时只能依靠堆高车整机运行，带动门架以及集装箱一起进行调整。因此在作业时操作人员需要花费较长时间进行堆高车的机位调整，导致工作效率低，轮胎磨损严重。有的堆高车在联箱装置与门架之间设有可旋转铰接机构，通过可旋转铰接机构使联箱装置能在一定的限度内实现左右偏摆。集装箱堆高车的联箱装置也可采用上连吊装方式，即在集装箱的上侧连接，这种方式结构相对复杂，而且重心偏移更加严重。

图 3-6-6　集装箱堆高车与集装箱正面吊

集装箱正面吊运车简称正面吊，通过改变可伸缩动臂的长度和角度，实现集装箱装卸和堆垛作业。正面吊具有跨箱堆垛作业的能力，利用伸缩臂装置的伸缩和变幅，实现集装箱的起升、下降操作。集装箱正面吊运车一般为单臂结构，即其起重臂为单伸缩臂结构。伸缩臂纵向布置，伸缩臂的前端连接有联箱装置，后端与车体机架铰接。驾驶室布置在中部偏后位置以便于观察，其后侧布置起重臂的支承座。支承座上连接起重臂铰接点的位置布置得较高，以便使起重臂不与驾驶室干涉，同时也可提高作业高度。起重臂由两个左右对称布置的同步油缸支承,油缸一端支承在机架上,一端与伸缩臂的基础臂铰接,通过油缸的伸缩控制臂的俯仰。集装箱正面吊运车操作集装箱的方式是起吊,该起吊方式又不同于跨运车采用的柔性钢索起吊,而是可操控的机械装置起吊。起吊过程中的动作、位置均可控,由电控液压元件执行,挂连集装箱的动作由机构自动完成。该装置从顶部起吊集装箱,利用一个带有锁定装置的顶吊架与集装箱连接。虽然不同产品的吊接装置结构有所不同,但所要实现的功用及基本原理是类似的。集装箱正面吊运车的联箱装置总体结构形式与跨运车的吊装装置相近,一般可视为上、中、下三层结构,每层完成相应的功能。不同之处在于吊运车联箱装置与起重臂连接直接铰接,跨运车为钢索柔性连接。

3.7　滑移装载机

滑移转向装载机简称滑移装载机,是一种小型多功能工程机械,主要用于散料的装载作业。其采用轮式行走机构,液压全轮驱动,利用两侧车轮线速度差而实现转向。其结构紧凑、对地况适应性好、可实现原地转向,特别适用于场地狭小的场合作业。

3.7.1　滑移装载机特点

滑移式装载机是一种四轮驱动的自行走式作业机械,整体呈左右对称结构,作业装置位于前部。滑移装载机作为一种移动式装载机具,可视为行走主机与装载装置的结合,行走底盘部分集合了机架、动力装置、行走装置与驾驶室,装载装置部分体现于铲斗、快换装置、装载臂等。装载装置与行走主机在机体后部铰接,由液压油缸驱动实现动作。装载装置的装载臂因铰接形式与油缸的作用部位不同,使得装载斗的运动形成的轨迹有所变化。通常行走主机前端布置可方便互换铲斗或附件等装置,这些装置与左右两装载臂连接形成 U 形,将行走主机包含其中。位于车体左右两侧的双臂铰接于车体后上方,驾驶室恰好中置于 U 形工作装置之内。

行走主机可以独立于工作装置部分自主行驶,但肩负负载运输与提供动力给工作装置的任务。滑移装载机因有转向功能无需车轮偏转,不但简化行走装置的结构,也节省了车体部分的空间。车架为钢板焊接而成的箱形结构,整体呈前低后高,后部最高处为与装载臂的铰接点。箱形结构车架的两侧对称安装驱动轮支座,内侧中部安装马达,内部靠近尾部安装发动机及液压装置。行走装置采用无桥结构,四个驱动轮刚性连接在车架上。四个行走轮尺寸相同、形式一致,共同完成行走的驱动与转向功能。四轮同速旋转实现驱动,左右两侧差速实现转向。图 3-7-1 所示为滑移装载机。

除少数机型外,滑移装载机的装载臂多采用两侧双臂形式。为了提高其扭转刚度,臂杆多设计为箱形截面结构。铲斗及其它工作附件与装载臂的挂接方式一般有两种,少数装置直接挂接在装载臂前端,而绝大多数的工作附件则是通过快换装置与装载臂相接。当采用集成液压快速接头的快速挂接装置、挂接匹配接口性能完善的附件时,操作人员在作业现场无需离开驾驶室,即可快速更换或挂接不同的工作附件。滑移装载机的驾驶室一般为防坠物和防倾翻型驾驶室,驾驶室设计成可翻转形式,方便对机器内部进行维修。驾驶室位于动臂中间,侧面有侧臂及侧臂油缸,使得驾驶室侧面无法开门。驾驶室门位于驾驶室前面,驾驶操作人员须跨越工作装置才能进入。

图 3-7-1 Bobcat 滑移装载机

驾驶室内部设有安全防护杠联动、座位传感、开门保护、逃生窗等多重保护功能，其驾驶操作方式与传统方式有所区别。滑移装载机的操控主要集中于两手柄的动作，不但转向操控由手柄替代方向盘，而且脚踏板的作用也减少。滑移装载机的行走制动利用了自身闭式液压系统的动力制动功能，可不另设行车制动装置与制动踏板。常规的加速踏板在滑移装载机中也可以由手柄取代，或用手柄与脚踏板组合控制。发动机转速控制手柄与加速踏板一般都布置在驾驶室的右侧，手可控制发动机确定于一恒定转速，用踏板控制转速变化，二者也可以设计成联动形式。设计有微动功能的滑移装载机，则需另有用于操控微动的脚踏板。

3.7.2　主机结构布置

行走主机部分以车架为基础，集成有行走装置、动力装置等，其中车架结构形式体现出滑移装载机结构紧凑的特点。车架呈现左右对称的箱式结构，后部凸起以便布置发动机与安装动臂。发动机布置于车架的后部，发动机的上侧和车架的后部有可开关的罩门。车架底面开有维修口，便于发动机和液压系统的维护和保养。传动装置集中在两侧的下部，而且对称布置，所以车架两侧下部因布置传动装置而形成一传动舱室。传动舱为从前至后的封闭式结构，舱内部用于润滑链传动系统。传动舱相当两箱型纵梁，可增加整个车架的强度与刚度。传动舱室的侧面开有安装维修孔，以便调整和维护传动装置。传动舱室的外侧壁安装驱动轮支承与传动支座，通过该支座将车轮与车架连接在一起。

滑移装载机的行走装置与工作装置的驱动均采用液压传动，因此发动机的动力首先要传递给多个液压泵。多泵驱动系统采用发动机直接驱动串联泵是比较简单的方式，即将所有柱塞泵和齿轮泵依次串联成一体。这种传动方式使得整个动力驱动装置轴向尺寸较长。由于滑移装载机的结构尺寸较小，采用发动机直接串联多泵结构时，车架后部难以有足够空间横向布置这套装置，发动机纵向布置为宜。当发动机横向布置时，可将串联起来的液压泵独立作为一个装置，平行于发动机布置，发动机的动力通过带传动来驱动该串联泵系统。其中用于行走驱动系统的液压泵驱动液压马达旋转，马达输出的动力通过链或齿轮传递给驱动轮。根据马达的输出转速和扭矩的情况，确定减速传动的具体结构。采用低速大扭矩马达时，其传动较简单，直接采用一级链传动，既能满足传动要求，又能满足减速要求。图 3-7-2 所示为马达安装与行走驱动结构。

行走驱动采用双马达驱动时，布置在车架内侧下部的左右两马达形式相同、旋向相反，每个马达的输出轴上带有两个齿数、节距相同的同尺寸链轮，两链轮通过链条分别向前、向

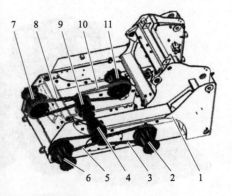

图 3-7-2　马达安装与行走驱动示意
1—车架；2—左后支座；3—左后传动链；4—左侧马达；5—左前传动链；6—左前支座；
7—右前支座；8—右前传动链；9—右侧马达；10—右后传动链；11—右后支座

后传动，用于将马达的动力分别传动到前后两个驱动轮。链条的另外一侧是一直径较大的链轮，该链轮用键连接在传动轴上，传动轴将动力传递给另一端连接的车轮轮毂，驱动车轮转动。少数机型有采用马达连接齿轮变速箱，通过齿轮变速箱后输出的结构。两链轮由小至大传动，起到减速增扭的作用。车架外侧对称安装四个支座，支座与车架刚性连接，用于安装行走车轮的传动轴与车轮。支座内部安装轴承，传动轴通过轴承被支承在各自支座上。这样当马达旋转时，马达的动力通过链传动到传动轴，再由传动轴传递给驱动轮。链条和链轮位于车架内部的封闭传动舱中，它们浸在油槽中以保持润滑。安装在车体下侧的两马达不但肩负行走驱动的任务，而且还要实现转向与制动的功能。当左右侧的马达速度不同时，通过链条直接驱动左、右轮转速也随之发生变化，进而实现滑移转向。

3.7.3　行走液压系统

滑移式装载机的行走装置与工作装置均采用液压传动，滑移装载机的液压系统分为行走与作业两部分相对独立的系统。作业系统控制装载臂油缸和铲斗油缸的伸缩实现装载臂升降、铲斗翻转等，还要有专门一路为作业附件备用，当需要附件时通过快换接头与附件的管路连接即可。作业部分的液压系统采用齿轮泵、多路阀、液压缸等构成的开式回路系统，行走部分的液压系统是由变量柱塞泵与马达等构成的闭式回路系统，而且为双回路系统。滑移装载机行走驱动采用左右侧独立驱动回路，即左、右侧的驱动马达分别受制于各自的液压泵。可以采取每轮一个马达的独立驱动方式，更多的是采用每侧一马达的驱动形式。行走液压驱动系统形成双泵双马达两个独立的液压回路，分别驱动左右侧的车轮，形成单侧独立驱动的双回路系统。驱动主泵通常为双向变量斜盘式轴向柱塞泵，可与定量马达或变量马达构成变速驱动系统。

行走装置采用液压驱动，行驶速度与发动机的控制相关，发动机与液压系统中的变量泵之间的作用相关，也与液压系统内部控制形式相关。抛开前两因素的影响，就液压系统内部的控制关系而言，基本都是采取操纵液压泵排量变化进而控制马达转速，实现行走速度变化。两行走驱动液压系统的泵通常为双向变量柱塞泵，变量柱塞泵斜盘倾角为零时排量为零。控制斜盘倾角不断增大，泵的排量逐渐上升。当泵的转速不变而增加排量时，单位时间供给马达的油液量增加，马达的转速增加，马达所驱动的车轮转速提高，车辆行驶速度逐渐提高，反之亦然。利用控制手柄操控泵的斜盘摆角可达到操控车轮转速的目的，控制两侧泵排量的手柄同向、同程度操作，两侧速度相同，则滑移装载机行进。两手柄同向、操作程度不同，则左右两侧速度不同，装载即向速度低侧滑移。控制液压系统主油路中的高低压油流的走向，使左右两系统中马达的旋向相反，即可达到原地转向的功能。

液压泵由发动机驱动，发动机转速的变化直接传递给液压泵，控制发动机转速变化，即可实现对泵的转速控制，进而实现对液压驱动系统中马达转速的控制，这是比较简单、独立的控制方式。发动机与液压泵协调控制，更能体现滑移装载机驱动系统的特色。如转速敏感控制是其中一类联动控制方式，发动机转速影响泵的排量，液压系统内部的压力、排量变化反馈给发动机，又使其改变速度。控制组件通常与泵集成为一体，起动时泵斜盘倾角为零，随着发动机转速提高，液压系统先导控制压力不断增加，控制泵斜盘倾角不断增大，油泵排量逐渐上升，车辆行驶速度逐渐提高，反之亦然。因此通过控制加速踏板的位置，可对行驶速度进行自动无级变速。当行驶阻力增大时，马达输出扭矩增大，导致液压系统内泵输出压力增大，压力反馈使泵斜盘摆角减小，导致泵的输出流量下降，使系统在一个新的稳定状态下运行，装载机也在新的速度下工作。这种控制方式即使超载，也可避免车辆过载和发动机熄火。

采用转速敏感控制的系统能够通过调控实现功率分配，操作通常采用加速踏板与微动踏板。当踩下微动踏板时，控制油液流回油箱而使变量泵斜盘向中位摆动，泵的排量减小，此时即使全部踩下加速踏板，发动机在高转速下输出最大功率，但功率的大部分或全部给驱动作业系统的泵，行驶速度仍下降到很低甚至停车，此微动踏板类似机械传动中的离合器。这种微动方式可在发动机整个工作转速范围内实现功率分配，功率利用率高。滑移装载机行走采用闭式液压传动系统，当减小油门或踩下微动踏板时，泵的流量小于马达在某一转速下需要的流量时，此时由于车辆的惯性作用使马达作为泵运转，而泵作为马达工作，从而对车辆行驶产生制动作用。液压传动系统产生的动力制动只取决于系统压力和马达排量，而与行走速度无关。所以动力制动既能使车辆减速，又能使其完全停止运动，而且在制动过程中没有元件磨损。行走驱动马达集成有驻车制动器，实施驻车和应急制动功能。

3.7.4　驾驶与操作

滑移装载机的驾驶室位于运动的左右臂和铲斗之间，驾驶室的形式与结构都要受到一定的制约。驾驶室为单人驾驶室，由于左右臂的限制，驾驶人员进出驾驶室的车门只能开在前面。为了布置车门和人员进出方便，正前方需空置而无法像一般车辆布置车内仪表及开关。通常前方不设方向盘，仪表盘分置于驾驶人员左右侧或布置在前上方及驾驶室前部的左右立柱上，驾驶座位靠后中置，以驾驶座位前左右两侧的手柄与踏板为主要操作装置。驾驶操作人员进入驾驶室，反身坐到驾驶座位上，扣紧安全带并降下安全防护杠后，即可操作滑移装载机。安全锁紧机构通过安全防护杠的上下摆动，保证操控系统的有效性。当防护杠未放下，即锁止机构未作用时，操纵手柄左右方向的摆动不能控制多路阀动作，进而不会引起动臂油缸和铲斗油缸的误动作。图 3-7-3 所示为滑移装载机驾驶室。

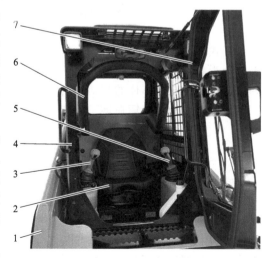

图 3-7-3　滑移装载机驾驶室

1—装载臂；2—驾驶座椅；3—右操纵手柄；4—驾驶室；
5—左操纵手柄；6—安全防护杠；7—驾驶室门

滑移装载机的操作主要由左右两多功能手柄实现，手柄上集成有可进行功能切换的按钮与开关（图3-7-4）。通过推动手柄实现前后左右四个方向的摆动，以及对按钮开关的操控，实现对变量泵、多路阀的控制，进而实现对整机的前进、倒退、转向控制，并可实现对动臂

图3-7-4　操控手柄

的提升、下降，对铲斗的收斗、卸料控制。当操控机器行走时，通过两手协调推拉操纵手柄实现驱动轮的不同速度匹配。将左、右手柄同时向前推，机器前行；将左、右行走手柄同时向后拉，机器后退。当同时同向推动左、右手柄，但其中之一移动量大于另一边时，机器向手柄移动量小的一侧滑移转向；当两手柄一个向前推，另一个向后拉时，机器实现原地滑移转向。这只是其中一种控制模式，不同机型的手柄上集成的控制功能可能不同。

控制装载机装载臂和铲斗的动作也由左右两多功能操控手柄实现，前后推动手柄用于控制行走，那么左右搬动手柄则分别控制动臂升降和铲斗翘起与倾倒。一般右侧手柄控制铲斗，左侧手柄控制动臂升降。右手柄向右扳动则铲斗倾倒，向左是铲装；左手柄向右动臂下降，向左动臂上升。有的机型可以用脚踏板来控制臂的升降及铲斗的动作，这种机型的液压系统中手柄操控与踏板操控串联。还有另外一种方式，左右手柄分别用来控制行走与作业。左手操纵杆控制方向，右手操纵杆控制装载机。扳动左手操纵杆前为前进，向后为后退；向左为左转，向右为右转。右手操纵杆控制装载机的装载臂和铲斗，向后拉动操纵杆可举起装载臂，向前推动操纵杆可降低装载臂；向左移动操纵杆可使铲斗翘起，向右移动操纵杆会导致铲斗倾倒。

3.8　铰接式装载机

铰接式装载机为双轴四轮作业车辆，主要用于铲挖、装载土壤砂石等散状物料。铰接式装载机分为前后两体，采用铰接式结构将前后车架铰连为一体。前后车架可绕垂直铰接销摆转，也正是利用前后车体的相对偏转实现行走转向功能。由于铰接式车体结构灵活、机动性好，采用这类结构的车辆在地下采矿等领域也得到广泛应用。

3.8.1　铰接式装载机结构

铰接式装载机是采用轮式行走装置的装载作业机械，轮式装载机是从农用拖拉机前部装上铲斗演化而成，并逐步发展起来的。为提高装载作业性能，将传统结构拖拉机的发动机移到机器后部而驾驶室前移，既改善驾驶员的视野，也增加装载机的稳定性。采用铰接结构的装载机，进一步使转向性能改善，提高了机动性。铰接式装载机为前后两部分，前部以作业装置为主，后部集合了行走机械行驶驱动所需的主要装置。一般采用四轮驱动，前后车架都对应安装有前后车桥，通常是前桥直接固定在前车架上，后桥连接为铰接方式。转向时液压系统驱动转向油缸推动前后车架绕铰接销轴相对转动，车架带动车桥也转过同样的角度，而

车轮相对各自车架没有发生偏转。图 3-8-1 所示为早期的轮式装载机。

图 3-8-1　作业中的早期轮式装载机

前车部分以前车架为主体，前桥直接固定在前车架下面，前车架上安装作业装置，其中包括铲斗、臂架机构、液压驱动等。铲斗为一侧开口的箱形结构件，前端与内侧直接接触物料，后侧通过销轴与臂架相连接，铲斗也可换成其它形式的装置。臂架机构一般由成双的动臂、斗杆等构成，臂架的前端与铲斗连接，后端铰接在前车架上，动臂与斗杆在各自的驱动液压油缸作用下完成各种动作。工作装置始终与前机架连接在一起，并始终保持方向一致以便于对准操作。后车部分在后机架的上部安装有动力装置、变速装置、驾驶室等部件，机架的下侧连接后桥。普遍采用发动机后置的结构形式，发动机后置不但可以扩大司机的视野，而且后置的发动机还可以兼作配重使用，以减轻装载机的整体装备质量。发动机的动力通过液力变矩器、机械变速箱再传给驱动桥。液力变矩器对装载机的发展有决定性作用，使装载机能够平稳地插入料堆并使工作速度加快，而且不会因为阻力增大而导致发动机熄火，采用液力传动提高了机器的作业性能。

采用四轮驱动可以增大牵引力，从而增加铲斗的插入作用，因此现代轮式装载机前后桥均为驱动桥。驱动桥基本上都是采用整体桥壳、全浮式半轴，具有主传动及轮边两级减速的驱动桥，前后驱动桥除主传动螺旋锥齿轮中的旋向不同外，其它件全部通用。为了使装载机在不平地面作业每个轮胎都能接触地面，其中有一车架与车桥之间采用铰接方式。通常因前桥直接固定在前车架上，后桥为铰接摆动桥。铰接一种是通过副车架与后车架相连，另外一种是不带副车架，桥直接与后车架相连。铰接装载机的前后车架之间用垂直铰轴连接，并通过液压油缸迫使车架保持或改变相对夹角而使车辆实现转向。转向时油缸推动车架偏转，前后桥分别随同车架一起偏转，因此变速箱向前桥输出的动力，必须由可实现偏转角度的传动装置完成传动。图 3-8-2 所示为铰接式装载机。

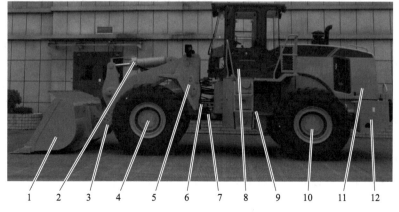

图 3-8-2　铰接式装载机

1—铲斗；2—转斗油缸；3—动臂；4—前桥；5—前车架；6—转向油缸；7—传动轴；
8—驾驶室；9—后车架；10—后桥；11—发动机罩；12—配重块

3.8.2　车架的铰接

轮式装载机的前后车架采用箱形结构，前车架与后车架采用垂直轴铰接，两车架可绕铰轴相对偏转，从而实现转向。铰销布置在前后桥轴线中间或稍偏前，偏前时虽然转向时前轮转向半径大于后轮转向半径，但由于铰销位置靠前，为传动装置的布置带来方便。铰销要承受较大的动载，为改善铰销的受力，将铰销分为上下两段，车架上下铰接同轴但独立连接，因而在上下铰接部位之间存在一定的空间。在满足最小离地间隙的前提下，尽量拉大上下铰接中心距离，其中间通常用于布置前后车之间的液压管线，有的传动轴也从此处通过。转向油缸对称布置在铰销两侧，油缸体和活塞杆分别铰接在前后车架上，采用两个转向油缸保证转向安全可靠。

前后车架的铰接可以采取销套式、球铰式和滚锥轴承等不同方式。销套式结构简单，对铰孔的同心度要求较高，这就要求上下铰点之间的距离不能太大，多用于小型装载机。装配时将铰销插入前后车架的孔中，利用锁板将其锁在前车架上，在后车架的销孔中压入一销套，销套与铰销间可相对转动。球铰结构是将销套式结构的销套变为关节轴承，使销轴受力得到改善，同时对上下铰点的同轴度要求降低，可进一步加大上下铰点的距离。采用滚锥轴承铰接结构时，销轴安装在后车架的铰孔中，上下由锁板固定，滚锥轴承的内圈与销轴配合、外圈与前车架的孔配合。上述铰接方式各有特色，不仅在铰接式装载机上有应用，也应用在类似机体铰接结构的车辆上。图 3-8-3 为铰接与转向驱动系统。

图 3-8-3　铰接与转向驱动系统

这类机体铰接车辆尽管工作内容不同，但存在共同的分体特征与转向特性，前后两车体的构成因具体功用不同有所变化，但基本结构一致。虽然前后车体的功用不同而使前后车架的结构各异，但整车呈左右对称结构，铰接点恰好处于对称中线上。前后行走装置采用相同的车桥与车轮，只是车桥与车架之间的连接可能略有不同。两部分的构成根据具体车辆的不同有所变化，除了前后车架都有车桥外，前后车架所担负的任务不同。一般情况是动力装置、变速装置、驾驶室等与车辆行走关系较密切的装置集中在一车架上，另一车架以作业装置为主。这就存在两种可能，即前驾驶与后驾驶形式，或作业装置在后和作业装置在前两种布置形式。铰接式装载机通常为后驾驶形式，即驾驶室位于后车部分。前驾驶布置方式在矿下作业的车辆中较广泛，这些车辆的驾驶室布置在前车架上，同时前车架上还布置有发动机与变速装置，后部车架可以是作业装置，也可是牵引运输装置。

3.8.3　铰接转向液压驱动

铰接的车架分为前后两体，前后车架利用垂直铰接销连接，利用车架的相对偏转实现转向。驱动前后车架的偏转，均采用液压油缸推动方式实现，因此在两车架之间存在用于转向的双作用油缸。通常液压缸布置在铰接点附近，采用两油缸呈八字形对称布置结构，每个油缸两端的支点分别与前后机架相连。转向时液压系统为油缸供油，在液压油的作用下铰接轴一侧的油缸伸长，另一侧的油缸缩短，推拉前车架绕铰轴相对后车架旋转，实现转向。铰接转向机构中的液压油缸所起的作用，不是驱动传统转向系统中转向梯形的拉杆或转向轮的偏转臂，而是驱动前后两车体带动车桥实现相对偏转，因此转向阻力较大。铰接转向实现转向功能的实质，是通过改变两车桥之间的夹角而改变行驶方向。

铰接转向的操作方式仍为方向盘，但方向盘下部所操控的装置或机构则有所不同。可以采用全液压转向方式，这种方式实现起来方便，不受结构布置的限制。采用全液压转向时，旋转方向盘驱动全液压转向器，进而控制液压油缸实现转向，其中全液压转向器起到关键性的作用。而早期未采用液压转向器系统时，通常是机械与液压组合的助力转向方式。操纵方向盘带动机械转向机，再进一步操作转向阀，转向阀使液压泵与双作用油缸的一个腔接通，油箱回油与另一腔接通，在液压油的作用下油缸伸长或缩短，推动车架绕铰轴旋转实现转向。为了便于驾驶员控制转向的程度，这类转向系统通常设有用于机械反馈的随动杆件，转向阀的回位可通过这些杆件，再经转向机的传动副实现。

助力转向系统中的转向阀与转向机既可以共同布置在同一车体，也可分别布置于不同车体上。为了便于结构布置，通常转向阀与转向机相互独立，通过前后拉杆、随动杆及转向垂臂等将二者联系起来。转向机与转向阀布置在同一车架上，此时的随动杆另一端固定在另一车架上，在转向时转向机的摆臂摆动同时带动拉杆向前移动，拉动转向滑阀离开中位，同时随动拉杆因而也随着转动。随着车架之间的折转，随动杆回移，移动的距离与拉杆向后移动的距离相等，又使转向滑阀拉回到中间位置。如果继续转动方向盘，滑阀继续打开，前后车架继续相对偏转，偏转角度随方向盘的转动量变化。方向盘停止转动，转向阀就回到中位，转向油缸封闭，保持转向状态。再直行时，需将方向盘反向转相同的角度。转向机与转向阀分别布置在两车架上时，联系机构形式有所不同但其作用原理一样。

3.8.4　装载机的行走驱动

装载机的动力装置以柴油机为主，通常柴油机的输出装置直接与液力变矩器连接，变矩器再传递动力到机械变速装置，液力变矩器、机械变速箱、驱动桥等共同形成一动力传动系统。柴油发动机位于后车架上，柴油机输出、液力变矩器、变速箱输入三者同轴布置，依次连接。变速箱内部垂直布置，动力通过齿轮啮合向下传递。变速箱的输出端位于装载机的下侧，通过前后传动轴连接前后驱动桥。前后传动轴布置在装载机的纵向对称平面内，其中向前传动路线要求较高，需要铰接传动，由于铰接传动的原因，该传动轴的中心线需经过前后车架铰接销中心点，以保证转向时万向节等速传动。

装载机这种传动方式使变矩器壳与发动机飞轮壳直接连接，变矩器与变速箱直接连接，结构紧凑、传动轴数少。但由于三部件直接连接在一起，维修性差，而且发动机的振动直接影响另外两装置。也可将发动机与变矩器直接相连，变矩器与变速器之间用传动轴相连；或是变矩器与变速器连接在一起，发动机与变矩器之间用传动轴连接。这两种方式的传动路线中都增加一纵向布置的传动轴，使得发动机的前后位置与后部传动装置之间的影响减小，传动部件可根据需要布置，有利于调整桥载的分布。图 3-8-4 所示为铰接式装载机传动系统。

铰接式装载机采用的液力传动装置总体上可以分为两大类，一类是液力变矩器与行星传动变速机构结合，另一类是与定轴齿轮传动结合。前者变速箱主要是由太阳轮、行星轮、内

图 3-8-4　铰接式装载机传动系统

1—前桥；2—前传动轴；3—变速器；4—变矩器；5—发动机；6—后桥；7—后传动轴

齿圈、行星轮架组成的行星排实现变速；后者的变速由平行轴上安装的一对对外啮合齿轮实现，因此这类变速装置又称为平行轴式变速箱。行星式变速器既有简约结构，也有复杂的多排结构。行星式变速器与定轴结构的变速器都有应用，其中行星式变速器与双涡轮液力变矩器组成的液力变速装置被国产装载机广泛采用。

　　双涡轮液力变矩器有两个涡轮，其中一个涡轮是通过单向离合器才将动力传给变速箱输入轴，装载机运行的阻力决定离合器的接合与否。当重载作业扭矩加大时，转速降低到限定值，离合器接合，两个涡轮同时参加工作，为相应挡的低速大扭矩状态。高速轻载时离合器脱开，只有一涡轮单独工作，这一切都是由离合器通过速度的高低自动实现的。双涡轮液力变矩器虽然效率比单涡轮液力变矩器低，但其存在两个高效区，比较适合装载机的运输与作业两工况。变矩器与多排复杂结构的行星变速箱结合，可提高传动性能，但成本也相对高。

3.8.5　地下铲运机

　　地下铲运机是用于地下矿井掘进、回采、运输的一种重要设备，其作用与结构形式同铰接式装载机有许多共同之处，如前部布置有铲斗，采用分体铰接结构等（图 3-8-5）。地下铲运机相对于常规装载机有其自身特点，即具有地下作业车辆所具备的特征。由于空间限制比较严格，地下铲运机特别控制高度与宽度尺寸。为了尽量降低高度，发动机一般布置于后桥后侧，利用一传动轴与变速装置连接，这使得整机后悬加大。在驾驶操作上与装载机也存在较大的区别，装载机作业与驾驶状态时操控人员面向铲斗，这对于前进与后退时的双向操作存在一定的不便。地下装载机的驾驶座位横置，不管前进与后退，驾驶员具有相同的视野。轮胎的选择也有一定的区别，地下装载机采用光滑型轮胎，原因是增大接触面积，降低接地压力提高耐磨性和耐切割刺扎性，还可以碾碎岩石起保护作用，延长使用寿命。

图 3-8-5　地下铲运机

除地下铲运机外，还有很多矿下使用的车辆，这些车辆尽管工作内容不同，但存在有共同的特性。车辆具有与其它车辆类似的工作装置和动力、行走等装置外，其车架结构为两体铰接结构。由于作业空间的限制，要求其车体低矮、转向灵活，铰接转向能够比较好地满足地下作业的需求。这类矿下生产中使用的车辆基本形成了一种模式，前体部分主机、后体为作业机，有的甚至成为通用结构。车的前体上安装发动机、变矩器、变速箱、前桥、行驶与转向液压系统等，后车体部分为可变部分，可以安装不同的工作装置。后体的配置有不同的方式，其一是后体行走部分与前体紧密结合，后车架为一通用安装平台，该平台与完全独立的工作装置安装为一体后完成相应的工作，工作装置因需要而更换。另外一种方式为工作装置与后车架结合紧密，工作装置与后车架一起构成后体，前体与后体连接后作为某一特定的作业机械，如果要完成其它作业时，需更换另外一种作业功能的后体，从而保持前体的通用性。图 3-8-6 所示为地下运输车。

图 3-8-6　地下运输车

3.9　臂式挂装车

臂式挂装车是一种服务于军用飞机的移动式装载机具，主要用于挂装机翼、机腹下面的外挂物。臂式挂装车适用于导弹、炸弹、吊舱、副油箱、火箭发射器、无人驾驶飞机等多种外挂物的装卸作业，还具有一定的牵引其它拖车的能力。臂式挂装车集运、挂功能于一体，并可用于其它物品的起重、装卸或短距离运输作业，正是由于这种挂装车具有良好的通用性，所以又称通用挂装车。

3.9.1　臂式挂装车简介

臂式挂装车简单概括起来就是安装有一大型机械臂的行走车辆，又称挂弹车（图 3-9-1）。机械臂及托挂装置部分为挂接工作装置，行走底盘为挂装车的主体部分。臂式挂装车的行走装

图 3-9-1　臂式挂装车挂装作业

置不但要具备行走车辆的一切功能，而且臂式挂装车的作业特点与环境要求决定了其需要结构低矮，而且要具有避开飞机起落架等障碍物的功能，同时还需要解决挂装作业时作业稳定性和转场运输的机动性之间的矛盾。因此为了整机平衡与提高稳定性，在总体布置、结构安排上使得行走装置的布置具有自己的特点。由于大多数飞机的挂架都设在机身和机翼下部，附近密布着起落架、舱门盖等许多外露物，所以挂装车的结构和功能必须适应这种狭小、低矮的作业环境并要满足不同外挂物和飞机机型的要求。这就要求挂装车要能够调节轮距和轴距，运输时调节到最小结构状态，作业时根据挂装物体及现场的条件调整前轮距或前后轴距。

　　臂式挂装车的挂装作业装置主要体现在摆转式举升臂与托挂装置两部分，举升臂铰接在挂装车的车体机架上，可以实现摆转运动。外挂物与飞机挂架要进行精确快速的挂装，这要求挂装车除举升臂可以大幅度的升降、偏摆外，还应具有精确调节外挂物空间位置和姿态的能力。举升臂的另一端连接有放置挂装物的托挂装置，托挂装置就如同臂端伸出向上托起物件的手。托挂装置不仅要驮负挂装物，还要实现一定的动作将挂装物精准送到指定位置。利用液压油缸的驱动使臂摆转，举升臂通过油缸的杠杆作用既可以使托挂装置底部紧靠地面，又可以把托盘举得很高以便于实施高位挂装作业。托挂装置可实现横移、纵移、俯仰、滚转、旋转等精确调节功能，利用这些功能调整外挂物的空间位置和姿态，使其准确地挂入飞机的指定位置。挂装车的结构比较复杂，运动部件多，图3-9-2所示为一种通用挂装车功能示意图，从中可以领略一下其能实现的动作。

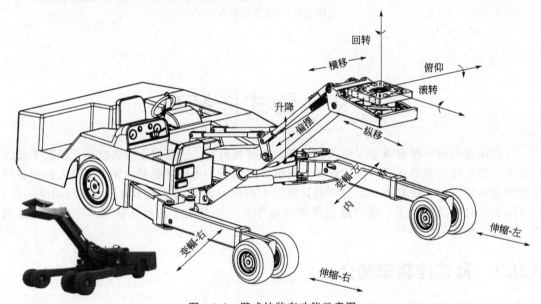

图 3-9-2　臂式挂装车功能示意图

　　臂式挂装车虽然存在不同的形式，但其主体结构形式相同。整车低矮无驾驶室，前部为两前伸梁结构，梁端下侧连接行走车轮，两梁之间布置举升臂及托挂装置。通过液压油缸的伸缩驱动举升臂摆动而使托挂装置升降，通过调整托挂装置的位置和姿态实现飞机外挂物的位姿改变。举升臂通过中心摆架与车架前部相接，在举升油缸的作用下，可以实现垂直方向上的移动，在摆臂油缸的作用下，可在水平方向上实现偏摆，使挂装物尽快地接近挂装点。托挂装置安装在举升臂的前端，通过两套平行四杆机构的调节，使托挂装置的底面始终保持水平。托挂装置能沿挂装车的纵轴、横轴和立轴移动及绕这三轴作可控制的回转，在横移油缸、纵移油缸、四个柱塞缸和回转支承的作用下，顶部的托盘具有横移、纵移、俯仰、滚转等四个自由度的微调动作，并能向左右两个方向做 360°回转，使挂装物准确地挂在指定的位置上。

3.9.2　主体结构与行走装置

臂式挂装车的主要结构由车架、动力装置、行走装置、举升臂、托挂装置、液压系统、电气系统、操纵系统等几大部分组成，实现升降功能的举升臂铰接在挂装车的车架上，托挂装置水平铰接于升降臂的上端。车架由矩形管和钢板焊接而成，是整个挂装车的基本骨架，它为全车大部分的总成部件及部分零件提供安装固定位置。在车架上布置有动力装置，动力装置多为柴油机，采用液压传动方式驱动行走与作业装置。车架的后部是动力舱，发动机横置于挂装车的左后部，动力舱内还有液压泵、液压油箱和蓄电池等主要零部件。行走装置与车架采用刚性连接，不设弹性悬挂机构，车架的中部通过摆动装置与转向驱动桥相连，前部的车轮通常为支承轮，通过两纵梁前伸到最前部。车体后部中间安装拖车用挂接装置，可用来牵引其它车辆或被其它车辆牵引。

臂式挂装车采用四点支承形式，前轮要为挂装稳定性方面做出较大贡献，因此多设计为变距结构。其相对主体机架的位置需要变化，因此要将其作为驱动或转向轮虽然可以做到，但结构复杂、传动路线长，花费的成本较大。也因前轮的载荷变化较大，对于驱动与转向性能均有不利影响。特别对于大型挂装车，由于挂装的对象质量大，前轮承载能力必须足够大，而为了提高接近能力，前轮的尺寸又不能太大，因此通常采取每侧采用两个直径相对较小的实心轮胎更为适用。这样一来又为前轮驱动和前轮转向增加难度，而后轮作为驱动轮、转向轮无论传动路线、还是结构的复杂程度都优于前轮驱动和前轮转向。因此前轮承载、后轮转向驱动成为臂式挂装车比较多用的方式。

臂式挂装车的行走驱动以液压传动较有优势，液压驱动的优势不仅体现在柔性传动的方便性方面，也体现在既可采用桥式集中驱动形式，又可采用轮边直接驱动结构方面。由于臂式挂装车结构所限，采取后轮驱动时可采用的形式多样，而要采用前轮驱动时只能采用轮边驱动结构。因此实现后轮转向与驱动比较方便，既可采用传统的转向驱动方式，也可采用一些特殊的结构形式。驱动与转向的实现可以采用货架产品的转向驱动桥形式，也有采用轮边马达驱动方式的转向驱动桥式结构（图 3-9-3）。无论是哪一种结构形式，均为利用一转向驱动桥实现车辆的行走驱动与转向，转向驱动桥布置在后部，前轮因此成为只起支承作用的承载轮，这在一定程度上减轻对前轮、前梁架结构的限制。

臂式挂装车后轮选用轮边马达驱动的大转角液压驱动转向桥，能有效地减小转弯直径。此时装在左、右伸

图 3-9-3　采用轮边马达驱动的转向驱动桥

缩梁前端的前轮可以不受转向、驱动限制，便于调节前轮与后轮的轴距及两侧前轮之间的轮距。液压驱动与轮边马达的使用，又为前轮驱动提供了方便。虽然挂装车的前轮都是安装在

前伸纵梁的前端，无法采用桥式结构，但轮边马达直接驱动车轮可以解决驱动问题。利用沿纵梁布置的液压管路可以方便传动动力，而且可以适应轮距、轴距调整的变化。在小型臂式挂装车上有采用前轮驱动的形式，此时后轮负责转向（图3-9-4）。由于臂式挂装车负载时重心前移，因此对负载行走有利。

一般的转向习惯方式为前轮转向，臂式挂装车也可实现前轮转向。但由于前轮一般是独立结构而非桥式结构，因此其转向装置与传统的桥式结构也有所不同。为了使前轮能够偏转，必须存在使其偏转的拉杆，拉杆纵向沿纵梁布置，左右各有一个分别连接左右轮的转向臂，通过操控拉杆来实现车轮的偏转来达到转向的目的。挂装车作业时载荷中心偏前，前轮载荷较大，因此在托挂装置上放置挂装物后，前轮的载荷变大对转向操控不利，特别对人力手动操向的车辆更不利，因此一般在小型挂装车上采用这种结构。同时对于机械操控的转向装置，由于转向操控由杆件来完成，因此对于可变轮距、轴距的行走装置不适合，一般多应用于固定轴距、轮距的挂装车上。图3-9-5所示为前轮转向式挂装车。

图 3-9-4　前轮驱动结构

图 3-9-5　前轮转向式挂装车

3.9.3　轮轴距调节

臂式挂装车前部的行走装置无法采用桥式整体结构，左右两前轮各自独立。一是为举升臂让出空间，二是为了能方便让开机腹下障碍物、靠近挂接点。一般两纵梁分置左右，纵梁与主体机架连接，前轮装在左、右梁的前端各自独立。该纵梁的结构因不同机型不同，个别机型为固定结构，多数机型都可以通过调节该梁的位置变化，实现臂式挂装车的轮距和轴距调节。

3.9.3.1　纵臂平行调节

轮距和轴距的调节实质是改变轮子的横向与纵向的位置，简单的方式是单一调节轮子一个方向的位移，每个动作独立实现，独自完成单一功能。如横向平行移动轮子达到轮距调节的目的，纵向前后调节轮子的位置达到调节轴距的目的。横向调节采用平移纵梁的形式被广泛采用，安装前轮的纵梁设计成L形纵横结构梁，车轮安装在纵梁顶端，横梁部分与主机架部分连接，横梁相对主机架可以左右滑动而实现纵梁左右平移。左右纵梁向内侧平移，则减小轮距，向外侧平移则增大轮距。图3-9-6所示的挂装车为典型平动变轴距结构，其两个L形的横梁上下布置、独立滑动，均与主机架的前部相连。由于横梁上下布置，而纵梁的水平高度一致，因此两L形梁为非对称结构，即两个梁的结构形式不完全一样。具体体现在纵梁与横梁之间的水平位置不同,这种结构方式可以使得横梁贯通车体整个宽度,提高横向调节尺寸。

图 3-9-6　左右平移变距式挂装车

这种调节前轮距的方式保持纵梁平移,安装在纵梁前端的车轮也保持原有的状态,不需改变前轮的姿态即可保持原行走功能。相对的是需要改变前轮姿态才能保持原行走功能的纵臂摆转调节结构,这种调节方式简化前轮安装结构,也利于进一步实现前轮纵向轴距调节。这种调节因保持了轴距不变,有利于负载稳定性。

3.9.3.2　纵臂摆转调节

纵臂摆转调节也可认为是组合式调节,因为纵臂摆转调节前轮距的同时,也调节了轴距。实现摆转的机构实质是一平行四杆机构,平行四杆机构的两个平行长边为行走装置的两纵梁或主辅梁,纵梁垂直铰接在主机架上,纵梁的另一端铰接前轮架。该机构由液压油缸驱动摆转,摆转的过程中两长边分别绕机架上的铰接轴转动,始终保持平行状态,从而也使得前轮无论在什么位置,始终保持原始方位,即车轮的运动为平移运动。这种调节方式为轮轴距组合调节,在调宽轮距的同时调小了轴距,反之要调大轴距必然要调小轮距。平行摆转机构中,根据承载结构形式的不同,有双梁结构与主辅梁结构。双梁结构中的两个纵梁均承受同类的载荷、完成同样的工作,即两梁共同承担垂直载荷、行走驱动载荷等,共同完成摆转过程中使前轮架平动的工作。

主辅梁结构的平行摆转机构中,顾名思义有一主梁和一辅梁,其中主梁完全承载垂直载荷、行走驱动载荷等主要载荷,而辅梁基本不参与载荷的承载工作,其实质为一控制方向的杆件,其存在只保持平行四杆机构的运动能够实现。图 3-9-7 所示的前纵梁为主辅臂结构,其主梁为变截面结构,后端与主机架铰接,前端安装两承重轮。承重轮由一竖轴与主梁铰接,竖轴的顶端键连一转向摆臂,摆臂的另一端与位于主臂上面的辅臂铰接,当主臂在液压油缸的作用下摆动时,辅臂在其带动下绕辅臂与主机架的铰接点摆动,在摆动的同时带动转向摆臂带动承重轮竖轴绕其与主梁铰接轴心转动,其主臂与附臂之间设计成平行四杆机构,因此前轮在摆动的过程中始终保持最初的方向角,即实现前轮的平动。

图 3-9-7　主辅臂式摆转机构

3.9.3.3　组合调节

臂式挂装车为了提高作业能力、保持稳定性，不仅要调宽前轮距，而且要调大轴距。调宽轮距可以通过上述方式实现，将轴距加大通常采取伸缩纵梁的方式。通常可将纵梁设计成伸缩臂式结构，纵梁作为伸缩臂的固定臂部分，安装车轮的为移动臂，移动臂与固定臂可以滑移伸缩，移动臂向前滑移则增大轴距，向后滑移则轴距变小，伸缩动作的实现通常用液压缸来驱动。纵梁伸缩只能调节前后轮之间的距离，无法实现左右轮距的调节，为此采用组合机构，实现综合调节功能。左右前轮梁架可以在纵横两个方向独立调节，通过轮距、轴距的改变来满足挂装的作业需求。采用由平行四边形连杆组成的变幅机构，能够灵活地调节前轮与后轮的轴距、两侧前轮之间的轮距，以解决挂装作业时的底盘稳定性和转场运输时的机动性之间的矛盾。利用两组由平行四杆组成的变幅机构实现左右轮距的调整，在摆转平行四杆机构的前端再加一伸缩臂式纵梁，以实现调节前后轮的位置，从而使左右前轮梁架可以在纵横两个方向独立平移调节，通过轮距、轴距的改变来满足不同情况的挂装作业需求。

图 3-9-8　组合调节机构

如图 3-9-8 所示结构，组合调节机构由变幅机构与伸缩机构组合而成。变幅机构为双梁承载式平行四杆结构，两梁的一端与车架前端铰接，另一端与伸缩机构的基础臂铰接，形成一可以在水平面内偏摆的变幅机构。连接在变幅机构另外一端的伸缩机构，在变幅机构偏摆的过程中始终保持平行移动。伸缩机构为一内外套管结构的伸缩臂，外臂为基础臂与变幅机构的双梁分别铰接，插在基础臂内的内臂利用液压油缸驱动伸缩。通过变幅机构的摆转与伸缩机构的伸缩，实现轮距与轴距的调节。

3.10　无杆飞机牵引车

飞机牵引车主要是用来移动、摆放飞机的专用车辆，是机场地面保障设备的重要组成部分。无杆飞机牵引车省去了连接飞机的牵引杆，利用本身自带的联机装置直接作用于飞机的机轮或起落架，并将机轮托起使飞机的一部分重量转移至牵引车上，牵引车以半驮负状态牵引飞机移动。无杆牵引车不与飞机连接时为一独立的车辆，挂连飞机时体现出装载车辆的特征，牵引飞机时在一定程度上又体现了半拖挂牵引的特性。

3.10.1　飞机调运与飞机牵引车

飞机在地面上行进可以利用发动机推进，但发动机处于不工作状态的飞机，必须借助于外力实现地面移动。为了方便飞机在地面上的调运，通常利用飞机牵引车移动飞机。由于飞机的行驶特性所致，飞机牵引车顶推作业与牵引作业并存，甚至顶推作业量要高于牵引作业量，因此飞机牵引车与一般的牵引车不同。飞机牵引车以较低的速度牵引与顶推作业，其除具备一般牵引车辆的基本特征之外，更兼具机场环境使用的要求。因此该类车辆对动力性能要求相对较高，而对通过性能要求相对较低，这类车辆普遍具有较好的牵引性能、较低矮的车身结构。图 3-10-1 所示为牵引车通过牵引杆顶推飞机。

图 3-10-1　TLD 牵引车通过牵引杆顶推飞机

　　根据飞机牵引车作业时与飞机的连接关系，牵引车分为有杆牵引车和无杆牵引车两类。有杆牵引车为传统型飞机牵引车，通过一根牵引杆连接、牵引飞机。传统型飞机牵引车在牵引作业时，其不再是一单独的车辆，而是牵引车-牵引杆-飞机系统中的组成部分之一，肩负着对飞机牵引系统运动的限制功能。飞机牵引车与飞机的联系是通过一刚性牵引杆实现的，牵引杆成为传统型飞机牵引车与飞机的交互界面。而牵引杆与牵引车、牵引杆与飞机之间分别存在相应的连接关系，之间既相互独立，又相互关联。这种连接最终要达到的目标体现在两个方面，其一是传递牵引力，其二是操控飞机前轮的扭转角度。

　　飞机牵引车与牵引杆之间铰接，水平旋转自由度不受限制。牵引杆与飞机也铰接，但限制的自由度不同，其铅垂面内的自由度不限制。这两种约束保证飞机牵引车在牵引飞机过程中，使牵引力能够通过牵引杆传递到飞机前起落架上，而且在牵引车转弯时带动飞机前轮扭转，实现飞机行驶过程中转向的目的。牵引飞机时牵引车拉动牵引杆，牵引杆带动起落架，因此在调整飞机行驶方向时，是由牵引杆摆动起落架实现的。牵引杆的摆动角度与作用力如果超过起落架设计规定的限度，可能要造成飞机的损伤。为此在牵引杆上设计有剪切销轴，当摆转扭矩过大、牵引力或制动力过大超限时，该销剪断释放作用力，保护起落架等装置不受损伤。

　　传统牵引车进行牵引飞机作业之前，必须有人将牵引杆分别与飞机、牵引车连接起来，人力挂接作业量较大，同时也难以实现对飞机牵引作业的精准操控。无杆牵引车克服了传统有杆牵引车的弱点，通过操控本身具有的特殊装置直接与飞机起落架上的机轮实现挂接，无需人力挂接且提高了作业的操控能力。无杆飞机牵引车相对于传统型飞机牵引车增加了一套联机装置，用以与飞机起落架相连接后牵引飞机。此联机装置也称夹持举升装置，它将飞机前起落架上的机轮夹持住并提离地面，将飞机的前起落架驮负在牵引车上。此装置使得无杆飞机牵引车的结构组成及功能要求不仅与传统型飞机牵引车不同，而且车辆的一些特性发生相应的变化（图 3-10-2）。

图 3-10-2　无杆飞机牵引车牵引飞机

3.10.2　无杆飞机牵引车结构特点

无杆飞机牵引车为一驾驶室前置的低剖面车辆，通常情况下可前后双向驾驶，在正常行驶或牵引时用前向驾驶，当对接飞机或顶推飞机时后向驾驶。牵引车牵引飞机时，利用联机装置直接夹持并举升前起落架的机轮，因此联机装置又称夹持举升装置。无杆牵引车要进入飞机前部下侧作业，因此车的高度要受到飞机相关尺寸的影响，要求该类车辆必须低矮，以确保作业时与飞机机体间有一定的安全距离。在准备牵引或顶推作业时，驾驶操作人员面向夹持举升装置一侧，操作牵引车使夹持举升机构与飞机的前起落架对正，将夹持机构打开后移动牵引车使夹持举升机构抵近机轮，操控夹持机构与机轮作用并将起落架机轮托起。与传统的牵引不同，当夹持举升机构操作飞机前起落架时，飞机与车辆之间发生相对移动，使飞机的前起落架放置于牵引车的夹持举升机构之上。夹持举升机构举升飞机前起落架，将飞机的一部分重量转化为牵引车的附着重量，有助于提高牵引车的牵引性能，也有利于减少牵引车的自重。

无杆飞机牵引车与飞机结合后，飞机牵引车驮负飞机前起落架一起运动，牵引车与飞机构成了一个新的行走系统，该系统中的牵引车已不是独立的车辆，而是飞机地面行走的前驱动装置，既实现整个机车系统全部质量状态的行走驱动，同时也要实现安全操向与制动。牵引过程中飞机不参与行驶中的各项功能，整个系统的行走状态控制全由牵引车实现。由于取消牵引杆后显著缩短整个机组系统的长度，无杆飞机牵引车需要进入飞机机头的下方作业，车身的高度直接影响牵引车对飞机的适应性。牵引车整车高度从驾驶室到车尾呈阶梯降低，以保证牵引飞机时与其保持必要的安全距离，并使驾驶员在对接飞机时能较好地观察到飞机前机轮。图 3-10-3 所示为无杆飞机牵引车及其夹持举升机构。

图 3-10-3　无杆飞机牵引车及其夹持举升机构

无杆飞机牵引车为低剖面设计，整车采用无后桥结构，车架的前部为常规结构形式，后部为 U 形结构。驾驶室或驾驶台通常前悬于前桥的前端，以减低整车的高度。为了尽量增大与飞机的安全距离，驾驶室高度方向的尺寸尽量压缩。发动机尽量靠前布置，通常布置在前桥的附近。前桥多为转向驱动桥，也有实现单一转向功用的转向桥。由于两后轮中间要布置夹持举升装置，无法安装后桥，牵引车采用后轮分置驱动的方式。两后轮安装在车体后部 U 形车架的端部并分置驱动，U 形外伸臂之间布置夹持举升机构。可采用轮边分置驱动方式，利用液压马达通过减速器驱动后轮。如果采用低速大扭矩马达，则更可简化结构与传动，两个轮边马达输出端直接与两个后驱动轮相连，马达壳体直接安装在车体两侧。

无杆牵引车的特别之处在于与飞机相连的夹持举升装置，夹持举升装置是无杆牵引车与飞机交互的接口，该装置是无杆牵引车独有的集机、电、液于一体的特殊装置。在对接、释放飞机整个作业过程中，机械机构负责实现各种程序动作、操作飞机按规定的方式运动。液压系统负责为机械机构提供动力，并可将作用力等结果进行反馈。驾驶员在驾驶室内操作电控开关，通过电信号控制液压系统中电磁阀的开、闭使液压油缸伸出与回收，带动夹持举升机构张开、合拢、提升，使得飞机前轮进入夹持举升机构并被抬高、抱紧。夹持举升装置能可靠地与飞机前起落架连接，承受飞机分布到前轮的负荷，传递牵引和顶推时的作用力及转向时的侧向力，还应保持飞机与牵引车之间绕立轴、横轴和纵轴在一定范围内相对回转的自由度。

夹持举升装置通过一系列的运动将飞机前轮夹持并举起，此时飞机的前机轮与夹持举升装置成为一体，在牵引过程中与夹持举升装置一起运动。飞机牵引车需要具备一系列的保护功能，最大限度保证作业安全，即使发生故障或超过限度也有相应的保护措施。在牵引过程中无杆牵引车通过夹持举升装置直接作用于飞机的机轮，飞机起落架同样受到力与扭矩的作用。通过控制或预警牵引车与飞机相对偏转位置或扭转力矩，限定起落架转角或受力必须在规定范围内，防止起落架受到超限扭矩的作用。无杆飞机牵引车是通过夹持举升装置作用于飞机前机轮来实现牵引的，使飞机的前轮夹持于牵引车的夹持举升装置中间，在保证牵引性能及牵引过程可靠的同时，也带来特殊情况下车辆与飞机的解脱问题，为此需有冗余的备用液压系统及装置，如应急分离时可使用手动泵替代液压系统中的动力泵，驱动夹持举升装置与机轮脱开使牵引车与飞机分离。

3.10.3　行走驱动特点

飞机牵引车多以四点支承的布置形式，个别大型牵引车采用六点支承结构。由于牵引飞机需要起步平稳、柔和，纯机械传动的效果不佳，所以大型牵引车多采用液力传动和液压传动方式。无杆飞机牵引车的后部是用于安装夹持举升机构的部位，结构十分紧凑，后部行走装置难于采用桥式结构，两后轮独立与机架连接，因此行走部分的结构形式与驱动方式具有其特点。整车一般都采用无后桥结构，采用液力传动的牵引车只能采用前桥驱动方式。无杆牵引车前部空间相对较大，有足够的空间放置液力变矩器与变速箱，方便与前桥连接，因此前桥驱动情况可以采用液力驱动方式。此时前桥为转向驱动桥，后部两轮为支承轮。后部行走装置一般不设计转向功能，在使用场合对转向要求高时，也有将后轮设计为单轮独立转向结构的。

无杆飞机牵引车牵引飞机时，因有飞机前起落架的重量附加其上，因而对产生驱动的附着力产生影响。前轮驱动时整车的重心以及牵引工作状态的重心位置都比较靠前，才能产生足够的附着重量。而当牵引车作业时，飞机前起落架传递给飞机牵引车的重力与后轮较近，采用后轮驱动利于这部分力的有效利用。后轮驱动采用液压驱动比较适宜，传动相对简单，也可以实现多种驱动方式。从传动角度而言，液压驱动最方便实现全轮驱动。采用液压全轮驱动的无杆牵引车，均采用多马达驱动方式。后部行走装置的驱动采用轮边马达驱动形式不变，前部的行走装置主要体现在前桥结构形式上。可以采用桥式结构，马达直接连接驱动桥，或通过变速器连接驱动桥，动力再经差速器与半轴传递到驱动轮。也可以采用两轮边马达结构，省去差速器与半轴。

四轮液压驱动无杆飞机牵引车中，后轮驱动由两马达实现左右车轮的驱动，前桥可以为常规形式的转向驱动桥，由单马达驱动，也可以是由轮边双马达组成的驱动装置驱动。发动机的动力由液压泵转化为驱动液压马达的液压驱动力，并行驱动前桥马达和后轮马达。通常前桥这路驱动在任何行驶状态下都要实现驱动功能。而另外后马达驱动主要用于需要大牵引力的工况，如牵引飞机作业工况。在非牵引状态，前桥驱动完全能够满足行驶要求，此时全轮驱动已无必要，通常将后马达置于浮动状态。如在闭式驱动系统利用自由轮阀，控制后轮边马达处于自由轮工况，实现随动行走。

无杆飞机牵引车后轮驱动采用液压马达较为方便，而且采用低速大扭矩马达更为简单。飞机牵引车车架为焊接结构，以纵、横立板及上盖板构成箱体结构，马达直接连接在车架上。后部连接驱动轮的部分为钢板结构，利用螺栓连接马达的相应部位。由于此时的马达不单单是驱动车轮，而且还肩负承载重量的任务，因此这类马达的选取需要考虑径向载荷因素。低速大扭矩马达有轴动与壳动两类，由于转动件不同，与车轮和车架连接的结构不同，而且部位相反。图3-10-4中上图为轴转式内曲线液压马达，壳体与机架相连，轴端与驱动轮相连。

图3-10-4 两种轮边马达安装形式

牵引车后部行走装置通常都是单体独立结构，由于横向空间位置紧张，多采用直接刚性连接在机架上的方式。如图3-10-4所示连接均为直接刚性连接，此时的缓冲与减振只能靠轮胎的作用。为了提高减振效果，也可以设计弹性悬挂结构，但由于横向为行走装置提供的空间有限，通常采取特殊结构布置悬挂结构，车轮刚性连接到一纵梁的端部，纵梁与车架主体铰接并加装减振装置，依据两侧的纵向梁实施减振操作。

3.10.4　无杆飞机牵引车操纵

无杆飞机牵引车特殊的作业要求不但使得整机结构特殊，其操纵装置也具有一定的特点。为保证在连接和解脱飞机时的安全性和精确性，要求驾驶员在连接和解脱飞机时面向飞机起落架操作，而正常行驶与高速牵引时驾驶员面向前方则更符合驾驶习惯，为此双向驾驶功能在无杆飞机牵引车产品中广为使用。无杆牵引车采用双向驾驶功能,可以采用双套操作装置,但驾驶操作也必须都在车辆的一端。为满足双向操纵的要求,驾驶室内设置了两套操纵设备(图3-10-5)。普通驾驶时面向前操作,驾驶员乘于驾驶室左侧,符合常规驾驶习惯。面向后对接飞机时,则转为乘坐在车体中心线上,以便于操作车辆与飞机精确对位,所以也只有当驾驶员面向后时才可操作夹持举升装置。由于两套装置的存在,必须处理好相互之间的主从关系,如两个转向器同时动作时,后转向器的操作指令有优先权,前转向器将被闭锁,但仍保留应急转向的能力。

图 3-10-5　双操作系统前后双向驾驶

双操作系统需要双套方向盘、换挡开关、加速踏板、制动踏板等装置,要实现单套操作系统又能够双向操作,可采用旋转操作台。方向盘、仪表台等与驾驶座椅共同固定在一可转动的平台上,该转动平台位于驾驶室中部并与驾驶室地板铰接,座椅连同方向盘等操纵装置可一起前后转动(图3-10-6)。对于前后驾驶的无杆牵引车,旋转操作台上的驾驶员始终位于驾驶室的中间位置。旋转操作台作为比较先进的装置用于大型牵引车上,在一些简易小型牵引车上,为了能够实现双向驾驶功能,有采用驾驶台不动只旋转座椅的方式。当然这种方式存在一定的局限,操作的方便性也不理想。

图 3-10-6　转盘操纵台

第4章
特定环境工作机械

4.1　行走功能与环境

　　环境一般指人类生存的空间及直接或间接影响人类生活和发展的各种因素，作为服务于人类的机械也必然受到这些因素的影响。人类使用机械的目的是拓展、提高人类在某些方面的能力，其所处环境除常规的环境含义外，有时还包括人类难以接触的非常规环境。对于行走机械而言，行走是其要完成的主要功能，与其行走相关性最强的是支承载体及其载体的表面状况，以及环绕其周围并对其产生影响的环境。行走功能的实现需要依靠或借助环境所赋予的条件，行走机械与行走相关装置须适宜环境。

4.1.1　环境对行走机械的影响

　　行走机械必定在某一环境内工作，环境条件不同可能使得同一机器作业性能发生变化。因此行走机械为了能够准确实现其功能，必须要适应所处的环境。从大的自然环境到小的作业环境，包含的影响因素太多，每种具体产品只能具有针对性地采取应对措施。首先需要了解环境影响因素的作用结果，才能设计出适应环境要求的行走机械产品。环境对行走机械的影响可以从三个方面考察，其一是支承行走的载体表面的条件，对于常规行走机械就是行驶的路面、地表条件。其二是周围的自然环境，存在温度、气候的变化，夹杂着风霜雨雪的作用。其三是作业周围小环境氛围的特殊要求，如需要防爆作业、电磁兼容等。行走机械存在于环境中，一定也对环境产生作用，减少其对环境产生的有害作用，也是适应环境的更高境界。

　　环境对行走机械影响最大的是该机器与其行驶支承面之间的关系，一般体现在接触部件结构形式及与接触面的作用方式与耦合关系方面，也体现在这些部件与机体之间连接机构运动与作用关系方面。因此为了适应不同条件下的行走功能，行走机械行走装置的形式千姿百态。因行走机械使用的环境的变化，行走装置不仅仅应对平缓的道路，也需要应对沼泽、山坡、雪地、水田、沙漠等各种地况的挑战。地况条件对陆地行驶车辆行走装置的影响最大，主要表现在附着能力与通过能力上，附着能力体现自身动力发挥的能力。通过性表现在支承与几何条件两方面，支承通过性受到地面承载能力的影响；几何通过性体现通过壕沟、斜坡等几何障碍的能力。行走装置需要针对这些影响因素适应化改变，改变的方式可以是零部件自身变化，可以是不同装置的组合，更可以是新原理的应用。

环境因素中的气候、温度、地域等对行走机械的影响，虽然不如地况条件影响那样直接，但其影响的范围宽。如雨雪不但间接影响行走装置的功能发挥，还要考虑机上设备的防护。高温日晒可能会引起设备过热、油液黏度降低、金属膨胀氧化、材料老化等问题，而寒冷低温环境材料脆性增加，动力装置的起动能力下降。行走机械使用场合都是平原、常规环境条件，而当以内燃机为动力装置的行走机械在高原环境应用时，就要考虑动力储备等问题。氧气是发动机工作的必要条件，高原地带发动机的动力因氧气量的减少而下降。对于在潮湿环境作业的行走机械，不仅要做好表面防护处理，对一些电气元件的选用与安装也要提高要求。普通用途的行走机械是以常规的环境条件为设计基础的，如果要用于特定环境条件，则需要考虑特殊环境影响因素，有针对性地提高适应性。

有些行走机械作业环境特殊，这类环境可能是人为的特殊环境，也可能是人类不接触的未及环境。这类行走机械除了具备常规行走机械的功用外，还要有针对特殊环境的预防功能。如在易燃易爆环境下作业的车辆，必须经过防爆处理或改装，尽管它的作业性能没变化，但消除了发生爆炸的可能。对于在电磁环境较为复杂的场合作业的行走机械，该设备本身必须具备较强的电磁兼容能力，能够在其所处的电磁环境中不受外来电磁干扰正常工作，同时又不向该环境中的其它设备排放超过允许范围的电磁扰动。对于在人类未及环境作业的行走机械，需要有更多的特殊应对环境措施，功能与用途已完全超越了传统行走机械。

行走机械要实现其功能必然对周围发生作用，这种作用的结果也是影响行走机械的因素之一。以内燃机为动力装置的行走机械都存在排放问题，在大的自然环境下内燃机的排放显得很微弱，而在某一人工微环境下则成为严重的污染源，此时可能需要更换动力装置来实现环保要求。同一块稻田地在不同阶段对行走装置的要求也不同，在收获的时候使用的收获机械的行走装置可以是履带形式，但在插秧过程中采用履带装置可能就要产生不良效果，可能会损坏秧田土壤结构造成减产，此时叶轮结构的行走装置可以减少对秧田的破坏。行走机械应用的范围及其广泛，对于某一领域中的行走机械产品，必须与具体条件相适宜才能真正发挥作用。

4.1.2 行走功能实现的制约条件

行走机械行走也是能量转化的过程，通过不同装置的一系列工作最终将能量转化为驱动行走的动力。行走机械本身及其装置、元件等都要受到环境因素的影响与制约，而与实现行走功能最直接的是行走装置接触的支承面。支承面指行走机械行驶的广义路面，路面的承载能力、几何条件、附着性能等都是通过能力的制约因素。行走功能的实现依赖行走装置，行走装置的最终确定要综合多种影响因素。每种形式的行走装置都有适应与不适应的场合，有时为了提高适用性甚至配置两种行走驱动应对不同场合。

对于一辆普通轮式车辆，行驶的驱动力产生于驱动轮。其原理就是车轮在动力装置提供的动力驱动下，实现旋转运动。欲运动的车轮与静止的地面接触部位产生相互作用，使车轮向前滚动，带动车辆向前行驶。这种相互作用产生的驱动力与车轮和地面之间的附着性能相关，既与车轮的形态相关，更与地面条件相关。二者之间作用可用附着系数表示，附着系数大则表示转化为行走驱动的能力强。车轮同时承受车体传来的作用力，该作用力连同车轮自身重量一起传递到地面，车轮作用于地面一正压力，该压力与附着系数的乘积即为驱动力。

对于平坦的硬实路面，可以实现理想的附着状态，达到预期的驱动能力。但路况条件变化则附着能力改变，对于同样的车轮当面对冰雪路况时，可能因为附着系数小难以实现行走驱动。当面对沙漠地况时可能由于沙壤抗剪能力差，车轮作用于沙壤无法产生附着能力而空转。

发挥出附着能力是路面对行走机械的贡献，路面对行走机械的作用是支承与承载，如果承载不了该机的负荷则无法进一步实现行走。行走在硬实路面的车辆，车辆重量分布到每个支承车轮传递到路面，路面所承受的载荷虽然是车辆的总重量，但最后表现为车轮与路面接触处的压强。因此如果路面的承载能力弱则要下陷，而且需要下陷到接地面积足够大，或者下降到车轮接触到硬实地面。承载能力差的路况在下陷的同时，通常也降低附着能力而减弱驱动能力。在沼泽或泥泞的田间行驶的机器，从承载的角度要考虑机体重量与行走装置与地面接触面积的平衡，而且要选择适宜的驱动形式与结构，提高驱动能力。

行走机械的作业范围广泛，所要行走的路况也多种多样，不仅有平坦硬实路面，很多场合要面对田野、山坡、地面存在凹凸的沟坎，还有高低起伏斜坡。地面的几何形态不仅对行走装置的结构形式、尺寸有制约，甚至对整体结构也产生影响。行走在沟坎交错的地面，要想通过某一宽度的凹沟，或越过某一高度的凸坎，轮式车辆的车轮半径尺寸必须足够大，或者需要采取特定的机构实现跨越。对于斜坡行走的机械，整机的结构布置要有稳定方面的特殊要求，行走装置与路面的各接触部位保持有效支承，特别是实现驱动的车轮更要工作可靠。

4.1.3 行走装置适用性

行走的目的是服务于作业，为了实现不同的作业目的，需要采用相应的装置完成功能，使得行走机械主体结构形式各异，与其匹配的行走装置的结构形式也繁多。抛开作业要求与主机的影响，可简单将繁杂的行走装置归纳为最基本的三类，即轮式行走装置、履带式行走装置、非常规行走装置。非常规行走装置是相对广泛使用的前两者而言，使用量或使用范围小，只在一些特定场合应用或未来应用的行走装置。如果没有轮式与履带式行走装置，很难想象现代各种移动机械的情况，通过各种适应性变化，这两类行走装置几乎能够实现各种条件下的行走。履带式行走装置虽然与轮式行走装置差别巨大，但从驱动、通过、接地等方面对比具有共性，相当一巨大结构尺寸的车轮，因此通过考察轮式行走的行走特性一定程度也可了解履带行走装置。实际应用也是如此，行走机械采用何种行走装置并非绝对，即使针对同一地况条件也可以有不同的选择。

提到行走装置通常首先想到轮子，轮子和与机体相连接的相关机构构成轮式行走装置。轮式行走装置的车轮结构简单、运动灵活，用于硬实路面行走优势较大，应用十分广泛。车轮可以通过不同的组合形式、与不同机构结合实现各种功能。与轮式行走装置相比，履带装置更适合在松软地面行走。履带行走方式除具备高通过性的特点外，也存在结构复杂、动力消耗大等劣势，因此在某些场合也可采用多轮式行走装置来呈现履带的优势，又可以发挥轮式行走装置的优点。普通轮式装置与履带装置相比接地压力大、通过能力差，但采用多轮结构，并辅以相应的挂接装置，则可以实现履带装置的功能。轮式战车采用布置紧凑的小轴距多轮行走装置，采用独立悬挂装置，适于凹凸不平地面与沟坎，其通过沟壑的能力可以与履带装置媲美。采用适宜的悬挂装置，不仅可以提高通过能力，而且其在凹凸不平地面实现的驱动效果更好。

行走装置中的轮子起到支承、实现驱动等作用，但是要在复杂的外界环境中完成这些任务，还需要有其它机构与装置的配合。车轮与车体部分的连接机构或称悬架，对车轮功能的发挥起到重要作用。如为了使车轮与地面凸凹状态适应，提高驱动效果和减振，采用弹性悬架效果好于刚性悬架、摆动悬架优于固定悬架。用于星体探测的探测车如月球车、火星车等，这类车辆所面对的环境未知因素较多，行走装置可能遇到的困难较大，为此这类车辆的多数采用多车轮与摆臂机构组合成的行走装置，使车轮可以同时接触地表，克服路面不平、跨域沟坎等难题。行走装置克服行走困难的同时，可能还需车体结构上采取一定的措施才能适应特殊条件下的行驶和作业。在一般农田中进行收获作业的联合收割机，配备传统结构四轮行走装置即可。而对于坡地作业的联合收割机则必须实现机体调平，行走装置与作业装置之间需要随地表变化而协调。林木采伐车也需要在山地作业，但其行走与作业条件更为恶劣，其除了驱动桥左右两个摆臂相互独立摆转，适应地面的凹凸外，车体通常还采用前后铰接结构来加强适应能力。

行走装置与环境相关度高，车轮与地面及周围环境接触，环境因素影响车轮，车轮同时也反作用于环境。在普通常规轮胎的基础上进行一定的改进，也同样可以提高其适用能力。如在农田中作业的拖拉机的车轮作用于田间土壤，松软的土壤与坚实路面对轮胎的作用不同，要考虑压实土壤对种植作物的影响。因此田间行走的拖拉机适于用低压轮胎，条件许可采用宽截面胎或双轮胎。而拖拉机在苗期作业时，要考虑在生长的作物中间行走，窄截面轮胎更利于保护作物。车轮形式、结构通常也根据环境要求而确定，在普通的轮胎基础上进行改进。对于不同的使用环境，出现一些特殊形式的轮子，如水稻插秧机用的水田轮、用于沙漠作业的软体轮等。此外还有一些针对性较强的类轮装置，利用特殊结构实现特殊环境的行走，如根据骆驼蹄与沙子相互作用研制的仿驼足仿生轮胎等。

通常对于沼泽、雪地、沙漠等通过性较差的路况，首先想到履带装置。其原因在于履带行走装置接地压力小、跨越沟坎的能力强，而且履带在松软的地况状态能够发挥出优良的驱动能力。即使如此履带装置在一些特殊场合使用时，也要进行适应性改变才能更加适用。如在滩涂作业的一些机械，由于需要水陆两种行走能力，通常将传统履带行走装置的四轮一带结构进行改进实现水陆两用。采用浮箱上安装的驱动轮装置及从动轮张紧装置组成行走装置，使履带沿浮箱上、下轨道及驱动轮装置构成的环形轨道运行。带有从动轮的张紧装置安装在浮箱的前上方，驱动轮装置安装在浮箱的后上方，每侧浮箱上的驱动轮装置则采用了同步双驱动的方式。

在某些场合单一形式的行走装置难以实现所需功能，可能将两种以上的装置组合使用。组合装置通常出现在一机多用的行走机械上，而且需要交替行走在两种环境差别比较大的场合。水路两用车辆在陆地上行进采用陆地车辆行进装置，既可以是轮式、也可是履带式。而为了更好地满足水上行驶的需要，两栖车辆还要有水上推进装置，如螺旋桨、喷水推进器等。对于行走机械而言，在泥沼、雪地、沙土等低附着系数界面上进行时，滑动更易于行进。但滑动只能被动实施，地面介质对滑动装置不提供牵引力或转向力。为此通常将滑橇与履带或轮式驱动装置组合，共同构成行走装置，雪地车就是最好的应用实例。雪地车行走装置两部分的功用各自独立，滑橇负责体态保持与地表适应、履带装置实现驱动同时承载部分重量。

4.2　农用轮式拖拉机

轮式拖拉机是农业生产中最重要的机械之一，它与相应的作业机具相连接，形成移动式作业机组，可以完成耕地、整地、播种、中耕、收获及农业运输等各项农田作业，也可以带动脱粒机、水泵等农机具，组成固定作业机组进行定点作业。从满足配带机具进行各项作业的基本要求出发，还配置有悬挂、牵引及动力输出等基本工作装置，利用这些装置能把拖拉机的动力传递给农机具，使拖拉机和农机具相互配合进行各种作业。

4.2.1 轮式拖拉机特点

轮式拖拉机以双轴四轮布置为主要形式，通常四个车轮中的后面两个为驱动轮，两前轮为转向轮或转向驱动轮（图 4-2-1）。拖拉机拖带农具在田间作业时，拖拉机的大部分重量集中在驱动轮上，驱动轮大多是采用直径较大的低压轮胎，而且轮胎表面有凸起的花纹，以改善轮胎与土壤间的附着性能。前轮一般没有动力驱动只是转向轮，为了防止田间作业条件下转向困难，前轮都采用小直径，而且胎面上具有数条环状花纹，以增加前轮的防侧滑能力。因此前轮小、后轮大，前轮转向、后轮驱动的结构形式是轮式拖拉机的主要形式。对于全轮驱动的大型拖拉机，前轮既是转向轮又是驱动轮，此时前后轮一致。

图 4-2-1　轮式拖拉机

通常轮式拖拉机为无架式或半架式结构，所谓无架式结构是将发动机和传动系统各装置的壳体用螺栓连接起来充当车架，此外没有专门的车架。轮式拖拉机发动机、离合器、变速箱、后桥的箱体之间直接连接而无需另外的机架。这种方式结构简单、刚度大，缺点是对部件壳体的制造精度要求较高，且维修时拆装麻烦。一些小功率的拖拉机采用带传动，发动机的动力通过皮带传递到变速箱的输入带轮，该带轮也是离合器。大型轮式拖拉机的发动机与变速箱、变速箱与驱动桥之间，有采用传动轴传递动力的方式。

拖拉机普遍采用柴油机作为动力，由于拖拉机主要在田间工作，柴油机必须具有较大的扭矩储备。为了运输、田间作业对速度的不同要求，变速箱须有足够的挡位变化，而且以机械有级变速为主要形式。拖拉机要能够配合多种农机具作业，拖拉机行走的同时需要将动力输出给农具，它们除靠拖拉机牵引外，同时还靠拖拉机动力输出提供工作动力。有时还要为脱粒机、排灌机等一些固定式作业机械提供动力，因此拖拉机动力输出装置的存在就尤为必要。

拖拉机主要用于田间作业，当田间存在农作物时必须具有适宜的离地间隙和适合农艺的轮距。因此一些轮式拖拉机产品在设计时就将相关装置设计为可调结构，使用者可据实际情况调节。如前转向桥的横梁为伸缩套管结构，外套管中部与车架前部铰接，与转向节叉架为一体的轴臂为其内部配合的套管部分。轮距调节时将二者固定螺栓松开，向外拉或向内推转向节叉即可实现前桥的加宽或变窄。后轮距的调节可以通过改变轮辐正反安装、轮圈与轮辐的安装位置变化实现轮距的有级调节。对于轮毂可在驱动轴上移动的拖拉机，如铁牛-55拖拉机，可实现轮距的无级调节，主要是将车轮的轮毂在轴上移动到某一位置后将轮毂与轴紧固。

4.2.2 拖拉机外联装置

拖拉机作为农田行走的作业机械，其主要功用为牵引、悬挂机具，并为不带动力的机具提供动力，为此农用拖拉机应配置牵引装置、悬挂装置，以及动力输出装置。这三类装置在不同的拖拉机上的结构与布置形式有所不同，但这三种功能必须能够实现。图4-2-2所示为拖拉机外联装置。

图 4-2-2　拖拉机外联装置
1—后驱动轮；2—提升臂；3—提升杆；4—下拉杆；
5—上拉杆；6—牵引装置；7—动力输出轴

4.2.2.1 牵引与悬挂装置

拖拉机农田作业需要与农机具连接，连接有牵引和悬挂两类形式。拖拉机既可以牵引机具作业，又可以悬挂机具作业，因此牵引机构和悬挂机构都是拖拉机应有的基本构成。拖拉机的悬挂连接更具特色，悬挂时机组机动性好、转弯灵活。农机具通过悬挂装置与拖拉机组成一体，悬挂连接方式有悬挂式和半悬挂式两种。根据配带的工作装置不同，拖拉机可以实现前悬挂和后悬挂，甚至有侧面悬挂式和中悬挂方式。而实现这些悬挂方式的基础是拖拉机的悬挂装置，悬挂装置多在拖拉机的后部，有的拖拉机前、后同时带有悬挂装置。使用最为广泛的是拖拉机后侧布置的三点悬挂机构，三点悬挂机构利用三个铰接点连接农机具，在液压油缸的作用下，将所连接的机具提升与降下。悬挂装置可使部分农具的重量转移到驱动轮上以提高拖拉机的附着能力，改善拖拉机的牵引性能。

拖拉机农田作业需要与农机具连接，实现对机具的驱动。驱动的含义包含了牵引机具行进与动力供给完成其它作业，牵引必须具备牵引装置，拖拉机的牵引装置用来连接各种牵引式农具或拖车进行田间作业或运输工作。牵引连接方式比较简单，便于实现体积、重量较大机具的机引作业。牵引装置位于拖拉机的后部，一般是以铰接方式连接农机具，连接农具的铰接点称为牵引点，牵引点的水平位置和高度可以调节。牵引装置有固定式牵引装置和摆杆式牵引装置两类，固定式牵引装置较为简单。所谓固定是指牵引点固定，这类牵引装置因其摆动中心通常在驱动轮轴线之后，牵引农机具工作时一旦走偏方向，纠正行驶方向较为困难。摆杆式牵引装置的摆动中心在驱动轮轴线之前，拖拉机的直线行驶性较好，当拖拉机转向时其转向阻力矩也较小。

4.2.2.2 动力输出装置

拖拉机要为所牵引的机具提供动力，来自发动机的动力通过变速箱向后传递，由动力输出装置输出。动力输出装置集合在拖拉机的传动系统中，拖拉机的传动系统不仅将发动机的动力用于驱动轮行走，还要将发动机的动力通过动力输出装置输出。动力输出部位可以布置在拖拉机的后面、侧面，其中使用最广泛的是后置动力输出轴。为了使拖拉机和农具可以任意地互换，动力输出轴的结构尺寸、位置、转速和旋转方向都已经标准化。拖拉机的形式、种类众多，而动力输出以采用 540r/min 和 1000r/min 两种标准转速为主。标准转速式动力输出轴输出动力时，其动力由发动机经离合器直接传递，也就是说动力输出转速只取决于拖拉机的发动机转速，与拖拉机的行驶速度无关。

动力输出装置是将发动机功率的一部分甚至全部以旋转机械能的方式传递到农机具上的一种工作装置，动力输出装置能在行进中或静止时用来输出功率以驱动工作机具。根据不同作业的需要，传动系能使动力输出轴获得不同大小和不同方向的扭矩和相应的转速，同时它又能切断动力，使拖拉机停车或停止动力输出轴的转动。动力输出轴的形式可分为标准转速式和同步式两种，标准转速式动力输出轴的转速不因变速箱的挡位而变化，只与发动机转速相关。同步式动力输出轴转速与驱动轮转速之比为一固定值，与行驶速度成正比，用于需要动力输出转速与拖拉机行驶速度成正比的农机具。同步式动力输出轴转速与拖拉机的行驶速度之间保持一定的"同步"关系，属非独立式动力输出，故当机组倒车时应将动力输出轴的动力脱开，否则农机具的作业机构将倒转。图 4-2-3 所示为拖拉机牵引机具作业。

图 4-2-3　拖拉机牵引机具作业

拖拉机输出动力的接合控制与主动力的传动控制相关联，根据动力输出轴操纵方式与主离合器间的关系，输出轴又可分为独立式、半独立式和非独立式动力输出轴三种。非独立式动力输出轴和行走主传动的通与断，均由主离合器操控，动力输出的操纵完全依赖主传动系统的离合器，因此无法独立实现动力传递的操控。这种传动系统的结构简单，但对机具的操作不方便。将传动系统与动力输出轴由两个离合器分别控制，但由一套操纵机构按先后顺序操作，这类动力输出轴为半独立式。对于综合利用性要求较高的拖拉机，可采用双离合器与双套操控机构，两套独立的操纵机构分别操控离合器而互不影响。

4.2.3　悬挂液压系统及其调节

拖拉机牵引农机具作业虽然简单方便，但在实际作业中存在一定的缺点，如转弯不灵活、无法倒行等。而采用悬挂方式不但能够克服这些问题，而且加强了机具的可控性。拖拉机的悬挂装置采用液压作为提升农具的动力，同时也利用液压系统的一些特性对机具进行操控。液压悬挂装置中的液压系统主要功用是作为提升农机具的动力，操纵农机具的升降，用液压系统自动控制耕作深度等。

4.2.3.1　液压系统

拖拉机的液压系统主要为悬挂机构升降提供动力，液压系统与悬挂机构构成液压悬挂装置。液压系统主要由液压泵、分配器、液压油缸、操纵机构和油箱、管路和滤清器等各种附件组成。液压油泵大多用齿轮泵或柱塞泵，所谓的分配器是液压系统中主控制阀或主控制阀及相关辅助阀集成体的通称。根据液压泵、油缸、分配器三个主要液压元件在拖拉机上安装位置的不同，液压系统可分为分置式、半分置式和整体式三种。分置式液压系统其液压泵、油缸、分配器三个主要液压元件分别布置在拖拉机上不同的位置，相互间用油管连接，大型拖拉机通常采用这类方式。半分置式液压系统除油泵单独安装在拖拉机的适当部位外，其余如油缸、分配器和操纵机构等都布置在一个称为提升器的总成内。整体式液压系统全部元件及其操纵机构都布置在一个结构紧凑的提升器壳体内，布置在变速箱的上部或后部，提升器的壳体作为变速箱盖的一部分，小型拖拉机通常采用此方式。

悬挂机构包括上拉杆、下拉杆、提升杆、提升臂和连接件等，提升杆件的一端铰接在拖拉机的后部，另一端以铰接方式连接农机具。这些杆件在液压油缸的作用下，将所连接的机具提升与降下。改变液压系统中分配器内滑阀的位置，使液压泵产生的压力油液进入或排除液压油缸的油腔，推动油缸的柱塞杆或活塞杆运动，带动悬挂装置的杆件上下摆动，可以实现农机具悬挂所需的提升、降落、中立及运输四种状态。完成这四种功能只是对机具的基本操作，任何液压系统均可实现。由于拖拉机农田作业的主要功用之一是耕地，拖拉机的液压悬挂系统还有自动控制耕作深度的功能，对机组的动力性能和作业质量有十分重要的影响。图 4-2-4 所示为拖拉机悬挂机具与耕地作业。

图 4-2-4　拖拉机悬挂机具与耕地作业

4.2.3.2　悬挂机具控制

拖拉机耕作时通常采用阻力、位置、高度控制三种方法控制农具的耕深，悬挂液压系统可在耕作机具耕深调节方面发挥良好作用。阻力控制又称力调节，是当作业时土壤中的耕作阻力发生变化时，液压系统自动做出反应调节耕作深度，以保持拖拉机的牵引力近似不变。在整个作业过程中液压系统均参与工作，机具始终由拖拉机背负。力调节必须有力的反馈，所以系统中增加了一套由杆件、弹簧等构成的装置。当农机具上的阻力变化时，这一装置将阻力变化信号反馈给控制阀，并迫使其向反方向改变状态，直至拖拉机牵引力达到新的平衡状态。对于土质均匀地块，即使地形有缓慢的起伏，利用力调节也能保持耕深一致。其优点是可使发动机负荷稳定，作业时机具的部分重量由驱动轮承受，可改善机组的附着性能。

采用位置控制的机具状态与前者一样由拖拉机悬挂，整个作业过程中液压系统均参与工作。位置控制与阻力控制一样，存在一套由杆件、弹簧等构成的反馈装置，只不过该装置反馈的信号是来源于所悬挂机具高低位置的变化。当悬挂装置的高低位置发生变化时，反馈装置将该变化信号反馈给控制阀，并迫使其向反方向改变状态，直至拖拉机悬挂装置回到原来状态。每一调节方式均有其优点也有其局限，也有将两者综合起来以提高适应性。高度控制对液压系统和悬挂装置的要求较低，作业中液压系统保持对提升臂与上下拉杆的随动不干涉即可。农机具的重量由其自身带有的地轮承担，悬挂机构的杆件保证机具在纵向平面内摆动，不需要复杂的操纵机构。

4.2.4　现代大型轮式拖拉机

轮式拖拉机随着农业生产需求的不断提高，其动力装置的功率、牵引力、体积、重量等都向更大的方向发展。大型拖拉机不仅是高功率，也是高技术水平的体现。大型拖拉机进行复式作业，需要前后悬挂和前后有动力输出，这对前桥驱动提出了要求。拖拉机最传统的结构形式是前轮转向、后轮驱动，大型轮式拖拉机同样也采用这种结构形式。大型拖拉机为了提高牵引能力采用四轮驱动方式，此时前轮也成为驱动轮、前桥为转向驱动桥。全轮驱动的拖拉机的前后轮尺寸一致，承载能力增大，可以分配更多的重量。这种形式的大型拖拉机结构紧凑，转向方式仍然采用前轮偏转的方式。

大型拖拉机质量大带来了对土壤的压实问题，为了减小对土壤的破坏通常采用一桥四轮或六轮的方式来增大接地面积、减小接地压力。常规轮式拖拉机有四个车轮，而大型拖拉机一般都安装八个车轮甚至更多，因此加大了转向难度。有的大型拖拉机不同于中小型拖拉机的结构形式，将机体分成两个部分，两部分之间铰接，前后两部分可实现绕铰接轴偏转一定的角度，折腰转向结构可使得转向能力不受单桥多轮的影响（图4-2-5）。前部分集中了发动机、驾驶室及主要传动装置，后部分主要集成了部分传动装置、牵引装置、动力输出装置等。以加装轮胎的方式提高拖拉机的附着能力是一种方式，更好的方式是采用履带行走装置。折腰转向结构的拖拉机为使用履带行走装置提供方便，拖拉机的行走装置由四组履带装置取代车轮，不仅体现履带拖拉机的优势，也在一定程度上集成轮式拖拉机的优点，这类拖拉机一般可以轮履互换。

图 4-2-5　CASE 大型折腰转向拖拉机

4.3　坡地联合收割机

联合收割机是一种田间移动作业机械，不特殊说明时通常指自走式谷物联合收获机，可以收获小麦、玉米、大豆等多种作物。联合收割机能够一次完成切割、脱粒、分离、清选作业流程，获得干净的作物籽粒。联合收割机虽然在结构上存在一些差别，但总的作业流程相近，行走特性相同。坡地联合收割机需在坡地进行收获作业，要求行走装置能够坡地行驶，整机结构需适于坡地作业。

4.3.1 联合收割机结构特点

4.3.1.1 作业装置布置特点

联合收割机从结构设计上考虑，通常将收割台部分设计成可快速拆装或可折叠结构，以便于互换与道路运输。因此联合收割机可视为由收割台与主机两大部分构成，所谓主机为除收割台以外的所有部分，其中行走与动力部分全在其中。联合收割机的收割台部分布置于前轮的前部，脱粒装置、粮箱等部分布置在靠近前轮的上部，整机的重心靠前，因此联合收割机采用前轮驱动、后轮转向的行走方式。前轮为驱动轮、后轮为转向轮，对于四轮驱动结构的联合收割机，后轮为转向驱动轮。联合收割机为了收获作业的需要，整个机体从前到后布置工作装置，这些工作装置集合起来构成主机体部分，主机体下侧连接行走装置，上侧布置动力装置。因此联合收割机不存在传统意义上的底盘，行走部分只是与主机体部分连接的前部驱动装置与后部转向装置（图 4-3-1）。

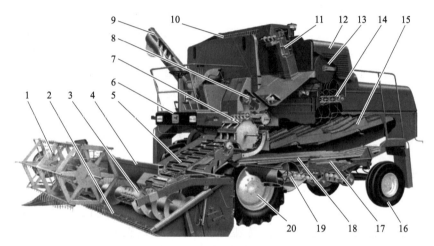

图 4-3-1 传统型联合收割机

1—拨禾轮；2—切割器；3—喂入搅龙；4—收割台；5—倾斜输送器；6—驾驶台；7—脱粒装置；8—杂余升运器；
9—卸粮装置；10—粮箱；11—籽粒升运器；12—发动机舱罩；13—旋风罩；14—逐藁轮；15—逐藁器；
16—导向轮；17—清选筛；18—抖动板；19—清选风扇；20—驱动轮

联合收割机采用的动力一般为柴油发动机，同时驱动行走部分和工作部件及辅助工作装置。发动机与行走部分分别布置在主机体的上下，传动距离较远。大型联合收割机有采用液压传动方式实现行走驱动的，一般中小型联合收割机均采用带传动方式，而且采用皮带无级变速装置实现行走无级变速。通常发动机横向布置，发动机输出带轮突出在机体的一侧，传动带在机体的侧面向下传动。行走驱动的传动路线是发动机、无级变速器、变速箱，再由变速箱分流到左右轮边减速器驱动车轮行走。

4.3.1.2 动力输出装置

联合收割机的动力装置均布置于机体的上部，位置高且远离行走装置和作业部件，与行走装置和作业装置均无法直接实现传动。所以带传动成为中小型联合收割机的特色，发动机动力通过带轮输出。对于单端输出的发动机，输出带轮输出动力基本分为三路，其中一路为联合收割机自身服务的辅助部分，主要用于驱动液压泵，通过液压系统再进一步用于行走转向、收割台升降等操控，占总动力中的比例很小。发动机输出的主要部分用于收获作业，这一路动力传递到中间传动装置，再分配给各个作业装置。最后一路是行走驱动，行走驱动所需的动力低于作业所需动力。

图 4-3-2　发动机动力输出装置
1—动力输出带轮；2—发动机飞轮壳；3—发动机机体

动力输出装置（图 4-3-2）主要由带轮、传动轴、飞轮壳三个部分构成，飞轮壳为漏斗形结构，大端罩住飞轮，并与发动机机体飞轮壳的外缘相连。小端通过轴承连接带轮，此时带轮所受的拉力通过轴承传递给飞轮壳。带轮的旋转扭矩由传动轴传递，传动轴一端与发动机的飞轮相连，另一端通过飞轮壳小端口出来与带轮的端面连接。这种结构确保了传动轴只传动扭矩，而不承受径向力。皮带拉力所引起的径向载荷由壳体承载，极大地提高了传动能力的同时，减小发动机输出部分的径向载荷。发动机的动力输出多为减速增扭，为此输出带轮直径越小，对后续的减速传动越有利。联合收割机的动力全部由该带轮传递，而且要分流传动给行走、作业、辅助等不同部分，所需动力的大小、传动速比均不同，所以在同一轮体上轴向必须同时存在几路传动，不同的传动路线采用的带形式又有所不同，因此该带轮轴向结构尺寸较大。

4.3.2　联合收割机的行走装置

行走装置所要实现的功能虽然一致，但完成这些功能的装置要根据作业机器的需求而发生结构或形式上的变化，以应对具体的特殊需求。联合收割机的大部分重量集中于前部，前桥大约承载联合收割机 80% 的重量，因此采用前桥驱动后桥转向模式。通常情况下前驱动桥由相互独立的三部分组成，即前桥主梁、变速箱和轮边减速器（图 4-3-3）。前桥主梁是主要承载部件，上侧与主机机架刚性连接，承载机体传递的载荷。左右两端连接轮边减速器壳体，轮边减速器输出轴与驱动轮连接，地面作用于驱动轮的垂直载荷通过轮边减速器壳体传递给前桥主梁。前桥主梁的后侧安装变速箱，变速箱的输出轴与前桥主梁平行，从变速箱的两侧分别与左右轮边减速器的输入轴相连，变速箱输出的扭矩通过轮边减速器驱动前轮旋转。

变速箱是行走传动最重要的部位，联合收割机的前进与后退要由变速箱来控制，行走传动的离合器集成在变速箱输入带轮上，行走动力的通与断也在变速箱上实现。驾驶员在驾驶室操作变速杆，通过拉杆或推拉软轴改变变速箱内的换挡齿轮位置，完成变速、换向操作。制动也与变速箱相关，变速箱通常在输出轴端加装一制动器，用于驻车制动。联合收割机的行车制动一般是通过制动传动轴来实现的，通过制动驱动轮边减速器的传动轴实现行车制动。轮边减速器是联合收割行走装置不可缺少的部分，轮边减速器有三种传动方式，应用最多的是圆柱齿轮外啮合传动的，也有采用内啮合传动的。这两种传动方式驱动轮轴心线与动力输入轴的轴心线平行。还有另外一种行星减速方式，这种方式驱动轮轴心线与动力输入轴的轴心线重合，其主梁成为管梁，驱动半轴从前桥主梁内通过，直接驱动轮边减速器。

图 4-3-3　前驱动桥组件

1—驱动轮；2—轮边减速器；3—变速箱输入带轮；4—驱动半轴；5—行车制动器；6—离合器；
7—变速箱；8—驻车制动器；9—前桥主梁；10—行车制动器；11—驱动半轴；12—轮边减速器

联合收割机的转向桥布置在后部，属后桥转向结构（图 4-3-4）。中小型联合收割机的后桥无驱动功能，大型联合收割机需要四轮驱动时，后桥成为转向驱动桥。后桥通常为专用的转向桥，转向桥用销轴铰接在机体后管梁上，支承联合收割机后部重量。转向桥可绕铰接轴摆转，以适应在不同地形和道路条件与地面接触。单一转向功能的转向桥结构比较简单，主要结构件转向桥梁为焊合结构。两个车轮转向由液压油缸驱动，油缸在液压转向器控制下，推动一侧的转向摆臂运动，该转向臂同时带动转向梯形中的转向拉杆，转向拉杆带动另一侧的转向臂运动，使得用转向梯形连接起来的两个转向轮协调转向。

图 4-3-4　后转向桥

1—机架；2—转向桥梁；3—转向油缸；4—导向轮

4.3.3　行走无级变速

联合收割机行走变速由变速箱实现有级变速，同时又利用无级变速装置实现无级变速。无级变速装置布置在发动机输出与变速箱输入的中间。常用无级变速装置的原理很简单，就是依据带传动时传动比随两带轮直径变化而改变，有单变速带式与双变速带式两种形式。

4.3.3.1　单带式无级变速装置

单变速带式无级变速装置可理解为可变径带轮机构，它必须与另外一变径带轮组合，才能实现变速功能（图 4-3-5）。通常是发动机的动力定传动比传递到主变速轮，主变速轮与变速箱输入带轮相匹配组成变速装置。主变速带轮与变速箱输入带轮的轴线平行且位置不变，变速传动带的长度也不变，变速时使两组变速带轮的动盘轴向滑动而且滑动方向相反。主变速轮安装于机体的侧壁上，轴线与变速箱输入轴线平行，核心部件是动盘与定盘，其中动盘可由油缸操控沿轴线移动。等速传动时皮带位于两带轮轮径的中间位置，需要变速时操纵无级变速油缸手柄使变速油缸伸缩，致使带轮的动盘被无级变速带挤压横向滑动，改变带轮工作直径达到变速目的。与之相配合的变速箱输入带轮也是一可变径带轮，无级变速器带轮直径变大时，该带轮轮径被动变小，反之亦然。

图 4-3-5 单带无级变速装置

主变速轮的动盘由驾驶员通过液压系统操控移动，变速箱输入带轮的动盘是在张紧弹簧与皮带拉动的双作用下移动。当进行增速时油缸驱动主变速轮的动盘向定盘靠拢，主变速轮工作半径变大，导致皮带拉动变速箱输入带轮的动盘向外滑动，工作半径变小。反之控制主变速动盘向反向外移，则实现减速传动，变速箱输入转速下降。这种变速装置可以设计成具有增扭功能，能实现按行走所需驱动力的大小自动张紧或放松变速皮带，也称之为增扭器。当行走阻力变大时，皮带在带有增扭功能变速带轮的主变速轮定盘与动盘之间打滑，这导致皮带带动动盘相对定盘转动一个很小的角度，相对运动又使动盘向定盘方向靠拢而将皮带拉紧，直到消除打滑为止，从而实现增扭作用。

4.3.3.2 双带式无级变速装置

双带式无级变速装置的特点是变速箱输入带轮无需变径，中间变速带轮自身变径即可（图 4-3-6）。双带式无级变速装置的核心部件是中间变速带轮，该变速带轮布置于发动机与变速箱传动的中间，通过两条传动带将发动机的动力传入变速箱。变速带轮与两条变速带不仅将发动机与变速箱联系在一起，而且通过变速带轮位置的变化实现行走无级变速。变速带轮由定轮和可在其间轴向滑动的动轮组成，动轮与定轮共同构成双槽带轮。其中动轮是构成双槽带轮变径的核心件，动轮沿轴向运动时双槽带轮一轮径变大、另一轮径同比例变小。中间变速带轮通常利用油缸驱动摆臂实现位置的变化，当油缸推动摆臂运动中间变速带轮的位置发生变化时，变速带迫使动轮滑动而改变左右位置，致使左右两带轮轮径改变而平衡被破坏，传动速度发生变化。

变速带轮相对发动机带轮与变速箱输入带轮位置不变时，两条变速皮带作用于变速带轮的力平衡，动轮左右受力相等而保持相对定轮的位置不变，行走装置按照此时形成的传动比稳定工作。当变速带轮沿转臂摆转形成的轨迹运动时，变速带轮的轴心与发动机带轮的轴心

图 4-3-6　双带式无级变速装置

距离、变速带轮与变速箱输入带轮的轴心距离均发生改变，并且尺寸变化近似相等而方向相反。假设变化的趋势为远离发动机带轮方向，这时发动机与变速带轮间的变速带被拉紧，同时变速带轮与变速箱输入带轮之间的皮带变松，导致动轮向后者方向滑移，直至两条变速带作用于动轮的力达到平衡。此时变速带轮与发动机传动一侧的轮径相对原位置时变小，而与变速箱传动一侧的轮径变大，因而行走速度变大。反之向远离变速箱输入带轮方向运动，则行走速度变小。双带式无级变速装置存在的问题是变速带轮需改变位置，变速带的传动面也随变速而发生偏摆。

4.3.4　坡地联合收割机

坡地联合收割机区别于一般联合收割机的集中体现就是机体调平，机体调平系统包含横向调平与纵向调平，调平的结果要达到割台及行走装置与地面基本平行，而主机体、动力装置及驾驶室保持基本水平，为此与行走部分相关联的机架部分需要采用特殊形式的结构，通常通过液压执行装置实施调平功能（图 4-3-7）。

图 4-3-7　作业中的 Claas 和 Deere 的坡地联合收割机

4.3.4.1　机体横向调平

联合收割机结构布置的共性是割台位于前轮前部，割台的横向宽度大于机体的宽度。一般的联合收割机的割台与主机挂接后与主机体相对位置不变，作业时割台、机体均与地面平行。当在坡地作业时，联合收割机如果仍保持在平地的作业状态，则要增加收获损失和降低作业效率。横向调平后的联合收割机作业时，割台与地面平行，机体保持水平。横向调平集中体现在前桥部分，主要有桥架分离、桥架一体两种实现的方式。所谓的桥架分离结构是指前桥与主体机架不刚性连接，前桥与主机架之间铰接，即前桥可以相对机架摆动。这类结构的前桥中部与主机架铰接，两联动液压油缸布置于铰点的两侧，油缸控制前桥与主机架之间的相对位置。平地作业时两油缸的长度一致，前桥与机架之间保持平行；在坡地作业时，其中一油缸伸长的同时另外一油缸缩短，使前桥与主机之间形成一与坡度反向、角度相同的夹角，使机体保持水平状态。

前桥与机架刚性连接在一起才可谓桥架一体结构，桥架之间一体就无法实现相对位置变化，也就无法产生相对角度，此时只能采用另外的方式实现机体与地面之间的角度变化。实现的方式是通过两驱动轮之间的相对位置变化，使得左右两侧的离地间隙发生变化，从而实现调平作用。驱动轮相对位置变化的实质是轮边减速器位置变化，普通联合收割机的轮边减速器固定在前桥横梁上，而调平联合收割机所采用的轮边减速器不同，该减速器与机架铰接，并且可绕铰接轴心线摆转。轮边减速器分别铰接在前桥横梁两侧的机架侧壁上，可绕铰接轴在纵垂面内摆转，两根油缸分别控制两个轮边减速器的摆动角度。两油缸伸长的长度一致时，前桥横梁与地面平行，此状态用于常规平地条件作业。当在坡地横向作业时，处于低侧的油缸伸长，而高侧油缸缩短，使得低侧轮边减速器前端向下旋转，增大这一侧的离地间隙，另一侧同理减小离地间隙（图4-3-8）。

图 4-3-8　轮边减速器调平装置
1—左调平油缸；2—左减速器；3—左壁；4—前横梁；5—变速箱；6—右壁；7—右调平油缸；8—右减速器

4.3.4.2　机体纵向调平

联合收割机的传统结构是前后桥与机架直接连接，具有纵向调平功能联合收割机的后桥与机体的连接方式发生变化。纵向调平装置主要由纵摆架、纵向调平油缸、后桥构成，纵摆架前端与联合收割机的机体铰接，后端连接后桥。两纵向调平油缸固定在机体的两侧，油缸的活塞杆的顶端连接纵摆架。油缸伸缩迫使纵摆架绕铰接轴摆转，改变后桥与机体之间的垂直距离，从而实现整机纵向与水平面的角度变化。

联合收割机调平离不开液压系统，调平液压系统（图4-3-9）原理比较简单，联合收割机的调平系统可以单独实现一个方向的调平，也可两个方向同时调平。若纵向调平与横向调平相互独立，则纵横两方向调平由两套调平系统实现。横向调平由前部左右两油缸实现，当横向调平换向阀处于开启位置时，左右侧油缸相向伸缩运动。当该阀处于中立位置时，油缸保持给定状态直至换向阀再开启进行重新调整姿态。纵向调平由后部左右两油缸实现，两油缸并联、动作方向一致。当油缸下腔进油时活塞杆伸出，增加后部的离地高度，在上坡收获时使用。当换向阀处于中立位置时，保持两油缸状态不变。联合调平则由一套电液系统实现自动调平，也可将自动系统关闭由手动模式操作，实现横向水平和纵向水平独立控制。

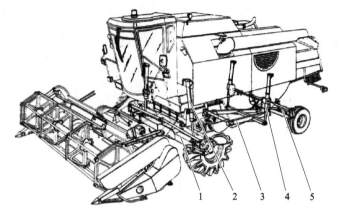

图 4-3-9　坡地联合收割机调平液压系统
1—前桥横梁；2—横向调平油缸；3—纵摆架；4—纵向调平油缸；5—后桥

4.4　林木联合采伐机

　　林木联合采伐机是一种集伐木、打枝、造材等功能于一身的多功能林地作业机械，经常在地表凸凹不平、地况随机、倾斜无序、土壤松软的林木生长环境作业，在具备联合采伐功能的同时，需要具备一定的爬坡能力、越障能力以及良好的通过性和稳定性。多轮结构的联合采伐机能够较好地适应林地作业环境，满足行走与作业要求。

4.4.1　林木联合采伐机与联合采伐

4.4.1.1　林木联合采伐机

　　联合采伐机的行走装置有轮、履两种形式，轮式采伐机通常以车轮数量不同分为四轮与多轮结构形式，多轮轮式联合采伐机常见的是六轮形式，少量重型轮式联合采伐机也有采用八轮形式的。轮式联合采伐机的底盘多采用双体铰接式车架，这种车架构造利于林木联合采伐机在林地作业时保持车身的稳定性，同时具备一定的越障能力。一般后车架承载动力系统总成和驾驶操控系统总成，前车架承载工作臂和伐木工作头等采伐作业的主要装置，采伐机驾驶室大多直接安装在车架上，也有部分型号的采伐机将驾驶室安装在与工作臂同步旋转的底座上，以保证工作臂作业时操作人员能有良好的观察视线。联合采伐机的驾驶室不设方向盘，采用手柄操作方式实现各种运动。图 4-4-1 所示为联合采伐机。
　　联合采伐机要实现的目标功能是采伐作业，而采伐作业的核心部分是机械臂与采伐头，二者各有其功能，共同完成伐木作业。采伐头安装在机械臂的前端，通过销轴与工作臂实现铰接，通常呈悬吊状态。在作业过程中工作臂负责伸展、升降、移动等运动，夹抱树干、伐

图 4-4-1　作业中的联合采伐机

木、测量、打枝、造材等核心伐木功能由伐木头完成。采伐机工作过程中的伸展、旋转、切割与夹持，这些运动的实现与动力的传输均由液压系统实现，液压系统是采伐作业装置的重要组成部分。轮式行走装置用于采伐机有其自身的优点，但也存在一定的不利因素，为了增加通过能力与附着能力，有时在车轮上加装履带装置以提高采伐机的行驶性能。

4.4.1.2　林木的联合采伐作业

林木的采伐是为了获取树木的主干可利用部分，采伐工艺一般有原木方式、原条方式以及全树利用方式。原木方式易于作业、方便运输，应用最为普遍，同时另外两种方式因地形及作业条件不同，作为辅助方式。与原木作业方式相匹配的作业机械主要是联合采伐机、原木集运机等。林木联合采伐机主要由底盘、工作臂和伐木头三大部分组成，底盘为多功能采伐联合机提供支承，为采伐联合机的行驶、工作臂和伐木头的运动提供动力。工作臂安装在底盘上，能够灵活自如地将伐木头送达它作业范围内任意位置，并能轻松地将锯断的树木提升一定高度。伐木头安装在工作臂前端，能够完成伐木、打枝、量材、造材等一系列工序。驾驶及操作的控制装置以手柄与按键为主，不用方向盘操控方向，整个采伐作业由一人在驾驶室内操控采伐机完成采伐、打枝、造材的整个过程。

在采伐作业时，操作人员在驾驶室内驾驶采伐机进入作业场地，采伐机行至直立的树木前，选择自动或手动模式控制伐木头的夹树爪夹紧树干，然后齐根锯断，再由伐木头进一步完成打枝、造材等作业。采伐作业一般首先是操控作业臂将采伐头放置到所要采伐目标的树杆的最下部，操控采伐头抱紧该树的树干，然后锯断树干，锯断的树向一侧倒下。再控制两个驱动辊在树干上转动，使树干相对采伐头移动，采伐头上安装的长度测量装置计算出树干的长度，到规定长度时驱动辊停止转动，伐木锯再次锯断树干。如果树干较长，再继续驱动驱动辊使树干继续移动至规定的长度再截断。在树干移动的同时打枝刀将树干上的枝叶除去，以使采伐后的木料为比较统一的原木。一棵树伐完后可以通过旋转工作臂、工作臂的伸缩等方式将采伐头运动到附近的另外一棵树的下部，再重复上面的作业。当附近能接触到的树已伐完，移动采伐机靠近其它树木，继续重复进行这一工作。

4.4.2　轮式采伐机结构特点

轮式采伐机采用前后两车架铰接结构，前后车架铰接有利于减小转弯半径。通常前车部分安装作业装置，即工作臂及采伐头，而后车主要是动力装置部分。驾驶室作为联合采伐机的操控室，存在不同的布置位置，其布置位置直接影响采伐机的整机结构。驾驶室布置于前车架，则前车架上集成作业装置与驾驶室，后车架承载动力系统总成。驾驶室与采伐装置靠得较近，有的采伐联合机驾驶室与工作臂被同步安装在旋转底座上，这样的设计有利于操作者在作业时能够更大范围地看到周围空间情况，提高工作效率与安全性。另一类结构的采伐机前车只有采伐作业装置，而驾驶室与动力装置都集中在后车架上，作业装置的运动与驾驶室不相关联。

采用铰接转向结构的几种林木采伐机无论车轮数量多与少，实质的驱动都是两驱动桥，即机体前后两部分各配一驱动桥，只是驱动桥所驱动车轮的数量不同。四轮结构为传统结构形式，前后车架各配置一驱动两轮的驱动桥。桥与机架的连接一般前车采用固定连接，后车架与车桥采用铰接方式连接，后驱动桥可绕水平销轴摆动，从而减轻地形变化对车架的影响。六轮式采伐机其中一桥为传统结构形式，而该桥通常与后车架相连，前车部分采用摆动式驱动桥。这种驱动桥的特点是左右两个摆臂可独立绕桥轴心线摆动，每个摆臂连接两车轮。两个车轮既可同时接地实施驱动，也可单一接地实施驱动，不但可有效地应对地面的凹凸，并且利于保持车体的稳定。八轮结构的联合采伐机前后车桥均为摆动式驱动桥。图 4-4-2 所示为林木采伐机结构。

图 4-4-2　林木采伐机
1—采伐头；2—工作臂；3—前车架；4—驾驶室；
5—动力室；6—后车架

采伐机前后车架均是由两根纵梁和若干根横梁连接组成的，纵梁和横梁之间用铆接或焊接。前后车架下部分别连接前后驱动桥，上侧安装相应的装置，二者铰接后成为采伐机的基础车架。

前后两部分铰接简单的方式是将前后车架通过垂直铰销连接，二者可绕铰销相对偏转。利用液压油缸操控偏转角度，实现行走转向功能。为了提高复杂地形的适应能力，在前后车架间增加一铰接机构，使得前车架和后车架之间可以绕纵轴水平摆动实现自平衡。采伐机遇到障碍物时能够被动地跟随地形的起伏变化改变自身的姿态，车架能够自动进行横向平衡适应地形，使轮胎时刻与地面保持接触，增强了联合采伐机对地形的适应能力，从而提高通过性能和抗倾覆性。图 4-4-3 所示为林木采伐机前后车架。

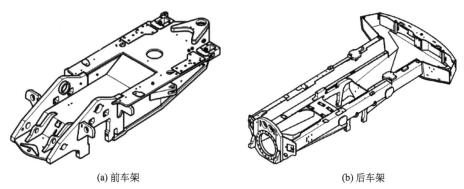

(a) 前车架　　　　　　　　　　　　　(b) 后车架
图 4-4-3　林木采伐机前后车架结构示意图

车桥与车架之间铰接在一定程度上提高车辆对地面的适应性，前后车架之间实现水平摆转则车体能够自动进行横向平衡，极大提高了对凸凹不平地面的通过能力。但是对于伐木作业而言，还有一定的缺欠。由于车架与桥刚性连接，工作臂与车架刚性连接，在地面出现横向不平时，可能导致驾驶室倾斜、工作臂侧偏的情况，此时为作业带来一定的困难。采伐装置底座与前车架连接，工作臂必须随前车架的姿态而完成作业。驾驶室连接在前车架或后车架上，同样存在这类问题。但在地面不平条件下作业时，由于前后车体相互偏转，可能出现操作人员偏斜作业、操作人员与作业装置存在偏角的状态。为此有的产品通过调节驾驶室及工作臂同机架的相对角度，通过复合车架实现舒适作业状态。

采伐机的驾驶室布置比较灵活，在不同的产品上有所不同。当驾驶室布置于前车架时，驾驶室可以设计成旋转结构，而且可以实现调平。复合车架结构的采伐机解决了驾驶室调平与旋转问题，在传统车架结构的基础上再增加一辅助机构调整驾驶室的状态，可将驾驶室与机械臂集合到该车架上，通过保持该车架的水平达到驾驶室与工作臂水平。前后机架在作业和行走过程中随地况的变化发生相对偏转，该车架可以通过传感单元采集数据，通过控制调平油缸调平使得车架保持水平，从而使驾驶室与工作臂能够保持横向与纵向水平。

4.4.3　采伐机行走装置

行走装置是联合采伐机的重要组成部分之一，也是具有特色的部分。为了把发动机的动力有效地变成驱动扭矩，在林区地况发挥出驱动力实现行走功能，大型联合采伐机行走装置采用独特的摆臂式驱动桥实现动力传动与纵向仿形。

4.4.3.1　行走传动

联合采伐机作业时重量载荷在前部，需要一定的重量保持车体稳定，因此车辆自身的重心尽量向后布置，所以非作业装置尽量布置于后车架上。林木采伐机采用铰接转向结构，采用四轮结构的采伐机前后车架各配一驱动桥，采用六轮结构的采伐机则前车部分为单桥四轮结构，后驱动部分仍为传统结构，根据载荷要求可能需要加大轮胎。为了更好地适应地面条件，单桥四轮结构的桥侧端动力通过齿轮传动到两轮，两侧传动可绕中央传动轴线摆转一定的角度，这样使得左右两侧的驱动轮可根据各自的行走地况实行仿形。两轮可绕桥摆动以减小将车轮架空的可能性，提高附着能力，行走时即使一轮着地也能实现驱动。

动力传动从发动机输出到驱动桥的动力输入这一阶段，液压传动优势较大，可采用机械液压组合变速传动结构。伐木机行走驱动桥结构较为特殊，动力输入与一般的驱动桥一样，从桥的中间输入，输入后在桥内分流向两侧传动。驱动桥也由中间桥部分与两侧左右两个摆臂部分组成，两摆臂相互独立，既能有效地传递动力到驱动轮，又能应对地面的凸凹而保持车体的稳定。动力传到桥侧后不是直接通过末级减速驱动车轮，而是通过几对齿轮将动力同时向前后两方向传递，前后两方向的动力再经行星齿轮减速后驱动车轮，这种结构形式在凸凹不平的地面始终能够发挥驱动作用。因为每一侧采取双流传动，即使有一个车轮悬空，另外一个轮仍然可以发挥驱动作用，保证了在任何状态都有驱动轮与地面接触。

4.4.3.2　摆动驱动桥

采伐机的驱动桥同样承受整个机器的重量，传送来自传动系统的扭矩，吸收和缓解机器在行驶过程中受到的振动和冲击，以及承受整机的牵引力和制动力。但由于采伐机行走的地貌条件所致，其车桥的形式与结构存在一定的特性。车桥与车架相连，输出端与车轮相结合。其中间桥壳与车架刚性相连，中间车桥的内部为中央传动及制动器，动力从中央传动输入驱动桥后向两侧分流，在中央传动的两侧布置有制动器，通过中间传动制动达到制动车轮的结果。侧端传动经中间齿轮同时向前后两端传动，传动机构保障可同时驱动两轮，也可单独驱动一轮。侧面传动外部箱体部分如同摆臂起平衡作用，在不同位置时传动均不受限制，即中间桥与摆臂之间、两摆臂之间不受任何姿态限制。图4-4-4所示为伐木机摆动驱动桥。

摆动驱动桥的特点是中间传动部分与传统结构差别不大，两侧的传动则由传统的一路变为两路。两侧传动部分既是轮边减速器，又是随动装置。摆动部分的外壳用于承载重量载荷，并可随地形的变化绕主传动轴心

图4-4-4　伐木机摆动驱动桥

摆动，又称其为平衡箱。动力在其内首先纵向传动，然后再横向传递给车轮，在传动过程中还实现减速增扭。驱动桥为一桥四轮结构，每侧的两轮应保证结构尺寸完全相同，这样才能实现行走速度相同。为了提高对复杂的林区地貌的适应性，有时在双轮的基础上加装履带挂板，保证双轮驱动速度一致是加装履带式挂板的先决条件。

4.4.4　原木集运车

联合采伐机是在林木生长的现场将树加工成圆木木材，木材采伐后的另外问题是将木材运出采伐场地。原木集运车就是用于运输这类木材的车辆，其与采伐机有着同样的使用环境，只是作业的目的不同，因此行走方面面临同样的制约。原木集运车为了装运木材，不但要能承装运输，还要有自装卸能力，否则还需要配备林间木材装卸机具。正因如此原木集运车在一定程度上与采伐机的作业接近，其基本结构形式与采伐机也相近，同样采用双机架结构，只是具体的功用有所不同。每个机架采用的行走装置为单桥四轮结构，为了提高承载能力，有的集运车用于装载的后车架的行走装置增加一组车轮。

原木集运车的主要任务是运输作业，同样需要在崎岖山坡和遍布伐后残余树桩的林间行走，除了发挥运输、牵引功能外，自身的机动性、通过性和安全性的要求也与采伐机相一致，具有折腰转向、转弯灵活、爬坡能力强等特点。集运车前后两车架的功用与采伐机也有一定的相似，其中前机架上集合了驾驶室与动力装置，后机架上安装放置圆木的栅栏和起吊装置。起吊装置为了能够装卸圆木，所要实现抓取原木的动作与采伐作业装置有一定的相似，起吊装置同样有作业臂与抓钩。起吊装置布置在后车靠近驾驶室一端，后车主要是用来放置原木，一般在基础车架的上部设置便于放置、装卸原木的机架（图4-4-5）。

原木集运车的前车集成了动力装置部分与驾驶室部分，两部分布置紧密，相对位置不变。原木集运车作业通常存在两种工况，运输作业工况操作人员驾驶车辆行走，前车在前牵引后车，而在装卸作业时需要操作人员面向后车进行装卸作业，因此这类集运车驾驶室内需要能够双向操作。每个生产企业的产品都具有一定的关联性，因此同一厂家生产的原木集运车与联合采伐机的动力装置、行走装置等部分，通用性较强，甚至可以采用通用模块。

图 4-4-5　原木集运车

4.5　轮式装甲战车

　　轮式装甲战车（图 4-5-1）是用于军事作战的一类轮式车辆，能最大限度地在气候条件和地形特点不同的地理区域实施机动，有进攻、输送、指挥和侦察等多种用途。使用环境及作战功用决定了其在战技性能、结构和零部件等方面都具有自己的特点，车体结构与车内布置方式则依车种与用途而异。其车体常用防弹装甲板焊接而成壳状车体，行走装置通常为多轴全轮驱动形式，具有出色的通过性能与机动性能。

图 4-5-1　轮式装甲战车

4.5.1　概况与特点

　　轮式装甲战车具有较强的安全防护能力和维持中、远距离作战任务的能力，需要在负载较重的状态能够机动灵活，并具有较强的通过能力。为实现这些特定的要求，应尽量提高行走装置的机动能力，同时增加轴数以增强承载力与跨越壕沟的能力。轮式装甲战车以六轮和八轮结构形式为主导车型，四轮用于轻型轮式战车，十轮以上用于重型装甲战车。装甲战车多采用前置或中置发动机，车体后面开有车门。运输型战车室内普遍安装悬吊式座椅，不但提高舒适性，还能减轻因地雷爆炸等产生的冲击。轮式装甲战车多采用独立悬挂结构，通常将行走传动机构包含在车厢体内，这样可以保护传动机构，但增加内部噪声。也有布置在车体外的，以降低车内噪声，且便于维修。

对轮式装甲战车的期望是具有轮式车辆的灵活性，又有履带式车辆的通过能力，这样的车辆就需要配置比较复杂的驱动系统。履带式车辆将发动机动力传递给行走驱动装置所需的传动轴数量少，一般仅需驱动两个轮即可。而对于轮式装甲战车而言，由于多轮驱动则需要多轴驱动。对于行走装置而言车轴的数量多通过性能好但结构复杂，为了提高机动性能还要尽量缩短轴间距。动力装置产生的动力经变速箱传递到分动箱，然后还需要更多的传动轴将动力向前和向后分配到多个差速器，之后再由半轴将动力传到每个车轮。总体结构布置考虑到实战的要求，轮式装甲战车车体底面与上部厢体底面间存在一定空间，用于安装传动装置、转向装置等。车体底部采用强化结构的复合装甲，用于防护车底以免被地雷炸毁。具有水上浮渡能力的轮式战车，还有水中推进装置，其前方有潜望镜等装置。

整个车体内部由驾驶舱、动力舱、战斗舱和乘坐舱等部分组成，动力装置的布置决定整体结构的形式，布置形式主要有动力装置前置、后置与中置三种。车体前部左侧为驾驶舱，动力装置布置在车体前部右侧，用隔板将乘坐舱室与动力舱隔开。不同车型中部根据自身配备武器装备不同可能有所不同，或为战斗部位、或为乘坐舱室。用于运输的装甲车后部为载员乘坐舱，这种结构的舱门可开在后尾侧，可以开设较大的尾门或动力操控的跳板式大门，绝大部分轮式装甲车采用这种布置。动力装置放置在车尾部时，驾驶员与车长在前部并列驾驶。因中间部分为乘员舱室，后部放置动力而无法开设车门，搭载的成员只能通过车体的侧门和顶部舱口出入车辆。这种布置形式重心偏后，如果是水陆两栖车辆，则浮渡性较好。动力装置放置在中部同样可保持前置并列驾驶舱，后部也可形成完整的载员舱，可以开设大尾门以方便作战人员快速上下。但动力舱的热量与噪声对驾驶人员和后舱人员都有影响，实际应用并不常见，只有少数车辆采用。

轮式装甲战车行走不同于履带式装甲战车的地方即为轮胎，轮胎突然失压对高速行驶中的车辆可能产生灾难性后果，而用于战场环境使用的轮式装甲战车更需考虑轮胎失压问题。为此几乎所有的轮式装甲战车普遍采用防弹轮胎，采用防弹轮胎的主要目的就是尽量减少轮胎的破损造成的减压效果。可以采用特殊材料及特殊结构，在轮胎被击穿或破损时还能保持轮胎的支承能力而不会过分变形，能够保证一定程度的后续机动性。如当轮胎被击破后，战车虽然不能保持高速行驶，但能够保证以一定的速度行驶一定的距离。除采取措施解决轮胎自身防弹功能外，还有采取主动控制轮胎气压的方式使轮胎保持一定的压力，此方式需在车上配备充放气系统实时调节胎压。高水平的调压系统在车辆行驶过程中就可以调节轮胎的压力，可以通过调整各个轮的压力来适应高速路、乡村路、泥沙路、田地等复杂情况和突发事件，驾驶员操控控制面板上安装的轮胎压力调节系统的压力调节控制开关即可实现调节。

转向功能的优劣直接影响车辆的灵活性，轮式装甲战车需要行驶灵活，需要相应的转向系统相适应。多轮车辆的转向能力与每一轴是否具有转向功能相关，转向能力强则需要多轴实现转向功能（图 4-5-2）。双轴四轮车辆的前轮具有转向功能，后轮一般不配置转向功能，

图 4-5-2　多轮转向系统

除非有特殊要求。对于多轴车辆而言，为了实现较小的转向半径，通常采用多轴转向结构。轮式装甲战车为多轴车辆，所以也采用多轴转向方式甚至全轮转向结构。一般前两桥为转向桥，后部轮桥不具有转向功能。也有采取前桥与后桥为转向桥，中间桥不具有转向功能的。一般采用液压转向器操控转向机构，通过机械拉杆使四轮联动转向，或多轮联动转向。驾驶员通过操纵方向盘实现转向，根据地形和车速选择不同的转向模式。采用双桥或多桥转向以提高灵活性，有的战车配备前后双驾驶舱，以便在窄路上不用掉头即可驾驶。

4.5.2 动力与传动

动力装置是任何自行走车辆所必不可少的装置，强劲的动力是轮式装甲战车的保证。早期的战车为了提高功率，又受当时技术条件的限制，有采用双发动机的方式。现代轮式装甲战车普遍采用柴油机，通过增压中冷、高压共轨等手段提高发动机的潜能，高功率是其动力装置的特征。动力传动是任何车辆所必需的环节，对于轮式车辆而言，发动机输出的动力经离合器或液力偶合器、变速箱、分动箱、差速器、轮边减速器等装置后再到车轮。轮式装甲战车是一种多轮驱动结构的车辆，而且轴距较短，又有复杂路面行驶的要求，传动系统也有自己的独特形式。

轮式装甲车传动的特点是传动路线长、多驱动轮，而且采用机械传动，因此传动路线相对复杂。传动方式与多种因素相关，动力传动需与驱动形式、悬挂结构等相协调，因此也存在不同的传动方式。轮式装甲车全轮驱动，而且左右车轮各自独立地与车架或车身相连，这既为传动带来了方便，也使得传动复杂。由于独立驱动，因此在传动上就不一定采用同轴中间差速的传统传动方式，因此就有了"H"形传动路线。在轮式装甲车上从纵向传动路线上看，有中央单路传动和两侧双路传动，其中中央传动称为"T"形传动，而两侧传动称"H"形传动。无论哪类传动，由发动机到变速箱这一段的传动方式大同小异，只是从变速箱出来的动力经分动器再将动力向下级传递，此时传动路线发生变化。

对于"T"形传动而言，分动箱的动力分别向前后传递动力到最近的贯通差速装置，该装置的轮间差速装置再将动力左右分配，经左右传动半轴传到驱动轮。贯通差速装置同时将另一部分动力继续向下一级驱动轴传递，依次完成动力的传递。贯通差速传动装置除了具有轮间差速能力外，根据需要可以实现轴间差速。"H"形传动配置一个中央差速器，发动机动力通过变速装置后，首先传入中央差速器，然后分别传递左右主分动装置，主分动装置进一步将动力向前后依次传动到下级传动装置。动力到每一传动装置后改变传动方向，再通过万向传动轴传递动力给驱动轮。"H"形传动中大部分传动部件安装在车体外部，便于维修，车体底甲板平展，同中央传动比增加车内可利用空间。缺点是由于每侧的所有车轮以机械方式连接在一起，具有相同的角速度，容易在车辆转向或车轮在负载情况下转向半径不同时出现车轴拖动现象，加剧轮胎磨损。

安装两台发动机的轮式装甲战车，采用双发动机分别驱动四个驱动桥，两发动机均在车尾的动力舱中平行布置、传动形式相同，分别驱动一、三和二、四两驱动桥。发动机的动力传到变速箱后，变速箱将动力传给分动箱，由分动箱将动力通过前后输出端传入两驱动桥。水陆两用的轮式装甲战车为了水路驱动，变速箱还有一输出端用于驱动水上推进器，两变速箱可同时驱动水上推进器。如苏联研制的 BTR-60 轮式装甲战车，发动机的动力从后传动箱分两路传出。一路向前通过中间传动轴传至前传动箱，用于陆上行驶。另一路向后经第一、第二水上传动轴传至水上传动箱，驱动位于车体后部的两个螺旋桨推进器，用于水上推进。浮渡时驾驶员通过操纵装置挂上后传动箱的水上前进挡或倒退挡后，动力即可传至水上传动箱，再通过左、右推进器传动轴及传动箱传至水上推进器，战车即可在水上前进或倒退。在陆上行驶时水上传动系统分离，动力全部传给陆上行驶系统。该车的水上传动系统和陆上传动系统可同时工作，也可单独工作，在战车入水或出水时，驾驶员可同时挂上水上挡和陆上低挡，两个传动系统同时工作，车轮和螺旋桨同时转动，这样战车入水时车轮可以起到助推的作用，出水时车轮可以起到加快出水速度的助力作用。

4.5.3 行走悬挂装置

轮式装甲车行走装置除了实施驱动能力外，还要解决多轮车辆的转向与悬挂等问题。悬挂装置在轮式装甲战车中十分重要，悬挂装置与行动部分的结构形式紧密相关。轮式装甲战车轴距较短、结构紧凑，而且要求具有较高的减振缓冲效果。期望每一个车轮都单独与车体相互连接，其中一个损坏不影响行进中的其它车轮与车体的关系。因此除个别早期战车采用非独立悬挂外，基本上都是独立悬挂结构。独立悬挂使得轮式装甲的每一车轮都能实现独立垂直运动，对于不平地面的适应性强。但多轴结构的独立悬挂装置还要根据车轮的驱动方式、转向功能等不同，采取相匹配的结构形式。

悬挂装置因适应车辆工况而确定，因此同一车上不同轴采用的悬架装置既可以相同，也可不同。前后一致的悬架用于全轮转向的装甲战车较合适，其机构形式相同，该车的所有车轮均采用统一独立悬挂。而对于后部不转向的车辆，悬挂装置则可以前后不一致。考虑战车前部在行驶越障过程中受到的冲击较大，前部的缓冲空间变化较大，同时悬挂装置的形式与行走部分是否需要实现转向功能相关联问题，前后悬架也可设计为不同结构。轮式装甲车的悬架也是由弹性元件、减振装置和导向机构三部分组成的，在有些情况下某一零部件兼起两种或多种功用，独立悬挂的弹性元件一般多采用螺旋弹簧和扭杆弹簧。一般当弹性元件为螺旋弹簧时，常常在螺旋弹簧中间装有双向作用筒式液压减振器。在车体上还装有车轮上、下行程限制器，可防止车轮过度上跳和过度下垂。采用独立式扭杆悬挂和减振器组合的悬架结构形式与轻型越野车上采用的扭杆悬架的结构相近，扭力杆纵向布置在车体的下部，杆的一端与车体上的固定座连接，另一端与悬架臂的一端键连接。图4-5-3为悬架形式。

图 4-5-3 悬架形式

独立悬架的组合方式基本是摆臂与弹簧的组合，摆臂可以是单摆臂，也可是双摆臂结构。单臂独立悬架通常由支柱式减振器与下横臂两个基本部分组成，减振器可兼作转向主销，转向节可以绕着它转动。支柱式减振器除了减振还有支承整个车身的作用，其结构极为紧凑。把减振器和减振弹簧集成在一起，螺旋弹簧套装在减振器外部，组成一个可以上下运动的滑柱，这种独立悬架用在轮式战车的前轮。如锯脂鲤轮式装甲车前轮的悬挂装置即是这种结构，带有螺旋弹簧的减振器的底部支承在下部的叉臂上，而支柱的上部被铰接到车架上，减振弹簧套筒直接作用在车体与下摆臂上，具有良好的行驶稳定性。双横臂式悬架结构相对上述单臂悬挂在结构上得到加强，同时当一侧悬架因惯性收缩时，车轮的外倾角变化也相对较小。

独立悬挂的弹性元件既可以是螺旋弹簧，也可以是扭杆装置。前者采用螺旋弹簧为弹性元件，后者以扭杆为弹性元件。以扭杆为弹性元件与横臂独立悬挂结构组合时，扭杆纵向放置，则安装在车体的两侧，叉臂的大端和扭杆连接，靠扭杆实现摆臂摆动。轮式装甲战车后部的非转向轮，采用扭力杆为弹性元件的结构可以实现纵向摆动，此时的悬架摆臂结构也相对简单，扭杆悬挂装置与履带装甲战车扭杆与牵引臂组合结构具有相同之处，不同之处在于此处的车轮需要驱动，需要处理传动轴与悬挂装置的关系。此时车轮的摆动是绕横轴纵向摆动，与前面所述的扭杆横摆臂组合悬挂装置绕纵轴侧摆动不同。这种由扭力轴与牵引臂组合的悬挂结构，由于结构所限只用于非转向功能车轮。

4.6　乘行式插秧机

插秧机是一种能将水稻秧苗栽植到水稻田中的农业机械，插秧机在行走过程中完成秧苗抓取、田间插栽、压卸秧苗等功能，完成秧苗栽植的全过程。乘行式插秧机是自带动力的一类机动插秧机，操作人员乘坐在插秧机上驾驶操控机器行走，插秧作业由插秧机自动完成。

4.6.1　插秧要求与作业机具

插秧是水稻生产过程中的重要环节，需要在充满泥浆的稻田内工作，作业环境较差。人工插秧劳动强度大，在其间行走也困难。对于插秧作业所用的机具而言，不仅要具备完成插秧作业的功能，更要适应水田条件行走。

4.6.1.1　插秧工艺与机动插秧

为了便于秧苗生长以及插秧作业，在插秧之前必须进行整地。在旱田状态进行初步耕翻平整后，放水润地使水面高于地面。再对水田进一步精耙平整，使水田适于秧苗生长状态。此时稻田大致分为上下两层，下层为犁底层，该层为未经耕作的硬实土壤，为人畜行走、车辆运动的支承层。上层是泥水混合的过饱和泥浆土层，秧苗就种植在该层，此层承载能力差，受到较小的外力就要流动变形。水稻插秧作业要在水田中进行，所要操作的对象是秧苗，插秧时首先将秧苗从苗床上取下，并运到已处理好的水田边。作业过程中秧苗不能损坏，否则直接影响秧苗的成活率。

人工插秧时双手作业，插秧者一手拿起一束秧苗或秧苗块，另外一手从其中取出几根秧苗，并将其根插入水下的泥水混合层中，然后在距离插植秧苗一定尺寸处，重复继续完成上述插植工艺，边插植边向未插植方向移动直至田边。水稻插秧机在田间插秧作业，基本上按照人工插秧作业的工艺，用机械动作来替代人的动作。机动插秧机工作过程也是边行走边插秧，行走功能由行走装置部分实现，插秧功能由插秧机部分实现，动力均由发动机供给。由于需要在泥水混合的稻田中行进，机动插秧机采用特殊的水田轮式行走装置。人工作业满足插秧工艺要求已不容易，机动插秧机要完成插秧作业更是挑战，现代的机动插秧机不仅满足作业要求，而且效率更高。

4.6.1.2　插秧机的类型

插秧机可以自带动力，也可不带动力，不带动力的插秧机称为人力插秧机。人力插秧机一般不设行走装置，以浮板为承载浮体，支承机器的全部重量，作业时由人力牵引，使浮板在泥面滑行。自带动力的插秧机为机动插秧机，机动插秧机除动力和插秧作业相关装置外，还有行走装置，包括驱动轮、导向轮和陆地运输轮等，驱动有独轮驱动、两轮驱动和四轮驱动等类型。浮体是插秧机的一特色装置，对机动插秧机的作业起重要作用。所谓浮体是指机动插秧机的行走装置除具备行走轮外，还带有承载浮体用于支承机器的部分重量。机动插秧机按操作方式可分为乘行式与步行式，或称手扶式插秧机和乘坐式插秧机，按插秧速度可分为普通插秧机和高速插秧机（图 4-6-1）等。

图 4-6-1　乘行式高速插秧机

乘行式机动插秧机与步行式机动插秧机最显著的区别在于操作人员的状态，作业时前者在机器上驾驶，后者在机器下行走。同是乘坐操作驾驶，插秧机结构与性能差别也很大，如四轮结构的高速插秧机与简易单轮驱动的插秧机的能力相差很大。四轮结构的插秧机前部为乘坐式四轮自走式行走底盘，有两轮驱动或四轮驱动机型，后部为机动插秧的栽植装置，栽植工作部件由液压升降悬挂系统与四轮驱动底盘挂接。在水田工作时工作部件靠浮体在液压系统的控制下随地仿形，从而能在秧田不平时使得插秧深度基本一致。插秧机在旱地行走时，将后部工作部件升起并锁定。这类插秧机底盘离地间隙高，机器的适用性好。单轮驱动的插秧机只靠前轮驱动，栽植工作部分也是布置于后部，该装置放置于整体式浮板上，浮板由两小轮支承。步行式机动插秧机由两轮驱动底盘和栽植工作部分组成，浮体与驱动轮相间布置，浮体与车轮对插秧机的状态共同起作用。

4.6.1.3　插秧机的水田轮

插秧机水田行走要求具有良好的水田通过性能，较小的滚动阻力，防壅水、壅泥功能。车轮作为行走装置中的关键件，必须适应水田条件、满足作业要求。为了减小车轮对地表的损坏，尽量减小车轮的宽度，所以插秧机的轮均采用窄截面轮，窄截面轮在压过土壤后，泥水恢复快，对原来状态破坏小。行走时车轮破开泥水混合层接触到犁底层，犁底层为硬土层，承载车辆重量载荷。车轮在水田中转动时轮上的叶片不断刺入、退出土壤，对土壤作用同时产生相互作用力，其中驱动力主要来源于犁底层的反作用，其它层泥水虽然也起作用，但贡献较小。用于插秧机的窄体轮有两类，一类是纯金属结构叶片轮，金属叶片轮为圆钢骨架外缘焊接叶片结构，这类车轮在水田作业尚可，但在硬地面行走则效果较差。另一类是金属与橡胶组成的复合结构窄截面轮，这类轮不但在水田中作用良好，也可以在硬路面上行驶。图 4-6-2 所示为插秧机用水田轮。

插秧机使用的复合轮有窄胎体橡胶轮和橡胶叶片轮两种。窄胎体橡胶轮结构形式与传统的胶轮一样，由轮胎与金属轮圈组合而成，轮胎既有充气胎也有实心胎。轮胎外侧交错布置有轮刺，有助于增加驱动能力，又有较好的脱泥性。橡胶叶片轮的轮圈骨架为金属结构，轮辐与轮

图 4-6-2　插秧机用水田轮

圈均采用钢管，在金属结构件外部包裹有橡胶。轮圈上布置后倾的橡胶叶片，在轮圈外侧还有橡胶凸台。叶片有助于泥水中驱动，凸台接触甚至刺入犁底层实现驱动能力，同时橡胶凸台有助于硬路面行走。虽然都是用于水田行走，但不同的使用条件对车轮的要求不尽相同，窄胎体橡胶轮多用于四轮式插秧机的转向轮或转向驱动轮，橡胶叶片轮用于插秧机的驱动轮。

4.6.2　四轮机动插秧机

　　四轮机动插秧机实质是一水田行走车体与插秧工作机的有机结合，由四轮结构行走底盘部分和插植装置及辅件组成。行走机体部分集成自行走车辆的全部结构与功能，其后部挂联插秧作业机部分。机架纵向支承于前后桥之上，其前部上侧安装发动机，为了减轻重量，机体骨架采用重量轻、强度高的合金制造。机架上侧从前至后设计成平台，该平台作为驾驶台及秧苗存放的场地。插秧工作装置挂联在车体后部，插植装置下部有一个中间浮体和两个侧浮体，可以用于平整插植前凹凸不平的地面，控制和调节插植深度。

4.6.2.1　传动与变速

　　插秧机是作业机具，行走及其功能必须适宜其作业环境。因此所有的插秧机体小质轻，驱动能力需要强，速度控制需要准，行走转弯半径需要小，离地间隙需要高，以适应水稻田行走作业。四轮机动插秧机的前轮小、后轮大，行走时前轮作为导向轮，行车制动由后轮实施。前轮轮距为定值，后轮轮距有的机型可调整。驾驶台是高速插秧机的中心部位，其它装置安装在其周围。驾驶座位于驾驶台的中心偏后，前部是方向盘等各种操纵装置及仪表。一般发动机、变速箱等布置于前部利于重量分布，四轮驱动插秧机的变速箱靠近前桥，有的与前桥设计为一体结构。为了提高离地间隙，除尽可能加大轮径外，也采用一些传动结构上的措施，用以提高离地间隙。

　　发动机的动力首先经带轮传给变速箱，同时一部分动力驱动液压系统的液压泵。水稻插秧机的变速箱不仅要解决变速增扭，还要解决行走传动与工作装置传动两路动力的分流问题。插秧机行走一般有三个基本挡位，即插秧工作挡、行走工作挡和倒退挡，不同的挡位是依靠主变速箱内的不同齿轮副相互啮合来实现的。为了调节变速范围，有采用主副变速箱结构，更多采用无级变速装置的变速系统。无级变速多采用在主机械变速箱输入端匹配无级变速器方式实现。无级变速主要有变速带式变速、液压传动容积变速以及液压机械双流传动变速。

　　四轮机动插秧机采用主副变速装置组合结构时，主变速箱承担机器的道路行走、田间插植转换等功能。插秧机插秧时要保证一定的株距，且不能因为底盘行走速度的改变影响插植的株距，行走传动系统必须与插植传动系统保持联动状态，主变速箱输出不仅到驱动桥，同时输出动力到插植系统。主变速箱中不仅存在变速机构，通常还设计有株距调节机构和施肥传动机构等。副变速装置布置在主变速箱的输入端，主要改变挡位速比而变换机器的速度。

4.6.2.2 四轮驱动

四轮驱动插秧机的变速箱与前桥联系紧密，有的将变速箱与前桥直接相连，通过齿轮传动驱动前轮。前桥如果与变速箱集成一体，则其中的差速部分就在变速箱内，其它部分与独立式前桥相同。四轮驱动的前桥需要实现驱动与转向两方面的功用，机动插秧机采用偏转轮方式转向简单易行。为了能够提高前桥的离地间隙，利用两级锥齿轮加立轴的传动方式，使轮轴与桥轴形成一高度差。驱动桥内的传动轴通过锥齿轮将动力传递给同时起转向立轴作用的立轴，立轴再通过锥齿轮将动力传递给车轮。

变速箱的另外一动力输出端，通过传动轴与后桥连接驱动后轮行走。不同插秧机产品中的前桥结构比较相近，而后桥差别较大。插秧机的后桥有整体式、分置式两种结构形式，整体式后桥与底盘机架的连接比较简单，后桥的动力从中央传动分向两侧，大多数插秧机产品采用整体式后桥。分置式后桥的末端传动被分别安装在左、右两个箱体内，传动路线复杂、安装的要求较高。分置式后桥不存在中央传动机构，因此从前面传递的动力需分别传递动力到左右后轮的轮边减速器，与车轮相连的轮边减速器壳体与机体相连承载重量载荷。图 4-6-3 所示为四轮驱动插秧机行走驱动部分。

整体式后桥动力从车桥的中部输入，然后向两侧分流，通常采用左右离合器结构替代传统的中央差速器结构，通过控制左、右离合器的离合，进而达到左、右车轴动力的差异化输入，进而改变后轮动力输入状态，以提高插秧机的田间作业适应性，并能完成插秧机的原地转弯等极端条件下工作的需要。整体式后桥还存在两种结构形式，其一是桥壳承载、传动轴驱动结构，其后桥可以简单分为三部分，后桥中间部分与两侧的轮边传动部分，三部分之间均由外壳连接并承载传递重力载荷，驱动轴与传动齿轮位于壳体内传动驱动扭矩，轮边传动部分的壳体与水平成一定角度。另外一种结构则没有轮边减速器部分，后桥中部的壳体部分与车体机架连接，后桥的传动轴不仅传递扭矩，也承载重量载荷，该轴直接与车轮轮毂键连接。由于该轴轴向尺寸限制小，因此车轮可以在轴向调节位置，可实现轮距调整。图 4-6-4 所示为整体式后桥的轮边减速器。

图 4-6-3　四轮驱动插秧机行走驱动部分

图 4-6-4　整体式后桥的轮边减速器

4.6.3　其它形式的机动插秧机

4.6.3.1　单轮驱动乘行式插秧机

单轮驱动乘行式机动插秧机比较简单，其结构可分解为前后两部分，其中前部为驱动部分，集中了发动机、驱动轮等装置，后部为整体板式承载浮体，其上安装有插秧作业机构（图4-6-5）。前轮与浮板各支承机器的部分重量，大部分重量分布于浮板，总体形成一点一面支承系统。在田间工作时，位于前端的发动机带动驱动轮前进，拖动后面的浮板滑行，浮板由水田表层土壤支承。这类插秧机在水田中浮板浮于地表，陆地运输时加装两个尾轮支承浮板。具有直线行驶性好、转向可靠性高等优点，但存在过田埂时需要将浮板前部提起的操作、上下水田需要更换水田轮等问题。

图 4-6-5　单轮乘行式插秧机

这类插秧机的发动机安装在前机架上，发动机的动力首先传递给齿轮箱，再通过齿轮传动将动力传递给行走驱动轮，驱动轮直接与齿轮箱输出轴连接，整个行走驱动部分集中在前机架上。齿轮箱同时通过传动轴、万向节组件将动力传给插秧工作装置，工作装置布置在后侧，安装在浮板的后端。浮板的上侧与牵引架下端铰接，牵引架的前端与前机架铰接，并可通过方向盘操控实现偏转，牵引架将浮板与前部行走驱动装置连接起来。浮板为该插秧机的仿形机构，浮板与机体可实现铰接与锁定两种连接方式。

4.6.3.2　步行式插秧机

步行式插秧机又称手扶自走式机动插秧机，为了提高水田作业性能，行走部分采用双轮与多浮体结合的方式。浮体纵置于机体的正下方、横向对称布置，作业时浮体与车轮同时承载重力载荷。步行式插秧机主要由发动机、传动、机架、液压仿行及插深控制等部分组成，发动机布置在前部，苗箱与插植臂在机器后部。主要操作系统都集中在机器后部，用钢丝软轴与各控制部分相连，人在机后步行操控机器（图4-6-6）。

图 4-6-6　双轮驱动步行式插秧机

步行式插秧机的动力传递原理与其它机动插秧机一样，由发动机传给变速箱后分流到行走和插秧作业装置。行走动力由变速箱通过左右两侧摆动传动装置分别传递给两轮，摆动传动装置的外壳作为驱动轮的支承装置与机体连接。驱动轮的上下动作是随着稻田的深度通过液压系统自动调节的，插秧机的转向通过控制两侧离合器的离合实现。在直线行驶时左、右侧离合器在弹簧的压力作用下处于接合状态，左右车轮按相等的速度前进或后退，转向时通过收紧一侧离合器拉线，迫使相应侧离合器分离，使该侧的车轮失去动力停止转动，另一侧车轮继续转动实现插秧机的转向。

4.7　水陆两栖车辆

水陆两栖车辆是一种既可在陆上行驶，又可泛水浮渡的机械，既具有机动灵活的陆上行进性能，又可以靠自身浮渡功能在水上航行。兼具陆用车辆与水面船舶相应的基本功用，又具有陆用车辆与船舶都不具有的出水、入水通过特性。水陆两栖车辆用途广泛，可用于两栖快速登陆突击、两栖地带作业、抗洪抢险救灾等多种场合。

4.7.1　水陆两栖车辆特点与类型

水陆两栖车辆需要水陆两用，这就决定了这类车辆在保证陆地行驶功能的基础上，还要具备一般陆用车辆所未有的水上特性与功能，因此还要解决水路行驶与作业所面临的问题。在结构设计时主要考虑的不是传统陆地车辆结构，而是水上航行的密封、推进等类船结构。在行驶驱动方面要兼顾水陆两用的不同，因此这类车辆在行驶推进的具体配置上就有了自己的风格与形式。

两栖车辆以陆上性能为主、兼顾水上性能，这就要求既有车辆的功能又有船的能力。两栖车辆要兼顾陆地、水上行驶的双重要求，必须保证水密性。通过密闭车体的排水体积提供相应的浮力，足够的浮力储备以保证承载人员与货物的需要。密封性是水陆两栖车辆水上行驶要解决的首要问题，尤其车体水下部分和车门是两栖车辆密封的重要部位。两栖车辆为了兼顾水路行驶，水线下机体的形状按照流体力学特性设计，可以将水阻力效应降至最低。车头部分下侧形状的设计与船头相似，这主要是为了在水中行进时尽量减少湍流的形成，以减小阻力。对于在海上使用的两栖车辆对金属车身，需做专门的防腐处理，也可选用新型复合材料。图 4-7-1、图 4-7-2 所示为水陆两栖车辆。

图 4-7-1　水中行驶的水陆两栖车辆

限制两栖车辆水上航行速度的主要因素之一是水的阻力，减小阻力的方式就要使其车体下部按照流体力学特性设计，以将水阻力效应降至最低。因此有将车体前部下侧设计成密封的流线形船体，有的设计成大角度前倾的斜板结构。提高浮力储备不仅对提高抗沉性有利，对水上行驶稳定性、提高装载能力都有利。为了保证意外进水后车辆仍能保持足够的浮力及稳定性，保持车辆及人员安全，车体结构设计要考虑抗沉要求，除采用密封的车体结构外，将车体分隔成一定数量的相互独立的水密隔舱，即使其中一个进水，其它水密隔舱也不受影响。设计有排水系统，一出现进水情况能够利用车上已有的排水工具将水迅速排出。一些靠密闭车体还满足不了浮力要求的两栖车辆，为了增加浮力可加装浮箱。

图 4-7-2　水陆两栖车 Humdinga

两栖车辆的突出特性在于两栖性能，两栖性能的集中体现在于它们的通过性能。两栖车辆要面对陆地车辆接触不到的水路，也要面对船舶航行罕见的浅滩以及水路交替，还需具有出水登陆和离岸入水的通过能力，即出水入水能力。入水时为车辆的陆地驱动能力逐渐消失、浮力逐渐产生的过程，出水时为前轮首先坡道接触至车辆整个重量全部落到坡道上的过程。出入水特性是车与船都不具有的特性，出入水性能牵涉到车体线形、结构布置、浮力分布、重心位置、密封等，这些因素都影响出入水能力以及水上航行姿态。提高出入水能力，可以避免出入水及航行时有水涌入车内，提高车辆的航向稳定性。

陆地车辆行进装置可分为轮式和履带式两种，而为了更好地满足水上行驶的需要，这类车辆在具体的结构与推进配置上有不同的形式。其中有水陆行驶装置不变的车辆，这种车辆多用于水洼、沼泽、滩涂等水陆交替场所作业，反复交替在水中陆地上作业，用一套行进装置方便使用，使用中也不用切换操作。在水上的行驶速度要求较高时，两栖车辆还要有水上推进装置，即带有水陆两套驱动装置。这类车辆往往将路上行走装置与水中推进装置组合使用，各自发挥所长。在陆地上使用车轮或履带行走，发挥其陆地行驶功能。水中采用内置喷水推进器推进，或利用外挂舷外螺旋桨驱动，使两栖车辆能够快速航行。

4.7.2　两栖车辆水中的推进方式

陆地车辆行驶的驱动力是地面作用于旋转轮胎、履带的附着力，而在水面行进时也必须产生一驱动力来克服水对车辆行驶产生的阻力。利用陆地上车辆行走装置的车轮、履带在水中旋转，也能产生移动的驱动力推动车辆前进，但驱动效率要比陆地驱动效率低得多。为此两栖车辆可以采用复合驱动，使水陆实现不同的推进方式。因此从传动与驱动装置上看，两栖车辆可分为合一驱动和独立驱动两类。

4.7.2.1　水陆合一驱动

水陆合一驱动的两栖车辆采用一套驱动系统和驱动装置，在陆地上行走与水上航行采用同样的驱动方式。无论在陆地还是在水面，车辆的驱动与行驶装置不变，在陆地上行走是履带装置，在水中划水仍是履带装置；在陆地上行进用轮式装置，在水中推进仍是这些车轮。

这类车辆在陆地上的行进速度可以较大，但在水中用轮胎、履带划水则航速较低，只有每小时几公里，因此不太适于在水路较长情况下使用。这类两栖车辆传动、结构简单，车上推进一般靠自身的轮胎或履带划水，水流速度较大时可能无法控制，容易失稳。

采用履带式行走装置的两栖车辆，在水上主要依靠履带划水推进，这种驱动方式的优点在于水上与陆地行驶共用一套传动与行走装置，其设计与普通陆地车辆几乎没有区别，不会额外占用车内空间，不必对车辆进行过多的水上改装就可以实现水上推进。履带划水推进是靠下侧履带的履刺划水产生推力，履带上一定高度的履齿有利于加大划水量，一般需将上侧回程履带罩住以减小阻力。高履刺履带板的附着性能好，提高了两栖车辆在水田、沼泽、浅滩等地的通过能力和出入水能力。只要制动一侧履带就可实现水上转向，不必另行安装专用转向结构。履带推进方式结构简单、成本低廉，下水不需准备时间。但推进效率较低，航速不高、转向半径较大、水上机动性较差，如图 4-7-3 所示。

图 4-7-3　陆路行走装置水上划水行进

轮胎是车辆在地面行走获得前进驱动力的装置，对于水陆两栖车辆在水上行驶时同样依靠轮胎也可以获得一定的驱动力。虽然可获得的速度较低，但由于不需要专用的水上推进装置及另外的传动装置，而使得整车结构简单。另外充气轮胎本身具有一定的浮力，可以为车辆提供一定的排水量。轮胎的推进能力取决于轮胎本身的结构与轮胎尺寸和轮胎的转速。靠车轮水上推进的两栖车速度较小，大都只能获得 3～5km/h 的航行速度。这种车辆通常利用方向轮进行水上操向，水上的操向能力也较弱。

4.7.2.2　水陆独立驱动

水陆两栖车辆因使用目的不同，要求的侧重点不同。对于要求航行速度高的两栖车辆，只采用简单的陆路行走装置作为水陆的驱动装置难以满足需要，通常采用双系统复合驱动方式，即采用水路、陆路相互独立的驱动方式。路上的行走驱动仍离不开轮胎与履带，水中的驱动则采用船舶常用的螺旋桨驱动与喷水驱动。两栖车辆在水中使用水上推进系统行进，此时车轮或履带不作行进的装置，甚至为了减小水中行驶阻力，在设计时还要考虑位置调整。

螺旋桨是由若干桨叶固定在桨毂上而构成的，螺旋桨推进方式是通过螺旋桨的旋转产生推力。螺旋桨一般安装在两栖车的后部推动车辆水上航行，两栖车辆车尾空间极其有限，难以像船舶那样安装大螺旋桨和方向舵。有的两栖车辆安装左右两个小螺旋桨，既满足水上推进的需求，也能更好满足转向的需要。螺旋桨推进动力由车自身发动机通过传动系统直接提供，这种推进方式的推进效率远高于车轮、履带划水。车尾增设了一套螺旋桨及传动，使结构变得复杂。两栖车辆除了水上性能外，还需要良好的陆上越野机动性能，螺旋桨推进器因为需要安置在车外，所以体积受到严格限制。此外还有采用可翻转的螺旋桨，在陆上行驶时将其翻转并固定在车上方，不影响陆地行驶能力。图 4-7-4 所示为水上推进装置。

图 4-7-4 水上推进装置

喷水推进行驶原理是发动机驱动推进器（推进泵），推进器加速水流使得水流具有轴向和径向能量。喷水推进装置主要由进水管、推进器和转向装置组成。发动机通过传动装置驱动推进泵，水从两栖车下面经进水管进入喷水推进器，叶片和喷嘴将能量水流聚合形成高速喷射水流由喷管向后喷出，产生推力使车辆向前行驶，改变喷水方向还可使车辆转向或倒驶。采用喷水推进的两栖车辆的喷水口形式多样，有单喷水口和双喷水口两种形式。单喷水口车辆使用航舵转向，双喷水口车辆采取关闭水门等措施，使水从倒车出水口喷出达到转向目的，此外喷水推进器也可反向喷水以使车辆具有低速倒车能力。对于两栖车辆来说，喷水推进装置可以全部安装在车内，与螺旋桨相比安装后对陆上性能无影响。

4.7.3 两栖车辆高速航行方式

两栖车辆实现水路的高速行驶，除了采用船舶类似的驱动形式外，还要结合自身车辆结构特性。为了减小航行阻力提高速度，在设计时除考虑减小阻力的结构外，对行进的方式也要优化。使车体划水行进，甚至加装辅助装置使车体离水行进，都是实现高速航行的有效方式。

4.7.3.1 水上滑行高速行进

两栖车辆处于低速航行时，其航行状态与排水型船舶相同，车体因为浮力的作用均匀漂浮于水中。随着航速的增加，车体航行状态将发生明显变化。由水动力作用产生升力效应并逐渐增加，对车体垂直方向上受力平衡产生的影响开始出现，车首被逐渐抬离水面。当航速增加引起的水动力作用与车体重力相平衡时，车体已经被托出水面，车体航行的纵倾角度反而减小并在此趋于稳定，这时不再依靠浮力支承车体，车呈滑行前进状态。两栖车辆要实现高速航行，必须超越排水状态进入水动力支承航态。

美国 AAAV 两栖突击车采用车体滑行的方式进行高速行进，该车采用履带行走装置与喷水推进装置组合结构（图 4-7-5）。在陆地上行驶时，发动机低速大扭矩工作状态驱动履带行走。在水中浮渡时由两个装在车体后部两侧的喷水推进器驱动，水上高速航行时发动机高速大功率作业以适应喷水推进器的需求。动力舱位于车的中部，动力首先进入变速箱，再分流传动到车体两侧的主动轮，带动履带实现陆地行走。变速箱的后部连有分动箱，分动箱的动力可传递到位于车尾的驱动轴驱动喷水推进器，通过离合器控制动力提供给喷水推进器。两栖车辆在两侧各装有一套喷水推进器和水道，在车尾喷水口处设有可以控制开闭的铰接导流器，利用导流器使水喷出的方向变化，产生作用力不仅可实现推进，也可实现转向。驾驶员用方向盘操纵、调转喷水方向，可控制车辆在短时间内实现减速、制动或倒驶。

为达到该车在海上能高速航行的目的，车上安装可展开和收起的车首滑行板，侧翼铰接

图 4-7-5　AAAV 水陆两栖突击战车滑水状态

式滑行板和车尾铰接式滑行板。滑行板是改善海上阻力性能的有效措施,它不但使阻力峰值向低速范围偏移,而且使车辆能在较低的排水量下进入滑行状态,这种辅助滑行板可自动收放,不会影响车辆在陆地上的功能和战技指标的发挥。悬挂系统采用可伸缩式悬挂装置,在水上航行时回缩到与车底齐平状态,大大减小了水上航行的阻力。

4.7.3.2　水翼辅助高速行进

两栖车辆和船舶水上航行速度巨大差异的根本原因还是水的阻力,按照流体力学特性设计车体可以将水阻力效应降至最低。但是两栖车辆为了兼顾陆上行驶,车体线型以及行走装置的存在使得阻力系数远高于一般船舶。为此通过改变进水前后行走装置的形态来实现降低阻力的目的,在车辆进入水中时通过将车轮翻转与提升来使车轮收到车体内,从车辆形式变形成为类船形态。为了减小车体及轮胎等装置在水中产生的阻力,将车体提高于水面则是另外一设计思路。水上高速行进是水陆两栖车辆的另外一种高速行驶方式,这类车辆采用水翼技术使整个车体部分离开水面行进。车体下安装可调整的水翼浸在水中,在高速航行时水翼产生升力,利用安装在车体上的水翼与推进装置共同对水的作用,将车体提升离开水面,使得车体不浸在水中,可明显减小车体在水中行进所产生的阻力。

瑞士的 Splash 两栖车采用了水翼技术(图 4-7-6),该车在陆地上采用后轮驱动与普通车无异,在水中高速行驶时借助水中翼板的作用使车体完全在水面以上,不考虑车轮等装置在水中所产生的阻力,行走装置的结构也无需特殊改变。该车安装在车体后端的三叶螺旋桨推进器为水中驱动装置,当在陆上行驶时可收起放置在舱内,在水中航行时再放下驱动车辆。两栖车的下部两侧安装有可以收放的 V 形翼板及后部可旋转的扰流板,陆上行驶时翼板、扰流板可收放于车体下方。当水达到一定深度时展开安装在车身两侧的 V 字形水中翼板,当航速达到 30km/h 以上时,通过水中翼板可使车身升出水面 600mm,此时车辆底部甚至根本不接触水面而有效降低车辆的水阻力。但水翼技术需要提供较大的推进功率才能产

图 4-7-6　Splash 两栖车利用水翼水上行驶

生足够的升力托起整个车体，该车推进系统和水翼翻转机构较复杂。

4.7.4　其它低速两栖作业车辆

在滩涂与水网交错地带作业的车辆，要求行走装置的适应能力更强，不仅要具备水陆行驶功能，而且还要具备较强的越野通过能力。这类车辆对速度要求不高、形式多样，其中履带浮箱式两用挖掘机使用较多（图 4-7-7）。履带浮箱式挖掘机的作业功用与普通挖掘机一样，其两栖关键技术在下车部分，也就是行走底盘部分。为了能够在水中浮起、在泥泞中行进，采用浮箱履带式底盘。所谓浮箱式底盘是将两个密封箱体按照一定的结构关系组成挖掘机的类似船体形式的下车体，其所产生的浮力足，能保证整机在泥水中正常作业和水中的自由浮航。

图 4-7-7　履带浮箱式两用挖掘机

此外还有许多类似功能的水陆机械应用于不同场合，它们的行走装置与行走形式可能各有不同，但共同特征是具有两栖功能，清淤机就是其中一种可以两栖行走的机械（图 4-7-8）。清淤机采用的行走装置既不是轮，也不是履带。该机有四条机器人式的支腿，可在陆上和沼泽中仿海龟式爬行，能自由出入水域、上下河岸，当水超过一定深度时，还可利用自身的螺旋桨进行自航。

图 4-7-8　清淤机

4.8　滑橇式雪地车

冰雪往往为交通运输带来麻烦，为了解决雪地交通问题，人们利用雪的相关特性，发明了各种工具和装置来服务于人类。其中利用滑橇与车辆相关装置组成的雪地车，能够较好地满足车辆在雪地行驶和雪上通过性能的要求。只用滑橇作为行走装置实现车辆自身驱动比较困难，通常再结合其它驱动装置共同完成行驶功能。目前应用较多的是滑橇与履带组合方式，这类车辆能够发挥两种装置的优势，实现雪地环境行走作业。

4.8.1　滑橇与动力雪橇

雪是水的一种不同于冰的特殊固态形式，其硬度、密度等特性因不同温度条件、融化状态、积存厚度而变化。对于行驶在积雪路面上的车辆而言，所表现出的特性为承载力低、附着力小，所以行驶于积雪地带的车辆需有特殊的行走机构才能更好地适应雪地行驶，滑橇的结构特性比较适宜雪地使用。滑橇是人类很早就使用的一种运输工具，一般为长方形结构，前端翘起，下侧平滑，最初为木制，后发展成用金属制作，无自驱动功能。滑橇与支承表面可以实现大面积接触，因此单位接触压力可以很小。滑橇的底面平滑适用于在低摩擦表面上滑行，如冰、雪、草地、泥地、平滑石面等路况滑行阻力很小的地面。无论滑橇是什么结构形式，其与支承表面的作用方式是一致的，即在运动过程中始终接触支承面，与支承面之间产生滑动摩擦作用。滑橇在车轮没有出现之前已广为使用，也是运输车辆的雏形。滑橇虽然原始，但滑橇应用于雪地车辆则是现代的设计。

滑橇用于不同的场合又有了不同的名称，用于冰面则成为冰车、用于积雪路面则成为雪橇，雪橇是滑橇应用最为成功的事例，无论是人力滑雪、畜力牵引雪橇，还是自走式雪地车辆都在广泛应用。对于一辆运行于雪地的行走机器，通常滑橇支承机体的全部重量或部分重量，在其它力的作用下运载机体行走。滑橇能够将机体的重量均匀分布到较大的面积上，以降低接地压力而防止下陷。滑橇功能单一，只起支承作用和被动的滑动行驶，即使用于车辆的行走装置，也只能被动而不参与驱动。以单一滑橇作为行走装置的机具或车辆，必须在外力作用下才能移动，如马拉的雪橇、狗拉的爬犁、儿童的冰车等。这类被动式行走车辆中，车辆的行驶、转弯、停止等动作都是在外力作用下实现的，车辆本身几乎可以不参与，当然车辆上可加装一些辅助装置协助实现功能。

滑橇被广泛用于雪地车辆中，除了被动行驶的车辆外，也有自带动力、独立行驶的动力滑橇车。这类车辆利用滑橇板作为车辆与雪面之间的接触器，使用其它动力装置驱动机械装置运动。早期的雪地车辆中有一类独立滑橇雪地车，该车辆的行走装置全为滑橇所构成。独立滑橇雪地车作为一种自行式车辆，必不可少的是动力装置和行走装置，行走装置部分只有滑橇，不存在其它行走机构。作为承载运输平台的机体后部安装动力装置，动力装置提供动力产生向前的推动力，机体下面的滑橇为支承与接触雪地表面的功能装置。动力雪橇采用三点支承对称布置或四点支承对称布置，其支承位置与三轮车与四轮车的支承位置一样。前者通常前部中间布置一只滑橇，后部左右对称布置，后者则以纵轴线对称布置四滑橇。前滑橇用来实现导向功能，制动功能由后滑橇实现。这种全滑橇行走装置的车辆无法采用传统的行走驱动方式，因此动力装置的动力输出方式也有其特点。图4-8-1所示为螺旋桨驱动雪橇。

动力雪橇机体通过悬挂机构与滑橇相连，最下部的滑橇通过悬挂机构支承机体，机体部分与一般车辆的功用相同。在机体的后部安装动力装置，动力装置将动力传递给螺旋桨，螺旋桨旋转产生的推力驱动雪橇前进。由于螺旋桨推进行驶，因此动力雪橇后退倒车功能比较差。动力雪橇虽然是机动行走，但不存在直接与地面产生附着作用的驱动装置，而是以螺旋桨产生的气流推力驱动车辆前进。动力雪橇动力装置与行走装置之间没有联系，因此不存在传统车辆上的一些传动装置，动力输出与传动相对简单。由于用于寒冷环境，动力装置多采用风冷发动机，以消除寒冷气候对液冷系统的不利影响。车体为了减小阻力，都设计成前

图 4-8-1　苏联 1919 年的螺旋桨驱动雪橇

尖、体细的流线形。而为了实现较大驱动力又需较大直径螺旋桨，螺旋桨叶回转直径通常超出车宽，因此车后侧有突出的杆件，使得车辆倾翻时能保护螺旋桨不受损坏。

　　滑橇与雪地接触部分为滑橇板，滑板直接与雪面发生作用，所以导向作用、制动作用都要经过滑板来实现。悬挂机构可简可繁，简单者由刚性固定，复杂的采用机构实现浮动，同时悬挂装置还要作为转向、制动的辅助装置。一般每个滑橇独立悬挂，滑橇纵向可以实现一定范围内的绕横轴摆动，以适应高低起伏。滑橇直线行驶功能很好，而动力雪橇转向时也是通过滑橇来实现的。三点支承结构的动力雪橇转向控制方式简单，直接控制车前端独立的滑橇即可。四点支承结构动力雪橇操控相对复杂，操作转向手柄或方向盘通过拉杆控制前端两滑橇，或前后滑橇都控制。以螺旋桨产生的气流驱动前进的雪橇也称气动雪橇，苏联时期生产有不同型号的雪橇，这些动力雪橇能在其它车辆完全无法使用的恶劣环境下工作，但转向与制动方面也有其局限性，大多用在比较开阔的地区。

4.8.2　现代雪地车辆

　　采用滑橇结构的动力雪橇，其采用流体推进的方式实现驱动，这种方式可以不考虑附着力与附着性能，但也存在很大的使用局限性。雪地行驶车辆的机动性能主要受雪的密度、积雪厚度及车辆的平均接地压力等因素的影响，履带装置具有良好的附着性能与驱动性能，将滑橇与履带二者组合起来发挥各自优势，则出现一种新式雪地车辆。虽然滑橇与履带并非因冰雪而出现，但在解决冰雪条件的交通方面起了重要作用。这类雪地车辆前部采用滑橇支承，后部为履带行走装置。发动机输出动力经传动装置和减速变矩后驱动履带装置，依靠履带与雪的摩擦力及履齿与积雪之间的剪切力提供雪地行驶的驱动力，滑橇与履带的组合成为一种适宜雪地行走的装置。

　　滑橇与履带组合式雪地车辆的特色在于行走装置，其它结构部分与一般车辆相近，这类雪地车辆中应用较多的是雪地摩托车（图 4-8-2）。雪地摩托车是用履带装置实现行走驱动、以雪橇转向的机动车辆，车头前部均设计大倾角坡面，以减小风阻与雪阻，在冰雪覆盖的非道路条件下具有快速行驶和通过能力。雪地摩托车的主要构成与常规摩托车相近，行走装置最为特别，由滑橇与履带装置分别取代导向轮和驱动轮。滑橇的滑雪板安装在雪地摩托车的前下方，宽度与尺寸因车型而异，有单轨型和双轨型。雪地摩托车的转向是通过转向把手、转向机构控制滑雪板实现的，滑雪板的物理特性对转向性能影响较大，较窄的滑雪板适合转向。

　　雪地摩托车前部一般由两滑橇支承，后部为一条履带，形成三支承结构，车体前部为动

图 4-8-2　雪地摩托车

力装置部分，后部用于驾驶乘坐。发动机位于履带装置前侧的车架上，通过带传动将动力传至履带装置的驱动轮。履带装置要实现支承、驱动、制动功能，整个形成一具有一定缓冲能力的组合行走装置，整个装置连接在机体的下侧偏后。履带装置中同轴两片驱动轮位于履带前端，同时利用自身的齿与履带上的孔啮合，并将履带拉起与地面有一定角度。托带轮位于上部偏后，托带轮轴同时也是履带与车体挂连的部位。履带下边的内侧有左右两条导轨，该导轨也是整个履带装置的依托，支重轮沿着此轨道运动，减振缓冲装置与其相连，履带受其约束而成形。履带由橡胶制成，履带上与雪面接触的带面设计有较尖锐的齿，在行走过程中可以插于冰雪之中，帮助履带提高与积雪之间的剪切力，提供更强的雪地行驶驱动力。这种雪地车辆虽然在结构上区别与一般的车辆，但在操控、传动等方面基本一致。如制动在传动路线中实施，制动装置同样采用旋转摩擦制动方式。

滑橇部分（图 4-8-3）的主要作用是减小车辆作用于雪面的压强，实现与雪的低压强漂浮接触、低摩擦系数滑行，同时具有减振、缓冲功能。常规的布置形式为车体前部左右对称的两滑橇，滑橇采用浮动结构，有弹簧与减振器作为悬挂装置的组成部分。为了使滑橇在浮动的各个位置始终能够保持平行接触，多采用平行四杆机构实现滑雪板的上下平动。为了实现转向功能，滑橇的滑雪板直接与转向轴的下端连接。转向轴在悬挂装置端部的转向套筒内通过，转向轴的另一端连接转向拉杆，转向拉杆受控于方向盘或转向把，转向控制是通过连杆拉动滑雪板实现的。对于四点支承结构，由于履带装置可以实现差速，因此这种结构的车辆的滑橇可以是固定方向的，利用后部履带装置实施转向功能。

图 4-8-3　雪地摩托车滑橇

上述滑橇与履带结合的形式中，履带的作用主要是驱动，而滑橇的作用是导向与半支承。当将滑橇的功用完全回归支承作用，而行走的全部功能由履带装置实施时，则成为动力牵引的雪橇。如图 4-8-4 所示为电动雪橇牵引车，前部为电机驱动履带行走装置形成的牵引器，后部为一滑橇兼承载装置，后部还可以加挂其它滑橇。由于滑橇接地面积大而接地压力小，十分利于雪地运动，可远距离雪地机动。前部的行走装置牵引后部的承载装置，共同完成雪地运输功用。

图 4-8-4　电动雪橇牵引器

　　雪地车辆的设计思想是最大程度地减小车辆陷入积雪，使车贴浮在雪面上行驶以降低雪阻。无论是滑橇还是履带，都是以减少对地面的单位压力、控制下陷为目的，同时履带有附着作用，具有很高的通过能力。雪地摩托车只适用单人乘行或承载少量货物，难于用于货物运输。用于运输的较大型车辆则采用双履带结构，将后驱动部分变为双履带结构，进一步增加履带接地面积以减小接地压力。其前部滑橇的支承与导向作用不变，只是后部的履带驱动由单驱动变为双履带驱动，与常规四轮车辆的驱动相一致（图 4-8-5）。滑橇作为行走装置还有一定的局限，这类车辆适合用于滑动摩擦阻力小的场合。为了提高车辆使用效率，可以将滑橇与车轮进行组合或互换，以应对不同的使用场合，可以将普通车辆经过简单改装用于雪地场合行驶。

图 4-8-5　双履带驱动雪地车

4.8.3　雪地车辆的探讨

　　行进在雪地上的车辆为了浮于积雪表面，行走装置需要接地面积大以实现接地压力小的目的。采用履带和滑橇组合结构的行走装置，就是为了在雪地环境发挥出二者各自的优势。发挥优势的同时又产生了制约，这种行走装置在常规路况的适应性反而不如轮、履装置好。对于传统轮式与履带行走装置的车辆，通过改变行走装置的形态与尺寸，也可以提高雪地的行走性能。履带车辆加宽履带就可以减小接地压力，因此有些需要在雪地长期作业的车辆，采用履带行走装置，只要其履带的接地面积足够大，即可满足作业要求。而对于传统轮式结构的车辆而言，首先要提高接触面积使车辆的通过能力提高，可以加装橇板、履带等辅助装置实现这一功能，也可以直接安装特殊形态的车轮，如采用宽大的软体轮胎来提高接地面积。这种宽履带、软体轮胎设计不仅适用雪地使用，也可以用于具有类似性质的场合。如雪地与沼泽、沙滩等都有承载能力差、附着作用难于发挥的特点的地况，因此在探讨解决其中某一具体条件的行走问题时，可以从其它类似问题中得到借鉴。

　　采用螺旋推进器作为行走机构的螺旋推进车，螺旋推进器的筒体能有效降低接地比压力，使车辆减少下陷，螺旋叶片产生的行走推动力大、车辆通过性能强。螺旋推进车不仅在沼泽地、沙地、雪地上具有良好的通过性能，还具有一定的两栖能力，早在 1929 年就作为雪地运输车被设计出来。螺旋推进车行走机构简单，螺旋推进车以螺旋推进器作为行走机构，通过改变内外两侧螺旋滚筒的转动方向实现前进。当滚筒转动时其上的螺旋叶片会切削土壤，通过滚筒及叶片与土壤之间的作用获得前进的动力。车上的一对带有螺旋叶片的滚筒通过旋向、转速的控制来实现直线行走和转向，通过改变左右两侧滚筒的转动速度，可以实现不同角度的转向，通过两滚筒旋向的同时改变，实现前进与后退的控制（图 4-8-6）。

图 4-8-6　螺旋推进雪地车

螺旋推进车的机架是承载平台又是螺旋行走装置的连接框架，螺旋行走装置由两个带螺旋叶片的滚筒组成，螺旋滚筒纵向平行对称布置于机架下方，用于支承整机重量并推动其行驶。动力装置位于车架上侧，通过减速箱分别传递给两螺旋滚筒。两螺旋滚筒的螺旋叶片结构相同旋向相反，叶片陷入松软泥土或积雪中推剪土壤或积雪，从而产生叶片反推力。直线行驶时两个螺旋滚筒同转速反向旋转，由于两个滚筒对称螺旋方向相反，两个螺旋叶片对土壤的反推力的横向分量大小等量方向相反、相互抵消。在纵向则相互叠加，推动螺旋行走装置沿纵向方向行驶，带动车辆前行。两个螺旋滚筒的转速主动可调，转向时调整速度使两滚筒转速不同，则一侧滚筒的前进速度快，另外一侧滚筒速度变慢，使得车辆如同履带式车辆那样发生滑移转向。螺旋滚筒主要克服推土阻力、压实阻力和滚筒圆柱体与地面的动摩擦力等，当动力装置停止工作或断开螺旋滚筒的动力时，该行走装置就因土壤产生的这些行走阻力而实现制动。

4.9　遥控电动牵引车

遥控车的特点是操控与车辆分离，即通过遥控装置在距离车辆一定范围内操作车辆完成各种动作。遥控电动车的功能不一、形式多样，但动力装置为电动机，行走部分多采用电机独立驱动形式。这类车辆一般在范围较小的固定区域作业，作业环境可能有一些具体要求，但区域内的地况条件较好。小型无杆飞机牵引车多采用电动遥控，是具有特定功能的遥控电动车。

4.9.1　遥控电动牵引车组成与特点

遥控电动牵引车是一种小型无杆飞机牵引车，牵引车与飞机对接及牵引作业等操控通过遥控实施，操作人员遥控操作与牵引车不直接接触。这类牵引车一般为低剖面四轮结构，车体高度低、车身低矮为扁平形。这类牵引车运动灵活，对作业空间的适应性强，能够方便地在飞机下面穿行，几乎可以从任意方向接近飞机机轮，特别适合在空间有限的舰船甲板、飞机修理库等类似区域作业。遥控电动牵引车行走装置以四轮结构布置时，四个车轮以纵向中心线左右对称安装在车架的四角上。车体呈"凹"形对称结构，顶端部安装驱动车轮，中部空出部分用于安装夹持举升装置，底部的左右两端安装随动轮或导向轮。其它可利用的空间，用作电池组、控制单元、液压元件等的安装舱室。夹持装置的结构形式可能有所不同，但布置位置基本都在后部靠近驱动轮的部位，以便牵引车利用飞机转移到驱动轮上的重量获得更大的牵引力（图4-9-1）。

图4-9-1　DOUGLAS与MOTOTK遥控电动无杆牵引车牵引飞机

除去遥控装置的电动牵引车表现为无杆飞机牵引车的结构形式，行走装置与作业装置各司其职。行走驱动采用电机与轮组合的独立驱动方式，作业装置采用电机驱动液压执行的方式。车架是所有装置的载体，结构形式根据具体的布置而不同，但基本都是钢板焊接无大梁结构。车架里面用隔板焊接形成不同的空间用来安装电池、液压泵、液压油箱、驱动电机及电气控制单元，车架上顶面设计为平台，可以载运物品。其低矮的车身及平坦的顶面，便于扩展使用功能，有的遥控牵引车加装附件后，可用作滑橇式直升机调运车。行走装置多为左右对称四轮布置，其中靠近夹持装置的两个轮为驱动轮。通常驱动电动机内置于铁质轮毂里，轮毂带动聚氨酯或橡胶轮胎转动，每个车轮配置了一个电磁制动器，选择了前进或后退行驶时才能解除制动。

作业时操作者判断要移动的飞机类型，设定牵引力及选择合适的牵引附件。操作遥控装置或称遥控器，将牵引车移动到正对飞机前起落架前方，操控牵引车移动使前机轮进入夹持装置能够涵盖范围，当飞机牵引车到达正确作业位置后，开始实施连接飞机的作业。作业装置的动力由电机驱动液压泵，再进一步驱动液压油缸完成夹持举升动作。遥控夹持举升装置抱住机轮，提升离开地面，再控制牵引车牵引飞机移动。遥控装置上布置有操控手柄、按钮开关等操作器件。电源接通后，操作遥控装置上的行走控制手柄向前或向后，遥控装置发出的信号给牵引车车载控制器，操控电机带动轮子前进或后退。当遥控器控制手柄处中位时，牵引电机停止转动，同时其上配置的电磁制动器制动，确保驱动轮不动。操控转向手柄，遥控装置发出信号通过控制器对不同位置的电机发布命令，使电机实现相应的转向方位与移动速度。

4.9.2　电动牵引车行走装置

行走装置依附于车体才能实现驱动、转向及制动等功能，行走装置安装在车架的下部，包括行走车轮、电机等。四轮结构的遥控电动牵引车，行走装置呈纵向轴线对称布置形式，即左右车轮的结构形式，与机架的连接关系完全相同或左右对称。驱动以两轮驱动为主要驱动方式，驱动轮定向固定布置，另外两轮可实现方向改变而用于完成车辆的导向任务。这类车辆完全可以实现四轮驱动与四轮转向，对于独立四轮驱动的行走装置，如果增加驱动电机、转向电机，将车体的车轮均布置为驱动和转向一体化车轮，此时每个驱动轮均可实现偏转。每个车轮分别由各自的转向、驱动电动机驱动，则可实现沿纵向、横向、斜向和回转等任意路线行走。牵引车在结构布置上也可采取三点支承结构，此时的三轮中装有一个全方位驱动轮，或不带驱动的万向随动轮，另外两轮为定向驱动轮，这样既可实现上述车辆的转向与驱动功能，也可以在一定程度上简化结构。图 4-9-2 所示为 DOUGLAS 电动飞机牵引车。

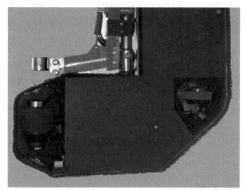

图 4-9-2　DOUGLAS 电动飞机牵引车

两轮独立驱动电动牵引车的转向，存在随动转向与控制转向两种方式。随动转向的行走装置中存在两个驱动轮，另外的车轮为随动万向轮。其中由两个电机分别驱动左右驱动轮，同轴固定，轴向布置在车体的两侧，通过电机控制两驱动轮转速不同时就可以实现差速转向。两驱动轮布置于承载重量较大的一端，另外一端布置无动力、无控制的随动轮。随动轮的布置与驱动轮的方式相同，左右对称布置在车体的另一端。行走驱动、转向实现均通过控制两电机实现。两电机同向同速为前进或倒退、差速为转向，随动轮在转向的过程中对转向功能的实现没有贡献。同样也是两个驱动轮，但另外车轮不是随动轮，而是可操控的导向轮，则还需有转向电机用于调整导向轮的方向。每个导向轮使用一个独立的伺服电机，且需要配备旋转编码器及高精度位置检测电位计等。驱动电机主要负责车辆的前进或倒退，转向电机主要负责转向。在实施转向过程中电机对转向都起作用，转向电机驱动导向轮偏转，两行走驱动电机控制协同差速。

行走驱动电机与车轮之间均采用集成结构，即电机与车轮为一体的内电机、外车轮的结构。车轮单元独立组成一个完整的电驱动机械系统，在一个轮支架内安装有驱动电机、减速器、制动器、编码器等装置。电动轮驱动部分集成电机、传动、制动全部装置，电机轴心线水平，齿轮传动、制动装置均同轴布置。这种方式实现电动装置的集成，电机、传动与制动装置全部紧凑地集成在轮毂结构尺寸内，但同时使得轴向结构尺寸变大。车轮内侧结构紧凑，通常采用内金属外树脂的复合结构，外层使用树脂橡胶材料制成。行走驱动轮作为一独立的单元与车体连接，连接方式主要以固定结构为主，也可采用回转结构。固定结构的连接装置为一倒 L 形结构，水平部分与机架固定，竖直部分与电动轮驱动部分的固定部分连接，车轮旋转部分在其侧面回转。这种结构对于固定结构的驱动轮较为适宜，而对于需要有转向功能的车轮则显得轴向尺寸大。另外一种可实现转向功能的驱动轮，驱动部分结构相同，连接装置部分加装一回转机构即可。这种结构的装置中去掉驱动部分，则成为一无动力的随动回转轮。图 4-9-3 所示为电动飞机牵引车上的驱动装置。

图 4-9-3　电动飞机牵引车上的驱动装置

遥控电动牵引车的行走装置以电机独立轮边驱动为主要驱动形式，不同产品所采用的电机驱动形式及驱动电机的数量有所变化，这也使驱动控制的复杂程度不同。制动是电动装置的重要功能，电机可以利用自身的特性实现反向减速、再生制动等制动功能，但电机上还需存在制动器。行走驱动电机的制动，多采用装于驱动电机轴上的常闭型电磁制动器，并辅以对驱动电机的反接或再生电气制动来实现。动力切断时电磁制动器制动，只有选择前进或后退行驶时才解除制动。但必须有应急解脱功能，当进行维修或手动移动牵引车时应急系统可以解除制动。

4.9.3　电控系统与遥控装置

遥控电动牵引车的关键部分有电源系统、动力装置与电控系统，电源系统的供电电源由可充电的蓄电池组、充电器、电源管理等部分组成，组成部分可繁简不同，但蓄电池组为必不可少的能量源。动力装置的特点是多装置分散各自独立驱动，不仅行走装置与工作装置的动力相互独立，就是行走装置的不同驱动轮的驱动电机也是独立的，控制系统则必须依据这种多驱动方式施行控制策略。遥控使操控系统形成两个相互联系又相互独立的部分，即手持终端和车载终端两部分，两者之间通过导线联系，或通过无线通信，将在手持终端进行摇杆及按键等操作时产生的相应模拟量及开关量信号传递给车载终端，对其上的执行机构输出相应的控制信号，以达到遥控的目的。

遥控是一种利用直流电的极性、幅度，交流电的相位、频率、幅度等基本特性来传递指令或信息实现的非直接操控方式，由于采取有线遥控与无线遥控的不同，所需装置与控制方式也不同，有线传输是简单而又经济的直接式遥控系统，对执行机构可以直接发出指令。无线遥控则较复杂，系统需要有发射与接收两个部分。操作人员用发射机上的操作手柄或按钮向所控车辆发出各种控制指令，安装在车内的接收装置接收发射机传来的各项控制指令，并将这些指令转化为执行机构接受的指令。电动牵引车为了防止遥控失控，一些涉及安全的手动控制按钮与遥控输出端并联。这样手动控制与遥控就并列存在，并能形成互补控制。遥控装置上的应急按钮在应急状态下从系统中切断主电池的电路，将驱动动力切断并起动电磁制动器。应急切断是电动牵引车所必需的要求，除在遥控装置上有应急按钮外，车辆上设置应急按钮。图 4-9-4 所示为电动牵引车电器布置。

电动牵引车的遥控属视距遥控，即控制距离是操作者的视线范围内，操作者直接可观察到操控的结果。属于只发控制指令、不需结果反馈的单向控制，无线遥控属于单向数据传输与控制的点对点无线通信。操作遥控主要由控制端和受控端组成，控制端发送执行的命令，受控端执行控制端的相关指令与操作。遥控系统由发射机系统和接收机系统及执行放大电路几部分构成，其中发射机由指令发生器、编码模块和射频模块组成，接收机由接收模块、译码模块、继电器模块和继电器组件执行放大模块等组成。

如图 4-9-5 所示的遥控电动牵引车，车体上侧平整，呈左右对称布置，除一接收天线

图 4-9-4　电动牵引车电器布置

外，车上表面的布置几乎横向对称，车载控制按钮集中在"凹"形下部。除车左右对称布置两个应急停车按钮外，其余控制开关、显示等均在一块控制面板上。控制面板位于中间部位，不同的车型其面板的内容略有区别，但基本的装置不变，其中包含显示器，显示的内容包括电池电压、电量、作业时间、错误代码等。面板的前后左右各有一指示灯，指示车的行驶状态。其上可能还有另外几个开关，其中一个是电源开关，其余因车辆型号不同而不一样。

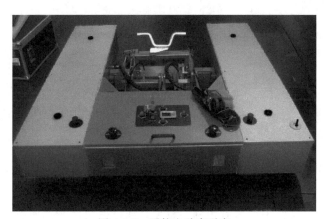

图 4-9-5　遥控电动牵引车

遥控器是车辆遥控系统的重要组成部分，遥控器形式与组成各异（图 4-9-6）。有线遥控相对简单，遥控盒可视为车辆操作面板的延长与随动。而对于无线遥控则不同，车载部分除了遥控相关的装置外，具体控制依据自身的功能设计而不同。遥控盒的形式不一，但必须齐备全部操作功能，无论是有线控制还是无线遥控，通常车辆的行驶与转向采用手柄操作，左

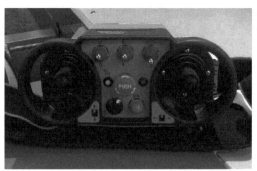

图 4-9-6　遥控牵引车的遥控器

右手分别操作，作业装置的一些控制采用按钮开关。

4.9.4 其它遥控车辆

自动导引车（图 4-9-7）是一种无人驾驶车辆，简称 AGV，自动导引车从作业角度看可视其为行走与作业两部分，下部行走部分实现自动导引运行，上部移载装置用于作业。针对不同应用需求，上部的装置可设计成不同的形式。自动导引车装有非接触导向装置，它按照预定的导引路线行走，按照车载传感器给定的位置信息，沿着规定的路线及位置自动行驶并停靠，自动行驶到指定地点，在一定范围的场地内遥控完成指定作业，与遥控电动牵引车具有一定的相似性。自动导引车具有遥控电动车辆的基本特征，由车辆系统、导引装置、车载控制系统、作业装置、安全与辅助装置组成。整车结构要考虑各种装置的安放，车体的上部用来安置作业装置。前部安装接触式缓冲挡板，车头的上部要考虑导引头、警灯和通信天线的安装，并需要安装接触式缓冲挡板、障碍物探测器。其关键部分是车体内部安装的导引装置，该装置是一般车辆所不具备的。导引装置有电磁或光学等不同导引方式，其实质是一检测比较装置。通过检测车辆轨迹，位置与预定轨迹、位置的差别，实时进行纠偏、定位，使车辆沿正确路径行驶。

图 4-9-7 自动导引车

导向控制是自导引车辆上的专有控制，首先是通过传感器获得地面导向系统的信息，通过比较计算后对车轮实现控制。一般在车上设置有多个传感器，其接收到地面线路的信号及车体偏离线路信号等，对信号处理后得到反映车体偏差的偏差量。然后根据这些信息计算转向电机、驱动电机速度，用以控制和驱动车辆的转向系统。同时以偏差信号处理后的结果作为检测信号，启动数据采集程序读取目标的测量角度值，使其能实时消除对运动线路的偏离，跟踪线路导向行走。自动导引车是自动导引系统的其中一个部分，不能孤立地实现其功能，只有在地面控制系统的统一调度下，才能自动完成一系列作业任务。控制台是自动导引车系统的调度管理中心，负责与监控计算机交换信息，生成自动导引车的运行任务，解决多自动导引车之间的避碰问题。

4.10 月球探测车

提及车辆大都是指在我们人类生存环境使用的行走机械，与人类所在的环境密切相关。

随着人类对未知环境的探索，需要有适宜各种特殊环境使用的行走机械。天体探测车或称巡视器是一种可以在行星或其它天体的表面移动的设施，这类机械继承正常环境机械的行走特性，又有独具非人类生存特殊环境作业的功能，目前比较有代表性的是探测月球用车。

4.10.1 天体探测车特点与要求

宇宙中的其它天体与地球环境可能截然不同，如高真空、低重力、温度剧变、宇宙辐射等。因此用于地球域外天体上的车辆，是一种在太空特殊环境下执行探测任务的机器，既有车辆的属性，更具有航天器的特点，必须为能够适应那里的环境与工作要求做充分的准备。

4.10.1.1 环境的差异与未知

天体探测车存在是用于天体探测，其所涉及的是未知环境，面对的是陌生的一切。以月球表面为例即可略见一斑。月球表面没有大气保护，这类环境中昼夜温差变化巨大，如何能长时间在极端温度条件下正常工作是一个必须面对的问题。太阳风、太阳耀斑等高能粒子直接辐射到月球表面，会对在月球上作业的月球探测车上的电子器件造成损害。如果人类在这种环境下与车一起工作，载人太空车辆还要解决太空环境下的人机交互问题。或者人穿上防护装置操作车辆，或者在车上存在与环境隔绝的空间供操作人员使用。无人探测车不存在人员在太空操控车辆的问题，但必须解决超远距离的遥控问题。

不同的天体所产生的力学作用各异，难以与地球一致。地球上的行走机械基本无需考虑重力问题，行走机械重力可视为一常数，在制造和使用过程中完全一样。而在太空环境重力发生变化，随之附着力发生变化，行走驱动能力与常规地面条件存在较大不同。在地面上依靠机构自身重力完成的动作，能否在低重力的月球表面完成也将是很大的考验。车辆行走在天体表面所面临的是陌生的地况条件，即使人类对其有了点了解也比较片面。表面地况条件对车辆的行走产生的制约与限制较大，因此要使车辆具有宽泛的适应能力，行走装置必须多功能，如行走装置必须能够应付遍布石块、陨坑等崎岖不平复杂地形地貌的能力。设计在天体上实现行走的机械，除了考虑该天体表层土壤的结构、地貌、物理和力学特性外，也要考虑太空探测设备的发射、运载、考察目标等任务特点。

4.10.1.2 天体探测车的保障特点

天体探测车的使用地点是外太空的其它星体，必须从地球利用运载火箭运输到这些星体上。因为航天运送舱存储空间限制，要求具有较小的外形包络尺寸以便于在发射舱内固定，为此设计多采用折展方案，以尽可能缩小发射体积。同时要考虑在发射升空、降落表面过程中产生的过载、冲击、振动、翻滚等影响。运送不仅要求体积小、更要求轻量化，充分采用微型器件、微型机械和轻型材料，在设计与加工中采用高强度、低密度的材料。探测车是一个可移动的平台，它要携带若干有效载荷，如探测仪器或挖掘采样器等，这些设备和装置必须小型化、轻型化。从发射到着陆要经历苛刻的温度及振动等考验，在确保整车质量、运载外廓约束的前提下，为提高可靠性对关键部位需冗余设计。

行走机械作业需要一定的能量供给，提供维护保障，但在这类特殊环境下的机械，不可能采用常规的方式实施保障与供给，需要具有自我供给能力。太空环境与地球是完全不同的，没有空气及难以保障燃料供给，外太空的能量供给受到极大限制，使得常规动力装置不适宜。现在技术条件下太空可供给利用的能源只有太阳能，车辆依靠太阳能供给，采用电机驱动适合外太空的环境条件。太阳能利用装置在白昼来临时将太阳能转化为电能为电池充电，行走驱动电机、车载仪器等均由电池供电保持正常状态。外空间真空和极端温度、多种宇宙射线条件下，对车辆本身的关键零部件、车载仪器必须加以防护。车轮设计必须要满足天体表面土壤的承压能力，行走机构要有很强的适应力，保证车辆能够在各种地况条件下行驶。

4.10.2　月球探测车概述

4.10.2.1　月球车基本形式

月球车是人类月球探测研究不可缺少的重要探测工具，作为一种适于在月面上行驶的特殊电动车辆，既有传统车辆的特征，又有航天器重量轻、体积小、耗功低的特点。由于探测任务、承载对象和性能需求的不同，月球车有无人驾驶月球车和有人驾驶月球车两种。无人驾驶月球车由轮式底盘和仪器舱组成，这类月球车的行驶是靠地面指令遥控完成规定任务，可以接收来自地面或者月面控制站的指令完成相关动作。这类车需要能够感知周围环境、自身姿态、位置等信息，具备独立应对各种环境的能力，自主行走完成规定作业。有人驾驶月球车由宇航员驾驶在月面上行走，月球车可在宇航员直接操作模式下完成作业。主要用于扩大宇航员的活动范围和减少宇航员的体力消耗，可随时存放宇航员采集的岩石和土壤标本。

月球车的车载能源供给系统是月球车的核心部分，能源系统包括动力、能量供给即补充、热量控制等装置，能源系统为行走驱动与车载装置提供能量。外太空的能量供给受到极大限制，目前能源系统主要有太阳能利用装置和同位素电源。同位素电源为一次性电源，太阳能装置能反复利用。有的车上同时配备两种电源，并装有被动温控系统，当黑夜降临时用同位素电源的能量来维持适宜的温度环境，使电池、车载仪器保持正常状态。而当新的白昼来临，太阳能利用装置能重新依靠吸收太阳能进行发电工作。机架是车上各种装置的安放基础，根据不同需要可能有工作装置、乘坐、导航装置等，其结构形式因功能而变化。用于人员运载的月球车车架结构相对独立，以其为基础安装不同的装置。独立作业的无人驾驶月球车为了减轻重量与减小体积，机架与某些装置结合为一体，行走装置直接与其相连接。

4.10.2.2　无人探测车的结构

无人探测车学名是月球探测远程控制机器人，这类车辆在遥控或自主控制模式下进行相应的探测任务。人类的第一辆月球车为一款无人驾驶的月球探测车，是由苏联在 1970 年研制成功的"月球车 1 号"（图 4-10-1）。该月球车主要由轮式行走装置与仪器舱等组成，车上

图 4-10-1　苏联的 Lunokhod 月球车模型

配有定向天线、照相机、太阳能利用等装置。行走装置利用电机独立驱动，由太阳能光板与蓄电池联合供电。白昼时舱盖打开，安装在仪器舱盖上的太阳能电池板接收太阳能。黑夜时车辆停止移动、关闭舱盖以保存热量，同位素热源为月球车提供热量以维持适宜的舱内温度环境，保证车载仪器、装置状态正常。

该探测车的仪器舱形状为一圆锥体，同时也是探测车的车体，车体内部放置所需的各种仪器设备，车体上部的舱盖翻开即为太阳能电池板。仪器舱下侧与行走装置相连，行走装置为悬架机构连接车轮构成。车轮采用刚性金属轮，轮圈外侧带有金属齿片以提高驱动能力。采用电机独立驱动方式，每个驱动电机直接安装在轮子内部。车轮对称布置在车体两侧，每侧的四个车轮分为前后两组，每组的两车轮及悬挂机构构成一个行走单元与机体连接。每个单元的两个车轮由一纵梁联系起来，两个轮子安装在梁两端，纵梁的中间与支承车体的立柱铰接，纵梁铰接后可实现绕轴旋转做摇摆运动，提高对月球崎岖表面的适应能力。主轴线和轮子轴线相互平行，车轮自身不能实现横向偏转，因此该车采用差速转向方式。该月球探测车由地面人员遥控操作，行进速度较低，高速为 2km/h。

4.10.2.3 载人月球探测车

第一辆载人月球探测车是美国 1971 年送上月球的"巡行者 1 号"（图 4-10-2），该车为四轮驱动结构，可同时乘坐两人。月球车车架及悬架均可折展，在离开登月舱的过程中，由宇航员借助空间辅助装置展开。其主结构为可折叠的车架构成的平台，配以四轮独立驱动行走装置，四车轮对称布置，通过四套悬架与车架形成多点独立连接结构。车轮为金属弹性轮，轮胎胎面由镀锌高碳钢丝编织而成，轮胎外表面圆周上均匀布置安装有"人"字形钛合金的片。该车质量大约为210kg，另外可以装载约 490kg 的有效载荷。以电池供能实现行驶，宇航员操纵手柄可驾驶该车向前、向后、转弯和爬坡，最高行驶速度可达 16km/h。

图 4-10-2　美国载人月球车

车架为前、中、后三部分构成，中间部分比前后部分宽，主要用于驾驶操作空间，前部与中部、中部与后部由弹性杆铰接。前后两部分结构相近，分别用于连接前后悬架。悬架采用双横臂独立悬架结构，四根杆分上下两组构成悬架的上下臂。两臂的内侧均通过支承座和扭杆弹簧与机架相连，悬架臂的外侧连接车轮电机的固定座。在车架与电机座之间同时还布置有缓冲装置，与扭杆弹簧共同实施减振作用。当月球车行驶途中遇到凹凸地形或者障碍物时，每个车轮相对机架有垂直位移时悬架发生摆动，自动适应外部地形的变化。

4.10.3　月球探测车行走装置

月球车是一种能够在月球表面行驶的专用车辆，行走机构的地形适应能力、运动平稳性、越障能力、抗倾覆以及自复位能力就显得尤为重要。月球车不但要完成运载作业，可能还要完成环境探测、样品收集等复杂任务，其所面临的行走条件未知，对行走装置的各种功能要求很高，同时由于多种因素的限制，结构尺寸要求要小、重量要轻，因此在多种行走装置中，采用机构组合轮式行走装置具有优势。机构组合轮式行走装置主要包括机械机构与车轮两部分，行走驱动均采用轮边电机驱动方式实现。

月球探测车本身要求紧凑、轻巧，因而车轮的结构尺寸不可能太大。而月球车行走在环境复杂月球表面，必须能够通过月表凸凹不平的沟坎。有人驾驶的车辆相对容易避开各种不利行走的月球表面，而对于无人驾驶的车辆则必须具备更强的通过能力，为此采用多轮组合结构形式以弥补车轮小的弱点，如苏联的月球车采用八轮结构，中国的月球车采用六轮结构。月球车轮直接接触的是覆盖月表的松软月壤，为了能够可靠地实现驱动与行走，采用外缘带有一定花纹的金属轮，既有刚性结构轮也有弹性轮。一般刚性车轮形状为圆柱形或中间鼓两侧小的圆台形，使车轮与地面有较大的接触面积，提高月球车在松软月面的通过能力。车轮轮缘为金属环与金属网组合结构，既保证强度又减轻重量。其外侧布置有一定轴向倾角的履刺，以增加驱动能力。轮缘和轮毂之间用金属辐条或镂空辐盘连接，辐条和网状轮缘避免了尘土积存。刚性金属轮减振性能不如弹性金属轮，弹性轮由刚性和弹性两部分构成，其中刚性部分包括辐条、轮毂和内轮缘。钢丝编织而成的网覆盖在内轮上形成轮胎，金属丝编织的外胎为弹性部分，弹性外胎能够起到减振作用。胎的外侧有防滑条覆盖，提高驱动能力。图 4-10-3 所示为月球探测车车轮。

图 4-10-3　月球探测车车轮

月球车轮式行走装置的车轮运动灵活，车轮本身可以实现驱动与部分减振功能，但难于跨越大于轮子直径的壕沟和高于轮子半径的凸坎。利用车轮与机构结合而组成的行走装置，能够扩展车轮的缓冲、平衡、越障等能力，进一步提高通过性能。机构是车体与车轮之间的过渡与连接机构，其既是车辆的悬挂装置，又是行走姿态调节机构，因此该机构为行走装置的关键部分。行姿调节机构为左右对称结构，结构形式有多样，每个轮通过该机构与机体连接，可以使得部分车轮在纵向实现上下摆动。尽量使每个车轮都能同时接触月表，当其一个车轮无法实施驱动时，其它车轮仍可以保障驱动的实施，保证该月球车继续行走。

现已使用的无人月球车的行走装置基本都采用机构加多轮形式，除了苏联使用的无人月球车外，中国的玉兔号月球车也是一种无人月球探测车（图 4-10-4）。玉兔号是中国首辆月球车，行走装置采用主副摇臂悬挂机构与六轮驱动组合方案。行走装置对称布置，每侧三个车轮由一套悬架联系为一个行走单元。悬架采用主副臂结构，其中主臂中部靠后与机体连接，前端连接前轮，后端连接副臂。副臂两端连接车轮，中部与主臂连接。副臂与主臂在铅垂面能实现自由摆动，使得三只轮子可同时适应不同起伏高度的月面。三只轮与臂的连接分为两种方式，前后两轮采取立轴铰接的方式，使得车轮相对臂架可以绕立轴偏摆，中间位置的车轮不实现摆动，前后四轮可实现独立转向。

图 4-10-4　玉兔号月球车

4.10.4　天体探测车的未来

月球探索是人类探索太空的第一步，人类对火星的探索也取得了一定进展。在对火星进行探索的过程中也使用了火星探测车，与月球车对探月的关系作用相似，火星探测车对火星的探测起到重要作用。目前全球多个研究组织仍在研究适于太空探索使用的行走机械，由于有了以往探测车的成功经验，以及科技进步带来的技术水平的提高，新的太空车辆具有更优良的性能。作为太空星体探测的执行机构与探测仪器的载体，这些太空探测车形式多样、各有其特色，在不远的将来可能就会在太空探索中一展身手。

第5章
特定用途行走机械

5.1　结构特色与功用

行走是行走机械的基本功能，行走装置是行走机械的标志。而随着行走机械的发展与使用领域的拓宽，对行走提出更高的要求，使得行走装置在不断进步与多样化。行走装置作为行走机械的组成部分之一，必须与主体结构相互匹配，因此为执行特定功能的行走机械，不仅行走装置部分不同于传统的行走装置，其主体结构也要变化。所有这些变化根本原因在于行走功能与作业性能的统一，体现了机具的结构形式、特定功用与环境条件、作业对象的适应关系。

5.1.1　结构与功能的匹配

谈起车辆或可行走的机械通常要与速度、载重、牵引力、灵活性等联系起来，而这些几乎都与行走装置相关联。人们理想的行走装置在各个方面应均有出色的表现，而实际上是不存在这种尽善尽美的装置的。任何装置都是有利有弊的，只是看如何发挥优势而化解劣势。如飞机起飞降落以及在地面上行走都必须有行走装置的存在，而空中飞行时暴露在体外的行走装置成为不利于飞行的阻力产生者，为此现代飞机起落架设计为可收放结构。在地面行走时发挥其作用，空中飞行时收入体内而不产生阻力。地面上行驶的车辆也同样存在这类问题，如要提高灵活性最好能使其全向行走，全向行走则带来行走装置复杂等方面的问题。采用麦克纳姆轮行走机构能够全方位移动，但必须在良好地面条件才能正常发挥功能，采用这类行走装置车辆虽然灵活，但应用场合受到限制，也难以发挥更大的牵引力。路轨两用车为了解决两种不同路况条件的使用问题，采用两类行走装置分别适应铁路与道路行走，这也是实现一机多用、提高适用性的途径。

每一种行走机械都要面对具体的路况条件和作业对象，为了适应行走与作业需求，行走装置乃至主体部分都要设计出特殊结构。如为了田间行驶避开对作物的碰损，高地隙喷雾机采用提高机体方式加大机体底侧与地面之间的距离。步履式挖掘机为了能够越障行驶、在复杂地况条件作业，通过步履机构实现跨越与车体调平。大型自动喷灌机的结构布置是另一种特例，其横向结构尺寸远大于纵向尺寸，采取多单元横向铰接结构实现同步运动。土方铲运车采用双体铰接方式将牵引作用转化为自身的作业功能，其铰接装置也是牵引装置，发挥特有的牵引功能。自行式平地机虽然也发挥牵引力用于自身作业，但其结构又要与作业装置及作业条件相适应。路面压实机的特殊之处在于行走装置中的轮子，作为行走装置的车轮兼工作装置。又重又宽的轮子轴向结构尺寸较大，这种双轴双轮结构是压路机的特色。

5.1.2　多轮全向行走

改变行驶方向是行走机械所必备的功能，行走机械所采用的行走方式及装置直接关系到行驶操向，尤其对于需要实现全向运动的行走机械。实际使用的全向行驶车辆或平台有两类形式，一种是非接触的空气悬浮式平台，由于这类平台与地面之间靠空气悬浮，不存在接触地面的行走装置，运动阻力小、实现全向运动比较方便。另外一类则是通过行走装置接触地面，靠行走装置实现驱动与运动方向的变化，实现行驶方向的改变。能够实现全方位运动的装置就是万向轮，而万向轮最理想的结构形式则为球体形状，但球体既要实现万向又要使其发挥驱动能力则比较困难，此时只能采取摩擦传动方式实现驱动，而且球轮与摩擦辊之间的摩擦力一般不会太大。球轮转向方式虽然可以实现全方位转向，但是球轮转向结构和控制方式都比较复杂，所以这类结构实际工程应用较少。图 5-1-1 所示为全向驱动轮单元。

图 5-1-1　全向驱动轮单元

实际应用较多的是采用轮式结构形式，通过利用特殊设计的机械机构、结构，并结合车轮驱动能力的发挥，使车轮或行走装置能够实现全向功能。实现全向有动轴和定轴两种方式，两种方式的转向原理差别较大，也各有其优势。动轴转向是实现全方位的一种有效途径，轮子通过支架与平台铰接，相对机体具有两个自由度，分别是绕轮子轴心的转动和绕轮子支架铰接轴心的转动，两个转动的轴心是正交的。绕轮心的转动可实现行走驱动，而绕支架铰接轴心的转动实现方向控制。当支架铰接轴心线与轮子接地点重合时，车轮在滚动和换向的过程中与地面的接触点可以保持不变，不重合则在转向过程中车轮绕垂直的轴心转动。全向轮的导向机构主要由转向电机、减速器、转向大小齿轮及基体支架等组成，转向小齿轮绕着固定在车架上的转向大齿轮进行转动实现转向。

采用组合轮结构是实现全向移动的一种趋势，其中平行双轮结构的行走机构可以通过调整两轮的驱动方向，实现该装置的转向。两轮相对反向旋转则调整该行走单元转动，两轮同向同速运动则实现行走驱动，使用这种行走结构的行走装置不仅要控制同一单元两轮的运动，还必须协同控制构成行走装置的全部行走单元。以麦克纳姆轮为行走单元的行走装置，可实现行走驱动与操向的统一操控。以辊轮组合结构的麦克纳姆轮，能够以定轴驱动实现机体全方位移动，行走装置本身可以解决行驶方向问题。麦克纳姆轮组成的行走装置结构紧凑，不需要独立的转向驱动机构，可在不改变自身位姿的情况下向任意方向移动，利用轮组的不同速度组合实现各向运动。

5.1.3　多体协同并行

轮式行走机械的主体结构与行走装置的布置方式已形成定式，整体结构形式为纵向尺寸大于或等于横向尺寸，平行双轴布置为最基本的布置形式。为了结构与能力匹配的需要，可以增加车轮数量提高承载能力。当需要多轮布置时，通常纵向增加轴的数量，整体而言纵向尺寸增加比例大于横向尺寸增加比例。其原因之一也是宽度上受到道路、运输等的限制，纵向尺寸限制较少。但也有横向结构尺寸远大于纵向结构尺寸的特例，如大型自动喷灌机为了自身作业的需要，横向结构尺寸远大于纵向尺寸。自动喷灌机是一种运行于田间的灌溉设备，能在自带动力装置的驱动下自动行走，并将一定压力的水通过布置在其机架上的喷头喷射到空中后，再洒落在土壤表面。

自动喷灌机行走所覆盖的面积越大，受到喷灌的面积就越多。喷灌机横向尺寸越大一次行走覆盖面积就越多，越能便于实现高效大面积喷灌的功能。自动喷灌机横向宽度有数十米，甚至百米以上，而纵向前后尺寸只有几米。自动喷灌机为多体组合结构，一台自动喷灌机由若干跨架横向连接组合而成，跨架相当于行走机械的车架，跨架彼此间柔性连接。每个跨架为一独立驱动的行走单元，一般为前后双轴结构。因此自动喷灌机是一种横向多单元、多轮布置的多支点结构的特殊行走机械。自动移动喷灌机横向跨距大、布置有多组车轮，无论是直线平移行走还是绕着中心转动，要保证整个机体在田间可靠行走则需一适宜的方式。为了使每个跨架的运动与其它跨架的行走相协调，通常采用单体间的非同步运动实现整体同步作业。

5.1.4　车轮的作业功用

用于作业的行走机械的行走装置多为作业装置的移动提供方便，静止时还可以用于支承该装置。这类机械的作业装置与行走装置通常相互分离，彼此独立实现自身的功能，行走装置的功用仅仅局限于移动行走。用于作业的行走机械存在另类，其行走装置与作业装置不再独立，功用也相互结合，其最典型的就是路面压实机。路面压实机不同于其它行走机械之处在于行走装置，行走装置既是实现行走的装置，又是完成压实作业的装置。行走装置的特殊之处在于其轮子，兼为作业装置的车轮横向尺寸大，以单轮替代传统的双轮，双轮平行为常用的布置形式。

路面压实机的车轮不仅要发挥足够的牵引力，而且作业需要产生较大的压力，为了实现这一要求，该车轮应具有尽量大的质量。车轮上增加相应的重量来加大其压力提高作业能力，对于驱动轮而言也增加了用于驱动的附着力。但仅此还不足以达到理想的作业效果，作为作业装置而言有必要采取措施进一步提高作业效果。所以有的压实机的轮内设计有偏心激振装置，利用液压马达带动两偏心轴高速旋转，利用高频率振动使车轮对路面实施冲击压实。这类振动压路机在工作时车轮产生的振动越大对土壤的压实效果越好，但较强烈的振动会对压路机的自身零部件造成损坏，并影响驾驶员的舒适性，这也是车轮作为作业装置产生的矛盾。

5.1.5　自牵引作业特色

自行走机械的功能之一是发挥出行走驱动力，首先用于满足自身行走的需求，其次是负载行走和牵引力输出。输出牵引力类的机械通常用于牵引、拖拉作业，主要表现为在其后牵引其它作业装置或运输装置，个别的在其前部安装装置，采用前推的方式发挥牵引力。同时还存在一些与上述输出牵引力的机械不同的牵引作业机械，这些机械也是利用自身发出的牵引力实现作业功能，但牵引力为自己的作业装置所用，如用于土方作业的自走式平地机和土方铲运机就是如此。正是因为自身产生的牵引力带动本身的作业装置作业，使得这两种机器的结构形成自己的特色。

自走式平地机用于切削、刮送和整平土壤等作业，用于刮土作业的工作装置布置在前后行走装置之间。为了布置工作装置及便于工作装置作业，平地机采用一弓形单梁结构的机架，如同脊柱将前后行走装置联系在一起，形成了一种特殊结构形式的行走机械。弓形梁还要连接支承整个工作装置，平地机驱动轮产生的牵引力通过弓形梁架传递于刮土工作装置。为了便于作业有采用铰接式机架结构的，铰接结构不仅仅是提高转向功能，还可实现折腰直行功能。

土方铲运机的功用与自走式平地机相近，是一种在行进中完成土壤剥离、铲装、运输和铺卸等作业的机械。铲运工作装置也布置在前后轮之间，也是利用车辆自身发出的牵引力作业。土方铲运机为双体铰接结构，动力装置位于前部的牵引车上。虽然称之为牵引车但因为单轴结构不能独立行走，必须与后部的铲运机部分组合起来才能形成可以实现行驶与作业的铲运车。后部的铲运机由拱形枢梁与辕架组合而成的梁架连接到牵引车，铲运机部分自重和铲斗中积土的重量通过枢梁传至牵引车，牵引车依靠自身重量和铲运机转移来的部分重量作为附着重量发挥牵引力。

5.1.6　专用结构与机构

为了在一些特定场合使用或面对一些特殊作业对象，要求作业机械不仅机体结构及形态特殊，行走装置也要随之变化。田间作业时要考虑避开正在生长的作物，为了适应农田作业不损伤农作物的要求，这类机器提高机体与地面之间的距离，通过加大离地间隙而避开对作物的碰损，其中用于田间植保作业的高地隙喷雾机就是其中一种。高地隙喷雾机的行走装置即使采用普通轮式行走机械的布置方式与类似结构，但由于改变竖直方向的尺寸而导致其传动、转向等都变得复杂。离地高度也受到机械结构的制约，当需要离地间隙更大时，采用液压驱动变得方便，同时结构形式也变得灵活。此时的行走装置由四个独立与机架连接的支腿及其下部的轮式行走单元构成。支腿对称布置与机架铰接，根据总体要求确定高度尺寸，支腿及支承架又作为转向系统的主要部件。

高地隙类行走机械的机体重心位置高，多用于比较平整的农田作业，支腿的高低尺寸一般不需要调节、作业状态基本保持不变。步履挖掘机与其不同，其上的支腿不仅可以调节，而且调节后可使整机姿态改变。步履式挖掘机行走装置为多自由度支腿与车轮组合结构形式，为了便于支承，有的在支腿上还有支爪。当步履挖掘机利用车轮像普通车辆一样行走时，作业装置不参与行走，而在一些特殊场合，如需要跨越障碍、下陡坡等情况下，作业装置还可以作为第五支承，配合支腿机构动作，形成特有的步行运动方式，依靠工作装置的联合动作实现整机迈进。步履式行走装置通过机构的变化，改变行走装置的形态，使其适应凸凹不平的地面，保持整机的平衡。

为了提高行走通过能力与作业场地的适应能力，步履挖掘机的行走装置设计成轮式形式和步履行走两种模式，根据实际使用条件操作者可以选择行走模式。路轨两用车辆与步履式挖掘机联系不大，但两种工作模式这一点相同，这也使得模式变换、机构设计等方面具有一定的共性。路轨两用车的基本工作原理其实很简单，它同时拥有轮胎和轨道轮两套行驶系统。车在公路上行驶时与普通汽车一样由轮胎接触路面行驶，而当其需要在轨道上行驶时，轨道轮便接触轨道并开始起作用。虽然道理简单但实际实现起来需要解决诸多问题，如行走装置的变换机构、两种驱动轮的动力传递等。

总之，行走机械的基本构成存在一定的相似性，而具体结构则千差万别，其主要原因在于适应作业需求。这类特定场合使用的行走机械，必须针对具体的操作对象、实际环境的行走条件，才能确定出最适宜的、比较特殊的结构与机构，而这类针对性较强的结构与机构也成为这些机械所专有的特征。

5.2　自动喷灌机

喷灌机是一种将灌溉用水形成具有一定压力的水并喷射的机械设备，喷灌机将水吸入后由喷头喷射到空中形成水滴状态，再均匀地洒落在土壤表面滋润作物生长。自动喷灌机自动化程度高，在喷灌过程中边喷洒边自动移动，能在规定的时间内完成计划的喷灌面积，自动喷灌机结构形式特殊、横向跨距大，是一种横向多轮布置的特殊行走机械。

5.2.1　自动喷灌机的种类

5.2.1.1　自动喷灌机的特点

自动喷灌机的实质就是自移动喷水系统，利用水泵将水输送到高处的喷水管，喷水管道高架在若干个行走装置上，边走边喷水。自动喷灌机是田间行走作业机械，也必然具备行走机械的结构组成，构成中包括结构梁架、传动部件、行走部件以及控制部分。自移动喷灌机总体看起来，是由一横向长梁下布置多组行走装置构成的，该横梁由多个跨架的腹架连接而成。一台自移动喷灌机由多个单元横向连接而成，每个单元为一标准跨架，腹架和塔车组成一个标准跨架。腹架是由输水管、支立三脚架和拉筋组成的空间结构，起过流和承重作用。输水管是一根由多节薄壁金属管连接成拱形设置的长管道，输水管上隔一定距离布置有喷头，喷头均匀布设于桁架下方。腹架端部下侧由塔架支承，腹架之间柔性连接。塔架由立杆和底梁构成，它们构成腹架的支座，也是喷灌机的驱动组件安装机体。塔车由塔架、行走轮和驱动系统等组成，是负责喷灌机移动的部分。塔车的结构特点是沿中心线前后对称，塔车行驶带动腹架移动。

实际工作时每个跨架不是同时行走、也并非保持一条直线，而是呈"走-停-走"的间歇运行规律。每个塔车单独驱动，但相互之间的驱动速度必须协调，目前大多数喷灌机采用电机驱动方式，靠百分率计时器设定值来实现行走协调。自动喷灌机是将基本的喷灌设备加装行走装置，使其在自带动力装置的驱动下，边移动边实施喷灌。主要有圆形喷灌机和平移式喷灌机两类，二者既有相同之处，又有不同的地方，最直观的现象在于喷洒面积一个呈圆形、一个呈矩形，而实质是行走方式不同。尽管两种喷灌机行走方式不同，但其结构特征一致，即采用多轮行走装置、大跨距横向布置、单元速度控制。自移喷灌机工作方式、结构形式的特殊性，决定了其行走特性不同于常见四轮或多轮驱动的地面车辆。

5.2.1.2 圆形喷灌机

圆形喷灌机因喷洒轨迹成圆形而得名，又因喷灌机移动时像时针旋转称为时针式喷灌机，还因喷灌机作时针旋转移动时围绕一中心支轴运行，亦称为中心支轴喷灌机。圆形喷灌机的水泵和主干管是固定的，位于喷灌地块的中心点，输水管的一端与位于地块中央的主管道连接，输水管在行走装置的带动下绕中心支轴旋转移动。圆形喷灌机适应性很强，可适应地形的坡度30％左右，几乎适宜灌溉所有的作物和土壤。其不足之处是对方形田块的四个地角不易灌溉，为此有的圆形喷灌机带有喷角装置，转到方田的四角，由喷角装置将支管伸出和缩回，以弥补田角漏喷的地方。

圆形喷灌机由中心塔、跨架、末端悬臂、驱动及行走等部分组成（图5-2-1）。中心塔是喷灌机整体旋转的中心机构，其上设有中心主控制箱、集电环、控制环及旋转弯头等元件与装置。喷灌机的供水口就是中心点竖管底部的弯头，竖管上部通过旋转弯头等零件与跨架上的管道相连接。水流经中心点竖管和旋转弯头进入输水管道，水通过输水管道的输送经由喷头喷洒到地表。每个圆形喷灌机的跨体可以通过增加或者减少跨架数量来调节，可根据地块的大小选择不同跨距、不同数量的跨架组合。最后一跨架安装末端悬臂、尾枪等装置，以提高喷水效果及覆盖的灌溉面积。

图 5-2-1　圆形喷灌机

中心塔也称中心支轴座，它是圆形喷灌机的中心，喷灌机的全部运动部分绕它回转运动，它所要完成的功能是定位及安装部件。中心塔是一个由型钢连接成的四棱锥架，棱锥下部支承于地面，棱锥的顶点部位安装有回转弯头。集电环装在旋转弯头上，是为了避免喷灌机做旋转运动时，将输电电缆缠绕在中心支轴上。控制环是为了限位用的，一是可使喷灌机限位作扇形喷洒，二是为了使末端喷头自动启闭。中心支轴座可以是固定于田间不动形式，也可以安装行走轮，由其它车辆拖动在不同地点作业。

5.2.1.3 平移式喷灌机

平移式喷灌机又称直线行走喷灌机，自动作直线平行移动（图5-2-2）。喷洒管路保持一条直线，适于喷灌矩形地块，无地角不能灌的问题，喷灌土地覆盖率可高达98％。轮迹线路可长期保留，没有妨碍农田作业的圆形轮沟。平移式喷灌是以中央控制塔车沿供水渠道或供水管取水直线行走，其输水管的运动轨迹垂直于供水轴线。相对圆形喷灌机，以中央控制塔车取代中心支轴座，以整体平移运动替代绕中心支轴回转运动。中央跨架是平移喷灌机的核心部位，是动力机组和主控装置的载体。通常情况下平移式喷灌机对称布置，中央跨架横跨在供水渠道上，动力机组及主控制系统等放在中央跨架的吊架上，吊架通常悬挂在供水渠道上方。两个刚性跨架分立在中央跨架两边，利用两个柔性接头与其连接。

图 5-2-2　平移式喷灌机

　　平移式喷灌机作业时通常跨渠行走，喷灌机沿渠汲水。为了检测行走轨迹的变化，首先确定一参照物，通常在渠道的一侧平行于渠中心线安装导向钢索。喷灌机中央跨架上装有前行和后行两个控制箱，其下各有两根留有间隙的触杆，两触杆跨在导向钢索两边。当喷灌机按规定轨迹正常移动时，两触杆在导向钢索两边沿导向索运动。当由于某种原因破坏了正常运动，输水管轴线不垂直渠道中心轴线时，走慢那一侧的触杆就会触碰导向钢索，压迫其上导向控制箱中的重力微动开关，此时便有电流信号传至主控制箱，主控制箱中的相应控制信息发给两侧的行走驱动电机，使快的一侧速度变得缓慢一些，而走慢的一侧调高运行速度，使之赶上快的一侧。

　　平移式喷灌机也可以将中央跨架置于喷灌机的一端，喷灌的区域位于水渠的一侧。也有将平移式喷灌机与圆形喷灌机合二为一的方式，作业时喷灌机沿水渠平移，喷灌水渠一侧的区域，到水渠的一端时，用作圆形喷灌机做圆周运动，待喷灌机的输水管运动到与水渠垂直状态时，再改变运动状态进行平移运动，对水渠的另外一侧喷灌。当运动到水渠的另外一端点处可再实施圆形喷灌。

5.2.2　主体结构与行走装置

　　自动喷灌机大跨距横向布置、采用多轮行走装置、单元速度控制，实现整个喷灌系统按计划移动。其不同于其它行走机械之处直接体现在结构与驱动上，表现为单元桁架结构及独特的行走驱动装置。

5.2.2.1　主体结构特点

　　自动喷灌机由若干标准跨架单元连接而成，属单元组装式多支点结构。每一个标准跨架单元由塔车支承腹架构成。输水管及其下部布置的拉筋、支杆等相连，构成一个超静定结构的腹架，腹架相当于行走机械的车架，其中输水管既用于输水又是横向梁架的承载主体部分。输水管的管径根据喷头的流量和数量确定，考虑水流阻力损失小，又要结构强度、刚度高，采用椭圆弧线作为形状曲线，可以达到较好的效果。每段输水管通过法兰盘与相邻管连接，保证跨架体的强度与刚度。为了适应田间行走作业，各跨架彼此间柔性连接，适应斜坡地段作业。在各连接处配备角度传感器检测跨架之间的运动变化，从而控制每个塔车的速度，以便使每段腹架都保持在一条直线上。

塔车支承在腹架下组成一个单元跨架，斜支承杆进一步加强腹架与塔车间连接，使塔车带动腹架移动时能保证整个喷灌机系统具有足够的刚度。塔车由塔架、驱动电机及减速系统、底梁和驱动轮组成，它不仅是腹架的支座，也是喷灌机的驱动组件。每一个塔架上装有塔车驱动电机及减速系统，塔车上的驱动电机经减速器将动力传递到行走轮。行走轮安装要考虑前进与后退双向行走均等原则，因此同一底梁上的两驱动轮的花纹相向安装。自动喷灌机由多跨架单元连接而成，其中的每个单元行走驱动独立，当相邻两个腹架形成一个角度时，比邻的塔车就开始跟随行走。行走过程中有可能由于地况条件不同，导致其中一塔车的行走装置无法前进，则这段跨架与机架之间发生角度差，触发总的电源开关，停止全部驱动装置，否则可能出现拉垮机架的现象。

5.2.2.2 行走驱动装置

行走装置作为喷灌机的组成部分，其结构形式必然与喷灌机的整体结构相协调。喷灌机的喷灌系统横向布置，行走装置以单元形式相隔一定间距布置在喷灌机输水管的下侧。行走装置都与塔车相连，塔车架的下侧结构与行走装置的机架合二为一形成一行走单元，在其上布置动力及传动装置、安装行走驱动轮。自动喷灌机的动力源可以是电网供电，也可以是自带的发动机。无论是哪种动力供给方式，最终的驱动方式是相同的——电机驱动，不同之处在于主控制箱前段的电力来源。塔车行走驱动电机均在各自的跨架单元，从电机到车轮的传动经传动箱、末级减速两级机械传动。驱动电机多选用起动转矩大、允许频繁起动、有过流过载保护的三相异步电动机。

喷灌机的行走驱动特点是单元独立驱动，驱动轮相互间距离较大，采用电机驱动方式最为方便。对于远离电网的地方，常采用柴油机带动发电机为驱动装置供电的方式。行走驱动部分装置包括塔车控制箱、驱动电机、减速器、传动装置和行走轮等，减速器采用具有自锁性能的蜗轮蜗杆式减速器。塔车控制箱装有驱动电机的配电设备、同步控制机构、安全保护系统元件等。图 5-2-3 所示为柴油机发电驱动原理框图。

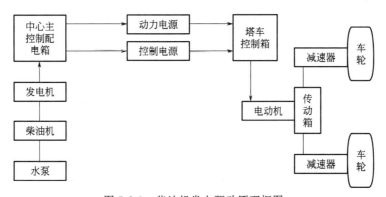

图 5-2-3 柴油机发电驱动原理框图

如图 5-2-4 所示塔车由底梁 2 和塔架支杆等构成，支杆上端支承输水管 8，将输水管的重量传递给底梁。底梁的两端安装行走驱动轮，行走驱动轮的动力来源于电动机 3。驱动电机与传动装置固定在塔车的两轮之间，电动机与安装在底梁中部的传动箱 4 直接连接，传动箱将电动机的动力分流，通过传动轴 5 等分别传递给前后两个驱动轮。塔车底梁的端头安装涡轮蜗杆减速器 11，减速器为了适应温度变化的影响，设计有润滑剂膨胀缓冲器，图片中减速器上的凸出结构即是。蜗杆端通过联轴器 9 与传动轴相连，蜗轮的轴为动力输出端，该轴端焊接有一法兰，法兰与行走驱动轮辐盘 10 连接，带动行走轮转动实现行走功能。

图 5-2-4 喷灌机行走单元
1—行走轮；2—塔车底梁；3—电动机；4—传动箱；5—传动轴；6—塔架支杆；
7—腹架；8—输水管；9—联轴器；10—驱动轮辐盘；11—蜗轮蜗杆减速器

5.2.3 行走控制与保护

自动喷灌机跨度达几十米以上，彼此柔性连接的腹架被支承于若干个塔车，实际工作时每个塔车不是同时行走，也并非保持一条直线。为了均匀喷洒和安全行走，必须解决好行走控制及安全保护方面的问题，喷灌机的控制系统主要解决行走速度控制和同步控制问题。自动喷灌机的电控系统主要由中心主控制箱、塔车控制箱、电缆等组成，中心主控制箱位于中心塔或中心跨架上，实现控制、保护和监测报警等功能，通过百分率计时器控制、调整喷灌机的同步运行。位于各自跨架上的塔车控制箱或称塔盒，用于接收中心主控制箱的控制信号，并实现该跨架上电机的起停控制及故障检测等功能。

同步控制在自动喷灌机的运动中十分必要，同步控制能保持喷灌机整体上基本成直线。同步行走控制使每相邻两跨架的相互运动位置保持基本一致或基本同步，通常用百分率计时器将两跨架输水管道的相对角变位控制在一定的范围内，超过这个范围时相邻跨架的塔车起动运行，以缩小差距直至消除这一角度。如圆形喷灌机的管道都是绕中心支座旋转，每个塔车的轮轨线都是圆周线，工作时最外侧跨架开始移动，从外端到内依次进行。一旦与相邻跨架角度达到规定值，触发与其连接的跨架起动并开始运动。一般调整好百分率计时器后，平均运行角速度不变，而外端管线比近中心的管线的线速度要大得多。平均运动速度是通过计时器来控制塔车走停时间的百分比来控制的，控制最外侧塔车走停时间，其它塔车均以最外侧塔车为目标对正校直。平移式喷灌机可视为两台反向运动圆形喷灌机，其中心支轴在一起且运动。

自动喷灌机起动后自动作业，操作人员离开现场也必须仍能安全运行，当出现跨间扭曲等各种危及喷灌机安全故障情况时喷灌机必须能够自动停机，喷灌机上设有同步故障保护、过水量保护、超水压保护、电机过流过载保护、低温自停保护等。其中最重要的是同步故障保护，因为机组是由多跨架单元组成的自走式系统，很容易发生跨间扭曲的情况。当任一跨架的塔车在运行中因故超前或滞后相邻跨架塔车时，喷灌机相邻两跨架会出现一定的夹角，电控系统会发出报警信号。当同步系统发生故障时，同步保护能在相邻跨架相对角变位积累增大到某一限定值时，切断电流使喷灌机停止运行，达到停机停水的目的。

数字化精准控制系统为自动喷灌机的控制提供新的模式，可利用摆角反馈自动归零的控制模式调控各跨架单元同步变速行走。行走驱动控制由变频器驱动交流电机实现，反馈单元由位移传感器和位置传感器组成，位移传感器安装在喷灌机相邻两跨的连接处，位置传感器安装在整机桁架的中间部位。每台变频器驱动一台电机，所有变频器并联连接到控制单元输出的控制信号端，各变频器的控制由各自的地址识别。由于田地表面坡度、地面坚实度和土壤特性的差异，各跨架实际行走速度不一样，对各跨架的实际行走速度进行积分，计算各跨架之间在前进方向上的位置差异。相邻两跨架之间的夹角不为零时控制系统向各变频调速器发出相应的信号，实时调整相应跨架的塔车上的电机转速，保证各跨架行走速度一致。

5.3　高地隙喷雾机

田间作业的农机具有多种类型，其中有一类机器在作业时要考虑避开正在生长的作物，为了适应农田作业不损伤农作物的要求，这类机器增大机体与地面之间的距离，通过加大离地间隙而避开对作物的碰损，因此产生了一类高地隙田间作业机械，其中用于田间植保作业的高地隙喷雾机，就是一类应用较为广泛的高地隙行走机械。

5.3.1　高地隙喷雾机特点

田间作业机械的产生是因为实际农业生产的需要，因此每种机具都有特定的功能。为了能够在生长作物的田间作业又能避开作物，除了使行走装置部分避开作物外，作业机械需要增加离地间隙，使车体部分尽量不碰到正在生长的作物。高地隙行走机械应具有常规自带动力行走机械的全部功能，因此动力装置、传动装置、行走装置等均为必备的部分，只是布置方式和要求不同。高地隙行走机械提高地隙就是为了能够避开作物行走，高度上高于作物高度。行走轮胎的宽度要小于相邻两行作物，同侧轮要前后同辙，窄轮胎能够满足相关条件时，尽量选用窄截面轮胎。增加轮径是一种提高离地间隙的办法，但单纯增加轮径又会带来其它问题。对于机械传动的田间行走作业机械，提高离地间隙通常的做法是提高前后桥的离地高度，通过提高车桥与轮心之间的距离来增大离地间隙，这种方式不受车轮直径大小的限制。采用液压传动的田间作业机械，行走装置取消了传统机械传动的车桥，不仅使得结构布置简单，而且可实现更大的离地间隙，大型自走高地隙喷雾机就是这类液压驱动、离地间隙较大的田间行走作业机械。

高地隙喷雾机产品种类较多，但主要结构布置思路有两种，一种是基于拖拉机的结构形式，延续农用拖拉机的形态与布置形式，通常发动机、驾驶室位于车体的前部，其后布置储药箱，储药箱的后面再布置可升降的喷洒装置。发动机布置在驾驶室前时发动机纵置，整机前部的结构形式与拖拉机相似，类似于高地隙拖拉机。这种结构形式能够保证前轮分配较大的重量，对于四轮驱动的喷雾机的前轮可以发挥较大的驱动力。另外一种思路就是平台结构，动力、储药、喷洒等主要装置均在平台之上，平台的两侧对称布置四个车轮。这类高地隙喷雾机的驾驶室一般位于前部，其后部布置药箱或发动机。有的为了利用空间，在两侧前后轮之间的空间布置有扁窄型药箱等，喷杆架组件布置于车后或车前。为了提高适应性，有的机型还可实现高度调节功能、轮距调节功能，还有的机型可实现驾驶室高度调节。图 5-3-1

为高地隙喷杆喷雾机。

图 5-3-1　作业中的高地隙喷杆喷雾机

自走式高地隙喷雾机是一种行走在生长作物的田间，利用自身动力驱动实施向作物喷洒农药功能的田间作业机械。这类机械必须具备田间跨作物行走及高效喷洒农药的功能，其相当于自驱动行走机器与机载大型喷雾机的结合。高地隙喷雾机采用四轮结构，四个车轮通过减振装置与车架连接，车架上布置有发动机、驾驶室以及作业需要的储药箱和喷洒装置等，具体结构、布置形式虽然不尽相同，但基本构成相近。整机作业以负重行走为主，同时动力装置还要为喷雾作业提供动力。实现高地隙除了加大车轮直径外，其它实现方式最终都要归结到加大车轮轴心与机体及其上所有装置间的距离上。对于行走驱动轮而言增加了动力传递路线的距离，高地隙喷雾机行走装置的传动方式既可以是纯机械传动，也可采用液压传动。机械方式多用于小型机械，液压传动在大型机械上应用较多。

5.3.2　机械传动高地隙喷雾机

高地隙喷雾机是众多田间作业机械中的一种，其与众不同之处在于离地间隙大。在已有成熟结构基础上针对加大离地间隙进行改进提高，这种思路用于机械传动高地隙喷雾机比较实际。田间行走机械行走驱动中传统机械传动的结构为前后桥形式，车桥位于车体的下侧，四车轮通过前后桥支承整个车体。实现驱动功能的驱动桥不仅用以支承重量，还要传递动力到驱动轮。发动机的动力首先纵向传动到驱动桥上的中央传动，再分流横向传动到驱动轮。通常情况下这一横向传动轴的中心既是驱动桥的传动轴心，也是驱动轮的中心，在车轮轮径一定的条件下，车桥的位置决定了离地高度。加大车桥轴心与车轮轮心间的距离，即可解决提高离地间隙的问题。解决问题的方案就是利用一级或多级传动，传动解决了动力传递问题，而传动箱体成为加大轴心与轮心距离的支承结构件。同样的传动结构，箱体布置角度变化，就可改变离地间隙的尺寸。图 5-3-2 所示为两种高地隙轮边传动结构。

图 5-3-2　两种高地隙轮边传动结构
1—半轴管梁；2—末级减速器；3—驱动轮

要改变驱动桥的离地高度，改变传动路线即可实现。动力经离合器、变速箱传入驱动桥，驱动桥内装有主减速器，以增大传动系的传动比，同时用来改变转矩的方向，将转矩从变速箱的纵置输出轴，传到差速器的左右两个半轴齿轮上，左右两半轴齿轮将动力传到左右两侧传动半轴。在原有传动的末端，即从桥端到驱动轮这段增加一段从上到下的传动，左右半轴连接末级减速器的一级主动圆柱齿轮，再经被动齿轮啮合后将动力传至车轮上，传动路线变成在两侧从上至下传动。竖置形式的减速器尽量靠近所驱动的轮胎，上端内侧输入端与左右半轴相连，下端外侧输出轴驱动车轮形成了高地隙。为了实现更高的离地间隙，末级传动可以采用多级。有的机型末级传动采用链传动形式，以链轮与传动链替代圆柱齿轮以简化传动结构。驱动桥采用整体桥与机架刚性连接的方式，为了实现仿形能力，也可采用柔性传动，将末端传动装置独立，且有减振支承布置于机架之间。

机械传动高地隙喷雾机的行走驱动与传动方式与常规车辆相近，但由于离地间隙的提高使得桥轮轴线间的位置发生变化，为了解决因位置变化带来的传动问题，通常增加侧面的传动。如在前转向、后驱动的行走装置中，在后驱动桥两端再增加一级从上至下的轮边传动，通常从中央传动相连的左右半轴轴端向下传到驱动轮中心。如果只是前轮转向、后轮驱动的前后桥布置结构，传统的转向方式在高地隙喷雾机中仍可使用，通过转向梯形的拉杆实现两轮的协同转向，这类高地隙喷雾机前转向轮与前桥之间仍通过仰角轴连接，将转向立轴加长使得轮轴心与转向桥梁的距离加大，实现加高前桥与地面之间的高度的目的。对于双桥四轮驱动的喷雾机，前桥在实现转向功能的同时，还需要实现驱动功能。通常采用锥齿轮传动方式，首先将前桥左右半轴的动力通过锥齿轮传递给转向立轴，转向立轴再将动力由上至下传递给转向轮。采用转向立轴传动方式，能够使动力传动与转向臂带动转向立轴转动相协调。图 5-3-3 所示为机械传动高地隙喷雾机行走装置。

但四轮驱动结构的高地隙喷雾机，前桥的结构变得复杂，前桥内也配有传动装置。发动机的动力经离合器、变速箱再经分动箱分别传入前后桥，此时的前桥与后桥的驱

图 5-3-3　机械传动高地隙喷雾机行走装置

动功用相同，用来改变转矩的方向并将转矩传到左右两个半轴上。半轴的端头安装一锥齿轮，该锥齿轮驱动转向立轴上端的锥齿轮转动，转向立轴的上下端各安装一个传动锥齿轮，下锥齿轮与最终传动齿轮箱内的最终传动锥齿轮啮合，最终传动齿轮安装在车轮轴上，从而驱动轮胎行走，实现前轮驱动。为了在田垄和凹坑行走时保持车体平衡与缓冲，车架的前端下部通过摇摆轴与前桥中部铰接，而在前桥两端与车架之间加装减振弹簧装置。前桥可以绕摇摆轴的中心转动，同时左右两侧的支承弹簧减缓冲击。

5.3.3　液压传动高地隙喷雾机

行走液压驱动的高地隙喷雾机，在传动方面极大地简化了结构，可以彻底取消驱动桥，

取而代之的是轮边马达。发动机直接带动液压泵，液压泵通过液压管路将动力分别传递给行走驱动和作业装置。行走驱动方式可以采用高速马达再经减速器驱动车轮，也可是低速大扭矩马达直接驱动车轮。液压行走驱动完全改变机械传动的传统驱动桥或转向桥模式，采用四组结构形式相同、相互独立的行走单元组成行走装置，每个单元独立连接机架支承机体。行走单元的结构形式及与机架连接方式，类似于传统导向轮的立轴铰接转向结构。行走单元要

支承车体并保持车体需要的离地间隙，保持整体平衡与缓冲减振，实现行走驱动与转向功用。高地隙喷雾机的机架结构根据总体布置而异，但共同特点是行走单元左右对称布置与机架构成四点支承，前后看去机体下部为门形。个别机型为了能够实现轮距的调节，车架与行走单元连接装置设计成可调节结构。图 5-3-4 所示为液压传动高地隙喷雾机行走装置。

行走单元主要集成了液压马达及相关附件组成的轮边驱动组件、轮胎轮辋组成的车轮组件、立轴支架组件、悬挂减振组件等。轮边马达驱动组件集中安装在立轴组件下

图 5-3-4　液压传动高地隙喷雾机行走装置

部的支承架内，驱动轴与车轮组件的轮毂或轮辐相接。立轴组件的支承架与立轴为一体结构，上部的立轴用于与车架铰接、安装减振组件等。立轴连接有转臂，推动该转臂可实现立轴组件的支承架带动驱动组件绕立轴心线转动。可利用油缸驱动转向臂组件迫使立轴转动，带动车轮偏转实现转向。独立的行走单元便于实现全轮转向，可安装四个转向油缸，每个转向油缸带动一组支承组件转动，每个轮由一个油缸操控。在实际使用中通常将油缸分组使用，两个转向油缸为一组，分为前后两组。通过液压阀控制两组油缸的工作状态，确定两轮转向还是四轮转向。为使行走在高低不平地面时每个轮都能着地，每个立轴的上端安装有变形量较大的橡胶减振悬挂装置，既可解决地面高低不平对主机的影响，也起减缓振动的功能。

液压传动的高地隙喷雾机除少量机型采用两轮驱动外，大多机型都采用四轮驱动方式。液压驱动的高地隙行走机械均采用独立轮边驱动的方式，四个马达分别驱动四个车轮。液压泵与液压马达的不同组合方式，使得行走驱动系统的结构形式不同。四轮驱动的高地隙喷雾机的行走驱动系统可以采用双驱动系统，即双泵四马达系统。驱动系统采用型号相同的两变量泵串联使用，每一泵与两个马达构成一驱动系统，两个系统同时工作。在结构布置上采用对角布置方式，前后对角两个马达与其中一个泵组成一驱动系统，如左前右后两马达为一组由一个泵驱动，右前左后两马达与另一泵组成另外一组驱动系统。图 5-3-5 所示为液压驱动高地隙行走单元。

双泵驱动系统的两个变量泵分别为各自系统供油，两泵保持同步变量，比较容易保持马达转速基本相同，使得四个车轮保持速度平衡。这种双系统也使得结构复杂，采用单泵驱动四马达系统相对简单，但要采取监控措施。由一个泵驱动四个液压马达的单泵四马达驱动系统中马达并联，对于行走在农田这种地况条件变化较大的场合，简单的并联驱动系统存在较

图 5-3-5　液压驱动高地隙行走单元

大的风险。只要其中一个车轮出现滑转将导致整个系统压力下降，并且同时全部的流量集中到发生滑转轮子的驱动马达上，有可能使该马达超速而损坏，使得喷雾机难以正常行驶。这种系统需要设置滑转控制功能，当车轮打滑时自动将其动力中断并且传递给不打滑的车轮。可以安装流量分配装置，在各分支油路上设置分流阀，限制供给各马达之间的最大流量比。电控方式被更多的产品所采用，设置转速传感器检测每一轮的速度，一旦识别出滑转率过大的驱动轮，马上反馈到控制单元，进一步采取措施调小该马达的排量或通过节流等方式强制提高其它马达驱动支路的压力，保持整体驱动力的发挥。

5.3.4　其它高地隙行走机械

田间作业机械实现高地隙的目的是避开作物，减少对作物的损伤。实际作业中与作物的接触是不可避免的，车轮及其支承装置必然要接触到作物，但不造成损伤即可。因此只要适当避开作物即可达到目的，基于这种思路的高地隙作业机械有了更多的结构布置方式。如意大利生产的一款自走式喷杆喷雾机，其机体结构为 M 形，而不是常规的门形结构。其将药箱等一部分装置布置在机体中间下侧，保持横向结构尺寸尽量小。这样在这部分结构与两侧行走装置之间同样具有高地隙，用于作物的通过，而机架下部的结构也恰好在没有作物的位置通过，这种结构对于垄作作物具有较好的适应性。相对而言其优点在于整机的中心下降，稳定性增强，可以进一步提高机架的离地间隙。

除了自走式喷雾机采用高地隙结构外，还有很多作业机械采用高地隙结构。如用于果园作业的机械中，采用高地隙结构的比比皆是。用于葡萄、橄榄、红枣等果品采摘的收获机械，也采用高地隙的形式，但其结构形式根据自己的作业特点而定。葡萄收获这类采摘果品的作业机械，也是为了能够在葡萄园中作业，将机体提高形成高地隙结构。与喷雾机不同的是在高地隙行走装置形成的门架结构的中间，布置有与作物接触的采摘装置。果园中作业的机械（图 5-3-6）为了能够让开果树，需要更大的离地间隙，但离地间隙加大又带来稳定性的问题，因此有的机械改变机架结构，将动力装置、驾驶室等布置在机架的下侧，上侧机架只起连接作用。这类机械行走装置的布置形式可以前后两轮同轴布置，也有采取三轴四轮菱形布置的。后者将大部分装置紧凑布置在中间前后轮之间，左右两轮重点提高稳定性。

任何一种机器的结构布置都要与功能相关，高地隙作业机械作业性质差异，决定采用不

图 5-3-6　果园作业机械

同结构形式的高地隙行走装置,而其共同特征是离地间隙大而导致中心高。为此在满足作业要求、行走要求的同时,稳定性的要求也必须满足,而且要全面考虑结构重量及作业外载的影响。不同的机械的重量分布特点、作业状态与非作业状态均不同,要综合考虑多种因素的变化对稳定性的影响。

5.4　步履式挖掘机

步履式挖掘机是一种适合特殊工作场合作业的工程机械,能在常规轮胎式和履带式挖掘机难以到达的作业场合施工,具有较强的环境适应能力。其行走装置可实现多种姿态变换,能在复杂的地形环境中进行作业,具有越障、爬坡、跨越壕沟等特殊功能,作业场合越恶劣越能显其优势。

5.4.1　结构与行走特点

步履式挖掘机是一类可以实现步行功能的挖掘机,与传统形式的轮式、履带挖掘机相比,挖掘作业装置部分相同,行走部分的结构与功能相差较大。步履式挖掘机行走装置为多自由度支腿与车轮组合结构,也有多自由度支腿与履带装置组合等结构形式,为了便于支承,有的在支腿上还有支爪。因此这类挖掘机能如普通挖掘机那样行走,也能步行运动,而且能在凸凹地况保持平衡与稳定。

5.4.1.1　整机结构特点

步履式挖掘机也是一种用于挖掘作业的机械,相较只能在比较平坦的地面上才能正常作业的传统轮式、履带式挖掘机,其功能强大,不仅可以在大坡度的山地保证驾驶室能水平、稳定地进行回转工作,而且能够实现单步、双步跨越及同步跟进等步行运动。步履式挖掘机与传统挖掘机同样由上下两大部分组成,下部行走装置部分通过回转平台和上部的动力及工作装置部分连接。上部分结构形式与传统机型相似,下侧行走装置部分的差别较大。步履式挖掘机行走装置是由四个多关节、多自由度支腿组合而成的步行机构,四个支腿通过四个铰接体与回转平台底座相连,每个支腿均能上下左右摆动、伸展与回缩。每个支腿上安装有车轮,支腿回缩后利用四轮行走时与普通轮式挖掘机形态相同。回转平台通过回转支承铰接于回转底座上，回转平台上布置驾驶室、发动机等装置，工作装置部分的工作臂铰接于回转平台的前端（图5-4-1）。

图 5-4-1　步履式挖掘机

　　布置紧凑是步履式挖掘机上体部分的集中体现，与传统轮胎和履带式挖掘机相比，在相同工作能力的条件下，步履式挖掘机上体部分外形尺寸较小。发动机及液压泵部分无论是布置在驾驶室的侧面还是后下侧，均十分紧凑。工作装置的动臂连接在上体驾驶室的右侧，动臂长度尺寸相对较小，而且一般为直臂，为了解决挖掘距离问题，有的将斗杆设计成伸缩臂的形式，使得步履式挖掘机的功能更为强大。步履式挖掘机的突出特点在于下部行走装置部分，行走装置是一复杂的多自由度结构系统，也正是如此才使步履式行走装置适应非结构化地形条件。液压系统在步履式挖掘行走过程中起到不可替代的作用，行走驱动通过液压传动实现，液压马达驱动支腿上的车轮实现行走功能。行走装置中的多自由度空间运动机构通过各液压缸的驱动，实现挖掘机的转向、作业和行走时的多种姿态变换。利用液压系统单独调节或联动操控支腿的位置，可实现离地间隙、轮距、轴距等的调节。

5.4.1.2　行走作业特点

　　步履式挖掘机的特色主要体现在行走与姿态变换方面，在常规工况下行走状态与普通挖掘机没有区别，而当陡坡攀爬、跨越障碍时才能显示出其独特的优势。普通行走时由四个车轮连续滚动，达到移动车体的目的，在一些普通车辆难以适应的特殊场合，则采用四个支腿支承组成的步行机构完成。支承步履式挖掘机整机的每个支腿由油缸调节摆转或伸缩，四个支腿的支承位置可在纵向、横向和垂直三个方向调节，不仅可使挖掘机在凹凸不平的场地非常容易调平机身，也使挖掘机实现跨步运动。挖掘作业装置还可以作为第五支承，需要时工作装置与步行机构可同时动作，步行机构的四支腿与作业装置形成特有的步行运动方式。

　　步履式挖掘机借助工作装置完成向前步行时，先将工作装置最大限度地外伸，将铲斗放在地面上，动臂油缸伸长使前支腿及前轮离开地面，然后用斗杆缸推动斗杆的尾部，使挖掘机向前移动。当斗杆油缸完成一个行程后，操控动臂油缸将工作装置抬起，使前支腿落地，再进行下一个循环动作，这样反复循环即可实现挖掘机的移动。坡地行驶或作业时，需要重点关注挖掘机的攀爬能力及作业稳定性，一般调整行走机构各铰接部位和油缸，使四个支腿上的轮胎或支承点稳定地置于斜坡上，力求保持回转平台水平并尽量降低重心高度。普通行走装置无法爬大角度斜坡时，可将挖掘机尾部朝向上坡方向，工作装置朝下坡方向，调整前、后腿尽量降低机身高度。将斗杆缩至最短、铲斗着地支承，运用工作装置的力量将前轮抬离地，同时驱动后轮使挖掘机沿斜坡向上行进。斗杆伸至接近最大行程时停止驱动后轮，将前部两支腿的支爪放置地面，抬起铲斗离开地面。重复该动作过程即可爬上大斜坡，因此能到达其它机械装备难以到达之处进行作业。

越障是步履式挖掘机的特殊功能，通过操纵步履式挖掘机的行走装置、工作装置和回转机构，使整机移动越障。当挖掘机移近到障碍物的前方时首先伸展动臂和斗杆，将作业装置的铲斗伸展到障碍物的顶部，使铲斗稳定地附着在障碍物上部地面。整机以铲斗为支承点，动臂油缸回缩使前轮与支腿抬离地面。当前轮下侧与障碍物的顶面一齐时，回收斗杆把车体拉向前方，使前轮到达障碍物的顶面，完成第一步工作。抬起作业装置并将前轮落实到障碍物的顶面，回转作业平台并使作业装置的铲斗回转到挖掘机两后支承的正中间，以铲斗置于地面为支承点，降低动臂使后部支承离地升高至障碍物的顶面。张开斗臂并伸展伸缩臂，直至后轮置于障碍物的顶部。收缩作业装置、落实后轮，操控各个部位到指定位置，完成越障过程。

5.4.2　步履行走装置

5.4.2.1　步履装置的组成与结构

步履式挖掘机机体由上下两大部分组成，下部行走装置部分通过回转平台和上体部分连接，如图 5-4-2 所示。上体部分结构形式与传统机型相似，只是结构更加紧凑，下机体部分主要就是实现行走功能的机构与装置。下机体首先要担负承载上机体的责任，这与一般形式的挖掘机下机架的功能一致。另外一主要功能是作为四个支腿的连接基体，左右对称铰接四个支腿。下体部分可视为下机架与行走装置的组合，下机架铰接前支腿部分和后支腿部分，前后支腿部分又由左右两支腿部分组成，左右支腿结构形式对称、功能相同。下机架是挖掘

图 5-4-2　步履式挖掘机

1—后支腿；2—后支腿油缸；3—驱动马达；4—驱动轮；5—下机架；6—铰联装置；7—前支腿油缸；
8—支承轮；9—前支腿；10—伸缩支腿；11—支爪；12—铲斗；13—铲斗油缸；14—伸缩斗杆；
15—斗杆；16—斗杆油缸；17—动臂；18—动臂油缸；19—驾驶室；20—发动机室

机各个机构实现运动的基本参照体，即挖掘机下机架是一切运动的基准。下机架为焊接扁平形箱形结构，箱体高度方向尺寸远小于其它两个方向，中间为回转装置的连接处，壁上留有开孔用于将通过回转装置的液压油管引到支腿的相关位置。扁平箱体的四角左右对称加工有用于铰接支腿的铰轴孔，如果前后采用结构相同的支腿，铰接轴孔可一致。

通常前后支腿的铰接方式不同，前后铰轴分别采取竖直与水平两种结构形式。下机架与支腿的连接可利用过渡装置实现水平或竖直方向的运动，如前部采用竖直轴与过渡装置铰接，过渡装置与支腿之间连接采取水平铰接，这样前支腿随过渡装置相对下机体左右摆动，支腿相对过渡装置上下摆动，即相对机架可调整高低位置，使得支腿相对下机架可实现水平和竖直两个方向的运动。后支腿若采用水平轴铰接则可实现上下摆动，支腿自身机构则需能够实现左右摆动，平行四杆机构结构用于实现驱动的行走装置，能保证驱动轮始终与机身保持平行，所以后支腿的水平摆动多采用平行四边形结构。步履式挖掘机的支腿可调节功能不仅仅体现形态的变化，还要在某些场合起固定作用，所以支腿上往往还带有支爪。图 5-4-3 所示为支腿机构。

图 5-4-3　支腿机构

前后支腿的功能分配略有不同，着地作用主要由前支腿实现，驱动功能由后支腿实现。当然对于四轮驱动的步履挖掘机而言，前轮也具有驱动功能。前支腿为了避免挖掘时支腿沉陷和整机水平移动，支爪上部为水平板，下部有放射状的爪。有的产品为了能够在不同场合使用，支爪设计成可两个部位着地，在松软土壤上用带有爪的部位与地面接触，当在水泥、沥青路面时则用另外部位着地，该部位安装有橡胶等软材料以防止损坏路面。支爪与车轮分别起到不同的作用，而且同一支腿上的轮与爪分别使用，因而需要调节二者的位置关系。为了适应作业条件多变的环境，前支腿多为可伸缩的两节组成，前轮安装在外臂的前端，支爪连接在内臂上。行走时内臂收缩前轮着地，作业时前支腿伸出支爪着地。也可以将支爪部分铰接在支腿前端，车轮起作用时将其摆起，当将其摆下支承挖掘机时车轮离开地面。

5.4.2.2　行走驱动与转向

步履式挖掘机的行走驱动通过液压传动实现，采用其它传动方式难度较大。液压驱动的执行元件是马达，马达直接与车轮安装在一起，随着支腿一起运动不受限制。驱动有四轮与两轮两种方式，四轮驱动是在每个支腿的轮上均安装有马达，两轮驱动通常在后支腿的轮上安装马达。后支腿通常采用立轴铰接方式与马达安装支座连接，马达输出端连接车轮轮毂或轮辐，因此车轮可随马达安装支座偏摆，通过操控该轮的偏摆即可实现转向功能。前轮也可以采用这种结构方式，但采用与支腿保持相对位置固定结构的综合效果更优。支腿与车轮的连接关系对步履式挖掘机的转向功能产生一定的影响，对于前轮相对支腿方向固定，后轮相对支腿方向可变的步履式挖掘机，能够实现多种转向方式。在支腿保持与机体相对位置不偏转，只有车轮偏转方向时，与普通的车辆转向方式相同，当需要提高机动灵活性时，支腿与作业装置均可参与转向。

支腿的左右可调影响转向的灵活性，不同的调节方式所表现的转向方式也不同。由于前轮与支腿的相对位置固定，不能实现偏转，只能随支腿一起相对下机架偏转。通过水平摆动前支腿可实现车体转弯行走，无论支腿运动到何处，车轮始终保持平行支腿方向，转向靠前支腿的摆转，使前轮偏向所要转向的方向。后轮因转向机构形式不同而各异，如图 5-4-4 所示。后支腿通常采用平行四杆机构实现车轮的平动，这种结构的支腿与马达支座是双轴铰接，无论支腿运动到何处，车轮始终保持原方向，两后轮轴线始终与下机架平行。当支腿与马达支座单轴铰接时，后轮可以相对支腿转动不受支腿位置的限制，转向时后轮可以相对下机架摆动一定角度。在一些特殊情况下，也可利用作业装置和回转机构与行走机构配合实现原地转向，即利用作业装置的支承作用，调节支腿的位置使车体改变方向。

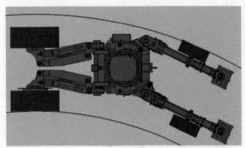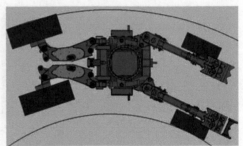

图 5-4-4　后轮双轴铰接与单轴铰接对转向影响

5.4.3　姿态与平衡控制

步履式挖掘机的行走装置是由铰接在下车架上的四组支腿与车轮构成的，每个支腿又由多个结构件铰接成一个完成特定功能的机构。各个支腿为挖掘机提供支承的同时，通过由液压系统控制的油缸行程变化实现挖掘机多种姿态的变换。整个行走装置为多个自由度的机构，适应复杂地形的能力强，优势在于越障与大坡度行走和作业。而在这类场合作业，使车体保持大致水平、保证作业的安全可靠则甚为重要。除了作业装置所配备的安全装置与自动保护系统外，机身水平姿态检测、调整，倾翻预警与控制等安全系统必须存在。利用监测与预警功能可及时提示机器在作业过程中的倾翻风险，警示驾驶员需停止挖掘作业，将机身调整为水平姿态。如果操作人员人工操控不能满足安全要求，自动调整功能启动。当机身倾翻趋势达到预警时，保护系统启动安全程序，自动限制工作装置和行走装置的动作，发出报警信号并锁定可能产生危险的运动。

步履式挖掘机上下车体之间通过回转支承可实现全向回转，下车体上的四个支腿支承整机。调节四个支腿的长度尺寸影响挖掘机的稳定性，通过协调支腿间的尺寸与位置关系，可改变车体姿态适应各种复杂地形。每个支腿至少用两个油缸控制改变形态，每个油缸配置液压锁，以防止在使用中因管路损坏所带来的意外危险。通常采用水平倾角传感器检测车体平衡状态，当机身倾斜角度大于安全作业倾角时，水平倾角传感器输出倾斜报警信号提示驾驶员，此时驾驶员需停止挖掘作业，以防止因过度倾斜造成挖掘机倾翻。手动操纵调整其前、后支腿的位置状态，使机身倾斜角度回到水平状态，之后再重新开始挖掘作业。在较大斜坡上进行挖掘作业时，首先通过支腿调整使机身保持水平状态，然后才可以进行挖掘作业。

水平倾角传感器只对机身水平倾角进行监测，只解决姿态的检测而无法检测支腿的支承作用，即没有对支腿支承力进行监测。如果其中支腿支承地面无法发挥足够的支承力，在斜坡作业的挖掘机当上体回转及作业负载增加时，有可能出现某个支腿下陷，可能导致挖掘机机身失稳造成安全事故。步履式挖掘机可采用压力传感器实时采集各支腿缸的负载压力，并将压力信号传送给控制器，控制器判断各支腿油缸负载压力状态。控制器对读取的各支腿压力数据进行逐个判断，当某个支腿的压力值低于设定值时，可以确定该支腿为虚支承状态。为防止可能产生的倾翻趋势，控制器输出报警信号并切断工作及回转装置的控制油路输出，中止作业动作，同时操控支腿运动向下伸展，尽可能与坡面接触以获得足够的支承力。

步履式挖掘机的驾驶室布置十分紧凑，仪表盘分置于司机右侧（图5-4-5）。驾驶操作以左右两手柄为主，不设方向盘。操控以多功能电液集成操纵手柄为主，辅以脚踏板。手柄上集成有按钮、开关等可进行功能切换，几乎可控制挖掘机作业的各个动作。由于操作集中在操作手柄上，与操作手柄操作相关的信息可由显示屏幕显示，以使操作者减少失误。步履式挖掘机的行走装置通常是支腿与车轮的组合，这类挖掘机中也存在一种履带作为行走装置的机型，其特点是在支腿的末端安装轮子的部位，安装有小型三角履带装置。采用

图 5-4-5　步履式挖掘机驾驶室右前方布置

这种方式既借鉴轮胎行走装置的特点，又提高接地面积和驱动能力。

5.5　土方铲运机

土方铲运机用于平整土地和运送土方等作业，是一种在行进中顺序完成土壤剥离、铲装、运输和铺卸等功能的机械，特别适合施工作业面比较平坦、距离适中的大规模土方转移工程。其中自行式铲运机适用性好、应用广泛，其自身动力牵引、利用装在前后轮轴之间的铲运装置作业，具有高速、大容量运土能力。

5.5.1　铲运机结构组成

自行式铲运机由实现牵引和铲运两个相对独立的功能部分组成，其中前部是动力与牵引为主要功能的牵引机部分，后部是铲土、装载为主要功能的铲运机部分。两部分连接在一起，形成前牵引机和后铲运结构的自行式铲运机。牵引机与铲运机最简单的连接为由一垂直铰接牵引装置接连，牵引机相对铲运机可偏摆一定的角度以便实现转向。为了保证铲运机前后两体行驶在不平地面时车轮同时着地，增加一纵向水平铰接装置使前后机体可以绕轴左右摆动。除个别机型的牵引机部分采用双桥四轮形式外，大多数自行式铲运机由单桥牵引机和单桥铲运机构成，即为双轴四轮车辆。由前拱形曲梁与后门形铲斗架组合而成的辕架，既是铲运机的主要组

成部件，又是牵引机牵引铲运机的装置，一部分铲运机自重和铲斗中土方的重量通过辕架传至牵引机。牵引机依靠自身重量和铲运机转移来的部分重量作为附着重量，发挥出牵引力，牵引力再通过辕架牵引铲斗作业和铲运机行驶。图 5-5-1 所示为自走式土方铲运机。

图 5-5-1　CAT 自走式土方铲运机

　　牵引机是自行式铲运机的行走驱动部分，具备自行走车辆的基本功能和装置，如动力装置、传动装置、制动系统等。自行式铲运机的动力装置以柴油机为主，传动大多采用液力机械式传动，即传动系统多为液力变矩器与机械变速箱共同实现。通常情况下变矩器泵轮和涡轮之间装有闭锁离合器，必要时柴油机动力不实施液力变矩而直接输出。通常驾驶室、动力装置等都布置在牵引机驱动桥的上侧前部，驱动桥的上侧偏后部位布置与铲运机连接的牵引铰接装置。该装置不仅是铲运机与牵引车联系的核心，也是自走式铲运机的转向机构。自走式铲运机除了牵引机发挥牵引力牵引铲运机的模式外，还有一种不但牵引车发挥牵引力，铲运机自身也同时能发挥牵引力，即双动力铲运车。双动力铲运机的牵引机部分与单动力铲运车基本一致，而铲运机部分则安装另外一动力装置可实现行走装置的驱动。

　　铲运机是实施铲运作业的工作部分，除了辕架外还主要有铲斗、尾架及车桥等。辕架拱形曲梁用钢板焊接成箱形断面，前端焊有牵引座用于与转向枢架相连，后端焊在门形铲斗架的横梁中部。横梁在铲运机作业中主要受扭矩作用，故作圆形断面设计，横梁两端焊有平行的臂杆，臂杆也为整体箱形断面。横梁与臂杆组合成的门形铲斗架与铲运斗铰接，铲运斗与辕架之间在液压油缸的驱动下可绕铰接轴摆转。铲运斗斗体为铲运作业装置的主体部分，由左右侧壁和斗底板及后横梁等焊合而成，铲运斗斗体两侧对称地焊有与辕架连接的轴座、液压缸连接轴座吊耳等。铲运斗斗体也是铲运机的主体机架，行走轮桥布置于铲运斗的后侧，与铲运斗斗体后部刚性连接。

　　铲运作业是在铲运机行进过程中进行，铲斗前端的刀刃在牵引力的作用下切入土中铲土并装载。铲运斗因铲装原理不同分为升运式与普通式两种，使用时普通式铲斗的铲刀将土壤铲切起，并在行进中将铲切起的土屑挤入铲斗内来装载土方。升运式铲运斗是在铲斗铲刀上方装有链板等装载机构，由它把铲刀切削起的土屑升运到铲斗内。铲斗装满后将铲斗提升并关闭斗门，运送到卸土地点后打开斗门将泥土卸出。小型铲运机利用整体铲斗向前翻转卸土，使斗底倾角大于自然休止角和泥土与斗底的摩擦角，泥土在自重作用下自由卸出。采用卸土板强制卸土效果更好，强制式卸土铲运机铲斗的后壁为一块可沿水平导轨移动的推板，后推板在动力作用下向前移动，铲斗中的泥土被强制推出铲斗。

5.5.2　牵引连接装置

　　自行式铲运机是由实施牵引功能的牵引机与实施铲运功能的铲运机结合而成的，是采用特殊的连接装置使二者成为一辆能够完成铲运作业的自行走式铲运机。不与铲运机结合牵引机无法独立发挥牵引功能，甚至无法实现自身的行走功能。连接装置将牵引与铲运功能结合的同时也起传递牵引力和实现转向的作用，由此可见该连接装置也是一特殊形式的转向机构，甚至是缓冲机构。通常牵引车辆与被牵引车辆之间采用简单的铰接即可实现牵引功能，但自行式铲运机的牵引机与铲运机的连接则不同，需要实现结构组合、重量转移、运动仿形、行驶转向、牵引作业等功用。自行式铲运机牵引车和铲运机间的连接，如果仅仅是牵引作业则二者之间的连接采用常规形式即可，前后机体之间采用简单的垂直铰销铰接方式也可实现折腰转向。但是自行式铲运机的牵引连接装置要实现更多的功能，因此设计有一些特定的结构与机构满足要求，这也体现出其特色。

自行式铲运机的牵引机部分通常为单桥结构，这种结构无法独立实施行走功能，因此必须与后部的铲运机部分结合起来，才能成为一完整的可以行走的机械。虽然牵引机发出牵引力牵引铲运机部分移动，但离开铲运机的配合它也无法实现驱动功能。也正是这种依存关系使得二者之间的连接方式也比较特殊。铲运机通过一前高后低的辕架在牵引机上部与其连接，辕架拱形曲梁的前部与牵引机的连接处，通常位于靠近驱动轮轴线上方的中间位置，这种连接相当于辕架的前端压在牵引机上，其结果可使铲运机的部分重量通过辕架转移到牵引机驱动轮上。为了既能实现铰接转向功能，还能保证铲运机在不平地面作业时全轮同时着地，在牵引机与铲运机辕架之间增加一转向枢架。转向枢架下部通过一纵向水平铰轴与牵引机上侧相连，转向枢架再通过一垂直铰轴与辕架牵引座相连。上述这种铰接方式连接后前后两部分虽仍可动，但运动无法实现弹性缓冲，也是一种刚性铰接。此外还可以是弹性连接方式，即采用弹性转向枢架取代刚性转向枢架。

铲运机在铲运作业时行走装置刚性连接为宜，高速行驶时有弹性缓冲功能为佳，采用弹性转向枢架是解决这一矛盾的一种途径。弹性转向枢架连接时同样存在具有垂直铰接和纵向水平铰接功能的转向枢架，只是在刚性转向枢架基础上增加缓冲减振功能。如图 5-5-2 所示为一种弹性转向枢架连接结构，与刚性转向枢架连接不同在于增加一液压缓冲装置，同时也允许前后机体在竖直方向可以存在一定的运动。采用弹性转向枢架时，转向枢架与牵引车连接保持不变，在辕架与转向枢架之间增加一套装置，该装置后部与铲运机竖直铰接，前部通过上下两处利用平行四连杆机构铰接，使辕架相对于转向枢架能够上下摆动。在平行机构的对角连接减振液压油缸，油缸的大腔与氮蓄能器相连通，则有一定的减振功能。减振液压油缸大腔闭锁，则前后转向枢架可视为一体，也就相当于一刚性转向枢架。利用平行四杆机构连接转向枢架结构的铲运机，当前后车轮处于凸凹地况时前后两部分机体可实现相对平动，

图 5-5-2 弹性转向枢架

提高铲运机在不平地面上作业的稳定性。

自行式铲运机的转向是使牵引机和铲运机折腰偏转，通过两只双作用油缸推动实现二者摆转而实现转向功能。油缸装在牵引车转向枢架和辕梁上的油缸座之间，油缸体与活塞杆分别与转向枢架和辕梁铰接。当一液压缸活塞杆伸出，另一液压缸活塞杆收进时，可使自行式铲运机向活塞杆收进的一侧转向。自行式铲运机除采用全液压整体转向外，也可采用机械液压结合的操控方式操作双油缸转向。

5.5.3 动力供给与助铲作业

铲运作业时铲运机消耗功率很大，而只行走时功耗较小，在不同工况下动力消耗的变化幅度较大。为此采用多动力装置或多动力助铲是一种经济方案，从而使铲土时间大大缩短，降低了作业成本。单车采用多动力装置，则是除了牵引机部分的动力装置外，在铲运机部分也配置独立的动力装置。助铲则是两机实现串联作业，可以是推土机助铲，也可是两台自走铲运机联合作业。

5.5.3.1 双动力铲运机

自走式铲运机行走装置多为双轴四轮轮式结构，发动机位于前部的牵引机上。因受结构质量、轮胎与地面间附着系数制约，只靠牵引机所产生的牵引力行走受到限制。而双动力铲运机是在铲运机上加装一发动机，通过驱动铲运机的轮胎增加驱动力以提高整机的牵引能力。双动力铲运机在牵引机部分与铲运机部分各安装一套动力装置，构成双动力驱动。牵引机部分与常规铲运机相同，后部铲运机部分变化较大，通常在铲运斗后部布置发动机和传动装置。这种铲运机配置的两台发动机各自独立驱动，其传动系统分为牵引机与铲运机两部分，利用电控方式实现牵引机与铲运机同步行驶。如 CAT 的双动力型铲运机，前后分别配置各自独立驱动的电喷柴油机。前部牵引机的传动为液力机械式传动，驱动桥中央传动采用差速器加差速锁结构。后部铲运机传动与牵引机基本相同，柴油机连接液力变矩器，其后是动力换挡变速箱，变速箱输出端通过齿轮啮合、传动轴传动到驱动桥的中央传动，再由驱动桥实现行走驱动。后桥采用中央传动牙嵌式差速器结构，整个驱动系统相对牵引机部分较简单。利用电液系统控制牵引机与铲运机的变速器同步换挡，实现整机全速同步驱动。图 5-5-3 为 TEREX 双动力铲运机。

图 5-5-3　TEREX 双动力铲运机

在结构上实现牵引机与铲运机两部分分别驱动容易,各自的发动机、各自的变速系统,但作业时必须保持前后同步驱动则是关键。控制发动机转速相同比较好实现,发动机速度锁定即可保证输出转速一致。自行式铲运机实现同步的关键在于变速装置,要控制变速箱的挡位,首先要检测前后挡位状态,然后利用电液操控使整机系统全速同步驱动。铲运机的同步原理是采用后车跟踪前车的同步方式,后车挡位采集电路与前车相似,经挡位信号比较后再实施升降挡控制。前后部分的变速装置应同步挡位,如前车到挡与后车倒挡、前车空挡与后车空挡。同步控制器输出同步信号,驱动同步电磁阀锁定同步,并使驾驶室内同步显示。当后车挡位低于前车挡位时,则同步控制器采集前车的挡位信号,比较确认后输出一升挡信号,驱动后车升挡电磁阀,使后车挡提升以达同步。反之如果后车挡位高于前车挡位,则同步控制器输出降挡信号驱动后车降挡电磁阀,使后车变速箱逐次降挡实现与前车同步。

5.5.3.2 双机助铲作业

双动力铲运机相比单动力铲运机可以提高牵引力,铲装时可使前后发动机共同工作。即使如此受轮胎与地面间附着系数所限,有时难以克服铲装时切土装土的峰值阻力。因此在铲运机作业时常常采用助铲作业,即利用其它机器的推或拉的作用实现帮助铲运机工作。可利用推土机作助铲机,在铲土装载时利用推土机在其后推动铲运机以增加牵引能力,铲装结束后不再需要较大的牵引力,靠铲运机自身的动力即可高效完成运输、卸载等作业。助铲可以提高作业效率,同时可以降低单机的配置。铲运机作业主要有铲装、运输、卸载与空驶四种工况,作业载荷幅度波动大,因此为了满足峰值载荷的需求,需要匹配高功率的动力装置,而在低负荷工作时高功率的动力装置的使用经济性差,助铲作业能够平衡不同作业工况的动力匹配。图 5-5-4 所示为铲运机推挽作业与推土机作助铲作业。

图 5-5-4　铲运机推挽作业与推土机作助铲作业

铲运机之间可以联合作业实现推挽助铲,在铲装土需要大牵引力时两台铲运机可以连挂结合,前拉后推先后装满。装满后推挽机构脱开再各自运输、卸载、返回。作业时主从两机分时铲装作业,当前机铲土作业时后机为助铲机,前机在后机推动下铲装。前机装满后后车开始铲装,此时前车对后车实施牵引助铲。为了能够实现助铲作业,铲运机前端和后端加装一套具有牵引、顶推作用的推挽机构(图 5-5-5)。推挽机构用于两台自行式铲运机联合推挽作业,推挽机构将铲运机联系起来。推挽机构分别由在铲运机的头部与尾部的装置组成,头部为有弓形挂接杆及弹性缓冲的顶推盘。尾部相对简单,为配合挂接及接受顶推的作用装置。

5.5.4　其它形式铲运机

自走式铲运机以双轴铰接结构为主要形式,此时铲运机自重和铲斗中泥土的重量的一部分

图 5-5-5　铲运机推挽装置

通过牵引连接装置传至牵引机，不仅增加附着作用而且保持整机平衡。还有将牵引车布置为双轴形式的，此时牵引车无需铲运机即可自平衡，整个铲运机相当牵引车辆牵引—牵引式铲运机。牵引式铲运机是一种本身没有行走动力，需借助牵引车牵引进行作业的铲运机，通常由履带式拖拉机牵引作业。此外还存在一种履带式铲运机，这类铲运机采用履带行走装置，铲运装置布置在前部。这些铲运机主要用于土方作业，另外存在一类用于地下的矿用设备。专门适用地下采矿和隧道掘进作业的机械，称为地下铲运机，其结构与作业方式与上面所述铲运机差别较大。

5.6　自走式平地机

平地机是一种进行土方切削、刮送和整平作业的多用途精细平整作业机械，主要功能是利用铲刮装置对大面积地面进行平整作业。自走式平地机以刮土板为主要作业装置，并可配以耙土器、推土铲等多种可换作业装置，在前行的过程中可将地面不平整的部分刮平，行驶方向偏转一定角度的铲刀将刮削出的泥土向前推走的同时，将其移向侧边。自走式平地机能够完成平地、切削、侧面移土、路基成形、边坡修整等作业，被广泛用于公路、机场等大面积地面的整形和平整作业。

5.6.1　自走式平地机结构特点

自走式平地机是一种轮式行走机械，行走装置有四轮和六轮布置形式，其中前二后四六轮布置形式的平地机较为普及。其作业时行走驱动轮产生的牵引力的大部分用于平地作业的刮土装置，行走装置以牵引力形式提供刮土作业所需的全部作用力。自走式平地机采用一弓形单梁结构的前机架连接前后行走部分，前机架弓背上置以便空出下部空间安装刮土装置。平地机用该弓形梁架将前后行走装置联系在一起，同时弓形梁还要连接支承整个工作装置，形成了一种特殊结构形式的行走机械。整机布置形成前后两个部分，其中前部分主要包括前行走装置、前机架与刮土装置等，后部分包括后行走装置、后机架部分、动力装置等。根据前机架与后部机体的连接关系，平地机可分为整体式和铰接式结构两类。前机架与后部机体连接采用铰接方式，前后铰接的两部分可使平地机获得更小转弯半径、作业适应性好。前机架与后部机体连接为一体的整体式车架刚性好，但转弯半径大、灵活性差。平地机工作的主要装置是刮土装置，刮土装置布置在机体的中间部位，机体前后还可配以推土铲、耙土器等多种可换作业装置。图 5-6-1 所示为自走式平地机。

自走式平地机的行走装置普遍采用前两轮、后四轮的布置形式，铰接机体是自走式平地机

图 5-6-1　作业中的自走式平地机

的主流形式。这种形式平地机前后两个部分分工较为明确，其中前部分主要实现平地作业功能，后部主要实施驱动功能。两只前轮装在可绕中央枢轴上下摆动的前桥上，前桥通过中央枢轴铰接到前机架的前端。前机架的前部连接前桥，后部与后机架铰接，并设有左右铰接转向油缸，用以改变和固定前后机架的相对位置。前机架中部下侧安装与作业装置相关联的牵引架、油缸支架等装置。后机架布置有四轮行走装置，两两一组对称布置在后机体的两侧。每组由一平衡箱组合起来，平衡箱再与后桥装配在一起，并可绕后桥摆动，而后桥刚性地安装在后机架的下侧。后机架上还安装发动机、变速箱等装置，发动机发出的动力经过变速箱等传动装置传给后桥，再经平衡箱链传动驱动四个后轮。图 5-6-2 为自行式平地机结构。

驾驶室既可以布置在前机架上，也可以布置在后机架上。驾驶室布置

图 5-6-2　自行式平地机

1—右转向轮；2—右转向轮轴；3—右轮转向节；4—刮土板；
5—前桥横梁；6—偏摆拉杆；7—牵引架；8—左转向节；
9—前机架；10—转盘齿圈；11—刮土板油缸；
12—驾驶室；13—发动机罩；14—后轮

在前机架上，刮土板与驾驶员的相对位置不随摆转方向变化而变化，便于驾驶员准确地判断刮土板的位置和工作状态。但大多数铰接式平地机的驾驶室布置在后机架上，这种布局结构相对紧凑，工作舒适性较好。整个机体有六个行走车轮，为了使六轮同时着地，保证前部车轮、后部车轮分别承载均匀，需要采取相应的措施。前桥在前车架前端与前车架铰接，利用前桥摆动使两轮同时着地。后桥与后车架刚性固连，而单侧两后轮则通过平衡箱绕后桥摆动实现同时着地。因前桥与前机架铰接，中、后轮装在可绕后桥体轴颈摆动的平衡箱上，从而形成多点稳定支承系统，为平地机提高地面平整度提高了保障。自走式平地机是使用刮土板完成平整作业的，由于刮土板是依靠运动的机体来支承的，在不平的地面上行走时，机体连同刮土板一起上下颠簸而降低平整精度。为了降低刮土板的上下颠簸幅度，平地机中的刮土作业装置布置在前后桥的中间。

5.6.2　行走装置

平地机行走装置的六个车轮中后四轮为驱动轮，前两轮一般为行驶方向控制轮，大功率的平地机为了增加整机的牵引力，通过配置前轮驱动而实现平地机的全轮驱动。为了保证刮

削出的地面的平整度，平地机采用了较大的前后轴距。所有车轮均安装在摆动式桥架或平衡箱上，使得所有的车轮均与地面接触，减小在起伏不平路面行进对刮土板位置上下变动的影响，保证了平整作业的精度。

5.6.2.1 前转向桥与转向

平地机前桥的样式、种类很多，但基本构造却差别不大。前机架弓形梁架的前端与摆动式前桥铰接，前桥两端可根据地势高低绕水平销上下摆动，以提高前轮对地面的适应性。前轮绕前桥端部的转向节偏转而实现平地机前轮转向，这种结构形式在其它车辆上也普遍应用。平地机的前桥除了可上下摆动、前轮可以偏转外，具有特色的是前轮还具有可以左右倾斜的功能。平地机在工作中由于刮刀的倾斜、斜坡上作业等工况会产生横向阻力，这个横向阻力会引起平地机的跑偏，前轮左右倾斜可产生较大横向附着力。平地机前桥还设计有实现前轮左右平行倾斜的功能，可防止车轮侧滑、利于抵抗铲刀横向载荷，增加平地机的作业稳定性。前桥横梁与转向节之间水平铰接，在倾斜油缸和拉杆的作用下，转向节能够沿桥架两端的转轴在一定范围内摆动，左右转向节同步左右偏转，使左右前轮实现平行倾斜。平地机的前轮在转向油缸和转向拉杆的作用下，沿水平方向推动左右转向节偏转，使平地机完成转向动作，当前轮倾斜时这一转向操控方式不变。图 5-6-3 为平地机前部行走装置。

图 5-6-3　前部行走装置

一般普通车辆只有在转向过程中，用于转向的车轮偏转实现转向功能。对于平地机而言车轮的偏转并非只用于转向工况，有的直行作业工况也同样需要转向轮的偏转。常规的直行作业，平地机的前转向轮与后驱动轮处于同一纵对称面上，这种情况也是一般车辆的布置形式。在这种状态下如果前轮偏转，则平地机实现正常的前轮转向模式。平地机采用车身铰接不仅仅是转向功能，铰接转向只是其中的功用之一。有的作业工况还需要折腰前进，此时前轮处于偏转状态且保持与后轮平行，平地机仍保持行驶方向不变，此时的平地机虽然处于折腰状态，但不是为了实现转向功能。对于铰接式平地机而言，可以综合利用铰接转向功能。折腰转向时前轮与前机架相对后机架同向偏转，则使得转弯半径减小。

5.6.2.2 后部行走装置

平地机后部行走装置是行走驱动的核心，由驱动桥、平衡箱、制动器及后车轮组成（图 5-6-4），六轮平地机都采用在后桥的每一侧有两个车轮前后布置的结构形式，利用一套后桥与两套平衡箱实现四轮驱动。平衡箱具有传动、减速、承重和平衡等功能，同时平衡箱也是平地机的末级传动箱，平衡箱的结构尺寸直接影响驱动轮的轮距。驱动桥外壳与后机架连接，驱动桥中部布置有主减速器，主减速器总成中配有差速器。为了解决作业过程中一侧车轮打滑，同时又要提高转向性能的问题，采用带锁定功能的差速器。需要时可将差速器锁定，转弯时可将锁打开，使两侧车轮实现差速驱动。后桥将变速箱输入的动力进一步减速增扭，并将纵向传动转换为横向传动，将动力传给两侧的平衡箱，再由平衡箱内的传动装置将动力传给驱动轮。当平地机行驶时，车轮和平衡箱要能够适应地面的不平而相对于驱动桥自由摆动。平衡箱能在驱动桥端绕驱动桥轴心摆动，驱动轮随地面起伏时使左右平衡箱上下摆动，避免路面的不平整传递到刮刀而影响作业质量。同时均衡前后驱动轮载荷，提高平地机的附着性能。

图 5-6-4　后部行走装置

驱动后桥两端与平衡箱体中部连接，二者为浮动安装方式，可以根据地形的状况自动调整平衡箱的摆动角度。平衡箱是处于驱动桥与行走驱动轮中间的一个装置，因此要牵涉与驱动桥的连接和与驱动轮的传动问题。平衡箱的一个重要作用就是摆动，因而与驱动桥的连接必须是铰接方式，同时又是一动力传递装置，还要确保传递路线可靠。平衡箱的箱体是实现摆动的主体，平衡箱箱体借助轴承支承安装在驱动桥壳体轴颈上，箱体可绕驱动桥壳体轴心线摆转。后桥与平衡箱连接处可采用支承架和支承套的结构，后桥套嵌入平衡箱的支承架里。也可采用回转支承结构，回转支承外圈通过螺栓固定到平衡箱上，回转支承内圈与后桥壳连接，内外圈之间靠骨架油封密封。平衡箱内采用重型滚子链或齿轮向前后两方向传递动力，输出与制动器总成位于平衡箱另侧的输出端。驱动桥内的左右半轴从箱体的一侧伸入平衡箱内，并驱动箱内的齿轮或链轮。平衡箱安装在车轮一侧的侧壁上连接两轴座，作为轮轴的支承用于连接驱动轮。车轮的驱动轴从平衡箱内通过轴座伸出带动制动毂转动，制动毂与轮辐板由连接螺栓连接为一体，轴转带动车轮转动。

5.6.3　平地机的传动

机械传动是平地机产生初期广为使用的一种动力传动形式，其传递路线为发动机经主离合器，再由机械换挡变速箱到驱动桥。随着动力换挡变速箱、液力变矩器的使用，出现了由动力换挡变速箱取代传统离合器和机械换挡变速箱的机型，机械变速与液力变矩器组合结构的平地机大量出现。平地机的动力装置、变速装置、行走驱动装置等都集中在后车架上，为机械传动、液力传动提供了方便，但如果要实现前轮驱动则传动复杂。液压传动的使用为前轮驱动提供了一方便途径，不仅可实现液压全轮驱动，而且可以实现前后不同模式传动的结合。

平地机的传动采用机械、液力机械、全液压均可实现，其中由机械变速箱直接变速传动方式一直占主导地位，这主要是由于直接传动方式具有较高的传动效率。除机械式的直接传动外，相当一部分平地机采用由液力变矩器组成的液力传动，这主要是由于液力变矩器自身的负载自适应能力强，使得平地机可以在更多复杂工况下作业。这两类传动路线基本一致，只是在传动中是否有液力变矩器在起作用。平地机从驱动桥到车轮之间的传动形式相同，均由驱动桥连接平衡箱，再传递动力到驱动轮。后轮驱动平地机只有部分机重提供附着力，不仅牵引力无法充分发挥，而且对一些作业工况也不利于能力的发挥，因此全轮驱动的平地机受到关注。传统的机械传动方式实现动力从变速箱到前桥的传动，不仅需通过多级传动才能实现，而这一传动需要经过前后轮之间车架及其工作装置的空间，使工作装置的活动范围受到限制。采用全轮驱动液压传动则十分方便，后部驱动采用液压方式也同样灵活，既可以采用驱动桥加平衡箱结构，也可以采用多马达轮边驱动。图5-6-5为平地机传动系统。

图 5-6-5　平地机传动系统

在纯机械或液力机械传动后轮驱动的基础上要解决全轮驱动问题，采用液压传动方式实现前桥驱动则对原产品具有一定的继承性。后桥的结构与传动均采用原方式不变，前桥独立采用液压驱动形式的混合传动，在全轮驱动的平地机上得以使用。这种形式的全轮驱动平地机采用双流传动，发动机功率经液压传动、液力传动分别经前桥和后桥会合于前、后车轮，全部车轮共同发挥牵引作用驱动平地机进行平地作业。混合传动平地机的传动系统实现了全轮驱动，但是由于两类传动特性的不同，合理匹配才能够整合两类不同传动的优点，发挥各自的性能优势。混合传动全轮驱动平地机的传动系统中，传动路线分为前后两路。液力机械传动为后桥驱动部分，其驱动与传动形式保持不变。前桥液压驱动部分由液压泵、控制阀、驱动马达及前桥组成，驱动的方式也灵活。可以单马达集中驱动、机械差速分流，也可直接采用轮边马达实现前轮驱动。

前轮驱动系统通常为由泵、马达、阀等组成的闭式回路系统，但泵的动力来源与马达的驱动部位有所不同。有的前轮驱动系统采用单泵单马达系统，由定量泵和变量马达组成闭式回路，在回路上装有过载阀和单向阀等。定量泵可装在变速箱上由变速箱驱动，变量马达装在前桥上驱动主减速器，通过前桥主减速和轮边减速后将动力传给前车轮。因此泵的转速、流量、转动方向随变速箱输出转速和方向不同而改变，这样可使前轮的转速与后轮趋于一致。约束前轮行走由后轮带动并与后轮保持相同的转速行进，使前轮具有适当的驱动力，保证在比较滑的路面上也不会出现超速打滑。当后轮出现打滑时前轮的转速同时降低，变量马达的输出扭矩增大，使前轮的驱动力矩增大。当机器行驶时出现负荷过高而导致油路压力超过限定压力时，过载阀自动打开起缓冲保护作用。也有变量泵与双定量马达驱动方式，变量泵与两个定量马达组成闭式液压驱动回路，马达通过减速器分别驱动左右车轮。这种双马达驱动可实现液压差速，转弯行驶通过进入两个马达的流量不同来实现差速。控制前轮液压驱动可实现多种行走模式以满足作业需要，但控制系统相对复杂。

平地机有较长发展过程，早期的结构比较简单，可以由拖拉机牵引作业（图5-6-6）。从开始的被动牵引型机具进化到自走型现代化机械，不仅在作业机械结构上有很大改进与提高，而且从整机的结构、行走装置、驱动模式等方面都伴随技术的发展而不断进步。而且由于用途的扩展、新应用领域的不同要求，应用在特定环境的平地机也应运而生，因此平地机家族的成员也越来越多。

图 5-6-6　早期牵引式与自走式平地机

5.7　路面压实机

路面压实机又称压路机，是通过车轮对放置于地面的各种材料碾压来提高其密实度的一类工程机械，广泛用于公路、铁路、机场跑道、市政建设等工程作业。路面压实机作为一种行走机械除具有行走机械的共性外，特别之处在于其多功用的行走装置，作为行走装置的车轮兼作作业装置，这是与其它行走机械所不同的。

5.7.1　结构布置与特点

不特别说明时路面压实机均指自走式，作为一种轮式自行走机械必然由车轮驱动行驶。因其行走的过程也是作业的过程，行走车轮同时也是作业装置，车轮既要发挥出足够的驱动力，同时还要能够实现压实压平的功能（图 5-7-1）。为了使碾压的表面均匀平整，碾压轮的轴向尺寸宜大、外表面宜光滑。因此路面压实机行走装置的形式与结构比较特殊，车轮横向结构尺寸较大，通常以一个长筒形轮取代传统的两个车轮。路面压实机车轮的功用特殊，其结构形式也特别，这也使得路面压实机的整体结构不同于其它行走机械。路面压实机相当于前后布置的两轮车，由于轴向尺寸较大，前后两个车轮即可支承整个车体保持稳定。若将碾压作用与行驶驱动作用独立实施，则路面压实机的前后轮分别用于驱动与压实；若将驱动与碾压功能结合，则碾压与驱动同体。根据机体的结构形式，路面压实机可归纳为整体式和分体式两类。

图 5-7-1　作业中的路面压实机

路面压实机整机布置也是双轴布置形式，但轮子形式与数量有所不同。车轮有金属轮与橡胶轮胎两类，布置方式有全金属轮，也有混合布置形式。应用较多的为前后两轮布置形式的路面压实机，行走装置由两个宽度相同、两轴平行布置的车轮构成。这种结构的路面压实机无论是全轮驱动还是单轮驱动，行走装置将碾压与驱动结合起来，两个车轮均有碾压功用，作业时前后轮重复碾压。也可将后轮一分为二同轴并相距一定间隙布置，这样可以增加碾压作业宽度，即采用两轴三轮布置形式。采用三轮两轴布置形式多为金属钢轮与胶轮共同组成行走装置，路面压实机的三个轮中两个胶轮同轴，另外一钢轮与这两轮平行布置。这种形式的路面压实机行走装置的分工比较明确，钢轮为碾压轮，碾压轮的轴向尺寸长，同轴两胶轮为驱动轮，橡胶轮的驱动性能好。

路面压实机中还有一类轮胎路面压实机，轮胎路面压实机的碾压轮是胶轮轮胎。在轮胎路面压实机中，多个轮胎同轴并列成排构成压实机的前轮或后轮，再分别作为前后轮安装。应用较广泛的是轮胎交错布置方式，即前后轮分别并列成一排，且前后轮轮迹相互叉开，由后轮碾压前轮漏压的部分。轮胎路面压实机通常为一体式结构，一般采用前轮转向、后轮驱动。由于轮胎路面压实机的碾压装置是一个个单体轮胎，因此轮胎路面压实机的车轮既可以为一个整体，整体摆动、整体转向，又能够利用这一特点实现单体浮动和单体偏摆，以提高作业效果。如当一排压实轮的公共轴线向着某个方向偏转时，处于转向枢轴之外的压实轮将产生相应的滚动，外侧的压实轮会向前滚动、内侧的压实轮会向后滚动。轮胎路面压实机的轮胎采用宽基轮胎，前后轮胎面宽度的重叠度较大，使得压实更加均匀。多数都装有集中充气系统，可以根据铺层状态和施工要求改变气压。

5.7.2 转向方式与机构

路面压实机整机结构与车轮的结构相互关联，其行走车轮的特殊形式不仅对整机结构制约，对行走转向方式影响也较大。前后双体铰接结构的路面压实机采用折腰转向方式，折腰转向的实质是前后两体在铰接处实现偏转。铰接结构的路面压实机有多种结构形式，抛开动力装置、驾驶室等布置的不同，就车轮的布置与结构也有所不同。如既有前后车体均采用压实驱动一体的金属轮结构，也有前后车体压实与驱动分别实施的金属轮与胶轮结合方式。尽管布置形式及行走装置均有所不同，但铰接转向的原理与基本结构一致。如图 5-7-2 所示的铰接转向振动路面压实机，其前部结构比较简单，主要就是起碾压作用的钢轮，碾压轮 7 是主要的工作机构，完成振动压实功能，固定碾压钢轮的框架也是前机架。一方面前车架 9 与前轮连接后构成前体部分，同时又通过铰接架 6 与后车架总成 1 连接，构成可实现铰接转向的机体。前机架与后机架铰接后由液压油缸驱动绕轴偏摆，实施转向功能。整机为三轮两轴布置结构，后体部分两胶轮为驱动轮。后车架由驱动轮 4 及其驱动桥支承，集中放置驾驶室、发动机、变速箱等装置。

整体式结构的路面压实机（图 5-7-3）行走转向需要车轮偏转，偏转轮转向装置的转向原理与一般的车轮转向相同，但结构上要兼顾自身的结构需要。根据实施转

图 5-7-2　三轮铰接式路面压实机

1—后车架；2—机罩；3—后桥总成；4—驱动轮；5—驾驶室；
6—铰接架；7—碾压轮总成；8—振动马达；9—前车架

向的车轮的安装结构不同，有有框架与无框架两种结构形式。无论是哪种形式其上部与机架的链接结构基本相同，都是通过一竖轴铰接于机架前部中间，车轮绕此轴心线转动实现转向功能。车架与车轮连接处安装一转向轴座，转向轴垂直贯通安装在转向轴座上，转向轴在转向轴座上侧的上端通过键接转向臂。以机械或液压方式驱动转向臂运动，进一步使得转向轴旋转。转向轴下端通常连接叉架，叉架因直接连接轮轴与连接轮架而结构有所不同。有框架结构形式与上述铰接结构路面压实机的前轮部分有些相似，车轮被安装在一水平框架内，通过控制框架相对机架的摆动，带动车轮偏摆实施转向。无框架结构则是利用一倒 U 形结构轮架，直接与轮轴两端相连，通过控制轮架绕竖轴的摆动使轮偏转。

图 5-7-3　整体结构路面压实机

图 5-7-4（a）所示为一种无框架式转向机构，转向轴的下端通过水平销轴铰接一轮架，轮架的下端与车轮两端轴连接。当转向臂带动转向轴转动时，转向轴通过销轴带动轮架偏转，轮架进一步带动车轮偏转。水平铰轴的功用是使得整个车轮可以绕其偏转，当路面压实机行驶到高低不平或松实不均的路段时，可以保证路面压实机在一定范围内保持水平。所谓框架式结构是转向轮安装在一水平框架上，框架与轮同时偏转实现转向功能。此时同样存在一倒 U 形结构叉架，叉架纵向布置与框架铰接，叉架上端与转向轴刚性连接。所以在转向轴旋转时带动叉架偏摆，叉架进一步带动水平框架及车轮偏转。与前者轮架不同在于叉架与水平框架的铰接使得导向轮可以调整水平角度，如图 5-7-4（b）所示。对于偏转轮转向的路面压实机，有一个很大的缺点，那就是偏转轮处的车架只能设计在偏转轮的上方，尤其是全轮转向结构的路面压实机，整个车架都在前后轮上方。这种结构必然导致重心偏高，从而使路面压实机行驶稳定性差。

(a)　　　　　　　　　　　　　　(b)

图 5-7-4　偏转轮转向装置

5.7.3 行走驱动与传动

路面压实机的行走驱动既有采用机械传动方式的，也有采用全液压传动方式的，液压传动的优势更大。在纯机械传动中，发动机的动力通过传统的离合器、变速箱、传动轴、驱动桥及换向离合器等装置传递给驱动轮。机械与液压传动结合的半机械半液压的传动也大量采用，如发动机连接分动箱将动力分别传递给几个液压泵，泵驱动马达传递动力，再经过变速装置、差速装置等传递给驱动轮。所以由于机器的压实作业要求与匹配装置的不同，进而使得行走装置的布置形式、传动方式与车轮结构存在不同的形式。

机械传动是最传统的传动方式，采用纯机械传动形式的路面压实机多为三轮两轴布置。采用三轮两轴布置的路面压实机能采用桥式驱动结构，其中前车轮为转向轮，后两轮为驱动轮。其布置形式也比较传统，发动机在前侧纵向布置，动力通过传统的离合器、变速箱、换向装置及驱动桥等装置传递给驱动轮，其中与传统传动不同的是由变速箱到驱动桥之间存在一换向机构。路面压实机在进行碾压作业时，要求有相同的前进和后退速度，以保证获得均匀的压实速度。为此在行走驱动为纯机械传动的路面压实机中，存在一换向机构独立于变速装置，以使在改变行驶方向时速度保持不变。这种换向机构通常称为离合器，换向离合器有采用摩擦片式的，也有采用齿轮式的。换向功能可以集成到变速箱上，现在一些压实机产品就采用这类变速箱，即换向机构不独立存在，换向机构或换向装置布置在变速箱体内。对于双轴双轮路面压实机，驱动车轮必须从车轮的侧面传动。如果采用机械传动，无论从变速箱还是从其它部位输出的动力，必须通过传动轴传到车体的一侧，再通过圆柱齿轮、链条或带传动将动力从轮侧传递给驱动轮。

对于液压驱动则简单得多，液压泵通过液压管路将动力传递到驱动轮一侧的驱动马达即可。液压泵的动力虽然也来源于发动机，但有不同的取力方式。可以采用两端输出发动机，发动机的动力从曲轴的两端输出。更多的是发动机带动分动箱，分动箱分别驱动液压泵，液压泵再驱动相关装置，这也是全液压路面压实机的驱动方式。三轮两轴结构采用机械液压组合传动时，通常纵向布置的发动机带动分动箱，发动机的动力先由分动箱传递给行走驱动液压泵，再由液压马达通过机械装置传递动力到驱动桥的中央传动装置，通过半轴左右分流到车轮驱动路面压实机行驶。如果碾压轮是振动轮，则分动箱驱动的液压泵还要驱动用于振动的马达，该马达安装在碾压轮的一侧。对于双轴双轮路面压实机，直接将驱动马达布置在车轮的侧面，利用液压油管传递压力与流量即可。对于全轮驱动的路面压实机，其前后轮均由马达驱动，相对机械传动不仅简化了轮边传动结构，也省去了轴间差速器。

轮胎路面压实机的前后车轮虽然是多个胶轮，但其实质相当于双轴双轮路面压实机。但轮胎路面压实机驱动轮与钢轮又有不同，因是多轮组合结构使传动有其特殊性。轮胎路面压实机驱动轮通常以两轮或三轮为一组实施驱动，驱动方式可以是机械传动，也可以是液压传动，传动路线不限于侧面，而可以是在车轮的中间部位。机械传动一般通过链传动作为最终传动，每一轮组共用驱动轴，驱动轴与轮架铰接，轮架再与车架连接。液压驱动轮胎路面压实机轮架与车架连接关系与前者相同，但轮架连接的不是驱动轴而是马达减速器组件。马达组件在轮架下侧伸到车轮轮辋内部，减速器壳体与轮架连接。马达与减速器集成一体后由轮辋一侧轴向装入轮辋内，减速器输出端连接轮毂，马达通过减速器驱动轮辋带动车轮旋转。通常一个轮辋上配备两轮胎，一个驱动轮由同轴布置的两轮辋及轮胎组成，驱动轮由两马达组件在两侧共同驱动。

5.7.4 碾压轮功能与结构

路面压实机不同于其它行走机械之处在于行走装置，行走装置的特殊之处在于其轮子。钢筒轮是其最常用的行走与作业部件，利用胶轮作为碾压轮也有其特色。用于碾压作业较传统的轮是圆柱形筒体的金属光轮，适用于压实非黏性土壤、碎石、沥青混凝土等。为了适用于黏土、提高破碎等效果，在圆柱形轮体圆周表面焊有多排对称状的凸块，称羊脚压轮或凸块轮。凸块对被压材料产生附加冲击荷载，能破碎土层中坚硬的团块，压实深度大而均匀，凸块对土壤也有挤压和揉合作用，适用于黏土工程及垃圾的压实。

金属碾压轮采用厚的钢板卷制对接而成为密封的圆柱形钢筒，径向焊接两块幅板。幅板中心开孔用于连接驱动轴或支承轴。对于不具有驱动功能的钢轮，通过支承轴与轮架铰接；用于驱动的钢轮，其一侧安装有驱动装置。路面压实机的钢轮驱动采用机械驱动传动结构较复杂，液压传动的优越性在路面压实机上充分体现出来。液压行走驱动通常用马达通过减速器驱动钢轮，动力通过驱动轴或驱动盘传递给钢轮幅板使钢轮转动。行走驱动马达在高压油的驱动下高速旋转，通过减速器减速增矩后带动钢轮正、反旋转，从而驱动路面压实机向前或向后行驶。

碾压轮中较传统的是静碾压用的光轮，而振动碾压轮更具有特点。普通路面压实机用碾压轮沿被压实材料表面往复滚动，靠路面压实机自身重量产生的静压力作用，使被压层产生永久变形。如果要调整其对被压层的作用，只能通过在一定范围内增减配重物的办法实现。振动路面压实机比普通路面压实机作业性能好，碾压轮沿被压实材料表面既往复滚动，又以一定的频率、振幅振动使被压材料同时受到静压力和振动的综合作用。机械式振动路面压实机由于其传动系统采用机械传动受到一定的局限，液压驱动使振动路面压实机性能得到进一步提高，全液压式振动路面压实机的振动钢轮可通过液压马达参与驱动。振动、驱动同时集成在同一轮上，就可以把有限的重量利用好，增加激振力、提高压实效果。图5-7-5为路面压实机的碾压轮。

图 5-7-5　路面压实机碾压轮

振动碾压轮是振动路面压实机的核心，振动碾压轮总成主要由钢轮体、偏心轴、偏心块、联轴器、减振器、支架、振动马达、行走马达和减速器等组成。振动轮通常为一密封的圆柱形钢筒，左端有驱动马达加行星减速箱驱动行走，右端有振动马达驱动振动器产生振动。内部安装有偏心轴或沿轴线串联的偏心块，偏心轴两头支承在振动轴承上，一端通过联轴器与振动马达连接，振动轮两端通过减振器与前车架侧板相连。振动马达在高压油的驱动下，通过联轴器带动偏心轴和偏心块一起高速旋转，产生离心力-激振力，促使钢轮发生高频振动。

5.8   全向移动平台

全向移动平台是对一些行走转向灵活、具有特定行走功能的机械的统称，它们可以直接装载货物，或加装一些装置后运送特定物体，主要应用于地面条件较好场合的短距离作业。其中一类利用麦克纳姆（Mecanum）轮实现全向移动的电动车辆独具特色，这类车辆为多轮独立驱动的电动车辆，通过控制车轮的旋转方向和速度等，可实现车辆的前行、横移、斜行、旋转等各种运动方式。在转运空间有限、作业通道狭窄的诸多场合使用具有明显优势。

5.8.1   麦克纳姆轮与全向行走

普通车辆车轮与车体之间相互关系有定轴与动轴两种结构形式，定轴即车轮轴与车体之间位置关系永远保持固定不变，动轴则是车轮轴与车体之间位置关系可变。通常利用车轮轴与车体之间的位置关系改变来实现车辆的转向功能，动轴转向实质是利用车轮运转方向与原方向的变化，使车体改变原来的运动方向，但要达到理想的转向效果还要协调好行走车轮之间的关系。定轴结构也能实现转向，采用差速滑移转向方式即可实现定轴转向，滑移转向对行走装置的磨损较大，而且难以实现机体的横向平动。这些都是基于传统的车轮结构形式，若将车轮结构改变，车轮的运动特性可能就产生变化，麦克纳姆轮就是例证。麦克纳姆轮是一种组合结构的驱动轮，多个麦克纳姆轮定轴安装构成的行走装置可实现全向行走功能。

麦克纳姆轮是一种结构紧凑的主从结构运动装置，其主结构为一轮形结构，在它的轮缘上斜向均匀布置着多个小从动辊，辊子在绕自身轴自由转动的同时又随绕主体轮轴转动。作为行走车轮行走时主体绕着轮心轴转动时，带动轮缘上的从动辊一起运动，运动过程中从动辊与地面接触后开始产生绕自身轴的转动。主体轮旋转的方向变换，从动辊的旋转方向也发生变化。当轮主体被驱动时与地面接触的偏置辊与地面附着作用形成驱动力，因辊子轴线与主轮轴有一定角度，产生的驱动作用力可以分解为沿轮子轴线和垂直于辊子轴线两个方向的力。此时车轮除在旋转方向产生主驱动力外，在轴线方向同时产生分力。单一麦克纳姆轮行走产生的驱动作用，使其运动方向时刻趋于偏离主体轮的旋转方向，正是利用这一特性将麦克纳姆轮组合成全向行驶系统使用。

麦克纳姆轮实现全向行驶的基本方式，是将结构形式与尺寸完全相同的多个麦克纳姆轮组成行走系统，依靠相互之间的配合实现全向运动。通常将四轮组合四点对称定轴布置，其中每个轮子独立驱动，且能够实现正反两个方向的旋转。通过控制轮的旋转方向和速度，实现整体的前行、横移、斜行、旋转等各种运动方式。总之麦克纳姆轮全向装置拥有结构紧凑、控制简单、运动空间小等优点，同时也存在接触不连续、对地面要求高、设计复杂等缺点。

5.8.2   全向平台行走原理

麦克纳姆轮由轮主体和安装在外缘上与轮轴线呈一定角度的无动力辊子组成，无动力辊子不仅可绕轮轴公转，也能在地面摩擦力作用下绕各自的支承芯轴自转。这是产生全方位运动的基础，也是麦克纳姆轮全方位移动平台设计的依据。全方位移动平台不需要独立的转向驱动机构，利用轮组的不同速度组合实现全向运动。当车轮旋转每个轮子均要产生一定的驱动力，车轮一方面可以沿垂直于轮毂轴线的方向前进，另一方面车轮可以沿轮子轴线垂直方向平动。通过车轮之间旋向与转速的配合，使这些力最终在任何要求的方向上合成产生一个合力矢量，从而保证了整机在最终的合力矢量的方向上能移动。因而在行走装置的全部车轮均为定轴旋转状态下，可通过控制轮旋转速度的不同组合来控制系统的行走方向和速度大小，实现系统的全方位运动。

麦克纳姆轮行走系统一般选择四轮布局形式，独立驱动的四个轮呈对称分布。兼顾运动控制系统的简便性和加工制造的经济性，一般四个轮的结构参数取相同值，在安装时采取正反向两种安装方式，因此在实际的全向行走装置中，麦克纳姆轮上辊子的偏置角为正反两方向。当全向行走装置的四个轮采用矩形结构的布局形式时，也可排列组合产生多种不同布局形式。为使行走装置实现全向运动需满足一定条件，当四轮上的从动辊向心布置时，才能在三个自由度方向上都具有良好的驱动性能。图 5-8-1 所示为全向行走装置的四个轮，轮中的斜线表示各轮上与地面接触辊子布置方位。

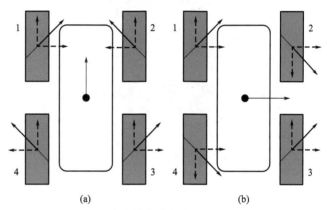

图 5-8-1　四麦克纳姆轮全向行走装置运动原理

当行走装置的四个轮均向前转动且转速相等时，每个轮的受力均可分解到轮轴向方向和径向方向，即每个轮子产生的驱动力均可分解成为法向与切向两分量。如图 5-8-1（a）所示，轮 1 和轮 2 轴向的分力大小相等、方向相反，相互抵消，同时轮 3 和轮 4 轴向的分力也相互抵消，而四个轮径向分力大小相等、方向相同。四个轮径向分力的合力方向为行走装置的前进方向，该力驱动全向平台向前运动。当四个轮转向相反时，行走装置即可实现向后运动。当轮 1 和轮 3 向前转动，轮 2 和轮 4 向后转动，且四个全向轮的转速、转矩相同时，轮 1 和轮 4 径向分力大小相等方向相反相互抵消，同时轮 2 和轮 3 径向方向分力也相互抵消，而四个轮轴向的分力大小相等方向相同。四个轮轴向的合力方向为移动机构右侧方向，驱动行走装置向右侧运动，如图 5-8-1（b）所示。同理当四个轮转向相反时，行走装置即可实现向左侧运动。当同侧的两轮向前转动，另外一侧两轮向后转动时，四个轮的驱动力在行走装置中产生的合力形成绕车体中心轴转动的合力矩，在这个力矩的作用下全向移动平台做顺时针或逆时针旋转运动。当四个轮转向相反时，全向平台即可实现逆时针旋转运动。就原理而言只要四个轮的转速和转向控制得当，行走装置就可以在运动平面上沿任意方向、以任意速度运动。

5.8.3　麦克纳姆轮结构

麦克纳姆轮是由轮辐与安装其上的多个小鼓形辊子构成的，辊子以一定的角度安装在轮缘上。当驱动整个麦克纳姆轮旋转时，倾斜的角度对从动辊与地面作用产生的分力的影响较大，为使各方向的驱动性能均衡，多布置成 45°角左右。为了保证麦克纳姆轮运动平稳，要求任意时刻辊子接地点都平稳连续，要保证辊子包络线在轮子轴线方向投影形成一个连续完整的圆周。由于从动辊与轮子主体布置成一定角度，因此辊子的母线需要根据辊子的倾角调整。麦克纳姆轮由主轮体与从动辊两部分构成，根据主体与从动辊间的支承方式不同，可分为中间支承和两端支承两类结构。前者将辊子分成两部分并固定于轮体的支架上，辊子两端悬臂。轮体均匀布置多个与轮轴线成一定角的单支承架，支架铰接支承于从动辊的中部，这种方式对于辊子安装和维护比较方便。后者的从动辊为整体结构，采用两端与主体轮连接方式。轮体支出与轮轴线成一定角的双支承架，支架支承在辊子的两端，这种结构负载能力较强。图5-8-2所示为从动辊两种支承结构。

图 5-8-2　从动辊两种支承结构

麦克纳姆轮的从动辊通过辊子轴、套筒、挡圈等件与主体轮连接在一起，组合后整体麦克纳姆轮径向截面外包络线为一个完整的圆形，各圆形截面轴心共线即为麦克纳姆轮轴线。满足这一要求会使从动辊子的几何特征参数确切表述较复杂，为了加工制造的方便，通常将辊子母线简化为等速螺旋线、圆弧或者椭圆弧。在麦克纳姆轮运动过程中，从一个辊子到另一个辊子过渡的瞬间，辊子几乎承受该轮全部的载荷。当辊子数目较少时，麦克纳姆轮轴向外廓包络性差，不能形成理想的圆周，影响整个系统的稳定性。应当保证在麦克纳姆轮运动时，任一时刻至少有一个辊子与地面接触，这要求从动辊的数量与结构尺寸与主体轮相互协调。

主体轮部分主要是连接驱动装置、安装从动辊及承载，无论是中间支承还是两端支承结构，其连接驱动装置部分的结构是一致的，与常规车轮的轮辐相似，与配套的变速装置或驱动装置实现连接即可。其中关键之处在于与从动辊连接的支承部位，该处加工制造精度对整个轮的性能影响较大。安装在轮体上从动辊的轴线组成的是一个空间结构，保障该结构的关键在于支承连接部位的尺寸精度。在保证结构尺寸的基础上，单支承结构的支承连接孔加工需控制好空间角度，两端支承结构还要控制两孔之间的位置公差。支承结构的连接部位与辊子的辊轴通常固定连接，辊轴一般通过滑动轴承与辊体铰接，使辊体能够绕辊轴转动。双支承结构的支承自然形成辊子的两端限位结构，而单支承结构的辊轴两端还需要有限位结构使辊子轴向定位。

5.8.4　麦克纳姆轮全向行走产品形式

采用麦克纳姆轮的产品逐渐增多，多用于环境相对固定、路面条件较好、行驶速度不高场所的物料搬运与对接转运等，这类设备以全向行走平台为基础，采用电动独立驱动形式，可以配备不同的作业装置。其基本形式为双轴四轮布置，在此基础上发展出多轴多轮布置，并且可实现双车组合作业。

5.8.4.1 全向移动平台基本结构

构成全向移动平台的基本装置为麦克纳姆轮、驱动电机、承载机架及电池等，再根据不同的应用配备相应的作业装置（图5-8-3）。行走装置的布置采用四点支承，四个麦克纳姆轮两两对称布置。机架部分如没有特殊要求一般采用矩形结构，机架上要为电池箱、驱动器等安排空间和位置。根据作业工况与载荷分布情况，总体结构与外观形式还要与作业装置相协调。运输类平台一般多为低矮的矩形平台，平台机架两侧直接连接行走装置，通常采用刚性连接结构。作业类全向平台上侧安装用于支承货物装置或用于操作的装置，如将麦克纳姆轮行走装置用于平衡重叉车等物料搬运机械，就结构形式而言只是行走装置改变，车体与作业装置结构不变。

图 5-8-3　麦克纳姆轮行走装置

全向平台的四个麦克纳姆轮的驱动与传动装置相同，以电机减速器为主要装置，分别由四个型号相同的电机经减速器驱动。电机作为独立驱动装置最重要的组成部分，直接关系到行走装置的全向行走性能。电机通过减速器驱动麦克纳姆轮，减速器的输出端与轮主体部分的轮辐或轮毂连接。但需特别注意轮子与减速装置的连接关系要根据位置关系确定，从动辊的方向必须正确。行走装置的每个电机独立对应一驱动控制器，该控制器负责底层控制与驱动电机，同时采集、发送电机转速和转矩等信息，并接收上层控制器指令。全向平台行走速度较慢，一般采用随行手动遥控操控方式。因其为定轴转向而没有传统车辆的转向机构，操向方式也由传统的方向盘变为操控手柄实现，即使采取乘坐驾驶方式的车辆，也采用手柄操控。图5-8-4所示为基于麦克纳姆轮的全向行走车辆。

图 5-8-4　基于麦克纳姆轮全向行走车辆

轮子本身的结构特点决定了单轮的承载力受结构尺寸限制，为了提高整个平台的承载能力，要么增加轮子的结构尺寸，要么增加轮子数量。增加轮子的结构尺寸受到平台整体结构尺寸的制约，增加轮子数量已经成为提高承载能力的主要方式。多轮组合结构使得全向平台的作业能力增强，扩展应用范围。

5.8.4.2 全向平台扩展应用

在一些需要运载重、大货物件的场合，四轮结构全向平台的结构与承载能力受到限制，多轮结构的全向平台自然成为必需，从结构布置上多轮方式有横向同轴布置与纵向多轴布置两类方式（图 5-8-5）。横向多轮布置时，同一轴线上布置偶数个轮，且以纵向剖面对称布置。在直线行驶时布置在不同位置的车轮作用一致发挥即可，而在转向行走过程中需要协调不同位置车轮的速度与作用扭矩，否则可能产生副作用，这类全向移动平台的关键技术是协同驱动控制技术。随着轮子数量的增多，与地面接触的不均匀问题变得突出，为此适当采取悬挂装置可提高接地性能。这类平台不仅具有较高的承载能力，也能适应较长较大物件的搬运，是大型精密产品理想的运载工具，在航空装配制造、列车车体转运等场合获得应用。利用多轮全向平台运载重大货物是一种运输方案，也可以利用平台组合方式实现大重设备的搬运。

图 5-8-5　纵、横多轮布置全向平台

平台组合联动是将两平台或多个全向平台拼接起来，处于拼接平台状态的多个麦克纳姆轮协调控制，共同实现行走功能。组合联动平台行走原理与多轮布置的单平台类似，都是通过多个轮之间的驱动力、速度的分解或合成，实现组合系统的全向移动功能。与单一全向平台控制不同，处于拼接状态的平台需要实时检测相互的位置关系，以便出现行走偏差时实时调整保证同步。如图 5-8-6 为列车车体转运设备采用两台基于麦克纳姆轮的移动平台联动控制，单个移动平台采用 12 个麦克纳姆轮，采用高精度传感器采集信号实现闭环控制。通过12 个行走电机控制麦克纳姆轮的方向、速度，实现设备二维平面内任意方向的移动功能。通过特殊的液压悬挂方式提高轮组的着地性能并实现升降功能，通过该悬挂系统确保每个轮组的附着性。

图 5-8-6　组合联动转运平台

5.9 路轨两用车

路轨两用车是一类既能在轨道上行走又能在地面道路行驶的自走式车辆，其自带公路、铁路两套行走装置，借助路轨转换装置完成两种行走方式的转换，从而实现路轨两种不同路况条件的行驶功能。路轨两用车辆既可用于牵引用途，也可用于工程作业，主要用于与铁路相关的场合。

5.9.1 路轨两用车结构特点

路轨两用车也称公铁两用车，顾名思义就是既要行走在道路上，又能行走在轨道上，为了能够良好兼顾，这类车辆均有两套行走装置分别用于道路交通与轨道行驶。从整体结构设计与主从应用关系看，路轨两用车主要有两种设计思路。一是整车专为铁路系统设计，兼具路面行驶能力，轨道上的性能能达到最优，公路行驶能力一般只需满足转场需求即可。这类车辆更接近于轨道车辆，是以轨道作业为主的路轨两用车。二是基于道路行驶车辆性能为主，在道路车辆基础上通过加装轨道行驶装置而使其具有轨道行驶功能。完全保留了公路行驶功能，增设了适应铁路运行的导向装置、制动系统，从而具备公铁两用牵引和工程作业能力（图5-9-1）。

图 5-9-1　路轨两用车辆

路轨两用车从使用角度看，主要可分为轨道上牵引与轨道上作业两类。作业类的路轨两用车是在两用行走底盘的基础上搭载不同功能的装置来完成特定的任务，通常利用已有的各种能完成不同作业的专用车辆，通过解决行走装置两用后成为路轨两用车，当然也可以专门设计两用行走底盘，然后再集成安装上用途范围广泛的装置和设备，就变成了能执行各种特殊作业任务的路轨两用车。后者可采用模块化可互换结构设计，每种功能装置根据任务需求而定，结构上保证与基础行走机体连接。牵引类两用车前部和后部均可以安装牵引用的连接装置，可实现与货车等被牵引车辆之间简单安全的连接。此类路轨两用车在保证路轨两用行走功能外，重点要解决轨道牵引能力问题。由于路轨两用车自身质量较小难以实现较大的牵引力，为此可通过调整重量分布、质量转移等方式提高牵引能力。

由于两类车辆的主要功用不同，因此其结构形式也区别较大。用于牵引的路轨两用车主要用于小型铁路货场、工矿车间、特殊库房的调车等牵引作业。另外一类是配备各种作业装置，主要在铁路相关的场所作为工程车使用。无论是用于轨道牵引还是工程作业，无论改装的路轨车辆还是专门路轨车辆,其关键在于行走装置部分。路轨两用车其最独特之处在于行走装置,由于轨道行走与道路行驶的特性不同,要求采用不同的行走装置,因此这类车辆两种行走装置集成于同一车辆之上。虽然是两种行走装置的集成,但与原来单一用途的结构形式还存在一定的区别,特别是轨道行走装置,与传统轨道车辆的转向架存在较大的区别。针对两种完全不同的行走路况,路轨两用车采用两套行走装置,这必须协调两套装置的相互转换,同时也增加行走驱动的复杂性。

5.9.2 路轨两用车的行走装置

路轨两用车行走装置是两类不同行走装置的组合,既然同一车辆上存在两种行走装置,那么两种装置在车体上的布置、二者之间相互关联直接影响车辆的行驶性能。道路车辆比较常用的是四轮行走结构,车轮通过悬架等装置支承车体,其中前两轮为转向轮、后两轮为驱动轮,因车辆承载能力、功用等变化,其驱动轮的数量发生变化,有的转向轮的数量也有变化。而轨道行走车辆采用转向架结构,与轨道接触的金属轮通过转向架与车体连接到一起。因此路轨两用车的实质是集成道路与轨道两种行走装置,即同一车体下部同时布置有轮式行走装置和转向架装置。

路轨两种行走装置各有其特点,要将二者统一到同一车辆上需要相互匹配与协调。首先道路车辆采用轮式行走装置,通常以轮胎与路面接触实现行走驱动,车辆的驱动能力与行进速度决定于驱动轮。驱动轮通过驱动桥与车体相连,驱动桥担负动力传递与差速等功能,通常布置在后部。车辆转向通过导向轮的偏摆实现,转向能力的大小与导向轮的偏转角度相关联。通常导向轮作为行走装置前半部分,布置在机体的下侧通过悬架与车体连接。同一车辆行走装置的前后轮的尺寸、结构形式均可不同,前后轮的轮距也可不同。对于轨道行走装置而言,采用金属轮对与同轨距的金属轨道相对应,轮对连接到转向架上构成行走装置。转向架可能因为驱动与非驱动有所区别,但轮对的轨距必须相同。车辆转向通过转向架与车体之间的偏转实现,前后两组转向架距离越大转向能力越弱,行驶速度不同对转向架的要求不同。

路轨两用车采用传统结构的轨道行走装置行驶在轨道上,但因使用要求、作业内容等不同,与传统的轨道车辆使用的行走装置存在较大的区别。铁路上运行的列车车辆体积较大、体型较长,行走装置多使用双轮对、多转向架,而在路轨两用车上用这类转向架则显得粗大笨重。传统转向架结构较为复杂,转向架由轮对、一系构架、二系构架、悬挂装置、牵引平衡装置等构成。路轨两用车辆上需要简化与改进,所以路轨两用车多用单轮对转向架,轮对与机架的连接形式更接近于道路车辆的车架与车桥的连接。即使采用双轮对转向架结构,也采用无心盘、无摇枕、无悬架的简易转向架。轨道行走驱动最终体现到轮对上,由于驱动轮对不同于道路行驶的驱动轮,不需要考虑道路行进转向过程产生的速度变化,因此不需要差速作用。图 5-9-2 所示为非驱动与驱动型双轮对结构,图 5-9-3 所示为非驱动与驱动型单轮对结构。

图 5-9-2　非驱动与驱动型双轮对结构

图 5-9-3 非驱动与驱动型单轮对结构

路轨两种行走装置同时存在于一辆车上，轮对与轮胎之间的布置关系需因机而定。前后轮对可以分别布置在前轮胎的前部和后轮胎的后部，这种方式对于道路车辆改装成轨道车辆比较方便。这种布置由于前后两轮对轴距较大，使得车通过铁路的最小曲线半径很大。对于轮距较大的车辆可将轨道行走装置布置在道路行走装置的前后桥之间，以减小轮对之间的距离，便于在曲线半径较小的轨道线路上行驶。这类结构需要对车辆底盘进行总体协调，通常需要设计专用底盘。当然也有介于二者之间的方式，即一轮对在两车桥之间、另一轮对在两车桥之外。路轨两用车采用的单轮对行走装置既有非驱动结构，又有驱动结构，采用双轮对形式的行走装置，主要用于非驱动结构。双轮对结构中的车轮较小，基本的功能就是制约车辆严格沿轨道运行，起到导引方向的作用。

路轨两用车必须存在两种行走装置，在选择确定行走装置的匹配时可能有多种不同方案，确定关键要看其主要行走与作业工况。其中用于主要行走工况的行走装置作为基础装置，另外一种为辅助，辅助行走装置的功能相对薄弱。如轨道牵引车的重点是轨道行驶、发挥牵引力，而对于路面行驶功能要求不高，因此以轨道行走装置为主，此时路面行走装置部分的功能不要求太好，只要能够转换场地即可。相反一些需要公路上长距离行进的作业车辆，如两用消防车，则必须具备良好的悬挂装置，以便高速行驶。

5.9.3　行走驱动方式

路轨两用车存在两套行走装置分别在不同行走工况起作用，这也为行走驱动带来了复杂性。公路上橡胶车轮作为驱动轮使用比较适宜，而在铁路上行走时钢轮优于橡胶轮。因此路轨两用车需要考虑行走方式转换后的动力传动与驱动问题，驱动方式可以分为分动与统一驱动两类。所谓分动是两种工况行走时，动力传递分别传递给两行走装置，而统一驱动的动力传递路线只有一条。

5.9.3.1　统一驱动

路轨两用车为了简化传动系统，可以采用橡胶车轮统一驱动方式，比较适宜道路车辆改装的两用车。这类车辆较多用于道路行走、保持道路行走装置的全部特征，轨道行走装置较简单且不带有驱动功能，只相当于一附属装置。轨道行走的轮对在车辆处于道路模式时回缩离开路面，轮胎全部着地行走，导向与驱动与普通道路车辆无异。轨道模式时轮对以一定压力紧压在轨道上，实现轨道行驶时对车辆的导向、防脱轨的作用。此时两用车的路用导向轮全部提起离开路面，而驱动轮仍与轨道面接触，驱动轮与轨道产生的附着作用为车在轨道行驶提供驱动力。这种统一驱动方式是无论在公路还是在铁路行驶，驱动均由道路行走的驱动轮负责，轨道行走的轮对不实施驱动功能，车辆模式的转变主要体现在导向部分。

这类车辆的特征是金属轮对与橡胶轮共同接触轨道，车辆行走驱动始终由同一驱动系统实施，即无论在道路行驶还是在轨道上行进，均由橡胶轮胎驱动车辆。采用胶轮提供驱动和制动能力，利用胶轮胎和铁轨间接触的作用力推动车辆行进，这类两用车的行走系统结构相对简单，且能最大程度地利用道路车辆的原有功能，比较适用于轨道面与地面等高、驱动轮距与轨距基本一致的场合。但胶轮必须匹配轨道的宽度，胶轮在钢轨上磨耗缩短了橡胶轮胎寿命。轮对完全控制车辆在钢轨上运行行走方向，但轮对只是承担部分车体的重量，在过道岔时易出现脱轨的问题。

5.9.3.2 摩擦传动

上述两用车辆在轨道上运行时，橡胶轮全部或部分压在钢轨上，胶轮与轮对同时承载，车辆以胶轮与钢轨的黏着力作为牵引力。另外还存在一种胶轮全部升起方式，轮对与轨道接触并承载全部载荷。车辆在轨道上运行时轮对承载和导向，此时橡胶轮升起与钢轮接触，利用胶轮与钢轮的摩擦作业驱动轮对旋转，轮对再驱动车辆在轨道上行驶。此可谓摩擦轮传动，摩擦轮传动是实现统一驱动的另外方式。此时胶轮的功用发生变换，胶轮只作为动力传动中的一个环节，产生驱动作用的仍是轮对。两用车在铁路上运行时，放下金属轮对作为驱动轮在轨道上驱动和行驶，金属轮对独立完成驱动与导向的双重功能，道路用的胶轮全部只起传递动力功用。图 5-9-4 为摩擦传动路轨两用车。

图 5-9-4　Rail King 摩擦传动路轨两用车

采用摩擦传动的主动轮并不一定是轮胎，也可是金属轮对。如用于轨道牵引作业的车辆道路行驶的时间较短，因此主要传动的路线是轮对驱动，此时在轨道上行进时为直接驱动。道路行驶时再由轨道轮对摩擦胶轮使动力传递给胶轮，此时轮对悬空、轮胎接地支承车辆行走。无论是胶轮驱动轮对、还是轮对驱动胶轮，二者之间都是通过摩擦传动实现的。其共同特征是胶轮形式不变，在与胶轮接触的轮对上加装滚筒摩擦装置，通过胶轮与滚筒摩擦产生的作用传递动力。由于钢轮对与橡胶轮共用一个动力源、传动路线一致，这样也使结构简单化。

5.9.3.3 路轨分动

分动式路轨两用车采用完全独立驱动的两套行走装置，需有两套动力传动装置，即路轨两用车辆的行走必须为双套驱动系统。道路行驶采用与普通车辆一样的轮胎附着地面行走，动力由动力装置传递到轮胎，由轮胎产生驱动力驱使车辆行走。在铁路上运行时，将公路行驶用的橡胶轮胎全部升起脱离地面，放下金属轮对作为驱动轮在轨道上驱动和行驶。车辆专门为轮对提供动力输入，轮对独立完成导引、驱动和制动等作业。在轨道运行与道路行驶的动力虽然由同一动力装置提供，但传动路线、传动方式不同。

分动式路轨两用车辆（图 5-9-5）的两种行走方式的传动，多采用机械与液压并行传动或机械与电动结合的方式实现。由道路车辆改装成路轨两用车辆的，通常保持原来传动不变的情况下，增加另外一路液压传动。专门设计的路轨两用车辆，机械传动为基本的传动方式，使用工况较多的驱动装置一般采用机械传动。液压传动比较方便，可以从传动路线中的分动箱、取力器将动力传递给液压系统，再由马达驱动行走装置。

图 5-9-5　分动式路轨两用车

5.9.4　路轨转换与转换装置

路轨两用车辆必然存在道路与轨道之间上下轨的转换，即行走装置由道路状态转换为轨道状态或反之，其中前者相对困难，需要解决轮对与轨道的对正问题。铁路的钢轨一般都高于地面，两钢轨之间可能还存在枕木等物体，使得车辆难于驾驶到轨道上，所以通常路轨两用车上下轨道需借助一段入轨平面，即要求有一段钢轨与路面高度接近一致的水平路面。在这段距离内将两用车引导至轨道上，并能够调整方位进行行走装置的转换，使轮对能够对正支承在轨道上。路轨两用车或者轮对可以改变高度位置，或者车轮改变高低位置，使得车辆轨道行驶时轮对与轨道接触。一般采用液压油缸驱动机构使轮对改变位置，可以是定点摆转或沿轨道滑行等方式实现轮对与轨道的接触。

为了便于路轨转换，有的路轨两用车上设计有路轨转换装置，路轨转换装置使得转换灵活、不依赖于平道路口，有的还可以解决轨道行驶转向掉头问题。该转换装置通常安装在车体下侧的中部，利用液压驱动方式实现升降、旋转、横移等动作（图 5-9-6）。上轨时靠道路

图 5-9-6　液压油缸驱动轮对升降结构

图 5-9-7　路轨转换

行走系统停在轨道上，车下部的路轨转换装置首先实施升降动作，该装置的底座接触地面利用油缸驱动将车体升起。利用液压马达驱动车体旋转与轨道平行，旋转可调整路轨两用车上轨时的车身角度。利用液压缸驱动使整车横移一段距离，使轮对能够与轨道位置对正。图 5-9-7 为路轨转换。

道路行驶利用车轮摆转实现车辆的转向，需要反向行驶比较容易。而轨道车辆则是轨道轮对在轨道的作用下沿轨道方向行进，要实现反向行驶不是车辆本身就能解决的问题。利用路轨转换装置可实现轨道行驶掉头问题，在轨道上实现不变轨而改变前进方向。这类路轨转换装置又称回转提升装置，配备该装置的车辆一般在车身底部中间装有一个由液压缸支承的底座，平时底座收缩至车底下面不影响行驶。当车辆需要原地掉头时操控液压系统，使底座向下至紧贴轨道，液压油缸继续伸展把整个车身顶离轨道并悬空，然后控制底座的旋转机构旋转带动车身绕底座转动，到位后再收缩液压缸使回转提升装置回缩到车辆行驶状态。

5.10　地面上移动的飞机

飞机是一类空中交通工具，飞行是其主要的移动方式。但飞机在起飞前与着陆后也要在地面上移动，此时与其它地面行走机械具有共同的地面行走特性。飞机的起落架不仅用于起飞与着陆，也用于飞机地面运动与停放支承，全套起落架构成飞机地面移动的行走装置。

5.10.1　飞机地面运动状态

飞机在地面运动有两种状态，一是主动行驶，二是被动牵引（图 5-10-1）。主动行驶时其行驶动力来自自身的动力装置，被动牵引时靠其它车辆的牵引使其被动移动。主动行驶用于起飞与降落时在飞行跑道上的高速运动、进出飞行跑道的低速行驶以及有时在机场内停靠。被动牵引主要用于机场内的飞机调运，此时飞机处于不起动状态，由飞机牵引车牵引其

图 5-10-1　飞机地面行驶与牵引状态

起落架，在牵引车的牵引与导引下移动到指定地点。由于飞机的主要功能是飞行，地面行走只是其辅助功能，因此其地面行走所依赖的动力装置、行走装置等与常规地面行走机械既存在共性，更具有其特殊性。

飞机飞行靠空气动力推动其运动，其动力装置的作用方式与地面行走机械完全不同，即使在地面上自主运动也是如此。飞机的动力装置与地面行走装置没有传动关联，地面行走装置不具有驱动功能，即动力装置的动力不传递给地面行走装置，地面行走装置只负责地面行走时的导向与部分制动功能。地面行走装置所起的作用是承受当飞机与地面接触时产生的载荷，消耗和吸收飞机在着陆与地面运动时的撞击和颠簸能量，当飞机着陆后吸收和消耗飞机运动的大部分动能而缩短滑行距离。起飞时保持正确的起跑方向，飞离地面后为了减小飞行阻力，将行走装置折入机体内，降落前再伸展到体外正常行走位置。

地面行走装置统称为起落架，起落架是一组杆件机构与机轮等的组合。一架飞机上的起落架分为两种：一种是控制方向的起落架，控制方向的起落架一般布置在前端，称为前起落架；另一种起主要承载作用的起落架称为主起落架，主起落架具有制动功能。前起落架承载负荷相对较小，一般为单轮或两轮，个别机型有四轮形式。主起落架机轮的布置形式根据承载需要，有单轮、双轮、四轮小车、六轮小车、串列多轴多轮等形式。飞机起落架上的轮胎不仅需要较高的承载能力，也需要具有适应温度交替变化的能力。

5.10.2　飞机起落架的布置形式

飞机起落架的布置形式是指飞机的起落架支柱（支点）的数目和其相对于飞机重心的位置关系。飞机起落架布置主要是三点式支承结构，重载及特殊机型采用多点支承结构。起落架布置要考虑飞机的接地性能和使用限制，起落架的布置决定了机轮与飞机重心的相对位置和高度，以及由此引起的起飞以及着陆接地性能。起落架的布置从承载角度主要考虑机轮与飞机重心的相对位置，从几何尺寸考虑要满足飞机在起飞抬前轮，到主轮离地以及着陆接地时只能由机轮接触地面，且跑道与飞机的所有其它部分之间应有适当的间隙。

5.10.2.1　三点式布置

三点式布置起落架即飞机有三处被行走装置支承，根据起落架承载位置不同有前三点式、后三点式两类。后三点式起落架有一个尾起落架和两个前主起落架，两个主起落架在重心稍前处，飞机的重心在主起落架之后，尾起落架在机身尾部离重心较远。起落架后三点式布置的飞机遇到前方撞击或强烈制动，容易发生前倾，因而后三点式飞机不允许强烈制动而使着陆后的滑跑距离有所增加。后三点式起落架多用于低速飞机上，早期的飞机大部分都是后三点式起落架布置形式（图5-10-2），后三点式起落架已逐渐被前三点式起落架所替代。

图5-10-2　后三点式起落架

前三点式起落架是目前大多数飞机所采用的起落架布置形式，这种起落架有一个前起落架和两个后主起落架，前起落架在机头下面远离飞机重心处，两个主起落架左右对称布置在重心稍后处，飞机在地面滑行和停放时，机身基本处于水平位置。与后三点式起落架相比较，其着陆安全可靠、转向灵活，更加适合于高速飞机的起飞降落。但这种布置方式使前起落架承受的载荷大，因而其结构尺寸大、构造复杂。由于现代飞机的着陆速度较大，并且保证着陆时的安全成为确定起落架形式的首要决定因素，而前三点式在这方面与后三点式相比有着明显的优势，因而得到广泛的应用。

5.10.2.2 多点式布置

多点支承顾名思义即为一架飞机上存在三个以上的起落架支柱，起落架布局复杂、形式多样，可以看作是前三点式的改进形式（图 5-10-3）。这种起落架的布置形式与前三点式起落架类似，飞机的重心在主起落架之前，但其有多个主起落架支柱，同时每个起落架上轮子数量也多，一般用于大型飞机上。如 A380 除了一个前起落架外，机身上两个起落架是三轴六轮起落架，机翼上还有两个四轮起落架。这种多轮多支柱布局可以将地面载荷以分散形式传递到机体结构，并降低了对跑道强度的要求。

图 5-10-3 多支承式起落架

此外个别机型由一个前起落架、一个中央主起落架及左、右两主起落架组成四支点布置形式，前后起落架布置在飞机纵向对称面内，左右两起落架左右对称布置。四点支承布置还用于可以垂直起降的飞机上，这种飞机左右布置的不是主起落架而是辅助起落架。这种布置前起落架与主起落架都在机身下部纵向对称轴线上，为了保持起降时平衡，在左右机翼下还布置有辅助起落架，如 AV-8 可垂直起降固定翼飞机。起落架布置形式的选择主要取决于载荷，同时也受起降因素的影响，在一定程度上还受起落架收放形式和空间的限制。

5.10.3 起落架基本组成

起落架最基本的构成是支架与机轮，起落架的结构取决于其在飞机上的布置方式、连接形式、收放要求、使用条件及作用在它上面的载荷等。为适应飞机起飞、着陆滑跑吸收冲击能量的需要，支架多由承力支柱、减振器等组合而成。过去的轻型低速飞机上采用构架式起落架，通过承力构架将机轮与机翼或机身相连，这种起落架构造简单但难以收放。现代高速飞机基本上不采用这类起落架，而采用便于收放结构的起落架。可收放起落架应该具有尽可能小的外形尺寸，有可靠的收放、锁定机构，满足空地功能转换的要求，主要有支柱式和摇臂式等形式。支柱式起落架相当于安装在飞机下部的一根具有减振功能的承载立柱，立柱的下部安装有机轮。

起落架的支柱部分与行走车辆的悬挂装置具有一定的共性，起落架的支柱集成了减振缓冲等装置，用于吸收着陆接地瞬间或在不平的跑道上高速滑跑时与地面发生剧烈撞击产生的振动。图 5-10-4 所示为一种支柱式起落架，该起落架的减振器与承力支柱合二为一，飞机机轮直接固定在减振器的活塞杆上。减振支柱外筒上端与机体的连接形式取决于收放要求，对收放式起落架，外筒可兼作收放动作。由于减振支柱的活塞杆与外筒之间不可能直接传递机轮载荷引起的扭矩，因此内杆与外筒之间必须用扭力臂连接。这种形式的起落架结构紧凑，易于放收，而且质量较小，是现代飞机上广泛采用的起落架之一。这种起落架由于活塞杆不但承受轴向力，而且承受弯矩，因而容易磨损及出现卡滞现象，使减振器的密封性能变差。

图 5-10-4　支柱式起落架
1—支柱外筒；2—上扭力臂；3—下扭力臂；4—机轮；
5—活塞杆；6—减摆器

减振支柱的内柱与外筒分别与机轮和机体相关联，使得减振支柱的内柱和外筒能够伸缩运动，可实现机轮与机体之间在竖直方向的相对运动。而二者之间的相对转动则体现机轮与机体之间的偏转，这也是起落架实现转向功能的基础。为了防止减振支柱内柱与外筒摆转过度，通过上、下防扭臂铰接在一起。此时减振支柱的内柱和外筒能够伸缩运动，却不能相对转动。为了消除滑跑时机轮摆振，起落架支柱上还设计有减摆器。减摆器相当一油缸，由与上防扭臂相连的缸筒和与下防扭臂联系的活塞组成，活塞上有节流小孔。当机轮出现摆振时，活塞在缸筒里运动，迫使液压油高速流过节流小孔，通过消耗摆振能量来消除摆振。

图 5-10-5 是一种摇臂式起落架，摇臂式起落架的特点是存在可摆动的摇臂，分为半摇臂与摇臂式两种。半摇臂式起落架比摇臂式多了一个拉杆构件，其一端与支柱外筒铰接，另一端与摇臂铰接。摇臂式起落架的机轮与可摆动的摇臂相连，将减振器与承力支柱分开，减振器只受轴向力的作用，不承受弯矩，改善了减振器活塞的受力性质。摇臂式起落架的摇臂受力大、连接点多，因而导致起落架整体结构较复杂、质量变大，起落架前后方向的空间尺寸也需增大。这种形式起落架适用着陆速度较大或使用跑道较差的飞机。

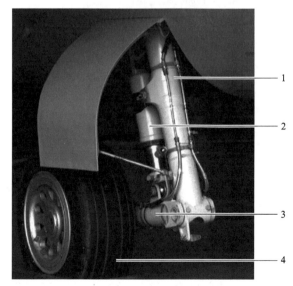

图 5-10-5　摇臂式起落架
1—承力支柱；2—减振器；3—摇臂；4—机轮

早期飞机的飞行速度低，对飞机气动外形的要求不十分严格，飞机的起落架都由固定的支架和机轮组成，当飞机在空中飞行时，起落架仍然暴露在机身之外。当飞机飞行速度跨越了声速的障碍时，飞行的阻力随着飞行速度的增加而急剧增加，这时暴露在外的起落架就严重影响了飞机的气动性能，可收放的起落架便应运而生。起落架收放一般以液压驱动，通过落架收放动作油缸等组件来实现。每个起落架安装的机轮数量依据承载情况而不同，载荷较小的起落架配置一个机轮或两轮一组。对于需要较大承载能力的重载飞机起落架，一个起落架需要多个机轮匹配，结构形式也随之变化，此时起落架有采用车式结构。为了缩短着陆滑跑距离，主起落架的机轮上装有制动装置。

5.10.4　前起落架的功能特征

起落架用于在地面停放及滑行时支承飞机，使飞机在地面上灵活运动，并吸收飞机运动时产生的撞击载荷。同一飞机行走装置中的两种起落架的功用有一定的区别，这也使得起落架的结构特征不同。前起落架为机身前部提供支承是其功用之一，它还要起到地面方向稳定性的作用。前轮减摆和转向操纵机构都成为前起落架的组成部分，前起落架包括减振支柱、防扭臂、前起落架液压收放作动筒等。当操纵转弯时减振支柱内柱可在外筒内转动，防扭臂上端与转向衬套连接，下端与减振支柱内柱相连，转弯动作油缸可将转弯动作传递给转向衬套，再由防扭臂传到减振支柱内柱，内柱下端连接的前轮随之偏转。

飞机在地面滑行时可利用前轮进行转弯，通过控制前轮偏转的方式实现。由转向操作装置、控制阀、转向动作油缸等组成的转向系统控制飞机的运动方向。飞机在地面运动有时可能受侧风、单边主轮受撞击等影响使飞机偏向，前轮应能自动转回原方向，并使飞机也能较容易地回到原滑跑方向而不越偏越大。因此前轮转向动作油缸可以起两个作用，当其主动向机轮产生作用时，其是前轮转向驱动执行机构；当机轮受到地面等作用产生反向运动时，转向动作油缸起减摆作用。前起落架具有导向功能，一般没有制动功能（图 5-10-6）。

图 5-10-6　飞机前起落架

前起落架通过轴销铰接到飞机主机体前部，在起落架收放过程中，前起落架以铰接销轴为转轴转动。前起落架一般向前收入前机身，也有少量前起落架是侧向收起形式，起落架收回到预定收放位置，以及起落架伸展到工作位置后均有锁定机构，将起落架锁定在收上和放下位置，以防止起落架在飞行中自动放下和受到撞击时自动收起。当机轮离地后准备收起或着陆时准备放下时，前起落架可能偏转，这就会妨碍它的正常收放。为了保证前起落架机轮处于中立位置，在前起落架支柱上安装了中立机构，使前机轮与航向一致。前起落架还要肩负被牵引的任务，当飞机发动机不工作时移动飞机需要其它地面设备牵引，通常前起落架是牵引车牵引飞机的连接部位，具有被挂接、牵引功能。

5.10.5 主起落架的形式与功能

　　主起落架与前起落架所担负的主要任务不同，使得结构与形式存在差别。主起落架担负支承机身、承载机身的主要重量、吸收制动能量等功用，不需要转向功能。主机轮的轮毂里面安装有制动组件，制动的动力均来自液压系统的压力。制动系统包括正常和备用两套独立的系统，以避免因一个系统故障而无法制动的情况出现，这种多余度设计保障了飞机的安全可靠。主起落架因需配置机轮数量差别而采用的形式不同。单轮与双轮结构与前起落架相似，机轮直接安装于起落架的摇臂或减振支柱内筒下部的轮轴上。需要多轮承载时采用小车结构，也可采用多支柱结构。

　　图 5-10-7 所示的单轮起落架为支柱式起落架，与机轮的连接方式采用半轮叉式结构。而图 5-10-5 所示的同为单轮起落架，其为摇臂式起落架，机轮的安装采用半轴式结构。双轮起落架两轮同轴布置，支柱在两轮中间支承，相当两反向布置的半轴式结构的集成（图 5-10-8）。为了提高承载能力需要多轮承载，将多个双轮起落架紧密布置在一起，则形成一种有多个支柱的主起落架的结构。对于整个飞机而言，多支柱式主起落架（图 5-10-9）可以看作是多个双轮起落架的集成形式。

图 5-10-7　单轮主起落架

图 5-10-8　双轮主起落架制动装置

图 5-10-9　多支柱式主起落架

多轮式主起落架更多是采用小车式结构，采用小车结构的起落架为一个支柱匹配多个机轮，机轮布置在一个形状如同小车的水平机架上（图5-10-10）。支柱的上部与机体铰接，小车机架的中部铰接在支柱下端。当起落架收放及起飞着陆通过不平跑道时，小车可绕与支柱的铰接轴转动。小车结构的起落架关键在于对凹凸不平跑道的适应能力，即起落架上多个机轮的载荷平衡能力提高，才能增加起飞着陆的安全性。为此采用减振装置与机械机构共同实现多轮平均受力，也有利用调节减振器的液压系统相互连通来实现受力均衡，使起落架上每一个机轮承受同样的载荷。

图 5-10-10　小车式主起落架

　　总之，飞机地面行走装置属非驱动式，其所受载荷情况复杂，均采用高强度优质合金材料用以获取长寿命低重量。起落架具有完善的转向与制动功能。各种动作的操纵控制采用冗余控制以获取更高的系统可靠性。

第6章
履带与重载车辆

6.1　履带装置与行走

采用履带式行走装置的行走机械形式多样、应用广泛，这类机械具有较强通过性能，因此多应用于非道路行走。履带式行走装置通过履带的卷绕实现行走，装置结构与行走过程相对复杂。这类行走装置较为普遍的是双履带形式，即两套履带装置对称布置在车体下部的左右两边，转向则采用差速方式实现。为满足一些特殊要求也可采取多履带形式，多履带的行走装置不仅结构复杂，转向实现方式也复杂。

6.1.1　通过性能提高方案

行走机械的通过性是指通过各种路况、各种地带和各种障碍的能力，影响通过性的主要因素有牵引支承和几何轮廓两方面。牵引支承通过性体现在顺利通过松软土壤、沙漠、雪地、冰面、沼泽等地面的能力，几何轮廓影响通过陡坡、台阶、壕沟等障碍与坎坷不平路段的能力。牵引支承要求行走装置对行走接触表面单位压力小，几何轮廓要求行走装置的结构尺寸要大，如何协调这两种要求对整机与行走装置的影响，是解决通过性能的关键。无论是何种地表路况，其承载能力都有一定的极限，因此行走机械设计时必须要考虑其通过时产生的压力是否超限。解决的办法一是在接地面积一定情况下减轻自重与载重，二是在总体重量不变时增加接地面积。大型、重载作业车辆由于自重与载重均较大，采用增加接地面积的方式更为适用。

行走机械中采用轮式行走装置较为普遍，几何轮廓对通过性的影响因素之一就是车轮的尺寸，这一尺寸直接限定爬越障碍的高度、跨越沟壑的宽度。要提高这方面的通过能力，在不考虑其它影响的情况下就需要加大轮径。从行走原理考察履带行走装置，其相当于一个巨大车轮的接触地面部分，而接触地面的尺寸不受轮径的制约。因此通过合理确定履带装置的接近角度、纵向接地长度等几何尺寸，就能达到期望的通过能力。对于道路运输、高速行驶类车辆，轮式行走装置较履带装置优势较大，但从跨越沟壑、越野越障能力方面，则履带装置优势较大，轮式行走装置与履带式行走装置各有其特点，均已广泛应用到各类行走机械上，每种机械根据使用条件而选择最能发挥特长的行走装置。

在同样载荷条件下，轮式行走装置由于车轮、轮胎结构形状决定其接触地面的面积较小，为了减小接地压力，轮式行走装置则需通过增加轮胎的数量，或加大轮胎的尺寸来应对。但是若通过轮径加大实现此要求，虽然可实现，但这类车辆的形式也非常特殊。增加轮胎数量则意味着必须增加车辆的长度或宽度，此时行走装置的转向与驱动变得复杂。虽然履带行走装置结构相对复杂，但履带式行走装置相对轮式行走装置在这方面具有优势，履带式行走装置的特殊结构，决定了它具有较大的接地面积和附着能力。行走装置的接地压力是影响其在潮湿松软地面上通过性的主要因素，因此在具有相同功率和使用重量的情况下，履带式车辆具有较好的通过潮湿等松软地面的能力，更能发挥较大的驱动力。

履带行走装置的优势就是接地压力小，并且有良好的越野、越障行驶性能，在荒野、沼泽、滩涂、雪地等非常规行驶场合具有不可替代的优势，其这一特点对于体重大的行走机械尤为适宜。通常所谓的履带式车辆，其行走装置中共有两套履带装置对称布置在车体下部的左右两边。履带装置可以加长、加宽行走履带的结构尺寸，但为车辆其它方面的性能带来不利影响，如行走履带装置纵向很长，对转向性能、装置设计都可能产生不利影响。一些特殊用途车辆和超大型行走机械也有采用多履带行走装置的，所谓的多履带行走装置的履带数量在三条以上，其布置形式因履带数量的不同发生变化。采用多履带方式可以充分利用履带装置的优势，满足一些重型、特型车辆的行驶需求。

6.1.2 履带行走装置

履带行走装置是由一个封闭可卷绕的环状履带，以及布置其环内的轮子与机构共同组成的，其中履带内的机构将几种不同功用的轮子组合起来完成功能，并肩负将行走装置与机体联系起来的任务，履带围绕在轮子、机构组合体的外围，并由这些轮子支承形成一定形状的环带。行走装置的驱动轮不与地面直接作用，而是通过带动履带作用于地面实现行走。履带肩负行走驱动作用，同时也是自备的移动式轨道。履带行走装置一般概括为四轮一带结构，即驱动轮、导向轮、支重轮、托带轮与履带，但行走装置具体的布置形式与内部结构各有不同。通常驱动轮布置在整个装置后端偏上，驱动轮与履带啮合不断地把履带从后方卷起。导向轮与驱动轮处于同一水平布置在前端，导向轮通常与张紧机构结合也用于实现张紧履带的作用。多个支重轮布置在导向轮与驱动轮二者之间偏下位置，除了负重、支承机体外，还用来夹持履带而不使履带横向滑脱。托带轮一般布置在支重轮的上方，防止履带下垂过大及侧向脱落，以减少履带运动时的抖动。

履带外侧与地面接触、内侧与轮组接合，需要实现承载、传动、驱动、移动轨道等功能。履带有全金属件组合而成的，也有金属与橡胶组合结构，均为多节柔性环状封闭结构。驱动轮旋转迫使啮合部位的履带以同样的速度运动，此处的履带拉动后部的履带随动，直接与土壤接触部分的履带对土壤产生一个向后顶推、挤压和摩擦作用，而土壤对履带反作用力的水平分力推动履带行走装置前进。同时驱动轮将履带一段一段地向前输送，经导向轮铺到前方地面上作为支重轮的行驶轨道。支重轮负重在不断铺设的履带轨道上被动行进，共同实现行走功能（图6-1-1）。履带的外侧设计有不同的齿纹以提高地面附着性能，内侧设计有限位结构以保证支重轮的轨迹正确。履带是在驱动轮的带动下卷绕，所以需与驱动轮的结构匹配以便啮合。如果驱动轮为凸齿结构，则配套的履带也须对应有啮合孔。

金属履带由多块金属履带板构件连接而成，由于金属履带板无法变形，履带板构件之间通过销轴铰接，使履带板之间能够相对转动，从而实现履带能够卷绕。根据履带板的结构与

图 6-1-1 履带行走装置

组成方式不同，有组成式履带板和整体式履带板两类，对应的履带为链轨式和节销式两种形式。前者的特点是链轨节由履带销连接成一个闭环，履带板由螺栓固定在链轨节上。节销式履带由整体式履带板依次连接而成，整体式履带板的两端带有铰接孔，前一履带板的尾端与后一履带板的首端由履带销铰接。橡胶履带则是分层结构，一般由金属芯块、钢丝强力层、帘布缓冲层和橡胶四大部分组成。金属芯块起动力传递、导向及横向支承作用，强力层是承受张力、传递动力的骨架层。缓冲层防止强力层的钢丝与金属芯块摩擦，保护二者不受外力作用而破坏，橡胶使各个部件紧密地结合为一个整体，并提供缓冲、减振和降噪功能。

　　支重轮与主体机架之间连接方式的变化，产生了适应不同条件的履带行走装置。二者之间的连接机构通常称为悬架，按照机体和行走装置之间连接所利用弹性的程度，履带悬架形式可分为刚性悬架、半刚性悬架和弹性悬架。其中刚性悬架没有弹性元件，机体全部重量不经弹性元件传递到履带上。刚性悬架没有任何缓冲能力，该形式仅用于行驶速度很低的行走机械上。半刚性悬架中的弹性元件能部分地缓和行驶时的冲击，较刚性悬架能更好地适应地面的高低起伏，在松软不平地面接地压力较均匀、附着性能好。但其非弹性支承部分重量很大，高速行驶时冲击大，故其行驶速度一般不高。弹性悬架是把车体和支重轮弹性地连接起来，缓冲性能好，可以提高高速越野行驶时的平顺性。但结构复杂，仅用于高速行驶的履带车辆上。

6.1.3　履带行走转向与传动

　　转向是行走机械所必需的功能，转向功能的实现要与行走装置的具体形式相协调，履带行走装置的转向与传动紧密结合。普通履带行走装置与车辆的关系是两侧支承，车辆转向采用差速方式实现。差速转向与传动密切相关，因传动的方式不同而使得转向过程差别较大。履带行走装置传动方式不外就是纯机械传动、液或电传动、机液分流传动等几种形式，其中液压传动与电力传动属柔性传动，为结构布置带来方便的同时也方便实现转向。采用左右轮分别独立驱动结构，即每侧履带装置的驱动轮由一台电机或一台马达独立驱动，控制两马达或电机同速即直线行进，差速即可实现转向。电、液传动的履带行走装置实现转向比较方便，相对而言其余传动形式的履带行走装置实现转向比较复杂。

　　机械传动的履带行走装置中要实现驱动轮的差速转向，可以借助行星式机构、转向离合器、双差速器机构等装置改变两侧驱动轮的速度，个别有采用左右侧各配一个变速箱的双侧变速箱结构。通常的传动是在变速箱的两侧各装有用于操控转向的行星机构，该机构一端与变速箱主轴相连，另一端与车体两侧的减速器主轴相连。行星式机构传动的系统中，发动机的动力通过变速箱两端分别经转向机构输出到减速器和主动轮，在中央传动处不需差速装置，两侧履带速度的变化通过离合器或行星齿轮机构配合大小两制动装置实现，即在中央传动与驱动轮之间装有左、右转向机构取代差速器。离合器与制动器由一转向操纵杆控制，操纵杆有几个不同位置，分别控制离合器的合与开、制动器松开与制动不同状态，进而使得行星机构传动实现方式变化导致动力输出变化。分别控制两侧操纵杆的位置，可有不同的行驶模式。采用转向离合器的传动系统与前者类似，只是利用每侧的离合器控制动力的通断来实现两侧速度变化。双差速器转向系统中配有左右制动器，左右两侧处于相同的状态则为直行或停驶，左右两侧处于不同的工作状态则是进行转向。

  履带行走传动可以采用双流传动，即将发动机功率分成两路最终传递到驱动轮上，利用双流传动可以实现履带行走装置的转向功能。可将动力传动分为变速与转向两路，一路控制两侧履带的直线行驶与变速，另一路为专门控制运动转向，两路功率流在轮边减速器前端的行星齿轮装置汇合，再经轮边减速器传至驱动轮。在传动路线中的相应位置布置有制动机构、变速机构和转向机构，按变速与转向功率流传递方式不同将传动分为单流传动和双流传动，变速机构和转向机构串联传递动力为单流传动，并联传递动力为双流传动。

  双流传动其中一路经变速机构带动主轴，从而带动两侧汇流行星排的齿圈，另一路经两侧的转向离合器和一对圆柱齿轮带动汇流行星排的太阳齿轮，两路动力在行星排汇流后由行星架输出，经传动轴传到侧减速器。车辆直线行驶时将一侧的转向离合器分离，并将该侧转向制动器制动，则该侧汇流行星排太阳齿轮被制动，动力只由齿圈输入，两侧出现差速开始转向。这类机械双流传动要想实现不同的转向半径，需要挡位与速度的配合，实现起来比较复杂。机械液压组合双流传动可以更加方便地实现速度变化，通过机械传动实现传动高效率，通过液压传动的可控调速与机械传动相结合实现无级变速，对履带行走装置实现转向功能也更为方便。其分流、汇流方式与纯机械方式类同，只是一路为液压流传递，另一路为机械传递。

6.1.4　多履带车辆

  履带行走装置具有优良的通过性，但其转向操控性方面不如轮式行走装置，因此早期的履带车为了提高性能，发挥装置的组合优势，将两种装置组合用在车辆上。早期的军用车追求越野机动性能，采用轮履结合的行走装置。这类车辆通常布置形式为前部两轮，后部为两履带装置。这种半轮半履带车辆的主体结构布置形式与轮式车辆类似，其中轮式装置部分主要负责导向，履带行走装置主要负责驱动与承载（图6-1-2）。如苏联有一种装甲车，整体为H形大梁与前后车桥组合结构，其中前桥为两转向轮结构，后桥两侧为履带装置。半履带式车辆传

图6-1-2　轮履组合行走装置驱动

动装置比轮式车辆复杂一些，发动机位于前部，动力通过其后的变速箱传递，通过半轴将动力传递至后桥差速器，再传递到主动轮推动履带使车辆前进。该半履带装甲车转向方式既不同于传统的轮式车辆，也不同于纯履带式车辆。在公路上行驶时只需操纵方向盘，用前轮转向。有的车辆当需要小半径转向或越野行驶时，利用履带装置差速转向机构，实现小转向半径。

目前农业机械中的联合收割机和大型拖拉机得到广泛应用，大型联合收割机一般采用轮式行走装置，轮式行走装置在泥泞的田间环境作业时行走性能下降，于是一些大型联合收割机采用轮履结合的半履带式行走装置。半履带联合收割机为后轮转向，前履带驱动的形式，即联合收割机的后轮不变，导向仍采用轮式行走装置。半履带装置多在原来轮式行走装置的基础上改装，或与轮式行走装置实现互换结构。为此多采用三角履带形式，其采用了驱动轮高置的三角形结构，承载轮系通过安装架与车桥、车架连接，使驱动轮不承受重量载荷，消除了地面直接传递到驱动轮上的垂直载荷，提高了传动系统的寿命。半履带装置采用联合收割机传统驱动方式，驱动轮直接安装在轮边减速器输出端，由减速器带动旋转。现代的半履带联合收割机已不局限三角履带形式，有多种不同的结构形式（图 6-1-3）。

图 6-1-3　联合收割机半履带行走装置

常规结构的四轮车辆在一些比较恶劣地况难以发挥功能，有时将轮式行走装置的车轮用履带装置所取代，以提高接地性能与驱动能力。此时驱动部分与半履带装置相似，但转向部分则需要继承原有轮式的偏转轮转向方式。偏转转向不适合履带行走装置，一般只在特殊用途的机器上使用，如在有的多履带行走装置中，差速转向难以实施时，将履带如同车轮一样偏转也是不得已而为。采用多履带行走装置的机械或者有特殊行走要求，或者为大重型机械，这类机械的行走动力采用机械传动比较困难，通常采用液压或电力传动，一些特大型履带行走机械的行走驱动采用电动为主要形式，驱动这些巨大的履带装置采用电力传输较实用，同理一些超大型轮式行走装置的驱动同样采用电动方式。

6.2　履带式战车

履带式战车是一类军事作战用装备，这类采用履带行走装置的战车结构坚固、攻防能力兼备，尽管其形式与用途不一、整体配置与结构也各异，但对于行走履带装置的要求则是一致的。不仅要具有高度的机动性能、较强的越障能力，而且具备高速行进的能力。

6.2.1　履带式战车特点

二十世纪初的第一次世界大战，揭开履带式战车使用的序幕，1916 年英国首先将履带式车辆投入作战之中。目前履带式战车已有多种形式与用途，如坦克与装甲运输车等，有的直接用于作战，有的间接参与作战。这类履带式车辆由于要求行驶速度高、加速快、越障能力强，同时还要有防护能力及武器配备，因此自身重量较大，也需要配置较大功率的动力装置（图6-2-1）。

图 6-2-1　履带式战车

6.2.1.1　构成与布置特点

履带式战车因功用不同其具体结构与布置样式各异，用于直接作战的需要配置武器系统，用于运兵的则需要有较大的容纳空间。坦克就是一种攻防能力兼备的履带式战斗车辆，坦克必须存在战斗所需的武器装备构成的武器系统，安装的装置设备较多、结构比较复杂，是具有代表性的履带式战车。坦克由履带行走装置驮负车体，车体是由多块装甲板焊合而成的长方形盒子。车体上部中央的大圆孔用于安装炮塔，炮塔可绕孔中心轴向旋转。炮塔上安装火炮，有的还安装有机枪，炮塔下方的空间固定有战斗成员的座椅，火炮、座椅等随炮塔一起转动。车上除了炮塔外，还配有武器火控系统、通信设备、三防装置、灭火抑爆装置等。

坦克内部布置分前、中、后三部分，除中部为作战室外，大多数坦克前部为驾驶室，驾驶室内有操纵机构、检测仪表、驾驶座椅等。安放动力装置的动力舱室在车体后部，动力舱用隔板与中部隔开，舱内布置有发动机与传动装置、冷却器、空气滤清器、进排气管道、蓄电池组、油箱等。坦克通常采用柴油发动机，发动机多纵置。车体两侧安装履带行走装置，机舱内发动机的动力经传动装置分左右两侧传递给两侧行走装置的驱动轮。坦克的布置与结构也多样，如早期的坦克有发动机横置方式，也有将动力与传动装置布置在车体前部的坦克。坦克用于进攻作战同时具有很强的防御能力，为了保护车内成员的安全，除了采用坚固的装甲防护外部，车内还安装增压风机、空气过滤吸收器、门窗空口关闭机构，及一些射线、毒气报警装置，这是其它领域车辆所不具有的功能。

6.2.1.2　动力与传动

履带战车动力装置的功率较大，大多采用柴油发动机，个别有采用航空发动机，也有用燃气轮机的。发动机采用电动机起动，在寒冷地区为了能够顺利起动，还可以用空气压缩机起动发动机。有的将发动机与传动、散热器等紧密结合起来形成整体式动力装置以节省空间，如豹2坦克即为这种形式（图6-2-2）。履带式战车的动力由发动机发出后，经一系列的传动到达驱动轮驱动履带行走。传动的方式有纯机械传动，也可是机械与其它传动的组合。发动机产生的动力经主离合器或液力变矩器传入变速箱，变速箱两端输出，分别传递到左右轮边减速器和左右驱动轮。传动有单流传动方式，更多采用双流传动。

单流传动时发动机的动力通过变速箱两端输出后，经转向控制装置再输出到驱动轮，转向控制装置通过控制一侧的功率流通断实现转向，导致转向时传动效率较低，对机动性能有所影响。所以越来越多的履带式战车采用双流传动，即将变速机构与转向机构并联，将发动机功率分成两路，两路功率流在两侧轮边减速器前端汇合，再经轮边减速器传至驱动轮。双流传动的共同特点都是以行星排作为汇集两路功率的机构。双流传动分为差速式与独立式两类，前者转向时车辆平面中心的速度

图 6-2-2　豹 2 坦克的整体式动力装置

不变，如德国豹 2 坦克采用的是零差速式双流传动。而独立式双流传动转向时车辆平面中心的速度是降低的，德国的 T-V 坦克采用的就属这类传动。

6.2.2　战车的履带行走装置

履带式战车强调它的越野通过性和高速行驶能力。战车高速通过起伏地形时，行走装置的支重轮要上下运动，履带的张紧度会因此发生较大的变化，履带在与主动轮啮合之前甚至会完全松弛，存在甩脱履带的危险，因此履带式战车的履带行走装置存在其特殊要求。

6.2.2.1　履带装置结构特点

履带行走装置要支承坦克车体以上质量，保证车辆具有良好的越野及行驶通过性，把发动机经传动装置传至主动轮上的扭矩变为驱动坦克运动的牵引力，履带行走装置均以四轮一带结构为基础，履带相当于一个无限轨道围绕在轮子的外部，履带卷绕以推动履带车辆运动，但不同时期、不同机型所采用的具体结构也各有特点。第一代履带战车的两条履带环绕整个车体，没有悬挂减振装置，采用方向尾轮操控方向。通过不断的发展与改进，履带装置成为布置在车体下部的独立行走装置。由于速度提高的同时必然引起车辆振动的加剧，为此现代履带战车采用弹性悬架以改善行驶时的平稳性。

驱动轮用来将发动机传来的动力转化为缠绕、拉履带的作用力，目前使用最广泛的是齿式驱动轮，结构上均为双排齿圈式驱动轮，因此每条履带的履带板对应是两点驱动。驱动轮与履带采用齿孔啮合，支重轮与履带采用导齿防脱。履带板上都配有一个垂直的导齿，导齿与双轮缘支重轮的轮缘内表面结合并在轮缘间通过。按照履带板上导齿数目分为单导齿和双导齿履带，双导齿结构的履带中的每块履带板上配有两个导齿，它们在单轮缘支重轮的两侧通过。单轮缘支重轮与双导齿履带配用，双轮缘支重轮与单导齿履带配用，现代履带战车都使用双轮缘结构的支重轮。为了防止履带松弛，利用张紧轮对动态松紧度进行调整，有的还把张紧轮连接到前支重轮平衡肘上。配有托带轮的履带装置，托带轮托撑上侧履带可减小履带在行驶中的摆动，增大支重轮缓冲行程。图 6-2-3 为行走装置的履带与轮示意图。

6.2.2.2　履带装置布置形式

履带行走装置基本构成为驱动轮、张紧轮、支重轮、托带轮与履带，四轮一带各司其职。各种战车实际应用的履带装置结构布置各有不同，是为保障主要性能综合取舍的结果。履带装置的驱动轮既可布置在前端，也可布置在后端，要根据总体结构中的动力装置位置而

图 6-2-3　行走装置的履带与轮

定。一旦驱动轮位置确定，另一端的便是张紧轮，托带轮与支重轮也各自承担自身的责任。也有将功能集成一轮两用的形式，早期的战车有将张紧轮兼作支重轮的结构，如图 6-2-4 所示主动轮在前，将张紧轮下移作支重轮，其优点是降低了后部履带的高度，扩大了后部所需的空间，也利于增加履带接地面积。

图 6-2-4　张紧轮与支重轮合一形式

通常为了提高垂直越障能力，尽量提高履带前后端的高度，增加前后轮高度可避免与地面相碰撞，有利于提高爬坡及通过起伏地况的能力。对于履带装置而言，在提高接近性能和离去性能的同时，必须以牺牲接地面积为代价，要么需要加长、加高履带装置的尺寸。为了保持上侧履带不下垂，需要对上侧履带进行支承处理，依据支承方法不同，分为有托带轮与无托带轮方式，有托带轮方式是在支重轮上侧布置托带轮（图 6-2-5），美、德等国坦克传统上采用有托带轮结构。

图 6-2-5　履带行走装置有托带轮形式

有托带轮履带行走装置特点是支重轮相对较小，驱动轮与张紧轮相对支重轮位置较高，上部履带下侧布置有托带轮。这种布置方式增加了前轮高度，一定程度上能提高超越垂直障碍的能力，也带来一副作用是驱动轮的包角小。托带轮支承履带使履带不与支重轮接触，这样也要付出惯性和摩擦力都增加的代价。不用托带轮布置方式的履带行走装置，一般情况下支重轮直径较大，驱动轮与张紧轮相对支重轮位置较低（图6-2-6）。履带上侧下倾、驱动包角较大。上述两种形式适合高速越野，现代军用履带车辆大多采用这两类布置形式。

图 6-2-6 履带行走装置无托带轮形式

6.2.3 履带式战车悬挂装置

履带式战车的悬挂装置不仅要将车体与支重轮之间相互连接、传递载荷，更要解决高速越野行驶过程中缓和冲击问题。速度较低时悬挂系统的作用不明显，随着其速度的提高对于悬挂装置的要求也提高。履带式战车具有灵活机动、高速奔袭能力，适应复杂多变的战场地况条件，这就要求履带行走装置的悬挂系统具有较广的适应能力。

6.2.3.1 悬挂装置主要元件

履带式战车的悬挂装置随着车辆技术的发展不断进步，因而产生多种不同的形式，目前以被动弹性悬挂为主要形式。虽然同属弹性悬挂，但采用的弹性元件也分弹簧式、扭杆式和油气式等多种类型，因采用不同结构形式弹性元件使得悬挂装置性能各有不同。除了弹性元件，悬挂装置中还配有减缓振动所用的减振器或称阻尼器，此外还有平衡肘、连杆等用作连接件。早期车辆的速度较低，在大多数情况下利用弹性元件减振与固有的摩擦即可满足缓冲要求。随着速度的提高车辆开始增加减振器，特别在履带式战车前后支重轮处，减振器控制车体俯仰最为有效。

减振器吸收悬挂系统的能量并将这一部分能量转化为热量散掉，以便达到衰减车体振动的目的。履带式战车上的减振器有往复筒式阻尼器，也有旋转式减振器，装置的工作原理在于利用液压阻尼和摩擦阻尼等。具体采用何种方式，要考虑散热与结构匹配等因素。如使用扭杆的战车，在支重轮平衡肘轴承支承机构内增加一种旋转式减振器，这些机构是用螺栓直接固定在侧装甲板上的。若使用的是液气弹性悬挂，在悬挂机构中通常匹配筒式阻尼器。图6-2-7为履带行走装

图 6-2-7 履带行走装置悬挂系统

置悬挂系统。

6.2.3.2 悬挂主要形式

履带式战车的悬挂形式因支重轮与车体连接方式不同，可视为独立式和非独立式悬挂两类。早期的许多履带战车采用非独立式悬挂结构，这类悬挂装置在布局上各式各样，其特点为支重轮不仅与车体连接，而且支重轮之间相互联系。如图 6-2-8 所示几种结构形式，都是车体通过平衡梁等间接联系支重轮，每组悬挂固定有两个小直径支重轮，支重轮成对地安装在平衡梁的两端，平衡梁再与车体连接，因而平衡梁枢轴处承载的负荷由支重轮同时承担。有的悬挂使用一根中间安置弹簧的套筒作为平衡装置，利用压杆压缩套筒中的弹簧引起弹性形变来支承车体。

图 6-2-8　早期履带战车

独立式悬挂是使支重轮之间相互独立、互不影响，如图 6-2-9 所示的是扭杆弹簧独立悬挂结构的履带战车。另外还有利用螺旋弹簧与筒式减振器组合的结构，一般是利用圆柱螺旋弹簧作为弹性元件，支重轮先连接到摆臂上，而摆臂的一端连接弹簧，利用压缩形变来支承

图 6-2-9　独立悬挂式履带战车

车体。弹簧的布置方式可能不同，有的采用倾斜布置，利用弹簧拉伸形变来支承车体。这种倾斜弹簧的布局降低了悬挂所需的高度，用于早期的一些高速度坦克上。

早期的悬挂装置还有采用钢板弹簧结构，现在已很少用。板簧一端固定而另一端接到摆臂上，通过摆臂的支点利用杠杆原理向板簧施力，摆臂运动带动板簧一端将板簧弯曲，板簧产生弹性形变支承起车体的重量。现代的履带战车有采用液气悬挂的，液气悬挂是一种利用密闭容器内的高压气体作为弹性元件的悬挂装置，它的内部能够增加阻尼装置，能实现可控悬挂，液气悬挂装置的一个缺点是成本较高，气体的体积会随温度而发生变化。

6.2.4　扭杆悬挂装置

履带式战车曾使用过许多不同类型的弹性元件，现役坦克和履带装甲车辆的悬挂系统大部分采用扭杆结构（图 6-2-10），扭杆通常称为扭力轴，它是有一定扭转弹性、横面为圆形的金属杆，车辆支重轮产生的负载变成扭矩施加其上。扭杆横贯车体平行布置在车体底部，一端通过车体的孔洞穿出，靠花键与平衡肘相连并随其转动，另一端则固定在车体对面的侧壁上。履带式战车的支重轮都是安装在前伸或后伸的平衡肘上，故便于把平衡肘作为杠杆使用，平衡肘转动时扭杆发生扭转，通过杆扭转时的弹性变形实现车体和支重轮之间的位置变化。扭杆弹簧具有性能优良、体积小、便于布置、安装维修方便的特点，自从第二次世界大战时期德国的"豹"式坦克采用扭杆以来，扭杆悬挂结构越来越普及。

扭杆悬挂占用空间也非常少，只需要车底部分的空间就可以了。扭杆结构也有一些缺点，对一定的应力极限来说，行程与扭杆长度成正比，而扭杆长度又受到车体宽度的限制。因此除了应用较多的单扭杆式悬挂装置，出现双扭杆、管杆复合结构悬挂装置。当单扭杆结构长度难以增加、无法满足行程要求时，可使用双扭杆等结构。采用双扭杆悬挂结构时，与主扭杆并列配置一根副扭杆，副扭杆一直到支重轮平衡肘转过一定的弹性行程时才发生作用。扭杆安装在车体内占用车体空间，因受到装甲的保护而不会受到直接攻击，扭杆布置在车体内的另一个后果，就是必须把车体高度增加，从而整车高度也要相应增加。

图 6-2-10　扭杆式悬挂履带装置

当战车的重量传递到支重轮上时，扭力轴扭杆就要扭曲变形，支重轮相对车体的位置要改变。扭杆主要具有线性弹簧特性，扭转的越多回弹的力量和速度会越大。所以在扭杆悬挂的基础上还会增加减振器等装置，以便有更好的舒缓回弹。通常在支重轮平衡肘上方的车体侧面连接有限制器,当行驶中遇到冲击时传至支重轮向上运动至极限位置,使平衡肘碰到限制器。由于最前和最后一支重轮更容易受到较大的冲击,一般在这两轮的平衡肘上装有缓冲器,在平衡肘与限制器相碰时起缓冲作用。

6.3 履带拖拉机

履带拖拉机是一种基于履带行走装置的农田行走机械,与农用轮式拖拉机的功用相同,用于悬挂、牵引农机具,为农机具作业提供动力(图 6-3-1)。履带拖拉机具有较大的接地面积,对土壤的压实作用相比轮式拖拉机小。在具有相同功率和使用重量的情况下,履带拖拉机能发挥更大的驱动力。但履带拖拉机结构较复杂,也不适于运输作业。

图 6-3-1 履带拖拉机

6.3.1 履带拖拉机的特点

履带拖拉机也是由机架、动力装置、传动装置、行走装置等构成,其行走装置为履带。通常将动力及部分传动装置布置于车体机架上,位于整机的前部,也有将装置壳体部分连接为机体,省掉另外的机架成为无机架结构。驾驶室配置在车体的后上部,以便驾驶员在驾驶室内可方便观察到后侧的机具。机体的后侧布置有悬挂装置和牵引装置或其中之一,并备有动力输出接口。行走装置由两套构成完全相同的履带装置组成,左右对称布置在机体下侧,通过具有一定的缓冲与减振作用的悬架与机架连接。拖拉机行走装置的四轮一带等功能装置各负其责,一般采用导向轮在前、驱动轮在后的布置形式。履带有金属履带和橡胶履带两类,早期的履带拖拉机采用金属履带,采用金属履带的拖拉机使用范围广泛。近年来橡胶履带发展较快,有些采用橡胶履带拖拉机的履带与驱动轮之间采用摩擦方式驱动。

履带拖拉机的动力装置为柴油发动机,发动机纵置且动力输出端向后,其后依次布置主离合器、变速箱、后驱动装置。这些装置通常为一体式连接结构,即离合器壳体将发动机机体与变速箱机体直接连接成为一体,变速箱的后部与后驱动装置连接。柴油机的动力通过离合器、变速箱的轴、传动齿轮传递给后驱动装置的中央传动齿轮。后驱动装置也有延续轮式车辆后桥的称谓,其作用也是接收变速箱传递来的动力并分流到左右驱动轮。与轮式拖拉机主要不同就在于驱动部分,虽然动力传动路线一致,但行走装置因轮履的不同,导致后驱动部分的结构与功能不同。履带相对于拖拉机机体不能偏转,转向是靠改变两侧驱动轮上的驱动扭矩与转速，从而使两边履带以不同的速度行驶来实现的。履带拖拉机动力传动的关键是转向动力控制，履带拖拉机的转向由转向机构和转向操纵机构构成，转向机构通常有转向离合器、双差速器、行星差动转向三种主要方式。

发动机的动力经变速箱传入中央传动后左右分流，在动力分流传给两侧驱动轮的过程中，对传动进行操控能实现履带行走装置的转向功能。履带拖拉机行走动力传动路线中的中央传动处不设差速装置，两侧履带速度的变化通过离合器或行星齿轮机构等配合实现，即在中央传动与驱动轮之间装有左、右转向机构取代差速器。在动力传动中采用离合器作为转向机构时，该离合器因用于转向而称转向离合器。转向离合器要负责控制中央传动传来的动力是否传递给两侧的末级传动，拖拉机在直线行驶时左右转向离合器都处于压紧状态，因此中央传动传来的扭矩通过转向离合器传给两侧驱动轮。转向时操控一侧离合器处于分离状态而不传递动力，并可辅以制动器制动该侧的行走装置，使另外一侧保持传动而实现转向。转向离合器需要传递很大的扭矩，多片式离合器为一般履带式拖拉机普遍采用。

所谓的双差速器具有内外双层行星齿轮，其中内侧的行星齿轮与两侧的半轴齿轮啮合，外层的行星齿轮与套在半轴上的制动齿轮啮合，所谓制动齿轮是可被制动器制动的齿轮。拖拉机正常行驶时，制动器处于放松的非制动状态，外行星齿轮带动制动齿轮空旋转，动力经内行星齿轮和半轴齿轮传递给驱动轮。转向时制动一侧的制动齿轮，这时外层行星齿轮随差速器壳一起旋转，并且沿制动齿轮滚动而产生自转，因此内层行星齿轮也发生自转，使得该侧的驱动轮转速降低而另一侧的速度增加，由于外侧行星齿轮一部分扭矩通过制动齿轮被制动，所以这侧传递给驱动轮的驱动扭矩也减小。由于制动时即使制动齿轮完全被制动住，驱动轮仍在转动，所以无法实现原地转弯。

在左右两侧传动中可以由行星齿轮机构替换转向离合器，即在从中央传动向左右末级传动中间布置行星齿轮装置，行星齿轮机构具有可控传动扭矩的特点，通过对行星齿轮机构的操控，实现控制传递给驱动轮的扭矩的目的，从而达到转向的结果。因此在履带拖拉机中采用液压机械双功率流无级技术，在原来机械传动的基础上再增加一路液压传动至行星齿轮装置，控制液压传动输出端的转速，而使驱动轮的速度变化，而且可实现无级变速。液压传动输出到汇流行星齿轮机构的太阳轮，而由机械传动系输出的机械功率流驱动行星机构齿圈，最后由行星架输出驱动行走装置的链轮。这种转向方式称差动转向，机液两路功率流在差动轮系中汇流后由行星齿轮构成的差动轮系的输出端输出。液压系统无输出时左右履带速度相同，控制液压系统输出的流量与方向，反映到驱动链轮上的速度可实现一增一减，由此产生差速实现左右转向。

6.3.2　机架与悬架

履带式拖拉机的履带行走装置是通过悬架与机架连接起来的，履带行走装置采用的悬架归结起来可分为刚性悬架、半刚性悬架和弹性悬架三类，悬架系统因结构与元件不同而反映出不同的特性。履带拖拉机用于农田作业，由于土壤、作业和地形等条件的变化，目前尚难用一种悬架系统在各种条件下都保持良好的指标。履带拖拉机悬架一般不采用刚性结构，而采用半刚性悬架和弹性悬架。

6.3.2.1　弹性悬架

弹性悬架是机架的全部重量经过弹性元件传递给履带架的悬架，弹性元件可以是弹性橡胶块、弹簧装置或油气悬架。弹性悬架没有整体台车架，支重轮安装在几个平衡装置或独立

的机构上，托带轮等则固定在机架上，机体的全部重量都经弹性元件传给支重轮，它比半刚

性悬架具有更好的缓冲性能，并且能更好地适应地面的不平。但结构复杂，承载能力较低。如图 6-3-2 所示为我国第一台"东方红"履带拖拉机，该型拖拉机的行走装置采用弹性悬架，为平衡架结构，弹性元件采用螺旋弹簧。平衡架由一对互相铰接的内外空心平衡臂组成，内外平衡臂之间由销铰接在一起，臂的一端各连接一支重轮。内外平衡臂的另一端相对，螺旋弹簧压缩在之间，用来承受拖拉机的重量及缓冲来自地面的作用力。外平衡臂较长，在臂上有与机架上台车轴安装的孔，整个平衡架铰接其上。

图 6-3-2　国产第一台履带拖拉机

　　东方红-75 履带拖拉机是"东方红"系列履带拖拉机产品之一，与第一台履带拖拉机一样采用平衡架结构的弹性悬架，履带装置没有统一的台车架，各部件统一安装在机架上。拖拉机的重量由机架通过四套平衡架传递给八个支重轮。当拖拉机遇到障碍物时，支重轮升高而使弹簧受到压缩，越过障碍后又在弹簧力的作用下恢复原来的位置，从而提高对地面的适应能力。该型履带拖拉机采用全梁架式机架，全梁架式机架是一完整的框架，能使几大组成部件拆装方便、方便维修。该机架有左右两根纵梁和前横梁与后轴构成的矩形框架，框架的下方安装有横梁，前横梁 1 和中横梁 2 用于安装发动机，采用前端一点、后端两点的三点支承方式。该拖拉机的变速箱与后部驱动装置连接成一体，利用后横梁 3 和后轴 5 安装。变速箱前端支承在后横梁 3 上，后部通过两个支座与后轴 5 连接。行走装置也安装在车架上，前部两侧安装张紧装置，后轴 5 的两端安装驱动轮。台车轴 6 安装台车的平衡架，托带轮轴 8 安装托带轮（图 6-3-3）。

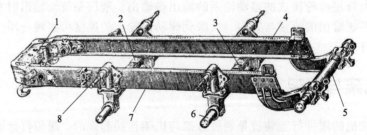

图 6-3-3　东方红-75 拖拉机全梁架机架
1—前横梁；2—中横梁；3—后横梁；4—右纵梁；5—后轴；6—台车轴；7—左纵梁；8—托带轮轴

6.3.2.2　半刚性悬架

　　采用半刚性悬架的履带拖拉机机体前端与行走装置弹性连接，后端以铰接方式刚性连接。拖拉机机体的部分重量经弹性元件传给支重轮，可以部分缓和冲击与振动。同时台车架可以绕铰接点相对机体作上下摆动，使履带能较好地适应地面的凸凹不平，提高接地均匀性和附着性。半刚性悬架通常采用钢板弹簧、扭杆弹簧或橡胶块作为弹性元件，弹性元件能部

分地缓和行驶时的冲击，但其非弹性支承部分重量很大，高速行驶时冲击大，故其行驶速度一般较低。Deere 履带拖拉机产品中有采用半刚性悬架结构的，该拖拉机采用大驱动轮、小导向轮，很有特色。履带装置前小后大成锥形，使驱动轮与履带之间接触包角超过 180°，由于增加了接触面积，履带与驱动轮间的打滑率低、驱动可靠。

　　如图 6-3-4 所示的 Deere 履带式拖拉机行走装置，该行走装置的左右履带装置联系相对紧密，与一般履带拖拉机的左右履带装置分别与机体连接不同，两履带装置集成形成一独立行走机构再与机体发生联系。图 6-3-4 所示 1 处位于行走机架横梁的中部，是行走机架与上部机体的连接部位。2 是安装在行走架横梁上的减振气囊，与可减缓垂直方向的振动阻尼器 5 共同构成前悬挂装置。3 处为行走机架横梁侧面的支承点，也是与两侧履带装置的支重轮架连接的部位。4 处为行走机架与后桥连接部位，前部机架与后桥铰接共同构成履带拖拉机半刚性悬挂系统的行走机架。相对传统形式履带拖拉机的履带行走装置，该履带装置的突出特点是驱动轮的功能变化，此处的驱动轮不但驱动履带，而且还要承载一部分机体的重量，集轮式行走装置的驱动轮与传统履带行走装置的驱动轮的双重功能。

图 6-3-4　Deere 履带式拖拉机行走装置
1—铰接点；2—减振块；3—重负荷垫；4—支臂；5—阻尼器

6.3.3　履带拖拉机的操作特点

　　履带拖拉机的转向原理是差速转向，其操控作用原理与方式与轮式行走机械不同。早期的履带拖拉机的操作采用推拉操纵杆件方式，操作这类纯机械装置需要耗费较大的体力。现代技术的应用不仅能够减轻驾驶操作的劳动强度，操作方式也更适于人们的习惯。

　　早期的履带拖拉机的动力传递为纯机械传动，这类拖拉机驾驶操作与轮式拖拉机有所不同。传统的履带拖拉机转向时通过直接或间接切断传至驱动轮上的转矩，从而使两侧履带产生不同的驱动力以形成转向力矩来使拖拉机转向。这类履带拖拉机的转向操作不用方向盘，采用左右拉杆替代方向盘，其原因在于安装用方向盘操控实现动力传递的转向机构比较困难。转向过程中通常辅以单侧制动协助转向功能实现，所以履带拖拉机的制动机构也可视为转向机构的一个部分。转向机构在实施转向时首先要逐渐减小甚至切断中央传动到一侧驱动轮的动力，使该侧履带的驱动力逐渐减小到零，而且逐渐对驱动轮施加制动力直至完全制动，这样就使得该侧的履带不仅没有驱动力，而且产生与拖拉机行驶方向相反的制动力。

　　东方红-75 拖拉机的转向机构是转向离合器，采用左右离合器分别独立操纵方式。驾驶人员通过左右两个离合器操纵杆操控转向，操纵杆在常规位置时转向离合器处于传递动力状态，即离合器处于结合位置。当驾驶员用手拉动其中一个操纵杆，则该侧离合器被分离，该侧驱动轮失去动力，拖拉机向这侧转向。转向时制动器与离合器配合使用，制动器的操作由脚踏实现，转向操作时手脚并用操作转向控制拉杆与踏板。特别是要转小弯时一定要辅以制动作用，在拉动一侧的转向离合器手柄时，再踩下同侧的制动器踏板，使该侧的履带行走装置被制动。大型履带拖拉机由于人力操作费力，有的采用液压助力装置。

履带拖拉机也在不断发展与进步，特别是现代大型履带拖拉机，更是集成了现代新技术。虽然仍是机架、履带行走装置等构成不变，但操控方式更加宜人。传统机械传动结构难以采用方向盘的操作方式，现代的机电液技术结合使其变得可能。如采用液压机械双功率流传动的履带拖拉机，转向操作装置为方向盘。发动机的功率一路通过机械变速装置向后传递，另一路变速分路由泵驱动马达，马达再驱动齿轮分别与机械传动左右分流后的行星齿轮排啮合。泵与马达构成液压驱动系统为一种容积调速回路，可以通过调节泵或马达排量的连续变化，来控制液压传动速度的连续变化。通过方向盘等操作装置操控液压元件，就可实现传动输出的无级变化，进而实现履带行走转向半径的连续变化。

6.3.4 拖拉机与推土机

推土机与履带式拖拉机在结构、功能等方面存在一定的共性特征，履带拖拉机主要用于牵引农田作业机具完成耕整、种植等作业，推土机则是配备推土铲等进行土方推运作业。推土机与拖拉机都是与相应的装置组成机组后进行作业，挂联机具是它们必备的功能。二者均是依靠前进时的驱动力，实施牵引力的输出，只不过作用的方式有所不同。推土机与拖拉机一样悬挂、牵引机具，其前部用于推土作业的推土铲是其主要工作装置，机体后部悬挂的松土器、绞盘等为辅助工作装置。履带推土机与履带拖拉机的履带行走装置的组成形式接近，但在结构细节上侧重不同。履带推土机一般采用结构坚固的整体台车架，支重轮、托带轮、引导轮及张紧缓冲装置都安装在一个整体架上（图6-3-5）。台车架不仅是行走装置的组成部分，更是用来安装推土铲的基础。

图 6-3-5　推土机

推土机与拖拉机输出的都是牵引力，但二者的作业性质的需求不同。拖拉机要完成犁耕、播种等作业，不仅要求作业机组作业速度稳定，而且要求动力与传动受农机具作业阻力变化影响小，同时拖拉机作业的内容多，速度梯度变化多，采用多挡位机械传动适于拖拉机。推土机作业是移动土方，作业范围相对窄，载荷起伏变化剧烈。推土机多采用液力传动，机械变速箱的挡位数量少。采用液力传动不如机械传动那样可以严格保证传动比，但优势在于可以保持负荷变化过载时发动机不灭火，而输出速度的变化对推土作业质量影响不大。

6.4 履带挖掘机

履带挖掘机是一类采用履带行走装置的挖掘作业机械，作业时挖掘机稳定地停立于作业地点实施挖掘作业，利用其上的作业装置挖掘物料，并卸至另外位置或装入运输车辆。挖掘机能够自行至作业场地，一旦进入作业现场就不做长距离移动。履带挖掘机行走采用液压驱动使得传动简单、操控方便，履带行走装置接地面积大、作业稳定性好，因此履带挖掘机获得广泛应用。

6.4.1 挖掘机结构特点

履带挖掘机（图 6-4-1）是一种采用履带式行走装置完成移动的自走式定点作业机械，采用弯臂、铲斗等构成的作业装置实现挖掘功能。为了便于全方位作业，挖掘作业装置相对行走装置还要能实现回转动作。为此履带挖掘机整体表现为以回转机构为连接界面的上下两部分，上体部分主要负责作业与操控、下体部分主要负责支承与行走，通过回转装置上下两部分可相对回转。上体部分主要由工作装置、动力装置、驾驶操控等部分集结在一起，形成一个相对完整的部分。下体部分主要由下机架与履带行走装置共同组成，下体机架的上侧安装回转装置，通过回转装置与上体相连。

图 6-4-1　履带挖掘机

1—导向轮；2—支重轮；3—下机架；4—托链轮；5—履带；
6—驱动轮；7—回转装置；8—上车架；9—铲斗；10—摇杆；
11—连杆；12—铲斗油缸；13—斗杆；14—铲斗油缸；
15—动臂；16—动臂油缸；17—驾驶室

履带挖掘机的上体部分几乎集成了行走装置以外的全部装置，这些装置都布置在上体机架上。上体机架是由型钢和钢板焊接而成的主附梁框架结构，主梁主要承受工作外载，其下有衬板和支承环与回转支承连接，主梁的左右侧焊有小框架用于辅助承载及安装各种装置。工作装置部分相对独立，铰接在上体机架前端中部。驾驶室布置在左侧，柴油箱、液压油箱等布置在右侧。发动机及液压泵等布置在后部，紧靠其后还有配重。回转支承与上体机架下部中间偏前位置连接，回转支承由回转马达通过减速器驱动，回转马达、减速器、制动器三位一体。回转支承的内圈连接挖掘机的下体机架，外圈连接上机架。内圈加工有内齿，与回转马达上的小齿轮啮合，当回转马达转动时，带动上机体在下机体上回转。回转支承中间部位安装有回转接头是连接上下两部分油路的液压元件，用于连通液压系统上下机体之间的油路。当上部机体相对下部机体转动时，回转接头保证回转任意角度都不使液压管路扭绞，使需要上下机体之间往返的液压油流动平稳、畅通。

下机架与履带行走装置共同组成履带挖掘机的下体部分，其功能为支承挖掘机的重量，并把动力转变为牵引力驱动整机的行走。下机架一般呈"工"字形，为整体箱形焊接框架结构。下机架总成由左纵梁、中机架、右纵梁三部分焊接而成，左右两侧纵梁作为履带行走装置的机体，左纵梁即左履带台车架、右纵梁即右履带台车架，履带行走装置依附其上。中机架即为主平台，主平台上侧用于安装回转装置，通过回转装置与上体相连。履带行走装置也是四轮一带式结构，通常采用刚性悬架结构。一般直接将支重轮、张紧装置等安装在左右纵梁上，驱动轮一般置于后部。履带一般采用链轨加履带板结构链轨式履带，履带板上通常都带有齿条以便提高附着能力。常规履带挖掘机的履带板采用带有三条齿条的履带板，称为三齿履带板。三齿履带板上有四个连接孔，与链轨节连接。中间有两个脱泥孔，链轨绕过驱动轮时可借助轮齿自动清除黏附在链轨节上的泥土。相邻两履带板制成有搭接部分，防止履带板之间夹进石块而造成履带板异常损坏。当然这类履带比较常用，可以改变履带适应不同行走工况条件。图 6-4-2 为履带挖掘机的下机架与机走装置。

图 6-4-2　履带挖掘机的下机架与行走装置

6.4.2　履带挖掘机的驱动

履带挖掘机要实现其作业功能，需将发动机的动力传递到各个工作部位。首先是行走驱动，这是自行走机械所必需的功能。挖掘机的核心作业是挖掘，在动力驱动下作业装置能方便地实现规定的往复动作。此外上机体与下机体之间的旋转也是作业需要，也需有动力驱动。每一驱动装置接收动力装置的动力都需一条动力传递路线，采用液压传动方式最为适合履带挖掘机。动力装置多采用柴油发动机，发动机带动液压系统中的液压泵工作，将机械能转化为液压系统可传递的能量。泵吸进液压油箱的油液，变成高压油液排入液压系统的高压管路中。高压油液在主控阀的控制下进入相应的被驱动的执行元件，即液压马达和油缸，进而驱动作业装置工作。由执行元件排出的液压油再通过主控阀返回液压油箱，完成液压系统的动力传递。一台挖掘机需要多片控制阀来控制各个执行元件的动作，通常将这些阀组合在一起称为主控阀。液压挖掘机在工作中经常需要进行复合动作，为了实现几种动作同时进行，主控阀中控制几种动作的选择阀同时与主油路相连。

泵是液压系统中的动力装置，对整个系统起关键作用。早期的挖掘机采用单泵驱动系统，整个挖掘机液压系统由一台液压泵驱动整个液压系统的执行元件，采用并联油路对各个执行元件供给压力油。各个执行元件的作业速度受外负载变化的影响很大，且同时动作时相互间干扰大。现在多采用双泵系统，复合操纵性较好，能很好地适应液压挖掘机复杂的作业要求。双泵液压系统中所用的泵为相同排量，既有定量泵，也可是变量泵，多为双联泵。多路换向阀分为两组，每组中的多路换向阀油路串联，其回油路并联。其中一台液压泵输出的压力油进入第一组换向阀组，驱动回转马达、铲斗油缸和辅助油缸，并经中央回转接头驱动右行走马达。另一台液压泵输出的压力油进入第二组换向阀，驱动动臂油缸、斗杆油缸，并经中央回转接头驱动左行走马达。这种双泵液压系统可以充分利用发动机功率，既能双泵联合向一组执行元件供油，又可以各自独立分别使用一台泵驱动一组执行元件动作。

履带挖掘机的行走驱动采用双马达分别驱动左右履带行走装置，多采用高速马达加减速器方式实现减速增扭，即马达通过减速器驱动履带的驱动链轮。为了保证行走动作的操控性，马达通常要配置多个功能器件，以满足实际作业需要。如可以使挖掘机保持停车状态的驻车制动器、过载时防止马达与减速器不受损坏的溢流阀、防止上坡与下坡时突然下滑的平衡阀及防止出现气穴现象的补油阀等。对于变排量的马达还要集成变速阀或速度切换阀，根据需要使变速阀动作调节行走马达的排量，通过改变马达排量即可实现行走速度变化。与马达连接的减速器不仅仅实现减速增扭功能，而且可将变速、行车制动等装置集成其中。减速器可以通过改变传动比改变速度，如有的减速器采用行星齿轮与摩擦离合器组合结构，通过离合器的接合方式变化改变行星齿轮排输出轴的转速，进而实现减速器高低速度的切换。

作业部分的驱动主要包括驱动回转装置的回转马达和工作装置中铲斗、动臂等的油缸，驱动油缸通过控制阀对油缸分配油液即可，回转马达则还需与其它机械装置共同作用完成功能。回转驱动装置由回转马达、减速器、制动器三装置一起组合而成，马达是驱动元件，但需通过减速器增扭。回转马达配用的减速器为行星齿轮减速器，马达输出轴从减速器的一端输入，减速器的另一端同轴输出。为了得到较高的扭矩，多采用由两组行星齿轮组成的二级减速装置。回转制动器不能直接起控制回转停止动作的作用，而是吸收回转时的冲击。在回转控制手柄处于中立状态时，回转制动器保持闭合状态，此时弹簧压力使得摩擦片产生制动力。当操作回转手柄时，先导泵的压力油将制动器内的制动活塞顶起，迫使弹簧压缩使摩擦片与钢盘不再靠紧而失去制动力。回转制动的实质是将回转马达的油路切断，使马达无法回转。

6.4.3 行走驱动液压系统

挖掘机各种动作的实现，都离不开液压元件的作用，液压系统贯穿整个挖掘机的各个部位。挖掘机为上机体与下机体两体结构，液压系统回路中的元器件、装置也随结构分为两部分，其中马达及马达上集成的阀块为下部分，泵、主控阀、先导控制踏板、油箱等为上部分，上下两部分通过回转接头联系。在挖掘机发展的不同阶段，液压系统设计因技术水平、元件选用等因素的作用，对挖掘机产生的作用效果不同。目前普遍采用的是双泵双回路变量系统，由主液压回路和先导油路组成，主油路中存在两个性能、排量一致的变量泵，先导油路有一个先导泵。主泵的压力油通过各油管和各控制阀分别到达工作装置，压力油则驱动马达及各油缸，液压能转变为机械能。主回路中的两主泵一般称为泵1、泵2或前泵、后泵，两主泵分左右两路与主控阀连接。其中一主泵连接直线行走阀、左行走阀、回转阀、斗臂阀等；另外主泵联通右行走阀、大臂阀、铲斗阀、备选阀等，形成两个主要部分。先导泵为先导油路提供先导油压，先导油路主要用于控制各工作机构控制阀的动作。

行走时两主泵的压力油经过主控阀、回转接头后，分别进入两行走马达A口，从另一端B口流到主控阀再回油箱，形成循环回路使马达旋转。马达通过减速器驱动履带驱动链轮旋转，链轮带动履带缠绕实现行驶功能。在正常行进时，排量相同的两泵分别对左右行走马达提供相等的流量，左右马达转速相同。直线行进时两主泵供油循环状态相同，行走液压油路控制踏板位于中立状态。转向时则是一侧处于中立状态，另一侧处于行进状态，或两侧均为行进状态，但马达的供油方向相反。当在斜坡上向下行进时，由于自身重力的作用，马达要出现加速旋转的现象，为此采用平衡阀切断马达回油箱的回路，使马达无法旋转。同时主泵流向另一回路的流量增加导致压力上升，上升的油液通过先导回路控制回油箱的油路开启，马达继续旋转。此时这一回路流量减小、压力降低而使该油路关闭。液压回路以此反复开启关闭，保障行走驱动马达不加速。

挖掘机液压系统主回路可视为两回路，而相互间还有交互作用，以实现油液的分流与合流，保证实现行走与作业同时进行、两种作业状态的协调控制。只单一操作作业装置时相对简单，在定点作业状态只进行作业装置之间的优先、合流等控制。如为提高动臂提升和铲斗挖掘作业的速度，在一个泵压力油进入动臂油缸或铲斗油缸的同时，另一泵排出的压力油经过合流阀后也进入动臂油缸或铲斗油缸，实现合流以加快动作速度。挖掘机液压系统的特点在于作业装置的作业与行走装置的行走必须结合起来，挖掘机有时要求行走装置边行走工作装置边动作。如行走的同时作业油缸又执行操作，此时位于该回路的行走驱动马达获得的油量减少，就要出现跑偏的现象。直线行走阀是在行走同时执行其它动作后，防止跑偏的元件，出现此类现象时直线行走阀阀芯移动，使得液压系统中主泵供油方式发生变化，即原泵1的供油侧由泵2供油。泵1工作油等量分成两个部分，分别供给两侧的行走马达，而泵2专为作业装置供油。

6.4.4 驾驶操控装置

履带式挖掘机的操控系统与其整机配置、功能要求相关，驾驶室内的布置与其相适应。履带式挖掘机采用左右双马达独立驱动，对应的操控装置已不是方向盘与换挡杆，正前方的

图 6-4-3 驾驶操作装置

两个操纵杆与踏板联动，用来操控挖掘机的前进、后退，也可以控制左右转向。同时向前推动两操纵杆或踏板向前则直线前进，同时后拉则直线后退。向前推动一侧操纵杆则向另外一侧转向，向前推一杆同时后拉一杆可实现原地转向。图 6-4-3 为履带式挖掘机的驾驶操作装置。

挖掘机工作装置由动臂、斗杆、铲斗、摇杆、连杆等组成，利用大臂油缸、斗杆油缸、铲斗油缸的驱动实现相应的动作。作业过程包括动臂升降、斗杆收放、铲斗装卸、转台回转等，驾驶室内的操作人员通过操控装置来实现这些功能。作业装置的操控一般都用先导控制方式，通过扳动手柄控制先导阀。为了便于双手操作，先导阀操纵手柄布置在座位的两侧，驾驶员座椅的左右两侧扶手上的手柄为主要操控装置。驾驶室内的仪表盘、功能开关分布在前方两侧。控制手柄的操控方式除个别公司的产品外，均采用国际通用方式。左手柄操控斗杆与上体回转，向前斗杆卸载、向后斗杆挖掘，向左、右则回转装置向左、向右回转。右手柄操控大臂与铲斗，向前大臂下降、向后大臂举升，向左铲斗挖掘、向右铲斗卸载。

挖掘机主要作业内容是铲挖物料，根据挖掘物料形式不同需要相应的机构与装置。上面所述的挖掘机为使用范围较广的反铲式挖掘机（图 6-4-4），反铲式挖掘机适合在低于停机面

的工况工作，挖掘时铲斗背向前进方向，铲斗内收进行挖掘。还有一类铲斗朝前的正铲式挖掘机，正铲式挖掘机用于挖掘停机面以上的物料，作业时推动铲斗进行挖掘作业。履带挖掘机是一种多功用型机械，有时在下车架前加推土板，进行推土、平整土地作业，实现一机多用。挖掘机具有行走与挖掘作业两种功能，履带行走装置的行走功能也可以由轮式行走装置实现。轮式挖掘机同样为上下两体结构，上体部分与作业装置基本一致，与履带挖掘机的区别只在下体部分，采用轮式行走装置的挖掘机道路行走性能较好。

图 6-4-4 作业中的履带挖掘机

6.5 履带摊铺机

摊铺机是用于铺筑路面作业的机械，能将拌和好的沥青混合料、稳定土等材料均匀地摊铺在路基或路面基层上，使其形成具有一定宽度、厚度、平整度及密实度的摊铺层，可在一次行走过程中完成摊铺、整形、熨平、捣实等多道铺筑作业工序。履带式摊铺机接地面积大、单位压力小，对路基条件不敏感、适应性好，尤为适合摊铺宽度较大的路面，已经被广泛应用于路面施工中。

6.5.1 摊铺机与摊铺作业

摊铺机所要完成的作业任务是将用于筑路的混合物料从其它运输装置中接过来，并均匀铺放在路基上，再进一步实施捣实、熨平等作业，最终达到筑路要求规定的技术指标。根据完成作业功能的需求，摊铺机的行走是筑路作业不可缺少的环节，行走装置除了用于移动机体外，还需配合供料、捣实等工作装置协同作业。

6.5.1.1 摊铺作业流程与要求

摊铺机作业需要与相关机械配合完成，摊铺机要从装运混合料的自卸车上接收物料，然后才能实施摊铺作业。为了提高摊铺的平整度并减少沥青混合料的热离析，现代沥青路面的铺筑也采用转运机与摊铺机配合作业方式。根据施工要求设定摊铺宽度、摊铺厚度、摊铺速度等相关参数，开始摊铺作业前将摊铺机调整到规定状态。将摊铺机准确就位于起始作业点，工作装置朝向起始端或已铺端、收料斗朝向未铺端。摊铺机就位后就要开始接收摊铺所用的物料，先将装运混合料的自卸车对准接收料斗，自卸车倒车直至后轮与摊铺机料斗前的顶推辊相接触。然后自卸车将变速器置于空挡，升起车厢将混合物料卸入摊铺机的收料斗（图 6-5-1）。

图 6-5-1　摊铺作业

当物料送入摊铺机收料斗后，位于收料斗底部的刮板输送器将料斗内的混合料连续均匀地向后输送，物料通过机体被运送到后侧。摊铺机边作业边行进，自卸车由摊铺机顶推与其同行，同时卸料斗内的物料连续供给摊铺机。摊铺机的收料斗一般设计为可变容积式，当料斗中部的混合料逐渐减少，可调节左右边斗，使两侧的混合料滑落移动到中部，以保证供料的连续性。输送到机体后侧的混合料经螺旋输料器向左右两侧横向摊开，输送到整个熨平装置的前边。这些被摊开的混合料又被振捣器初步捣实，接着再由后面的熨平板根据规定的摊铺层厚度，修整成适当的横断面，形成平整密实的摊铺层。为确保摊铺路面的平整度要求，摊铺机应具有稳定的摊铺速度。保持摊铺机在施工作业过程中的速度稳定是摊铺机的关键，为此必须采取一定的措施控制行驶速度。

6.5.1.2　履带摊铺机构成

作业功用决定了摊铺机总体结构的特点，摊铺机主机机体用以提供摊铺机所需要的动力和支承机架，摊铺机的供料装置贯穿于主机体的前后，作业装置挂接在主机体的后部。通常选用柴油发动机为动力装置，横向布置于机架的前部，通过弹性支座固定，支架等与车架相连。发动机、驾驶控制台等需要高架起来，以便为刮板输送器输送物料留出空间。履带行走装置承载着全机的重量，保证整机的稳定与良好的驱动能力。履带装置中的台车架为钢板焊接箱形构架，通过后端的套管安装到机架侧壁伸出的轴上，前端铰接在机架前端的铰接梁上。行走装置采用液压马达驱动，马达通过行星减速器驱动履带链轮。马达由外侧安装，液压管路由台车架外侧布置一段后进入机体。

左右行走装置的中间布置有刮板输送器，前有收料斗、后端有螺旋摊铺器。收料斗位于摊铺机的前部，是接收运料车卸下的物料及存放混合料的容器，收料斗的底部与刮板输送器的前部相接。收料斗由后壁、左右边斗、铰轴、支座、油缸等组成，在收料斗的后壁还设置供料闸门，调节闸门高低可调节供料量。刮板输送器是摊铺机的供料机构，由驱动轴、张紧轴、刮板链、刮板等组成，将前部收料斗内的混合料向后输送为螺旋分料器的前部，大型摊铺机设置两个输送器，便于控制左右两边的供料量。螺旋分料器设在摊铺机后方摊铺室内，功能是把刮板输送器输送到摊铺室中部的混合料左右横向输送为全幅宽度。螺旋分料器由两组对称布置的螺旋轴、螺旋叶片、连接套筒、反向叶片组成，螺旋分料器旋向相反，以使混合料由中部向两侧输送。左右两根螺旋轴固定在机架上，其内端装在后链轮或齿轮箱上，由左右两个传动链或锥齿轮分别驱动。图 6-5-2 为履带摊铺机结构。

摊铺机后部的摊铺装置（图6-5-3）都是悬挂在主机上，摊铺装置由左右两侧牵引臂和液压油缸连接于主机体，牵引臂前端与主机左右两侧支承件铰接，后部由液压缸与主体之间连接。摊铺装置主要包括振实机构、振捣机构、熨平板、厚度调节器、路拱调节器和加热系统。熨平板是对铺层材料作整形与熨平的基础机件，并以其自重对铺层材料进行预压实。厚度调节器用以调节熨平板底面的纵向仰角以改变铺层的厚度，路拱调节器位于熨平板中部用以改变熨平板底面左右两半部分的横向倾角。加热系统用于加热熨平板的底板以及相关运动部件，使之不与沥青混合料相粘，保证铺层的平整，即使在较低的气温下也能正常施工。振捣机构和振实机构则先后依次对螺旋摊铺器摊铺好的铺层材料进行振捣和振实。

图 6-5-2 履带摊铺机

1—顶推辊；2—牵引臂；3—行走装置；4—摊铺装置；
5—座椅；6—驾驶棚；7—发动机；8—收料斗

图 6-5-3 摊铺机的摊铺装置

6.5.2 履带摊铺机的传动

摊铺机的传动方式有液压传动和机械传动两种，液压传动与机械传动各有所长。机械传动摊铺机的最突出优点是摊铺速度恒定、价格便宜，用于一些小型摊铺机上。液压传动更加适合大型摊铺机，大型摊铺机为多泵多回路复合液压传动系统，实施的方法是在发动机之后采用分动箱进行动力分流。分动箱为多端输出结构，每一输出端都连接有串联液压泵组，液压传动分别传递给行走驱动和工作驱动的马达、油缸等，小型摊铺机可以在发动机上直接安装通轴多联泵实现动力分流。

摊铺机应稳定在选定的作业速度下连续工作，要求动力装置应具有足够的持续功率和良好的外特性，因而履带摊铺机选用柴油机为动力装置。动力装置将动力传递到行走装置和工作装置的传递路线，体现了机械传动和液压传动有效的结合，一般采用机械与液压组合的传动方式。发动机通过分动箱将液压油泵连接起来，柴油机的飞轮壳体与分动箱连接，分动箱的输入一侧与柴油机的飞轮通过联轴器连接，飞轮通过弹性联轴器传递动力给分动箱。分动箱的另一侧有两个以上的输出接口用于驱动液压泵，但输出接口不可能保证与所有泵连接，通常泵之间还需两泵串接以减少对输出接口数量的要求。有的柴油机留有一取力接口可以直接连接泵，但取力功率较低，一般用于辅助液压泵。图6-5-4为摊铺机动力系统与多泵安装。

摊铺机存在多个需要动力的装置，包括行走、刮板输料、螺旋输料、振捣等，传动路线

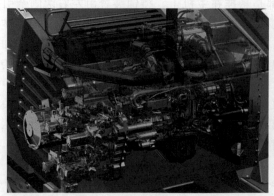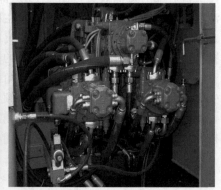

图 6-5-4   摊铺机动力系统与多泵安装

比较复杂，因此采用液压传动为宜。液压系统是摊铺机的一个重要组成部分，按执行的功能分，摊铺机液压系统包括行走液压系统与工作液压系统两部分。一台摊铺机为完成工作任务，需要多个液压泵与液压马达，可以选择不同组合形式以。行走系统一般采用双独立闭式回路系统，有选用柱塞变量泵和柱塞变量马达的组合系统。工作液压系统部分，刮板输料、螺旋输料、振捣分别选用齿轮泵，刮板驱动马达可选用摆线马达，螺旋输料驱动马达可选用径向柱塞定量马达，振捣马达可采用齿轮马达。摊铺机在摊铺作业中，不仅要驱动行走、输料、振捣等装置，而且需要协调起动作。液压系统各部分既能独立地传递动力、完成各自的动作，又能通过控制系统相互关联、协调，达到对执行元件运动参数的准确控制。

6.5.3   行走驱动系统

履带式摊铺机采用履带行走装置，履带装置中的驱动轮、导向轮、支重轮、张紧缓冲装置等，均以左右纵梁为载体，按一定的方式对称安装在两纵梁上。纵梁的两端分别安装驱动轮和张紧缓冲装置，下侧安装支重轮。纵梁同时承载机体的重量，而且也是作业装置的支承基础。履带行走装置中的履带是链轨加履带板结构，履带大多装有橡胶垫块，以免对地面造成履刺的压痕。两行走驱动马达分别安装在左右纵梁的后端，通过减速器驱动左右行走履带装置，两马达及其驱动泵等构成行走驱动液压系统。

6.5.3.1   行走驱动液压系统

行走液压系统由左右两个独立的闭式回路组成，通常由变量泵和变量马达组成，变量泵的排量可无级调节，变量马达的排量为高低两挡。行驶速度分低速摊铺和高速行走两个挡位，在每个挡位里均能实现无级调速。通过对液压泵输出流量的控制使摊铺机实现无级变速，通过对马达的高低两挡排量的改变控制速度有级调节。通过对液压泵输出油液的方向控制，使摊铺机前进或倒退。采用两台液压泵分别带动驱动两侧履带的液压马达，通过控制两台液压泵输出流量的变化，改变两侧马达的转速实现转向功能。行走驱动马达安装有速度传感器，可对马达转速进行精确检测，控制系统将转速传感器测得的马达转速与预选值相比较，从而调整对应泵的排量，对摊铺速度进行精确控制。图 6-5-5 为履带摊铺机的行走驱动装置。

如某型履带摊铺机采用双泵、双马达独立驱动系统，左右驱动均为由一台电比例控制变量柱塞泵 A4VG40EP 和一台电控两挡变量柱塞马达 6VE80EZ 组成的闭式系统，二者相互

图 6-5-5　行走驱动装置

独立分别实现对两侧履带装置的驱动。柱塞式变量泵由比例电磁阀控制油泵的斜盘角度，从而控制油泵的流量变化。马达通过减速器传递动力到驱动轮，减速器带有湿式多片盘式制动器用于驻车制动。此外也有部分摊铺机采用单泵驱动系统，此时需要有机械装置配合完成行走转向。如行走驱动采用单泵驱动系统时通常需要另外一台专门用于转向的泵，主驱动泵带动行走马达驱动减速传动装置的同时，该减速传动装置另一输入端连接用于转向的马达，通过该马达的作用实现两侧驱动轮速度发生变化而使摊铺机转向。

6.5.3.2　施工作业速度控制

摊铺机作业中摊铺速度变化会使路面不平整，影响路面摊铺质量，理想的工作状态是恒速摊铺作业。但摊铺机负载变化等诸多因素都会造成行驶速度的变化，为此必须采取一定的措施控制行驶速度。影响液压传动履带摊铺机施工作业速度有三个主要因素，一是负荷不稳定引起发动机转速的变化而造成摊铺速度变化，二是履带的滑转率不同造成摊铺速度的变化，三是液压泵和马达容积效率的变化造成摊铺速度的变化。行走载荷发生变化时液压系统的压力将发生变化，同时液压泵、液压马达的容积效率也会发生变化。因此要解决摊铺机的恒速摊铺问题，首先必须把行走液压传动系统作为关键控制环节来考虑。

行走液压驱动系统采用闭环控制是常用的方式，驱动马达与主泵之间不仅构成一闭式驱动系统，同时也构成一个闭环反馈控制系统。行走驱动系统中的泵一般采用电控变量泵，马达处安装有监测速度传感器。作业时首先根据现场工况确定摊铺速度后，摊铺机将以预设定的摊铺速度进行作业。外界负载变化等因素导致左右任何一边履带行走速度与设定的速度不相符时，安装在行走马达上的测速传感器会连续地测量误差，并将误差信号传递到控制器。通过控制器的比较处理，输出新的电信号去控制电控变量泵，调整变量泵的排量使泵供给液压系统的流量改变。系统流量的变化导致马达的转速随之改变，达到调节液压马达输出转速的结果。通过不断地修正马达的转速，实现摊铺速度的稳定，使摊铺机保持在设定的摊铺速度下工作。

6.5.4　轮式摊铺机

摊铺机的行走装置除采用履带式外也有轮式，轮式摊铺机与履带式摊铺机相比，除行走装置有区别外，二者的其它结构及相应的组成部分基本相似。轮式摊铺机具有灵活、移动速度快的特点。轮式摊铺机主要依靠橡胶轮胎支承整机并提供附着力，通常前轮为一对或两对实心小尺寸胶轮，这样既可增强其承载能力，又可避免因受载变化而发生变形，后轮为大尺寸的充气轮胎。前轮采用四轮结构时为了平衡载荷，提高复杂路面的适应能力，单侧两个胶轮采用可以实现纵向摆动角度的铰接方式。两个胶轮安装在纵梁两端，纵梁的中部与车架铰接，遇到地面不平时两轮可绕铰接点摆动。为了实现转向，由转向拉杆操控两轮相对纵梁可横向偏转一角度。行走时两轮保持与纵梁平行时，摊铺机保持直行，偏转时实施转向运动。

轮式摊铺机后部的大轮为驱动轮（图 6-5-6），后两轮驱动为基本形式。个别产品也有采用前轮辅助驱动形式的，或后部布置为四轮结构而采用四轮驱动形式。轮式摊铺机行走驱动的传动方式多样，早期有纯机械传动结构，现代的轮式摊铺机则以液压传动为主，所采用的液压驱动形式较履带驱动系统更灵活。即使是两轮驱动液压系统形式也有不同，可以采用单泵双马达构成的闭式回路液压系统，两马达直接或通过减速器驱动车轮，两驱动轮之间的差速功能由液压系统实现。也可采用单泵单马达驱动液压系统，此时系统中只有单个马达完成驱动功能，单马达要

图 6-5-6　SUPER 轮式摊铺机

实现对左右两轮的驱动，必须借助机械传动装置，利用该装置的分流功能与差速功能，将马达的驱动扭矩分流到左右驱动轮。

6.6　路面铣刨机

路面铣刨机简称铣刨机，是一种多履带结构的自走式路面作业机械，主要用于高速公路、机场跑道等路面层翻修、清除路面局部损坏，以及水泥路面的拉毛等作业场合。路面铣刨机通过驱动铣刨工作装置旋转，在行驶运动中实现路面铣削等作业功能。

6.6.1　路面铣刨机结构与作业工艺

路面铣刨机主要完成的功能是铣削作业，除具备行走机械所具备的动力及行走等基本装置外，所配备最基本的工作装置是铣刨装置。为了能使铣刨下来的废料及时清理掉，通常还配置一套负责将废料输送到运输车上的集料、送料输送装置，有的还配备冲洗、洒水系统等装置。这类在常温下直接对路面进行铣削作业的铣刨机，一般称作冷铣刨机。还有一类热铣刨机，这类铣刨机上安装有加热装置，将路面加热到一定温度后再进行铣削作业。无论是哪种铣刨机，行走装置均采用履带结构，而且采用独特的多履带形式。为了在路基上运动灵活、精确调节，路面铣刨机通常采用四支承独立驱动履带式行走装置。四履带行走装置通过

支腿与主体机架连接,履带装置之间相互独立。

铣刨机主体机架较长,下侧由履带装置的支柱在前后端左右对称支承,机架下侧中部挂接铣刨工作装置。用于作业的铣刨装置位于前后履带行走装置的中间,使得前后行走装置分别行驶在原路面和铣刨后的作业面上。路面铣刨机一般采用前端卸料方式,因此主机体的前端通常布置输料装置,机体外部的二级输送装置铰接在主机架的前端。动力装置、油箱、水箱等布置在主机体的后部,安装在主机架的上部,以平衡整机的重量分布。驾驶操作台位于机器的中部、铣刨装置的上侧,驾驶台的位置相对较高以便于观察。图 6-6-1 所示为作业中的路面铣刨机。

图 6-6-1 作业中的路面铣刨机

铣刨机的动力装置均为柴油机,大中型铣刨机上柴油机的动力通过特殊设计的分动箱全功率分流,分动箱一端与发动机动力输出端相连,另一端连接离合器,并有多个标准的接口用于连接液压泵。其中铣刨作业装置采用机械传动,与离合器相连,行走及其它装置的传动采用液压方式。由分动箱输出的动力经离合器、传动箱等传动后,再由皮带传动到铣刨装置的铣刨辊。作业时铣刨辊上的刀头直接与沥青或水泥路面接触,整个铣刨辊传动系统会受到巨大的冲击,利用皮带的柔韧性进行动载缓冲,皮带的打滑是对整个传动系统的一种过载保护方式。大中型铣刨机行走驱动系统一般为全液压式,部分中小型铣刨机行走驱动系统有机械式或机械液压混合式传动。

构成铣刨装置的主要部件是铣刨辊或称铣刨鼓,铣刨辊上按一定规律排列安装有多个铣刨刀头,铣刨辊旋转使刀头作用于路面实现路面铣刨,铣刨辊罩壳将其围在其中,可防止铣刨下来的废料向外喷射。铣刨作业时铣刨机向前运动,同时铣刨辊反向旋转,即铣刨辊和行走驱动轮转动方向相反。安装在铣刨鼓上的刀头作用于被铣刨的路面,在铣刨刀头的冲击、碾压作用下路面超过承受极限时,路面物料就被压碎和崩落,随着铣刨机不停地向前运动和铣刨辊的旋转运动,路面物料被压碎过程不间断地交替进行,使原路面结合在一起的物料被连续剥离并成为碎块。

铣刨辊上按一定规律排列的刀头具有集料功能,能将铣刨下来的废料由两侧向中间集中,并将废料抛入其前部的输料装置。输料装置由位于机体内的一级和体外的二级皮带输料装置组成,一级输料装置倾斜布置于驾驶台前部的主机架内部,上端高于位于机体外侧的二级输料装置,下端靠近铣刨装置。作业时位于机体下部的铣刨辊旋转,带动刀头把路面材料一层层地铣切掉,铣刨下来的废料首先抛入第一级输料装置,第一级输料装置将废料投放到二级输送装置上,再传送至运输卡车上。二级输送前端的高度可以调节并可左右摆动一定角度,以适用各种运输卡车。二级输送装置可采用液压折叠,使得整机长度减短方便运输。

6.6.2　行走装置结构与驱动

　　行走装置是铣刨机的关键部分之一，不仅要支承整机重量、提供前进的推动力，同时也要承受并克服铣刨作业过程中铣刨装置切削物料产生的水平方向阻力。行走装置由四组相同结构的履带独立驱动组件构成，可实现变速满足铣刨作业行驶、转场运输等不同工况。组件可视为由可垂直升降和绕竖直轴摆转的支柱部分与履带行走装置部分构成，支柱部分与主机相连，其垂直升降功能用于整车调平，利用其绕竖直轴摆转的功能带动在其下侧连接的履带行走装置摆动，升降与摆转动作的执行均由液压系统完成。

　　路面铣刨机行走装置四驱动组件呈前后左右对称布置，履带装置通过支柱支承整机，支柱担负整机升降和整机行驶转向功能。支柱为类似油缸外管内柱结构，支柱套管连接于主车架，支柱在支柱套中可以自由地旋转与上下运动。支柱下部焊接有叉架，叉架铰接在履带行走装置的台车架中部。四套履带装置结构布置相同、左右结构对称，装置构成与一般的履带装置基本相同，只是长度较短。与支柱叉架铰接的履带台车架为基础，其它驱动轮、导向轮、支重轮等都安装在其上，履带装置不配备托链轮。张紧轮与驱动轮分别安装在台车架的两端，张紧轮直径与驱动轮相近，使得整个履带装置的履带上下边呈水平。履带链轨上安装不可拆卸钢质履带链板及能单独更换的橡胶履带板，保证机器在作业时不损坏未铣路面。支柱叉架在履带装置的中部与台车架铰接，使得履带装置可在不平路面实现纵向摆动。图 6-6-2 为路面铣刨机行走与动力输出装置。

图 6-6-2　路面铣刨机行走与动力输出装置

　　路面铣刨机的行走驱动均为液压驱动，而且多为四条履带分别由四个液压马达驱动的独立四驱形式。行走驱动液压系统多采用单泵四马达闭式回路系统，行走速度和方向由液压泵控制，驱动力由马达实现。为保证每个马达的转速相同，液压系统中布置分流阀强制分流，避免因为某履带装置附着条件不好产生滑转，使系统中的油液全部流向该马达导致其超速甚至损坏的现象发生。分流阀能够保证变量液压泵向每个并联的驱动马达提供相等的液压油量，使各驱动马达转速相同。分流阀具有实现自由分流与同步分流两种工况的两个位置，通过位置切换实现行走功能变换。铣刨机处于作业状态时，分流阀处于同步分流工况位置，此时变量泵的油流经分流阀被均分到各驱动马达，马达与各自的负载无关，以固定速度运行，使各履带驱动链轮达到完全同步，保证行走系统工作时的同步性。当分流阀处于自由分流工况时，主油路经分流阀流向四个马达的流量可以任意方式分流进入各驱动马达，可自由差速行驶。

　　路面铣刨机行走驱动除采用分流阀同步方式外，还可采用电液同步控制，电液控制同步系统需要安装较多传感器。电液控制系统中所有马达上均装有转速传感器，控制系统需要不断检测液压马达转速，并输出信号对液压马达的排量进行控制。由于履带的滑转率不等、转向角不同等因素造成驱动轮转速变化，控制系统通过对反馈的转速对比，决定分配给每个马达的流量，能够对各液压马达的转速进行控制。

6.6.3　行走转向与整机调平

铣刨机行走装置组件中的支柱部分担负整机重量、连接履带装置，也担负整机行驶转向与调平功能，因此支柱部分的结构功能必须兼顾转向与高度调节的双重任务。铣刨机车体主机架四角固定有支柱套，圆柱支腿可在套内竖直滑动与水平摆动。圆柱支腿的下部支承在履带装置上并与履带台车架铰接。圆柱支柱内有升降油缸，油缸两端分别连接支柱套与支柱，升降油缸的伸缩控制机体与履带装置之间的间距。支柱套下侧还存在一套在圆支柱上的转向套，圆筒结构的转向套可沿圆支柱滑动。支柱套固联有转向臂，驱动转向臂带动支柱在支柱套内转动，转动的支柱带动履带装置偏转同样的角度。通过液压油缸驱动四支柱按一定规律伸缩，实现铣刨机的高度调节与调平，通过液压油缸驱动四支柱按一定规律转动，实现铣刨机的行走转向。图6-6-3所示为铣刨机的转向与调平。

支柱外套筒与车架连接成一体，支柱支承在履带装置上，升降油缸伸出则提升高度，回缩则降低高度。履带装置与主机架之间由支柱部分连接，四个支柱构成铣刨机升降装置。铣刨机通过调整四立柱油缸而实现机架调平，使机架始终保持在设定的高度，进而保证作业出来的路面达到平整度要求。因为铣刨装置安装在车架上而随车架一起升降，升降高度的变化牵涉到铣刨深度，所以机体高低调节能力直接影响到铣刨作业效果。在作业过程中，前后履带所处的作业面不同而产生高度变化，左右履带也可能因路况不同而高度不同，但无论如何作业时机体需永远与路面平行。铣刨机上设有自动调平控制系统，调节支腿高度可通过手动调节，也可通过自动调平控制系统实现。在凹凸不平的路基上行走时，每一根支柱都与其它支柱相互独立进行精确调节。中小型铣刨机一般只有后支承高度可调，中大型履带铣刨机四支柱高度均可调。为了适应地面的不平整而能够三点定位，后两条履带可采用浮动方式，系统采用四腿三点式控制，通过两个升降油缸的并联来实现。

图 6-6-3　转向与调平

转向是通过转向油缸驱动转向套，带动支柱、履带装置旋转实现转向功能。套在支柱上的圆筒转向套在转向臂作用下，带动圆支柱在支柱套中旋转实现转向动作。通常结构的圆支柱上左、右两侧加工有长键槽，转向套内的滑键在长键槽内上下滑动。转向套利用键与键槽的作用将转向臂上的驱动力转化为履带装置的转向扭矩，带动履带滑移偏转实现转向。另外一种形式的转向机构类似于飞机起落架的摆臂，转向套与支柱各铰接一上、下摆臂，上下两个摆臂相互通过水平销轴铰接，该摆臂限制了转向套与支柱之间的转动，而伸缩运动不受限制。有转向动作时上下摆臂同时转动，进而带动履带装置偏摆。

铣刨机转向一般通过方向盘操作，大型铣刨机使用手柄操作。铣刨机可实现前轮转向、后轮转向、四轮转向功能，通常前、后支腿的转向套两两一组由两个转向油缸分别驱动，转向油缸通过推动支腿转动，从而使履带左右摆动，实现整机的转向。两前支腿和两后支腿分别由横拉杆铰接形成的连杆机构相连，达到左右同步转向的目的。前后转向油缸既可独立动作也可联动，使铣刨机具有两轮转向、向心转向、蟹行等多种转向方式。也可以采用四只转向油缸独立驱动四支柱独立转向，实现更精准的动作。为了实现精确转向，采用角度传感器或油缸位移传感器进行监控。

6.6.4 行走装置类似的机械

行走装置为独立四履带结构的车辆，因其调平方便、承载能力高等特点，在对行走装置要求相近的其它作业场合也有使用。如采矿业的露天采矿机，其采矿作业与铣刨机的作业工况相近、作业装置类同，行走装置也可采用四履带结构形式。在筑路行业使用的水泥滑模摊铺机，虽然作业内容完全不同，但同样具有精准调平等要求，所以作业装置不同而行走装置类似。

6.6.4.1 露天采矿机

在露天采矿作业中，具有采矿、输送联合作业功能的采矿机，能将水平矿床上的物料开采出来，并同时输送到矿石运输车辆上。这类采矿机需要与铣刨机类似的作业装置将矿料剥离，也同样需要集成在主机上的输送装置将矿石输送到运输车上。所以这类露天采矿机的作业方式与路面铣刨机具有一定的相似性，其行走装置也有共同之处。露天采矿机采用四履带行走装置，其不仅具有高度调节、独立转向的功能，更可以单独调节位置、高度，以适应矿层的挖掘深度要求，对于薄层矿的精准开采具有优势。

露天采矿机（图 6-6-4）的总体结构布置与路面铣刨机具有一定的相似性，有的甚至相同。露天采矿机通常采用后卸料结构，即物料输送装置布置在后部。采矿机四履带行走装置通过支柱与主体机架连接，矿床铣刨装置位于主体机架下部，也布置在前后履带行走装置的中间。铣刨装置的后部布置有输料装置，输料装置的主体部分位于车体后部，可左右摆动、末端的高度可以调节。动力装置、油箱、水箱等布置在主机体的中部，与路面铣刨机类似。驾驶室布置在整机的最前部的上方，具有良好的视觉效果。

图 6-6-4　Wirigen 露天采矿机

6.6.4.2 滑模摊铺机

滑模摊铺机是一类自走式混凝土铺筑施工设备，主要用于混凝土面层的铺筑施工中，能将混凝土均匀地摊铺在已修整好的基层上,经振实、抹平等连续作业程序,铺筑成符合标准要求的混凝土面层。由于作业中对表面的平整度要求较高,需要整机的调平性能好,采用的行走装置与路面铣刨机类似,为可调高度的独立四履带行走装置。为了实现铺筑宽度、提高作业适应能力,有的产品还能实现轮距、轴距的调节,即每一履带装置位置可变。一般以主体机架为基础,主机架是由厚钢板焊接而成的箱体结构,机架以伸缩装置实现加宽伸缩扩展,使行走装置前后、左右改变距离。也有行走装置及其立柱部分与主机架铰接的,各支腿可以绕各自枢轴摆转,实现轴距与轮距的改变。

图 6-6-5　滑模摊铺机

滑模摊铺机(图 6-6-5)的主机架支承在可升降四支腿上,主机架支腿支承在四条履带上,摊铺作业装置在左右履带的内侧。这类滑模摊铺机主要用于水平路面的作业,有的大型滑模摊铺机横向尺寸比纵向尺寸大得多,因此为了运输行驶方便,履带装置可旋转 90°行进。还有一类用于马路侧墩、水渠等特殊形状构件的滑模摊铺机,其作业装置部分布置在机体的一侧,通常在行走装置的外侧。在此类作业场合的滑模摊铺机,为了便于侧面作业,让出空间给作业装置,行走装置采用三组履带结构形式,即该滑模摊铺机三履带形式,这类摊铺机都是小型滑模摊铺机。

6.7　多履带牵引车辆

履带车辆传统形式为两组履带装置对称布置在车体两侧,即使采用两组履带装置行走,也具有很强的通过能力。要提高通过能力就需要加长或加宽履带,这样又在一定程度上降低灵活性。将两履带行走装置增加为四履带,并在整体结构上进行相应处理,则可以在继承、发挥履带行走装置原有优势基础上,提高车辆的灵活性。这类多履带结构的行走装置多用在牵引类履带车辆中,其优势在实际应用中得到了体现。

6.7.1　多履带车行走特点

履带行走装置具有优良的通过性能,增加履带的数量无疑能使接地压力减小、提高通过复杂特殊地形的能力,但随之而来的是配备多履带行走装置的车辆结构复杂、多履带装置行走转向困难等问题,只有处理好这些问题才能真正体现出多履带为车辆带来的优势。普通履带车辆的转向采用滑移方式实现,这类车辆只有左右两套履带装置,转向时两履带的速度不同使得整车向速度低的一侧滑转。对于多履带行走装置而言,虽然转向仍然需要滑动,但履带装置之间需要协调配合，为此需要将履带行走装置之间、与车体之间进行不同连接组合。可采用四轮车辆后差速配合前转向的模式，但整个履带车辆结构变得较为复杂。利用车体铰接转向是一种比较适用的方式，既可以继承双履带结构与功能、又便于四履带组合使用。

铰接车体结构用于多履带车辆上可以采取多种形式，根据功能需求可以实现多自由度铰接、水平铰接等，铰接可以是履带装置与车架铰接，也可以是履带装置组合到车体后车体之间铰接。两套履带装置即可构成一独立的行走装置，因此通常将两套履带装置为基础再进行组合，这样相当于两台履带车辆的组合。两履带车辆采用铰接方式连接起来，可以使履带装置更适于接触地面，如采用多自由度的铰接机构，前、后车体之间除了能实现正常水平摆动转向外，还能实现仰俯和扭转等运动，在通过起伏地形时，两节车体就可以随着地形的变化做出相应的调整。履带式车辆的特点是双履带即可构成车辆的行走装置，能够完成行走所需的驱动、转向、制动及支承车体等全部功能。车体铰接的四履带车辆的两个单体完全可以相互独立存在，甚至各自成为一辆独立行走的双履带车辆。因此铰接车体履带车辆的两个单体既可是独立体，也可是相互依存、不可拆分的结构。

铰接有全向铰接与非全向铰接，前者适应性高，前后车体之间独立性大，后者铰接只能实现部分自由度。全向铰接车辆的前后车体之间，是多自由度连接，至少实现三方向的转动自由度，前、后车体之间除了能实现正常水平左右相对摆转外，还能实现绕横轴仰俯和绕纵轴扭转等运动。水平摆转利于转向功能的实现，仰俯运动可以有效纵向仿形，绕纵轴的扭转能够使车辆更好适应横向高低不平地面。非全向铰接也存在多种形式，其中一种形式为前后绕竖直轴铰接，铰接结构形式与轮式铰接转向车辆相同，通过车体的偏转实现转向，通常前后单元之间的依赖性较高，二者之间不能分离。这种实现单自由度的铰接也有用于相互独立的两履带车辆上，如履带半挂列车，前面是履带式牵引车，后面是履带半挂车，挂接装置与轮式车辆一致。

多履带车辆中履带行走装置的布置因使用条件不同而变，牵引类车辆中一般都采取前后布置的双履带单元组合。采取双履带为单元组合的四履带车辆，分体铰接结构是其中使用较多的方式，也有整车体结构的车辆。这类整车体结构的履带装置布置方式为前后独立结构，前部两履带装置构成前行走单元，后部两履带装置构成后行走单元，前后履带装置单元连接在同一刚性结构的车体上，为了便于转向，车体与其中的履带单元要铰接。也有的车辆采用左右平行布置四履带形式，两履带为一组布置在车体的一侧。此时每一双履带行走单元与上述双履带单元功能不同，其实质相当于加宽了的单一履带的作用。

6.7.2 全向铰接履带越野车

全向铰接四履带越野车形式上为两节相互连接的双履带车辆，也可将这种车称为双节全地形履带车辆。发展初衷是以军事后勤保障为目的，造就具有穿越山地、丛林等复杂特殊地形能力的越野车辆，有的甚至还具备两栖功能。前后两车体之间由多自由度铰接机构连接，前、后车体之间除了能实现正常水平摆动转向外，还能实现仰俯和扭转等运动，在通过起伏地形时，两节车体就可以随着地形的变化做出相应的调整。这类车辆的行走履带装置可能有所不同，而整体的结构形式与行走方式等基本一致，通常采用履带车辆的行走机构，铰接车辆的转向模式。由于这类车辆进一步提高在恶劣地况的通过性能，显示出较强的跨越沟壑、通过沙、雪泥泞的能力，被用于山地、沼泽、田野等复杂地形、松软地面作业与运输。

全向铰接四履带越野车（图 6-7-1）前后两车有相同的行走装置，但车体部分的功能不同。两车的车体均采用刚性结构，以使得车体具备足够的刚度以及强度。前车作为主车布置有驾驶室，安装发动机、变速等装置，动力装置除驱动自身的行走装置外，部分功率传送至后车的行走装置。当断开铰接装置时，主车可以独立行动。后车为辅车，辅车可以互换，以便实现多种用途。两车体之间的转向由液压油缸驱动，在两车体铰接处的油缸可使两车体水平偏转一定角度，转弯半径和纵向通过半径小于相同长度的通用车辆。

图 6-7-1　全向铰接四履带越野车

车体铰接式履带车除少数车型采用全液压传动外，通常采用机械液力组合传动方式。位于前部的发动机通过传动轴将动力传递给液力变速器，变速器有前后两个动力输出端口用于驱动行走装置。前端口输出的动力经传动轴向前传递给位于前端的驱动轴，后端口输出的动力经传动轴向后传递，经过铰接装置传递给后车的驱动轴。为了能够实现四条履带之间差速变化，前后车之间的驱动设有轴间差速器，每车的左右履带驱动链轮之间有轮间差速器。履带驱动系统采用驱动轮前置、张紧轮后置的方式，均匀布置的支重轮多采用弹性浮动连接在车架上，以减缓行走过程中的冲击。

全向铰接四履带越野车具有全地形通过能力，能够通过其它车辆难以通过的地带，履带行走装置在其中起到重要作用外，铰接装置也功不可没。铰接装置为机械液压结合的三自由度连接机构，能够使得前后车体之间具有纵向俯仰、横向侧翻和水平转向的能力，具备很好的地形适应能力。铰接机构采用多组液压油缸实现铰接和作动，在行驶过程中可以多自由度铰连前后车体，同时也能实现刚性连接功能。当车辆在普通连续起伏路面行驶时，可以让铰接液压油缸闭锁，使前后两车形成刚性连接。刚性连接后的前后车形成一个整体，这一特性能让双体车辆拥有很大的跨壕宽度。全向铰接中的纵向俯仰功能对提高越野能力十分重要，当通过液压油缸的动作实现车辆的俯仰动作时，车辆具有通过垂直墙的能力，这对一般整体车架车辆来说是很难实现的。图 6-7-2 为铰接转向装置。

图 6-7-2　铰接转向装置

不同的车辆上的铰接装置结构形式可能不同，但设计思想一致，全向铰接装置是实现连接、动作、传动三功能结合的机构。铰接装置的连接体现在前后车体间的牵引杆件与执行动作的液压油缸上，杆件之间及其与车体间铰接形成的机构，在保持连接的同时使前后车在横向、纵向、垂向实现一定的角位移，即可实现绕铅垂轴的摆转、绕横轴的俯仰、绕纵轴的扭转。铰接装置的机械机构保证这些运动能够顺利实现的同时，液压系统及液压油缸等为机构动作的完成提供动力，执行控制动作范围、保持运动状态。此外动力传动装置也要通过铰接装置到达后车,该铰接装置还必须能实现前后节间动力的传递。

6.7.3 非全向铰接履带车辆

非全向铰接四履带车辆的结构接近于轮式车辆,这类车辆的铰接装置兼顾连接、转向及牵引等功能,但铰接装置所能实现的自由度少。非全向铰接四履带车辆分为独立单体与非独立单体两类。非独立结构车辆的前后两个部分互相依存,前后部分必须同时存在才能完成功能,如果分开为独立的单体则完全失去车辆的功能,这类车辆的典型代表是大型四履带拖拉机。独立单体结构前后两部分各成体系,其代表机型是履带式半挂牵引列车。

6.7.3.1 履带铰接拖拉机

轮式铰接式车辆应用较多,其前后桥分别安装在前后车体上,转向时通过车体绕铰接轴转动,使车桥之间产生一定的角度实现转向功能,而无需采用车轮摆转转向。铰接结构四履带车辆的结构与其类似,采用四独立的履带装置代替车轮,其与四轮车辆有同样的四处接地形式,但接地面积大。铰接转向四履带结构的大型拖拉机,通过铰接装置将前后两部分连接为一体,两部分各有一驱动桥,驱动桥分别固定在前后车架上。转向实现方式与轮式铰接转向类似,是由油缸驱动两车体相对偏转的方式。前部分集中了发动机及主要传动装置,后部分主要集成了部分传动装置、牵引装置、动力输出装置等。四履带式拖拉机的四履带行走装置结构相同,布置形式与轮式拖拉机相同,为前后两组左右对称结构(图6-7-3)。

图 6-7-3　四履带铰接式拖拉机

每一履带装置结构与组成相同,由驱动轮、支重轮、导向轮、摆架及橡胶履带等构成。橡胶履带将轮、架环绕其中,履带形成一近似等腰三角形结构。驱动轮布置于上端,与驱动桥中的驱动轴连接负责驱动履带,由台车架组合起来的支重轮与导向轮在下侧共同承载重量并负责张紧履带。驱动轮与台车架不直接相连,消除了地面直接传递到驱动轮上的垂直载荷。台车架下部通过销轴连接支重轮,前后连接导向轮。台车架与后方导向轮刚性连接,与前导向轮之间安装有张紧装置。通过张紧装置导向轮带动履带可前后伸缩,来缓冲路面带来的冲击载荷。台车架与拖拉机的主机架外伸的安装架铰接,可绕铰接轴摆动一定的角度,从而使得整个履带装置在垂直方向上可以摆动一定角度。台车架可以在垂直方向上摆动一定角度,确保其在平地面与地面完全接触,保证在凸凹不平地面具有较好的地表适应性和附着性能。

6.7.3.2 履带式半挂牵引列车

履带式半挂牵引列车可以分为前后两个独立部分,其连接方式如同半挂牵引车与半挂车的关系。前部分以牵引驱动为主要功能，后部为货物装载为主要目的。前车部分由前车体与行走装置构成，前车体部分主要包含驾驶室、车架与连接装置，同时布置有发动机及其传动装置，传动装置采用机械变速装置，通常有四前进、两倒退速度。车体前端为驾驶室，后部为连接后车的连接装置。连接装置与后车体下侧的挂接装置挂接后，前后车体可绕该装置的轴心摆转一定的角度，用以实现车辆的行走转向。履带式半挂牵引车转向具有牵引挂车的特点，前车部分与后车部分绕铰接轴心实现偏转。行进中前部牵引车实施转向时，后车与其偏转一角度，然后在其牵引作用下随之转向，与轮式半挂牵引车与半挂车之间的关系相同。

前后两车结构与功能分配不同，后部半挂车部分以后车架为主体，车体功能主要是承载货物，同时也带有动力装置。后车架水平放置，其前端下侧配有挂接装置与前部牵引车上的连接装置铰接。履带装置可实现纵向仿形摆动，便于在高低不平的地面行驶，也是为了使履带尽量贴合地面以便最大限度分配载荷。履带装置中的支重轮两两成组，组组之间独立摇摆使得履带仿形。如图 6-7-4 所示的履带式半挂牵引列车，该列车具有 60% 的爬坡能力，横向具有 40% 的坡度适应能力。

图 6-7-4　履带式半挂牵引列车

6.7.4　整体车架四履带车辆

履带行走装置的优越驱动与通过能力，促使其应用到各类不同的车辆上。其中一种结构比较特殊的是双支承四履带车辆，这类履带式车辆不同于一般的四履带车辆，其特点在于虽然是履带四点支承结构形式，但车体与行走装置只有两点支承，悬挂装置与行走装置都集中在履带装置上。如图 6-7-5 所示的载重型双支承四履带车为整体机架，驾驶室与动力装置集中在机架的前端，中后部的空间用来装载货物。机架前后两处与下侧的行走装置连接，此两处作为上部车体的支承，其中每一处支承下侧对应一套双履带式行走装置，两条履带布置在该支承的左右两侧，整车形成四处接地形式。该支承装置也是动力传动的通道，行走装置的动力也通过此处由上部的发动机传递给驱动轮。

图 6-7-5　整体车架四履带运输车

车体下侧前后两套独立的双履带行走装置实现行走功能，前后履带装置可以整体偏转一定角度。每套装置都具备常规双履带车辆的结构组成与功用，左右对称的两履带装置能够实现以支承装置为基础的垂直摆动与水平偏转，以便转向与路面仿形。由于车体比较长，通过沟坎时履带装置可以与车架水平面摆转一定的角度，以适应地形变化，同时保持车体尽量水平。与前后布置的四履带车辆对应还有一类左右布置的四履带车辆,后者的特性更接近于双轮履带车辆。如在滩涂上使用的履带车辆(图6-7-6),为了能够有滩涂适应能力,每侧的履带都采用两套履带,这两条履带运动一致相当于一宽履带。这类车辆用途较为单一,对地形的适应能力较差。

图 6-7-6 四履带滩涂作业车

6.8 重型多履带车辆

为了提高作业能力和效率,机械自身变得又大又重,一些特殊用途的重型机械,动辄数千吨,甚至超万吨。为了减小接地压力方便于行走,这些机械通常采用履带行走装置,而且采用多履带结构形式,即使如此每条履带的支承重量也要以千吨计。这类行走机械的特点是结构尺寸巨大,行驶速度较低,只用于特定场合作业。

6.8.1 重型多履带车辆的特点

常规履带车辆的行走装置由左右对称布置在车体下部的两套履带装置构成,随着所要承载重量的增加,履带装置结构尺寸也要增加以减小接地压力。通过加长、加宽行走履带能够解决这方面的问题,但同时导致对车辆的其它性能带来不利影响。由于采用多履带方式可以充分利用履带装置的优势,所以一些特殊超重型车辆也采用多履带式行走装置。如用于露天采矿作业的大型轮斗挖掘机,就是采用多履带行走装置的一种作业机械。用于运输航天飞机及其发射装置的发射平台运输车,也是一种采用多履带行走装置的超重载运输车辆(图6-8-1)。

行走装置采用多履带的重载车辆,根据多履带行走装置与主体机架的关系,可将多履带装置归纳为三支点和四支点两种结构形式,每个支点下是一个履带行走单元。一般情况每个履带行走单元可以是由一条履带及其轮组等构成的一套履带装置组件,而对于重载多履带车辆而言,每个履带行走单元可由多套履带装置组件构成。采用三支点支承时,三个支承点构成近似等边三角形,机体上部的重量通过支承装置支承在三个履带行走单元上。采用四支点支承结构时,采用轴对称结构。三点支承为静定结构,而四点支承则不是,因此四点支承时须有调平机构才能保持与地面的良好接触。

履带与底座的连接方式存在不同形式,一般的双履带行走装置中,履带架与车体机架底座的连接以固定刚性连接为主,多履带结构一般以摆动铰接为主。当地面不平整时,大型履带行走装置的履带可能位于不同平面,采用球铰支承可允许上部结构有相对转动,以克服较

图 6-8-1　多履带重型车辆

大的地面不平度。支承球铰是在大型履带行走装置中起连接作用的关键部件，支承球铰由球头、球上盖、盖板、球衬、球座组成。球头和球衬相互配合，球衬与球座相连接，上部结构的自重载荷通过球头传递到球衬，然后再传递到与下车相连的球座。球铰只允许两部件绕公共球心相对转动，限制其它方向的相对移动。支承装置与履带架用球铰连接，允许每组履带相对支承装置以球铰为中心作任意方向的摇摆。

多履带行走装置的转向不同于双履带的滑移转向，大型多履带装置的转向方式更有其的特点。通常是将一套或多套履带组件相对车架偏转一定角度，依靠地面对转向履带组件的侧向反力来克服转向阻力实现转向。根据转向履带的行走单元数量不同、支点布置位置不同，多履带行走装置的转向方式各异。单点前置的纵对称布置的三点支承结构，前部的履带行走单元偏转转向即可，后部沿纵轴线对称布置的履带行走单元差速行驶。单点侧置横对称布置三点支承结构，需有两个履带行走单元实施偏转转向。四支点布置的履带行走装置要实现转向，至少有两履带行走单元需要实施偏转。履带在静止状态下不可能偏转转向，只能在行走过程中逐步偏转。

大型履带行走装置的构成与一般的履带装置相同，主要由台车架、履带板、驱动轮、导向轮、支重轮与传动装置等组成，只不过这些零部件的结构尺寸大。大型履带装置主要为了解决大型机械接地压力太大的问题，因此也将履带装置成组组合使用。为了防止纵向尺寸过大，一般将履带装置设计为平行对称双履带结构，每一组如同一双履带车辆。由于机体巨大、动力传动较长，这类多履带行走装置的驱动与常规的履带行走装置有所不同。机械传动难以实现，液压传动采用柔性管路易于实现，但还不如电力传动方便。自带的动力装置带动发电机发电，再通过电力传输给行走驱动电机。驱动电机通过减速器实现降速，然后带动驱动轮转动，再由驱动轮带动履带板向前行走。大型多履带行走机械的动力可以源于自身配备的内燃机，也可利用外来电源供电驱动，后者适用于那些不需要频繁长距离移动、长期作业在同一场地的大型多履带行走机械。

6.8.2　履带轮斗挖掘机

轮斗挖掘机是一种适合于露天矿高效开采作业的大型成套挖掘设备，主要应用在露天矿中矿物剥离、挖掘、输送、装卸等联合作业，在大型水利和土方工程中也有所应用。大型轮斗挖掘机是一种重型行走机械，大多数轮斗挖掘机采用履带式行走装置，通常采用多履带形式以减轻对地面的压力。

6.8.2.1　履带轮斗挖掘机结构

　　履带轮斗挖掘机主要由上下两大部分构成，下部底座为基础机架与行走装置，基础机架通过回转装置与上部结构联系起来。回转装置上面驮负的主要是用于作业的工作装置，作业装置由斗轮、臂架、带式输送机、变幅机构和驱动装置等组成。斗轮为一个均布若干个铲斗的旋转轮，电动机通过安全联轴器和减速器等装置驱动斗轮旋转，从而使斗轮在不同工作面上进行挖掘作业。斗轮安装在臂架的前端直接作用于物料，斗轮在回转过程中使铲斗对物料形成切削，并使物料留存于铲斗内。当该铲斗随斗轮旋转到一定位置时，被采掘的物料从斗轮侧面全部倾倒于输送带上。由受料输送带、卸料输送带等组成的物料输送系统布置在臂架内，物料通过带式输送装置输送，经由回转中心转载点卸到受料输送带上。臂架后端铰接在转台的门架上，通过钢丝绳或液压油缸使臂架摆动，斗轮随臂架及上部结构在足够大范围内运动，增加对工作面的挖掘量。

　　履带轮斗挖掘机作业效率高，同时也需要大量耗能，能量供给也是关键问题。这类巨型机械完成作业不仅驱动功率大，而且需要多部位驱动，不仅斗轮、回转装置、行走装置等主要功能部分需要驱动，还有大量的辅助工作装置同样需要动力。由于作业特点与自身驱动特性，采用电力输送、电机分别驱动比较适宜。这类挖掘机除部分采用柴油发电机组外，基本都采用了外电源变流机组供电。上部作业装置中的轮斗驱动悬于臂架的前端，利用输电供给驱动所需能量比较简捷，采用电机加减速器的方式驱动行走履带装置也比较适合，同样这种巨型回转机构的驱动也是采用电机加减速器的方式。回转装置在使上部结构相对下部底座自由回转的同时，又可将上部结构的垂直载荷和水平载荷传递给底座，因此回转装置承受巨大的载荷。为了防止回转驱动装置过载，在回转驱动电机和回转减速器之间安装了一个控制离合器，作为回转驱动装置的安全保护装置。

　　下部底座的基础机架与其下部行走装置采用三点支承结构，行走装置由三组结构完全相同的行走单元组成，整个设备回转中心通常布置在三个支点形成三角形的形心上。履带行走单元中的支承装置在支点处与基础机架连接，支承装置下端分别支承在每个履带行走单元的中心位置，而对于每个履带行走单元中履带装置的数量，则要依据接地压力的要求而定。三点支承结构履带行走单元的布置方式主要有两种，一类是三点纵向对称布置，即一点在前、另外两点左右对称。另外一类为纵向不对称布置，相对轮斗挖掘机行走方向一侧前后布置两组，另外一侧布置一组。

6.8.2.2　轮斗挖掘机行走装置

　　轮斗挖掘机整体与行走装置形成三支点支承结构，最基本的形式为三支承六履带，即每一履带行走单元有两套履带装置组成，此时每一履带行走单元形如一台双履带车辆，上部与基础机架相连的支承装置下部与两履带装置的机架铰接，整机形成六履带行走装置结构。对于更大型轮斗挖掘机虽然也是三支点，但履带数量翻倍。为了安装多增加的履带需改变支承装置的结构，由单一支柱结构变为每一支柱下部改为门架连接结构，门架的两立柱各连接两套履带装置。此时整个行走装置共有十二套履带装置。每支点对应并行的四套履带装置，四套履带装置两两对称布置。图 6-8-2 为轮斗挖掘机行走装置。

　　轮斗挖掘机履带行走装置结构因履带的数量不同而变化，而履带装置最基本的构成是相近的，都是由履带、台车架、驱动轮、支重轮等构成，只是组成零部件结构比较大、强度高。由于驱动轮、支重轮等受到结构限制不能太大，通过加长加宽履带来增强能力。行走装置采用三支承、六履带装置结构稳定性好，行走操控的方便性相对较好。行走装置中的三个

图 6-8-2 轮斗挖掘机行走装置

履带行走单元结构组成接近，履带装置的结构与组成基本相同。行走驱动采用电机独立驱动方式，每一履带对应一组驱动装置，即每个履带行走单元存在两套驱动装置驱动各自的履带装置。各履带装置驱动由调速电机实现，其电机的同步性由电控系统自动控制。履带装置的台车架与支架或支承门架铰接，整个履带装置行走时有一定的仿形功能。履带轮斗挖掘机行驶转向时需要使履带装置偏转，偏转也是采用液压驱动方式实现，而且有的驱动两履带行走单元偏转实施转向。如采用纵向不对称布置形式的 SRS1602 轮斗挖掘机，该机三个履带行走单元中其中两个同侧前后布置，转向时通过液压油缸驱动执行机构迫使该两单元的履带装置绕自己的铰接点相向偏转一角度，另外一侧的履带行走单元保持原状态。

6.8.3 发射平台运输车

美国航天局用于运送发射平台的运输车或许是世界上最大的履带运输车辆，其职责是将航天飞机连同发射台一起从组装车间运送到发射场。该车是一种自带动力的大型多履带车辆，行走装置由八套履带装置组合成的四个履带行走单元构成。行走动力系统为发动机驱动发电机、发电机为电动机供电、电动机再驱动行走装置的模式。

6.8.3.1 发射平台运输车的结构

发射平台运输车采用四点支承布置形式，整车俯视呈纵长横短的矩形（图 6-8-3）。主车体为一扁箱形结构，在扁箱体的四角悬出四个支点用于连接履带行走装置。箱体部分为钢架结构，箱体内部布置有直流发电机组和交流发电机组，此外还有燃油箱、液压油箱、冷却装置等。在箱体的前后呈对角线的位置上安装着两个驾驶室，驾驶室里安装了监视仪器、操作控制等设备。车体上侧平台用于驮载发射平台及其相关设施，车体四角平面连接装置与发射平台的底部的四个方形的突出部分相连，以便进行定位与固定。发射平台上安装有火箭、飞船、发射架等设备及多种仪器，运输过程中运输车为这些需要不同供电方式的设施供电。运输车自重约 2700t，加上发射平台及其上安装的设备总重超过 8000t，每个履带行走单元至少要承受 2000t 的载荷。

图 6-8-3　发射平台的运输车

车体的四角布置有结构形式相同的连接装置，作为机体与行走履带装置之间的过渡，担负支承、转向、升降等功能。主车体通过铰接方式与履带行走单元连接，整个履带行走单元可实现绕竖直铰接轴线摆转。同时车体与每个履带行走单元之间布置有四个支承油缸，通过支承油缸的伸缩来实现平台的升降与调平。铰接部位为导套导柱结构，导套与主车架连接，导柱在导套内滑动与转动。四个支承油缸布置在导套周围。导柱下端与履带装置的机架相连，四个支承油缸伸长时，增加履带与机体的间距而使机体升高。通过控制系统调节四个支点处的油缸伸缩则自动实现液压调平，确保发射平台上运载物满足垂直竖立的要求。每个履带行走单元均与两转向油缸连接，转向油缸的另一端与机体连接。当转向油缸伸缩时，导柱在两个转向油缸的作用下相对于导套转动，使履带装置偏转完成导向功能。

发射平台运输车采用内燃机驱动发电机组发电，采用分组供电的方式实现不同部位的驱动。在车体内部布置有两组 2000kW 的直流发电机组为行走驱动供电，驱动四个履带行走单元的履带装置，每个履带行走单元的两套履带装置由四个直流电机驱动，即每一套履带由两电机共同驱动，全车行走驱动共由 16 个直流电机完成。操控驱动电机可实现三种行驶速度，最大空载可达 3km/h 以上。车内还配有两组 750kW 的交流发电机组用于液压泵站，液压泵、马达、油缸等构成的液压驱动系统用于起重、调平和转向等功能的实现。通过液压系统传递动力，驱动调平油缸、转向油缸等装置动作完成相应的工作。

6.8.3.2　履带行走装置

发射平台运输车的履带行走装置左右对称布置，四个行走单元的履带装置结构基本相同（图 6-8-4）。每一行走单元均为左右对称双履带结构，

图 6-8-4　发射平台的运输车行走装置

履带装置的机架相当于双履带车辆的车架，两履带分别安装在两侧。履带装置的机架是履带装置的基础，相当于将两个结构相同纵向布置的履带台车架在中部横向连接而成，横梁中部上侧为支承部位与支承油缸铰接。履带装置的机架上靠近主车体侧的台车架的侧面安装有转向臂，与另一端与主体机架连接的转向油缸连接。由于履带装置巨大，因而为转向带来较大的难度，为此在行走机架上连接有三个转向臂，另外两个对称安装在行走机架中部导柱的前后两侧，三个转向

臂同时受液压油缸的作用，驱动履带行走装置摆转。

　　每个行走单元都相当一台巨大的双履带车辆，横向连接的两套台车架结构相同。台车架与普通履带装置的台车架作用一样，用于安装驱动轮、支重轮与履带等。此处的台车架所不同的是前后呈对称结构，前后两端均安装驱动轮。每个履带行走单元采用四套电机驱动，前后各两套纵向布置在履带架的前端与后端，电机再通过传动装置驱动位于履带装置机架上的驱动链轮。电机的另一端带有制动装置，可实现制动。台车架的下侧刚性连接结构相同的支重轮，上侧安装有托带轮与张紧装置，两个托带轮安装在台车架的正上方。张紧装置位于托带轮前后两侧，每个装置由调节张紧装置和两个轮组成，该两轮同时具有托带轮的作用。

6.9　重载多轮运输车

　　重载多轮运输车是用于重载、大件运输的载运工具，是一种多轴线、多悬架、多轮液压驱动的车辆。行走装置采用液压悬挂、全轮转向方式，单车有数十个、甚至数百个车轮，是超大型物件搬运必不可少的专用设备。重载多轮运输车广泛应用于船舶建造、路桥建设等领域。

6.9.1　重载多轮运输车特点

　　重载多轮运输车整车车体低矮、扁长，车顶平整，可直接用于承载物件（图 6-9-1）。钢结构的车架是承载的主要部件，它有两根与车身等长的纵梁作外梁分列于车身两侧，纵梁中间有纵横结构梁架连接。车架上面用于装载运输的物件，根据运载需要可以是平面结构、特定装置，也可以加装可互换的辅助装置等。行走装置以单元轮组方式与车架连接，以车体纵向中线为对称中心，两侧布置行走单元。每个行走单元轮组通常由两轮或四轮构成，横向由两单元的车轮构成一个轴线轮组，纵向由两列多轮组构成。这样每个轴线上有四个或八个车轮，纵向上布置有多少轴线则取决于承载能力的大小。每个行走单元均可以实现转向和调节离地高度的功能，运行中通过调控每个行走单元来控制整车的转向与通过性能。

图 6-9-1　重载多轮运输车

　　驾驶室布置在长长的车体前后两端以方便双向驾驶，两驾驶室功能完全相同且具有互锁功能。与常规的车辆不同，驾驶室的高度应低于车体装载位置的最高点。有的驾驶室设计成偏转结构,需要时可将驾驶室转到侧面。重载多轮运输车的动力装置为大功率柴油机,动力机组一般安装在车体的一端,也可安装在车体的中部。柴油机驱动液压泵通过液压系统为各装置提供动力,采用液压传动为主要驱动方式,实现行走驱动、液压悬挂、液压转向等驱动功能。为此柴油机与液压泵组成动力站,通过动力站向外输送动力。重载多轮运输车通常采用两台柴油机组成机组,柴油机通过分动箱驱动液压油泵,分动箱有多个输出端口,液压泵分别与其中一端口连接,也有泵与泵采用串联连接的方式。

行走驱动通常采用变量泵-变量马达闭式驱动系统,在双动力装置的情况下,主泵并联运行,采用双泵合流驱动方式。每台发动机驱动完全一样的液压泵,两泵都并入液压行走驱动回路,泵的进出口工况完全一样。可以将所有并联的泵等效为一个大排量的液压泵,泵的控制大大简化。一台发动机工作时,相当于将泵的总排量减半,车的速度减半,其它参数不发生改变。行走系统马达并联,各驱动轮可根据滑转率自行调整转速,实现差速功能。当车转弯时,外侧车轮的转速一定大于内侧车轮的转速,液压系统利用闭式回路自动分流的特性,自动调节分配给驱动马达的流量,很好地解决了车轮差速问题。

6.9.2 行走单元结构与功能

重载多轮运输车的行走装置由多个功能独立的单元构成,这些单元既有独立的作业要求,又必须相互协调、协同作业。行走单元有实现行走的驱动单元与非驱动单元不同,其区别在于是否存在驱动马达。

6.9.2.1 行走单元基本结构

重载多轮运输车的行走部分由多个行走单元(图6-9-2)构成,行走单元集中驱动、转向、悬挂、制动功能为一体,虽然车辆能力、形式不同,而行走单元轮组的结构原理一致。行走单元所采用的机构有不同形式,其中用得最多的是铰接单平衡臂式。这种行走单元由悬

图 6-9-2 行走单元

挂臂、平衡臂、平衡油缸、轮桥与车轮组成。悬挂臂是行走单元的主体，其上下两端分别与回转座和平衡臂铰接。悬挂臂的上端设计有回转座，回转座通过其内安装的轴承与竖直安装在机架上的悬挂轴铰接，使得整个行走单元与机架连接起来。同时回转座上突出一用于转向的短臂，推动该臂端则悬挂臂随之绕悬挂轴摆转。悬挂臂的下端横向水平安装一轴，通过该轴与平衡臂的前端铰接。平衡臂接近水平状态纵向布置，该臂的后端加工成轴端，轴端与安装车轮的轮桥铰接。平衡臂的中部靠前位置有一油缸支座用于连接平衡油缸，平衡油缸的另外一端铰接在悬挂臂上端靠近回转座处。油缸伸缩驱动平衡臂绕悬挂臂的下端横向水平轴摆动，使得平衡臂后端相对机架的位置发生变化。中部与平衡臂铰接的轮桥两端连接车轮，车轮可随轮桥绕平衡臂端轴摆动。

重载多轮运输车的车轮很多，并非都是驱动轮，如 KAMAG400 型运输平台车共有轮组 24 套，其中六套为动力轮组。因驱动与非驱动的差别，轮桥的结构差别较大。不驱动的轮桥采用结构简单的轴即可实现功能，而驱动轮桥还要安装马达、减速器等装置。每组驱动轮由液压马达直接驱动或通过减速器驱动，变量泵与多个驱动马达组成闭式液压驱动回路，马达可采用双排量的变量马达。重载多轮运输车的行走速度要求需实现低、中和高三挡，低速用于重车微动行走、中速用于重载行走、高速用于空车行走。载荷与速度的控制可以采用改变马达排量的方式，如采用双排量马达进行组合，全部大排量工作为低速重载，全部小排量为高速空载，部分大排量与部分小排量进行组合即为运输速度。行走液压系统具有超速监控及保护功能，以防止车轮打滑或悬空导致液压马达超速运转。图 6-9-3 所示为行走驱动轮桥。

图 6-9-3　行走驱动轮桥

6.9.2.2　行走单元转向与制动

可靠的制动系统是行车安全的保障，重载多轮运输车更是如此。该类车行走装置实现制动的方式与其它车辆一样，包括行车制动与驻车制动。制动的动力来源可以是气动，也可以是液动，这要取决于系统与装置的设计，而且驱动轮与非驱动轮也有所区别。驱动轮由于采用液压驱动，通过改变油泵排量不仅可以方便地控制车速，当油泵排量回零时还可实现动力制动。由马达通过减速器传动的驱动轮，通常减速器中配有常闭式驻车制动器，停车时切断控制油压，驻车制动器在弹簧力作用下实现制动，行车时接通压力油使驻车制动器分离。这种结构采用液压制动十分方便，但对于非驱动轮则不适用。采用压缩空气制动可以通用，气制动与液压制动原理相近，只是动力发生变化。当踩下行车制动脚踏板实施行车制动的，压缩空气从储存罐通过控制阀直接供给隔膜式制动气缸，经过制动缸的活塞压制动臂拉杆，使制动块压紧制动鼓产生制动力进行刹车。气动制动系统的气源由空气压缩机提供，空气压缩机的动力一般取自发动机的辅助动力输出口。

重型多轮运输车的每个行走单元都须具备独立回转功能，以满足圆滑平稳的转向以及各种工作模式下转向的要求。实际作业中转向一般有独立转向、成组转向两种实现方式。独立转向为每个行走单元由单独的油缸或马达驱动，由各自油缸推动每个行走单元轮组上的转向臂来实现。各油缸之间通过油路连接，转向系统由电液比例阀进行控制，便于实现全方位转向及各种转向方式。每个回转机构上都安装有角位移传感器，实时检测回转状况以便为控制提供依据。当确定一转向模式后进行操作时，控制系统将解析出各轮组的回转角度，将该角度作为指令值传送下去，比例阀控制转向油缸进行转向。后者通常将行走单元分组，每组中各行走单元的转向臂由机械杆系连接，油缸推动杆系带动多个单元同时转向。采用成组转向局限较大，轮胎的磨损程度要比独立转向严重。

6.9.3　支承与悬挂系统

重型多轮运输车的车体由布置在下侧的多个行走单元支承，承担载荷并传递运动。每个行走单元也集成了悬挂功能，悬挂液压系统通过对每个行走单元的悬挂油缸动作、位置控制，从而完成整车悬挂系统的控制。构成行走单元的平衡臂与悬挂臂铰接成拐臂机构，在平衡臂与悬挂臂之间连接有悬挂油缸，油缸缸体头与悬挂臂连接，杆头连接在平衡臂上。调节油缸的伸缩量改变拐臂机构的张合程度，即可实现车轮轴与车体之间的间隙变化。拐臂机构的作用是利用杠杆原理，使得油缸在较小的行程下获得整车较大位移的升降。液压油缸作为执行装置实现机体的升降和调平动作，当液压系统向每个油缸内提供压力油而使油缸伸出时整车水平提升，反之当液压系统将油缸内压力卸荷时整车由于自重而下降。液压悬挂除了提供整车升降和调平的功能外，更重要的是利用液压油缸的伸缩，保证运行过程中每个行走单元中的车轮均匀承载，以适应凸凹不平的路况。轮桥的横向摆动可使整机适应一定的横坡，减小因地形变化而引起的车轮受力不均。由于悬挂可以升降，有的车辆也可实现自装自卸的功能。

尽管车体由多个行走单元支承，但由于车体较长使得每个行走单元对整个车体的支承作用有限。为了使载荷分布均匀同时保持整体平衡，即保证对运载的大件物体合理支承，而同时又不至于对地面或车架造成不利影响，也需要将单个行走单元的悬挂支承系统地组合起来，相互协调以使车架保持载荷均衡。为此这类车辆行走单元的悬挂支承油缸分组控制，同一组的液压缸油路相通、压力相等，使同一组行走单元的轮胎承受载荷均衡。为维持整车平衡，液压悬挂油缸按区域分组连通，形成三点或四点稳定支承。通常相对车架按三点支承编组，构成安放货物的三角支承区，对运载的箱梁实现三点支承。三角支承区顶端点可选在车体的前部或尾部，三角支承的另外两点为左右对称，且支承点的数目相同。如前 n 个轴线左边 n 个悬挂油缸油路并接，前 n 个轴线右边 n 个悬挂油缸油路并接，后 m 个轴线 $2m$ 个悬挂油缸油路并接，构成三组独立系统，每组系统均可独立进行起升动作。

重型多轮运输车驮运的货物均为特重、特大型的货物，当货物装载重心偏离车体几何中心时，不仅可能造成轮轴损坏，还有可能造成车体倾覆发生重大事故。为此行走单元的悬挂油缸安装有压力传感器和位置传感器，根据压力传感器的读数可以计算出承载货物的重量及重心位置。通过悬挂液压缸的同步起升或下降实现整车平起平降，也可以通过控制各个支承点单独升降。各支承油缸通过油管相互连接，通常油缸进油口设置两个截止阀和一个液控单向阀，正常工作时从液控单向阀闭锁腔接出的截止阀处于关闭状态，另一截止阀处于开启状态时油缸提供支承力。即使路面出现凹凸不平情况，支承油缸会随机提供补偿，使车辆行驶过程中按地面工况随机调整使所有车轮均匀受载。其原因在于各工作油管均带一定的工作压力而使液控单向阀始终处于通路状态，而每个行走单元的支承油缸可在一定范围内自动伸出或缩回使轮组适应路面，同时保持相同的支承力。当某回路管路爆裂时液控单向阀锁闭相关油缸无杆腔，保证该行走单元的状态和支承能力，提高车辆行驶的安全性。

6.9.4　多轮动力运载模块

在重载多轮运输车使用中，为了能够转运更巨大的物体，通常将几台运输车组合构成一个大的运输平台，或者将这几台运输车不用任何机械连接独立行驶运输一整体负载。多轮动力运载模块更适宜这类组合运输模式，多轮运载模块具有与重载多轮运输车类似的结构与功用。多轮动力运载模块可以理解为行走模块与动力模块两部分的组合，动力模块具有实现车辆行走驱动的全部系统，行走模块相当于重载多轮运输车的行走与承载部分。动力模块的主要功用就是装载动力装置及其相关设施，动力模块由机架、发动机及其附件、传动箱、液压泵站、燃油箱、蓄电池等组成，这些装置集中安装在同一机架上构成相对独立的单元，动力模块的动力通过液压管路传递给其组合的行走模块。作为一个独立的整体不带行走装置，与行走模块纵向连接后构成一带有动力并具有行走功能的动力运载模块。动力模块的外形尺寸与行走模块相匹配，后端设计有与行走模块连接的机构。

多轮动力运载模块（图 6-9-4）的整体形式与重载多轮运输车相近，行走装置的形式几乎一样，也是采用多个独立行走单元布置，行走单元的结构形式、驱动与转向方式等与重载多轮运输车相同。行走模块具有组合功能，除了与动力模块的连接部位外，行走模块还要具备横向、纵向互相连接的功能。因此行走模块车架后部及左右两侧均设连接孔位，用于模块间进行拼装。通常纵向的前端专门连接动力单元，另外三个侧面可用于同类模块间连接。动力模块与行走模块连接时动力模块通常铰接在行走模块的前端，在动力模块与行走单元模块间安装两液压油缸，在油缸的作用下动力模块部分可绕水平铰链轴偏摆一角度，以提高整个动力运载模块的通过能力。

图 6-9-4　多轮动力运载模块

多轮动力运载模块作业时可以组合起来使用（图 6-9-5），组合使用是其优势所在，组合的目的是实现并车驱动，以获得参与车辆累加的驱动力，组合方式有机械连接与非机械连接两类。采用机械连接方式是将多个模块直接连接组合成为一个整体，有直接组合与附件连接两类。直接组合是利用模块本身的连接装置相互连接，可以串并组合，也可以纵横组合。附件连接组合起来更为方便，几乎可以实现任意组合。更可以通过一些辅助设施的配备，组合成特定结构形式的挂车满足特殊运输要求。非机械连接又称开放式连接，其中的每一动力运载模块之间不需机械连接仍各自独立承载，相互不发生直接连接，但需要进行数据通信与控制。为了行驶及转向能相互协调而不相互影响，要求并车驱动的动力运载模块之间能够实现集中控制。组合作业时其中之一为主控，其它为从属，通过数据通信模式设定、连接参数设置等操作后才能开始协同工作。主动力运载模块的主控制器发出命令到每一从属模块的控制器，再分别操控各自模块的转向、行走、制动等功能，实现整个组合系统协同作业。此时这些自行走动力运载虽然结构上互不联系，但行动均在同一控制中枢控制下进行，实质已成为一辆多轮行走车辆。

图 6-9-5　自行走模块组合

6.10　重载电动轮自卸车

重载电动自卸车也称电动轮自卸车，是应用于露天矿区、大型工程场地的非公路型自卸车，担负着在恶劣路况下完成短途重载运输的任务。该类自卸车装载质量大者可达数百吨，其体型、自重和功率都比较大，可谓是巨型轮式运载车辆。

6.10.1　电动轮自卸车结构特点

电动轮自卸车（图 6-10-1）是一种大型自卸式运输车辆，其工作特点为运程短、承载重，为了增加运载量，其体形都设计得非常巨大。这类车的整车外观与结构布置，以及各主要总成部件的结构形式，与普通载货汽车或自卸汽车有较大的不同。由于作业在条件复杂、路况恶劣环境，需要应对矿区、建设工地中的多折回坡、多坑洼起伏路况，因此这类自卸车尽管体型巨大，但普遍为刚性车体结构、双轴布置形式，这种两轴、短轴距布置使车辆转弯半径小、机动灵活。双轴结构的电动轮自卸车前轮为转向轮，后轮为驱动轮。这类车辆中除部分小型自卸车采用机械传动方式外，更多的产品采用电力传动方式，载重量以百吨计的大型自卸车均为电传动。重载电动轮自卸车自身带有柴油发动机，柴油机带动发电机发电，发

图 6-10-1　重载电动轮自卸车

出的电传输到驱动电动机，电动机经轮边减速器减速增扭后驱动车轮行驶。有个别车型也可使用外电驱动，作业时通过架线从电网获得电能。

重载电动轮自卸车通过电力传输，利用牵引电机驱动车轮，也称为电动自卸车。该类车不仅装载重量大，而且装车与颠簸行驶过程中冲击载荷剧烈，车体与行走装置必须具有足够的强度与减振性能。车架作为整车重要组成部分和基础结构件，担负着承载重量、搭载总成构件、联系行走装置的功能。由前后桥支承的车架上布置有动力装置及其相关辅助系统、车厢及相关动作机构、驾驶室与操作系统等。动力系统中发动机布置在车架的前端，大功率V形柴油机与发电机构成一个相对独立的动力总成。动力系统主要有柴油发动机、主发电机、进排气、通风散热、燃油供给、液压驱动、辅助电气等部分。由于进排气体量巨大，所以一般用两套进排气管道接到机体外侧，布置在两侧的多个空滤器通过左右两个进气管与发动机相连。为了能够实现电力传输及车辆的有效控制，车上配备大量电气元件与装置，其中有控制柜、电源箱、制动电阻箱等，安装在相应的位置。

动力机组的上侧平台、前部的冷却器与左右结构自然形成一动力舱，动力舱的两侧及前部布置有上下用的阶梯，用于人员到达位置较高的驾驶室与行走平台。动力机组的上侧安装驾驶室，布置有人员行走用的平台。行走平台采用焊接结构与车架连接为一体，驾驶室偏置于左侧，有利于驾驶员后视。驾驶室的总体空间与整车相比显得很小，但其密封、隔声、隔热、减振等功能很好，以保证驾驶员乘坐的舒适性。重载电动轮自卸车虽然其结构巨大，但驾驶操作并不费力，其转向、制动与换挡均为电控液动，驾驶员操作与常规自卸车相差无几。

重载电动轮自卸车的车厢又称翻斗，主要担负着货物运载任务，同时还担负保护乘员安全和设备稳定运行的功能。翻斗是一强度、刚度要求较高的结构件，由护板、前板、侧板、底板等焊接而成，箱体外侧设置了若干起加强作用的筋梁。翻斗底板前低后高斜坡角一般为12°，尾部敞开无后挡板，这样既可以保证卸货容易，也使得在上坡行驶状态物料也不至于从车尾滚落。车厢的前端向前延伸罩住整个行走平台与驾驶室，防止装载过程中坠物对车上人员产生伤害。箱体的下侧偏后部位有与车架铰接的销轴支座，下侧前部有与举升油缸连接的举升支座。连接于车厢与车架的举升油缸伸出，则车厢绕与车架铰接轴转动，使得车厢前部抬起并使车厢内的物料能够顺利滑出。

6.10.2 重载电动轮自卸车基础结构

作为重载电动轮自卸车主要结构件的车架担负承上启下的作用，车架为焊接框架结构，一般为两纵梁和四横梁形式，四道横梁从前至后布置，将两纵梁横向连接起来。两纵梁左右平行布置，贯通前后、前低后高。第一道横梁位于车架的最前端，将两纵梁的前端连接起来，对于整车而言也是最前端保障安全的横梁。为便于发动机的安装，第二道横梁不是直接与纵梁连接的单横梁结构。二道横梁为封闭环结构，横梁上部呈龙门形，下部为马鞍形，纵横梁中间的位置用于安置动力装置。第三道梁为中部抗扭管梁，直接将左右两端与纵梁侧壁焊合起来。第四道横梁为尾部管梁，在两纵梁的后部将其连接起来。为了提高车架扭转刚度，纵梁与横梁均采用封闭箱形梁结构。车架上布置有前后悬架支座、举升油缸支座以及车厢销轴支座等，用于连接安装油缸、悬架等装置。举升油缸对称安装在车架纵梁外侧，直接顶升车厢底板的纵梁，采用大端在上、小端在下的倒置式安装，有利于向下推刮、清除缸筒外侧粘接的尘土，减少缸筒刮擦磨损。图6-10-2所示为重载电动轮自卸车机体结构。

自卸车车架的下部则是行走装置，一般情况下为前转向桥与后驱动桥构成。电动轮自卸车的前轮肩负转向功能，通过液压油缸驱动车轮偏转实现转向。前轮与机架的连接方式有采

图 6-10-2　重载电动轮自卸车机体结构

图 6-10-3　重载电动轮自卸车前轮转向结构

用整体式悬架结构的，但更多采用独立悬架结构。独立悬架结构车架内空间较大，有利于动力总成部分位置的降低和前移，使整车重心高度下降。如采用图 6-10-3 所示独立悬架结构，它将前轮与车架连接在一起，安装刚度好、定位可靠。两前轮通过悬架分别与车架相连，悬架的缸筒部分与车架用螺栓固连，下部活塞杆与安装前轮的轮毂部分采用锥度配合连接在一起。轮毂部分有转向臂与转向油缸和转向机构的梯形臂连接，前轮随悬架活塞杆一起上下移动，车轮偏摆时活塞杆也随之转动。前轮采用独立悬架时，转向总成采用断开式转向机构，这种结构使得车辆一侧车轮的上、下跳动不会影响另一侧车轮的运动。

重载电动轮自卸车的后轮为驱动轮，后部行走装置可以采用桥式结构。桥式结构的驱动桥一般包括承载壳体部分与电机驱动部分。壳体部分包括 A 形架、风道、后桥壳、横拉杆支座以及后悬支座，壳体部分两侧与左右电机驱动部分采用螺栓连接。后桥桥壳采用焊接结构，为前部四面锥体结构的 A 形架与后部水平管柱的焊合体，管柱体外表面有连接支座，两侧与驱动电机连接。由于后桥的特殊结构也使得与机架的连接方式或悬挂方式变得特殊。后桥壳通过关节轴承及横拉杆支座与车架连接，车架通过横拉杆为后桥总成传递横向力。车架中部横梁上的连接装置与 A 形架前端铰接，在车架尾部用两个筒式油气悬架与后桥壳连接，使得后桥可以绕此铰接轴线摆动。在动力舱发电机的上侧通常有冷却风机，除了为发电机提供冷却外，还为后桥上的电机供风冷却，该冷却风通过管路经 A 形架上的入口进入后桥壳。筒式油气悬架是二力杆元件，筒内上部空间充满氮气，作为弹性介质减缓车轮的跳动冲击。而液压油在内外筒伸缩过程中经过节流孔往复进出，起到节流阻尼、减缓振动作用。

6.10.3　行走驱动装置

电动轮自卸车行走装置的基本形式为前轮转向、后轮驱动，而具体的结构形式因不同的车型而有变化，其变化主要体现在驱动桥的结构布置。通常情况下一台车有两组相同的电动装置同轴布置在车架后部的下侧，两组装置可以独立与车架连接，也可结合一体成为车桥再与车架连接（图6-10-4）。行走驱动部分主要由驱动轮架、驱动电机、行星轮减速器和湿式制动器四部分构成，其减速器通常为多级行星齿轮减速器。驱动轮架是装配基准和主要承载结构件，行星轮减速装置套装在驱动轮架一侧，减速装置外侧装有轮胎组件，电机安装在减速装置另一侧，驱动轮架中部位置套装有湿式制动器。驱动轮架安装在后桥壳体上或直接悬挂在车架上，行走驱动时电机的动力通过花键轴传输给行星减速器，再由减速装置传输给驱动轮毂。因承载能力不同其车轮的数量有单轮与双轮结构之分，双轮结构的驱动轮总成包括两条标准轮胎、两个无辐板轮辋，轮辋间装有轮辋隔套以保证轮胎间距。两个轮辋通过压圈及压块与轮边减速器配合，驱动电动机输出的动力由减速器传递给车轮，电机及制动器等整体置于轮辋内。

图6-10-4　两种结构电动轮自卸车后部行走装置

电动轮自卸车的突出特点是驱动电机与驱动轮的紧密结合，电动轮作为电动轮自卸车的承载装置和驱动装置，担负行走、驱动、减速、制动等多种功能，最基本的方式是电动机通过减速装置与驱动轮直接联系在一起。电动轮行走驱动可以采用分体结构和一体结构两种方式，一体式结构即为整体桥式结构，从整体外观看电动轮自卸车仍为整体后桥结构。此处的所谓后桥是由两组独立的电动装置与桥壳组合而成的，后桥也集成了轮边减速器、牵引电机和后桥桥壳等部件，但传动原理与传统的中央分流驱动桥完全不同。此处壳体部分更主要的作用是支承机架、连接驱动电机。分体式结构的电动原理与前者类同，只是在结构、连接方式上有所变化。如图6-10-4左图所示，将同一电机驱动的两轮的距离加大，在两轮之间加一承载壳体与车架连接，这种驱动结构构成一独立的电动轮单元，无需再结合成车桥的形式与机架连接。后部行走装置同轴布置两个独立的驱动单元，两个行走单元独立悬挂于车架。此时的电动轮自卸车已不再是一体式驱动后桥结构，而是分体独立驱动结构。图6-10-5为电动轮驱动装置。

电动轮自卸车的制动方式采用常规的摩擦制动与电制动结合的方式，电制动通过电动机自身实现，所以只能用在驱动轮的制动上，摩擦制动在前后轮均可实施。电动轮自卸车前轮制动与其它车辆类似，而后轮结构则采用机电结合的模式。摩擦制动器一般装在电动机的轴上，与电动机的电制动配合使用。仅采用电机进行电力制动受电机转速影响较大，即制动效能受车速的影响较大。低速行驶状态下单独的电力制动无法满足实际需要，车速较低时采用摩擦制动方式，当车辆正常行驶时一般采用电力辅助制动。当下行大坡度长路时，牵引电动机通过电气线路的转换作发电机运行，将车的动能转换为电能消耗在电阻栅上，使电动轮自卸车获得制动力。

图 6-10-5　电动轮驱动装置

6.10.4　其它形式重型电动轮自卸车

电动轮自卸车的家族也并非一脉,在主要结构功能相同的基础上,动力系统和行走装置存在有不同形式与结构。行走驱动不但采用双轴结构,也有采用多轴布置的方式。为了增加电动轮自卸车的承载能力,在车轮的尺寸、车的横向尺寸保持不变的情况下,增加轴数能够大大提高承载量,因此有的电动轮自卸车一改常规的双轴结构形式,采用多轴独立驱动形式。由于多轴布置必然整体结构加长,车架的结构与车厢结构形式也发生一定的改变,如车厢前部为平底或全部为平底。

为了增加电动轮自卸车在泥泞路面的附着性能,同时又尽量避免破坏接触的路面,出现了多轴独立悬挂的电动轮自卸车。该车借鉴多轮重载运输车辆的形式,采用多轴独立、全轮驱动技术,把动力分散到多个电动轮上进行驱动。行走装置采用独立行走单元结构,每行走单元的形式与重载多轮运输车类似,采用独立回转、液压支承的摆动悬架结构。在凸凹不平的恶劣路面上行驶时,行走单元的悬架各自独立仿形浮动,使所有车轮均能实现全时全载荷着地。如图 6-10-6 右图所示电动轮自卸车即为这类结构,其采用了四轴线布置、八行走单元、十六轮驱动结构。采用多轮结构减小了轮胎的单位接地压力和轮胎下陷深度,承载相同载荷的情况下大幅减小了车轮直径,降低了整车重心高度和作业时的装载高度,可提高自卸车行驶稳定性和抗倾翻能力。

图 6-10-6　多轴结构电动轮自卸车

重型电动轮自卸车的动力供给不但可以是柴油机带动发电机组的形式,也可以采用外部供电方式。更可以是二者兼有的双能源方式,即采用辅助架线供电和本身柴油发动机双能源运行。这种双能源电动轮自卸车对柴油发动机的功率要求降低，可以降低发动机的功率储备，降低了柴油机的废气排放。如美国一公司的双能源矿用电动轮自卸车，牵引电机的总功率是柴油发动机功率的 4.5 倍。双能源电动轮自卸车的优势是在重载爬固定长坡时，可采用辅助架线供电运行，此时柴油发动机只做怠速运行，在下坡时车辆制动所产生的电力经辅助架线直接返回给电网，在平道行驶时则由柴油发动机驱动发电机工作。双能源矿用电动轮车型既解决了车辆重载上坡时柴油发动机动力不足、车速慢等问题，同时又有利于环境保护。当然使用这种类型的电动轮自卸车需要架设输电线，同时自卸车的供电系统也相对复杂。

第 7 章
轨道运行车辆

7.1　轨道行走与驱动

在陆路交通中并存着道路交通与轨道交通两个体系，两交通体系的最突出区别在于道路与轨道的不同，进而也体现为运行在道路与轨道上的设备不同。运行在轨道上的设备为轨道车辆，这类车辆运行需基于轨道、依靠轨道才能实现行驶功能，轨道承受车辆的重量，引导它们的行走方向。相对道路车辆而言轨道车辆的运行路线固定，运行时通常是配备动力装置的机车或动车带动不配备动力装置的车辆连挂成列，列车共同沿着轨道运行。

7.1.1　轨道车辆的产生与发展

7.1.1.1　轨道的形式

基于轨道交通的思想很早就已出现，古希腊人曾经在石路上布置凹槽来引导车轮前行，这是轨道导向的先驱。公元十六世纪时，出现了用以减轻手推车的行驶阻力而在地上铺设的木制轨道，这时的人们对轨道作用的认识又提高了一步。到了十八世纪，轨道交通的意识在一些国家开始形成，此时英国已存在供马车使用的轨道交通路网。蒸汽动力机车的产生与应用，使轨道交通得到迅速发展，最突出的体现是铁路大规模的发展与在全世界范围内的普及。因此在人们的普遍意识中轨道交通即是铁路交通，在不做特定说明提及轨道时均指铁路。所谓铁路是由两条平行的钢轨铺设的轨道，传统意义的轨道车辆一般指行驶在两条钢轨上的铁路机车及拖车，这类车辆由金属车轮支承于钢轨之上，利用金属车轮与轨道的黏着作用而实现行走驱动。

两条钢轨铺设的铁路奠定了轨道交通的基础，现代的轨道不仅仅局限于铺设在地面的两条钢轨。随着科学的发展与新技术的出现，轨道车辆的含义更加广泛，轨道车辆的轨道、驱动原理都出现新的形式，更加丰富了轨道交通的内容。现代的轨道不仅仅是修筑在地面上的两条钢轨，轨道可以架在空中，也可以是单轨结构，轨道车辆与轨道的作用关系也不局限于钢轨与轮对的作用。如现代城市轨道交通中的单轨交通系统，这种单轨轨道可以是混凝土结构的轨道，行走装置配套的车轮可以是胶轮。单轨车辆与轨道的作用关系也与传统不同，行走装置布置在车体下侧的结构与传统车辆还有一些相似，而吊挂结构的单轨车辆则完全另类，其行走装置安装在车体的顶部与轨道作用驱动车体行驶。此时的轨道悬架在高空中，而车辆被吊挂在轨道下侧行驶。

上述这类车辆还保持轮式行走的方式，而磁悬浮列车则颠覆了轮轨行走的概念。磁悬浮列车也是沿轨道行进的轨道车辆，但磁悬浮列车正常行驶是在与轨道非接触状态下实现的。传统轨道列车是利用车轮与轨道之间的黏着力使列车前进，磁悬浮列车则是利用电磁作用悬浮、驱动沿轨道行进。磁悬浮列车颠覆传统的旋转扭矩转化为牵引力的驱动模式，通过车体与轨道间的电磁作用实现轨道与车辆非接触而产生驱动力。磁悬浮列车从根本上克服了传统列车轮轨黏着限制，有利于进一步提高行进速度。传统轨道车辆的驱动均采用车载驱动装置实施，直线电机技术的发展为轨道车辆提供另外的一种驱动方式。若采用长定子直线同步电机驱动，直线电机的初级线圈设置在导轨上，轨道车辆驱动可以实现地面路轨驱动，此时轨道车辆的运行工况及运行速度由地面控制中心控制，列车司机可不直接参与控制。

7.1.1.2 轨道车辆的类型

从第一辆蒸汽机车行驶在钢轨上，到现代磁悬浮列车的运行（图 7-1-1），轨道车辆产生了飞跃性发展。同时在不断进步及不断满足人们需求的过程中，也出现了各类不同形式的产品，品种不断增加。轨道行驶的车辆具有轨道共性的同时，因使用场合、工作原理等不同又有其各自的特点。最普及的铁路交通中运行的车辆形式就有多种，其中运行在铁路上的牵引机车，按其所采用的动力装置不同可分为蒸汽机车、内燃机车、电力机车。蒸汽机车采用蒸汽机为动力装置，同理内燃机是内燃机车的动力装置，电力机车的驱动装置为电动机。机车借助车轮与轨面间的黏着力使机车在轨道上运行，主要用作牵引其它轨道拖车的牵引车。机车因用途不同可分客运机车、货运机车、客货通用机车和调车机车，前三者的工作是用于干线铁路运输，后者主要用在车站内完成车辆转线以及货场取送车辆等调车作业。

图 7-1-1　磁悬浮列车与蒸汽机列车

轨道车辆按有无动力与行走方式，可分为主动行走的动力机车与被动行走的拖车两类，动力机车与拖车组合起来共同完成轨道运输的任务。对于牵引驱动与载运客货相互独立的列车，其中机车主要担负牵引其它车辆的任务，拖车主要完成运载乘客与货物的功能，机车与拖车车辆进行编组运行。动力机车中还存在一种将牵引功能与运载功能合一的车辆，即该车辆同体实现驱动与载客功能，这类轨道车辆一般称为动车。拖车是运送旅客和货物的工具，不具备用于行走驱动的动力装置，由动力机车牵引运行。用于运送人员的称为客车，客车的主体结构基本相同，内部功用有所不同。用于承装货物的为货车，为适应不同货物装载的需要，需要不同结构形式的拖车相适应，因而货车的种类相对较多。

连接城市之间的轨道线路构成轨道交通网络，运行在这些线路上的轨道车辆一般称为干线轨道车辆，干线车辆既用于客运也用于货运。而用于市内交通的轨道车辆一般称为城市轨道车辆，城市轨道车辆主要用于客运。干线车辆与城市轨道车辆的不同主要体现于客用车辆，干线客运车辆特点因其行驶距离不同而有不同的配置，干线列车主要从长时间乘车、乘客所需要的条件角度配备设施、提供服务。长途旅客列车挂有多节车，分卧车、座车、餐车、行李车和邮政车，每辆车根据功能配置内部装置，除了有灯光、通气等基本配置外，为了给乘客提供方便生活条件，还配置有给排水、饮用水等系统。城市轨道车辆以短途载人交通为主，无需配备长时间乘车所需的生活设施，但要考虑城市运行要与城市环境相协调。要考虑如快速上下车、方便特殊人员上下车等方便乘车问题，在结构上尽可能采用低地板结构以便于乘客上下车，尽量多布置车门以便同时快速上下车。

7.1.2　轨道车辆的结构特点

轨道车辆是行走在轨道上的车辆，其具有车辆特征的同时，也显现因轨道行走而产生的特性。轨道车辆行走在与其匹配的轨道上，车辆与轨道关系密切且受轨道的约束，如行驶在钢轨上的铁路车辆的轨距需要与钢轨宽度匹配等。以铁路车辆为代表的轨道车辆的特征突出表现在行走装置、制动特性与牵引连接等方面。

7.1.2.1　轨道车辆的行走装置

轨道车辆行走部分其功用是行走、导向、承载、驱动、缓冲、制动等，为了适于支承重载、轨道导向等特性，轨道车辆采用了各具特色、适合各自特点的行走装置，这些行走装置通常沿用铁路车辆对行走部分的称谓，即转向架。转向架集成悬挂、牵引、制动等装置，其上侧支承连接车体、其轮下接触轨道。为了便于在曲线轨道上行驶，车体与转向架之间可以转动。转向架因不同用途而有所变化，用于实现驱动功能的转向架为动力转向架，与此相对的为非动力转向架。转向架因随不同的车辆而有不同的称谓，用于机车为机车转向架，用于货车称为货车转向架，用于客车称为客车转向架，而在动车组列车上又统称为动车转向架。无论称谓如何以及是否驱动，转向架的共性是轨道自行导向，这也体现了轨道车辆行走装置与其它车辆行走装置的区别。

铁路车辆转向架集成有构架、轮对、制动、牵引、悬挂支承等装置，转向架的基本构成是构架与轮对，构架是转向架的骨架、轮对是行走的装置。构架一般由左右两侧梁和一根或几根横梁组成，用以安装轮对、轴箱等转向架其它组成部分，并传递各方向的载荷。轮对是由一根轴两端对称固联两个车轮而成，轮对通过轴箱等装置连接在构架上，两个或多个轮对与构架组成一套转向架。为了实现行走所需的功能，构架与轮对还要连接有基础制动装置、驱动装置等。作为行走装置的转向架必须与车体实现适宜的连接，为了使得较长的车体易于通过小曲率半径的转弯轨道，车体和转向架之间通常采用心盘连接方式，转向架上的心盘与车体上的中心销配合，二者之间可以自由回转。转向架为铁路车辆的基本行走装置，一台行驶在轨道上的车辆由两套或两套以上的转向架支承，一列轨道列车则由多台这类车辆连接组合而成。

7.1.2.2　轨道车辆间的连接

轨道车辆的特点是成列运行，这就需要将多个单体车辆连接在一起组成列车。将车辆连接在一起，并能够使车辆连接可靠、运行平稳的连接装置则成为轨道车辆的必备装置。连接装置将车辆之间连挂在一起，并使彼此之间保持一定的距离，具有挂连、牵引、缓冲多种作用。连接装置根据车辆的性质匹配、简繁不一，简单者将两车辆单元挂连即可。要求高者既要连接还需缓冲，不仅实施机械结构连接，还要连通电气线路和气体管路等。基本连接装置主要包括车钩和缓冲器两部分，这两部分既可是相互独立结构，也可是一体式结构。相互独立结构的车钩与缓冲装置作用独立，车钩只负责牵引功能，而缓冲装置用于缓冲与顶推，这类结构的挂接、解脱均需人工实现。图7-1-2为轨道车辆连接装置。

图 7-1-2　轨道车辆连接装置

手动挂接连接方式比较落后，连接装置的挂接可以是自动或半自动方式。自动方式可以实现轨道车辆之间的全自动连接，完全不需要手动辅助，只需要将一车辆单元接近另一车辆单元，通过在司机室里遥控操作自动完成连接，伴随着机械连接的实施，电路和气路连接也同时完成。轨道车辆的连接装置不但体现在主动车辆连接被牵引的拖车，以及拖车之间相互连接成列车上，更要体现于主动车辆之间的连接，这种连接在组成动车、牵引事故车辆时尤为必要。因此无论是主动牵引机车还是从动轨道车辆，单体车辆两端均安装有连接装置，以备不时之需。

7.1.2.3　轨道行走制动方式

轨道车辆的基础制动装置对旋转件实施制动，常用结构为踏面制动和轮盘制动，其中踏面制动为轨道车辆所常用。踏面制动是与车轮直接接触摩擦制动，制动时制动闸片贴合在车轮踏面上与踏面摩擦产生制动力。为了减小车轮的磨损，可以在轮对轴上设计专用的制动盘，专用结构也便于制动散热。制动通过转向架上的制动装置完成，制动动力产生与控制部分则远离转向架。特别是轨道列车制动时需要同时控制多车制动，采用电空制动较气动控制更为适宜。电空制动即为电控压缩空气制动方式，利用压缩空气为动力源驱动制动装置，同时引入电气控制的技术，利用电磁阀控制各节车辆上的空气制动装置实现制动动作。对于电动轨道车辆的制动还有电力制动，常用的电力制动包括再生制动和反接制动两种电制动模式。图7-1-3为轨道车辆的制动装置。

图 7-1-3　轨道车辆的制动装置

行驶在钢轨上的铁路车辆制动过程中金属车轮与钢轨也产生滑动摩擦作用，适于轨道车辆的磁轨制动正是利用了这种摩擦作用原理。磁轨制动通过控制车辆转向架上的带有电磁铁的摩擦装置，使之通电后吸附在轨道上并使其在轨道上滑行摩擦产生制动效果。制动时转向架下侧靠近轨道的制动板通过电磁作用吸附于钢轨，摩擦板与钢轨吸附摩擦而产生制动力。与磁轨制动相似的还有一种非接触式轨道制动，即利用电磁铁和钢轨的相对运动在钢轨内感应出涡流的轨道涡流制动。轨道涡流制动装置是电磁铁，电磁铁沿纵向悬挂在转向架侧架下面的两个车轮之间，电磁铁靠近轨道但不与轨面接触。制动时为电磁铁通电产生磁场与钢轨发生相互作用，电磁铁相对钢轨的运动使钢轨内感应出涡流，制动作用由此而产生。

7.1.3　轨道车辆的驱动与能源供给

内燃机取代蒸汽机成为轨道车辆的主要动力装置后，行走装置的驱动分化为两种方式，一是内燃机的动力经机械传动直接驱动，二是将内燃机的动力转化为电能后利用电机驱动，而且后者发展迅速。轨道车辆多以列车方式运行，不仅行走驱动消耗较大的动力，而且车载设备也要消耗较多的能量。由于车载设备所需的能量形式多以电能的方式消耗，所以内燃机驱动的轨道车辆的动力装置在输出机械动力时，还要产生一部分电能，有的机车则直接将机械动力全部转化为电能，再分别用于车载设备的使用和行走驱动。这类内燃机车的动力装置驱动一套发电机组，发出的电驱动行走电动机。这类机车实质也是电驱动车辆，只不过电力的来源为车载装置。

轨道车辆运行路线一定，这为外来电力供给线路的设置提供了方便，也使电动轨道车辆的能源供给变得比较方便，使得其不必携带大量的储能装置，可以从沿线电网直接获取能量。只要沿轨道线路建立供电网路，再通过车上的设备接收电力即可利用地面电网的能源。利用电网供电的电动轨道车辆，利用车载设备将输入的电力转化为各种车载设备可用的电源，可省略部分车载装置，也体现了轨道车辆的进步趋势。受电装置是轨道车辆用来引入外来电力的特殊装置，该电能引入装置能实现电能从静止不动的输电线路输入随时移动的车辆上。受电装置也称为受流器，分为导线受流与轨道受流两类。导线受流方式是通过接触输电导线实现电力传输，车顶上的受电装置与架空线接触并滑动，将电流引入车内。轨道受电又称第三轨受流，车辆通过接触沿行走轨道一侧平行铺设的附加第三轨受流。图 7-1-4 所示为受电弓与受电靴。

图 7-1-4　受电弓与受电靴

轨道车辆的能量供给方式的不同也体现轨道车辆驱动技术的发展，从最初的蒸汽机机车到现代的磁悬浮列车，驱动形式发生巨大的变化。蒸汽机机车整体就是一个大的驱动装置，从汽机到行走驱动轮间的运动转换机构与车体、车轮关系紧密，否则就无法将蒸汽的动力转化为行走驱动轮的旋转扭矩。内燃机机车的内燃机相当于将能量转化与运动转换装置集中在一紧凑、独立的机体内，使机车的车体、驱动、传动、行走各个部分独立实现功能，使机车结构布置灵活，以便更适于轨道行走。电力机车进一步简化机车的车载装置，利用轨道车辆运行路线的特点，以外界电网输电的方式供能实现电力驱动，较内燃机车进一步省去从内燃机到转向架之间的传动环节，在转向架上连接电动机直接实现驱动。现代的磁悬浮列车和直线电机感应驱动的列车，完全脱开车轮驱动模式，利用电磁作业实现非接触驱动。这类驱动的能源传递与操控均通过轨道实现，车辆行、停的操控无须在车上完成，均可在地面控制中心完成。

7.2 蒸汽机机车

  蒸汽机机车是利用蒸汽机作为动力装置的一类自驱动轨道车辆，是人类迈入轨道交通时代最早使用的动力机车。蒸汽机机车的使用促进轨道交通的发展，在早期的交通运输中起到不可替代的作用。由于新技术的发展、内燃机机车和电力机车的出现，蒸汽机机车才逐渐淡出人们的视线。

7.2.1 基本构成与驱动原理

  蒸汽机机车是利用蒸汽机为动力装置的一种轨道牵引车辆，主要由蒸汽机、车架及走行部分构成，通常还附有用于储备燃料、存放工具等用的煤水车（图7-2-1）。蒸汽机是将锅炉、汽机等装置结合起来的统称，是把燃料的热能转换成机械能的一种装置，蒸汽机所用的燃料一般是煤，也可以是木材、原油等燃料。机车的机架是承载、安装的基础，其上安装蒸汽机及其它相关装置，下侧与行走部分连接。行走部分实现承载与驱动多重功用，驱动轮不仅要实现行走驱动功能，更是能量转换的关键环节。蒸汽机机车独有的特性是直接将往复运动的能量施加到车轮上，将往复运动转化为车轮的旋转运动并使之能在轨道上滚动。

图 7-2-1 蒸汽机机车

  蒸汽机机车的机架有平板结构或马鞍状结构，机架的上面用于放置蒸汽机的锅炉等。锅炉一般纵向水平布置于前部，锅炉筒与机架刚性连接，锅炉体四周有沙箱、头灯、风泵、风缸、走道板、扶手杆、气管等装置与附件。排障器布置在机架最前端横梁前下侧并与横梁连接，用于扫除轨道上的障碍物。前端横梁中部安装有牵引装置，用于牵引、顶推无动力拖车或其它轨道车辆。机架下面不但连接有行走装置，而且蒸汽机的汽机部分也安装在机架的下侧。行走装置各部分的车轮各负其责，比较传统的布置是前端为导轮部分、中部为动轮部分、后部为从轮部分。

蒸汽机机车的驾驶室一般都布置于锅炉后端的车架上，位于机车的后端与后部的煤水车紧邻，以方便司炉人员将煤铲入机车锅炉的燃烧室。有些小功率机车不另设煤水车，而将所需的煤和水直接贮存在机车上。驾驶室两侧均设有窗户便于司机瞭望，两侧设有扶梯供司机上下使用，后端是敞开的便于维修人员到煤水车上检修。驾驶室内的操作由驾驶员与司炉等人员配合作业，驾驶一台蒸汽机机车至少有司机与司炉人员两人。这类布置方式的蒸汽机机车也有不足，如通过隧道时会使得蒸汽机的烟雾大量地倒灌进司机室，因此有的采用前置驾驶室结构。

当煤等燃料在锅炉炉膛内燃烧时，产生的热能传递给锅炉内的水，使其加热成为高压高温饱和水蒸气。司机操纵调整阀手把打开调整阀，将蒸汽引入汽机的汽室，通过配汽阀等装置的作用进入汽缸，并在汽缸内膨胀做功推动活塞往复运动。活塞的机械运动经活塞杆、摇杆等机械部件传递给主驱动轮，使往复运动转化为车轮的回转运动，通过轮轨接触实现机车驱动，机车向前行进。关闭阀门使锅炉内蒸汽不再进入汽室、汽缸，驱动机车运行的动力也就消除，机车停止运动。扳动回动手柄，通过回动拉杆带动回动机、回动曲柄，改变驱动方向，使驱动轮旋向改变，机车实现倒行。

7.2.2 动力的产生与传递

蒸汽机机车的动力源是蒸汽机，蒸汽机需由锅炉与汽机共同完成能量转化与动力输出功能，锅炉完成能量转化、汽机实现动力输出。蒸汽机的锅炉是利用燃料燃烧将水加热使之蒸发为蒸汽，并贮存蒸汽的设备，锅炉产生的蒸汽进入汽机用于做功，汽机以往复运动方式输出动力。蒸汽机机车的主要特征为直接驱动，从动力装置到行走装置之间不需中间传动变速装置，直接实现动力的传递。

蒸汽机机车采用的锅炉多为燃煤锅炉，它由火箱、锅胴和烟箱所组成。锅炉的前部是烟箱，内有烟筒、乏汽喷口等通风装置，它利用通风装置将燃气排出，并使空气由炉床下部进入火箱，达到诱导通风的目的。位于锅炉后部的火箱是煤燃烧的地方，火箱底部是炉床及其下用于存放炉灰的灰箱，火箱部分允许前后滑动以适应加热时的膨胀。锅炉的中间部分是锅胴，内部装有大小烟管，大烟管内套有使蒸汽干燥与加热的过热管。烟管外面贮存水，这样燃气在烟管通过时，将热传给锅炉内的水或蒸汽，提高了锅炉的蒸发率。锅炉的最高处有汽包，蒸汽由锅炉进入汽包内过热管再次加热变成过热蒸汽后由主蒸汽管进入汽机。

汽机是将蒸汽的热能转变为机械能的设备，是将蒸汽的能量转化为机械驱动动力的关键装置，它由汽动装置、传动机构和配汽机构所组成。锅炉产生的高压蒸汽通过配汽机构后，再由汽室进入汽动装置的汽缸，蒸汽在汽缸内膨胀做功推动活塞往复运动，活塞的往复运动由传动机构传递到驱动车轮。汽动装置是将蒸汽的能量转化为往复运动的机构，由汽室、汽缸及活塞构成，其中活塞在蒸汽机中又称为鞲鞴。传动机构由活塞杆、十字头、摇杆、连杆等构成，利用该机构把活塞的往复运动变成驱动轮的圆周运动。配汽机构是支配汽阀与活塞协调动作的装置，配汽机构通过机械动作操控向汽缸供汽的时间、汽路的开闭，用于调节进入汽缸的蒸汽量和控制机车的前进与后退。

汽机（图7-2-2）对称布置在蒸汽机机车的前部两侧，汽室与汽缸是两个相叠的圆筒结合在一起，上部汽室内装有汽阀、下部汽缸内装有活塞，汽室与汽缸两头有汽口相通。汽室的中部与主蒸汽管相通，过热蒸汽从主蒸汽管进入汽室，配气机构控制汽阀按一定的规律进汽和排汽。进入汽缸的蒸汽推动活塞移动，活塞位于汽缸前端时，汽阀操纵蒸汽从前端汽口进入汽缸，推动活塞向后运动。当活塞到达后端时，蒸汽从后端汽口进入推动活塞向前运动，通过前后两个汽口不断地交替进汽，使活塞持续地做往复运动。汽室两端有排气道，和烟箱里的废汽喷嘴相通，汽缸内的废气由此向外排出。配气机构是通过偏心杆、月牙板、滑块等杆件与装置，将蒸汽室内汽阀的运动与驱动的往复运行和回动手把与回动机的动作关联起来，使汽阀的往复运动与活塞杆的运动相协调，同时受控于驾驶操控。

图 7-2-2　汽机结构

7.2.3　行走装置的特点

蒸汽机机车行走装置是机车的重要组成部分，行走装置以两轮一轴组合的轮对作为一独立行走单元，也体现轨道车辆行走装置以轮对为基础的特点，轮对通常由导轮、动轮、从轮三部分构成，因不同的机车形式而有不同的配置。蒸汽机机车行走装置中，最基本的部分是实现驱动的动轮部分，导轮与从轮辅助动轮完成车辆轨道行走功能。安装在机车前转向架上的小轮对叫导向轮对，机车前进时它在前面引导使机车顺利通过曲线。机车中部能产生牵引力的大轮对叫动轮，即蒸汽机产生的动力通过摇杆和连杆装置驱动的车轮。机车后部的小轮对叫从轮，除了担负一部分重量外，当机车倒行时还能起导轮作用。

蒸汽机机车的发展也是逐渐由小到大的过程，初始的蒸汽机车结构简单、体小质轻，简单的双轴结构即可以实现轨道行驶。随着负载重量的增加及牵引力需求的提高，机车的体积、重量都在加大，在增加驱动轮对数量的同时，在驱动轮对的前面增加导向轮对、甚至导向转向架。为了利于重载及平衡载荷，在驱动轮对的后侧加装从动轮对。导轮位于车架的最前部，两个车轮和一根车轴压装组成一轮对，轮对经轴箱、弹性连接装置等与机架连接。当单轴结构难以承载时则采用转向架结构形式，导轮转向架多为两轴转向架。从动轮对位于机车行走部分的尾部，也称为牵引轮。从轮部分可用单轴两轮托架结构，更多采用双轴四轮弹性悬挂结构，后者不但完成承载，而且有助于弯道导向。

蒸汽机机车的动轮是行走部分的核心，只要这部分存在机车即可行驶。调车、矿用这类低速、短途或小型蒸汽机机车只用动轮部分，而省略了导轮。蒸汽机机车的所有动轮联系在一起，在高速行驶时稳定性较差，采用无动力的导轮布置结构，可以弥补这方面的不足，利于提高大型蒸汽机机车的行走性能。蒸汽机机车由于蒸汽机结构体积，以及汽机与驱动轮之间的联系密切，整机的布置也不得不迁就蒸汽机。行走装置部分又以驱动轮组为中心，导向轮对与尾部从轮对的结构与位置只能辅从。

蒸汽机机车按轴式排列形式表示行走装置的布置形式，用机车导轴、动轴、从轴的数量来表示机车的轴式，即将机车的导轴、动轴和从轴的数量用三个阿拉伯数字依次来表示。如前进型蒸汽机机车是1-5-1机车，表示1根导轴，5根动轴，1根从轴。动轴的数量增加提高了驱动能力，同时也降低了转向能力。为了既能提高承载、驱动能力，又能转向，也可将蒸汽机机车的行走部分设计成关节结构，即两套驱动系统分别独立驱动两组动轮组。如1-4+4-1的结构形式，即为关节结构的蒸汽机机车。

7.2.4　驱动轮特色

蒸汽机机车直接将往复运动的能量施加到驱动车轮上，依靠车轮与轨道间的黏着作用使之在轨道上滚动。驱动的特点是不存在中间变速环节的直接驱动，驱动的对象是直接产生牵引力的驱动轮对。蒸汽机机车的驱动轮对几乎集合所有的驱动特征，驱动轮对接受的是往复作用而输出圆周运动，除了最基本的将旋转扭矩转化为牵引力外还实现了运动的转化。对于多轮对驱动结构的蒸汽机机车，传动采用的是轮间传动而非轴间传动。动轮与轮对轴间用键连接，在动轮的外侧有曲柄销与摇杆、连杆铰接。由于每侧的数个轮子由一连杆在距各自轴心同一距离处铰接，车轮由一连杆使其协调转动，这样几个车轮在连杆的带动下同时被驱动。主驱动轮的运动通过连杆传递给每个轮，连杆做平动而每个动轮绕各自的轴心做圆周运动。驱动轮在做圆周运动的同时，轮缘与轨道作用产生驱动力，驱动机车沿着轨道行进。

汽机布置在锅炉前端下部车架内侧水平位置，汽缸内的活塞在蒸汽的作用下沿水平做往复运动，同时带动活塞杆，即通常所谓的鞲鞴杆实现水平运动。由一系列运动杆件组成的传动机构将活塞与驱动轮联系起来，使活塞水平往复运动能转化为驱动车轮的圆周运动。活塞杆的外端通过十字头圆销与摆杆前端铰接，导板对十字头起导向作用。摆杆另外端与驱动主轮上的曲柄销铰接，摆杆将活塞杆与主驱动轮上的曲柄销连接起来。曲柄销与主驱动轮轴之间的偏心距为曲柄的长度，成为摆杆驱动主驱动轮的力臂。活塞杆直线往复运动驱动摆杆的一端随动的同时，摆杆的另外一端也在驱动曲柄运动，而且被曲柄销约束绕驱动轮轴做圆周运动。在实现驱动的整个环节中，汽机的活塞、传动机构、车轮共同实现运动转化与动力传递功能，其中传动机构起到关键作用。图7-2-3为蒸汽机机车的行走驱动部分。

图 7-2-3　行走驱动部分

采用双汽缸的蒸汽机机车，汽缸布置在左右两侧分别通过传动机构与两侧的驱动轮发生关系。同一轮对的两轮上与传动机构连接的曲柄销错开90°，使两汽缸的曲柄运动相间90°。这种布置方式也可以防止两侧的传动机构同时处于"死点"位置，便于机车起动。蒸汽机机车的制动主要依靠蒸汽机的逆汽制动，以及人力手动踏面闸瓦制动。大功率的蒸汽机机车采用空气制动，制动系统中压缩的动力同样来源于蒸汽，压缩机通常安装在锅炉一侧烟箱的前部。

7.2.5 其它蒸汽机机车

蒸汽机机车按工作的性质分为客运机车、货运机车、调车机车以及一些特定用途的机车。客运机车用于牵引旅客列车，要求能高速运行，通过曲线时运行平稳。因此这种机车的动轮直径较大，并在动轮前方设有二轴导轮转向架。货运机车用于牵引货物列车，牵引负荷较大。为此这种机车一般动轮较多，汽缸直径较大，具有较大的牵引力和黏着重量。为了使机车易于安全通过曲线，一般均装有单轴导轮转向架。调车机车要求机动灵活，便于通过道岔及半径较小的曲线以及有足够的牵引力。这种机车的车身较短、动轮直径较小，司机室的设置需便于瞭望。此外还有用于林场、矿山的小型专用蒸汽机车，这类机车结构简单、轮对少，车身也短小。

蒸汽机机车中蒸汽机的汽缸一般为水平放置以便于直接驱动动轮，直接驱动车轮带来的问题是活塞的行程、动轮的直径、驱动扭矩直接相关联。随着功率增加、装置尺寸加大，导致刚性结构的车体变长，机车车体变长又对运行轨道的曲度产生制约。为了提高适应性，蒸汽机机车也产生其它变形，有采用分段铰接驱动结构的，在轴向传递动力时采用了铰接机构，使得驱动轮之间、驱动轮与驱动轴之间无需刚性结构，便于小曲率轨道上行驶，尤其使大型重载机车转向性能得到改善。如采用汽缸竖直布置结构形式，汽缸首先驱动一轴转动，该轴向两端传动后再实现对动轮的驱动。传动轴旋转的方向与驱动轮的旋转方向存在90°角，再通过锥齿轮传动完成方向的转换，同时也可以改变传动比。此时蒸汽机的动力通过纵向布置的驱动轴轴向传动给前后的驱动轮轴。由于中间万向联轴器的存在，动力轴与传动轴之间可以允许存在一定的角度。

蒸汽机机车是利用蒸汽机实现驱动的机车，与其相近的还有一类采用蒸汽的机车，一般称为蒸汽涡轮机车。蒸汽涡轮机车的驱动动力源仍为蒸汽，但动力装置不是传统的蒸汽机而是蒸汽涡轮机。蒸汽涡轮机实现行走驱动时通过变速箱等机械装置传递动力，或驱动发电机发电、再由电动机驱动行走装置，因此这类机车的行走装置与内燃机车和电力机车类似。由于蒸汽涡轮机机车比较复杂，未能推广使用。

7.3 内燃机机车

内燃机机车是指采用内燃机作为动力的机车，是继蒸汽机机车后一种高效的轨道运输牵引车辆。尽管内燃机形式多样，但内燃机机车使用的动力装置主要是柴油发动机，一般所说的内燃机机车通常是指柴油发动机驱动的机车，或指柴油发电机组驱动的机车。

7.3.1 内燃机机车结构形式

内燃机机车（图7-3-1）采用内燃机作为动力，内燃机将燃油燃烧时所产生的化学能直接转变为机械能，相对于蒸汽机效率有较大提高。但由于柴油机的特性不符合机车牵引性能的要求，因此从柴油机曲轴到机车驱动轴之间需要有一个中间扭矩转换环节，即通过传动装置来完成动力装置到轮对之间功率的理想传递。内燃机机车的传动装置主要有液力机械传动和电力传动两种，某些特殊用途的小型内燃机车也有采用纯机械传动方式的。

图 7-3-1　内燃机机车

内燃机机车采用效率较高的柴油机为动力装置，动力装置体积小便于布置，机体结构更加合理。机车整体外观接近对称，重量分布均匀。行走装置采用前后结构相同的转向架并行驱动，结构模块化水平提高。内燃机机车的布置形式基本相同，车体机架是内燃机机车的骨架，是安装柴油机及各种设施的基础。内燃机机车以机架为安装基础上下布置，机架上部的前后端为司机室，在两司机室的中间放置动力及相关辅助装置。机车下部有前后转向架，前后转向架之间的空位布置有燃油箱、蓄电池箱、总风缸等。机架与机体的结构有车架承载和车体承载两种，前者为外走廊结构，一般用于调车机车；后者为内走廊方式，现代机车均为车体承载结构。

位于机车中部的动力室中放置动力及传动装置及辅助装置，电传动的内燃机机车主要放置柴油机与发电机组成的发电机组。辅助装置部分涵盖内容多而杂，也是内燃机机车正常工作所必需的装置，包括燃油与机油供给、内燃机预热及冷却、空气制动、电控及照明等。在内燃机机车上必须将这些装置合理匹配，并布置在车体的适当位置。动力室上部安装有通风机，确保空气流通的同时将热风排出车体。电力传动机车动力室与驾驶室之间的两处空间，一处放置散热器、风扇，另外一处放置电气柜，自然形成电气室与冷却室。

蒸汽机机车为车架式机车，内燃机机车为转向架式机车，即内燃机机车的行走部分采用转向架结构。与蒸汽机机车的导轴数-动轴数-从轴数的机车轴列式表示法不同，内燃机机车、电力机车等采用转向架结构的机车，其轴列式要体现出转向架的结构特性。机车轴列式采用英文字母加数字注脚的组合表示，以英文字母表示驱动轴数，有无注脚表示驱动方式不同。如 A、B、C 对应数量为 1、2、3 轴，注脚 0 表示每一动轴为单独驱动，无注脚表示每台转向架的动轴为成组驱动。数字之间的 "-" 表示转向架之间无直接的机械连接。例如：C_0-C_0，表示机车为两台三轴转向架，动轴为单独驱动。又如 B-B，表示机车为两台二轴转向架，动轴为成组驱动。

7.3.2　内燃机机车的传动

内燃机机车动力装置产生的动力必须传递到行走车轮上才能使机车产生牵引能力，与蒸汽机不同的是内燃机需要通过中间装置实现动力传动，或直接传动、或间接转换才能达到比较理想的驱动效果。可采用液力机械装置实现动力的直接传递，也可采用先发电然后电动的间接转换方式。

7.3.2.1　内燃机机车的机液传动

内燃机机车中的动力装置是柴油机，柴油机产生的动力通过传动装置将扭矩、转速变换为适宜车轮驱动的动力，采用液力机械传动能够实现这一传动要求。液力传动型内燃机机车的传动系统一般包括液力传动箱、万向轴、弹性联轴器、车轴齿轮箱等，动力从柴油机发出后，通过液力变矩器与齿轮变速装置组成的液力变速装置后，再进一步向下传动。柴油机的动力除满足机车具有足够的牵引能力的同时，还要分出一部分为车上的辅助设施提供动力。动力分配的任务也需在传动系统中实施，通常在传动装置中完成。柴油机的动力通过一万向轴传入液力传动装置中的齿轮箱，动力在齿轮箱内分解为两个部分。一部分用于冷却风扇等辅助装置，这部分的动力可以是机械直接传动，装置的转速与柴油机的转速直接按一定的速比匹配。另外一部分动力用于行走驱动，这部分动力经变速或换向后，由液力变速装置的输出轴输出。

液力变速装置在传动系统中实现动力传递的同时，要进一步实现机车起步、换向行驶功能，有的还加装液力制动等功能。该变速装置除了常规的齿轮传动结构外，还多出起动变矩和运行变矩两组变矩器和一套换向机构。换向机构就是解决机车前进与倒退的问题，实质是通过齿轮啮合变化，改变液力变速装置输出轴的旋转方向，注意这类机车换向操作必须在停车状态下进行。机车起动时首先起动柴油机，柴油机的动力必须经过变矩器才能向后传递，当变矩器内没有油液时，泵空转不传递动力、机车不动。控制供油泵将工作油液注入起动变矩器，起动变矩器开始传动、机车起动。随着机车速度提高，变速装置自动变换，起动变矩器工作油液排除的同时，工作油液注入运行变矩器。停车时控制系统自动排除变矩器中的油液，柴油机空转，操控制动装置工作，机车停止行驶。

液力变速装置轴纵向布置，输出轴两端同时传动，通过万向传动轴分别向前后转向架上的车轴齿轮箱传递动力。转向架上靠近液力变速装置这侧的车轴齿轮箱不单要将输入的动力传递到车轴，而且要进一步传递给下一车轴的车轴齿轮箱。液力传动机车的转向架是机械传动转向架，因此转向架除了与车体连接外，还要有一传动装置与车体上的传动装置相连接。由于机械传动转向架需要接收车体上传来的动力，在转向架上、或机体与转向架之间必须配置较复杂的传动环节，最基本的为万向传动装置。机车的转向架有两个或多个驱动轮对，轮对之间的传动同样采用机械传动，也导致转向架的结构复杂。从牵引列车所需牵引力的角度来看，单节特大功率内燃机车由于轴重和驱动方式的限制，动力装置功率达到一定后继续提高功率也难以发挥，牵引能力受到制约。

7.3.2.2 电传动内燃机机车

采用电力传动的内燃机机车的动力装置仍为柴油机，柴油机的动力首先用于驱动发电机发电，再将电能传递到行走驱动电动机，通过电机驱动轮对上的减速装置再进一步驱动车轮行驶。而液力传动系统中的柴油机通过弹性联轴器、万向轴与液力传动装置相连，液力传动装置再将动力输出到转向架上的齿轮箱。相互对比可以充分肯定电力传动的优越性，因此电力传动的内燃机机车被广泛应用。另外电力传动机车的行走部分与电力机车的行走部分的驱动方式一致，略加改进即可以通用。电力传动的内燃机机车行走主驱动采用电机驱动，从动力装置到行走装置之间存在能量转换过程，同时由于驱动部分所采用的电机与供电需要匹配，这类机车必须存在大量的电气装置用于电力转换、控制等，这些电器通常集中布置在一处，形成电器室。电器室布置有各类电器柜，有辅助电源柜、整流柜、变压电源柜等，这方面与电力机车有一定的相似之处。

电力传动内燃机机车的柴油机要提供行走辅助两类性质的驱动，通常柴油机要驱动牵引发电机和辅助发电机、牵引发电机为行走驱动电机供电，辅助发电机供给机车辅助电路。辅助驱动系统电路中包括辅助发电机、冷却风扇电机、蓄电池充电系统以及控制系统等。辅助驱动部分可以是复合驱动形式,传动箱设有两个输出端,一个输出端驱动一台发电机,另一端机械传动直接驱动冷却风扇。机车蓄电池组在柴油机起动前给机车控制及照明回路供电,并给起动电机供电。此时起动电机为电动机拖动柴油机运转直至点火,柴油机起动后起动发电机发电。电压调整器控制发电机的输出电压,以保证发电机在柴油机整个工作转速范围内都能稳定输出。

7.3.3 内燃机机车转向架

铁路车辆行走装置从蒸汽机机车到内燃机机车已发生重大变化,内燃机机车的出现奠定了动力转向架的应用基础。尽管这类转向架在不断地发展变化,但其基本结构原理没有太大的改变。目前仍应用于电力机车、动车,以及部分城市轨道列车。

7.3.3.1 轨道车辆的转向架

转向架是位于车体和轨道之间实现行走功能部分的统称,是轨道车辆上最重要的部件之一,它支承车体并承载车体重量,承受并传递从车体至轮对或从轮对至车体之间的各种载荷和作用。转向架引导车辆沿轨道行驶,将车轮沿钢轨的滚动转化为车体沿轨道线路的平移运行。转向架能相对车底架自由转动,便于车辆顺利通过曲线轨道。

转向架是把两个或多个轮对用专门的构架组成的一个类似车辆结构的装置,转向架的典型构成包括构架或侧架、悬挂与支承、轮对与轴箱、基础制动装置等。将两组轮对结合起来成为二轴转向架,这是转向架的基本结构形式,这类转向架使用最为广泛。只有当两轴转向架无法满足使用要求时,三轴、四轴等多轴转向架才被使用。因使用场合条件不同,设计有多种不同的结构形式。轴数变化直接显出转向架之间的不同,转向架之间的区别还体现在悬挂系统的结构与参数、垂向载荷的传递方式、轮对支承方式、轴箱定位方式、制动装置的类型与安装、构架与侧架结构等方面。

轮对是基本的行走单元,由一根车轴和两个相同的车轮对称牢固地组装在一起,轮对轴通过滑动轴承或滚动轴承与轴箱相接。轮对通过轴箱与构架或侧架联系在一起,构架或侧架是转向架的骨架和基础,它把行走部分的各组成零部件组成一个整体。有的转向架构架因结构需要由侧架替代,所以亦称侧架。转向架构架向上要支承车体,向下要悬挂轮对,为减少线路不平顺和轮对运动对车体的各种动态影响,在转向架的轮对与车体之间设有弹性悬挂装置,减振器与弹簧一起构成弹簧减振装置。从车体到轮对之间只设有一级弹簧,即经过一次减振作用的为一系弹簧悬挂;经过两级减振的为二系弹簧悬挂。

转向架形式多样,对于应用而言只有两类,一类是动力转向架,另一类是非动力转向架。非动力转向架结构相对简单,动力转向架相当于在非动力转向架基础上增加驱动能力,动力转向架上装有驱动和减速装置以便驱动车辆运行。机车转向架为动力转向架,除具备一般转向架的功用外,必须具备驱动、牵引功能。为使运行中的车辆能在规定的距离范围内停车,必须安装最基本的制动装置。基础制动装置是连接于构架、作用于轮对的机构,以接触摩擦方式实现制动。利用制动闸瓦与轮对之间产生的摩擦力转换为轮轨之间的摩擦力实施制动,从而使车辆产生运动阻力,实现制动效果。

7.3.3.2 机车转向架

内燃机机车一般都前后对称布置两动力转向架,转向架的轴箱与构架之间在垂向用一系弹簧悬挂装置相连,转向架构架与车体之间在垂向用二系弹簧悬挂装置相连。一、二系弹簧悬挂装置通常还并联有减振器，使机车在轨道上行走时的垂向冲击得到缓冲和衰减，速度较高的机车转向架构架与车体之间设有横向减振器，在横向上能实现弹性缓冲以提高机车高速时的横向平稳性。速度较高的机车转向架构架与车体之间在两侧纵向设置抗蛇行减振器，保证机车的横向稳定性。由于牵引能力提高的要求，可以采用多轴转向架或多个转向架。重型机车既有采用两轴三架结构的，更有用三轴两架结构的。两轴三架模式的两个端转向架与中间转向架在结构上有较大的差异，造成端转向架与中间转向架只有部分零部件能互换，这类结构布置的机车投入使用的不是很多。机车再大则有两架四轴转向架结构，有的为了提高转向能力将四轴转向架设计成两台二轴转向架，再通过一个中间构架铰接而成。

大多数非动力转向架都是中心销盘集中承载结构，这种承载方式中的中心销盘装置既是转向架转动中心，也是牵引装置。机车转向架对于牵引功能要求较高，有的转向架将中心销与牵引杆结合起来共同实现牵引功能。采用中心销串联牵引杆机构，牵引杆一端与转向架构架相连，另一端与中心销轴铰接的牵引块相连。牵引块可绕着中心销转动，以适应机车在通过曲线轨道时转向架相对机车的摆动。非心盘承载结构的转向架由于没有中心销盘装置，难以采用这类结构。机车采用牵引杆牵引方式时，车体通过橡胶缓冲装置坐落在转向架上，牵引杆将车体与转向架连接起来。机车牵引力、制动力经过轴箱传给转向架构架，由构架经牵引装置继续传递给车体牵引座再传给车体，而后再经车钩缓冲装置实现列车牵引。弹性缓冲装置不仅在垂直方向起支承作用，在水平方向可以限制运动、产生复原力与力矩。牵引杆牵引结构不受限制，比较容易实现低位牵引而利于机车牵引力的发挥。图 7-3-2 所示为机车转向架。

图 7-3-2　机车转向架

采用牵引杆结构的转向架双牵引杆牵引时，两牵引杆位于两侧，由两根牵引杆、两根拐臂和一根连杆组成牵引装置。每根牵引杆的一端通过牵引销与车架侧梁上的牵引座相连，另一端用销子与构架上的拐臂相连，左右拐臂用一根连接杆相连，以保证左右牵引杆的同步作用。球形关节轴承用于牵引杆与车体上牵引座及转向架上拐臂的连接，以适应机车运行时车体相对于构架的上下、左右运动。在转向架与车体之间装有侧挡，牵引杆在侧挡的配合下完成机车通过曲线时的转向作用。也有采用推挽式的单牵引杆结构的机车，牵引杆两端装有球形橡胶关节，一端与车架侧梁上的牵引座相连，另外一端与构架上的牵引座相连，实现机车车体与转向架之间的牵引作用。

7.4　电力机车

电力机车是利用外界电网供电实现驱动的一种轨道运输牵引车辆，其接收外网输送来的电能，利用车载设备变换后为驱动电机及车载装置所耗用。电力机车行走装置直接由电动机接收外来电能实现驱动，车体内不必存在其它车载动力装置实现能量转换，因而也无需携带燃油、煤炭等储能原料。

7.4.1　电力机车电气系统

电力机车运行所需的能量来自外界电网，机车的电气系统可视为整个电网中的一个特殊用电单元。因此电力机车的电气系统分为两个部分，即地面固定电网部分与移动车载电气部分。电网部分要实现电力供给与输送，车载电气部分要实现电力的接收与转化。

7.4.1.1　供电系统特点

根据接触网上的供电性质，用于电力牵引的供电可以分为直流、交流两种不同的制式，城市轨道交通系统的供电接触网一般为直流制，而长距离干线铁路交通采用的是交流供电，电力机车接收的主要是工频单相交流供电。发电厂发出的电能通过高压输电线路到区域变电站，区域变电站通过输电线再输送电力到牵引变电站，牵引变电站是供电系统与铁路牵引电力系统的枢纽，牵引变电站直接参与电力机车的驱动过程。电力系统供电通常采用 110kV以上的三相高压交流电，到牵引变电站后降压，一般为 25kV 的单向交流电，单向交流供电的一端与接触网连接，另一端与轨道（大地）连接。电力机车利用受电装置通过接触网供电线路，将来自于牵引变电站的电能引入，进入机车并流经各用电装置后的电流经车体、轮对、钢轨、回流线流回到牵引变电所。图 7-4-1 所示为重联电力机车网侧电路示意图。

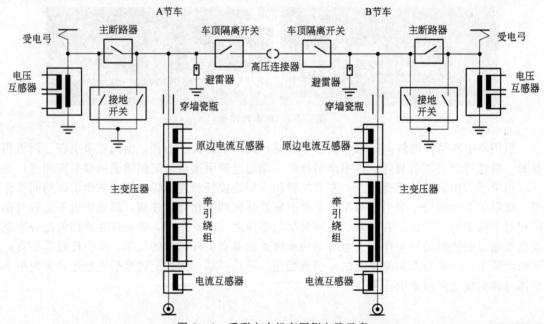

图 7-4-1　重联电力机车网侧电路示意

牵引变电所都有一定的经济供电距离，轨道沿线每隔一定距离需设置一个，其分布要根据线路状态、供电可靠等因素而定。在相邻两个牵引变电所之间的接触网通常在其中间处断开，形成既相互独立又相互关联的两供电分区，断开处设置有短路器与隔离开关以便起分断与保护作用。每个供电分区从一端的变电站获取电能为单边供电方式，而当断开处开关闭合时为双供电方式，此时相邻两变电站的两个同相接触网供电分区可同时从两变电站获取电能。铁路干线多用架空式接触网，架空式接触网由架设在行走轨道上部的接触导线构成，由电动机车顶部伸出的受电弓与之接触取得电能。接触网除了接触导线外，还有悬挂支持等装置。悬挂支持装置担负挂接与支持接触导线的作用，通常会被设计成悬挂和支柱组合的形式，主要有横跨结构和腕臂支承结构两类。图 7-4-2 所示为电力机车。

图 7-4-2　电力机车

7.4.1.2　电力机车车载电器

车载电器是电力机车的关键部分，电气部件要担负引流、整流、断流、变压、控制及驱动等功用。受电弓是一种受流装置，是负责从接触导线将电流引入机车的装置。机车上一般有前后两只受电弓，正常运行受电时只升后弓与接触导线接触，另一受电弓备用。主断路器用于接通与断开接触网电路，并对主电路的短路、过流、接地等故障起最后一级保护。主变压器将接触网提供的高压电转换为低压交流电，并分为牵引、辅助、励磁等几个供电线路，分别用于相应工作。

牵引电机是牵引动力产生的装置，电机与电力供给需要相互匹配，为此电力机车上配有变流装置。变流装置在牵引工况用于主电路的整流和相控调压等，电阻制动时用于提供连续可调的励磁电源以调节机车的制动力等。牵引逆变器是电机侧变流器，牵引时为整流器、再生制动时为逆变器，脉冲整流器是电源侧变流器，牵引时作为整流器、再生制动时为逆变器。有的还配有平波电抗器，用于抑制电路中谐波电流分量，改善牵引电机的换向。经平波电抗器滤波后的电流、电压都能够输出脉动较小的直流电压与电流。

此外用于机车操控的器件也是电器中的一部分，电气控制是利用控制电路中的低压电器，进而控制主电路的电气设备。电力机车的控制操作比较简单，如操作手轮或手柄即可实现调节电机速度的目的。当电力机车开始起动时，机车司机首先按动开关使受电弓升起、主断路器闭合。此时接触网上的单向交流电经受电弓、主断路器，进入主变压器的网侧线圈即高压线圈，主变压器的各低压线圈都有了感应单向交流电压。劈相机起动为压缩机、通风机等其它辅助设备工作做好准备。在上述电气设备均正常后，司机转动控制手轮，控制牵引电机使机车起动行驶。

7.4.2　电气布置与受电装置

7.4.2.1　电力机车结构布置

电力机车由电气与机械两大主要部分构成，机械部分与内燃机机车类同，同样包括车体、转向架、牵引缓冲装置等，只是具体的结构、功用有所不同。电气部分是电力机车的关键、也是实现驱动功能的部分，其装置与元件分布于不同位置，在机车内形成不同的功能区域。电力机车可以分为上、中、下三个功能区域，每个功能区域安装相应的装置。上层为受电区，位于车体外侧顶部。位于这一区域的装置主要有受电装置、断路器、主线路及其相关器件，负责接收电网传递来的电能，将电网上的电能安全可靠地接收，并传递到机车车载电路。下层为车体以下行走工作区，带有牵引电机的动力转向架是其主要构成部分，此外在车体下部通常还挂有电池组、总风缸、干燥器等辅助装置。

车顶部的收电装置在接收电网传递来的电能方面的作用不可替代，而安全可靠地传递电能到机车的电气线路中，断路器的功用也十分关键。断路器是一种接通和分断电力机车高压电路的器件，是机车电路上的总开关和总保护装置。真空断路器由高压电路、与地隔离的绝缘支承部分，电空动作机构和低压控制电路部分组成。机车顶上的高压电路安装有可以断开交流电弧的真空灭弧室，真空灭弧室通过密封来与大气隔离。动、静两个主触头安装在真空室内部，动触头的动作是由电控、压缩空气驱动机械机构，即电空动作机构来实现的。安装在底板上的垂直绝缘子提供支持与绝缘，绝缘操纵杆通过垂直绝缘子中心，连接电空动作机构和动触头。电空动作装置安装在机车内部的断路器底板上，用于控制动触头的动作。空气断路器采用压缩空气作为操作动力源，分断时主触头先分开切断电流，经延时后用隔离开关再分开形成电路隔离。

电力机车上的电气系统中，除用于引入电能的受电装置及驱动装置外，还存在一些必不可少的电气装置置于机车上，这些装置布置于中层区域。中层为机车的主体部分，完成电能的转换、车辆控制、牵引车辆等功能，布置有牵引装置、司机室与设备室。通常两司机室分别布置在车体的两端，车体中间为设备室，牵引装置与其它机车一样安装在机车的前后两端。司机室最前端布置有操纵台，操纵台上设有司控器、制动机、各种仪表、开关和指示灯以及显示屏。车体中间的设备室又分成小的舱室或区域，放置电气系统的设备与辅助装置。其中主要有变压器、整流机组、高低压电器柜、电阻柜等电气设备，及通风机组、空气压缩机等辅助设备。

7.4.2.2 电力机车受电装置

受电装置是电力机车的一个关键部件，其工作是否正常将直接影响受电质量。电力机车从接触网取用电能的受电装置与接触导线接触部分呈弓形，因而也称作受电弓。受电弓的形式各异，但基本构成与原理一致。受电装置是一组机械构件铰接组成的可控升降机构，机构的升降动作通过气动回路进行控制。为了保证能从高低、松弛都有变化的接触网线稳定受流，并将其传送到机车内供机车使用，受电装置的弓头部分能随接触导线的高度和松弛度的变化而做前后、上下的动作以改善受流质量。受电弓装置的刚性底架通过绝缘装置固定并支承在车体顶盖上，其它动作机构、升弓气动装置等安装在底架上。与受电网导线接触的弓头部分包括碳滑板等件，弓头被固定在升降机构的末端，升降机构由下臂组件、上臂组件、拉杆等零部件组成，这些零部件又分别由钢管和铝合金管等加工而成（图7-4-3）。

受电装置的弓头布置在升降装置的顶端，弓头可在一定的范围内自由调节运动高低位置。即在接触网高度发生较小的变化时，升降装置可以自行调节高度以保证弓头与接触网线间的良好接触。即使在桥梁和隧道接触网高度变化较大时，通过受电装置的自行调节高度功能，也可以保证弓网间的良好接触。受电装置自动调节功能，可使受电弓随接触网高度变化而自由地变换高度而保持接触压力基本恒定。升降装置由压缩空气驱动，受电装置在工作时升弓气动装置被供以压缩空气。当司机在司机室中按下升弓电控按钮时，开通压缩空气进入气动升弓装置的电磁阀，使气动装置运动并带动下臂杆与上臂杆展开，受电弓升起，并使弓头与接触网保持接触状态。当司机在司机室中按动降弓按钮时，升弓电磁阀失电而切断供气回路，同时气动升弓装置开始排气减压，受电弓靠自重下降。当受电弓碳滑板磨耗到规定限

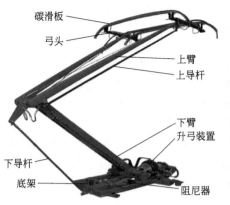

碳滑板
弓头
上臂
上导杆
下臂
升弓装置
下导杆
底架
阻尼器

图 7-4-3　受电装置

度或折断时，引起滑板内气腔漏气，激发安全系统自动启动而迅速降弓，实现自动保护功能。

7.4.3　电力机车驱动形式

电力机车的行走驱动集中在转向架上，电力机车的转向架为电机驱动的动力转向架。通常牵引电机只与转向架上的构架、轮对等装置发生关系，转向架结构比较独立。电力机车驱动能力主要与电动转向架特性、数量及动力转向架的组合关系相关联。

7.4.3.1　电动转向架的结构

电力机车的动力转向架都是由牵引电机驱动的电动转向架（图 7-4-4），按轴数分为两轴、三轴等形式。可以一台转向架由一台电机驱动，也可以每个轮轴由一台电机各自独立驱动。前者为组合传动，需要有轴间传动装置；后者为独立传动，但增加了牵引电机的数量。电机在转向架上的布置方式不同，不仅关联到电机的连接与传动方式，也直接影响转向架的结构。除个别车辆采取电机悬挂在机体上，再通过联轴器传递给轮对上的末端传动外，都是将电机直接安装在转向架上。安装基本形式有轴悬式与架悬式两种，轴悬式以轮对轴作为牵引电机的主要悬挂对象，架悬式则是以转向架的机架为主要悬挂对象。前者容易保证传动精度，但电机工作条件较差；后者齿轮啮合传动困难，但驱动电机工作条件大为改善，因牵引电机完全固定在构架上，电机的全部重量属于簧上重量，簧下重量小，适应高速运行需要。

图 7-4-4　电力机车电动转向架

架悬式挂接方式有电机空心轴结构和轮对空心轴结构，而实质都是轴、管轴与弹性联轴器组合的传动结构，主要解决电机轴与轮对轴之间的径向偏差问题。电机空心轴结构为空心电枢轴的内部有一传动轴，传动轴的一端与电枢管轴间有一内外齿联轴器。传动轴另一端经弹性联轴器直接连齿轮箱的小传动齿轮轴，小齿轮驱动轮对轴上的大齿轮实现传动。齿轮箱的一端通过轴承铰接在车轴上，另一端通过弹性吊杆吊挂在构架横梁上。轮对空心轴结构中，轮对轴外空心管轴的两端有弹性元件连接在轮对上。空心管轴上安装传动大齿轮，电机的动力通过小齿轮到大齿轮至空心管轴，再由弹性元件传递给轮对。也可在空心管轴与大齿轮之间安装挠性联轴器，空心管轴的一端与该侧的轮之间安装有弹性联轴器，牵引电机的输出扭矩通过主动小齿轮传给大齿轮，大齿轮经挠性联轴器到空心管轴，再经弹性联轴器到一个驱动轮，再经轮对轴传动到另一驱动轮。如韶山电力机车转向架就是轮对空心轴传动结构，采用单侧直齿轮、双侧六连杆万向节传动方式。

　　轴悬式挂接电机的电动转向架中，牵引电机与轮对轴平行布置，电机机体通过轴承铰接在轮对轴上。电机的另外一侧则悬吊在转向架的构架上，电机轴与轮对轴径向尺寸固定同时可绕轮对轴摆动，电机轴上的小齿轮啮合轮对上大齿轮即可实现传动。采用弹性轴悬挂可以减小电机所受的振动，但结构相对复杂。弹性轴悬挂的形式与刚性轴悬挂相同，只是将轮对的轴变为内轴外管的结构，套在轮对轴外面的空心管轴两端有弹性元件连接在轮对上。空心管轴上安装传动大齿轮，电机的动力通过小齿轮到大齿轮至空心管轴，再由弹性元件传递给轮对。

7.4.3.2　电力机车的驱动方式

　　电机产生的转矩通过齿轮传动和挠性传动装置使车轮在轨道上旋转，产生的牵引力由轴箱传递到构架，再经过牵引装置传递给车体，最后经车体车钩牵引列车。电动转向架与机车车体的连接方式与配备的装置等与内燃机机车的同类转向架类同。对于每根轮对轴均为各自电机独立驱动的电力机车而言，增加驱动轴数量则会提高牵引力。将两个两轴转向架驱动的电力机车，变为三个两轴转向架则是提高驱动能力的有效方式。采用两个三轴转向架具有与前者等效提高牵引力的效果，但在车辆曲线行驶方面产生一定的副作用，因此有的电动转向架设计有径向摆动功能。当机车通过曲线时，径向摆动能按轨道的曲率半径实现一定的摆动，使轮对偏转并趋于理想转向位置，从而减少转向带来的副作用而提高转向能力。

　　为了进一步提供牵引能力，电力机车不但最大限度发挥转向架的组合功能，还可采用重联作业方式。重联是将两台电力机车连接成一台机车使用，重联的实质是多组转向架的组合，而且具有较好的曲线通过能力。重联电力机车（图7-4-5）由两节完全相同的电力机车通过机械、电气和制动空气管路采用固定重联方式，组成一个完整的多轴重载电力机车，可在其中任意一节机车的司机室内对全车进行统一控制。如韶山3型电力机车由两节完全相同的六轴机车组合而成，全车共有四台三轴转向架，组成一个完整的十二轴重载货运机车，两节机车间设有电气系统高压连接器、控制电缆、网络屏蔽线及空气系统控制风管。

图 7-4-5　重联电力机车

7.5　动车组列车

动车组列车是长期固定编组运行在铁路上的一类列车，该列车由若干具有驱动能力的动车固定编组运行，或动车与不具有驱动能力的附挂拖车固定编组运行。动车组列车目前主要被用于客运领域，绝大多数的动车组列车采用电力传动与驱动。动车组列车运行速度高，是高速轨道交通发展的产物。

7.5.1　动车与动车组布置特点

动车是能够实现行走驱动功能的轨道车辆，一般指自身兼有驱动与载客双功能的一类铁路车辆。动车组列车均以车组形式出现，动车组中存在两辆以上动车与拖车，拖车布置在这些带驱动装置的动车之间。动车的驱动装置可以是电动机，也可以是内燃机。目前普遍应用的是分散动力的电力动车组，它将高度集中的牵引动力配置改为分散配置，即将牵引动力分散到各个动力车上，克服了传统机车牵引方式总功率受限制的缺点，可以提高高速牵引的总功率。动车组的动力配置有集中配置与分散配置两类，动力集中配置时动力集中配置于两端，中间全部为无动力的拖车。动力端车原则上就是可载客的机车，相当于两辆机车采用前挽后推方式共同驱动列车。动力分散配置方式的动车组则完全不同，整个列车全由客车组成，司机室后面就是乘客室，动力部件分布于多个车厢或全部车厢的地板下面。动车组中的动车与拖车组合成一个有机的整体，一般不能随意拆卸。动车组可双向驾驶，往返运行时不必转向，有利于前后端车头部空气动力外形处理。图 7-5-1 为动车组列车。

图 7-5-1　动车组列车及端车内部

动车组列车的车厢基本有三种，一是带司机室的端车，二是中间动车，三是拖车。动车组列车与传统的机车区别较大，端车外形结构特殊，具有流线型的外形。端车头部的前罩设有自动开闭装置，前罩打开状态下可露出车钩装置，实现两车挂连。端车内部设有乘客室，具有中间动车一样的载客功能，司机室只是其中位于前端的一小部分。车厢后侧的大部分空间是乘客的座位及洗漱间，驱动设备大部分都布置在车架的下侧。中间的动车其外观与拖车无异，其不同之处在于车底部的驱动部分，其转向架为动力转向架，而拖车为非动力转向架。高速动车组为了提高舒适性，车端加装阻尼装置，用于减轻摇头、侧滚等作用。采用电力驱动的动力分散型动车组，多个列车单元上具备电机驱动能力。动车的设备如牵引变压器、变流器、辅助电源装置、控制回路分电箱、蓄电池、接触器等均安装在车下设备舱内。动力分散型动车组也存在柴油机通过液力变速器驱动行走轮对的结构形式，这类结构动车的动力装置与液力传动装置在车下悬挂，采用高度尺寸较小的卧式柴油机为宜。柴油机采用双端输出的方式，在主传动系统传动的同时，另外端同步输出动力作为辅助驱动。内燃机动车组列车的优势在于可以在非电气化铁路区段实现高速运输。

7.5.2 动车组列车转向架

动车组列车的车厢基本结构形式确定后，转向架成为区分动车与拖车的标志。转向架的特性、车厢与转向架之间匹配方式等因素，对动车组列车的性能影响较大。

7.5.2.1 转向架的基本类型与要求

运行在铁路上的传统列车基本构成是机车与拖车，机车为动力车，其行走驱动采用动力转向架；拖车为从动车辆，采用非动力转向架。两类转向架的基本结构相同，主要不同在于驱动部分的存在与否，动力转向架因不同的驱动动力而使得主体结构形式变化较大。传统列车的拖车部分因承载对象不同而产生货车与客车，由于承载主体的性质与对运输条件要求不同，使得二者分别采用客车转向架与货车转向架。这类转向架一般采用两轴从动转向架，是不具有驱动能力的转向架。因客车转向架更要有良好的舒适性，为此客车转向架的弹簧悬挂系统设计成两系弹性系统。货运对舒适性方面要求不高，采用一系弹簧悬挂结构就能满足要求。图 7-5-2 所示为普通客车转向架。

图 7-5-2 普通客车转向架

同是拖车转向架但因运输人员与货物要求不同，也使得同类转向架的具体结构变化。普通客车转向架除设有一系悬挂装置外，构架与车体之间还设有弹性装置，为两系弹簧悬挂。客车转向架一般为双轴从动转向架，为了适应较高的速度与运行平稳性，在摇枕与构架之间有摇枕弹簧，轴箱与构架之间有轴箱弹簧。为了改善横向性能，设有横向复原装置，有的利用空气弹簧实现横向复原。高速客车转向架采用轴箱定位装置，抑制转向架行走时的蛇行运动。一般采用双侧闸瓦踏面制动以改善车轴受力，高速客车采用盘制动或与踏面制动结合的复合结构。

7.5.2.2 动车组列车转向架

为了满足高速客运的要求，动车组列车转向架不仅要有足够的强度，更要使车辆有良好的舒适性。动车转向架同样由构架、轴箱装置、制动装置等部分组成，构架为 H 形钢板焊接结构，由两根侧梁和两根横梁组成。侧梁中间下凹的鱼腹处安装空气弹簧，依靠空气弹簧的水平变位来实现转向功能。抗蛇行减振器分别安装在转向架的两侧，一端与构架上的减振器座连接，另一端与车体下的减振器座连接。其作用是提高车辆的蛇行运动稳定性和运动平稳性，同时又不降低曲线的通过能力。图 7-5-3 为两种传动方式的动车动力转向架。

动车组列车转向架一般都取消了传统结构的悬吊件，采用无摇枕结构。动车组的无摇枕

图 7-5-3　两种传动方式的动车动力转向架

转向架主要采用的是单拉杆式或 Z 字拉杆牵引装置。单拉杆牵引装置的转向架在我国的动车组上广泛应用，牵引方式为中央单牵引拉杆牵引，与转向架构架连接的牵引杆较短，另一端与车体枕梁中央安装的牵引拉杆座连接。转向架的转向与横移，依靠牵引拉杆两端橡胶关节的回转剪切变形来适应。转向架与车体分离时，需要拆除中央拉杆座下部的连接螺栓。Z字拉杆牵引装置由安装座、中心销连接体、均衡杠杆，以及两根成斜对称布置的牵引杆构成，对中性较好。

　　列车高速时的制动功率非常大，仅靠机械摩擦制动，不但制动距离长而且磨耗大，导致热损坏现象增加。无论是闸瓦制动还是盘式制动，在持续的制动中制动片与车轮温度升高、磨损严重。动车组列车行驶速度高，多采用复合制动模式，几乎可以涵盖轨道车辆的各种制动形式。动车组列车针对常用制动、快速制动、紧急制动、防雪制动等采取不同的制动策略，首先最大限度利用电制动，减轻空气制动负荷，可减少机械制动磨损。动车与拖车上的制动实施方式有所不同，动车采用再生制动加电控空气制动，拖车只采用电控空气制动。列车为了提高制动能力也采用一些辅助措施，如在车轮处安装踏面清扫装置、防滑装置提高轮轨黏着性。图 7-5-4 为盘形制动与踏面清理。

图 7-5-4　盘形制动与踏面清理

7.5.3　动车组列车控制系统

7.5.3.1　动车组与地面控制关系

　　动车组列车的运行控制系统对列车行驶尤为重要，是保证列车运行安全、实现铁路统一指挥调度的关键。列车控制系统既有列车自身内部控制，也要牵涉列车与地面控制中心的关系。动车组列车是高速轨道车辆，以车载信号作为行车凭证，并将地面信号指令直接转换为对列车制动系统的控制指令。司机凭车载信号行车，采用列车运行自动控制系统完成闭塞功能。运行控制系统一般由地面设备、车载设备两部分构成。地面设备系统有地面应答器、轨道电路、信号机、无线通信网络、室内设备等，这一系列设施形成地面调运控制系统，其中调度中心为总的枢纽，发布命令到车站、列车控制中心与运行线路。

地面控制中心的信息作为列车运行指令的信息源，通过轨道电路和应答设备获取前方运行区段的运行线路参数信息，以应答器等设备自动校核列车行走位置，实现对列车运行速度的安全监控和列车运行实际参数的采集、记录。车载设备由轨道电路读取器、系统主机、应答器传输模块、速度传感器、车载无线传输单元、轨道信息接收单元、数据记录器、雷达传感器、天线等组成。动车组运行的铁路联锁系统用于车站进路和保证运行作业安全，采用计算机联锁，由调度中心计算机统一控制，取消地面信号设备，由车载设备控制列车运行。列车位置传感器置于车上，不需轨道电路等地面检测设备，地面与车上的信息传输采用无线方式。

7.5.3.2　车载控制与通信系统

车载控制系统的核心是动车端车上的主控单元，端车上设置中央处理器、信息显示器、信息终端，中间车厢设有信息终端，通过网络连接中央处理器。控制分为列车级与车厢级，列车级控制主要由主控单元完成获取指令、自动防护要求等，并将处理后信息传至各个节点，主要解决超速防护、车载控制、自动诊断等问题。列车级控制系统包括列车超速防护、列车自动操作、列车自动监护三个子系统。车厢级控制主要任务是车门、空调、照明控制，火灾报警处理等。目前的动车组列车控制方式主要分为两类，一是设备为主、人为辅，另一类是人机共用、人控为主。

动车组单元之间的通信采用分层级的两级通信网络，由列车总线和车辆总线组成。牵引单元和车辆内部用多功能车辆总线。列车总线和车辆总线经网间连接器相互连接。在多机重联牵引时列车总线自动连接贯通，各动车组之间可进行数据交换。列车总线、主控单元采用双份冗余自动转换，拖车控制单元不考虑冗余。每一牵引单元配置了两套冗余的控制器，这两套系统用于控制牵引单元及与其相连接的多个子系统。但当一个牵引单元在列车中作为主导牵引单元时，它们也可承担一列动车组或几列动车组的叠加控制。冗余结构的列车总线可使多列动车组的各单元的车辆总线相互连接，进行被控单元与控制单元之间的数据交换以及所有单元之间的独立通信。

7.5.4　动车组列车的独特结构

动车组列车是铁路车辆技术发展的体现与代表，新的技术在其上大量应用，因此出现一些传统铁路车辆没有采用，或难以采用的技术。

7.5.4.1　车体铰接结构

在传统轨道列车中，每辆车一般由两台转向架支承，车辆之间通过车钩缓冲装置连接。而铰接式列车在列车总体布置以及转向架结构上均有所不同，其主要的特点是车辆之间采用具有铰接结构的转向架，相接的两车体相邻端共用同一台转向架支承。铰接式列车相邻车辆车体间没有车钩缓冲器，只设纵、横向液压减振器，此纵向液压减振器可起抑制车体点头和摇头的作用，横向液压减振器起到抗侧滚作用。铰接式转向架只在列车中间位置相邻车体连接处使用，列车的端车一般仍使用传统结构形式的转向架。动车组列车中采用的铰接式转向架多为无摇枕结构，法国 TGV 高速动车组列车用的就是比较经典的两支承结构无摇枕铰接式转向架。该列车采用的是动力集中驱动方式的动车组列车，铰接式转向架位于动车组中间的车辆之间。图 7-5-5 为车体铰接形式。

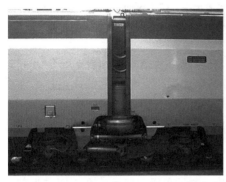

图 7-5-5　车体铰接形式

相邻车辆前后两端分别为支承端和铰接端，支承端车体端墙的两端设置空气弹簧承台，中央设有下球面心盘座。车体的载荷经弹簧承台传至空气弹簧，再到转向架的构架。铰接端车体端墙中央设有上球面心盘，搭接于相邻车体支承端的下球面心盘上，铰接端的上球面心盘与承接端的下球面心盘铰接在一起。铰接端车体一部分垂向载荷通过球心盘传递给支承端车体，车辆之间的纵向力和横向力也通过该球心盘传递。铰接式转向架也有采用四支承无摇枕方式的，此时每个转向架侧梁上安装四个空气弹簧分为前后两组，每组两个空气弹簧分别支承转向架上的前后车体。这类铰接装置较为简单，只需要承受纵向和横向两个方向的载荷。列车采用铰接式结构，方便在车端、车体之间布置各类减振器以提高舒适性，铰接式结构在其它轨道车辆上也有应用，但结构形式有所不同。

7.5.4.2　车体摆式结构

列车高速通过小曲率半径的曲线路段，存在因离心加速度的作用产生列车脱轨、倾覆等安全事故的隐患，为此摆式车体列车就应运而生。摆式车体列车简称摆式列车，在其进入曲线时可让车体除随轨道倾斜外，再自动附加一个倾摆角度。这实际上相当于增加了外轨的有效超高，从而提高列车安全通过曲线段轨道的速度。按车体倾摆的方法有主动式与被动式两种摆式车体，被动摆式车体又称无源式或自然倾摆式车体，它是靠车辆在通过曲线时的离心力作用，使车体绕其摆心转动。主动摆式车体又称有源式或强制摆式车体，它是通过附加作用力的方式使车体倾摆。

西班牙的 TALGO 被动摆式车体采用自然倾摆结构，其结构原理为带两根立柱的 U 形梁将两个自由轮装在一起形成轮对。空气悬挂弹簧固定在这两根钢柱的上端，悬挂装置大大高于车体重心，以得到适当的倾摆力矩。高度调整阀调节膜式空气弹簧的高度，使车体保持在与轨面平行的直线上。当通过曲线时高度调整阀自动工作，空气弹簧根据车体的倾斜而变形，直到使离心力平衡。意大利 ETR460 主动摆式车体采用液压车体倾摆控制装置，其车体安装在一个转动的 U 形摇枕上，通过两组弹簧落在构架上。其倾摆机构包括装在转向架上的两个液压缸，液压缸的动作由计算机监控系统控制。每节车上均有加速度计和陀螺仪，以便准确地确定车体倾摆角值。控制系统根据端车通过曲线轨道的速度、后面车厢与端车的距离，以及传感器传回的实测数据，控制液压倾摆机构的回转角度。这种摆式车体最大摆角达 $10°$，最高运行速度为 $250 \mathrm{km/h}$。

7.6 城市轻轨列车

轻轨列车在城市交通中起到重要的作用，轻轨列车具有轨道车辆的普遍特征，同时兼有城市普通公交汽车的灵活，适于市区运行与方便各类乘客乘坐。特别是低地板技术在城市轨道车辆领域的应用，使得城市轻轨列车更具特色。

7.6.1 城市轻轨列车的发展

城市轨道车辆的共同特点是电力驱动与轨道行驶，这类车辆一般运行在市区或近郊，接收沿轨道设置的供电接触网线电能供行驶。车厢形式统一，内部只配备一定的乘坐、扶持设施即可，与城市公共汽车功能相近。城市轻轨列车是轨道车辆的一类，是在有轨电车基础上发展起来的一种轻载轨道交通车辆，以编组长度较短的列车或单节车厢形式运行。有自己专用的轨道系统，但不一定与其它车辆交通完全隔离，可在一般路面上混合行驶或是在高架、地下专路行驶。

7.6.1.1 轻轨车辆布置特点

有轨电车为早期的城市轨道车辆，这类车辆多为两套转向架的单厢结构，即每辆车由两套转向架支承，车顶部带有一套受电装置。早期的轻轨车辆采用传统形式的转向架与常规结构的厢体，车辆离地间隙较高，属于常规型高地板结构。这类结构的轻轨车辆组成列车，其连接方式也与干线列车相同。现代轻轨交通车辆不但采用多厢式结构，而且更多的轻轨车辆采用低地板结构形式。低地板轻轨列车至少由三个以上车厢组成，前后为结构形式相同的端车，两端车均设置司机室。中间部分或单厢体、或多厢体，多厢体的各车体结构相同。轻轨列车转向架、厢体的结构与布置方式存在不同的形式，现代低地板的轻轨列车所采用的转向架、连接结构有其自身特点。图 7-6-1 为低地板城市轻轨列车与老式有轨电车。

图 7-6-1 低地板城市轻轨列车与老式有轨电车

低地板轻轨车辆有部分低地板、全部低地板两种结构形式，部分低地板只有部分地板实现低地板，全部低地板是整车全部为低地板。低地板轻轨车辆也是逐渐发展起来的，第一代低地板轻轨车辆是基于常规转向架，在车厢进口处实现低地板，转向架处仍为原高度，这种结构的车厢只能实现分段低地板结构。二代低地板轻轨车辆则在转向架方面采用新技术，其中有小车轮拖车行走装置、独立车轮行走装置等，这类车辆车厢内的地板仍需高低过渡。第三代为真正意义的全低地板轻轨车辆，其设计上淡化转向架的概念，取消车轴而全部采用独立轮结构，车底板只有两侧车轮部分凸起，其它部位均为低地板。低地板轻轨车辆不但车体结构变化，行走装置的结构与形式与传统轨道车辆也有较大变化。

7.6.1.2　低地板轻轨车辆结构形式

轻轨车辆为了适应市内运行的特点，以低地板结构满足人员乘车上下方便，体现人性化的特征。为了实现低地板结构同时适应轨道运行，需配以特殊结构转向架实现行走功能。低地板轻轨车辆的特点主要体现在车厢与转向架及其之间的关系上，但不同结构形式匹配的结果不同。采用传统结构转向架的轻轨列车，车厢与转向架之间的连接方式、整体结构形式等与干线轨道列车基本一致。在保持整体布置形式不变的前提下，通过适当改变车厢与转向架配置关系，可以实现部分低地板结构。如列车端车的头部转向架采用传统结构形式的动力转向架，中部使用不带动力的小轮径转向架。这样列车的端部为高地板，而列车的中部可全部低地板，各节车厢的低地板面可相互贯通。由于高地板集中在车内的两端，中间部分与车门均处在低地板部位，乘客上下车同样方便。

低地板轻轨列车的车体单元之间采用铰接结构连接也较普遍，铰接既体现车体的铰接，也体现转向架的特殊结构。车体铰接结构通常用在三车厢以上的列车，中间车厢单元与两端单元铰接，常规方式是在两厢之用铰接转向架将两车厢连接。也可以箱体铰接而转向架独立安装，这类结构前后端车布置形式相近，每个车体下部都对应有动力转向架。中部车厢单元可以由非动力转向架支承，也可以是无转向架的悬浮单元，靠两端的铰接装置挂接在前后车体之间。一般意义的铰接转向架具有传统双轴转向架的基本特征，在车体下侧支承车体。低地板轻轨列车中存在一类颠覆传统转向架含义的单轴铰接转向架的装置，该装置彻底改变常规转向架的结构形式。单轴铰接转向架由单轮独立驱动的车轮与构架组成独特的门式结构，布置在车体与车体之间的连接处，不但实现支承车体的转向架功用，而且是车厢的组成部分。

7.6.2　低地板轻轨列车转向架

随着轻轨车辆技术的不断进步，低地板轻轨车辆的行走装置也在发展，为适应不同的运行需要相继出现了多种不同形式转向架，这些转向架结构、布局等方面都与传统转向架有很大的不同。

7.6.2.1　双轴转向架

从车辆整体结构而言，实现低地板的关键不在车轮直径的大小，因为车轮处于车辆的两侧，可以在该部位设置座椅，因此实现低地板化的关键在于车轴部分。传统结构形式的转向架以及传统结构的车轴布置，难以把列车车厢中间通道做成前后贯通的低地板。将传统转向架中的轮对减小，或轮轴处采用特殊剖面设计则可以降低车厢地板高度。降低地板高度的措施无非是采用部分低地板，或装用小轮径车轮全部降低地板。为了给地板腾出足够的空间实现贯通的低地板，非动力转向架采用中部向下弯曲的特殊结构轴连接两个车轮，实现中间部分低地板。后者可以采用小轮径车轮转向架，小轮径转向架仍为常规轮对二轴转向架，继承了传统转向架的基本结构，减小轮径和降低车轴高度，再使转向架下凹式摇枕的心盘面高度接近车轴中心线，降低转向架及连接位置的高度。图7-6-2为低构架与小轮径转向架。

对于动力转向架而言，降低车轴高度后，动力转向架则面临驱动电机的布置问题，低地

图 7-6-2　低构架与小轮径转向架

板轻轨车辆牵引电机布置方式也直接影响车辆的底板结构。将驱动装置布置在转向架外侧，这样就可以将转向架中间的空间留出来，为实现低地板创造条件。电机外置时可以将车厢地板面做成下凹形状，下凹部分正好作为走廊的低地板区域。电机移到轮对外侧纵向布置在构架的两侧，牵引电机和齿轮箱、制动装置轴向连接在一起，并且整体悬挂在构架上。电机有单向驱动和双向驱动两种形式，单向驱动时两侧电机分别驱动前后轮对。双向驱动的电机轴两端各驱动一个齿轮箱，前后两个齿轮箱分别驱动转向架一侧的前后两个独立旋转车轮。

7.6.2.2　单轴转向架

　　城市轻轨车辆载荷较小，因此单轴转向架在这类车辆上获得了应用。单轴转向架简单理解就是只有一根轴的转向架，而形式上包含同轴线有两轮的单轮对转向架和独立轮转向架。单轮对转向架只有一个轮对，属于车轮与车轴装于一体的传统轮对结构的转向架，与常规二轴转向架比较少了一个轮对。单轴转向架代替二轴转向架可以减少轮对数量、结构简单，比二轴转向架更容易进行径向调节，改善列车曲线通过性能。单轴转向架相当二轴转向架的简化，主体机架采用"口"字形构架，中间只安装一个轮对。构架与上部车体的连接方式与传统转向架略有不同，因结构所限只能在构架左右两处支承车体。低位布置的单牵引拉杆不仅起到传递纵向力的作用，还可以在一定范围内使构架可以自由摇动。图 7-6-3 为独立轮与单轮对转向架。

(a) 独立轮转向架　　　　　　　　　　　　　(b) 单轮对转向架

图 7-6-3　独立轮与单轮对转向架

　　独立轮转向架的独立轮完全脱开轮对的工作方式，独立轮的含义就是每个轮可实现绕各自的中心轴独立旋转。独立轮转向架曲线行驶时左右两车轮有相同的偏转角、可以有不同的转速，实质是去掉轮对的公共轮轴部分，从而降低转向架中间部位的离地高度。独立轮转向架可以是独立轮单轴转向架，也可以是独立轮二轴转向架。独立轮二轴转向架，还保留传统转向架的四轮布置形式，车轮与构架的连接结构与单轴独立轮转向架类同。这类独立轮对单轴转向架适宜非驱动结构，整体结构简单、紧凑，已经普遍用于低地板轻轨车辆上。独立轮的使用为转向架结构改变带来巨大空间，也改变了转向架都是布置在轨道车辆的下面这一通识。

7.6.3 门式转向架结构

轨道车辆的转向架一般多为双轮对结构，而且一般都在车厢下部支承车体。而轻轨车辆中除有单轮对转向架、独立轮转向架外，还有一类更独特的独立轮门式转向架，这种转向架完全改变传统转向架的承载、驱动方式。门架结构的动力转向架中，其牵引电机是左右分别驱动，垂向布置在门架的两侧下部，电机的扭矩通过齿轮箱向下传递给车轮。Siemens 公司生产的 ULF 型全低地板轻轨列车，是世界上地板面最低的轻轨列车，采用的就是这种门架结构的转向架（图 7-6-4）。该型低地板轻轨列车由五辆或七辆车体单元通过铰接方式连接编组，车体间采用门式单轴导向独立轮转向架。转向架布置在车体与车体之间的连接处，只有在车体连接处由于转向架占据了较大的空间，车体间的过道处稍显狭窄外，列车其余处全部为低地板面，该列车在车门入口处的高度距轨面不超过 200mm。

该门架式转向架的一系悬挂由位于轴箱上方的四个橡胶弹簧装置构成，与车轮连接的外壳顶部两个定位柱分别穿过两个橡胶弹簧。与构架连接的安装座套在定位柱上，安装座与外壳上的定位柱水平方向上有一定间隙。采用的二系悬挂与传统的车辆悬挂方式差别较大，二系悬挂为弹簧与减振器并联形式，位于门式构架上连接在构架和车体的两个安装座之间。下端与车体悬挂点相连的铰接装置中有弹性橡胶球关节，保证两者之间有一定的弹性和变形。牵引装置和盘形制动装置垂直布置在转向架两侧，磁轨制动装置也布置于转向架两侧。

图 7-6-4　Siemens 公司的 ULF 门架式转向架

单轴转向架本身是不稳定结构，需要在转向架和车体之间添加平衡拉杆。门架式转向架与车体间的平衡拉杆位于转向架的顶部，平衡拉杆从转向架的顶部连接到侧车体上，由平衡拉杆、转向架底部的导向机构和轮轨接触共同实现车辆稳定性。轻轨列车直线行驶时车体单元之间不存在相对转角，进入曲线时前车体单元与中间车体单元之间会产生相对转角，转向架上的迫导向装置用于在车体间存在相对转角时进行径向调节。对称控制装置将转角变化输入迫导向机构、机构开始动作，通过导向连杆直接调节转向架一侧的车轮实现径向调整，并通过中间的导向机构调节控制另一侧的车轮，从而实现由车体的相对转角来控制转向架的径向调节。在实际的列车运行时，导向机构是一直处在持续的调整过程中的。

7.6.4 另类城市轨道列车

轻轨车辆仍是钢轨与金属轮直接接触的轨道行走模式，不可避免地产生轮轨振动和噪声，噪声对周围环境影响成为轻轨交通的突出问题。弹性车轮轨道车辆在这方面能够取长避短，胶轮路轨车辆在世界各国应运而生，胶轮路轨车辆行走装置中的车轮形态发生变换，其功能内涵也有所改变。行驶系统中轨道的轨与道功能分离，轨用于限制方向、道用于行进。车辆的导向装置利用一条导轨引导车辆改变方向，车辆的行走驱动由与路面接触的胶轮实现。胶轮路轨车辆具备一般城市轨道交通车辆的舒适、经济性等优点外，还具备噪声低、线路适应能力强、曲线通过半径小等特点。胶轮路轨车辆的行走装置中的导向限制部分与轨道关系密切，行走装置与轨道匹配形式不同而应用于不同场合。

7.6.4.1　凹导轨胶轮路轨列车

凹导轨胶轮路轨列车是可以与道路公共交通共用路面的胶轮城市轻轨车辆，其采用两侧橡胶轮胎行走、中央单轨导向模式（图7-6-5）。轨道由行车道和一条引导车辆运行的特殊导轨组成，导轨置于路面的凹槽中而不影响其它车辆的运行。车体下侧的胶轮在行车道上行走和驱动，导向装置沿行车道中部的一条单轨随车运行，用来控制车辆行驶方向。与这类中央凹导轨相匹配的导向机构有两种形式，即V字形双导轮导向和双轮缘单轮导向结构。双导轮导向的导向装置的两个导轮呈现V字形布置，与特殊截面的中央导轨两侧面相配合，两个导轮从两侧夹住导轨防止导向轮脱轨。双轮缘单轮导向系统中的导向轮利用轮缘与轨道配合，导轮在导轨上侧垂直压附在导轨上。

图7-6-5　上海运行的凹导轨胶轮路轨车辆

路轨车辆行走装置的前后均设置有导向机构，导向机构安装在车桥下方。运行时只有位于前进方向的导向机构起导向作用，而后方的导向机构处于解锁状态，当车辆前后改换行驶方向时前、后导向机构锁定状态更换。与导轨接触的导向轮通过导向连杆与导向转轴相连，导向转轴通过转向杆与转动臂相连，转动臂行走转向机构动作实现车轮偏转，且车轮转动角度与导向连杆转动角度相同。

7.6.4.2　凸导轨胶轮路轨列车

凸导轨胶轮路轨列车（图7-6-6）与凹导轨胶轮路轨列车一样沿轨道运行，只是导轨形式不同。凸导轨多为专用混凝路轨，导轨一般突出于路面的两侧或者中央，用于维持车辆行

图7-6-6　凸导轨胶轮路轨列车

走方向和保证车辆顺利通过曲线。行走装置中用于导向的导轮水平安装与导轨结合，或向中间路轨压紧、或向两侧路轨张紧，形成外侧导向与内侧导向两类形式。

外侧导向凸轨胶轮车辆行驶的轨道成 U 形，行走车轮与导向轮均在内部分别与路面和轨道面接触。法国巴黎地铁交通中采用了这类外侧导向的胶轮转向架，每个转向架配四个行走轮、四个导向轮。行走轮分别装在转向架两根车轴的端部，导向轮水平安装在转向架的四角，紧贴在外侧导向轨垂直面上滚行。内侧导向或称中央导向通常在道路中央有倒 T 形导向轨道，导向装置的前后两对胶轮水平夹在导向轨的两侧、行走轮布置在外侧，日本札幌市即采用这种形式的路轨列车。

7.7 跨坐式单轨列车

传统的轨道车辆都是行走在两条平行钢轨的双轨车辆，现代交通中出现了行驶在单轨轨道的车辆。这类单轨车辆是通过一根轨道梁支承车厢或吊挂车厢并提供导引作用而运行的车辆，相对于传统双轨交通车辆可称为单轨车辆或称独轨车辆。跨坐式单轨列车就是行驶在一根轨道梁上的单轨列车，其对轨道的曲线半径、坡度变化有较好的适应性。单轨列车家族中除跨坐式单轨列车外，还有一种行驶在轨道梁下的吊挂式单轨列车。

7.7.1 单轨交通系统构成

单轨列车应用于城市轨道交通系统，具有城市轨道交通车辆的普遍特性，如在轨道线路、车站布局、维修基地、供电驱动等方面，与其它城市轨道车辆具有一定的共性。同时由于轨道车辆与轨道相互依存、相互匹配关系密切，轨道系统的布局与结构要与单轨车辆相协调，单轨车辆的结构需适宜单轨道的特殊要求。

7.7.1.1 单轨交通系统的轨道形式

单轨交通的特殊性主要体现在轨道上，单轨轨道是以梁架结构形式来支承车辆。轨道不但是约束行驶车辆的轨道，通常也是架设在空中的承重梁。传统双轨交通系统中车辆行走装置的两轮分别对应行驶在两条之间有一定的间距、相互平行的小截面钢轨上，轮对担负着承载、驱动、导向、限位等功能。单轨轨道一般采取全部高架方式的一根大断面轨道，车体跨坐于其上或者悬挂其下行驶。轨道其实是以梁代轨，这种梁不但具有传统梁的承载作用，更重要的还具有列车行驶的轨道功能。轨道梁在支承车体和约束车辆行驶的同时，也是牵引电网、信号系统等设备的载体。

单轨交通系统中轨道架设及结构设计不仅与单轨车辆结构紧密相关，而且还取决于交通线路所处地理环境及架设条件。轨道由轨道梁部分、墩柱和基础三大基本部分组成，轨道梁由墩柱支承，墩柱竖立在地面上的基础之上。轨道保障轨道车辆常规运行的同时，轨道交通的一大特点是必须存在道岔，而道岔的形式与轨道结构、车辆行走装置紧密相关。单轨交通中梁架结构的轨道在引导车辆运行、承载列车重量载荷的同时，也须实现改变列车行驶方向的道岔功能。这种轨道改变列车行驶方向的关键，是通过轨道梁可动轨的水平移动实现道岔功能。

根据单轨系统车辆行走装置（或延续转向架的称谓）与轨道的相互连接关系，存在跨坐式与悬挂式两种主要方式。跨坐型单轨车辆跨骑在轨道梁上，车体重心处于行走轨道的上方，车辆底部装有行走轮与辅助行走轮。行走轮将车体支承于轨道梁上，实现驱动功能并沿着轨道梁行走。为保证车辆平稳行驶，车体两侧下部布置有导向轮和稳定轮在轨道梁侧面限位。悬挂型单轨车辆在轨道的下方运行，车体顶部装有行走驱动轮，行走装置将车体吊挂于轨道梁上，并沿着轨道梁行驶。

7.7.1.2 单轨交通车辆原理

普通铁路列车车辆重心始终处于左右车轮之间，只要作用于转向架的合力位置的投影在之内，那么车辆就会自动调整到平稳位置，单轨交通车辆却与之不同。单轨交通车辆的轨道为架设在空中的轨道梁，车辆跨坐或吊挂在梁上行进，整个车体的重心位于轨道梁之上下。对于跨坐式单轨车辆行走装置而言，车轮位于车体中心部位、承载轮距小，很容易失稳。因此跨坐式行走装置中存在三种轮，即行走轮、导向轮和稳定轮，通过设置稳定轮结构以保护车辆的稳定性。

传统轨道车辆的车轮与承载轨道均为金属材料，即采取钢制金属轮对与金属轨道之间产生的黏着力实现驱动。跨坐式单轨车辆采用橡胶轮胎在混凝土轨道梁上行走，行走轮主要承受车辆的垂向载荷，并传递驱动力和制动力。导向轮与稳定轮在轨道梁两侧水平钳住轨道梁的侧面，肩负专门的导向与稳定功能。导向轮布置于轨道两侧的上部，起引导车辆沿着轨道运行的作用。稳定轮位于行走装置的侧面下方，在轨道两侧下部以阻止车辆的侧滚甚至侧翻。

在列车运行过程中行走轮始终与轨道梁顶面接触，轮胎的弹性可以起到缓冲车辆垂直方向振动的作用。导向轮和稳定轮则始终与轨道梁侧面接触，起到缓冲车辆横向振动的作用。如果行走装置在平衡位置没有横向位移，导向轮和稳定轮将以有效半径向前滚动。当行走装置发生横向位移时，导向轮和稳定轮随之产生偏移，这时单侧或双侧的水平轮胎会受到轨道梁侧面的径向压力，这种压力将迫使行走装置回到平衡位置。吊挂式单轨车辆行走装置与跨坐式有所差别，但其行走驱动与限位稳定的原理是相通的。图 7-7-1 所示为单轨列车。

图 7-7-1　单轨列车

7.7.2　跨坐式单轨列车

7.7.2.1　跨坐式单轨列车系统

跨坐式单轨列车以首尾对称的编组方式运行，一般为四辆、六辆、八辆编组。分头尾车与中间车辆，头尾车辆设司机，中间车辆均为乘客室，每个车辆单元均由车体与两台转向架组合而成。列车的车辆单元之间必然存在连接，钩缓装置是列车不可缺少的连接装置。跨坐式单轨列车的车辆单元之间的连接通常采用棒式车钩缓冲装置。棒式车钩缓冲装置连接比较简单，没有电路、气路连接功能，只有传递和缓冲纵向力的作用。该装置分为带缓冲器牵引杆与无缓冲器牵引杆两部分，两部分由连接环组合为一体，其两端分别与前后两车体铰接。列车的头尾车的端部安装有密接式车钩缓冲装置用于列车之间的连接，该连接装置属于半自动车钩，在车内操作即可完成连接并锁定，同时可以接通气源。

跨坐式单轨列车采用第三轨受电方式，从电网获取直流电作为牵引系统及辅助系统的供电。输电轨沿轨道梁布置，轨道梁两侧各设一刚性导轨，一侧为正极供电，一侧为负极回流。跨坐式单轨列车的受电器不同于一般电力机车在车顶与接触网接触，受电器分为正极与负极安装在车辆的两侧面，每车有两个相同极性的受电器。正极受电器的升降在驾驶室中控制，通过电磁阀控制解钩装置释放吊钩装置，靠弹簧弹力升起与输电轨接合。通常采用气缸推动使受电器折叠收回与输电轨分开，气缸在受电器张开与输电轨结合时又可起缓冲作用。负极受电器也可以说是接地装置，一般不配自动升降装置。

7.7.2.2 跨坐式单轨列车车辆单元

跨坐式单轨车辆概括起来分为车体部分与行走装置或转向架部分，两部分的功用比较明显，转向架部分负责承载车体、完成轨道行走功能；车体主要功能是运载乘客、安装相关设施，这也是所有城市轨道列车的共同之处。跨坐式单轨车辆的特点在于跨坐在轨道上，而不同于一般车辆立于轨道之上。跨坐部分主要体现在行走装置部分，即转向架结构特殊，跨坐式转向架均采用中心销式牵引装置与车体相连，车体相关部分也要与之匹配，车体其余部分与其它城市轨道车辆类同。

车体为由底架、侧墙、车顶、端墙焊接而成的箱式壳体，其中底架的作用关键，不仅要承载车体载荷，而且要承受行走产生的各种载荷以及牵引制动载荷。单轨车辆车体同转向架之间采用空气弹簧支承，并装有横向减振器，车体直接坐落在转向架上的空气弹簧上。车体底架的下侧安装两个中心销轴，用于连接转向架。中心销插入牵引梁销座内，中心销可以自由地转动和垂直移动，通过中心销、中心销座等传递牵引力和制动力。车体由前后两转向架支承，再由转向架跨坐在导轨梁上。底板下设备与转向架四周装有裙板，形成包络轨道的整体外形。

7.7.3 跨坐式单轨转向架构造

跨坐式单轨车辆其结构独特之处主要体现在行走部分，转向架是车辆行走的核心部件，结构最具特色，也是最能够体现跨坐式单轨车辆运行特点的部分。其运行的轨道与传统双轨不同，既继承轨道车辆行走转向架的部分特征，又根据单轨的结构与承载特点，实现独特的车轮承载与平衡结构。跨坐式单轨列车行走装置独特，由橡胶轮胎完成行走、驱动作用，还需配备专门用于稳定、导向的装置与车轮。

行走装置以转向构架为基础布置相关装置与器件，转向架构架是以钢板为主要材料的焊接结构，构架（图7-7-2）俯视呈"日"字形，两组四个行走轮对称平行布置于构架三道横梁形成的两空间内。构架的四角处横向外伸，并焊接有导向轮安装座。导向轮安装座垂直向下，使得导向轮可以水平安装其上，并与轨道梁架的侧面上部接触。构架的中间部位外侧对称焊接有向下延伸的立柱，其下侧几乎延伸到轨道梁的下部，用于安装稳定轮组。立柱上侧尽量横向外伸，其上侧安装悬挂装置与车体连接。构架的前后端梁正中焊有辅助轮支架，用于安装行走辅助辊轮。构架中梁的正中部位是中心销座，机体中心销插入销座连接后才能实现牵引。

图 7-7-2　转向架构架

转向架除构架本体外，还包括行走轮、导向轮、稳定轮与辅助辊轮。构架的主体部分位于单轨梁的上部由四个行走轮支承，四个导向轮从单轨梁的两侧压紧。为确保运行安全，对每种轮对均采取防爆安全措施。行走轮轮胎的防爆安全由辅助辊轮配合，一旦轮胎爆裂，立即由高强度尼龙等材料制造的辊轮支承。稳定轮、导向轮均在轮胎侧旁加装一个钢盘，一旦轮胎爆裂失去承载能力即由钢盘支承，以保证列车安全地运行到下一个停车站。基础制动装置采用外置盘式制动，制动盘布置在构架外侧。

动力转向架与非动力转向架的结构类似，只是增加驱动装置。驱动装置由牵引电动机、联轴器和减速齿轮箱等部件组成，全部放在构架外侧。牵引电机一般纵向布置，通过联轴器将扭矩传至减速齿轮箱的输入轴，减速齿轮箱输出轴与行走驱动轴一端连接，电机轴与减速器输入轴通过联轴器连接，输出轴与电机驱动轴垂直，动力在传动箱内改变了传动方向。转向架的每一根轴由一台牵引电机通过减速器独立驱动，两台电机与减速器斜对称安装在构架的外侧。

7.7.4　吊挂式单轨列车

吊挂式单轨交通系统的突出特点在于轨道必须悬空架设，因列车行驶在轨道的下面，车体部分吊挂在轨道下侧，因而车辆的行走装置也必须安装在车体的上部（图 7-7-3）。中心悬挂式单轨车辆与跨坐式单轨车辆的行走部分存在类似之处，都是行走轮负载与驱动，导向轮侧向限位与导向。与之不同之处在于轨道结构不同，中心悬挂式单轨车辆的这些轮是在轨道

图 7-7-3　吊挂式单轨列车与轨道

梁的内部运行。这类轨道梁的截面必须设计为矩形断面、中空底部开口结构，多由断面为矩形的钢梁制成。矩形轨道梁的内底面为行走轨道、左右两内侧面为导向轨。吊挂式单轨车辆采用专用橡胶轮行走和导向，行走轮与导向轮共同组成车辆的转向架。车辆的转向架包含在轨道梁内，转向架中心处的悬挂装置向下连接车体。车体通过悬挂装置吊挂于轨道梁下方，整车重心处于轨道梁下方，这是吊挂式单轨车辆的特点之一。

吊挂式单轨列车的转向架为两轴转向架，转向架构架为主梁式结构。主梁两侧对称安装轮胎，均为充气橡胶轮胎，竖直平面内转动的是负责承重、牵引以及制动的行走轮，行走轮集中布置在转向架中部。导向轮水平安装在构架上，布置于转向架的四角贴合两侧的导向轨，橡胶导向轮负责导向的同时可以缓和横向振动。行走轮、导向轮均配有备用轮，当列车行驶中发生爆胎时，备用轮可以保证列车安全。吊挂式单轨列车动力转向架同样由电机驱动，牵引电机纵向布置在构架的两端，也同样通过齿轮箱驱动行走驱动轮的车轴。制动采用盘式制动，制动盘一般与电机同轴安装。转向架构架与摇枕间布置有弹性元件，通常摇枕横跨在两空气弹簧之上，车体悬挂装置贯穿构架中心的孔之后与摇枕连接。

车体和构架之间的悬挂装置是吊挂式单轨列车的特殊之处，其由悬挂杆、吊管、液压减振器和摆动止动器、安全索等构成。悬挂杆共有两根，在车体顶部与车体铰接，铰接点在纵向上有转动自由度。两根悬挂杆的另一端与吊管下部以同样的方式铰接。整个吊管呈圆柱状，且恰好可以从转向架构架的中心孔下部插入，吊管上端通过中心孔后与最上部的摇枕连接。吊管中心和车体之间装有安全钢索，在悬挂杆损坏时起安全保障作用。由于吊管、悬挂杆、车体之间的铰接有纵向转动自由度，所以当车体受侧向外力时，相对于悬挂杆会有一定的侧滚运动。为此在车顶装有横向止挡以防止横向位移过大，并且在车顶和悬挂杆之间装有两个横向液压减振器用于缓和横向振动。

在吊挂式单轨交通系统中，吊挂式单轨列车与轨道梁的挂接存在不同的形式，上述为中央悬挂方式，这种方式的行走车轮一般都采用胶轮。此外还有侧挂式单轨列车（图 7-7-4），侧挂式是指车辆的行走装置运行于轨道梁架上，车厢悬挂于轨道梁架下，转向架和车体之间的悬挂装置布置在轨道梁的一侧。这类结构形式一般采用金属轮与钢轨组合运行方式，也有轮胎行走结构。在旅游景区、矿山等场合使用的小型吊挂式单轨车辆，行走的轨道梁多为结构比较简单的"工"字形截面梁，车轮嵌在梁两侧运行。为了能够在较大倾角的轨道中运行，改变传统驱动与承载同轮的布置方式，将驱动轮与承载轮分置。车体通过悬挂装置经承载行走轮吊挂在单轨上，另设专用驱动轮水平成对安装在轨道两侧。用弹簧或液压缸使驱动轮紧压在单轨的两侧，这类场合车辆的驱动能力只与压紧力与附着系数相关、而与车上的重量载荷无关，因此牵引力不受轨道倾角的影响，可以在较大倾角的线路中运行。

图 7-7-4 侧悬挂式单轨车辆的行走装置

7.8 直线电机驱动列车

目前在轨道交通领域，出现一类以直线感应电机驱动的轨道车辆（图 7-8-1），这类车辆虽然仍为电机驱动，但改变了传统旋转驱动方式。驱动力的产生已不再依赖车轮与轨道之间的作用，牵引力不受轮轨黏着的限制，驱动力源于沿轨道铺设的感应轨与车载装置的电磁作用。车辆虽然仍依靠车轮在轨道上行驶，但车轮只是起到支承导向作用，由地面装置与车载装置形成的直线感应电机实现非接触式驱动。

图 7-8-1 直线电机驱动的轨道列车

7.8.1 直线感应电机驱动车辆

采用直线感应电机实现驱动的车辆一定是一种电动轨道交通车辆，这类车辆与普通铁路车辆一样靠车轮行进在两条钢轨上。但是需要在两条钢轨之间多出另外一条轨道，这一轨道的用途在于车辆的行走驱动。这类车辆由电机驱动，地面铺设的感应轨是驱动电机的组成部分，与车辆上车载电气装置共同构成直线驱动电机，这类车辆为直线感应电机驱动车辆。直线感应电机驱动的主要特点是非接触驱动，不受车轮与轨道间黏着性能的影响。

7.8.1.1 直线感应电机驱动车辆结构特点

直线感应电机驱动车辆主体结构形式与轨道电动车辆差别不大，采用同样结构的车体，仍采用转向架式行走装置。车体由两套动力转向架支承，每个动力转向架配置一台用于驱动的直线感应电机装置，该装置与地面轨道上铺设的感应轨作用，产生牵引驱动力驱动车辆运行。其驱动特点在于通过电磁作用产生非接触作用力，而钢轨与轮对只用来承载、导向及传递一部分制动力作用。直线感应电机的车载部分与地面部分的电磁作用，产生牵引和制动力，不需借助轮轨相互作用产生牵引力，因而可以在大坡度线路上提供需要的牵引力和制动力。这类车辆的控制与感应轨及对应部分的布置位置相关，如直线感应电机定子部分设置在车辆上，其车辆的运行工况及运行速度由列车司机控制。

直线感应电机可以视为一台旋转电机沿半径方向切开而展平，定子与转子两部分分别安装在转向架和铺设在地面。定子与转子的电磁作用，产生驱动力推动车辆在轨道上行驶。安装在车上的部分相当于电机的定子部分，工程上所说的直线电机通常指电机的初级部分，即悬挂在转向架上的这部分。而直线感应电机的次级部分，即相当于转子的部分沿轨道固定在地面上，形成一与机载部分反作用的感应轨。安装在转向架上的直线电机设计为扁平形状，直线电机只与感应轨非接触作用，与车轮之间不发生任何关系。这种动力转向架不仅省去了齿轮箱等一系列传动机构，而且可以使用较小直径车轮而使车辆地板高度降低。不仅适合低地板车辆，也对地铁隧道横断面的减小极为有利，这类轨道车辆较适用于城市轨道交通系统，主要用于轻轨列车、地铁列车等城市轨道车辆。

7.8.1.2 直线感应电机驱动车辆的轨道

直线电机驱动系统中的轨道不同于传统的轨道，虽然仍有两条钢轨，但路轨的性质有所变化，而且在路轨之间增加了一条与其平行的感应轨。感应轨由一系列感应板组合而成，感应板在轨道中央沿着轨道方向铺设，在平直轨道上感应板可以连续铺设，在岔道附近则不连续铺设。感应板的结构与材料对运行产生影响，感应板由导磁基板覆以铜板或铝板而成，在线路的不同阶段采用不同的材料既能提高经济性又可保障性能。如日本直线感应电机驱动线路的感应板，在牵引、再生区域铺设具有利于功率因数、效率的铜质感应板，在惰行区铺设铝质感应板以降低成本。

安装在转向架上的直线电机底面与感应板平行，与感应板之间的气隙必须控制在一定范围内，以确保直线电机在任何情况下不接触感应板、钢轨和安装在地上的其它附件。转向架上的直线电机沿感应轨运动，与每一块感应板均要发生作用，如果感应板表面不平顺，产生的激扰不利于车辆安全运行、甚至可能产生事故。感应板的安装位置、高度、精度，直接影响气隙的大小，进而影响直线电机的动力性能，感应板安装位置的准确定位十分重要。感应板顶面以钢轨顶面为基准，安装时通过支承结构固定到两根钢轨之间。在直线区间水平位置的确定是以列车运行方向的左侧钢轨为基准，在曲线区间是以外轨侧作为安装基准，而在道岔区域内则是以两个行走轨中心线为基准。

7.8.2 直线感应电机原理与结构

直线电机是从旋转电机演变而来的，自然也有直线同步电机和直线异步电机之分。地面轨道磁场与车载装置的磁场可以同步运行，也可以不同步运行。据此可以将直线电机划分为直线同步电机和直线感应电机两类。直线感应电机的转子磁场与定子磁场不同步运行，次级线圈的磁场移动速度低于车上初级线圈磁场的移动速度，故也称为直线异步电机。

7.8.2.1 直线感应电机驱动系统

用于轨道驱动的直线感应电机相当于将普通电机的转子、定子展开后平铺于地面和载于车上，电机安装在车辆上的定子线圈部分由于其长度受车载长度的限制，故称为"短定子"。这种直线电机是单边激磁，因此安装在地面导轨之间的转子结构非常简单，转子部分也不必供给动力电源。列车运动过程中会在承担转子角色的感应板中产生感应磁场，该磁场与车上的定子磁场共同作用产生车辆驱动力。"短定子"直线电机驱动的轨道车辆一般采用车载驱动方式，必须为随车一起运动的短定子供电。这种驱动形式的轨道列车上配置变频器，列车的运行速度和运行工况由车上的司机或控制中心直接控制。

直线感应电机的车载定子部分一般由薄铁芯和绕组绕制而成，表现为一纵长横短的矩形扁平体，由横向开槽的定子铁芯和线圈绕组组合而成。该矩形扁平体上侧固定有机架用于与转向架连接，下侧与轨道上的感应板对应，同时还有温度传感器和绕组冷却装置等共同组成车载驱动装置。该装置纵向布置在转向架的下侧，与感应板的间隙在 10mm 左右。在其前端都安装有排障器，后部上侧接出引线与驱动电路连接。定子铁芯长度有限，在磁场移动方向是开断的，使得各向绕组阻抗不对称。车载定子部分在前进方向产生磁场，磁场在地面铺设的感应轨中产生二次电流，电流切割磁场而产生反作用力，使车辆获得前进的推进力。

7.8.2.2 直线感应电机的牵引控制

直线感应电机驱动列车的牵引系统主要由电机驱动装置、逆变装置、冷却单元和隔离开关等构成。直线电机与传统旋转感应电机一样，都是通过三相交流电产生的磁场与导体作用产生驱动力，与电机匹配的车载逆变系统变得重要。牵引驱动主电路以逆变器为主导组成逆变单元，通常一个逆变单元由两个逆变器电路组成。每个逆变器电路可同时向两台直线电机供电，这种逆变器主电路结构可以确保一回路出现故障时，另一电路能正常工作。车载与地面两部分构成的直线电机由于气隙不可能像旋转电机那样小，加之存在端部效应导致漏磁多、效率低，在相同的输出下直线感应电机要求的逆变器的容量比旋转电机大。

直线感应电机与传统旋转感应电机具有一定的相同特性，其牵引控制原理控制方式相同。存在有矢量控制、磁场定向控制和直接转矩控制等。矢量控制能实现快速控制转矩，将负载的扰动对速度的影响降到最低，广州地铁四号线的直线电机驱动列车就是采用这种控制方式。该列车在实现正常牵引的同时可实现感应板阻抗变化补偿、气隙变化补偿、感应板缺失时防电机过流等控制。如当感应板电阻发生变化时，逆变系统检测转矩电流发生改变，改正转差频率使该电流恢复到原来值。气隙变化时磁通电流也变化，通过改变指令值使该电流恢复原值。感应板不连贯时直线电机的互感作用减少，控制电流变化防止逆变器与电机过流。

7.8.3 直线感应电机动力转向架

直线电机的结构形式与驱动方式与传统电机完全不同，导致直线感应电机驱动轨道车辆的转向架也有别于其它转向架。转向架是轨道车辆最基本的行走装置，电机必须与转向架结合才能实现行走驱动。直线感应电机动力转向架主要体现在电机与转向架之间的连接安装方式上，也体现在转向架的柔性结构方面。由于方式、结构形式均不同于常规电机，直线感应电机在转向架上安装方式也特别，归结起来有构架悬挂、轮轴悬挂、轴箱悬挂和副构架悬挂四种安装模式，不同连接所形成的转向架结构之间变化很大，因此它们对车辆性能的影响也不尽相同。图 7-8-2 为直线电机动力转向架。

图 7-8-2 直线电机动力转向架

直线电机动力转向架采用两轴结构，同样具有轮对轴箱、构架、悬挂装置、基础制动装置等。作为动力转向架，其主体结构的布置形式与一般转向架类同，扁平结构的直线电机纵向布置于左右轮中间，动力装置与轮对之间不发生联系。通常采用前后轮对相对独立的结构，便于解除转向架的径向约束，采用径向转向架是直线感应电机驱动的优势之一。传统转向架使轮对保持有很大纵向刚度，同一转向架内的车轴总是保持平行，即使进入曲线也是如此。径向转向架能使轮对相对实现一定的偏摆，通过曲线轨道时由于与两轮对中心线的偏移，造成内外轮的滚动半径差，从而形成使同一转向架两轮对摇头偏转的情况。直线电机驱动和安装与行走轮对不发生直接联系，也为径向转向架的使用提供了方便。

直线电机布置在转向架上必须与转向架连接与固定，连接方式存在不同的结构形式。直线电机通过吊杆悬挂在转向架构架上就是其中一种方式，此时转向架中间有两根横梁起承载与挂接作用。前端横梁中部有一个拉杆座，后端横梁左右两端有两个拉杆座，垂直方向采用三点吊挂与定位，直线电机的横向与纵向定位可以分别采用横向拉杆和纵向牵引杆限位。这种连接方式，电机的气隙受转向架一系悬挂影响较大。也可采用副构架悬挂结构，这时的转向架一般采用构架内置形式，副构架由中间相互铰接的两个 V 字形框架组成，两端分别通过刚度较大的橡胶关节与前、后轮对的轴箱相连接，中间的铰接点则通过吊杆悬挂于主构架。直线电机位于副构架之下，两端通过三点铰接悬挂在副构架上。直线电机产生牵引力不通过构架而直接由副构架传递给摇枕，摇枕通过两侧的牵引杆直接传递给车体。

轮轴悬挂连接结构中的直线电机与车轴需通过轴承连接，电机的悬挂座经轴承与轮对轴铰接。直线电机的重量及产生的垂向力直接通过轴箱传递给轮对，纵向牵引力的传递通过轴箱轴承传递给构架。其优点是直线电机与感应板间的间隙容易保证，与感应板间的间隙与转向架的振动无关。缺点是簧下质量大，而且悬挂机构对轮对的径向摇头影响较大，这种结构的应用已逐渐减少。轴箱悬挂式结构是将直线电机悬挂在轴箱上，通过两根悬挂梁及其上的垂向吊杆悬挂实现。这种连接的转向架前、后两个轮对内侧各有两个兼作电机吊挂横梁的轴箱，轴箱通过轴箱轴承与轮对连接。直线电机通过两根水平高度相同的平行横拉杆与构架同一侧相连实现横向限位。电机纵向通过牵引拉杆将电机与构架直接相连，纵向牵引力和制动力通过直线电机与构架间的电机牵引杆直接传递到构架上。

7.8.4 直线电机驱动列车的制动

车辆制动功能的实现都要与车辆行走装置配合实施，直线感应电机驱动车辆行走装置既有传统的轮对行走机构，又存在直线感应电机的特殊驱动方式，因此制动方面体现了传统方式与特种驱动的结合。直线电机驱动车辆和旋转电机驱动车辆相比，在采用电制动上有很大优势，电制动力施加在感应板上，不受黏着系数限制。直线电机驱动实现非接触驱动，可以获得较好的起动与加速性能，运行不受天气影响，便于大坡道和急弯线路行驶。直线感应电机驱动列车的制动主要体现为常用制动、紧急制动、驻车制动等，基础制动装置采用的摩擦制动可以用于上述各种制动中。车辆正常运行时的制动首先采用电气制动，辅以摩擦制动。电气制动形式包括再生制动、反接制动、高转差率制动等，摩擦制动主要是利用基础制动装置盘式制动器，有的还配有磁轨制动器。

直线电机车辆正常运行的制动绝大部分由直线感应电机的再生制动来实现，控制定子频率降低，使运行速度高于同步速度，直线电机发电运行，列车运动能量转化为电能、电能可回馈到供电网。再生制动能量回馈电网可能不被电网接受，这时可采用高转差率制动模式，高转差率是指保持同步速度与运动速度之间有较大的转差。高转差率制动是一种特殊形式的再生制动，其制动的结果是将电制动产生的能量在直线电机内部自行消耗，所以也称能量自消耗制动。这种制动模式会使电机温度升高，电机的设计需有足够热容量或采取强迫却冷方式，所以实际应用较少。移相制动又称反相制动或反接制动，是在正常行走情况下通过变换直线电机极性，提供与运行方向相反的力，移相制动方式在低速行进情况下采用。

　　直线感应电机驱动列车转向架上的基础制动装置一般为盘式制动器，盘式制动用来提供最后低速阶段的刹车制动和停车后的驻车制动。有的车上在转向架外侧两车轮之间的轨道上方安装有磁轨制动器，磁轨制动由车上蓄电池供电作为缓冲备份，以保证牵引供电失效后的使用。磁轨制动器与基础制动装置配合使用，用于确保列车在高速情况下其它系统出故障时的紧急制动，也用于一些安全制动系统激活时的制动。

7.9　磁悬浮列车

　　磁悬浮列车是一种完全无接触运行的轨道交通工具，它改变了传统的车轮与轨道接触的状态下才能实现的支承、导向、牵引与制动功能，取消了传统结构行走装置所需的行走驱动、机械传动等装置，通过轨道电磁系统产生的作用力，实现列车与轨道之间无接触悬浮和列车的高速行驶。

7.9.1　磁悬浮列车概述

　　磁悬浮列车必须依赖于对应的轨道行走，但行走原理却与传统轨道行驶车辆全然不同，其在行进过程中一直处于非接触悬浮状态，完全脱离了轮轨接触行走的理念。磁悬浮列车用于行进的装置不是靠机构运动实现行走的转向架，取而代之的是由电磁作用的悬浮驱动装置，该装置与轨道相互作用实现磁悬浮列车行走的各项功能。

7.9.1.1　磁悬浮列车悬浮原理

　　将电磁原理应用于车辆的行走产生了磁悬浮列车，磁悬浮列车的关键体现在磁悬浮方面，磁悬浮列车也存在不同的悬浮与驱动形式。以常导磁铁和导轨作为导磁体实现悬浮称为常导磁悬浮，常导磁吸式磁悬浮列车车体下侧安装的电磁铁位于轨道下方，与铺设在线路导轨上的铁磁性构件相互作用。通电励磁产生的电磁场产生力使车辆浮起，通过控制悬浮电磁铁的励磁电流来保证稳定的悬浮间隙。工作时车体下部的悬浮和导向电磁铁与轨道两侧的绕组发生电磁作用，首先调整电磁铁的电磁吸力将列车浮起。任何车速时均要保持稳定的悬浮力，即使在停车状态下列车仍然可以进入悬浮状态。悬浮力的大小与车速无关，但由于电磁吸引力与气隙大小成近似平方反比的非线性关系，这种悬浮必须精确快速的反馈控制，才能保证列车可靠地悬浮。因悬浮间隙较小，对运行轨道的平整度要求较高。

　　利用超导体实现悬浮的磁悬浮列车称超导磁悬浮列车，超导磁悬浮列车利用磁体排斥作用实现悬浮。其原理是利用置于车上的超导磁体，与铺设在轨道上的无源线圈之间的相对运动来产生排斥力将车体悬浮起来。车辆运行同时给车上超导线圈通电，运动的强磁场作用于地面轨道上铺设的线圈，使地面线圈内产生感应电流，感应电流产生的磁场与车上超导磁体的磁场方向相反，两个磁场产生排斥力。速度愈大这个排斥力就愈大，当排斥力大于列车全部重量时，整车就脱离路轨表面悬浮起来。磁悬浮列车导向也是通过车载电磁线圈与轨道上的电磁线圈的电磁作用，实现水平方向无接触导向。磁悬浮列车行走驱动采用直线电机驱动方式，中低速的磁悬浮列车驱动通常采用直线感应电机，高速磁悬浮列车一般采用直线同步电机。

7.9.1.2 磁悬浮列车特点

磁悬浮列车驱动、悬浮等均靠电磁作用实现，供电系统是其重要部分，磁悬浮列车供电电网分为内部电网与外部电网。外部为动力轨电网，通过供电轨到集电靴给列车的悬浮机构、内部设备供电，为车载电池充电。内部电网主要是内部主电网、控制电网、辅助电网三个系统，主电网的电源来自直线发电机或供电轨，其它两系统的电力源于主电网，经不同的变换转化后再分别应用于各自的网络。磁悬浮列车车载设备的供电也与其它轨道车辆有所不同，在低速时完全由地面的供电轨供电。行驶速度达到一定值时完全由列车自带的直线发电机供电，列车也配置车载蓄电池，作为列车紧急或故障运行情况下的电源。

直线发电机是磁悬浮列车所特有的，直线发电源于发电绕组中有磁场变化。发电绕组分布在悬浮电磁铁的主磁极上，在用于悬浮的励磁磁场和用于牵引的电枢磁场的双重作用下发电。通过励磁磁场产生磁阻发电，通过电枢磁场产生谐波发电。由于磁悬浮列车为非接触行进，因此制动方式也有别于其它轨道车辆。在正常运行过程中，通过推进系统和直线电动机电阻制动作为主要制动，辅以其它形式的制动。其中涡流制动是其中一种辅助制动方式。涡流制动是一套独立于推进系统的制动系统，在推进系统失效的情况下采用涡流制动。涡流制动的磁铁分布在车辆中部两侧，在牵引系统制动失效或紧急情况下使用。高速时为纯涡流制动，速度下降到105km/h时开始逐渐转变，到接近10km/h时完全转化为滑橇与导向轨的摩擦制动。

磁悬浮列车的总体结构可分为上、中、下三个层，上层车体部分与其它轨道车辆类同，中层悬挂装置实现车体与悬浮转向架的中间连接，下层悬浮架上的悬浮电磁铁与轨道之间通过电磁场相互作用，使悬浮架悬浮于轨道之上。悬浮架通过空气弹簧、阻尼器等装置支承车体。磁浮转向架可视为一相对独立的模块，磁浮转向架模块沿车体纵向首尾相接布置，使全车重量平均分布。

7.9.1.3 磁悬浮轨道系统

磁悬浮轨道与车辆的悬浮驱动相匹配，车体结构与轨道结构相统一。通常是将轨道梁铺设在混凝土简支梁上，轨道的结构形式有两类，一类为T形截面梁结构，另一类为U形截面梁结构。常导磁悬浮列车的轨道一般为T形截面，列车悬浮转向架架体外包其上。梁体的不同部位安装相应的装置而起作用，梁顶面两侧布置驱动轨、底缘两侧为磁浮支承轨、两侧面为导向轨。也有采用磁浮和导向合二为一的结构，此时梁顶面两侧仍为驱动轨，底缘两侧为磁浮、导向功能合一的导轨。

悬浮列车的驱动采用直线电机驱动，高速磁悬浮列车适宜采用同步直线电机驱动。直线同步电机驱动的车辆下部装载的是电机的励磁绕组，该电磁线圈的作用相当于电机的转子，地面轨道上的绕组起到电枢的作用，相当同步电动机的定子绕组。直线电机车载部分由车载电源供电，即励磁绕组由车上的电源供电，地面上沿轨道铺设的长定子绕组由沿线布置的变电所供电。车辆的行走速度与供给推进线圈的电流频率成正比，推力的大小又与该电流的幅值成正比，改变电流的方向则会产生再生制动力。高速磁悬浮列车的牵引与制动通过控制地面设施完成，由地面固定设备调节频率、电压、电流、相位角实现。

直线同步电动机的这种结构与直线感应电动机相比最大的优点是直流电励磁，因而提高了功率因数，而直线同步电动机最大的缺点是定子绕组导致轨道成本的增加。实现驱动需要为实现定子功能的轨道供电，为了尽可能减小轨道的能量损耗，采用分段供电方式。即沿线的直线同步电机的定子被分成很多区段，只有磁悬浮列车所在的那一段定子绕组通电。

7.9.2 常导磁悬浮列车

常导磁悬浮列车采用单节车厢与多个行走驱动模块组合结构，通常一节车厢有多个驱动模块，根据车辆长度不同每辆车底部采用的模块数量不同。这种驱动模块也有按传统轨道车辆的称谓，称为磁浮转向架或简称悬浮架。悬浮转向架是实现磁悬浮列车行走驱动、转向、悬浮的装置，悬浮架是磁悬浮列车的核心。

7.9.2.1 高速悬浮架

磁悬浮列车为非接触运行，因此磁悬浮转向架的结构组成与轨道必须相互匹配。其中常导高速磁悬浮列车（图7-9-1）的悬浮架采取驱动、悬浮、转向相互独立作用的结构，上海市的磁悬浮列车采用的就是这种结构。直线电机的励磁线圈、悬浮磁体、导向磁铁安装于悬浮架上，悬浮架与车厢底板通过空气弹簧、摇臂、摆杆等机构连接。这类磁悬浮列车采用长定子直线同步电动机驱动，因定子铺设在地面，牵引功率的转换和控制是在地面完成，车上无需布置相关设备。

图 7-9-1　高速磁浮列车

悬浮架由悬浮框及相应的横梁和纵梁组成，悬浮框由两个悬浮臂及上连接件和下连接件组成，悬浮、导向、制动电磁铁按一定规律安装在悬浮架上。悬浮臂将轨道梁包含在其内，悬浮架上安装有滑橇，用于接触轨道支承车体。悬浮臂下侧深入 T 形轨道梁架下侧，悬浮电磁铁线圈与直线电机的励磁绕组，布置在车厢底部的两侧。车辆与行车轨道之间的悬浮间隙一般在 10mm 左右，需要根据间隙变化自动控制电磁铁中的电流。这类磁悬浮列车的悬浮不依赖速度，无需安装支承装置。

在悬浮架上安装一组专门用于导向的电磁铁，导向电磁铁安装在悬浮架两侧的内壁上、位于轨道的两侧。高速磁悬浮列车采用主动导向方式，即列车通过弯道时由导向系统通过导向电磁铁主动对列车提供侧向控制力。例如在曲线或坡道上列车的运行状态发生变化，使车辆与轨道之间发生左右偏移，传感器探测到横向的气隙变化，控制系统通过对导向磁铁中的电流进行控制，车上的导向电磁铁与导向轨的侧面相互作用，产生排斥力使车辆恢复到正常位置，并与导向轨侧面之间保持一定的间隙，从而达到控制列车运行方向的目的。

7.9.2.2 中低速悬浮架

中低速磁悬浮列车（图7-9-2）每节车体下部的几个悬浮架纵向依次连接，悬浮架由左右箱梁、抗侧滚梁、空气弹簧、牵引拉杆和导向机构等组成。相邻悬浮架同侧模块间通过空气弹簧与滑台相连，左右侧对应滑台利用导向机构相连。左右箱梁上安装有直线电机和悬浮电磁铁，组成左右两个悬浮模块，每个模块两端各安装一片防侧滚梁，成为支承模块的两根杠杆臂，左右两个模块通过四片防侧滚梁横向相连而成悬浮架。左右模块与防侧滚梁在上下两点用关节轴承连接，从而使箱梁相对于其它安装模块可以前后摆动。抗侧滚梁是磁悬浮列车有别于传统轨道车辆的一个特殊部件，它既实现左右悬浮模块的充分连接，又允许左右模块之间有一定量的纵向错位及侧滚、摆动等运动，以满足通过曲线的需要。

图 7-9-2 中低速磁悬浮列车

中低速磁悬浮列车与轨道的作用是吸引悬浮，导磁轨道俯卧于轨道梁两侧，F 形轨道开口向下与悬浮架上两侧的 U 形电磁铁的开口相对，控制 U 形电磁铁的绕组线圈实现悬浮，通过调整电磁铁的励磁电流调整吸引力，稳定悬浮后其间有一定的气隙。F 形轨道的背面铺设感应板与悬浮架底部的直线感应电机的定子部分配合，实现行走驱动功能。通过曲线时由于离心力的作用使车体横向移动，气隙内磁力线受到扭曲就会形成横向电磁分力，中低速磁悬浮列车就是利用这个导向力进行导向。这类磁悬浮列车的导向为自动产生，不需要专门对电磁铁实施导向控制。

低速磁悬浮列车没有专门的导向电磁铁，而是通过悬浮电磁铁横向错位实现车辆的横向自稳定调节。利用机械导向机构辅助实现列车导向，该导向机构是采用十字销和钢丝绳组成的柔性机构，作用是将导向力较为均匀分配给各个悬浮架。当车辆过曲线时，导向机构将车体中心线相对于线路中心线的位移传递给滑台，从而带动悬浮架转动。机械导向结构也是磁悬浮列车通过曲线必不可少的部件，能够补偿通过曲线时车体与行走机构之间的相对运动、协调各部件的运动和受力关系。中低速磁悬浮列车磁浮和导向合二为一，驱动采用车载短定子的模式，牵引功率的转换和控制在车上完成，这类中低速磁悬浮列车在日、韩等国都有应用。

7.9.3 超导磁悬浮列车

磁悬浮列车实现行走在于电磁作用，随着功率的增加电磁相关装置的体积、重量也要增加，而且能量的自消耗也在增加。超导材料的特性能够克服这类弱点，使导体的电阻极小，即使线圈中产生数十万安培的电流也不发热，因而将超导技术应用于磁悬浮列车更具优势。日本率先研制超导磁悬浮列车（图 7-9-3），该超导磁悬浮是利用低温超导技术实现车辆与轨道之间产生排斥力而实现悬浮。超导磁斥式悬浮系统的悬浮是自稳定、无须加任何主动控制的系统，但与运动速度相关，速度达到 150km/h 时才能完全悬浮起来。超导磁悬浮列车的导向也是同样的磁斥原理，这种超导磁悬浮列车的导向是自动实现，不需要外加装置调节。

日本研制的超导高速磁悬浮列车的轨道有采用 U 形截面梁结构，轨道将列车由下部包含其内，悬浮与导向合二为一。轨道沿线侧墙均匀地铺设 8 字形的封闭线圈，实现悬浮兼导向功能。该线圈不需从外界输送电流，只有在车上的超导磁体经过时，由于电磁感应作用该线圈才变成磁体，同时对列车产生上吸引下排斥作用使列车悬浮。当列车上设置的超导磁体

图 7-9-3　日本研制的超导磁悬浮列车

位于该线圈的对称中心线下侧运行时，运动的强磁场作用于轨道铺设的线圈，使轨道线圈内产生感应电流，感应电流在上下边的流向相反、上下线圈产生的磁场反向。始终保持车载线圈的磁场与轨道下线圈磁场的极性相同，与轨道上侧线圈的极性相反，在下排斥、上吸引的作用下将车体悬浮。线圈中的感应磁场越大，悬浮力也越大。

　　超导磁悬浮列车与常导磁悬浮列车的最大差别在于悬浮转向架部分，常导磁悬浮的悬浮转向架在运行过程中无需与轨道接触，因此可以不安装车轮，即使安装车轮也是作为应急支承或备用。而超导磁悬浮列车的悬浮转向架则不同，车轮是行走必不可少的组成部分。由于超导排斥型磁悬浮系统在静止时不能悬浮，必须在一定的速度才能起作用，因此在低速状态还必须依赖传统的轮式行走装置，因此这类磁悬浮列车必须存在轮式行走与无接触悬浮两种功能及相应的装置，因此在这类磁悬浮列车上配备有用于低速行驶的轮式行走装置。轮式行走装置可以与悬浮架结合，设置在车体下侧的两端，通过空气弹簧和牵引杆与车厢连接。行走车轮可按需控制高度，悬浮时缩回悬浮架内，支承行走前伸出悬浮架。

7.10　铁路货运车辆

　　轨道列车由多个车辆单体连接而成，除去带有动力的主动行驶车辆外，还有一部分为无动力的从动车辆，即拖车。用于铁路货物运输的货运拖车也称货车，货车是铁路运输中不可缺省的车辆。铁路货运车辆为适应各类不同性状货物轨道运输的要求，在具备轨道车辆的基本特征的同时，存在多种自有风格的结构形式。

7.10.1　铁路货运拖车的概况

　　铁路上运行的无动力拖车因没有驱动部分而使整体结构相对简单，基本构成是上车体部分与无动力转向架。因具体运载对象不同，有货车与客车之分，用于运送货物的为货运拖车，通常简称货车，货车的上体部分是货运车厢或车架。

7.10.1.1　铁路货车的特点

　　货车可简单概括为一个可摆放货物的载体，两端由转向架支承后，由外来装置牵引行进于轨道之上。由于运输货物类型不同，要求使用不同结构的盛载体，因此上体部分有箱体结构、罐体结构、平板结构等多种结构形式，因而也形成多种不同类型的货车种类。无论是哪类货车，其行走部分布置形式相近，一般为两个双轴转向架支承一个上车体结构形式，对于重载情况可采用多轴转向架承载，或多转向架组合使用。

货车的基本结构布置形式相近，上部的车体坐落在下部的货车转向架上，转向架是支承车体的装置，担负着承载与行走功能，同时在转向架上集成基础制动装置，车体一端通常设置制动操控装置。在车体与转向架之间设有心盘或回转轴实施连接，转向架可以相对车体摆转以便通过曲线轨道。货车依据其结构特点可以归结为常规结构货车与特型结构货车两类。普通通用货车、专用货车，以及一部分长大货车可归结为常规结构货车，其余为特形结构货车。常规结构体现为双架一体结构，即无论上车体部分结构形式如何，均为一体结构，行走部分为双转向架支承。

当运送各种液态、粉状等有特殊要求的货物时，则需采用如罐车、保温车等专门用途的货运拖车，即专用货车。这类拖车共同特点是行走装置的结构形式相同，主要区别在于车体部分，车体部分根据运输物料的不同而结构各异。常规结构的货运拖车还包含一些特殊用途的专用车辆，如救援车、除雪车、发电车、检衡车等，其实质是在拖车上安装专用设备。这类车辆用在特定场合，使用频度较低。

7.10.1.2 普通货运拖车

常规结构铁路货运拖车中最常见的是普通货车，用于装载运输常规物料，普通货车存在棚车、敞车、平车等多种类型（图 7-10-1）。这类货车行走装置的结构形式相同、底架结构相近，主要变化在车体结构部分。结构最简单的是平车，平车是指不带端、侧板的货车，大部分平车的车体只有地板。车体下侧布置两组结构相同的非动力转向架，转向架一般为两轴结构。车体前后安装牵引缓冲装置，有的还有人工制动操作装置。平车主要用于运送钢材、车辆、机器、构件和石料等货物，也有专为运输集装箱而设计的平车。为了提高平车的使用效率，少数平车还设有活动端、侧板，以便运送矿石等散装颗粒货物。平车是一基础平台，其它结构的拖车可视为在其基础上的发展。

图 7-10-1　普通货运拖车

平车的平台变为车厢则成为棚车、敞车等，这类车通用性好、在货车中的数量也最多。敞车的车体由端墙、侧墙及底板组成，主要用来装运不怕湿的矿石、钢材等散装或包装货物。若在所装运的货物上面加盖防水篷布，也可代替棚车装运怕湿货物。敞车中有一些专用车辆，如具有底门、端门、侧门专供装运煤炭用的煤车，装有半机械化或机械化卸货装置的自翻矿石车等，这些车辆将卸车设备和车辆结构结合在一起。平车加装罐体则可用于装运液体、液化气体和压缩气体等货物，也有少数罐车用来装运粉状货物。为了简化机架结构、减轻自重，又考虑到罐体的刚度比较大，油罐车采用罐体承载的无底架结构。油罐车车体为一卧式圆筒，罐体下侧两端焊接牵枕装置，牵枕装置下连转向架，罐体的自重与载重等垂直载荷绝大部分是直接经心盘传给转向架。

7.10.1.3 货车转向架

货车转向架结构比较简单，转向架的构架或侧架比较粗大以承载较大的载荷。一般仅在摇枕和侧架之间或轮对与轴箱之间设置一系弹簧装置，现代货车的转向架上也安装结构简单的减振装置。基础制动装置一般为单侧闸瓦制动，部分采用双侧闸瓦及其它方式制动。我国使用的货车转向架主要有构架式焊接转向架、三大件式转向架、准构架式转向架三类。构架式焊接转向架采用 H 形整体焊接结构，其轴箱弹簧悬挂、双斜楔摩擦减振、吊滑式制动、心盘承载。特点是弹簧质量小、轮轨作用低，但均载性能不如三大件式转向架。准构架式转向架有两个侧架和一个摇枕头通过定位销及橡胶套组成，采用设置在侧架上的旁承承载结构，轴箱弹簧装置由轴箱两翼的内外弹簧及顶部弹簧、减振斜楔及橡胶块构成，兼具前二者优点。

图 7-10-2 所示转向架主要由轮对通过承载鞍支承起侧架，摇枕的两端与弹簧保持接触状态，轮对内侧对应有基础制动装置。车体通过心盘或旁承支承在摇枕上，摇枕两端支承在摇枕弹簧的上支承面，摇枕弹簧下支承面坐落在弹簧托板上，有侧向力作用时摇枕相对构架产生左右摇动。相对最简单的转向架，该型转向架采用了独特的弹簧托板、摇动座等结构，使之具有更好的横向性能。摇枕上的下心盘与中心销、车架上的上心盘对应，上心盘的突出部分嵌入下心盘，中心销从中穿过防止上下心盘脱离。上下心盘转动实现转向架与车体之间的摆转，减小车辆通过曲线时的阻力。

图 7-10-2 货车转向架
1—侧架；2—摇枕；3—旁承；4—承载弹簧；5—弹簧托板；6—下心盘；7—制动装置；
8—中心销；9—承载鞍；10—轮对

7.10.2 货车制动系统的特色

货车自身配备有基础制动装置，基础制动装置安装在转向架上，要通过一套操作、传递机构才能实现其制动功能。货车的制动系统中实现制动的操控方式有其特色，其中主要体现在人力制动与空重制动调节方面。

7.10.2.1 人力制动装置

货车的基础制动装置集中在转向架上，主要包括动作执行装置与制动闸瓦，拉动执行装置带动闸瓦抱紧轮对，产生摩擦制动作用。操控位于车底转向架上的基础制动装置实施制动作业时，需要通过一套动作传递机构才能对轮对施以制动力。使单节车辆或车组驻车停放的人力制动装置有脚踏式与手动式两种形式，都是将人的操作传递到基础制动装置的操作和传递机构。人力制动装置是供车辆停留或溜放调车用的制动操作机构，一般布置在货车每节车辆的一端。早期的直立型人力制动装置的手轮与传动轴常在装卸货物时被碰弯或损坏，后来多采用卧式手制动机和脚踏杠杆式制动机。

手制动机虽有不同类型但结构形式类似，由手轮、主动轴、卷链轴、手柄等零件构成（图7-10-3）。作业时旋转手轮驱动主动轴转动，主动轴端的小齿轮啮合并带动绕链轴上的大齿轮转动，大齿轮带动绕链机构拉动制动链环，制动链环拉动基础制动装置中的闸瓦抱紧轮对产生制动作用。主动轴上带有离合器与棘轮装置、控制手轮、摩擦片等，主动轴与棘轮棘爪集合组成棘轮摩擦式离合器，该离合器在棘爪与棘轮啮合的状态下，允许主动轴正转和保持制动力。手制动机具有制动、阶段缓解与快速缓解功能，离合器闭合时锁紧棘爪保证主动轴锁止不动，而使得制动状态保持不变。当离合器处于脱开状态时，由于棘轮不受棘爪的约束，小齿轮在链条的拉动下迅速反向旋转实现快速缓解制动功能。

图 7-10-3 手制动操作装置

脚踏制动机由杠杆传动机构、绕链机构、锁紧及缓解机构等组成。作业时脚踏制动踏板，带动杠杆传动机构拨动绕链棘轮转动，棘轮带动绕链机构拉动制动链环。此后的机构与制动方式与手制动机一样，都是连接基础制动装置链环拉动闸瓦抱紧轮对或专用制动轮或轮盘，产生制动作用。此前的机构虽然与手制动机存在区别，但利用棘轮棘爪锁紧使得制动状态不变、棘轮棘爪脱离啮合才能反转实现缓解制动等机构的原理相同。

7.10.2.2 空重载自动调整装置

货车也都安装有行车制动系统，利用压缩空气操控货车的制动装置简单方便，因此货车一般都配置空气制动系统，整个制动系统与牵引机车的供气系统连接。制动系统中的制动气缸安装在转向架上，制动气缸为驱动元件，通过活塞杆的运动拉动基础制动装置。货车的底架上挂载有空气制动系统所需的元器件和控制装置，如存储压缩空气的气罐、贯通于底架的制动主管、串接在管路中的调整阀与传感阀等。由于货车的特点是载货与空车状态的载荷差别较大，使列车的制动效果难以保证，为此制动系统中设计有空重车调节装置，其目的是使制动力的大小与承载重量成对应关系。

空重载自动调整装置主要由调整阀、传感阀等组成，尽管存在不同的形式，其原理基本一致。调整阀与传感阀是调整装置的主要元件，串接在制动系统的管路中，其中传感阀用于制动时测量载重，并通过压力空气驱动调整阀。调整阀的作用是将来自各个路线的压力空气进行操作，控制制动缸内的空气压力，使制动缸的空气压力随车辆载重增加而增加。调整阀的安装要求不严格，传感阀则需要根据车辆的具体结构决定其布置位置。通常在车体中梁的支架上安装传感阀，车辆承载后由于枕簧受压变形，安装在支架上的传感阀随车体下降。在转向架确定一处与轨道的高度不变的地方作为载荷变化的基准，此处与轨道间的间距不随货车有否货物而变化，即与载重大小无关。空载时传感阀的检测元件与基准有一定间隙，装载货物时传感阀随车体一起下移，传感阀的触杆首先与基准接触。随重量的增加传感阀与基准之间的间距变化增大，这一变化反馈到调整阀实现制动压力控制。

7.10.3　特型货车

为了满足运输特殊货物的需要，轨道货运拖车结构与功能也需要变化，如运输重大物体时不仅需要转向架承载能力提高，车体结构也需要与运输能力相匹配。由于轨道行走的条件限制，采用常规结构的车体难以实现重型、特型物体的运输，需采用非常规结构形式，如采用多转向架组合或复合转向架满足行走与承载要求，将车架设计为下凹、中空，甚至两体结构以适应货物的装载。所以产生了如长大货物车等特型货运车辆，这类车辆主要有长大平车、凹底平车、落下孔车、双支承车和钳夹车五种。其共同特点是利用多体结构或配备多组转向架，实现装运各种长、大、重型货物的功能，具体可以分为单体承载与分体承载两种形式。

7.10.3.1　单机体承载长大货车

按照车体结构形式的不同，现有的长大货车中的长大平车、凹底平车、落下孔车存在一共同特征，即用于承载货物的承载部分为一体结构的长梁，只是长梁的结构不同。这些车辆由于承载载荷巨大，因此采用多转向架组合的方式来解决轨道的承载问题。所谓多转向架组合通常由一小底架通过心盘分别与两个转向架连接，然后作为一个单元承载大底架，大底架两端连接在小底架的上侧中部，大底架的载荷通过小底架均匀传递给转向架。两转向架与小底架连接，相当于一小轴距的轨道车辆。大底架的两端通过心盘与小底架连接，形成一多转向架构成的大型轨道车辆。

长大平车的结构形式与平车类似，但由于载重量大使得车架结构纵向尺寸较大。由于转向架的数量增多、小底架的使用，使得常规平直结构的底板面增高。由于受车辆界限的限制减小了装货的净高度，为了解决这类问题出现了凹型车与落下孔车（图7-10-4）。凹型车又称凹底平车，其车底架结构为凹型，两端高起部分与转向架连接，下凹部分用于装载货物，以达到增

图 7-10-4　落下孔车

加净空高度、降低车辆装载重心的结果。虽然凹型车提高了净空高度，但凹底地板面距轨面高度仍较大，装载高大货物时仍容易超限。为此将车架中部制成一个较大的矩形空洞，装载如大直径的汽轮机、电机之类货物时，货物的下部可落装在空洞内，这种车辆为落下孔车。

7.10.3.2 双机体承载长大货车

钳夹车是可装载大重物体的轨道货运车辆，其特点在于分体装载的特殊方式（图 7-10-5）。钳夹车装载货物时不是将货物置于车上，而是对称将车分为两部分，并将物体钳夹在两半车之间。钳夹车运输的货物必须具有足够的刚度与强度，能够承受钳夹产生的载荷。装运货物时货物沉落在两钳梁之间，整个车体及货物通过两端的心盘支承在小底梁上，每个小底梁通过其两端的心盘与转向架相连。空载未装货物时钳梁可收缩，两半钳夹车结合为一辆组合转向架的大型拖车运行。

图 7-10-5　钳夹车两种状态

钳夹车全车分为前后两个独立部分，两部分结构相同，主要由大钳梁、小底梁、转向架、操纵室等部分构成。大钳梁一端连接小底梁，另一端用于装卡货物。小底梁下部连接有多组转向架，其中前车前端、后车后端的端部两组转向架装有车钩缓冲装置、空气和手制动装置，其余的只安装空气制动装置。操纵室设在大底梁上方，室内为总控制台。每部分设置独立的动力装置，每套动力装置由一台发动机及一台辅助电动机组成。柴油机连接液压泵驱动液压系统，有外界电源时可用辅助电机带动辅助液压泵。大钳梁由液压系统操控其动作，通过由支承油缸、支承小车及支座等组成的支承装置完成各种功能，供整车分成两半节时支承大钳梁用，也可用于钳形梁大端调整。钳夹车通常配置导向装置，包括内、中、外三种导向机构，外导向即为侧移动机构，内、中导向主要通过垂直插入或拔出导向销座内的导向油缸，使车处于不同的导向工况，以减小车辆通过曲线时的内移偏移量。

与钳夹车采用两部分组合运输长大物体相类似，利用双支承平车运输长大的货物时也同样用两部分组合成车实现。双支承平车也称双联平车，全车由两节凹型平车组成。在凹型底架的中部设置转动鞍座和卡带，以便固定跨装的机器设备使两节车连成一体。转动鞍座能与底架作相对转动，以利于车组通过曲线轨道。

第8章
非常规广义行走机械

8.1　行走机械的演化

　　"行走"一词首先用于表述人类的运动，通常表示人在大地的支承状态下沿表面移动。其次也扩展用在一些动物和机器上表述移动的含义，其含义也仅限于沿地面或大型物体的表面从一处到另外一位置的与支持表面有接触的移动。随着社会发展与人类需求的提高，行走机械的使用范围与功能都要扩大，行走机械的涵盖范围也更加广泛。行走的含义不局限于传统的表述，行走也变得更广义。广义的机械行走应涵盖有接触与无接触的各种移动，行走方式也更加多样化甚至非常规。相对于常规行走机械，将这类移动方式特殊、异于常规行走方式的行走机械暂且称为非常规广义行走机械。

8.1.1　行走机械的产生

　　行走首先是人类自身所具备的本能，行走与奔跑能力的提高有助于原始人获得更多的生存空间。人类也正是在追求自身这些能力提高的过程中，逐渐认识到器具的作用可以协助人提高能力，行走机械的产生与此紧密相关。早期的人类多沿河而居、依足而行，人们在长期的劳动中通过观察和实践，制造出征服河流的一种工具，也是最早、最原始的水上运输工具——筏，筏的诞生标志着人类早期实践活动取得了重大进步。筏在一定程度上帮助人类提高水上交通水平，但用筏仍无法帮助人类解决陆地上搬运沉重物品的问题。

　　搬运物品靠家畜驮负或靠人手提、臂抱、背负、肩扛或头顶等虽然也行，但这种方式只能搬运重量较轻、体积较小的物品。运输较重、较大的物品只能用多人抬、拖拉或顶推的方式实现，其中拖曳是最便于使用的一种方式。直接拖曳物品不仅可能造成该物品的磨损，而且摩擦阻力也因物体不同变化较大。为减小摩擦、保护物品不受损伤，人类利用树枝、木头等材料经过绑捆、插接等方式制成可以驮负物品的器具——橇，橇下面与地面接触、其上载物，用拖曳方式运输物品。橇是陆用筏，是筏的另外一种体现形式，橇在外力的作用下可实现简单的滑移运动，所起的作用主要是载物。橇在平滑的地面上行进时还比较省力，遇到凸凹不平的地面时仍很费力。由于该运动的阻力受地面条件的影响较大，实际应用受到限制。

人类进而发现把圆木垫在木橇之下，使其滚动而移动上部的木橇更加省力。圆木滚子与木橇的结合可发挥二者各自的优势，利用木橇的驮负功能、借用圆周运动滚动阻力小的优势来实现运输功能。这种结合奠定了一种对人类影响重大的机具产生的基础，这种机具就是行走机械的典型代表——车。车实现行走运动的主体是"轮"，最早出现在木橇下的圆木可以看作原始的"车轮"。车轮是人类重要的发明之一，正是由于车轮的诞生才能出现以圆周运动为基础的行走机械，才使人类能够使用上车这类运输工具。此后在解决各种实际问题的过程中产生了多种行走机器，这些机器结构形式、功用性能可能各有不同，但存在车轮这一共同特征。

以轮为基础的轮式行走装置极大提高了行走机械的行走性能，但对一些特殊路况适应性还不够理想。履带式行走装置在一些特定场合替代轮式行走装置可以获得更好的性能。履带式行走装置由于支承面积大、接地比压小、爬坡能力强、越障性能好等特点，对路况具有较强的适应性，适合在崎岖的路面行走、在松软或泥泞场地作业。轮式、履带式行走装置各有特色，是现代行走机械的行走装置所依据的基本单元。这类行走机械几乎是无处不在，如果没有这两种装置就不存在现代人所无法割舍的车辆与行走作业机械。当然，尽管轮履行走装置的功能强大，仍存在一些不适应的特殊场合，需要采取其它行走方式来替代实现行走功能，因此一些非常规的行走机械被应用，完成一些特殊的行走作业功能。

8.1.2 行走实现的方式与装置

轮式行走装置行走是通过轮子的连续滚动实现移动的结果，当车轮在地面上滚动的过程中，利用轮外缘与地面接触且保证有一处与地面接触。在纯滚动状态下与地面接触处与地面保持相对静止，即与地面之间的相对速度为零。而车轮的其它部位相对地面都处在运动中，但运动速度与方向各有不同。其中轮轴始终处于车轮与地面接触点的正上方，轮轴始终保持平动状态。轮轴承载机体并保持与车体同样的运动，因此整机在车轮滚动时处于平动状态。由于车轮滚动过程中时刻需要与地面有接触，因此当出现断续地面路况时车轮难以接触地面，失去行走支承则无法完成行走功能。履带行走装置是轮式行走装置的发展，它增加了与地面的接触面积，提高了适应不同地况的能力，但也未脱离连续行走的特点，连续行驶的一些不足在其上仍有所体现。

行走运动的最初表现就是人类的依足而行，这一运动的特征是靠腿与足的往复运动实现。这类行走运动的特点是灵活、适应性强，几乎可以在所有路况下进行，但承载能力、承载稳定性与运动速度受到一定的制约。行走能力是速度发挥、承载强度、地况适应等因素的综合体现，而实际中往往是某一方面比较强，另外的方面相对差些。以轮、履为行走装置的主流行走机械，行走的运动轨迹是一条连续的辙迹，这类行走都是以连续路面条件为基础的运动。使用这类行走机械可以提高承载、速度等方面的能力，但轮、履装置的行走机构难以适应需要跨越、攀爬等复杂多变的场合，这也是主流行走机械的机械行走与人类行走之间的不同。为了能够与人类行走相适宜，解决轮、履不适应的场合行走，需要有相应的非常规的步行机构来完成功能。

步行是一种非连续行走方式，以步行方式行走的机械比较少，用在一些定点作业时间较长、移动距离较短的大型设备，这类设备需要有较好的稳定性，而且对移动速度的要求很低。这类步行装置的结构、机构、控制等都难尽人意，只能实现简单运动，要想真正达到或接近与人或动物的程度，可能需要在仿生行走领域有所突破。仿生行走完全颠覆轮履的连续行走方式，更接近人与动物的行走模式。这类行走运动的特点是灵活、适应性强，集合跳跃、飞跨、攀爬的优势，具有可以在各种路况下运动的潜力。仿生行走的机器无论是两足还是多足结构，其行走原理都是断续性质。机器仿生行走的技术虽然在不断进步，但还难以达到接近人和动物的运动能力；相对轮式和履带行走装置，这类装置的承载能力、承载稳定性与运动速度等还仍有差距。

仿生机器的步行机构与传统行走机构相比，在结构与操控方式等方面差别较大。与以轮的旋转运动为基础的轮、履行走装置不同，步行机构行走主要通过机构的往复运动。仿生机器人的行走装置是通过杆件、关节构成的机构，通过机构运动实现行走移动。由于行走运动的不连续性，行走时需要在时序和空间上协调行走机构各元件的关系，以及机器人相对环境的时空关系。仿生步行机器的结构形式、运动过程都期望能够与所模仿的动物一致，但机械结构及运动控制都很难达到真实生物的水平，也同样需要适宜的结构与相应的控制策略才能实施行走功能。仿生机器人在行走机械中所起的作用不大，只是少量应用在个别领域，要大批量商用还有很长的成长之路。

8.1.3 行走功能的拓展

人类发明了车辆开始有了行走机械，早期的车辆主要用于运输，发挥运输功能的车辆只是行走机械的组成部分，现代行走机械涵盖更多功能、也具有更多的用途。移动都伴随着一定的目的，从一地点到达另外的地点都是为了完成某种任务，而且很多时候任务的要求影响着行走机械功用的设定。如要将货物运送到常规环境的目的地，则要求这类行走机械的承载能力、行走速度等，而如果是要通过恶劣地况环境，则更要考虑的是通过能力。会行走的机器已遍及人类生活的各个领域，这些机器自身的结构、构成，以及所体现出的功能、性能不但与最基本的行走装置相关，而且受制约于工作环境条件。

机器实现行走功能很容易，但为什么要行走？在什么条件下行走？则是每一种要实现行走功能的机器设计时所需首先明确的问题，这是行走装置形式选择、参数确定，乃至整机结构布置所依据的基本信息。机器以作业为目的，行走要服务于任务，为了实现特定场合的作业需求，传统的行走装置可以拓展功能适应需求。大量的用于完成特定作业的行走机械，行走不是这类机械的重点而是附属，行走服务于作业或是作业的环节之一，此时要求机器的行走性能要适合作业的需要。通常这类机器带有动力、具有基本行走功能的行走装置，在此基础上为完成特定的工作配备有特定的工作装置。

行走机械应用到不同场合要求具有相应的功用与特征，应用的领域对其行走功用的要求与使用也各有不同。行走机械通常是在常规环境条件下沿支承表面的移动，但是为了特定的作业要求需要组合行走功能，在不同场合应用不同的功能，如架运一体式架梁机在运输与作业过程中所需的行走功能就不同。架运一体式架梁机的行走装置为轮式结构，在运梁行走过程中起行走装置的作用，架梁机为一运输车辆。当架梁作业跨孔行走时，轮式行走装置只起部分作用，需要借助其它辅助装置完成跨孔行走功能。在该机器设计时不但要解决行走装置道路行走功能的实现问题，还要确定架梁作业过程中行走装置跨孔行走时所需的装置，更要合理确定主机结构与行走装置的匹配，以及行走功能的协调转换。

行走机械行走功能的拓展可以借用、借鉴其它行业、领域的成果，结合传统的结构，实现特定的用途，如在厂房车间内运输大件物体的气悬浮搬运器，就是利用气体悬浮原理实现重载搬运。气悬浮搬运器利用气体悬浮作用使机体与所运载的物体悬浮，或减轻驮负物体的机体对地面的压力，从而减小行驶阻力。这种搬运器可以完全脱开传统车辆的形式，但有的仍带有普通车辆的行走装置，这种结构的悬浮搬运器既有车辆的特性又有悬浮的优点，通过发挥各自的优势，可以克服传统行走装置的弱点。利用悬浮作用也是拓展车辆功能的有效途径之一，在技术条件可以达到的条件下，具有悬浮能力的车辆甚至可以实现双态行驶作业，陆空两用车辆就是在这方面的探索。

8.1.4　另类行走方式

伴随行走机械使用领域范围的扩展，必须面对一些特殊环境、特殊作业，行走路况不可能只局限于平坦、行走方位也不限于水平、行走装置也不能仅靠轮履。不同的功用目标对行走机械的要求不同，行走装置甚至整机的结构必须与之相适应。在一些特殊作业环境条件下，为了完成一些特殊的移动功能，当常规行走方式满足不了实际要求时，需要有特殊的行走方式来适应这些特定场合的移动工作。在一些神话故事中所出现的诸如空中漫步、掘洞行走、腾空登顶等现象，随着科技的进步已可以现实，而这些现象的实质也只不过是特殊行走方式的体现，只是与传统的行走方式差别较大，但仍有传统行走的部分因素在内，可视为另外一类行走方式。

行走机械在行走过程中，多数情况下行走装置都是在下侧支承主机，这也要求行走装置接触到支承的表面。也存在另外一类空中移动的交通工具——缆车，缆车吊挂在索道上由钢索牵引运行，虽然称之为车但只是有运输功能，而非真正的车辆。缆车在空中运行与地面不接触，只是通过中间塔架与两端端站间接支承于地面。正是由于其不与地面接触的优势，可以克服地面条件对行走装置产生的制约。缆车已完全脱离普通车辆的行驶特征，独立单体不能实现功能，必须在整个系统正常作业时发挥功能。缆车沿规定线路运送乘客，它具备车辆的运载特性，又具备轨道车辆的某些特征。缆车不需考虑地表状态，能够直接跨越沟壑从低谷到高峰，这一空中行走的优势是其它地面行走车辆所不可比拟的。

凡提到行走留给人们的印象都是在地表的移动，行进的前方虽然可能有不同形式的障碍，但通过跨域、绕行等方式可以通过。但是要在地下无路可行的情况下拓路潜行，则是难以想象的行走。有些动物具有掘洞的本能，掘洞过程的实质是边将掘出的物料向后运输，边向前移动躯体。现代技术已经可以利用机器实现这种掘洞作业，盾构机正是这种掘洞设备。盾构机掘进作业过程中需要移动设备，在地下设备移动是作业的环节之一。虽然这种移动与移动方式与传统意义的行走相差甚远，但从作业机械这一角度审视，这种移动也是行走的另一种方式，这种方式适合在这种特定的环境下前进。盾构机没有专门的行走机构，只是利用油缸的顶推作用使机体前行，前行移动的过程是在机体外周与周围土壤或岩石接触的状态下滑行，在一定程度上具有滑橇运动的特征。

常态行走一般是在水平或接近水平的地面上进行，在倾斜地面行进则比较费力，随着倾斜角度的加大，行走变得更加困难。即使如此，在坡度比较小的情况下采用传统的行走装置，还有可能实现行走功能。但随着支承表面与水平之间夹角的增加，逐渐失去行走支承作用。当表面变成竖直时，已不是下侧表面支承模式，传统的行走已完全失去意义，此时必须以另外的攀爬方式实现。机器在这种情况行走困难，即使对人和动物也是考验。人和动物攀爬时，通过抓抱、钩蹬、黏附等产生的作用力抵消向下的重力，机器攀爬时也同样采用类似方式。抓、蹬需要复杂的机构与控制，机器实现起来相对困难，黏附攀爬是机器比较容易实现的方式。机器攀爬是借鉴动物的能力，利用机械装置实现类似的功能，机器要完全达到理想的攀爬能力，还有很多需要探求之处。

行走机械受到的制约最显现的是作业地况条件，其实地况条件只是环境的一部分，行走机械还必须适应所在作业环境的要求。一般不加特殊说明的行走机械都是用于常规环境条件下，即在人们通常生活或工作的环境下。随着人类活动范围的扩大，需要在一些特殊环境、特殊条件下实现行走功能，此时的行走可能需要以前所未有的方式实现，可谓是非传统行走。当然实现这些不同寻常的行走需要一定的人为条件，必须在当时技术水平所能支持的条件下产生，所以每一行走机器的结构形式都带有一些时代的印迹。

8.2 空气悬浮行走器

气悬浮是利用气体在物体的底部与支承表面间形成气垫，使该物体全部或部分抬升脱离支承表面形成悬浮状态。这一气垫技术应用于运输领域，产生了一类可以不依赖传统行走装置的另类行走机械，这类机械行走时可以不与地面直接接触。比较有代表性的机器是气垫车与气垫船等，其中气垫车主要用在地面条件良好场合的搬运作业，气垫船主要用于水路运输。

8.2.1 气垫搬运车

气垫车作为一种新型的物料运输机具，它采用特殊的悬浮气垫作为重物的承托平台，常作为气垫运输与气垫搬运使用，可以是单机形式、也可是多机组成为搬运系统，已在众多大、重型设备搬运中得到广泛应用（图 8-2-1）。针对各种不同的工作环境以及面对的作业对象，气垫车可以设计成不同的形式以适应各种需求。气垫搬运车是利用气垫悬浮原理搬运物体，工作时车体悬浮于地面上方，与地面之间形成空气膜，使地面和车辆之间的摩擦几乎降为零。将气垫悬浮用于运输器具还必须满足一定的条件，即器具本体及其运载货物的总重量要等于流体所产生浮力的总和。气垫搬运车的核心装置是布置在车体下侧的橡胶气囊，当充入气囊中空气总的压力超过承载重物及车体总的重量时，压缩空气便从弹性的环形囊与地面之间缓慢而均匀地向四周溢出，气囊开始离开地面并且与地面之间形成一层薄薄的空气垫。由于气垫和地面的摩擦力几乎为零，气垫车可以方便地从原地向任何方向移动。

图 8-2-1 气垫搬运车

气垫车主要由承载车体、气垫模块组成的气垫系统、驱动系统、气源系统、控制系统等组成。承载车体为低矮扁平金属结构，其上侧通常为平台用于驮负物体，或根据需要加装支承结构。车体底部安装了用于承载的气垫模块、驱动单元等，车体内还安装空气输入控制装置、输气管等。气垫搬运车的气垫模块是车的核心部件，由一块铝合金平盘及粘接在平盘上的特制环形加强橡胶气囊构成。气垫模块均匀分布在车体下，每个模块的气囊安装有独立的进气调节阀门，气垫车还设有一个总进气阀门，通过输气软管与气源室连接。为使气垫搬运车保持载荷平衡，有的还配备气流感应式自动平衡系统，使供给气垫的压缩空气根据负载大小及重心位置进行自动调整。

气囊与承载垫板构成气垫单元或气垫模块,气垫模块是车辆实现悬浮的装置,根据车辆承载情况确定在车体下侧布置的数量。初始未通入压缩空气时,车体和重物的全部重量通过车架由地面支承。当压缩空气通过管道充入气囊时,气垫模块支承板的中部圆盘开始贴于地面。当气囊被全部充胀后,压缩空气便会透过微细小孔进入气垫模块的底部,形成一个气压腔。随着气压腔内压缩空气量不断增多、气压不断增大,气垫模块便会慢慢地连同其上的车体一起托起悬浮离地,支承板离开地面并与地面之间形成一空气膜。当气垫模块处于悬浮平衡状态时,理想状况下整个系统与地面之间的摩擦力基本为零,此时使用极小的推力便能将车体移动。因此其行走驱动与转向操控所需的作用力小,若处于全浮状态,可利用外力、内部气动力实现驱动与转向,车体上安装的手把及配备的装置用于操纵气垫车移动。图 8-2-2 所示为气垫搬运车气垫与车轮。

图 8-2-2　气垫搬运车气垫与车轮的布置

气垫搬运车的动力通常来自两方面,可以是自带动力的自行式,也可是外来动力驱动。气垫悬浮气源装置主体部分是空气压缩机,它将原动机供给的机械能转变为气体的压力能,通过管道、阀等供给气垫模块。车间内部使用的气垫搬运车,动力气源可以是工厂的压缩空气系统,利用管路连接到搬运车上,当然也可使用移动式空气压缩机组提供气源。这类搬运车多采用传统行走装置与气垫悬浮组合形式,车体下面还有行走车轮支承。利用气垫悬浮承载大部分载荷重量,传统行走装置与地面接触只承受很小的载荷,该载荷作为车轮的附着压力,使其能够发挥牵引与转向功能,可以提高车辆的行驶效率。气垫搬运车行驶在一层薄气垫上,因离地间隙很小要求地面平整无缝,因此这类气垫运输车多用于厂矿、车间内部。

气垫搬运车的离地间隙小,这类气垫一般称为薄气垫。还有一类气垫车的离地间隙大,采用的是浮升高度大的厚气垫。这类气垫车不使用气垫单元,而是在车体底部另装一整体的橡胶围裙形成气室。这类气垫车是自带动力的自行车,气垫车由发动机驱动风机工作,使高压空气通过控制装置输入气室,随着气压和流量增加,车身被气垫力抬升产生向上的位移,导致围裙下部的气流泄漏区域扩大。在围裙内部气压和围裙下部气流间的相互作用下,柔性围裙达到气垫车浮离地面的平衡状态。可用于通过海滩和沼泽地等高低不平的地面,但功耗较大,多用于特殊用途和军事方面。

8.2.2　全垫升气垫船

气垫船是一种利用船舶和水面之间形成空气压力即气垫来支承其重量,使船体局部或全部脱离水面,从而降低阻力实现高速航行的交通工具,气垫船除了在水上行走外,还可以在冰面、平地面行驶(图 8-2-3)。气垫船分为完全脱离水面与不完全脱离水面两类,完全脱离水面的气垫船可以两栖使用。全垫升式气垫船的重量全部由气垫支承，柔性橡胶围裙设于船底周围，防止注入空气外泄。利用大功率风机产生高于大气压的空气充入四周设置柔性橡胶围裙的船底形成气垫，使整个船体在气垫的作用下脱离水面。由于全垫升式气垫船是脱离水面的，因此具有独特的两栖能力，除军用外还用在岛屿、滩涂、冰雪等路面的交通运输与抢险救灾等方面。

图 8-2-3　行进于水、雪中的气垫船

全垫升气垫船的主要航行环境虽然是水面，但这类气垫船对水的依赖程度减小，因此在结构与驱动方式与常规的船舶有较大的差别，气垫船可以靠自身动力产生气垫静悬浮，更接近一种浮动平台。主船体由浮箱、气道、甲板等构成，总体布置呈左右对称形式。船体内布置有推进与悬浮的动力与传动系统、驾驶操控室、运载仓等。气垫船动力装置主要是柴油机和燃气轮机，因燃气轮机单机功率大、体积小、重量轻、加速性能好，能随时起动并很快发出最大功率，在大型气垫船上较多使用，而柴油机在中小型气垫船上使用较多。动力装置主要用于为垫船前进提供推进功率、为垫升提供垫升功率，此外还需一部分功率用于辅助装置、供电等。推进器多为空气螺旋桨，空气螺旋桨多布置在船尾部船体的外面。由于气垫船是依靠气垫支承而脱离支承表面航行的，所以特别要求船体结构重量轻，船体材料大多采用轻型铝合金和轻型钢结构。

气垫船垫升风机的选择各有不同，既有轴流风机，也有离心风机，如俄罗斯习惯于采用轴流式风扇，英国的全垫升船上采用离心风机，我国也广泛采用离心风机。总的来看采用离心风机的趋势较大。大型气垫船的动力装置都在两套以上，分别布置在船体的两侧，既有风机与推进器分开驱动方式，也有一主机同时驱动推进器和垫升风机的形式。美国 SSC 气垫登陆艇采用四台燃气轮机分别布置在两侧，左右舷对称分布，两两一组组合后驱动。每舷纵向布置两台主机通过一个齿轮箱双机并车，然后向前驱动一台垫升风机，向后驱动一套导管空气螺旋桨。中国神州号气垫船采用柴油机驱动，该柴油机可实现前后两端动力输出。柴油机后输出端通过弹性联轴器与传动轴连接，该轴再通过同步齿形带传动到空气螺旋桨轴，带动导管变距空气螺旋桨。柴油机前输出端通过联轴器到离合器，再连接到短轴，最后经弹性联轴器与垫升风机轴连接，实现垫升风机动力的传动。此外可以通过齿轮箱分配一部分动力驱动发电机为全船供电，也可配置辅助发电机或共同供电。

全垫升气垫船有陆、水、空行走能力，垫态航行时依靠围裙垫升系统悬浮在运行表面，航行状态不同于常规船舶，也不同于飞机。全垫升气垫船不同行走工况的差别较大，需要有相应的操纵应对方式，所以操纵手段相当复杂，其最关键的是操向与平衡控制。气垫船航行时必须防止侧漂、翻转、偏向的发生，推进器产生的推力大小、方向发生变化，则可对气垫船操向产生影响，首先必须在推进器推进作用方面实现控制。利用两台或两台以上空气螺旋桨的气垫船，改变两螺旋桨的转速差而导致两侧驱动力不同，使气垫船产生回转力矩。对于可任意摆动的空气螺旋桨装置，不仅可以提供回转力矩，而且能产生侧向力。如果有几个可以摆转的螺旋桨装置，随着每个螺旋桨推力的矢量角的改变，可实现方向与平衡操控，这样操纵性能优良，但结构复杂。图8-2-4所示为螺旋桨驱动与方向舵。

图 8-2-4　螺旋桨驱动与方向舵

　　气垫船大多使用船体浮箱上方的小直径导管桨来提供推力，一般在导管后缘设置空气舵，依靠螺旋桨尾流中舵叶偏转产生的作用力提供操纵作用。舵叶的布置方式不同产生的作用各异，如水平舵是用来调节气垫船纵倾姿态。当垂直舵叶片起作用时产生回转力矩，同时也产生横漂力和横倾力矩。由于空气螺旋桨一般位于气垫船的尾部，若以舵来抵抗侧风，则船易侧滑甩尾，故抗侧风能力差。低速航行时因螺旋桨推力小、尾流速度低，从而导致空气舵效能较差，低速操纵性不佳。为此有的全垫升气垫船采用侧风门设计，气垫船舷侧安装侧风门方式，主要用于改善低速航行时的操纵性。

8.2.3　其它空气悬浮器

　　气垫车与气垫船是不同于常规车辆的行走机械，它是利用高于大气压的空气在装置的底部与支承表面间形成气垫，使全部或部分机体脱离支承表面而行驶。另外利用空气作用能实现悬浮移动的还有其它形式的机器，其中地效飞行器、陆空两用车比较有特色。

8.2.3.1　地效飞行器

　　同是利用空气的作用实现悬浮，地效飞行器的原理与气垫船有所不同。地效飞行器（图8-2-5）飞行原理在于地效作用，即当飞行器飞得特别贴近地面时，它的升力因地效作用

图 8-2-5　地效飞行器

会突然变得比正常情况下要大很多。地效飞行器正是利用地效带来的额外升力，阻挡飞行器下坠。地效飞行器主要在地效区飞行，也就是贴近地面、水面飞行，但要比气垫船与水面、地面的距离大，地效飞行器的航速也是气垫船的数倍。地效飞行器的速度是产生地面效应的关键，必须有大量气流快速流过飞行器与地面之间才能获得向上的升力。

从结构上看地效飞行器在机体两侧有机翼，但机翼较短，其驱动的方式与气垫船有些相似，利用螺旋桨或喷气产生的水平方向驱动力使其向前运动，同时气流在机体下部空间流动产生的地效作用使其上升。通常在机翼前端加一前置导管螺旋桨或涡轮风扇，将高压空气吹入机翼下面，使机翼在不高的速度下也能产生较高的升力。相对气垫船省略了用于产生气垫的大功率风机及在机体下侧的围裙，动力装置产生的气流只向后流动。由于多在水面上航行、起降，形体结构借鉴了船体与飞机结构的部分特征，其下侧形态具有船舶的特征，上部具有飞行器的机翼结构特征。

也有把气垫技术和地效技术结合起来，形成具有综合能力的地效气垫飞行器或地效翼气垫船。它在低速悬停时具有静力气垫，而在高速时具有地效功能。如利用气垫船的气垫系统，使其具有强气垫悬浮功能。船体两侧加装短翼、导管桨前置，不仅可同样产生驱动力，同时也可加强流过机翼下侧的气流，加强地效作用。当然在获得综合能力的同时，也必须处理好功能提高带来的问题，如解决好其重心与气垫压力中心、气动中心不一致所产生的不平衡问题。

8.2.3.2 陆空两用车

陆空两用车是一种既能够在地面行驶，又能够在空中飞行的特种车辆（图8-2-6）。要使在地面行驶的车辆离开地面必须具有足够的提升力，提供提升力可以有多种不同的方式，现在比较主流的是借鉴飞行器的升降方式。借鉴固定翼飞机的车辆加装机翼和尾翼，通过翼面产生的提升力实现飞行。借鉴直升机旋转翼的则在车顶加装螺旋桨，利用螺旋桨旋转产生的提升力使车辆离开地面。陆地行驶与空中飞行使车辆处于不同的支承状态，陆空两用车必须适应陆空两种状态的转换，因此在结构上也需转换。

图 8-2-6　陆空两用车

陆空两用车的实质是道路车辆与飞行器功能的集成，在道路行驶时按照车辆的模式实现功能，车轮与地面之间作用产生驱动力，即使有外力驱动，其行走转向还要靠车轮作用于地面实现偏摆而完成功能。地面行走的这些功能在空中航行状态完全失效，驱动与转向需要采用与飞行器相同的方式。飞行器飞行的关键元素为机翼或螺旋桨，在车辆上布置这类装置必然增加外廓尺寸，对道路行驶又产生诸多不便，因此采用变形的组合式车体，利用折叠机构实现状态改变。

双侧机翼的车辆在道路行驶模式，所有车轮通过悬挂系统接地，此时利用地面提供的附着力完成行驶工作。此时机翼自动从根部和中间向机身后方折叠收起，当两侧边车体收拢时车体外廓与普通车辆相同。飞行模式时机翼便会自动展开，驱动发动机转换为螺旋桨发动机，通过短距离滑跑后便可升空。同样车上带有螺旋桨的两用车要飞行时，车身顶部的螺旋桨自动展开，车身后部的尾翼推进器自动向后伸出，变成一架小型直升机。为了简化折叠与伸缩的动作，也有组合使用多个小型螺旋桨以提高旋翼升力的，在车上对称布置多个螺旋桨保证对提升力的需求。

8.3　运架一体架梁机

架梁机是一种将预制桥梁梁体安装在桥墩指定位置的一种专用机械，主要用于桥梁架设中混凝土箱梁的运载、就位等作业。架梁机架梁作业中能够借助已铺设的桥梁沿纵向跨孔前行，即能从一桥墩自行移到下一桥墩。架梁机结构形式多样，其中架运一体式架梁机能独立完成吊梁、运梁、架梁和过孔作业，因其功能多、适用性强而应用越来越广。

8.3.1　架梁机作业原理

在架桥作业中一般要涉及提梁机、运梁车、架梁机三大设备，它们相互配合、独立作业。其中提梁机在制梁场中使用，作用是将混凝土箱梁提起并装载到运梁车上。运梁车在梁场与待架梁的桥址之间执行运梁任务，实施架梁作业的是架梁机。而运架一体式架梁机则把三者各自的功能合并，成为集提、运、架多功能为一体的多用设备。形式多样的架梁机的统一之处在于过孔行进，过孔行进是架梁机所独有的桥墩间大跨度跨越行走功能。按跨越行走的过孔方式，架梁机分为导梁和无导梁两类。

8.3.1.1　导梁架梁机的行进原理

架梁机基本结构形式为有前后支承的纵架，前后支承既是支承又是行走装置。纵架上配置有起重吊机，纵架是承载主体也是吊机的运行轨道。导梁式架梁机除此之外还有一专用装置——导梁，布置于纵架前端的导梁吊机用于配合导梁过孔。导梁架梁机从一桥墩跨越到下一桥墩的过孔作业，是利用导梁的辅助作用完成整体行进的。导梁是导梁架梁机的主要构成部分，是架梁机过孔的支承装置。导梁式架梁机行进特点是利用放在前方桥墩上的导梁，形成架梁机的过孔轨道梁，架梁机在辅助支腿支承下沿导梁过孔。架梁机架桥作业跨越行走包括主机的过孔和导梁过孔，首先使导梁先行过孔形成主机过孔轨道梁。主机在辅助支腿和后支腿支承下沿导梁向前移动，使辅助前支腿到达下一桥墩。预制梁的架设与过孔作业同时进行，导梁过孔后着手铺设预制梁。当将预制梁与桥墩对正落梁就位后，架梁机具备继续前移的道路。前部的导梁与后部新铺设的预制梁，分别成为架梁车前后行走装置行驶的支承路面。图8-3-1所示为导梁架梁机。

架梁作业时架梁机立于桥头的路堤，前端对准桥墩并与桥墩布置方向一致纵向停放。前吊梁吊机后移吊起导梁尾部，架梁机辅助支腿与导梁配合。导梁吊机后移吊起导梁前端，与

图 8-3-1　导梁架梁机

前吊梁吊机共同吊起、同步前移导梁与前支腿，行至导梁中心位于稍后辅助支腿处停止。导梁吊机放开导梁返回初始端继续作业，此时导梁吊机在接近导梁的中部再次吊起导梁。与前吊梁吊机及辅助支腿继续配合，拖动导梁时前支腿移至前方桥台。吊机下降吊具使导梁前支腿支承于桥台上，完成导梁过孔后导梁天车回退至辅助支腿处。辅助支腿肩负着前部行走装置的重任，辅助支腿与前支腿交替动作，实现架梁机前部架梁作业与行进状态的转换。辅助支腿在架梁机移位过孔时起到临时支承的作用，在导梁移位时起到吊运作用。辅助支腿包括上下横梁、伸缩节与顶升油缸等，是架梁机起升下降工况中的前支点，也是重要的调整装置。在下横梁下部装有被动行走台车和纵移动力装置，在被动台车下部还装有反扣在下导梁上翼缘侧边的导轮，用于在下导梁移位过孔时夹持下导梁前移。

8.3.1.2　无导梁架梁机行进原理

导梁架梁机跨越行进时借助导梁的支承完成，无导梁架梁机则是架梁机直接过孔。无导梁架梁机同样由主梁、支腿和起吊装置等部分组成（图8-3-2）。无导梁架梁机的主梁长于导梁架梁机，过孔作业时一般均呈悬臂状态。无导梁架梁机的主梁通常有前中后三组支腿支承，有的在尾部还配有一组可翻转的辅助支腿。前支腿主要用作支承作用，中后支腿还需有行走功能，能实现自驱动行走。也有将后支腿支于运梁车上，运梁车向前行驶推动架梁机主梁向前移动。在作业时前支腿支于桥台上，中、后支腿支于路堤或铺好的预制梁上，运梁车驮运预制梁从后端进入架梁机下侧。两提梁吊机调整至提梁位置，前后同时安装吊具同步提梁。两提梁吊机同步提梁行走至前跨桥台之间，对准桥台同步落梁。箱梁精确定位后解除吊具，提梁吊机转移至主梁尾部用作配重。当在已铺设的桥面用于架梁机行走的道路准备完毕后，中、后支腿转换为行走轮支承状态，并使前支腿脱空，架梁机准备过孔行走。架梁机向前行走一孔到位后前支腿支承于墩顶，桥梁上的中后支腿改变行走为支承状态，开始新一轮架梁作业循环。

图 8-3-2   无导梁架梁机

运架一体架梁机作业原理与流程与单一功能架梁机类似，运架一体机具有取梁、运梁功能，能够将预制梁提起并吊挂在主梁的下侧。通常情况下运架一体机携预制梁至待架孔前，调整位置、对正前行方向后停止。将主支腿和辅助支腿转换为支承状态，并将主支腿对正桥墩合适位置，使主支腿就位并支承于墩顶上。逐渐降低前车悬挂高度使前行走部分脱空，此时已由运输状态转换至架梁工作状态。由后行走装置及主支腿驱动装置推动整机前行，当辅助支腿到达待架孔前方桥墩支承位置时停车，然后将辅助支腿就位、支立稳固。使主支腿脱离支承桥墩，起动主支腿前行驱动机构使主支腿前行接近辅助支腿，当主支腿移至待架孔桥墩到位后支承好主支腿。收缩辅助支腿脱离支承状态，驱动携预制梁的整机前行，当预制梁到位后前后吊机同时落预制梁就位。脱开吊具、后车驱动整机后移，直到前部行走部分完全进入已架箱梁顶面。前车悬挂略微顶起使主支腿脱离桥墩，调整固定好支腿及辅助支腿，整体转换至运输状态。一孔架梁施工循环完成，而后正常行驶返回梁场，开始下一梁的运输与架设。

8.3.2   无导梁运架一体架梁机

运架一体架梁机（图 8-3-3）能够集架桥、提梁、运梁功能于一体，设计上必须充分考虑功能实现的方式以及相互影响，不同机型在结构上虽有一定的区别，但总体构成基本相同。该类架梁机以纵向主梁为结构主体，其上布置起重吊机、支腿等装置，下侧由两组行走装置支承。具有多轮重载运输车辆的行驶特点，每组行走装置都相当于一辆多轮重载运输车；又有起重机械的特征，主梁在前后行走装置之间布置有用于吊挂预制梁的起重装置。

图 8-3-3　运架一体架梁机

8.3.2.1　架梁机主梁与行走装置

运架一体架梁机整机采用纵向主梁的结构形式，金属结构的主梁、主辅助支腿、行走装置是其实现行驶与过孔功能的基础构成。其中两组行走装置用于移动、支腿用于架桥作业过程的支承，主梁是架运一体机的主体机架，也是吊装、移动预制梁的承载梁架。主梁的前部布置有可摆动的辅助支腿固定于主梁前端，主梁的下部连接有可沿梁前后滑动的主支腿。主梁下部有主支腿托辊轨道及吊挂轨道梁，用于实现纵向移动主支腿与主梁在主支腿支承下行走。在前后行走装置之间的主梁下侧或侧面，布置有起吊预制梁的台车系统。运架一体机前后行走装置均由多组独立驱动行走单元组成，其作用分工有所不同。前部行走装置左右轮胎内侧空间必须大于主支腿外形尺寸，以保证主支腿支承时整机跨越主支腿过孔行走，后行走装置在运输、架桥作业过程中均需发挥驱动作用。图 8-3-4 为运架一体机在架桥作业。

图 8-3-4　SLJ900/32 型运架一体机架桥作业

在运输工况运架一体架梁机前后行走装置均起作用,在运输过程中实现行走功能。在架桥作业时,前行走装置则需脱离行走状态不起作用,后行走装置发挥驱动作用。前行走装置布置在辅助支腿后部,以主梁为中心对称纵向布置行走单元支架,每个支架由数量相同的行走单元支承。支架上侧有横向梁与主梁连接,使得前行走部分的结构为门架形式。由于主支腿需要沿主梁穿过前行走装置前后移动,门架结构需使内部空间大于主支腿外形尺寸,保证主支腿支承时整机可跨越主支腿过孔行走。后行走装置由于其安装在主梁的尾部,其结构形式与前行走装置可以有所不同。前部行走装置采用刚性法兰与主梁连接,后行走装置与主梁的连接方式也可以采用铰接结构,上横梁通过球铰支座支承主梁后端。行走单元采用液压悬挂,调节液压油缸的升降使轮胎适应不平路面。当行驶在不规则路面上时,操纵油缸可调节车架的水平与高低,实现整车总体水平行走。

8.3.2.2 主辅支腿装置

运架一体架梁机作业时支腿装置起固定支承作用,而主辅两支腿的作用又不尽相同。辅助支腿采用门型立柱结构,固定在主梁的前部,是一个带有销轴连接的、整体可翻转的、可液压伸缩的框架。上横梁固定安装于主梁前部,可伸缩的双立柱与上横梁铰接,通过液压油缸的作用可绕上部销轴旋转。主支腿为活动腿,是架梁时的主要支承,其结构形式为下端铰接,上端为滚动支承的构架结构。当辅助支腿处于支承状态时,通过压轮挂在主梁耳梁上的主支腿,利用压轮上所安装的电机驱动主支腿沿主梁纵向移动,实现支点位置转化。主支腿构架上方在主梁两侧与主梁间设有支承托轮、压轮和水平轮组成的支腿轮系,保证支腿与主梁间可以承受足够大的载荷,进而保证主支腿在墩台上的支承能力。图 8-3-5 为运架一体架梁机主辅支腿。

图 8-3-5 运架一体架梁机主辅支腿

当主支腿处于支承状态时前部行走装置悬空,后部行走装置驱动整机前行,此时机体主梁在主支腿上方轮系间滚动滑行前移,实现运架一体架梁机作业行走。通过主辅支腿功能转换技术,运架一体架梁机实现了无导梁支持的架梁模式。主梁下部行走轨道支承在托轮上,压轮与主梁耳梁预留间隙。当三角形构架绕主支腿底部铰点转动时,压轮和主梁耳梁接触受力,水平轮在主梁纵向移动时起到导向作用。托轮、压轮和水平轮组成的支腿轮系为主机过孔提供抗倾覆滚动支承系统,抵抗过孔产生的倾覆力矩。这种机构能使主支腿自稳定于墩顶,无需采取锚固措施。

8.3.3 导梁式运架一体架梁机

运架一体机同样有导梁式与无导梁两类，导梁式一体机由运架主机和下导梁机两大部分组成，运架主机和下导梁是分离的两个部分，在过孔架设时相互配合协作。相对无导梁架运一体机，其中架梁机主体部分结构得到简化，用于支承的支腿部分转化到导梁上。

8.3.3.1 主机结构与过孔方式

导梁式运架一体机（图 8-3-6）的主体结构可以简单抽象为两横向布置的门架支承在纵梁的两端，每个门架的下部左右对称平行布置行走装置的支架，每个支架由具有多组独立驱动的行走单元支承。这些行走单元集中在门架下侧，自然形成前后两组门架形式的行走装置。由于导梁较长，吊挂的导梁还要通过行走装置门架下侧，支架之间距离要保证左右行走轮内侧间距大于导梁及其上附带装置的宽度。前后行走装置间具有足够的纵向空间用于吊挂预制梁，用于起吊导梁、预制梁的起重装置对称布置在纵梁的两侧。前后两组行走装置的形式接近但要求有所不同，后部的行走装置实现支承机体完成行走驱动功能，而前部的行走装置不仅如此，要与导梁上的纵移小车配合，使小车承载主机的部分重量，保证小车能够发挥足够的驱动力，驱动导梁跨孔移动。

图 8-3-6 导梁式运架一体架梁机

开始架梁作业前，运架一体架梁机吊着下导梁机运至待架的桥头，调整位置正确后将导梁放在摆好的滚轮上，吊在导梁前端的支腿放在墩台上并锚固。运架梁机行至导梁前并与导梁对正，再略前移使前轮组跨骑于导梁的纵移台车之上，运架梁机前轮组悬挂油缸收缩提起轮组离开地面，使纵移台车承载。运架梁机后行走装置制动，纵移台车主动轮反转驱动导梁纵移，当导梁前行至准备架梁位置时，导梁后支腿与桥墩锚固。导梁在桥孔上就位妥当后运架梁机与导梁解脱，退返制梁场取预制梁并回运到桥上。吊挂混凝土预制梁运架梁机的前部与纵移台车连接好，并使前轮组脱空。运架梁机后轮与导梁上轮轨式纵移台车同时驱动，并携混凝土预制梁前移至待架孔位上方。运架梁机后行走装置制动，导梁后支腿缩起脱离墩顶面，其上纵移台车主动轮反转，驱动导梁纵移过孔让出落梁空间。落梁后运架梁机后轮驱动后退至运架梁机的前行走部分到已架梁桥面，解除其与纵移台车的连接，运架梁机即可退回梁场去取梁。架完最后一孔的梁后，运架梁机行至下导梁中间上方，吊起导梁运至下一个架桥工地。

8.3.3.2 导梁装置

导梁是导梁式运架一体机的一部分，其实也是一台包含机电液的复杂设备，由主梁、支腿、纵移台车、支腿吊挂架、支腿牵拽装置等构成。导梁以主梁为主体，其上侧布置有纵移台车，下侧连接有前、中、后等多组支腿，一端还布置有支腿牵拽装置。主梁为单根钢箱结构梁，为纵向分段拼接而成的长梁，其纵向长度要能跨过两孔的距离。导梁主梁上盖板两侧铺有钢轨，作为纵移台车的运行轨道。纵移台车的作用是承载与驱动，实现行走驱动的动力来源于主机，需与后行走驱动液压系统相关联。纵移台车托载运架梁机前行走装置的下横梁，与架梁机的后行走装置的驱动轮共同作用，实现整机纵移过孔、架梁就位，这个过程必须对前后行走实行同步控制。当运架梁机后车制动后，导梁上的纵移台车驱动轮反转，可驱动下导梁机向前方移动，正转则可使下导梁机向后移动。

支腿为空间刚架式结构，且其上部两侧装有被动滚轮组机构，以作为主梁的滚动支承，使前者可沿着后者做纵向移动。同时在滚轮机构上还装有被动挂轮组，钩挂在主梁下盖板两侧飞檐上，可以使有关支腿沿着主梁往返移动。支腿吊挂架的上方配有可以前后移动的小型吊机，用以吊起和依次排列暂时不用的支腿。导梁机主箱梁前端腹内装有卷扬机用以支腿牵拽，牵引带有挂轮的支腿来回移动到指定位置，包括牵拽暂时不用的支腿移到吊挂架下。全部支腿立柱均装有伸缩液压缸及横移液压缸，以满足高度水平调整和横向对位的需要。

8.4 空中索曳缆车

行走在平坦的路面上比较容易，而要在坡度较大的地况条件下实现传统意义上的行走就是比较困难的事情。为了解决这类问题，人们采用了另一类索曳行走方式，由驱动机带动钢索牵引车厢沿着有一定坡度的轨道运行，实现人员、物质的运输。这类具有特定运输功能的机械，因由钢缆拉动车厢运动而被称为缆车。行驶在地面轨道上的缆车对地面的依赖性较大，难以克服高度起伏变化突兀的地况，也无法跨越沟壑。因此空中缆车具有更多的优势，空中缆车的车厢运行在悬空架设的索道上，其特点是在一定距离内按固定轨迹悬空运行，只能在两端及中间规定好的站点起停。空中缆车能够解决传统行走机械无法解决的大距离跨越与大坡度状态运输问题，通常作为风景游览区、工矿区的交通工具。

8.4.1 空中索曳缆车的构成

空中缆车行驶不依赖于地面支承，可以跨越地表障碍、对自然地形适应性强，是一种用于其它交通工具难于行进的地方的一类特殊运载工具。空中缆车由钢索牵引、沿索道运行，是一个相对独立的特殊交通系统——架空索道。

8.4.1.1 架空索道的形式

架空索道是一种将钢索架设在支承结构上作为缆车运行轨道的一种运输系统，架空索道可分为往复式与循环式两类。往复式索道爬坡力较强，所以用于运距短而高差大的地况条件，主要用在跨越江河、峡谷等场合。循环式索道相当于一个被拉长的无端点的环，长形环的两端套在驱动轮及迂回轮上运行。驱动轮带动钢丝绳运转将缆车由起点带到终点，经迂回轮到另一侧后又回到起点，如此循环实现运送作业。依据支持及牵引缆车的方式不同，索道可以是单线，也可以是复线。单线循环式索道在线路上只有一根称为运载索的钢索，同时起承载和牵引作用。复线索道由承载索和牵引索两种索构成，承载索在线路上平行架设在支架的两侧，牵引索带动车厢沿承载索连续运行。其中用作支持缆车重量的承载索固定不动，用于拉动缆车的牵引索与缆车一起运动。

索道系统主要由驱动站、迂回站、索具、运载工具和支架轮组等部分组成，既有固定设施又有移动设备。驱动站站内首先要布置用于驱动的动力装置，索道运行通常采用电机驱动。为了能够使索道系统实现安全、方便的装载、卸载功能，配置在站内的装置还要实现索道的张紧、制动、脱挂等功能。迂回站内布置有迂回轮，运动的钢索绕过迂回轮返回驱动站。驱动站、迂回站分别设置在索道的两端，站口用导向轮或压索轮将运动的钢索压至水平导入驱动轮或迂回轮。固定设施可分为站内设施和站外设施，站外设施主要就是塔架及其轮组（图 8-4-1）。由于索道是架空在地表之上，因此必须有相应的支承装置使其高于地表。在索道的沿路中每隔一段距离竖立一承托钢索的塔架，塔架的顶部安装有支承缆索的支架和轮组。轮组是环绕式索道的重要部件，有托索轮与压索轮之分。托索轮与压索轮结构相同，轮槽衬有耐磨材料，二者仅需反装，各自成组使用。轮组设有防运载索跑偏的安全装置，如防内跳用挡板结构，防外跳有捕捉器，并装有 U 形针开关。当缆索将 U 形针打断，索道系统紧急停车。图 8-4-2 所示为端站设施。

图 8-4-1　塔架及托、压索轮组

图 8-4-2　端站设施

8.4.1.2 车厢与缆索的接合

空中缆车运载功能体现在缆索与吊挂的载体上，缆索通过吊接架带动缆车车厢运行。吊接架上接缆索，下联吊厢、吊篮等载体，并将载体的重量上传给缆索。其与缆索联系的方式依据缆索系统承载方式而不同，主要有用抱索器直联式和小车运行式两类。直联式对应于运载索，小车方式对应于承载索。抱索器是空中索道所特有的装置，是用于吊厢、吊篮等与钢索连接的装置，形式多样的抱索器分为脱挂式和固定式两类。固定抱索式缆车（图 8-4-3）平均分布在整条钢索上，钢索以固定的速度运行。正常操作时不会放开钢索，所以同一钢索上所有缆车的速度都一样。固定式抱索器工作原理是依靠预压缩的弹簧使内外抱卡之间产生夹紧力将钢索夹住并随之运行，为了减少在驱动轮上迂回时运载索承受的弯曲应力，抱卡较薄，钳口较短。抱卡的两端装有导向翼，是为了顺利通过支架托、压索轮组的需要。

图 8-4-3　固定抱索式缆车

脱挂式抱索器（图 8-4-4）也称开放式抱索器，其原理与固定式抱索器原理相近，但为

图 8-4-4　脱挂式抱索器

了实现脱开与挂接钢索，增加启闭辅助装置。为了便于脱开后在轨道上行走，安装有滚轮等装置。脱挂式抱索器与站内的驱动系统和脱挂轨道相配合，可在站内实现缆车脱开高速运行的钢索，使吊厢降速以方便乘客上下。脱挂式抱索器以弹簧控制的抱钳扣握在钢索上，当缆车到达站点后抱索器扣压钢索的抱钳会在脱挂同步装置作用下放开，缆车脱开运动的钢索而减速。当新的乘客进入吊厢离开车站前，缆车会被站内机械驱动系统加速至与钢索相同的速度，同时抱索器上的抱钳紧扣钢索实现挂接，挂接之后的吊厢随钢索离开并以与钢索同样的速度在索道线路上运行。

脱挂同步装置是带脱挂式抱索器的循环式索道吊厢进出站的关键设备，包括抱索器开闭装置、加速同步装置、吊厢运行轨道等，其作用是使站外高速运行和站内低速运行之间完成过渡，保障吊厢脱挂索准确、运行平安。脱挂抱索器进入站内的轨道后，抱索器的行走轮与行走轨道接触，轨道系统的轮胎摩擦轮带动抱索器在轨道上运动，当抱索器运动到指定位置时，摩擦板压缩抱索器弹簧，并通过内外卡之间的转动配合实现抱索器的脱开与挂接。加速同步装置是一组按既定要求，以不同转速旋转的充气轮胎组构成的装置，轮胎将抱索器上的摩擦板压住，利用轮胎组的转动强制拖动吊厢按一定的加速度前进。轮胎的驱动既可以利用运载索在站口的托索轮带动，也可采用电机单独驱动。加减速的前方有一段为等速段以确保速度一致，避免抱索器和钢索之间产生速度差而磨损以及引起吊厢摆动，抱索器从钳口开始闭合或打开到夹紧或松开一直与运载索等速运行。

8.4.2　空中缆车的驱动与行走

空中缆车的行走驱动方式与其特殊的索引轨道环境相适应，驱动以摩擦驱动为主要形式，利用摩擦驱动实现钢索牵引。空中缆车的行走部分简单，甚至可以不存在传统意义上的行走装置，行走装置只是在有承载索时或在站内运行时具有意义。

8.4.2.1　牵引索的驱动

空中缆车驱动系统主要由驱动部分、张紧装置和安全制动装置所组成。电机通过减速器带动驱动轮，驱动轮的轮槽环绕运载索钢索，驱动轮提供支承并传输动力，张紧系统提供运载索的张紧力，保证钢索与驱动轮槽之间具有稳定的摩擦力。驱动分主驱动、辅助驱动和备用驱动，主驱动为索道正常运行提供牵引力，辅助驱动和备用驱动均是从工程安全角度考虑的冗余驱动。在主驱动出现故障后，辅助驱动代行其功能。当主控制系统断电或出现故障时，备用驱动可将索道上的吊厢低速拉回站内。有的空中缆车采用双运载索形式，此时需要同步牵引或双牵引。双牵引驱动有两个相同直径的驱动轮分别驱动两条索同步运行，在两驱动轮之间装设行星式差动机构起微调作用，使牵引索的张力达到基本相同。图8-4-5为双运载索缆车。

制动器的主要任务是在紧急停车、工作停车时使索道保持静止状态，以及在一些特殊情况时调节牵引索的速度。通常驱动主机上配备两套以上不同结构的制动器，并且制动器能单独制动。作为索道正常制动的工作制动器一般安装在高速轴上，通常在电机与减速器之间装设工作制动器，采用液压或电磁制动器。有的在驱动电机轴上安装两个制动器，工作制动时先使用一个制动器，然后借助延时继电器或程序控制第二制动器工作。紧急制动器也称安全制动器，通常安装在驱动轮上直接对驱动轮制动。有的在驱动轮上的盘式制动器上设多对闸瓦，可以作为工作制动、安全制动和紧急制动用。

图 8-4-5　双运载索缆车

8.4.2.2　索道行走装置

对于一条无级单线运载索系统,缆车用于装载的吊厢等距离挂接在钢索上,单线运载索中的运输载体通过抱索器连接运载索,钢索套在两端的驱动轮及迂回轮上,驱动轮带动钢索运转,线路中间支架上装的托索轮或压索轮依地势变化将钢索托起或压下,将吊在索上的吊厢等装载体由起点带到终点,再经迂回轮到另一侧后又回到起点循环往复。单线运载索担负牵引并承受垂直载荷,不存在用于支承垂直载荷的行走装置。双线式索道则不同,是通过行走在承载索上小车的车轮作用于承载索,承载索只是运行小车的轨道,用于承受车厢的垂直载荷,行走驱动由牵引索完成(图 8-4-6)。

图 8-4-6　复索缆车

这类空中缆车的运载部分通常由运行小车、吊架和车厢部分组成,运行小车的功用为被牵引沿轨道行走。吊架是连接小车与用于装载的箱体部分之间的连接装置,上部与运行小车相连,下部与缆车箱体铰接,其结构与形式取决于索道与缆车箱体的结构。吊架的高度取决于最大坡角,纵摆时不会触及承载索、托索轮等。用于装载的车厢部分根据不同的需求形式各异,可以是吊厢、篮、椅等不同结构形式。

运行小车(图 8-4-7)由偶数个轮用平衡梁架组装而成,车轮可保证载荷均匀分配并绕小车中心大轴回转,车轮的数量由载荷大小决定。小车的结构与承载索的形式相协调,单一

图 8-4-7　行走小车

承载索的小车的车轮为纵向依次排列，小车的两端安装防止车轮脱轨的导向装置。对于双承载索的小车（图 8-4-8）更接近传统车辆的结构形式，左右两排轮分别与两承载索结合，轮数量相同、左右结构呈基本对称。牵引索可以与承载索平行布置，也可在小车的下部牵引。小车上安装有制动器，在运行时牵引索一旦断裂，制动器能迅速抱紧承载索而迅速停车。

图 8-4-8　双承载索缆车

8.4.3　地面索引车辆

在索引运输系统中还存在一类与地表接触的索引机械，这类机械通常行进在坡度较大的地况条件，也是利用绞车及钢索牵引车厢沿轨道移动。这种运行的特点在于车辆沿着地面轨道行驶，而车辆的驱动由钢索牵引完成。比较常用的是以普通轮轨为基础，把车体支承在地面轨道上，在两根铁轨之间设置一个槽道，槽道中安装了缆索，缆索带动车厢运行，这类车又称为地面缆车，使用的轨道通常称为缆索铁路（图 8-4-9）。地面缆车通常在陡峭路轨上牵引行走，缆车的动力装置放在车站内，车上的设施很简单。缆索铁路非常适合攀爬非常斜的山坡，常建于山区用以运送人员和货物，缆索铁路一般使用两条完全独立的线路，在中间通过设置分叉口供两辆车交错行驶。

地面缆车结构简单者直接与牵引索相连，通过钢索带动缆车运行。有的车厢中安装了一

图 8-4-9　地面缆车

种嵌套装置，通过操作使缆车上的嵌套装置与地面槽道中的缆索相连。车上还有导向作用的压绳轮、托绳轮，可以防止牵引索抬高时车辆脱轨，又可以避免牵引索摩擦底板，从而适应起伏变化的坡道。对于有转弯的轨道，可以利用这些装置实施转弯引导和导向作用。牵引索通常为钢丝绳，钢丝绳的牵引力来自由电动机驱动的牵引绞车，可以是有极绳滚筒式绞车，也可是无极绳摩擦轮式或其它特殊形式绞车。由于多在坡路行驶需要考虑索缆断裂时实施轨道制动，轨道制动器制动可以自动抱紧钢轨以保证安全。在轨道制动器动作同时，要求驱动装置和控制系统采取相应的停车等措施。

　　为了能够加强爬坡能力同时有效防止车辆脱轨和翻车，地面缆车还可以加装卡轨装置成为卡轨车。这类行走装置除了有垂直承重行走轮外，还装有水平导向滑轮。行走轮在轨道的上端面行走，被称为卡轨轮的水平滚轮装在车架底部，在槽口内滚动使行走轮不脱离轨道。卡轨车所用轨道是一种专用卡轨车轨道，除要承载卡轨车、起导向作用外，还要能保证卡轨车实现闸轨制动。卡轨车用的轨道多用槽钢制成，也有用普通钢轨或异型钢轨制成的。索引卡轨车几乎可在任何坡度上运行，这是索引卡轨车的优势所在。索引卡轨车对于大坡度运输适用性好，因此在矿井斜巷运输得到应用。

　　索引卡轨车运输系统可分为轨道索引及列车车辆两部分，轨道索引为车辆行驶提供条件，后者实现行驶及运输功能。轨道索引部分包含了车辆以外的全部，有轨道、道岔、轨枕这些为车辆行驶提供支承的基本构成，还有在车辆运行过程中迫使钢丝绳与轨道保持相对位置的导绳、压绳与托绳轮组，轮组也用于保持从绞车出来的钢丝绳顺利导入轨道系统。绞车、钢丝绳及张紧装置更是索引不可缺少的装置，张紧装置安装在绞车附近。绞车布置在轨道的一端通过钢丝绳带动车辆行走，绞车上配置有紧急制动装置，可直接作用于驱动钢丝绳的牵引滚筒轮缘上以保证制动可靠。轨道的另一端布置有回绳轮，钢丝绳经过该轮回返。

　　卡轨车车辆部分按其功能分为基本运输车辆、牵引车等，其中牵引车是必不可少的部分，运输车辆则是根据运输任务临时组合配置。牵引车是车组中唯一与牵引绳索连接的车辆，它的主要结构特征是在车底架上装有固定绳的楔形绳卡，整个行走系统牵引钢丝绳的两端固定在该车辆上，绞车的牵引力经钢丝绳传递给牵引车，牵引车再带动其它车辆运行。为适应运输距离的变化需调节绳长，因此在牵引车上装有储绳筒，多余的钢丝绳缠绕在储绳筒上。牵引车上配置有制动装置，制动装置也有布置在一个独立车辆上的称之为制动车。独立制动车运输时挂接在列车的下方，即上行时挂接在列车运行方向的后方，下行时在前方。

8.5　地下隧道盾构机

挖掘地下隧道的盾构机是用盾构法开凿隧道的一类掘进专用工程机械，具有切削土体、输送土碴、拼装隧道衬砌、测量导向纠偏等功能。盾构机在地下掘进时沿隧洞轴线边向前推进，边对土体进行挖掘形成隧洞。盾构机在盾构支护下进行地下工程暗挖施工，不受地面交通、河道、气候等条件的影响，现已广泛应用于地铁、铁路、公路、市政、水电等隧道工程建设。盾构机在地下掘进作业过程中整机移动方式与传统行走模式差别较大，是一类特殊的地下行走机械。

8.5.1　盾构法与盾构原理

盾构法是在地面下的土层或松软岩层中暗挖隧道的一种全机械化施工方法，基本原理是用一件有形的钢质组件，沿隧道设计轴线全断面挖开土体而向前推进。施工时在开挖面前方用切削装置进行土体开挖，通过出土机械将渣土运出洞外，靠液压装置顶在后部加压顶进，并拼装预制混凝土管片形成隧道结构。这个钢质组件被称为盾构机，在初步或最终隧道衬砌建成前，盾构机能够承受来自开挖地层的压力并防止地下水或流沙的入侵，保证作业人员和机械设备的安全。采用盾构机挖掘时首先需在预挖隧道的一端建造竖井或基坑，以供盾构机安装就位。盾构机从竖井或基坑的墙壁开孔处出发，在地层中沿着设计轴线向另一竖井或基坑的设计孔洞推进。盾构机在无路可行的地下环境如同虫钻孔那样掘土前行，行走的过程改变了环境状态，其行走又必须依赖这种环境条件。盾构机行进与掘进并行，行走只能前进而不能后退。

盾构机（图 8-5-1）是一种掘进机，在用机械能破碎隧道掌子面并保持掌子面稳定的同时，随即将破碎物质向后连续输出，利用盾构获得预期的洞型与洞线并保障作业安全。盾构机为圆形或其它特定形状的钢筒结构，具有掘进、出碴、导向、支护四个基本功能。盾构机掘进时，安装在盾构机前面的切削刀盘旋转切削正前方的土层，同时开启盾构机推进油缸将盾构机向前推进。随着推进油缸的推进、刀盘的持续旋转，被切削下来的土体进入刀盘后面的开挖舱内，由安装在开挖舱下面的螺旋运输机及后续输送装置将渣土排出。盾构机行进的驱动力来自液压油缸的顶推作用，推进油缸作用于已拼装的预制隧道内衬砌上。推进作用力通过盾构尾部已拼装的预制隧道内衬砌结构，最终作用到竖井或基坑的后靠壁上。盾构机每推进一个工作行程，即掘进一环的距离后，就在盾尾支护下拼装一环衬砌，并及时地向靠近

图 8-5-1　盾构机

盾尾后面的地层与衬砌环外周之间的空隙中压注浆液，以防止隧道及地面下沉。上一环拼装结束后盾构推进，直至推进油缸完全伸出。

　　盾构机采用盾构顶进，而后拼装预制管片形成衬砌，在完成掘进循环后，一部分推进油缸回缩，为第一片衬砌管片留出足够的空间。其余推进油缸和原接触的管片仍保持接触，以防止盾构机由于土压而后退。依次安装完圆周全部管片后继续掘进作业，如此循环直至盾构机进入接收井。推进盾体前进的推进油缸分组操控，每组油缸各自独立进行压力、流量调节与控制。通常将油缸按圆周分为四组，独立控制每一组油缸的压力，这样盾构机就可以实现上下、左右方位的调整，从而可以使掘进中的盾构机轴线尽量拟合隧道设计轴线。用于起导向作用的油缸也可独立使用，即推进与导向作用分别为不同的油缸实施。盾构行走的特点在于全断面开拓行驶，在没有道路的地下开路前行，同时边前进边为后部牵引的设施造路，以一种特殊的行进方式实现掘洞行走。盾构机没有专用的行走装置接触路面，而是由整个护盾承载周围的作用，并滑动前行。

8.5.2　盾构机结构与组成

　　盾构机主要由护盾、挖掘、推进、排土、衬砌及辅助等部分组成，为适应不同的土质其结构形式也各异。不同类型的盾构机在结构组成、构造特点等方面虽然有所不同，但掘进原理与主要功能装置构成是一致的。盾构机必备的是掘进与驱动、护盾及体内配套设施、渣土处理与排土系统、后续配套装置等，将用于掘进作业的刀盘安装在盾体的最前端，盾体由筒形护盾及内部装置构成，内部容纳作业配备的各种装置以及挖掘下来的渣土。在盾体内前部布置刀盘驱动动力装置，后部布置有管片拼装机，渣土输送装置贯通前后将渣土送出体外。护盾内侧圆周布置推进油缸，油缸直接顶到衬砌管片上，以此驱动盾构机前行。图 8-5-2 为盾构机结构示意图。

图 8-5-2　盾构机结构示意图

8.5.2.1　刀盘与盾体

　　刀盘是盾构机上直径最大的部分，布置在盾构机的最前端。刀盘设计成盘形结构且带有很大的进料口，刀盘中心、刀盘外圆周均设计有开口，以便于挖掘的物料进入开挖舱。刀盘上分布着中心滚刀、边缘刮刀、撕裂刀等不同作用的刀具，依据土质的软硬选用不同刀具。刀盘的外侧装有超挖刀，在盾构机转向掘进时，超挖刀油缸使仿形刀沿刀盘径向外伸，扩大开挖直径，便于盾构机实施转向掘进。刀盘通过一个带支承条幅的法兰盘与刀盘驱动部分连接，整个驱动部分连接到前盾承压隔板的法兰上。刀盘驱动主要有主齿轮箱、电机或液压马达，通常由多组传动共同与主齿轮箱配合，每组传动均由一个高速变量轴向柱塞马达和齿轮箱组成或直接采用大扭矩低速马达，它可以使刀盘顺时针和逆时针两个方向实现无级变速。注意其中部分传动箱中需带有制动装置，用于制动刀盘。

盾体的作用是能够承受来自地层的压力，防止地下水或流沙的入侵。盾体通常为前、中、尾三个管状钢结构筒体，其外部为盾壳或称护盾，内部根据尺寸与作业需要设计有金属构架。前盾又称切口环，它位于盾构机的最前端，施工时随刀盘进入土层并掩护开挖作业，其上焊有承压隔板用来支承主驱动部分，并将开挖舱和后面的工作空间隔离。中盾又称支承环，是承受作用于盾构机上全部荷载的骨架，前端紧随前盾、后端紧连尾盾。尾盾由外壳的钢板延长构成，在尾盾保护下安装衬砌，其内拼装一至二环预制的隧道衬砌环。为使盾构机易于调整掘进方向，尾盾与中盾的连接采取铰接结构，通过铰接油缸把中盾与尾盾连接起来。尾盾起承前启后的作用，在前部盾体拖动前行的同时，在盾尾部提供密封，防止地下水、土砂、壁后注浆材料等进入管片与盾构壳体之间的缝隙。图 8-5-3 所示为刀盘、驱动与盾体。

图 8-5-3　刀盘、驱动与盾体

8.5.2.2　动力与配套设施

在盾体内有两组关键设备，一是排土设施，二是管片拼装机。盾构机掘进时刀盘旋转切削土体，切削的渣土经过刀盘开口进入开挖舱内。无论以何种盾构方式挖掘，这些渣土必须随着挖掘作业的进行及时排出机外。排土设施必不可少，只是排土的方式要与盾构模式、施工的要求相匹配。螺旋输送机和皮带运输机等组成排土设施系统，由液压马达驱动的螺旋输送机将渣土从开挖舱运送到皮带运输机，皮带运输机再将渣土运输到后面台车上的渣土车中，渣土车将装渣后移再由其它装置送到地面。螺旋输送机前面的承压隔板上设有安全门，安全门关闭使开挖舱和螺旋输送机隔断。螺旋输送机上的排渣门可在停止掘进或维修时关闭，在盾构机断电的紧急情况下，排渣门由蓄能器释放的能量自动关闭，防止开挖舱中的水及渣土在压力作用下进入盾构机。盾构机挖掘一段后马上由管片拼装机铺设管片，管片拼装机由连接臂、支承架、旋转架和拼装头等组成。通常有左右连接臂与中盾连接，支承架与左右臂配合、利用液压油缸驱动，使支承架可带动旋转架、拼装头沿隧道轴线方向移动。安装在支承架上的液压马达可使旋转架和拼装头沿隧道圆周方向旋转，而其上油缸可使拼装头实现径向运动。拼装头抓取管片后，在液压系统的操控下，完成各种动作实现管片铺放。管片需要运输小车从后部运到盾尾铺设部位，铺设后还需在外表面与围岩之间间隙中注入砂浆进行填充以防地面的沉陷。

盾构机挖掘隧道时掘进只是其中作业的一个开始环节，后续还有配套工作需要完成。因此需要大量的辅助与配套设施在其中或跟随其后，诸如管片安装与运输设备、注浆系统、通风系统、集中润滑与照明装置等，也构成了庞大的伴随设备系统。这些设备也要伴随盾构机的前行而移动，通常按一定的规则排列成隧道可通过的外形轮廓跟随在盾构机的后部。盾构机的所有动力来源是电力，盾构机有大功率、变负载和动力远距离传递与控制等特点，电气设备由高压电缆卷筒、主供电缆、变压器、配电箱、电机等组成，主供电电缆安装在电缆卷筒上，高压电由地面通过高压电缆沿隧道输送到与之连接的主供电电缆上，通过变压器降低电压进入配电柜，再经过供电电缆和控制电缆供盾构机使用。后配套系统由盾体牵引，在架设在管片的路轨上行走。

8.5.3 盾构机的掘进行走

行走机械实现行走一般都具有专用的装置，通常这类装置在一个方向与地面发生作用实现行走功能。盾构掘进机则完全采用不同的行进方式，机体即为行走部分而没有专门行走装置，整体通过接触滑行移动。行走驱动力要克服周围的摩擦阻力，更要克服掘进阻力，行进无法采用常规的附着驱动，流体驱动也不适合。盾构机采用轴向推动的方式间歇移动。行走方向的改变需要缓慢进行，通过推进油缸推进程度的改变而实现。

8.5.3.1 前进方式

盾构机中盾内侧的周边安装有多个推进油缸（图 8-5-4），沿盾体周向均匀分布，是推进系统的执行机构，由设在盾构后部的液压泵站输送液压油，提供盾构向前推进的驱动力。推进系统既要满足推进力的要求又要完成盾构推进速度的控制要求，通过不同液压阀的控制实现各种功能。推进油缸的推进作用于前盾，油缸的顶推基础支承源于后部的管片。推进油缸杆端部安装有球铰支承座，顶推在后面已安装好的管片上，通过控制油缸杆向后伸出可以提供给盾构机向前的掘进力。其中一些位置的油缸安装有位移传感器，通过油缸的位移传感器可以知道油缸的伸出长度和盾构的掘进状态。

图 8-5-4　盾构机推进油缸

盾构机的掘进以排土前行为主要方式，即需要将挖掘出的渣土从机体前部移开，行进与盾构机刀盘作业转速、输送机的速度等都相关。而盾体的前进由推进油缸实现，因此在盾构掘进过程中,油缸的推进速度与刀盘转速等必须协同调节实现匹配。在掘进施工中盾构需要按照指定的路线轨迹做轴向前进,因此刀盘或刀架的精确进刀与对位是非常重要的。由于被切削的地质比较复杂,整个盾构机壳体受到地层的阻力往往不均,易使盾构的掘进方向发生偏离,这时就需要通过协调精确控制推进液压缸来实现盾构的纠偏。盾构机掘进是依靠液压缸的推力向前推进的,其前进方向和姿态是靠液压缸的协调动作实现的,液压缸的精确控制是保证盾构机沿着设计的路线方向准确推进的前提。

8.5.3.2 导向系统

盾构机推进系统液压缸按圆周分组控制,各组控制方式则完全相同,只是各组的油缸在盾构截面的分布位置不同。每组液压缸中一般都设有压力传感器及位移传感器,实时监测液压缸的推进压力及推进位移。在操作室中可单独控制每一组油缸的压力与速度,掘进过程中通过实时对不同组油缸进行压力和速度分别控制,实现左右摆动或前倾后仰,以达到盾构姿态的调整、纠偏、精确控制的目的。盾构机通过这种方式实现左转、右转、抬头、低头或直行,从而可以使掘进中的盾构机尽量拟合隧道设计轴线。有的盾构机推进油缸与导向油缸相互独立,分别独立完成功能。由于盾构机为筒状结构,曲线推进受到长径比的制约,在盾体结构上采用油缸铰接结构利于盾构机调整方向。

盾构机机体的前、中和尾三个部分之间连接方式的变化,对其行进性能影响较大。通常前盾与其后边的中盾为法兰固连,中盾与尾盾铰接相连,铰接尾盾可以适当调整与中盾的偏角。为了使盾构机掘进时能够灵活地进行姿态调整及小曲线半径掘进时能够顺利通过,发明出铰接式盾构机。铰接式盾构机的前盾与中盾之间也用液压油缸连接形成铰接装置,铰接油缸沿盾构筒圆周布置,两端分别和前盾与中盾球铰连接,以保证铰接油缸轴线与盾构机轴线之间有一定的摆动角度(图8-5-5)。正常作业时油缸锁定保持直线作业位置,当盾构转弯时此处油缸可以根据调向的需要自动调整位置。前后两个部位实现铰接,可使盾构机掘进前行时易于实现前后微微弯曲。

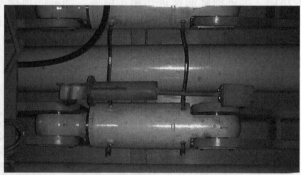

图 8-5-5 铰接盾构机与铰接油缸

盾构机无法直接观察前行方向,因此方向检测十分关键,检测通常由激光经纬仪、激光靶等实现。激光经纬仪临时固定在安装好的管片上,随着盾构机不断向前掘进,激光经纬仪也要不断地向前移动,激光靶固定在中盾的固定位置。激光经纬仪发射出的激光束照射在激光靶上,激光靶可以判定激光的入射角及折射角,转换为盾构机的滚动和倾斜角度,根据二者之间的距离及各相关点的坐标等数据,激光导向系统就可以计算出当前盾构机轴线的准确位置,并在电脑显示屏上随时以图形的形式显示盾构机轴线相对于隧道设计轴线的准确位置,这样在盾构机掘进时,操作者就可以依此来调整盾构机掘进的姿态。

8.6 步履式移动设备

场地施工作业中有时需要使用一些大型机器设备，该设备长时间在固定工位定点作业，只是在该工位的作业完工后，需要短距离改变施工场地。这类设备采用步履式移动装置用作临时行走，实现作业场地、工作地点间的移动。这类设备通常机体较大、作业时需要机体稳定，因此需要良好的与地面接触的基座，该基座同时又是该设备行走装置的步履，短距离移动也是通过基座的机构运动实现的。这类步履式移动设备在距离较近时采用自身的行走功能行进，需要长距离运输时通常采用其它方式。

8.6.1 步履式移动设备的行走机构

步履式移动设备的行走机构与传统的轮履行走装置不同，移动过程中与地面非连续接触，而且与地面的接触面积较大以提高稳定性。这类行走机械行走可以采用不同形式的运动机构实现，但在设备作业时行走装置都要实现基座或部分基座的功能。步履式移动可通过直线平移、偏心回转、空间复合等运动实现，步履行走机构的结构与驱动方式也因采取的运动方式不同而不同，即使同种驱动方式应用到不同机器中形式也有所差异。

8.6.1.1 直线平移运动行走机构

采用直线平移运动的行走机构主要有垂直支承与水平移动两部分，通常机体下侧左右对称布置有四立柱支承车体，车体下部坐在两平行的水平导轨之上并且可沿导轨滑移，即导轨与机体之间可实现相对运动。由导轨起到类似脚足与地面接触的作用，在实际应用中也可将其称为滑靴。支承机体的四立柱可以实现伸缩运动，使机体能够垂直升降。移动时滑靴与支承立柱交替运动，通过机体与水平导轨之间的相对运动，实现整机的移动。作业时机体坐落在滑靴上，滑靴也是整个机体的基座（图 8-6-1）。

这种行走机构通过直线运动实现步行运动，移动时立柱支承与水平梁滑动配合，一动一静交替运动，移动时机体部分保持平动。行走时首先使位于机体上的四支腿伸出接地支承机体，并保证滑靴离开地面。驱动滑靴在机架上向前滑移到位，再同时回缩四支腿使滑靴接地而支承机体。然后驱动滑靴相对机体后滑移，此时滑靴相对地面不动，实质是其上部的机体前移。待机体前移到位后，再使四支腿伸出接地支承地面使滑靴离地，重复上述过程继续移动。也有将竖直支承与滑靴结合的，竖直支承直接支承在滑靴上。将竖直支承分为左右两组，每组支承在一滑靴上，此时竖直支承必须能实现相对滑靴的滑动。

8.6.1.2 偏心回转行走机构

偏心机构的实现方式有多种，用于步行的偏心机构也同样存在不同的形式。曲柄滑块、曲柄摇杆、凸轮等机构均为偏心机构，均可用于步行行走机构，只是具体的结构与靴履的连接关系不同。如果采用曲柄摇杆机构，则在机架两边对称布置由曲柄、连杆、摇臂等组成的摇杆偏心行走机构。曲柄是机构运动的原动件，摇杆完成支承与限位功用，连杆可以是实现步移的作用载体。此时在连杆的适当位置连接行走功能元件——履靴，即可实现步行行走功

图 8-6-1 直线移动装置结构

能。偏心回转步行机构运动过程可分为两阶段完成，即履靴离地与履靴触地运动。曲柄回转驱动机构运动，机构带动履靴做旋转兼平行移动。随着曲柄旋转使履靴触地，曲柄再继续转动时履靴无法下移而使机体抬高，随着机体的不断提高，机体位置也相对履靴向前移动。再继续前移则机体基座与地面接触，再继续旋转机体无法移动，导致履靴离开地面，随着曲柄的转动下一轮的步行运动又开始。

图 8-6-2 偏心回转行走装置

偏心原理在实际行走机构的应用中，需要在具体结构上与主机相协调，偏心机构的形式各有不同。如图 8-6-2 所示的是偏心行走机构其中的一种，其履靴套在偏心圆盘上，履靴上有一滑轨与驱动圆盘上的滑轮啮合。圆盘的驱动轴在盘的另一侧与圆盘偏心布置，由机体内的驱动装置驱动旋转。驱动圆盘旋转时，由于圆盘偏心且圆盘外缘与履靴上的内长圆滑动啮合，履靴也要随圆盘的旋转而上下起伏运动。圆盘上的滑轮在绕圆盘中心做圆周运动同时，滑轮限制在履靴的滑轨内上下运动，因此在圆盘旋转运动时驱动履靴移动。当驱动中心与圆盘中心处于同一水平高度时，机体与履靴均着地。当驱动圆盘如从图 8-6-2 所示位置顺时针转动时，圆盘的中心向上移动，带动履靴向上移动，此时滑轮要带动履靴前移。随着圆盘的转动履靴到达最高位置，然后下降并

前移至接触地面。再继续转动圆盘则履靴支承地面，机体开始移动。继续使偏心装置转动，这种行走运动继续进行。

8.6.1.3 复合运动行走机构

直线平移行走机构与偏心回转行走机构各有特色，前者直线驱动、机构比较简单，后者

圆周驱动，机构平面运动。此外步履行走机构可以结合二者的特点，利用直线驱动与机构运动结合实现所需的运动轨迹。这种方式可以通过简单的直线往复驱动，实现复杂的复合运动来满足实际使用需求。采用这类行走结构时，履靴作为运动机构中的一个组件，或者靠机构限定其运动形式，或是由往复运动的油缸限定其运动范围，关键在于机构运动及驱动与机构的合理匹配。油缸伸缩运动方便的特性，有利于履靴步行运动的实现。特别是利用油缸组实现两个及多个方向的运动控制，实现步行更具有优势。

图 8-6-3　复合驱动行走装置

如图 8-6-3 所示的履靴行走装置中，两根油缸组成油缸组作用在与地面接触的履靴上，两根油缸作用在同一点但作用方向却不同。竖直布置的油缸伸与缩，可以使履靴离开或支承于地面。纵向布置油缸的伸缩可使履靴前后运动，此时相当于履靴既受提升油缸驱动、又受平移油缸驱动。提升油缸回缩时履靴被提升离开地面，平移油缸驱动使履靴步进行动。两组油缸似乎分别完成离地、平移功能，实则必须配合联动才能实现行走功能。有时为了驱动与结构的需要，同一功用的油缸可能有多个，特别是重载大型机器更需如此。

8.6.2　步履移动式桩机

平移机构简单实用，因此在桩工机械、起重机械等领域都有应用，其中桩工机械中的步履移动式桩机（图 8-6-4），就是应用典范。步履移动式桩机的作用在于钻孔打桩，要求作业

图 8-6-4　步履移动式桩工机械

时机体稳定。步履移动式桩机作业时接地面积大，较之履带式、轮式行走装置的钻机更有优势。三种桩机的作业装置部分基本相同，只是与机体连接的行走部分结构有所不同。当工位作业完工后需要改变施工场地时，步履移动式桩机既不需要拆卸装运，也不需要吊车吊运，只需操作液压步履机构即可完成移位工作。有的桩机为了方便长距离运输，还配备辅助轮式行走装置和牵引装置。

实际应用的步行桩机形式多样，但基本结构类同。都是由上下两部分构成，两部分由回转铰接装置连接。其中上部分为作业部分，下部分主要是基座兼行走装置。上机体部分纵向结构较长、前部为杆架，运输时杆架折转纵向水平放置在上机架上。上机架除了布置有杆架、操作室、驱动与减速装置外，在其四角对称布置有四支腿油缸，支腿油缸伸出时可将上下机体连同轨道一起提升脱离地面。步行运动时首先同步起动四支腿油缸，待整个机体离开地面一定距离后停止支腿油缸。再使下体的轨道移动到位后同步起动四支腿油缸，使机体下降落地，平稳后收回支腿油缸使四支腿离地。然后驱动整机沿轨道移动，实现一次步移行走。

桩机下机体机架与旋转支承连接起来构成主机体平移的基体平台，平台坐于称为履靴的两根平行钢梁上，履靴为一组用作滑移轨道的特殊截面梁，梁的下侧较宽与地面接触、上侧有槽与平台上的滚轮配合，梁与平台下端为镶嵌配合结构并可实现纵向移动，保证机体离地时二者不会脱离、又能相互移动。轨道与平台之间相对运动由步履油缸驱动，步履油缸一端连接在轨道的一端，另一端与下机体上部连接。油缸推动平台在履靴轨道上平移，油缸一次伸缩运动带动机体移动一个步长。如图 8-6-5 所示的步履移动式桩机履靴轨道结构，基座平台通过支承滚轮在履靴轨道上移动，平台的纵梁上有挂接轨道的装置使轨道与下机架保持紧密结合，同时在整机提升时通过此结构将履靴提起离开地面。这类步行移动只能完成单向直线移动，如需横向移动或任意方向移动，需行走机构与回转机构配合完成。只需在底盘居于中间位置时操作旋向机构，使钻机转至所需方向，然后重复上述动作，即可完成任意方向的移动。

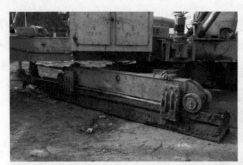

图 8-6-5　步履移动式桩机行走装置

步履移动装置的结构可以采取不同的形式，如步履油缸可以布置在两侧的轨道上，这样需要两根油缸。也可以采用一根油缸驱动，此时油缸则布置在中部。一般情况下垂直升降的支承油缸通常直接支承地面，此时每个油缸柱塞杆头部都带有一小的凸台作为支承着地部分。其优点是油缸支承独立，但着地面积有限。有的则将油缸分为左右两组，每组支承在一纵梁上，该纵梁取代原来支承基座的纵梁。为了实现移动功能，纵梁上同样设置轨道，只不过在轨道上移动的不是机座，而是支承机体的油缸。有些不配置回转装置的机器，为了实现其它方向移动，则在基座的中部再布置两横向可移动的支承油缸与滑轨，与纵向移动方式一样实现横向移动。

8.6.3 步行式吊斗铲

在露天采矿作业中有一种大型用"脚"行走的设备,通常称为步进式吊斗铲或拉铲、电铲。吊斗铲是生产效率极高的露天采矿挖掘设备,其大铲斗的动作采用吊拉的柔性方式完成,挖掘作业功能通过钢索吊拉即可实现,不需要其它的动力传动到作业部位实施驱动。在吊斗铲庞大的机体前部布置有吊臂,吊索通过吊臂的顶端下垂吊挂铲斗,该吊索用来升降铲斗。铲斗的中部还有一组拉索直接与机体前部的卷索装置相连,用于拖拉铲斗、控制铲斗与设备前端的相对距离。在吊斗铲的作业过程中,由提升电机、回拉电机驱动钢索来控制铲斗的上下、前后运动。机体下侧中部布置旋转支承装置与基座相连,基座与地面平稳接触,整个机体可以在基座上旋转以便于作业。步行式吊斗铲机体的左右两侧,布置有结构相同的行走机构。这类设备的行走装置采用偏心回转原理的较多,不同型号产品的具体结构形式可能有所差异。

步行式吊斗铲行走装置左右对称布置,两侧采用电机独立驱动。如图 8-6-6 右图所示的步行式吊斗铲,由交流同步电机利用凸轮结构的偏心装置实现迈步式定速行走。偏心装置是连接机体与履靴的关键,其结构形式变化直接影响行走运动的姿态。偏心装置的回转中心在机体上与机体的相对位置不变,偏转中心绕回转中心做圆周运动。回转中心与偏转中心相对位置随运动变化的结果,导致履靴与基座之间接地状态的转换而实现设备移动。当回转中心位于偏转中心正上方时,步行履靴完全接地支承机体。继续旋转时回转中心向前下方运动,带动机体随之同步移动。当移动到偏转中心位于回转中心正上方时,基座接触地面,履靴处于迈步状态的最高处。运动机构与履靴的连接方式对行走的适应性有所影响,连接部位采用球铰可在一定程度增加活动余度,有利于提高适应地面的能力。行走履靴通过行走机构与机体相连,机体在基座上转动时行走装置随机体一起动,改变行进方向可通过旋转机体实现。当到作业地点停下准备作业时,每一只履靴都到达它的停驻位,行走制动器实施制动。步行式吊斗铲行走装置也有采用其它方式的,如采用液压油缸驱动实现行走的结构,通过液压缸的往复运动来实现履靴的步进动作。

图 8-6-6 步行式吊斗铲

8.6.4 步履式轮斗挖掘机

轮斗挖掘机是一种主要用于露天矿开采作业的大型成套挖掘设备,作业时整机定点停放在一作业位置,利用其前端的轮斗实现挖掘作业,同时利用输送装置将挖下的物料向后运输。该设备巨大，大者自身重量达万吨以上，如同一座移动堡垒。为了适应其作业特点、减少设备对地面的比压，接地部分必须有足够大的接触面积。因此这类设备的行走装置采用多履带、轨道以及步履，其中采用步履式行走装置的结构相对简单。步履式轮斗挖掘机（图 8-6-7）与其它形式轮斗挖掘机的主体一致，都是由上部的工作部分与下机体部分构成，工作部分与下机体部分通过回转支承连接。其不同之处在于下机体行走装置的形式，步履式轮斗挖掘机以两只巨大的履靴，替代了传统形式的行走装置，行走方式也由连续行走变为步进。

图 8-6-7　步履式轮斗挖掘机

　　步履式轮斗挖掘机的步进行走装置采用液压往复驱动，通过履靴的空间运动实现迈步。挖掘机的两只纵长横窄的履靴对称布置在机体的两侧，每只履靴由一组连杆和两组油缸与机体连接。同侧前后两根连杆为一组，下端分别与履靴前后端相连，上端分别铰接在机体前后两侧。连杆、履靴与机体构成一空间四杆机构，该机构能实现履靴相对机体在一定范围内的空间运动。通过两组油缸的联合作用，使履靴向上、向前平移实现纵向移动，机构动作的幅度与跨步的大小由油缸的行程决定。图 8-6-8 所示为步履式轮斗挖掘机的行走装置。

图 8-6-8　步履式轮斗挖掘机行走装置

两只履靴的驱动共有八根油缸，油缸的刚体连接端与机架连接，机架的四角有连接油缸的支座，每处支座连接两根油缸。驱动油缸按主要功能分为纵向、竖直驱动两类，每只履靴的驱动由四根油缸共同实现。机架每处支座均以同种方式连接一根纵向油缸和一根竖直油缸，油缸的缸杆端与履靴连接，由两组油缸的布置形式也可区分其用途。纵向布置的两根油缸相对布置，两油缸杆头连接在履靴的中部，通过后推前拉的协同驱动，实现履靴的纵向移动。竖直布置的两根油缸主要用于支承与拉起履靴，使机构实现跨步运动时履靴离开地面。

8.7　仿生步行机器人

行走机械的行走装置一般以轮式、履带式结构为主要方式，轮和履带的运动轨迹都是一条连续的迹线。这类连续接触路面的行走装置在崎岖地形、断续路面等特殊场合难以满足行走要求。而腿足式步行走机构移动是非连续的往复跨步运动，运动轨迹是离散的点迹，这种行走对非连续地况适应能力较强。腿足式步行走机构是仿生步行机器人研究领域关注的重点，仿生步行机器人到目前未能普及应用，还有待于进一步发展完善。

8.7.1　腿足式机器人的行走特点

腿足式行走机器人的行走为非连续接地的步行方式，移动是腿足机构综合运动的结果。腿足行走机构在整个机器人中要实现支承、悬挂、减振等多功能的集成，通过机构中每组腿足按一定的顺序和轨迹交替地提起和放下，实现离地跨步运动，支承并带动机体及负重向前行进。腿足行走机器人的行进为步行方式，步行是动物的主要行动方式，仿生是这类机构设计的基础。

8.7.1.1　仿生步行机构

仿生步行机构一般是模仿人、动物、昆虫等的腿部结构来设计，完全模仿难以实现，所以只能在现有的技术基础上有限模仿。仿生步行机构一般为多腿足单元并联组合结构，其中每一腿足单元为杆件依次与关节连接组合的结构。步行机构由至少两组及两组以上的腿足单元构成，一组腿足单元由与地面接触的足部和连接机体与足的腿部构成。根据腿足单元的数量不同有双足、四足、六足等步行机器人，腿足单元的数量不是表现量的多少，而是体现步行方式的改变。步行机构一般采用相互关联的多杆件组合实现功能，杆件之间的连接称为关节，一组腿足单元中关节的数量越多，操控复杂程度越高。步行机构所采用的连杆机构在行走过程中需要给出杆件、关节位置与时间的关系，即实现每个部位在时序和空间上的一种协调。步行运动时步行机构与地面非连续交替接触，并且多杆件运动需要有序进行，静止时机构的下部全部接触地面，并稳定地支承机体保持不动。步行机构的运动牵涉时间与空间的关系，控制起来要比操控车轮旋转复杂得多。

步行机构作为步行类机械人的行走装置，腿足机构的形式、数量以及布局一般是直接模仿足式动物的腿足部结构来设计的，此时其关节的铰接方式与运动模式需要与动物的骨骼结构与形式接近。步行机构也可不完全模仿，只是追求实现步行的结果，此时则可通过不同形式的运动机构实现，机构与整个机体之间的连接关系也因机构不同而异。步行机器人腿足机构的基本要求主要有三方面，即实现承载能力、完成规定运动和实施运动控制。在步行的过程中将腿足单元运动可简单视为两种不同状态，即足端接触地面并稳定地支承身体的状态与足端离开地面、腿部摆动向前跨步状态，通过两种状态不断交替来实现步行机器人的行走过程。步行机构的行进状态按照其机体运动方式又有平动和转向两种模式，平动指机器人沿任意方向步行时始终保持机体平移，当机器人步行方向和机体正面方向一致时为前进。只实现平动时运动机构进行平面运动即可。行走方向控制是行走机械人必备的功能，对于普通轮、履行走装置实现容易，而对于步行机构则较复杂。转向运动均由步行机构完成时，则腿足单元杆件之间的连接关节运动自由度需增加，此时步行机构可能由平面运动机构变为空间运动机构。由于自由度的增加也使得操控变得复杂、也需要有实现侧转动功能的机构。

8.7.1.2　驱动与运动控制

步行机构完成预定的动作才能实现行走功能，其动作最终体现在足部的运动。足部的运动轨迹一般为曲线，实现的方式是通过机构的运动完成。机构运动的基本驱动方式是圆周循环运动与直线往复运动，因此步行机构大多是采用旋转驱动或直线往复驱动，能实现圆周驱动的元件中电机是最常用的驱动装置，直线往复驱动可用液压元件、气动元件来实现。动物的腿足行走时是利用肌肉的力量带动骨骼运动，步行机构一般采用杆件模仿骨骼，驱动装置的作用相当于人体的肌肉。采用旋转驱动或直线往复驱动还无法完全模仿肌肉，也有研究人工肌肉驱动模式的，人工肌肉具有很好的柔顺性，但目前控制精度相对较低。

步行机器人实现行走功能需要众多机构、装置的共同协作，实现驱动、传动、传感等多方面的作用，其中运动机构的运动驱动和动力传动方式是实现步行的主要部分。步行机构完成预定的动作必须具备动力装置，动力装置输出的运动可以是连续的圆周运动，也可以是往复的直线运动。若电动机为原动机则输出连续旋转运动，把连续转动转变为仿腿足的摆动就必须采用机构，如电机驱动四杆机构使圆周运动转换为所需的迈步运动。利用气、液缸的伸缩实现直线驱动，可以直接直线驱动杆件伸缩，也可以直线驱动机构实现曲线轨迹。步行机构一般采用多驱动方式，否则传动复杂。即使如此也存在一些必需的传动，如通过钢丝、带传递动力到关节部位驱动关节转动等。当采用多电机驱动时，可在所有关节都由电机施加直接驱动。

基于仿生学观点研制的腿足式机器人，其优点在于结构紧凑、足端运动空间较大、运动灵活、适于复杂地形，在失稳状态下姿态恢复能力较强。但是在复杂地面步行时运动状态和姿态会产生突变，如在崎岖地形中落足点的位置不可预期，足端与地面的碰撞会导致机器系统的不稳定，一般情况下机器人腿足的数量越多稳定性越好。仿生步行机器人腿足数量因仿制对象而异，这也造就了其身体结构和运动方式以及应用场合的不同。双足类机器人要借鉴人的动作发挥作用，用于危险场合的一些操作。而四足机器人具备快速、灵活特点，可用于不平路况行走，如可以用于山地驮负运输等。六足机器人具有运动平稳特点，可用于需要平稳越障行走的场合。

8.7.2　双足行走机器人

双足机器人双足与地面的两个接触部位交替接触，步行装置是模仿双足类动物的行走特性设计的。自然界中两足动物的步行均有各自的特定方式，模仿人的双足步行机器人是步行方式中自动化程度要求最高、最为复杂的动态系统，也是双足行走重点研究对象。人类的双足行走运动可以把上肢解放出来，能在行走运动的过程中完成其它任务，设计仿人双足步行机器也有同样的思想。

8.7.2.1 仿人步行机构的形式

仿人步行机器人由头、躯干、手臂、腿足等部分组成，躯干作为机体由两组相互独立的腿足单元支承，两腿足单元分别连接在机体的下侧，按照人体的称谓该部位为髋部（图 8-7-1）。其各个组成部分之间连接及各运动机构的自由度，直接关系到运动与姿态的实现。腿足单元与机体在髋部的连接关系对行走方向控制影响较大，在髋部能实现躯干与腿部的扭转，可改变行走方向。仿人步行机器人的行走部分是一个复杂的连杆机构与驱动装置的结合，其机械结构与机构运动充分模仿人类步行的特点。作为行走腿足的构件通过转动副连接，模仿人类的腿及髋关节、膝关节和踝关节，各关节之间可以有一定角度的相对转动，腿足分工明显。腿足单元由上腿、下腿、足三部分依次连接而成，一般上腿下腿连接、下腿与足的连接至少要实现一个旋转自由度。下腿与足的关节处加一个旋转自由度可使脚板在不规则表面落地，上、下腿膝关节上实现一个自由度，能比较方便地上下台阶。

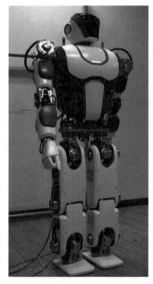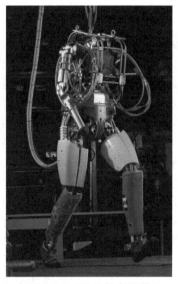

图 8-7-1　双足行走机器人

腿足步行机构实现运动的关键在于铰接的关节部位，轴结构的铰接关节只能在一个平面内转动，对于腿足行走机构实现前进与后退不存在问题。但需要侧行或改变行走方向时则困难，这些运动需要增加运动自由度。双足步行机构在与机体连接的"髋部"再加一个扭转自由度，可用于改变行走方向。增加自由度的理想方式是实现球铰式关节，但球铰关节自身的控制能力较差，难以准确实现方向操控。利用两组或多组轴铰关节依次规划其运动，可以实现转向，通常需要先停止直行动作，然后才可以转弯。在控制上可以实时预测以后的动作，并据此事先移动重心来改变步态，提高转向效率。

8.7.2.2 稳定与平衡方式

双足行走是难度最高的步行动作，不仅需要精巧的机械装置实现动作，而且需要保持机器人的平衡稳定。机体的稳定性通过足够数量腿的支承可以保证，使机体重心的垂直投影始终落在支承足垂直投影点所形成的多边形内即可。双足步行机器人则不存在支承多边形，其稳定性的保持具有一定的特殊性。按其行走时保持平衡的方式不同可分为动、静两种状态，动态稳定可以借助运动惯性平衡，静态达到稳定平衡要使行走机构与机体协同满足静力平衡条件，保持静态稳定要体现直立、下蹲等不同姿态。直立时行走机构用作支承，大小腿没有相对摆动，但整体重心较高。下蹲时双腿全屈、重心低，但机体与大小腿机构的位置关系需协调，并使重心投影保持在双足支承面内。姿态保持主要体现在关节处，大小腿视为围绕关节旋转的杆件，关节暂时锁定可控制杆件间的相对转动实现状态保持。

机器人的稳定性问题一直是困扰双足步行机器人的重要问题，步行的稳定性是两足机器人的难点和关键。双足机器人的步行运动可以视为两足交替与地面发生的间歇交互作用，即交替地出现左足单支承和右足单支承状态。为了保证双足行走运动的稳定性和连续性，机体总是随着双腿迈进前行，支承点在双足间交替轮换，行走运动时双腿支承到单腿支承转换的时刻，机体重心随机体在双腿之间周期性地进行着空间位置上的变化。每条腿按一定的顺序和轨迹进行抬腿和放腿的运动过程，人体重心也随之上下左右移动。同时运动还伴随着惯性作用与地面反力，保证这些作用于机器人上的力与力矩平衡，才能使机器人稳定行走。双足机器人要保证所受重力、惯性力及地面反力三者合力矢量线与地面的交点，必须落在两只脚掌及两只脚之间形成的稳定区域内。

8.7.3 多足步行机器人

多足步行机器人的步行机构是冗余结构，其中一足甚至多足同时发生故障，机器人仍然可以保持静态平衡、继续运动。由于多足步行机器人多自由度的特性，它们需要的驱动器件也更多，肢体越多控制负担越重，带来了更复杂的运动规划与控制方面的问题。腿足行走机器的腿足可以根据需要任意设计，其数量与形式均可不受限制。但作为一种实用设备则必须考虑经济、实用、可靠，并且现有技术所能实现。

8.7.3.1 四足行走机器人

不同种类的四足动物由于其生活环境以及身体条件的差异，其运动特点、步态形式和体态特征各不同，四足机器人也是如此。四足行走仿生结构通常有仿爬行类与仿哺乳类两种，主要区别是髋关节与本体的连接方式，爬行类的髋关节旋转轴线与本体垂直，哺乳类髋关节

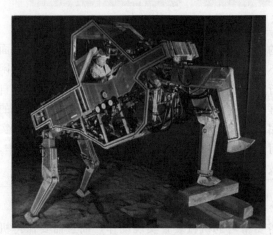

图 8-7-2 早期的四足行走机械 Walking Truck

旋转轴线与本体平行。仿哺乳类四足机器人具有较好的结构稳定性、较高的负重能力、快速的机动性能和较强的越障能力。早在二十世纪七十年代就设计出四足仿生行走结构样机（图 8-7-2），该样机的四肢均通过液压伺服马达驱动，通过安装于腿部以及足部的传感器来检测相关位置变化。该样机不仅可实现有效的行走，并且能顺利地跨越障碍物。

四足行走机器人的综合性能已有较大提升，具有自主行走功能的四足机械人 Big-Dog，对环境和自身状态具有很强的认知能力。该机器人最大的特点是具有极强的平衡能力，通过力控制调整位姿，通过足的摆动保持侧向平衡。通过液压伺服驱动每条腿的三个自由度，通过腿间的协调控制实现稳定行走。其腿部装有大量的位置、姿态、陀螺仪等传感器，能够根据地形的变化和外力的干扰作

出相应位姿调整来保持机体稳定。在受到外界剧烈的侧面冲击力时，能够快速调整身体姿态，保持平衡不倒。目前已能在不同地势环境下行走，具备很强的负载能力。图 8-7-3 为自主行走的四足机械人。

图 8-7-3　自主行走的四足机械人

8.7.3.2　六足行走机器人

仿昆虫腿足行走也是多足机器人的一个研究方向，昆虫的腿足数量多、稳定性好、冗余度增加。其中仿生六足机器人具有代表性，借鉴六足昆虫的肢体结构与步态，能在复杂路面上高效行走，可以适应不同步行速度和载荷的要求。六足昆虫行走一般都采用变换支承腿的方式，将整体的重心从一部分腿上转移到另一部分腿上，从而达到行走的目的。六足机器人行走腿足单元关节铰接轴多平行于纵向，侧向运动的灵活性高、步态自由。行走运动时无论其它腿足以何种步态运动，始终保持不断变化的三足着地态，重心总是落在三足支承范围之内保持静态平衡。六足机器人的肢体结构冗余，提高了系统的可靠性。但随着腿足数量增加，控制将会变得困难和复杂。图 8-7-4 所示为竹节虫和仿竹节虫机器人。

图 8-7-4　竹节虫与美国凯斯西储大学研制的仿竹节虫 CWRU Robot Ⅱ

六足步行机械人目前在实际的应用还不多，一般是以小型机器人的形式出现，也有比较大型的六足步行机器被研制出来。这类移动机器不但能够完成行走的功能，而且需要能够具有完成其它任务的功能。如图 8-7-5 所示为一款用于林木采伐作业的六足步行式采伐机，其采用柴油发动机供能、液压传动。整体结构布置呈左右对称，机体前部为驾驶室，后部为作业装置部分和动力装置。机体由六个独立的腿足单元支承，每个腿足单元具有三个转动自由度。驾驶员在前侧的驾驶舱内通过控制操纵杆即可实现其前进、后退、转向行走和越障等动作，并可以对行走速度和步态进行设置。驾驶员还可以调整其抬腿高度和底盘高度以适应不同的地面环境。

图 8-7-5　六足步行式林木采伐机

8.8　攀爬登高机器人

行走机械以在地面作业的机械为主要形式，这类机械的行走装置及其主机的作业功能均以平缓或坡度不大的地面为基础，对于陡峭甚至铅垂方向的行走则难以实现。随着陡峭程度的增加，行走机械与其支承基面之间的相互作用状态发生改变，传统的行走也变成攀爬运动。攀爬的困难程度随着陡峭的程度而增加，需有特殊攀爬功能的机构或装置才能发挥功能。攀爬登高机器人作为一类特殊行走机械逐渐受到关注，在船舶、建筑等行业已开始用于清理、运输等作业。

8.8.1　攀爬的特征

根据物体受力分析可知，处在 45°斜面上的物体，其所受到向下的作用力与斜面作用其上的支承力相同，此时物体向上行进所克服的主要作用力开始发生转化，克服物体向下运动则成为主要矛盾。保持向上攀爬状态不仅克服行走阻力，而且要克服本体产生的下滑作用，当沿铅垂方向攀爬时则完全失去基面支承。这就要求攀爬的物体不仅要具有向上行进功能，同时还要有状态保持功能。要保持不向下滑状态，必须使其受到的作用大于向下的作用。攀爬机械保持状态可以依据不同原理，采取不同的方式，机器实现攀爬主要可从黏附、机械抓持两个方面入手解决保持状态问题。

8.8.1.1　黏附实现方式

动物界一些爬行动物能在光滑的陡壁自由爬行，这给攀爬机械设计带来了启示。这类动物足上的特殊组织构造具有吸附能力，能利用肌肉随意自如地控制吸附与放开。给攀爬装置附以吸附功能，是研制爬壁机器的主要思路之一。这类攀爬机械多用在攀爬没有可以用来吊挂、支承机体的光滑陡壁上，这类场合吸附是最方便实施的一种攀附方式。在现有技术条件下，在机械上实现吸附功能主要有真空吸附与磁吸附两种实现方式。

真空吸附是利用容器内外气压不同产生的压力差使柔性容器吸附，真空吸附装置的吸附器件是吸盘。吸附时吸盘与攀爬的壁面接触，吸盘通过管路与真空发生器联系产生真空。真空吸附系统还有真空发生器、安全阀、开关等真空元件，真空发生器通过管路、阀等将吸盘内空气清除，产生负压使吸盘吸附在壁面上。安全阀能确保当一个吸盘由于壁面不平而失去真空时，仍维持系统的真空不变而不影响其它真空吸盘吸附作用。真空吸附方式具有不受壁面材料限制的优点，但只适用于平坦光滑的壁面。当壁面凸凹不平时则容易使吸盘漏气，从而使吸附力和承载能力明显下降。这种吸附方式吸附效果好，但是消耗能量较大。

磁吸附是利用导磁材料产生的磁吸作用实现吸附，这种吸附对表面的凸凹适应性强，但要求攀爬对象必须是导磁材料，其局限性在于仅适用于导磁表面。磁吸附方式分为永磁吸附和电磁吸附两种，因采用的磁体是电磁体还是永磁体而不同。电磁式维持吸附力需要供电，但对于吸附状态的控制较方便。永磁吸附不需要附加的能量，使用中也安全可靠，但吸附作用的操控较为困难。无论哪种方式各有局限性，实现吸附时很难像动物那样自如，具体实施应针对作业环境条件采取相应的方式。

8.8.1.2　机械抓持

灵长类动物在爬高时，手足并用、抓蹬结合，这为另外一类攀爬机器设计提供借鉴。这种攀爬需要模仿灵长类的攀爬动作，通常与腿足方式移动相结合，通常设计有类似于腿、臂的夹抱机构，有的腿、臂末端还设置用于抓取的夹钳，使机器能够夹持壁面突起物实现攀爬。这类机器适用于攀爬那些有不平表面的物体，物体表面足够大的缝隙或突出物，均可成为攀爬机器的攀爬支承。这类机械的攀爬装置针对性较强，不同对象所采用的抓握、钩挂方式方法等均有所不同，而且对识别的要求较高、夹持力的控制也较困难。图 8-8-1 为钩爪式攀爬机器人。

抓挂作用利用攀爬物体表面的凸凹作为攀爬机构拖拉或支承的基础，以吊挂作用来克服向下的作用。另外如果攀爬对象表面材料适于钩挂，则可利用攀爬机构像猫科动物爬树那样攀附。但这其中实现的先决条件是材料特性与表面特性可适于抓钩，对于攀爬钢硬、光滑的杆柱类结构则难以适用。杆柱类结构也有其自身特点，其径向结构尺寸较小，攀爬机器可以利用机械装置通过夹抱施加作用。黏附作用使物体黏贴在表面克服向下的作用，夹抱加大作用力导致摩擦力足够抵消向下的作用。攀爬杆柱类机器特点是夹抱，夹抱形式、装置各异，且夹抱机构径向必须足以容纳杆柱。

8.8.2　爬壁机器人

具有攀爬功能的机器人越来越受关注，已有爬壁机器人在造船业、核工业、石化工业等领域被用于除锈、清洗等作业。爬壁机器人所接触的是宽阔、陡峭的平面或大曲面，大多是将平面移动功能和吸附功能结合到一起，使其具有能够在多维表面行走的能力。采用吸附方式是其最有效的方式，但吸附对于静态物体实现起来比较容易，而对于运动物体则有一定的困难。爬壁机器人的关键所在就是行走装置的性能、行走装置的结构与吸附装置的协调匹配。

图 8-8-1　钩爪式攀爬机器人

8.8.2.1　爬壁行走特性

爬壁机器人的移动机构是决定机器人的运动性能和攀附能力的关键，机器人的移动机构常和吸附机构存在耦合，移动机构可以使机器人在可靠吸附的前提下在壁面上灵活移动。机器人移动机构的动作要和吸附机构相互协调，才能保证机器人在壁面上的灵活移动。行走装置的形式可以是轮式、履带式、多足式等，在此基础上统筹黏附壁面功能，其爬壁行走也有连续与非连续两类。轮、履结构的行走装置多为连续行驶，因此采用轮、履结构的爬壁机器人也是连续式爬行。吸附功能和行走功能是一对矛盾，想要获得稳定的吸附功能，就要牺牲行走灵活性；想要获得灵活快速的行走功能，吸附的稳定性就会受到影响。

非连续式爬行机器人比较接近动物的爬行方式，这类爬行装置多以腿足式步行机构为基础，采用仿照动物的腿足结构来实现行走。腿足式爬壁机器人通常有四个以上的爬壁腿，每条腿应有多自由度运动功能。在腿下部的足上可以安装真空吸盘或夹持装置，通过足部装置实现对壁面的吸附，行走的实质是吸附与移动交替进行。交替运动中的吸附作用可以直接由部分机体完成，这也是另一类靠机体交替吸附的爬行机器人的特征。机体交替吸附机器人机体为相互联系又相互运动的两体组合结构，每个机体都有与壁面吸附的一组装置，而且每组装置的吸附能力都足以负担全部机体及其上的负荷。每个机体上的吸附装置交替工作，其中之一吸附时另一体移动，循环往复交替进行。

8.8.2.2　行走装置结构

　　爬壁行走装置结构与行走方式紧密相关，爬壁机器人在壁面行走的特殊性决定了必须存在吸附作用。目前比较成熟适用的吸附装置或者是负压吸附或者是磁力吸附，各有其特点与适用条件。现阶段的爬壁行走装置是行走机构与吸附装置的结合，协调利用二者各自的功能共同完成爬行任务。行走机构的选择或者是采用传统成熟轮、履装置，或者采用仿生腿足行走机构，行走机构与吸附方式的合理匹配才能实现爬行功能。腿足式爬壁机器人采用驱动仿生腿足机构来实现行走，在足的底部可采用负压吸附、磁力吸附装置来实现对壁面的吸附。

　　如采用负压吸附，爬壁机器人足下部有气动吸盘，吸附使机器人能够保持在平整的壁面上静止而不坠落。一般多采用吸盘组吸附，吸盘组在功能上可以弥补单个吸盘的不足和缺陷，并提高吸附系统的性能。如果多吸盘与多腿足结合，则吸附有多个支承点，通过各吸盘的交替吸附与脱离来实现行走和越障。要完成壁面爬行除了吸附机构外，其它驱动装置、机构等的配合也必不可少。图 8-8-2 为足式吸附非连续式爬壁装置。

图 8-8-2　足式吸附非连续式爬壁装置

　　吸附功能与轮式行走装置结合可实现连续攀爬行，船舶侧壁清理作业机械人就是利用磁吸、轮行的攀爬方式（图 8-8-3）。该爬壁装置采用两台电机进行驱动，大吸附力的永磁铁安置于机器的下侧，磁铁与船壁有一定的吸附间隙，以避免机器行走、转弯时磁铁与壁面之间产生干涉摩擦。永磁铁能够通过空气间隙、透过船壁的涂料层与船壁金属产生磁吸附，吸附力能够承受机器本体的重量以及其负载重量。连续攀爬行也有采用履带式行走装置，其吸附也采用磁吸附原理，但吸附单元的结构与前者不同。履带由链条和多个永磁吸附单元构成，永磁吸附单元对应履带的履带板，接触船壁表面上并吸附。采用两台电动机提供动力分别驱动两履带装置，通过控制各个电动机的不同转速来实现转向。行走装置转向靠履带的滑转，吸附牢固与履带滑动是一对矛盾，因此转弯动作也是履带式爬壁装置的难点所在。

图 8-8-3　连续式爬行机器人

8.8.3　其它攀爬机器

爬壁机器人要能完成规定的作业，需要具有一定的吸附力，和壁面产生的作用力足以使之牢固地吸附于壁面而不致滑落。但在壁面存在较大的凸凹不平时，或者壁面不足够大用以吸附装置实现吸附时，则必须改变其攀爬方式。针对不同攀爬对象的条件，采用相应的行走机构实现攀爬功能。

8.8.3.1　爬杆柱机器人

高空作业中不但要攀爬壁面，常常需要攀爬树干、电杆、立柱等圆柱结构物体，用于这类场合的攀爬杆柱机器人与爬壁机器人有所不同。虽然都是克服重力的作用依附于物体表面爬行，但作用的方式有所不同。攀爬杆柱的特点在于径向尺寸小、便于操作，因此机器人可如同人一样抱住杆柱攀爬。其攀爬的方式也可以如同猫科动物一样利用抓钩攀爬，通过抓钩嵌入攀爬对象内部实现对物体的依附，但只限于其攀爬对象是质地较软的木质类物料。夹抱攀爬不受材料局限，通过对攀爬对象包络性抱持实现对物体的依附。夹抱式爬杆柱机器人的夹抱方式可多样，而其所要解决的问题是统一的，通过机构的夹抱作用增加摩擦力，克服自身重力的向下作用。这类机器人也可以为两体可移动结构，夹持与移动交替实施实现攀爬功能。也可设计成机体与腿足机构组合的模块结构，在臂腿端配以手爪用于抓夹杆件，通过交替手爪的抓放操作爬行。也有多体连接结构的爬行装置，协调利用关节的回转与机体的移动，通过蠕动、翻转和扭曲等动作实现攀爬。

人在攀爬杆柱类物体时，通常用脚蹬腿盘将杆件夹紧然后身体上肢尽量上移，手臂继续抱紧杆柱后再次松开腿脚身体上移，往复动作实现爬升。爬杆柱机器人的攀爬装置通常就采取类似攀爬方式，攀爬装置一般包括夹持机构与移动机构。夹持机构负责对杆柱的交替夹紧，移动机构负责整体的移动。攀爬作业时一部分夹紧装置保证抱紧状态，使机体稳定依附在杆柱上的同时，移动机构提升其余夹紧装置上移到位后抱紧杆柱，依次循环实现攀升。用于风力发电设备维修的自爬行起重机就采用这类攀爬方式，如图8-8-4所示为自爬行起重机。该自爬行起重机由抱臂、夹紧油缸、伸缩内筒、伸缩外筒、顶升液压缸、平台等构成，通过抱臂组的交替抱紧与内外筒的伸缩，实现整个平台的爬升。四组抱臂分别由各自的夹紧油缸推拉实现夹抱与张开，其中上下两端的两组抱臂与伸缩内筒连接，中间的两组抱臂与伸缩外筒连接，伸缩内筒底部与伸缩外筒顶部通过液压缸连接，平台与伸缩外筒连接。当装置

图 8-8-4　自爬行起重机

开始攀爬时两端的抱臂抱紧，中间两组抱臂松开，顶升液压缸伸长将伸缩外筒及中间两组抱臂顶升。达到预定位置后中间两组抱臂抱紧，然后两端抱臂松开，液压缸收缩将伸缩内筒与两端的抱臂拉升。通过抱臂交替抱紧与内外筒的伸缩，实现整个装置的爬升。

8.8.3.2　爬阶梯轮椅

攀爬机械中还有一类针对特定场合的机械，虽然攀爬能力不是太强，只能在不太陡峭的场合使用，但需兼具平面行走与攀登两种功能并且可随时实现功能转换，如能够载人上下楼梯的轮椅就属这类机械。阶梯台阶通常结构相同、尺寸一致，攀爬的主要矛盾是登高与跨越。因此这类机器的行走装置可以采用履带装置，履带装置具有较长的接触距离，可以克服台阶间的落差，能自成行走轨道实现攀爬。轮式装置跨越台阶能力较差，为了克服这一弱点，有在传统轮式轮椅上加装履带装置用于爬阶梯。也有采用多轮组合结构实现台阶的跨越，如将轮子成为自转与公转结合的行星轮轮组结构。轮椅更多的时候是在平地上运动，所以轮椅首先要保证在平地条件下能够满足使用要求，进一步具有爬阶梯功能，二种状态之间灵活变换，比较有代表性的是 IBOT 爬阶梯轮椅（图 8-8-5）。

图 8-8-5　爬阶梯轮椅

IBOT 爬阶梯轮椅是一款能够辅助腿部残疾人士上、下楼梯的攀爬机器，该轮椅可在平面以及阶梯状态下前进。该轮椅外部形式接近普通轮椅，行走部分共有六个轮子。相比于常见轮椅行走结构，其中前面一对为直径较小的万向随动轮，主要起支承与随动转向作用。后面四轮直径较大的充气轮胎布置在轮椅左右两侧，每侧的两个轮构成驱动轮组，轮组是轮椅的行走驱动装置和主要承载轮。轮椅在平地正常运动时六只轮子同时着地，像普通轮椅一样在平地上前进。上下楼梯时前面两个小轮抬起，两个后轮交替翻转从而上下阶梯。后轮组的两个轮交替作为驱动轮，两个轮子相继翻转，翻转一次爬越一级台阶。座椅与行走装置之间有一套调节机构，用来实现座椅姿态位置的调整。该轮椅配备了陀螺仪等多个传感器用来感受重心变化、检测轮椅与地面之间的夹角、确定轮椅在阶梯环境下的姿态倾角。该轮椅由于具有较强的平衡能力，可以靠轮组中左右各一个轮接触地面独立支承、直立行走。

8.9　助力行走外骨骼

人类使用机械的实质是自身功能的放大与延伸，行走机械提高了人的行走速度与负荷能力，同时需要改变人的运动形态与操作方式。而在一些特定的场合需要人超出本身体力、运动能力的极限，同时还需要以人体本来的运动方式实现运动。助力行走外骨骼是一类提高人体运动能力的辅助装置，这类装置能够在遵循人体原始运动的同时，弥补人体在行走能力方面的不足，以人动机随、人机协调的模式实现功能。

8.9.1 助力行走装置的功能与特征

传统行走机械在高速、远途、重载方面具有优势，但是它很难像人一样有效地进入、行进、作业在一些特殊环境。虽然仿生机器人在一定程度上可以替代人应用于这类场合，但决策能力和对环境的感知能力还达不到人的智力水平。因此可将人的高智与机器的强劲结合为一个人机综合系统，为一些特殊作业提供更为适合的实现方式。人体辅助助力装置正是这样一种装置，也称外穿戴式骨骼装置，简称外骨骼。穿戴式外骨骼装置为穿戴者提供充足的力量和耐力，来增强负重、搬运、行走等能力，可以让穿戴者完成常人无法完成的任务。外骨骼（exoskeleton）原指生物界中为生物提供保护、支持的坚硬外部结构，人类借鉴这类生物的骨骼特性，借用机械机构与装置，达到支持和保护人体目的的同时，可以提高人体的力量与速度，达到人的智能与机械力量相互结合的效果（图8-9-1）。

图 8-9-1　穿戴外骨骼的人员

外骨骼均为了增强人体的能力，但因使用的领域、应用的目的不同，使得所强调的辅助内容有所差别。根据穿戴和辅助部位的不同，有全身与部分肢体外骨骼之分，如全身外骨骼、下肢外骨骼、上肢外骨骼等。因使用目的不同可分两大类，一类是增强正常人的人体机能，提高搬运、行军等工作能力。另一类是助老助残的康复型辅助行走器具，增强老年人、伤病患者的运动功能，使其实现自助运动。在使用外骨骼实现功能的过程中，人体与外骨骼之间是人机统一系统的相互协调的两个部分，由于起主导作用位置的不同，外骨骼所扮演的角色相异。当外骨骼在人机系统中占主导位置时，人体做被动运动，外骨骼将带动人体完成特定运动，这类外骨骼主要用在助老、医疗、康复等领域。当人体在人机系统中占主导位置时，根据人体意图实时完成各种运动，外骨骼便成了人体运动系统的外延与扩展。

外骨骼基本要求是实现人机之间的交互与配合，外骨骼与人体之间高度耦合后组成系统，通过人体向外骨骼提供控制信息，而外骨骼则为人机整体提供运动所需的部分动力。外骨骼与人体结合能辅助人体完成相应功能，当与人体分离后则成为一套具备特殊功能而无法独立使用的装置。这种装置除具有这种非独立的特性外，还必须具备随动、宜人等特性。由于外骨骼与人体直接接触附着于人体，并由人对其进行操纵，因此外骨骼依附于人体之后跟随人体动作，与人体协调一致而不能阻碍人体的运动。外骨骼能够适时提供助力，让外骨骼穿戴者感受到的是一种自然、自觉的能力外延，而不是刻意在操控某种装置。与传统行走机械的驾驶操作不同，这种操作的随动特性彻底取代了独立装置完全被动的交互方式。同时外骨骼与自主行走的机器人又不同，虽然具有一定的自主特性但并不独立，必须依附于人的主体之后才能实现功能，这是外骨骼与机器人最显著的差异。

外骨骼的任务是辅助承载与助力、助动，辅助承载要求外骨骼有足够的强度受垂向载荷，同时结构与尺寸要与人体相关部分匹配。助力与助动首先要求外骨骼实现的运动与人体的运动特点一致，这便要求外骨骼结构关系、机构运动与人体相关部位一致。能量转换是助力、助动的重要部分，将动力驱动的外骨骼的运动完全与人体的运动协调一致则是成败的关键。只从承载角度而言可以不配备动力驱动，配备动力装置势必增加负担、并且占用有效空间。被动助力外骨骼可省略动力装置，在需要助力驱动时可用储能能量释放的方式实现驱动。目前大多数外骨骼助力采用动力装置驱动，即需要外界有能量输入的驱动方式。

8.9.2 结构形式与机构运动

外骨骼是一种外穿于人体并伴随人体运动的机械装置，不但能够配合人体直立行进，还可完成下蹲和匍匐等多种相对复杂的动作。既有传统机械的传动特征、机构运动，又有仿生特点，实际上是一复杂的人机交互系统。从其整体构成看，外骨骼可分解为结构骨架、感知与控制、动力与驱动等组成部分。由于外骨骼在人体上具体应用部位的不同，其骨架结构差异较大，其中以下肢外骨骼为基础的人体外骨骼助力装置较为多用。

8.9.2.1 外骨骼机械结构

由于人体与外骨骼需要完成相同的动作，因此外骨骼机械结构必须具有完成类似人体正常行走的基本运动功能。通常外骨骼的机械结构部分包含机体主架和机械腿足，其中机体主架是外骨骼的关联框架，机械腿足为助力运动机构。机体主架如同人体的背部，用于固定放置动力装置、控制装置等。机械腿足采用拟人的运动机构，模仿人大腿、小腿、脚部结构与连接方式。机体主架与下肢部分联系也采用关节，看上去犹如人身体与腿的关系。外骨骼的各个部分需要与相对应的身体部位协同运动，为此采取穿戴或系缚的方式与人体接触，利用柔性的背带和弹性靠垫等与身体联系起来。机体主架与人身上体发生关联，通过双肩或腹部系缚与人体接合，甚至可采用背心形式穿在上身，其结构与尺寸要适于穿戴者的身体。腿部一般为杆件结构，采用绑带系缚较为方便。助力过程中脚的作用十分关键，因此脚部外骨骼的结构及与脚部的连接关系也变得重要。脚部一般采用踏板结构，踏板与地接触、脚踩在踏板上，也可将踏板直接制成可穿的鞋靴。图 8-9-2 所示为外骨骼装置。

图 8-9-2　与人体分离的外骨骼装置

外骨骼一般为满足人体运动要求的仿人体多刚体开链简化结构，外骨骼的运动机构是仿人体设计，通过关节连接承力杆件为基本构架，各部分的称谓也借鉴人体的部位名称。上体骨骼构架、大腿骨骼、小腿骨骼、足骨骼为结构支承，加之髋、膝、踝关节实现运动铰接。承力杆件起到人体骨骼的承载作用，对应肢体如大腿、小腿等相应部分，其结构形状以适合肢体为宜。而每个连接关节部位也同样有对应点，如腿部外骨骼的关节要对应髋关节、膝关节和踝关节等。人体每个关节拥有各自不同的运动方式和范围，人体关节并非工程上铰链单轴旋转，有时存在滚动和滑动并存的方式，因此外骨骼各个关节点的自由度及运动范围与相对应的人体关节应尽量相符。如膝关节的屈伸只需实现大小腿之间的摆动即可，一个转动自由度就能保证随动，而髋、踝关节则需要至少三个自由度才能保证常规运动。只有支承骨骼、关节构成的外骨骼机构，仅能保证实现随动功能、不能实现助力运动。要实现助力运动必须有另外的驱动，因此在上述机构的基础上，在某些运动自由度上增加驱动，才能有效实现助力。

8.9.2.2 伴随运动与控制

外骨骼伴随人体运动容易实现，只要解决运动机构问题即可。在某种特定状态实现助力也比较简单，只要解决好驱动问题即可。但是在伴随运动中实现助力则难度较大，不但要同时处理好上述问题，更要处理驱动与随动之间的关系，处理不当可能成为反向阻力。因此外骨骼实现助力也需要一定的控制，而且控制是一关键的环节。对于准确的理论模型、运动规律性强的系统实现控制简单，采用既定的控制策略基本就能满足要求。而对于行走助力外骨骼系统，由于其需要伴随人的肢体运动，而人肢体运动又随外界条件与人的思维而变，不能采用固定模式的控制方式，因此需要交互式实时控制。为了实现交互式实时控制，在人体与外骨骼之间需要建立由不同功能的传感装置构建的感知系统，感知系统要实时监控人体运动与受力状态、外骨骼的运动与承载状态。中控器将感知系统传递来的信息分析后，判断穿戴者的意图和各个部位将发生运动的结果，再下达相应的指令给各个驱动器件，使执行装置按指令规定的参数完成自身的功能。

穿戴者与外骨骼具有实实在在的物理接触，穿戴者处于控制回路中也是操作者，外骨骼与人形成了一个复杂的多输入多输出非线性人机耦合系统。目前虽然有多种不同的控制法用于外骨骼的人机系统，但各有其适用与限制条件。如人体运动轨迹跟踪控制方法通过实时检测分析人体关节的运动轨迹，可以很好地实现外骨骼运动与人体运动的协调一致。但需要在人体添加一些传感器，不仅影响穿戴者的人体舒适性，也会导致外骨骼的穿戴极为不便。灵敏度放大控制是一种基于外骨骼模型的控制方法，只需在外骨骼上安装传感器，实时检测外骨骼各关节角度、角速度、角加速度等参数。通过建立的外骨骼运动模型预判出外骨骼的运动，能控制外骨骼跟随操作者的运动。但外部干扰对外骨骼的影响较大，一旦有干扰则外骨骼将会像响应人体运动一样去响应干扰。在实际的外骨骼控制方案中还没有一个十分完善的控制法，往往是多种控制策略结合使用。

8.9.3 助力实现方式

穿戴人体上的外骨骼随人体而动，在不同的状态其助力的体现方式不同。静态的助力支承可以不需动力介入，在一些特定的场合，人的上下肢体也可以相互助力。这些没有外界能量输入的助力有限，通过动力装置将外界能量转化为可利用的动力，才能真正实现助力功能满足需要。适于外骨骼的能量转化装置及动力的传动方式一直是探求的问题，现有的可携带动力源有电池与电机和燃油小型发动机等，驱动方式可以以电动、液压和气动为基础。通过按照人体的骨骼和关节构造，模拟人体肌肉关节运动工作原理，将动力转化为外骨骼作业的驱动能量。不同的驱动方式用于助力驱动各有优劣，利用电机实现圆周驱动优势较大，液压和气动直线驱动方便实现。

人肢体的各种运动主要由肌肉组织提供动力驱动，而骨骼则是提供支承与载体作用。外骨骼助力装置也同样如此，如模仿人的肢体结构构建的外骨骼的支承结构只是基础，还需要为连接骨骼的关节设置对应于人体肌肉组织的动力系统。在实际应用中完全模拟人体肌肉组织实现动力供给十分困难，现阶段外骨骼的动力供给还只能简化，采用比较简单的机电液装置驱动关节实现运动。助力外骨骼的驱动装置通过对关节运动提供力矩，致使与该关节相连的外骨骼在与肢体一起运动时产生作用，使穿戴者对应关节驱动肌肉处于松弛状态。其结果相当于减轻人体负担、提高了人体的机能。在关节处施加驱动扭矩可以直接施加，即在关节处直接施以旋转运动作用于关节元件实现驱动，也可间接施加直线往复运动在与关节联系的两个骨骼上，通过推拉作用使两骨骼绕关节摆转。

利用电机直接驱动或通过减速器驱动可方便地将旋转扭矩直接传递到关节上，有的助力外骨骼就是用电机直接驱动关节。如图 8-9-3 所示的行走助力器就是一种通过电机输出转矩驱动的下肢外骨骼装置，能减小人在行走和直立时体重对膝关节和踝关节的压迫，能够帮助人上下楼梯等日常活动。该行走助力器上部有一个马鞍形的座与人体臀部相接，人体的一部分重量由此传到外骨骼下肢上，电机关节带动外骨骼的大腿做上下摆动，推动腿向前迈步实现助走。肢体运动是肌肉、关节和骨骼协同工作的结果，骨骼是支承、关节是枢纽，而肌肉的收缩则为肢体绕关节转动提供动力，采用直线驱动在一定程度上机械地模仿了这种方式。直线驱动通常是采用液、气驱动，利用液压缸、气缸的直线运动拉动关节转动。采用这类执行元件时要注意作用位置，既要保证伸缩驱动装置两端分别与关节相连的两骨骼连接，又要使连接点与关节之间的相对位置能保证转矩的实施与运动的实现。图 8-9-4 为直线往复驱动腿部外骨骼。

图 8-9-3　本田公司研制的行走助力器

8.9.4　其它运动助力装置

虽然人具有的智能是任何机械所无法比拟的，但人所能完成的任务要受人的体能限制。助力行走装置是人类强化自身体能的一种方式，人类在这方面的努力从来就没有停止过。人们总是依据需要及运用具备的条件实现自己的期望。早期为了冷兵器作战的需要，发明并制

图 8-9-4　直线往复驱动腿部外骨骼

作了头盔、铠甲等实用装备，其实质是一类具有防御保护作用的人体外骨骼，由于受到当时科学技术及人们创造能力的限制只能简单制作。随着科学技术的进步，人们的期望已不局限于身体的保护，还要在动作能力方面有所提高，这自然就有了助力外骨骼的设想。现有技术所能实现的助力外骨骼虽然还未能达到人们的理想，但通过不断的努力进取、实践，该技术逐渐提高，已在现代人生活的一些领域发挥作用。

　　按照人体助力外骨骼的思路，助力不仅仅局限在某一方面或某一领域，可以扩展更大更广的空间，既然可以助力行走，那么也可以助力飞行与助力潜海，因此也有人在这些方面进行尝试。如背负单体飞行装置就具备外骨骼的一些特征，该装置也是人体与装置合为一体，其助力体现在可以协助人体腾空，如图 8-9-5 所示。背负单体飞行装置主要由小型燃气轮机等实现腾空助力，助力时人与整个装置绑缚在一起，人操控动力系统实现各种运动。

图 8-9-5　腾空助力装置

8.10　无人驾驶车辆与智能行走机械

　　行走机械实现行走功能的首要条件是具备适宜的行走装置或机构，但这些装置与机构必须接收到控制作用后才能实施功能。对机械发出控制的主体是人，人可以采取直接操作、也可以间接控制。可以是坐在车辆驾驶室直接驾驶，也可以离开机体实施远距离遥控。无人驾驶解除了人的直接操控作用，体现了行走自动控制达到的又一新高度。而自主行走则是抛开操控的最高追求，实现自主行走必须具备极高的智能，这类机械也可称为智能行走机械。

8.10.1　无人驾驶与智能行走

行走机械无需专人操作即可实现各种行走功能，可视为自动驾驶。但自动驾驶并非全等于智能行走，但智能行走机械一定是自动驾驶，现在的无人驾驶或自动驾驶车辆只是部分或少量智能，还无法实现自主行驶，不是真正意义的智能行走机械。自动驾驶的含义简单概括就是机器行走不需人来控制，但在多大的程度不需要人的介入则体现了智能程度。行走机械的使用范围广泛、作业要求各不相同，对自动驾驶功能的使用也应该根据具体应用场合、任务要求不同而采取相适宜程度和实现方式。"自动"一词的含义宽泛，因此"自动驾驶"这一概念中所限定的自动程度，在不同时期、不同的场合所体现的也不相同。

有限区域自动驾驶是在已规定好的区域范围内完成行驶作业，行驶过程无需人员介入。其特点是固定路线行驶、作业环境条件与作业内容都相对确定，当环境与场地发生改变时，自动驾驶功能失效。若要继续实现自动驾驶功能，则需针对新的环境条件、新的行走路线重新赋予行走机械的控制内容。无人驾驶通常指不限定范围的自动驾驶，虽然与有限区域自动驾驶一样由机载控制系统控制，但其智能程度有了较大提升，原因在于行驶环境变化、环境条件比较随机。需要利用机载传感、识别系统来感知车辆周围环境，控制系统综合所获得的各种信息，规划任务并发出控制指令给执行装置实施动作，实现在各种不同场合、各类路况上行驶。智能行走是理想的自主驾驶状态，机载智能系统应该像人类驾驶员一样，能对自身运动及环境变化做出实时的判断，自主决策，适时地改变运动，在正常情况下都不需要人为介入进行操控，就能够实现所有的驾驶目标。

能够实现自动驾驶的车辆与作业机械，基本构成和原有基本特征变化不大，更多体现在自动、智能的水平上，具体表现在自主感知、智能决策、自动执行方面。虽然三方面都很重要，但前两者尤为关键，其原因在于实现的难度较大。人驾驶车辆时都要靠人的感官与大脑来确定外界环境的状态，改用机器自主实现行走则需要具有高能力的感知与高效率的决策。感知系统对外感知环境、对内检测各个部分的状态，并将所得信息传递给规划决策系统，主要包含不同功用的传感器、雷达、图像采集装置等。其中对外部的信息采集与状态识别相当于增加了感官与视觉功能，使车辆具有对周围的观察与感知能力。内部检测传感装置监察内部状态及动作执行情况，为规划决策提供依据。规划决策系统借助现代计算机及相关技术，在自动控制的过程中体现或部分体现出人的综合思维方式，实时调控各个执行机构状态、保证安全行驶。

要实现自动驾驶也需要一定的基础条件，包含内在因素与外部环境两方面。内在因素主要体现在技术支持能力上，现有技术所能达到的水平限定其能力，人们期望的自动驾驶可以如同人驾驶一样，但实际上现在还无法完全实现，其原因在于技术上还难以支持需求。外部环境条件也是其面临的问题，自动驾驶需要相应的配套设施、法规、使用方式等，没有相应适宜的环境条件，即使智能水平很高也难发挥出应有的作用。这两方面的影响也决定了自动驾驶中人员的参与程度，环境配套水平低则要求人的参与程度高。同样如果智能技术在自动驾驶上有所突破，那么自主行走也就可能成为现实。

8.10.2 无人驾驶车辆

无人驾驶技术是一多学科、多技术的融合体，它依赖于同时期科技发展水平。现阶段的无人驾驶在很大程度上还依赖现有的车辆结构形式、现有装置的功能，因此大多数具有无人驾驶功能的车辆与作业机械，都是在已有的基础结构、装置不变的基础上，加装传感器、计算机、动作执行器等。其实质是将人类的大脑、手脚及感官的部分功能通过装置在车辆的自动驾驶中体现出来，目前还只是各种功能装置的组合，还没有实现完全融合。

8.10.2.1 自动驾驶技术

人在驾驶车辆时操纵动作主要施加于方向盘、换挡手柄、制动踏板与加速踏板等，以实现车辆的转向、变速、制动与加速。初级的自动驾驶就是由机器代替人类驾驶员完成类似的动作，通过机构模仿手脚实施动作，对上述各种执行机构实现自动控制。自动驾驶的执行机构在兼顾车辆功能装置操控动作的基础上，利用机电液元器件组成动作执行系统，一般采用电机驱动、机构模拟的方式，将来自控制系统的指令转化为各执行机构动作，实现与人类驾驶员一样的操纵能力。操纵动作执行直接与车载装置发生作用，在车内部实施，而且可控性强，实现起来相对容易。执行这些操作的前提是对车辆外部环境的反应，如前部路况好、车辆少时，执行加速操控；当到了停车场时要执行换空挡、制动操作。把路况条件、停车场位置等外界信息汇合到车上，则需要由多种传感装置共同组成的感知系统完成。图 8-10-1 所示为用普通车改装的自动驾驶试样机。

图 8-10-1　用普通车改装自动驾驶试验样机的部分执行机构

感知系统的重要职责在于外部识别与定位等方面，用于发现障碍物、测定相互间距、准确识别标识、确定所处位置等。一般以激光雷达、超声波传感器、红外摄像仪等作为传感设备，构成感知系统的基本硬件框架。超声波是利用目标对声波的反射现象来发现障碍物并测定其位置，超声波传感器安装在车头、车尾以及车体两侧。激光测距具有精度高的优点，激光雷达在车辆定位、避障方面有不少应用。摄像装置可以提供丰富的图像信息，对标识类具有较高的识别能力。传感装置之间取长补短，集成为系统组合使用可提高感知精度。卫星定位技术已经广泛应用到了现代车辆中，自动驾驶车辆的定位系统以卫星定位系统与自主定位导航系统结合更为适用。图 8-10-2 所示为无人驾驶车辆的传感器。

自动驾驶功能的实现需要一个高效的机载处理系统，处理系统由车载计算机的软、硬件共同构成。机载处理系统与常规车辆驾驶员的大脑部分的作用相似，首先需将感知系统收集的复杂信息整理，做出判断后再去协调、控制一个复杂的机械系统。处理系统通常可采取多处理器分层控制结构，至少存在上下两层。上层负责处理感知系统获得的外界环境信息，如

图 8-10-2　无人驾驶车外安装的传感器

图像识别、车辆定位等，并规划出控制指令发送到下层处理器。下层处理器或称下位机接收上层控制指令，负责对自身信息的采集及控制指令的最终下达，即将上层的控制指令变成具体实施控制命令，如控制方向盘转动实现转向、控制推拉制动装置的动作实施刹车等。

8.10.2.2　无人驾驶车辆

无人驾驶技术一直是全球关注的重点，各类机构投入资源开展研究工作，并取得较大的进展。无人驾驶车辆从构成角度看，在保持车辆基本组成装置的基础上，增加了传感器、控制器与执行器及其相关软硬件构成的独立自动驾驶系统，无人驾驶车辆为了识别出道路状况，检测位置和速度，必须存在具有视觉功能的装置，这类装置还未成为车辆的专有装置，只能独成体系地安装在车辆上，所以现有无人驾驶车辆在外观上就可看到雷达、摄像机等装置（图 8-10-3）。这些车头上的俯视摄像头、凸出车顶的雷达等装置，为无人驾驶功能的实现提供支持，但也为车辆带来了不利影响，其原因在于功能与结构还未完全统一。

图 8-10-3　早期自动驾驶汽车与目前自动驾驶汽车外观

汽车与人类生活密切相关，无人驾驶技术在汽车上的应用也更瞩目。无人驾驶汽车在技术上逐渐完善的同时，逐渐从研发技术走向实用技术，开始了从试验样机向产品转化，其中有的已实现商业化应用。在技术发展的同时也开始被接受与认可，有的国家已立法确认无人驾驶车辆为可上路行驶车辆。现在投入实际使用的无人驾驶车辆，在各方面都要比早期研制样机提高很多，如取消了人工操作装置、外观得到了优化、内部结构更宜人。尽管如此，由于目前对错综复杂行驶环境的感知、信息处理与决策能力还仍受到技术水平制约，无人驾驶汽车还只能是有限条件的自动驾驶，还达不到人们期望的智能程度。图 8-10-4 为无人驾驶样车。

无人驾驶技术不仅在汽车上使用，这一技术在众多行业都需要，可能迫切程度更高。如在一些危险、有害区域完成作业的行走机械，如果能够实现无人驾驶则可以减少伤害。不仅如此，由于行走作业机械遍布各种行业，每一行业对无人驾驶都有本行业的解读，因此在无

图 8-10-4　olli 无人驾驶车与百度的无人驾驶样车

人驾驶这一技术概念下，可能衍生出许许多多无人驾驶的车辆或无人操控的行走作业机械。以农业机械领域的行走作业机械为例，就可以理解无人驾驶技术的应用结果。现代农业生产中需要大量拖拉机、收割机、插秧机等行走机械，这类机械均在田间作业是其共同点，但作业对象和条件不同，最终无人驾驶的处理方式就要有所区别。图 8-10-5 为无人拖拉机。

图 8-10-5　凯斯无人拖拉机

8.10.3　智能行走机械

现代的自动驾驶技术越来越智能化，但还远未达到人们的期望。智能化到底应该达到何种程度，这还有待于科技的发展，无论如何智能行走是行走机械发展的必然。智能行走不单纯局限于装置、单体技术提升，更需要开阔思维、广泛融合；不但要将具有智能行走能力的机器作为一独立设备与工具，而且更要以智能行走系统单元的系统思想对待它，因此未来车辆的概念、行走机械的含义可能有另外的解释或由新的概念所替代。

8.10.3.1　智能环境与技术

未来车辆的行走除主要功用与现在一致外，其设计理念与具体结构形式可能都要发生变化。现阶段的自动驾驶车辆基本上还无法脱离现有的车辆结构，更多的是继承已有产品的基础结构与装置，进一步增加自动驾驶方面的功能，以此方式难以达到最终理想的智能型无人驾驶。现阶段车辆的功能设计一切是以人为主体，而无人驾驶车辆需以车为主体，这就使得未来车辆的外观形式、结构组成均发生变化。如用来货物运输的车辆，结构中服务于驾驶操作人员的驾驶室不再有存在必要，只有简单的人机交互界面即可。

感知系统与整体结构的融合有利于智能程度的提高，感知系统的性能不但取决于传感装置的性能，也取决于传感元件与整体结构的结合程度。随着科技发展、元器件性能的提高，将传感功能嵌入结构元件中、传感装置与结构融合为一体，才能真正实现理想的功能。结构融合传感系统功能的实现还需依赖车体网络互联，车体网络相当于人体的神经系统，配合控制系统实现信息传递。车辆智能行走需要与环境的融合、与系统的协调，如果交通、物流等系统智能化了，协调了车与环境、车与路间的相互关系，相互之间都能实现自主通信交流，那么感知、识别、交通安全等现在的问题都将不会是问题。

具备智能行走的机器是一个个可以独立作业的单体，成千上万的单体要有序地完成各自的工作，需要处理好三种关系，即智能单体之间的关系、单体与人之间的关系、单体与智能环境系统的关系。人与智能单体之间的关系就是人与智能行走机械的关系，人创造了智能行走的机器，是为了享受机器的适用与安全，这也是智能机械发展的动力。智能行走机器与目前的车辆及移动作业机器不同，主要体现在协调作业方面，机器能够独立完成作业，而且更可以集成与组合协同完成功能，甚至如同蚂蚁蚁群一样活动。因此现有这些概念的含义应淡化，以移动单元或智能单体称呼更适合。单体与智能环境系统的关系体现在信息交流方面，单体完成具体工作，系统实施规划与协调。

8.10.3.2 智能行走系统

未来具有智能的行走机器，作为在智能环境下独立的单体，可能分为两种基本类型去发挥不同的作用。一类是以自主独立控制为主型，适宜独立作业完成特殊任务。另一类以系统协调作业为主型，适宜集成与组合作业。前者具备特定功能和自主独立完成特定作业的能力，能在不依赖任何外界的情况下，靠自身所具有的感知、自主决策和操纵能力实现既定功能。如在探险、救火、排爆等特殊场合代替人类，自主进行相关工作的机器人应属于这类。后者同样具备智能特征，但系统关联功能更强，与大环境的智能中枢交流频繁，作业能够相互协同、系统衔接。如用于交通运输的车辆单元，它从系统获得的是运送的对象，以及该单元所要到达的目的地。而整个智能运输系统接到使用者的信息，则根据最优规划发出命令给单元，单元将运输对象接到后完成部分运输任务，再转交给到达同一目的地的另外一运输单元集中转运。这类关联运输可以是所谓的车与车之间，也可以是车与船、车与飞机间的协同。

智能发展也是社会化，智能行走也必然融入其中，智能行走机械是整个智能社会的组成单元。在这庞大系统中，应用关联、信息关联，乃至结构关联都成为必然，强大的智能系统提高个体功能的发挥，同时也改变以单体形式存在的个体的价值。如作为发挥运载功能的汽车，现在是独立、专用、专享，不仅有大量的非使用状态，而且还要配备停泊车车位。如果各种智能系统融合后形成智能行走，那么我们可以用设想描绘一下未来的景象。出行需要车时可以随时随地利用手机或当时的器具，通知离你最近的满足你要求的移动单元来到你的面前，你不需要驾驶，只是乘客。如果想要享受实际驾驶的感觉，你也可以选用带有操作装置的移动单元，可以坐在老式驾驶方向盘前找感觉，而实际驾驶都在智能系统的控制之下，使得你既有实际驾驶的感觉，同时主动安全系统又使你在任何驾驶状态都不会发生安全事故。

参 考 文 献

[1] 刘杰.中国古代车辆 [J].交通与运输，2008，24 (3).

[2] 成伟华.汽车概论 [M].重庆：重庆大学出版社，2008.

[3] 马传翔.单轮机器人运动机理及其控制方法的研究 [D].哈尔滨：哈尔滨工业大学，2010.

[4] 韩彬.个体交通工具的发展和两轮概念车的操纵稳定性分析 [D].上海：上海交通大学，2002.

[5] 李永东.交流电机数字控制系统 [M].北京：机械工业出版社，2002.

[6] 马英.电动车轮构型分析与结构研究 [D].重庆：重庆大学，2013.

[7] 巩养宁，杨海波，等.电动汽车制动能量回收与利用 [J].客车技术与研究，2006，28 (3).

[8] 陈明伟.燃料电池城市客车动力系统基本技术方案研究 [D].上海：同济大学，2005.

[9] 郭正康.现代汽车列车设计与使用 [M].北京：北京理工大学出版社，2006.

[10] 韩厚禄.三轴半挂车转向协调性及随动转向桥结构原理研究 [D].武汉：武汉理工大学，2009.

[11] 金银花.8m城市客车空气悬架系统开发 [J].客车技术与研究，2013，35 (1).

[12] 柴天.FSAE赛车整车性能分析与研究 [D].长沙：湖南大学，2009.

[13] 郭村荣.一级方程式大赛用车 [J].交通与运输，2004，3.

[14] 栾英，刘晓东.电子动力转向控制系统在电动叉车上的应用 [J].机械工程师，2009，7.

[15] 杨瑞，陈丽昕.K35轻型集装箱跨运车电动变频驱动技术 [J].起重运输机械，2008，8.

[16] 罗艳蕾，何清华.滑移式装载机静压传动系统原理及特性分析 [J].建筑机械，2001，9.

[17] 刘良臣.装载机维修图解手册 [M].南京：江苏科学技术出版社，2007.

[18] 秦德印，王受沆.装载机工作装置和转向液压系统合理匹配及选用 [J].工程机械，2001，10.

[19] 石博强，饶绮麟.地下辅助车辆 [M].北京：冶金工业出版社，2006.

[20] 刘杰，高峰，等.滑动非常规行走方式综述与发展趋势分析 [J].机械工程学报，2012，12.

[21] 张闽鲁，吴清分.90年代以来国外拖拉机产品的技术状况及发展 [J].拖拉机与农用运输车，2001，4.

[22] 董世红，王建.轮式装甲车的研制和发展 [J].兵工科技，2010，1.

[23] 刘立明.日本新型轮式机动战车 [J].国外坦克，2014，2.

[24] 杨楚泉.水陆两栖车辆原理与设计 [M].北京：国防工业出版社，2003.

[25] 辛志坡，王伟.高速水陆两栖车辆技术发展 [J].专用汽车，2007，6.

[26] 贾小平，马骏，等.超高速水陆两栖技术研究 [J].机械研究与应用，2015，5.

[27] 李军，李强，等.军用履带车辆雪地机动性能分析 [J].农业装备与车辆工程，2010，12.

[28] 郭晓林，刘杰，等.螺旋推进车研究现状概述 [J].农业装备与车辆工程，2014，4.

[29] 李磊.载人月球车结构设计与仿真分析 [D].南京：南京航空航天大学，2012.

[30] 邓宗全，范雪兵，等.载人月球车移动系统综述及关键技术分析 [J].宇航学报，2012，33 (6).

[31] LRV operations handbook appendix A NASA-TM-X-66816 revision 1. Manned Spacecraft Center. 1971, 4.

[32] 苑严伟，徐海港，等.电动平移式喷灌机行走同步控制与仿真 [J].科技导报，2010，28 (14).

[33] 侯自良，郑洁.美国CATERPILLAR627B自行式铲运机同步控制总成电路剖析与改造 [J].煤矿机械，2004，2.

[34] 陈胜奇，曹全星.混合传动在平地机上的应用研究 [J].筑路机械与施工机械化，2009，26 (10).

[35] 杨国平.现代工程机械技术 [M].北京：机械工业出版社，2003.

[36] 陈乐尧，钟宇峰，等.一种轮胎压路机后轮驱动装置新结构 [J].工程机械，2007，38 (9).

[37] 庞龙亮，杨辉，等.全向智能移动设备在列车车体转运中的应用 [J].制造自动化，2016，12.

[38] 崔欣岳.基于Mecanum轮的堆垛机全方位运动系统研究 [D].哈尔滨：哈尔滨工程大学，2016.

[39] 倪志伟，郑松林，等.陆轨两用车设计中关键技术研究 [J].机械制造，2007，45 (8).

[40] 裴磊.纯电动公铁两用牵引车整车控制系统研制 [D].哈尔滨：哈尔滨工业大学，2010.

[41] 张浒.路轨两用车上轨执行机构的设计与研究 [D].长春：长春理工大学，2014.

[42] 季晓丹.公铁两用车的发展历程与趋势 [J].铁道机车与动车，2015，3.

[43] 姜百盈.大型飞机的多轮式起落架总体布置研究 [J].航空工程进展，2010，1 (1).

[44] 冯军.大型民机起落架的发展趋势与关键技术 [J].航空制造技术，2009 (000)，002：52-56.

[45] 王书镇.高速履带车辆行驶系 [M].北京：北京工业学院出版社，1988.

[46] 杜玖玉，苑士华，等.车用液压机械复合传动特性及应用研究 [J].机械传动，2008，32 (6).

[47] 申艳斌.农业拖拉机履带行走系研究 [D].洛阳：河南科技大学，2008.

[48] 戚殿兴.CB1002履带式拖拉机行走系的研究与设计 [D].镇江：江苏大学，2012.

[49] 金钟振.挖掘机——原理、测试与维修 [M].李昌镐,译.上海:上海交通大学出版社,2011.

[50] 莫德志.路面冷铣刨机支重轮设计浅析 [J].工程机械,2007,38 (10).

[51] 胡燕磊.沥青路面铣刨机行走系统研究 [D].西安:长安大学,2011.

[52] 王恒飞.四履带工程机械底盘设计 [D].西安:长安大学,2013.

[53] 冯付勇,洪万年,等.双节全地形履带车辆发展探讨 [J].车辆与动力技术,2011,3.

[54] 胡际勇,赵智强,等.大型履带行走装置综述 [J].工程机械,2010,41 (12).

[55] 王刚,张丽娟,等.SRs1602 25/3.0型斗轮挖掘机的研制 [J].科技咨询导报,2007,22.

[56] 梅彦利,司鹏昆,等.重型多轴全挂液压系统 [J].液压与气动,2002,11.

[57] 归正,王一奇.轮胎式运梁车的构造和设计 [J].建筑机械,2001,12.

[58] 于永平.轮胎式运梁车行走液压系统 [J].建筑机械化,2005,26 (1).

[59] 唐定友.900吨轮胎式运梁车液压行走驱动系统研究 [D].西安:长安大学,2007.

[60] 陈浩.铁路客运专线900t级运梁车研究 [J].铁道标准设计,2008,3.

[61] 乔媛媛.液压模块式组合半挂车转向系统仿真及结构优化设计 [D].武汉:武汉理工大学,2009.

[62] 李海军,牟鹏昊.矿用卡车电动轮翻转架设计 [J].中国设备工程,2017,12.

[63] 罗春雷,赵遵平,等.220t电传动矿用自卸车全液压制动系统设计 [J].工程机械,2008,39 (3).

[64] 李涛.SCT-121型电动轮自卸车总体设计 [J].重型汽车,2013,1.

[65] 杨成华,马永海.新型多轴电动轮矿用自卸车的研发与应用 [J].矿业装备,2013,9.

[66] 张治中.中国铁路机车史 [M].济南:山东教育出版社,2004.

[67] 鲍维千,黄问盈.蒸汽机车结构与原理 [M].中国铁道出版社,1985.

[68] 华亮,姜建宁.机车车辆概论.北京:北京交通大学出版社,2010.

[69] 邹浪平.DF$_{8DJ}$型内燃机车交直交电传动系统 [J].机车电传动,2010,4.

[70] 刘传峰.青藏铁路公务动车传动系统 [J].内燃机车,2007,8.

[71] 谢青.径向转向架技术在电力机车上的推广运用 [J].机车电传动,2006,6.

[72] 潘辛怡.长春轻轨车辆的牵引变流器 [J].城市轨道交通研究,2009,12 (5).

[73] 刘汝让.磁轨制动及其作用原理 [J].机车车辆工艺,2001,5.

[74] 王宇.DL6W型现代有轨电车悬挂系统设计 [J].内燃机车,2007,7.

[75] 魏忠超,于先芝,等.现代有轨电车及简单接触悬挂的应用 [J].现代城市轨道交通,2010,2.

[76] 李润林.轻轨车液压与磁轨制动系统 [D].北京:北京交通大学,2007.

[77] 李强,金新灿.动车组设计 [M].北京:中国铁道出版社,2008.

[78] Kundmann C,王渤洪.新型ICE3和ICE T电动车组的控制技术(一)[J].变流技术与电力牵引,2001,2.

[79] 邓睿康,黄运华.铰接式转向架的特点及其发展 [J].现代城市轨道交通,2013,6.

[80] 许文超,李苇,等.城市轻轨车辆走行部技术综述 [J].城市轨道交通研究,2015,18 (1).

[81] 王宇.DL6W型现代有轨电车悬挂系统设计 [J].内燃机车,2007,7.

[82] 李红军.长春轻轨车辆的液压制动设计原理 [J].城市轨道交通研究,2008,11 (5).

[83] 李智泽.门架式转向架铰接式列车结构及动力学性能研究 [D].成都:西南交通大学,2014.

[84] 贺观.跨坐式单轨交通车辆 [M].成都:西南交通大学出版社,2016.

[85] 潘西湘.悬挂式单轨系统轨道梁结构优化设计研究 [D].成都:西南交通大学,2014.

[86] 刘绍勇.重庆跨座式单轨车辆转向架 [J].现代城市轨道交通,2006,1.

[87] 许文超.悬挂式单轨车动力学性能研究 [D].成都:西南交通大学,2014.

[88] 王景宏.采用直线电机牵引的广州地铁车辆 [J].机车电传动,2006,6.

[89] 戴焕云.直线电机转向架结构型 [J].内燃机车,2008,12.

[90] 夏景棉.直线电机轮轨交通气隙及轨道平顺性对系统动力响应影响研究 [D].北京:北京交通大学,2011.

[91] 康雄杰.主线电机地铁车辆制动系统研究 [J].邵阳学院学报,2007,6.

[92] 吕刚.城市轨道交通车辆概论 [M].北京:北京交通大学出版社,2011.

[93] 欧阳文.常导磁悬浮列车的悬浮驱动及其控制研究 [D].上海:上海交通大学,2002.

[94] 陈大明,张泽伟.铁路货车新技术 [M].北京:中国铁道出版社,2004.

[95] 李习桥,杨荣峰.气垫运输装置的原理及在高速列车检修中的应用 [J].铁道车辆,2004,42 (7).

[96] 刘锡禹.气垫悬浮运输系统在变压器制造中的应用 [J].变压器,2007,44 (1).

[97] 张宗科.美国气垫登陆艇主动力装置的发展及其对总布置的影响 [J].船舶,2012,23 (6).

[98] 曹德志.整孔箱梁运架技术原理及设备配套.高速铁路技术.2013 (3).

[99] 陈士通，孙志星，等.SLJ 900/32 流动式架梁机设计选型与应用 [J].铁道工程学报，2015，32 (1).

[100] 黄耀怡，刘培勇，等.关于我国高铁运架一体的设计与应用 [J].铁道建筑技术，2014 (2).

[101] 杨义勇，王延利，等.单线循环索道站内驱动系统及检测装置设计 [J].中国机械工程，2007，18 (5).

[102] 王颖.NTU039 土压平衡盾构机结构与分系统功能分析 [J].机器人技术与应用，2013，1.

[103] 刘鹏亮.盾构掘进机推进系统的关键技术研究 [D].上海：上海交通大学，2008.

[104] 关丽坤，于洋.迈步式吊斗铲行走装置的运动学仿真及优化 [J].煤矿机械，2014，35 (7).

[105] 张赫.具有力感知功能的六足机器人及其崎岖地形步行控制研究 [D].哈尔滨：哈尔滨工业大学，2013.

[106] 蒲昌玖.双足步行机器人的运动规划方法研究 [D].重庆：西南大学，2009.

[107] 马千里.高越障性能六双足步行平台的研究 [D].北京：北京交通大学，2014.

[108] 陈国达，曹慧强，等.爬杆机器人研究现状与展望 [J].兵工自动化，2018，37 (3).

[109] Silva M F，Machado J A T，etc. A survey of technologies for climbing robots adhesion to surfaces. IEEE 6th International Conference on Computational Cybernetics，2008，11.

[110] Chu B，Jung K，etc. A survey of climbing robots: locomotionand adhesion [J]. International Journal of Precision Engineering and Manufacturing，2010，11.

[111] 刘枫.风力发电机塔身清洗机器人设计与研究 [D].哈尔滨：哈尔滨工业大学，2013.

[112] 苏和平，王人成.爬楼梯轮椅的研究进展 [J].中国康复医学杂志，2005，20 (5).

[113] 刘放.基于 PRBA 模型的外骨骼式人机携行运载系统动态特性研究 [D].成都：西南交通大学，2012.

[114] 蒋靖.下肢助力外骨骼机构设计与研究 [D].哈尔滨：哈尔滨工业大学，2012.

[115] 左磊.智能驾驶车辆自主决策与规划的增强学习方法研究 [D].长沙：国防科学技术大学，2016.

[116] 刘子龙.无人驾驶城市公共交通系统的车体控制研究 [D].上海：上海交通大学，2008.

[117] 赵盼.城市环境下无人驾驶车辆运动控制方法的研究 [D].合肥：中国科学技术大学，2012.

[118] 黄健.车辆自动驾驶中的仿人控制策略研究 [D].合肥：合肥工业大学，2013.

[119] 孙振平.自主驾驶汽车智能控制系统 [D].长沙：国防科学技术大学，2004.

[120] 张国斌.轮式车辆的无人驾驶装置 [J].国外坦克，2015，10.